中国机械工程学科教程配套系列教材

教育部高等学校机械类专业教学指导委员会规划教材

机械制造技术基础

（第2版）

李凯岭 主编

迟京瑞 王丽丽 李爱芝 刘长安 张鹏 参编

清华大学出版社

北京

内容简介

本书是为了适应培养应用型机械设计制造及其自动化专业人才的目标，贯彻重基础、低重心、宽面向的改革思路，综合了机械制造工艺学及机床夹具设计、金属切削机床概论、金属切削原理与刀具的基本内容，对机械制造技术的基础知识、基本理论、基本方法等有机整合后撰写而成的。本书重点介绍了机械制造技术的基本知识、基本理论、基本方法，并通过相关实践环节（实验、练习、生产实习和课程设计等）的训练，培养学生分析和解决问题的能力。全书除绪论外分为14章，内容包括金属切削基础，金属切削的基本规律及其应用，金属切削机床的基本知识，车床与车刀，铣床、钻床、镗床及其刀具，磨床与磨削，其他机床与刀具，机械加工工艺规程的制定，金属切削机床夹具设计，机械加工精度，机械加工表面的质量，非常规加工方法，机械装配工艺基础，制造模式与制造技术的发展。本书结构严谨、叙述简明，体现了专业知识的传统性、系统性和实用性。在保证基本内容的基础上，本书特别注重制造技术的基础知识和系统完整性，以及机械制造领域的最新成就和发展趋势。本书力求理论联系实际，努力贯彻“面宽、精练”的原则，减少篇幅，并使读者易于理解和掌握。

本书主要用作高等院校机械设计制造及其自动化专业的教材，也可作为普通高等院校其他相关专业的教材或参考书，还可以作为高等职业学校、高等专科学校、成人高校等相关专业的教材参考书，以及供从事机械制造的工程技术人员参考使用。

图书在版编目(CIP)数据

机械制造技术基础/李凯岭主编. —2版. —北京：清华大学出版社，2018（2021.8重印）
（中国机械工程学科教程配套系列教材　教育部高等学校机械类专业教学指导委员会规划教材）
ISBN 978-7-302-48913-9

Ⅰ.①机…　Ⅱ.①李…　Ⅲ.①机械制造工艺－高等学校－教材　Ⅳ.①TH16

中国版本图书馆CIP数据核字(2017)第286279号

责任编辑：许　龙　刘远星
封面设计：常雪影
责任校对：赵丽敏
责任印制：宋　林

出版发行：清华大学出版社
网　　址：http://www.tup.com.cn，http://www.wqbook.com
地　　址：北京清华大学学研大厦A座　　**邮　　编**：100084
社 总 机：010-62770175　　**邮　　购**：010-62786544
投稿与读者服务：010-62776969，c-service@tup.tsinghua.edu.cn
质量反馈：010-62772015，zhiliang@tup.tsinghua.edu.cn
印 装 者：三河市铭诚印务有限公司
经　　销：全国新华书店
开　　本：185mm×260mm　　**印　　张**：28.25　　**字　　数**：683千字
版　　次：2010年4月第1版　2018年1月第2版　　**印　　次**：2021年8月第4次印刷
定　　价：79.80元

产品编号：075068-03

丛书序言

PREFACE

我曾提出过高等工程教育边界再设计的想法，这个想法源于社会的反应。常听到工业界人士提出这样的话题：大学能否为他们进行人才的订单式培养。这种要求看似简单、直白，却反映了当前学校人才培养工作的一种尴尬：大学培养的人才还不是很适应企业的需求，或者说毕业生的知识结构还难以很快适应企业的工作。

当今世界，科技发展日新月异，业界需求千变万化。为了适应工业界和人才市场的这种需求，也即是适应科技发展的需求，工程教学应该适时地进行某些调整或变化。一个专业的知识体系、一门课程的教学内容都需要不断变化，此乃客观规律。我所主张的边界再设计即是这种调整或变化的体现。边界再设计的内涵之一即是课程体系及课程内容边界的再设计。

技术的快速进步，使得企业的工作内容有了很大变化。如从20世纪90年代以来，信息技术相继成为很多企业进一步发展的瓶颈，因此不少企业纷纷把信息化作为一项具有战略意义的工作。但是业界人士很快发现，在毕业生中很难找到这样的专门人才。计算机专业的学生并不熟悉企业信息化的内容、流程等，管理专业的学生不熟悉信息技术，工程专业的学生可能既不熟悉管理、也不熟悉信息技术。我们不难发现，制造业信息化其实就处在某些专业的边缘地带。那么对那些专业而言，其课程体系的边界是否要变？某些课程内容的边界是否有可能变？目前不少课程的内容不仅未跟上科学研究的发展，也未跟上技术的实际应用。极端情况甚至存在有些地方个别课程还在讲授已多年弃之不用的技术。若课程内容滞后于新技术的实际应用好多年，则是高等工程教育的落后甚至是悲哀。

课程体系的边界在哪里？某一门课程内容的边界又在哪里？这些实际上是业界或人才市场对高等工程教育提出的我们必须面对的问题。因此可以说，真正驱动工程教育边界再设计的是业界或人才市场，当然更重要的是大学如何主动响应业界的驱动。

当然，教育理想和社会需求是有矛盾的，对通才和专才的需求是有矛盾的。高等学校既不能丧失教育理想、丧失自己应有的价值观，又不能无视社会需求。明智的学校或教师都应该而且能够通过合适的边界再设计找到适合自己的平衡点。

我认为，长期以来，我们的高等教育其实是“以教师为中心”的。几乎所有的教育活动都是由教师设计或制定的。然而，更好的教育应该是“以学生为中心"的,即充分挖掘、启发学生的潜能。尽管教材的编写完全是由教师完成的,但是真正好的教材需要教师在编写时常怀"以学生为中心"的教育理念。如此,方得以产生真正的"精品教材"。

教育部高等学校机械设计制造及其自动化专业教学指导分委员会、中国机械工程学会与清华大学出版社合作编写、出版了《中国机械工程学科教程》,规划机械专业乃至相关课程的内容。但是"教程"绝不应该成为教师们编写教材的束缚。从适应科技和教育发展的需求而言,这项工作应该不是一时的,而是长期的,不是静止的,而是动态的。《中国机械工程学科教程》只是提供一个平台。我很高兴地看到,已经有多位教授努力地进行了探索,推出了新的、有创新思维的教材。希望有志于此的人们更多地利用这个平台,持续、有效地展开专业的、课程的边界再设计,使得我们的教学内容总能跟上技术的发展,使得我们培养的人才更能为社会所认可,为业界所欢迎。

是以为序。

2009年7月

第 2 版前言

FOREWORD

本书内容体系按照“机械工程学科教程配套系列教材”的大纲要求，从机械设计制造与自动化专业的人才培养目标出发编写完成，并且于 2010 年作为系列教材统一出版应用至今。它是一本适用于高等学校机械制造及其自动化、机械设计与制造、化工与化机、机电一体化、模具设计与制造、动力与车辆工程、工业工程、工业企业管理等专业本科生的“机械制造技术基础”课程的专业技术基础课程教材。

全书在内容安排上侧重机械制造方面冷加工领域的基本知识、基本原理和基本方法，突出了专业基础内容；在章节次序的安排上，既考虑了专业知识本身的内在联系，又遵循了专业基础与专业知识前后贯通的原则；集基础性、传统性、应用性、适应性、系统性、学以致用等特点为一身。本书内容的取材，包括金属切削加工、磨削过程中的物理现象及其规律，金属切削刀具的功用、性能和常用金属切削机床的传动、特点，以及有关制造过程中的加工质量、加工精度、工装夹具、工艺规程等方面的必备知识；此外，也包括了现代制造技术的基础内容。在编写内容、体系、思考题和习题选择等方面，体现了研究和应用型教育的特点。本书内容对从事机械加工、加工控制及有关工程管理的技术人员来说，都是必不可少的知识。该教材体系经过多所高等院校机械制造与自动化等专业的使用，效果良好。全书内容清晰、简明扼要，体系完整、重点突出，便于学生自学，也给主讲教师留有发挥特长的余地。本书的内容适用于 60～70 学时的本科教学计划安排。

随着制造技术的快速发展，以及国家提出的“中国制造 2025”的战略目标，机械制造技术在国家建设和发展中的地位和作用日益凸显，本书(第 1 版)中有的信息内容需要更新，许多主讲教师在授课过程中对本书的内容提出了建设性的建议，借此再版之际，主要将绪论、车床与刀具、机床夹具、装配工艺、制造模式与制造技术的发展等内容进行了添加和完善，对书中各章的练习与思考题进行了优化和扩充，对个别的错别字进行了修正，以满足广大师生对本书的学习和教学要求。

本书的体系和内容集合了传统专业知识的精髓，现代科技研究的新成果、新技术，注重系统性与实用性相结合，体现了系统、基础、全面、实用的特点，适合作为高等院校机械工程类各专业的教材及大专院校机械相关学科的教学参考书，也可供从事机械制造行业的工程技术人员、管理人员及有关专业的师生参考。

本书由山东大学李凯岭主编。参加编写的人员有：山东科技大学迟京瑞、潍坊学院张鹏、青岛海检集团有限公司王丽丽、青岛农业大学李爱芝、山东大学刘长安。全书由山东大学李凯岭完成统稿。在教学活动中采用本书的主讲教师对书稿和内容提出了许多宝贵的建议，在此表示衷心感谢。

由于编者水平有限，书中难免存在缺点和错误，敬请广大读者批评指正。

编　者

2017年6月

前言

FOREWORD

为了适应社会主义建设事业的高速发展对高级技术人才培养的需要，我国高等教育事业正进行着一场重大变革。就人才培养而言，改变了过去行业专家的培养模式，力求造就一代知识面较广、适应性较强的宽厚型、复合型、开放型的新型人才。

“机械制造技术基础”课程是机械设计制造及其自动化专业的技术基础课，是建立本科学生专业基础知识的重要课程，几乎所有高校的机械类各个专业均开设此课程。

按照机械设计制造及其自动化专业的教学要求，以及中国机械工程学科教程配套系列教材的要求，为了适应新的教学体系和形势的要求，本书将原机械制造工艺及设备专业的三门主干专业课(金属切削原理及刀具、金属切削机床、机械制造工艺学及机床夹具设计)的基本内容，加以提炼、充实和更新，在着重讲清基本概念、基本原理的基础上，按照少而精的原则浓缩内容，用尽量少的文字反映国内外先进水平，避免和其他相关选修课程的内容重复。本书的编写内容是按照机械设计制造及其自动化专业的培养目标和要求，为该专业培养通用人才奠定专业基础、专业基本知识而选择的。

全书在内容结构上侧重机械制造方面冷加工领域的基本知识、基本原理和基本方法，突出了专业基础内容；在章节次序的安排上，既考虑了专业知识本身的内在联系，又遵循了专业基础与专业知识前后贯通的原则；集基础性、传统性、应用性、适应性、系统性、学以致用等特点为一身。本书内容的取材，包括金属切削加工、磨削过程中的物理现象及其规律，金属切削刀具的功用、性能和常用金属切削机床的传动、特点，以及有关制造过程中的加工质量、加工精度、工装夹具、工艺规程、非常规加工等方面的必备知识；此外，也包括了现代制造技术的基础内容。本书内容对从事机械加工、加工控制及有关工程管理的技术人员来说，都是必不可少的知识。该教材体系经过多所高等院校的机械制造与自动化等专业的试用，效果良好，基本上满足了新的教学要求。针对教学中发现的问题，对讲义内容做了适当的改写，形成了此次出版的《机械制造技术基础》一书。全书内容简明扼要，重点突出，体系完整，便于学生自学，也给主讲教师留有发挥特长的余地。

本书的作者都是长期工作在专业课教学第一线的高校教师。山东大学李凯岭为主编。具体参加人员有：山东大学刘长安(第 3 章、第 4 章)；山东科技大学的迟京瑞(第6章、第7章);莱阳农机学院的李爱芝(第9章);潍坊学院的张鹏(第12章),其余各章及绪论由山东大学的李凯岭编写。山东大学的王丽丽、梁长记、张海明、张代聪、郝建领、汪胜钢、汤志源、易奇昌等对本书的编写、修改做了大量工作。

艾兴院士对本教材的体系提出了宝贵的意见和具体建议。山东大学机械制造技术基础课程教学组和兄弟院校的教师对本书内容提出了许多宝贵的建议,在此表示衷心的感谢。

本书的体系和内容体现了系统、基础、全面、实用的特点,可以作为高等院校机械类专业的教材及大专院校机械相关学科的教学参考书,也可供从事机械制造行业的工程技术人员、管理人员及有关专业的师生参考。

由于编者水平有限,书中不当之处在所难免,恳请同行和读者不吝指正。

编　者

2010年3月

目　录
CONTENTS

第0章

绪 论

知识点

- 生产与生产过程的种类
- 制造与制造技术
- 工艺过程与工艺系统
- 机械制造工艺过程
- 机械制造在国民经济中的地位

本章导读

机械制造技术是以制造一定质量的产品为目标，研究如何以最少的消耗、最低的成本和最高的效率进行机械产品制造的综合性技术，是机械科技成果转化为生产力的关键环节，与国民经济各部门联系最广泛、最密切。本章首先讲述最基本的专业术语，制造技术与工艺过程，介绍机械制造在国民经济中的地位和发展，并介绍了本课程的特点和学习要点。

0.1 生产与制造

0.1.1 生产的含义

生产活动是人类赖以生存和发展的最基本活动。从系统观点出发，生产可定义为：一个将生产要素转变为产品财富，并创造效益的输入输出系统，如图0-1所示。

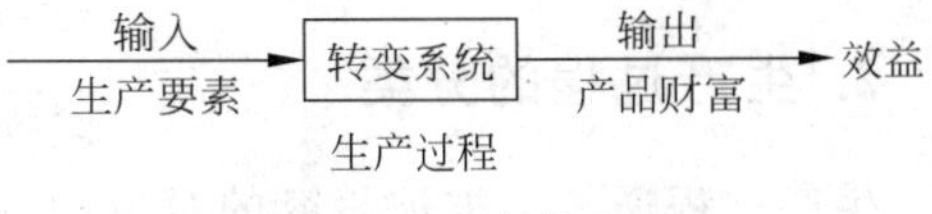

输入 生产要素 → 转变系统（生产过程） → 输出 产品财富 → 效益

图0-1 生产的定义

1. 生产系统输入的是生产要素

生产要素根据其基本作用可分为五类。

(1) 生产对象　指完成生产活动所需的原材料，包括主体材料和辅助材料。主体材料是指构成产品的主体结构材料，如机械产品的主体材料是各种牌号的钢材和铸铁；辅助材料是指加于主体结构上的附加材料（如产品外表喷涂的油漆），以及生产过程中消耗的材料（如润滑油、冷却液）等。

(2) 生产资料　指生产过程中所需的各种装备和硬件资源。生产资料分为直接生产资料和间接生产资料两类。直接生产资料指生产过程直接使用的各种设备、工具等。间接生产资料在生产过程中不直接使用,但其是对生产过程必不可少的辅助和支持,如厂房、道路等。

(3) 能源　指生产过程中所需的各种动力源。

(4) 劳动力　指生产过程中,生产者所付出的脑力劳动和体力劳动。

(5) 生产信息　指有效进行生产活动所需的知识、技能、情报、资料等。在科学技术高度发展的今天,生产信息在生产活动中所起的作用越来越大。

在上述五类生产要素中,前三类要素属于硬件范畴;生产信息要素属于软件范畴;而劳动力要素既有硬件特性,又有软件特性。在诸生产要素中,人的要素是最重要的,处于主导地位,其他要素都要通过人来起作用。

2. 生产系统输出的是产品财富

这里的产品财富包括有形的财富(产品)和无形的财富(服务)。

有效地将生产要素转变成产品财富是十分重要的。生产要素转变效率的度量指标是生产率,生产率可以被定义为系统输出与输入之比。获得尽可能高的生产率,始终是生产企业经营者追求的目标,也是企业在激烈市场竞争中得以生存和发展的重要条件。

在创造产品财富的同时,必然产生一定的经济效益和社会效益。生产的财富应能够满足人们物质生活和精神生活的需要,生产活动本身应能够促进社会健康发展;同时应最大限度地减少生产活动给社会带来的负面影响,如对于自然生态环境的破坏、各种各样的污染(其中也包括精神污染)等。

0.1.2 生产过程的定义与分类

1. 生产过程的定义

生产过程是指从原材料投入到成品产出的全过程。除了围绕生产对象展开的毛坯制造、热处理、切削加工、质量检验、机械装配等过程之外,还包括产品设计开发、原材料购买、产品出厂后的售后服务以及各个过程的组织管理等职能部门的工作劳动。其中与原材料变为成品直接有关的过程,称为直接生产过程,是生产过程的主要部分;而与原材料变为产品间接有关的过程,如生产准备、运输、保管、机床与工艺装备的维修等,称为辅助生产过程。

2. 生产过程的分类

生产过程通常根据被研究的对象和范畴,分为产品生产过程、部件或零件生产过程和工厂生产过程。下面简单介绍产品生产过程和工厂生产过程。

1) 产品生产过程

产品生产过程是指围绕着某种完整的产品而展开的生产过程。它通常包括工艺过程、检验过程、运输过程、等待停歇过程、组织管理过程以及自然过程。

在整个产品生产过程中,根据职能和功能需求的不同,可以划分为以下四个过程。

(1) 技术准备过程　指产品设计、工艺设计、工艺装备的设计与制造、标准化工作、定额工作、调整劳动组织和设备的平面布置、原材料与协作件的准备等。

(2) 基本生产过程　指与构成产品直接有关的生产活动,包括毛坯制造,工件的粗、精加工,热处理,表面处理以及部件与整机的装配、检验等。

(3) 辅助生产过程　指为保证基本生产而进行的生产和智能过程,包括动力工具的生产、设备维修以及维修用备件的生产、质量检验等过程。

(4) 生产服务过程　指物流工作,包括供应、运输、仓库等管理活动以及产品销售与售后服务。

2) 工厂生产过程

工厂生产过程是指在工厂企业范围内全部生产活动协调配合的运行过程。在专业化生产条件下,通常一种产品的生产过程需要若干个工厂生产过程的协调合作。

对于生产有形产品的企业,根据其物流过程的特点,工厂生产过程分为连续型生产、离散型生产和混合型生产三种形式。

(1) 连续型生产　如石油、化工、冶金等企业,其生产方式为连续型,即从原材料到成品的转变过程呈流水方式,连续不断,工序之间通常无在制品存储,生产的产品、工艺流程及生产设备均相对固定,生产设备 24 h 不间断运行。

(2) 离散型生产　如机械、电子、轻工等企业,其生产的产品由离散的、相互联系的零部件组装而成。此类生产的转变过程较复杂,生产工序及中间环节较多,工序之间有在制品存储,产品生产周期长,生产管理难度较大。

(3) 混合型生产　如食品、造纸等企业,兼有上述两种生产类型的特点。

0.1.3　产品制造的含义

制造是人类最主要的生产活动之一。它是指人类按照所需目的,运用主观掌握的知识和技能,通过手工或可以利用的客观的物质工具与设备,采用有效的方法,将原材料转化为有使用价值的物质产品并投放市场的全过程。

离散型的生产企业通常称为制造企业。制造可以理解为离散型生产,即制造也是一个输入输出系统,其输入也是生产要素,输出是具有离散特征的产品。这是广义制造的概念,包括从市场分析、经营决策、工程设计、加工装配、质量控制、销售运输直至售后服务的全过程。

但在某些情况下,制造及制造过程被理解为从原材料或半成品经加工或装配后形成最终产品的具体操作过程,包括毛坯制作、零件加工、检验、装配、包装、运输等。这是狭义制造的概念,主要考虑企业内部生产过程中的物流,而较少涉及生产过程中的信息流。

0.1.4　制造技术

制造技术是完成制造活动所需的一切手段的总和,这些手段包括运用一定的知识和技能,操纵可以利用的物质和工具,采取各种有效的方法等。制造技术是制造企业的技术支柱,是制造企业持续发展的根本动力。

与制造的概念相对应,制造技术也有广义和狭义之分。广义理解制造技术涉及生产活动的各个方面和全过程,是一个从产品概念到最终产品的集成活动和系统,是一个功能体系和信息处理系统。

现代机械制造业的发展,取决于制造技术的发展水平,特别是在市场经济条件下,它以柔性生产、快速反应、短生产周期、多规格品种和产品更新换代频繁为主要特征。制造技术支持着制造业的健康发展,先进的制造技术使一个国家的制造业乃至国民经济处于有竞争力的地位。忽视制造技术的发展,就会导致经济发展走入歧途。生产工具的使用和不断完善,加速了社会的发展与进步。

0.1.5 工艺过程

工艺过程是指在生产过程中,通过直接或按一定顺序逐步改变生产对象的形状、相互位置和性质等,使其成为成品或半成品的过程。工艺过程是生产过程的主要部分。工艺过程又可分为铸造、锻造、冲压、焊接、热处理、机械加工、装配、涂装等。

机械产品制造工艺过程一般包括毛坯制造工艺过程、零件机械加工工艺过程和机器装配工艺过程。其中,毛坯制造工艺过程涉及的工艺方法多数属于热加工的范畴,如铸造、锻造、冲压和焊接等。

机械加工工艺过程(以下简称加工过程)是指采用机械加工的方法,直接改变毛坯的形状、尺寸、表面质量等,使其成为零件的工艺过程。从广义上来说,电加工、超声波加工、电子束加工、离子束加工等非常规加工也属于机械加工工艺过程。加工工艺过程直接决定零件和机械产品的质量,对产品的成本和生产率都有较大影响,是整个工艺过程的重要组成部分。

在机械加工工艺过程中,刀具与工件之间的关系直接影响工件的加工精度,而金属切削机床和夹具分别确定刀具和工件的位置关系,因此,金属切削机床、夹具、刀具和工件构成了一个完整的机械加工工艺系统,通常简称为工艺系统。金属切削过程中的各种现象和规律都要在这个工艺系统的运动状态中考察研究。

在机器生产过程中,按照规定的顺序和技术要求,通过改变零件之间的相互位置关系和配合状态,实现零件之间的组合和连接,使之成为部件或机器的工艺过程,称为机器装配工艺过程。

0.2 机械制造业在国民经济中的地位及其发展

0.2.1 机械制造业在国民经济中的地位

1. 制造业

制造业是所有与制造有关的行业的总体。制造业为国民经济各部门和科技、国防提供技术装备,是整个工业、经济与科技、国防的基础,是现代化的动力源,是现代文明的支柱。人类从原始社会使用石器到现在应用现代化的机器装备和先进的工艺技术,逐步加强了控制自然、开发自然和利用自然的能力。制造业为人类创造着辉煌的物质文明。

制造业是一个国家的立国之本。工业化国家中以各种形式从事制造活动的人员约占全国从业人数的四分之一。美国约68%的财富来源于制造业,日本国民生产总值的约50%由制造业创造,我国的制造业在工业总产值中约占40%。

2. 机械制造业

机械制造业是制造业的最主要的组成部分,是为用户创造和提供机械产品的行业,包括机械产品的开发、设计、制造生产、流通和售后服务全过程。

在整个制造业中,机械制造业占有特别重要的地位。因为机械制造业是国民经济的装备部,它以各种机器设备供应和装备国民经济的各个部门,并使其不断发展。国民经济各部门的生产水平和经济效益在很大程度上取决于机械制造业所提供的装备的技术性能、质量和可靠性。国民经济的发展速度,在很大程度上取决于机械制造工业技术水平的高低和发展速度。从总体上来讲,机械制造业是国民经济中的一个重要组成部分。因而,各发达国家都把发展机械制造业放在突出的位置。

纵观世界各国,任何一个经济强大的国家,无不具有强大的机械制造业,许多国家的经济腾飞,机械制造业功不可没。其中,日本最具有代表性。第二次世界大战后,日本先后提出"技术立国"和"新技术立国"的口号,对机械制造业的发展给予全面的支持,并抓住机械制造的关键技术——精密工程、非常规加工和制造系统自动化,使日本在战后短短30年里,一跃成为世界经济大国。与此相反,美国自20世纪50年代后,在相当长的一段时间内忽视了制造技术的发展。美国政府历来认为生产制造是企业界的事,政府不必介入。而美国学术界则只重视理论成果,忽视实际应用,一部分学者还错误地主张应将经济重心由制造业转向高科技产业和第三产业,结果导致美国经济严重衰退,竞争力明显下降,在汽车、家电等行业被日本赶超。直到20世纪80年代初,美国开始认识到问题的严重性。白宫的一份报告指出:美国政府在进行深刻反省之后,重新树立了制造业的地位,并对制造业给予实质性的和强有力的支持,制定并实施了一系列振兴美国制造业的计划,效果十分明显。至1994年,美国汽车产量重新超过日本,并重新占领了欧美市场。

0.2.2 机械制造业的发展

人类文明的发展与制造业的进步密切相关。早在石器时代,人类就开始利用天然石料制作工具,用其猎取自然资源为生。到了青铜器和铁器时代,人们开始采矿、冶金、铸锻工具,并开始制作纺织机械、水利机械、运输车辆等。

直至18世纪70年代,以瓦特改进蒸汽机为代表引发了第一次工业革命,产生了近代工业化的生产方式,机器生产方式逐步取代手工劳动方式,机械制造业逐渐形成规模。19世纪中叶,电磁场理论的建立为发电机和电动机的产生奠定了基础,从而迎来了电气化时代。以电力作为动力源,使机械结构发生了重大变化。与此同时,互换性原理和公差制度应运而生。所有这些使机械制造业发生了重大变革,机械制造业进入快速发展时期。

20世纪初,内燃机的发明,使汽车开始进入欧美家庭,引发了机械制造业的又一次革命。流水生产线的出现和泰勒科学管理理论的产生,标志着机械制造业进入了大批量生产(mass production)时代。以汽车工业为代表的大批量自动化生产方式使得生产率获得极大提高,机械制造业有了更迅速的发展,并开始成为国民经济的支柱产业。

第二次世界大战后,电子计算机和集成电路的出现,以及运筹学、现代控制论、系统工程等软科学的产生和发展,使机械制造业产生了一次新飞跃。传统的大批量生产方式难以满足市场多变的需要,多品种、中小批量生产日渐成为制造业的主流生产方式。传统的自动化生产方式只有在大批量生产的条件下才能实现,而数控机床的出现使中、小批量生产自动化成为可能。

伴随着计算机的出现,机械制造自动化从刚性自动化向柔性自动化方向发展:自动化专机→自动化生产线(automatic production line)→数控机床(CNC)→加工中心(MC)→柔性加工单元(FMC)→柔性制造系统(FMS)。同时机械设计、工艺规程编制、计算机辅助数控加工编程、车间调度、车间和工厂管理、成本核算等都用计算机管理,这样出现了计算机辅助设计/制造(CAD/CAM)一体化。

20世纪80年代以来,信息产业的崛起和通信技术的发展加速了市场的全球化进程,市场竞争呈现新的方式,且更加激烈。为了适应新的形势,在机械制造领域提出了许多新的制造方法和生产模式,如计算机/现代集成制造(CIM)、精益生产(LP)、快速原型制造(RPM)、并行工程(CE)、敏捷制造(AM)等。

20世纪90年代随着因特网的出现和应用,提出了敏捷制造(或网络制造)的新制造模式。应用因特网,可使不同地区的单位间实现快速大信息量的传输交流,使机械制造业可以将不同地区的工厂、设计单位和研究所组合在一起,分工协作,发挥各单位特长,共同开发、研制并生产大型新产品。敏捷制造是多单位的协作生产(有一单位是主导单位),可以包含基层单位中的局部的计算机/现代集成制造系统(CIMS)、FMS、CAD/CAM,可以灵活机动地采用虚拟制造、虚拟装配、并行工程等各种先进工艺和管理方法,最终达到快速、优质、低成本地进行生产或研制新产品的目的。

波音777大型民用客机的研制是综合应用敏捷制造的实例。美国研制波音777大型民用客机是以西雅图为中心,集中南北51 mile①,11个地区的多个工厂、研究所协作研制,参加人员包含制造商、供应商、用户等共7000多人。全部研制工作中实现无图纸生产,采用各种计算机控制管理、虚拟设计和虚拟制造、并行工程、CAD/CAM一体化技术等一切能采用的自动化设计、制造、管理等生产办法。最后,波音777大型民用客机一次研制试飞成功,全部设计研制周期仅27个月。而此前,同样复杂程度的波音767大型民用客机的研制周期为40个月。

计算机技术不断发展,人们提出了计算机仿真和虚拟制造,CAD/CAM技术得到加强,可以在计算机上进行加工过程碰撞仿真、加工精度仿真、调度仿真、制造过程仿真(虚拟制造)和装配过程仿真(虚拟装配),对机械制造业中的设计、制造、调度管理都有极大帮助。

进入21世纪,机械制造业正向自动化、柔性化、集成化、智能化和清洁化的方向发展。现代机械制造技术发展的总趋势是机械制造技术与材料科学、电子科学、信息科学、生命科学、环保科学、管理科学等交叉、融合。在机械制造业,综合考虑社会、环境、资源等可持续发展因素的绿色制造技术将朝着能源与原材料消耗最小、所产生的废弃物最少并尽可能回收利用、在产品的整个生命周期中对环境无害等方面发展。

---

① 1 mile(英里)=1.609344 km。

0.2.3　我国机械制造业面临的挑战和机遇

我国是一个世界文明古国，机械制造具有悠久的历史。考古研究发现，早在 50 万年以前的远古时代，我国已开始使用石器和钻木取火的工具。图 0-2 所示的弓形钻，由燧石钻头、钻杆、窝座和弓弦等组成。往复拉动弓便可使钻杆转动，用来钻孔、扩孔和取火。公元前 16 世纪—公元前 11 世纪的商代，我国已出现可转动的琢玉工具，图 0-3 所示为古代的钻床。车(旋)削加工和车床雏形(见图 0-4)在我国出现早于欧洲近千年。到了明代，在古天文仪器加工中，已采用铣削和磨削加工方法(见图 0-5)，并出现了铣床、磨床和刀刃刃磨机(见图 0-6)的雏形。公元 2 世纪六七十年代，创造了木制齿轮，应用了轮系原理，成功地研制了以水为动力的机械，用于加工谷物。但是，近代近两个世纪帝国主义的侵入和腐朽的半封建半殖民地社会制度，严重束缚了中国社会的发展，使中国几千年的文明失去了光芒。至中华人民共和国成立前夕，中国的机械制造业几乎为零。

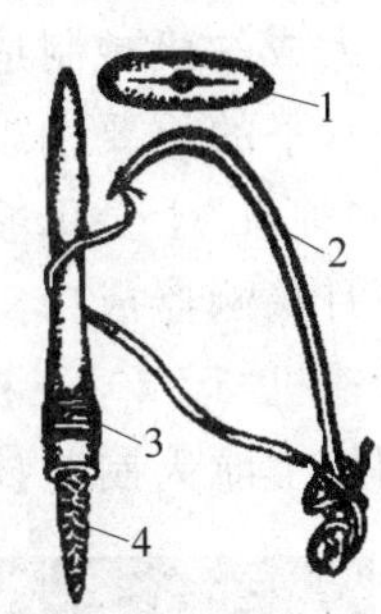

图 0-2　弓形钻

1—窝座；2—弓弦；3—钻杆；4—钻头

图 0-3　古代钻床

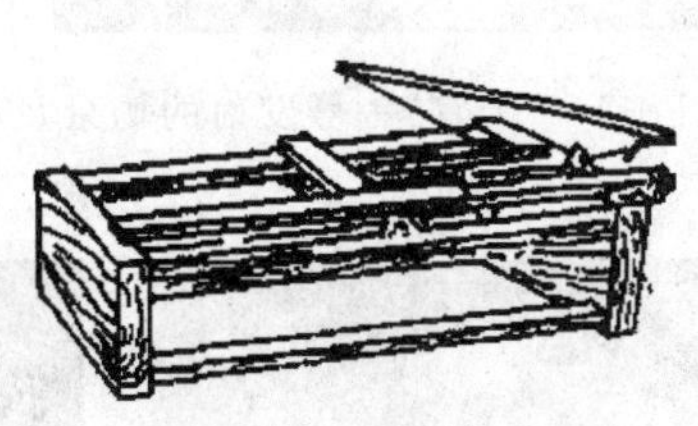
(a)

(b)

图 0-4　古代车床

(a) 弓形(长轴)车床；(b) 脚踏车床

工件(铜环)

铣刀

图 0-5　明代天文仪器上铜环的铣削和磨削

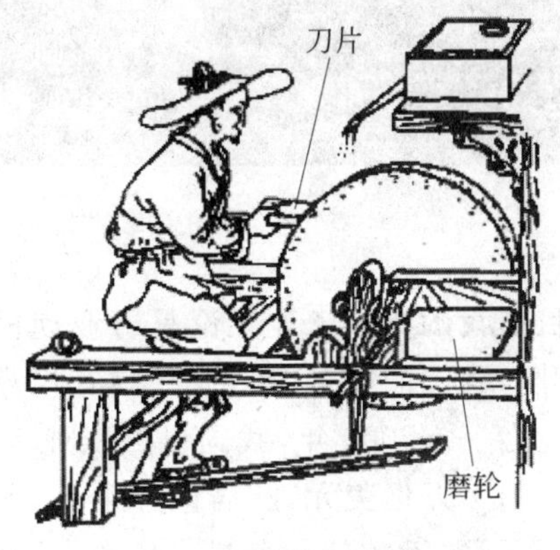

图 0-6　古代脚踏刃磨机

新中国成立以来，我国建立了自主独立、门类齐全的轻工业、重工业和机械制造业，形成了比较齐全的制造体系。机床装备制造业、汽车工业、航空航天工业等技术难度较大的机械制造工业得到快速发展，取得了举世瞩目的成就。我国自行设计制造的高铁系统和施工运营技术已经达到了世界先进水平。

现代航空航天制造技术是集现代科学技术成果与技术密集型产品的高精尖先进制造技术之大成的机械制造技术。航空航天制造工程的技术水平，是衡量一个国家科技发展综合实力水平的重要标志。2003年以来，我国先后自行设计制造并成功发射了神舟系列载人飞船。“神舟”十号飞船成功发射升空，与“天宫”一号完成对接任务(如图0-7所示)。“嫦娥”3号登月探测器成功实现月球表面软着陆(如图0-8所示)。2013年我国自行研发的重型战略运输机“运20”飞机完成首次成功试飞。2015年我国国产大飞机C919正式下线，标志着我国航空航天制造技术已经发展到新的水平。

图0-7 “天宫”一号发射的场景及与“神舟”十号飞船对接

图0-8 “嫦娥”3号着陆器与月球车互拍照片

目前我国机械工业无论是行业规模、产业结构、产品水平，还是国际竞争力都有了大幅度提升。我国的机械制造业已具有相当规模和一定的技术基础，成为我国工业体系中最大的产业之一。2009年，我国机械工业销售额达到1.5万亿美元，超过日本的1.2万亿美元和美国的1万亿美元，跃居世界第一，我国成为全球机械制造第一大国。但是，我国的制造业大而不强，仍然是一个制造技术水平较低的国家。

随着科技、经济、社会的日益进步和快速发展，日趋激烈的国际竞争及不断提高的人民对美好生活的要求对机械产品在性能、价格、质量、服务、环保及多样性、可靠性、准时性等方面提出的要求越来越高，对先进的生产技术装备、科技与国防装备的需求越来越大，机械制造业面临着新的发展机遇和挑战。当今制造业的世界格局中欧、亚、美三分天下的局面已经形成，世界经济重心和制造中心开始向亚洲转移，制造业的产品结构、生产模式也在迅速变革之中。所有这些又给我国的机械工业带来了难得的发展机遇。

进入21世纪的我国制造业面临历史性的机遇和挑战，国家提出的"中国制造2025"战略计划，给中国机械制造业的发展指明了目标——创新、质量、绿色、转型：通过提升我国的创新设计和创新制造能力，大力发展中国机械制造领域的高端基础功能零、部件的配套能力；提高机械产品中国制造的质量水平，提升中国制造的高端产品的技术水平和质量标准；更加注重机械产品全生命周期的绿色设计制造技术；由中国制造转变为中国创造。

0.3 "机械制造技术基础"课程的内容、特点和学习方法

0.3.1 本课程的内容

本课程主要介绍机械产品的生产过程及生产活动的组织、机械加工过程及其系统，包括金属切削过程及其基本规律，机床、刀具、夹具的基本知识，机械加工和装配工艺规程的设计，机械加工中精度及表面质量的概念及其控制方法，制造哲理与现代生产管理模式，制造技术发展的前沿与趋势。

本课程的主要内容有以下几点。

(1) 机械制造过程的基础知识　介绍有关机械制造工艺过程的基本概念，机械加工工艺规程编制，工件的定位与装夹原理，机床、夹具、刀具的基本知识，零件结构工艺性等。

(2) 切削与磨削原理　主要介绍金属切削与磨削机理，包括切屑的形成过程，切削力及其影响因素，切削热、切削温度及其影响因素，刀具磨损与破损规律，刀具使用寿命和切削用量的合理选择，磨削机理与磨削规律等。

(3) 机械加工精度及加工表面质量分析　包括加工质量的概念、影响加工精度因素的分析与控制、影响加工质量因素的分析与控制、加工误差的统计分析方法、机械加工中的振动与预防、提高机械加工质量的途径与方法。

(4) 机械加工工艺过程设计　介绍机械加工工艺过程设计的原则与方法，重点论述工艺过程设计中的主要问题，包括定位基准的选择、加工路线的拟定、工序尺寸及公差的确定、加工过程尺寸链、机械加工工艺过程的经济性问题等。

(5) 机器的装配工艺　主要介绍基于装配尺寸链的装配方法和装配工艺过程设计的主要问题，并简要介绍装配工艺的编制。

(6) 非常规加工技术　主要介绍制造过程中常用的非常规加工技术，如电火花加工、光机电一体化加工技术、快速原型制造技术等。

(7) 常用加工工艺设备　介绍加工设备的工艺特点、选用和主要设备的运动分析以及切削刀具的功能特点，包括车床、铣床、镗床、数控机床、组合机床等。

(8) 机械制造技术和制造模式的发展　主要论述当前机械制造技术和制造模式的特点

和发展趋势，并对精密与超精密加工、成组技术原理等制造技术进行简要介绍。

0.3.2 本课程的性质和学习要求

“机械制造技术基础”课程是机械设计制造及其自动化专业的主干专业技术基础课。其任务是研究金属切削过程的基本理论、切削过程中所产生的诸多现象和变化规律；研究金属切削加工装备(包括机床、夹具、刀具)的构成、工作原理及使用条件；研究机械制造工艺理论、加工及装配工艺等。它为本专业培养适应社会主义市场经济特点的工程师服务，并为后续专业选修课打下基础。它与前期的成形制造技术基础、金属材料与热处理、机械原理与机械零件设计、技术测量与互换性技术等课程，以及与本课程同步进行的机械专业生产实习，后续的专业课程设计、机械装备设计、专业选修课等课程一起共同构成了机械专业获取制造技术知识的教学体系。

通过本课程学习，要求学生：

(1) 对制造活动有一个总体、全貌的了解与把握；

(2) 掌握金属切削过程中的诸多现象(如切屑形成机理、切削力、切削热和温度、刀具磨损)及其变化规律，能够初步解决生产中的问题；

(3) 熟悉金属切削机床的结构、工作原理，初步掌握分析机床运动和传动系统的方法和正确选用金属切削机床设备；

(4) 了解常用的金属切削刀具的结构、工作原理和工艺特点，能够结合生产实际选用和使用刀具；

(5) 掌握机械加工的基本知识，能正确选择加工方法与机床、刀具、夹具及加工参数，初步具有编制零件加工工艺规程、设计机床夹具的能力；

(6) 掌握机械制造工艺、机械加工精度和表面质量的基本理论和基本知识，具有分析、解决现场生产过程中的质量、生产效率、经济性问题的能力；

(7) 了解当今先进制造技术和先进制造模式，初步具备对制造系统、制造模式选择决策的能力。

0.3.3 本课程的特点及学习方法

本课程的理论知识具有很强的实践性。如果没有足够的实践基础，很难准确地理解与把握生产原理与管理模式。因此，学习本课程时，除了参考大量的书籍之外，更重要的是必须重视实践环节，即通过实验、实习、设计及工厂调研来更好地体会、加深理解。加强感性知识与理性知识的紧密结合，是学习本课程的最好方法。

根据本课程的特点，在学习方法上应注意以下几点。

1. 综合性

机械制造是一门综合性很强的技术，它要用到多种学科的理论和方法，包括物理学、化学的基本原理，数学、力学的基本方法，以及机械学、材料科学、电子学、控制论、管理科学等多方面的知识。而现代机械制造技术则有赖于计算机技术、信息技术和其他高技术的发展，反过来机械制造技术的发展又极大地促进了这些高技术的发展。

针对机械制造技术综合性强的特点，在学习本课程时，要特别注意紧密联系和综合应用以往所学过的知识，注意应用多种学科的理论和方法来解决机械制造过程中的实际问题。

2. 实践性

机械制造技术本身是机械制造生产实践的总结，因此具有极强的实践性。它要求对生产实践活动不断地进行综合，并将实际经验条理化和系统化，使其逐步上升为理论；同时又要及时地将其应用于生产实践之中，用生产实践检验其正确性和可行性；并用经检验过的理论和方法对生产实践活动进行指导和约束。

针对机械制造技术实践性强的特点，在学习本课程时，要特别注意理论联系生产实践。一方面，我们应看到生产实践中蕴藏着极为丰富的知识和经验，其中有很多知识和经验是书本中找不到的。对于这些知识和经验，我们不仅要虚心学习，更要注意总结和提高，使之上升到理论的高度。另一方面，我们在生产实践中还会看到一些与技术发展不同步、不协调的情况，需要不断加以改进和完善。

为了配合本课程的学习，应在本课程学习之前或学习过程中，安排一定时间的生产实习；并在本课程学习之后，安排一次专业课程设计。这两个实践性环节的目的都是为了加强实际工程训练，并与本课程的学习相辅相成、息息相关。要充分利用好这两个实践环节，深化本课程的学习，善于运用所学的专业知识，去分析和处理实践中的技术问题。

3. 灵活性

生产活动是极其丰富的，同时又是各异的和多变的。机械制造技术总结的是机械制造生产活动中的一般规律和原理，将其应用于生产实际要充分考虑企业的具体状况，如生产规模的大小，技术力量的强弱，设备、资金、人员的状况等。生产条件不同，所采用的生产方法和生产模式可能完全不同。而在基本相同的生产条件下，针对不同的市场需求和产品结构以及生产进行的实际情况，也可以采用不同的工艺方法和工艺路线。

针对机械制造技术灵活性的特点，在学习本课程时，要特别注意充分理解机械制造技术的基本概念，牢固掌握机械制造技术的基本理论和基本方法，以及对这些理论和方法灵活应用的能力。要注意向生产实际学习，积累和丰富实际知识和经验，因为这些是掌握制造技术基本理论和基本方法的前提。

习题与思考题

0-1 机械制造业在国民经济中占有什么样的位置？为什么说机械制造业是国民经济的基础？

0-2 如何从广义、狭义上理解制造？其含义是什么？

0-3 如何理解生产过程的概念？

0-4 客观地了解中国机械工业的发展情况，写一篇关于中国机械制造业发展现状的报告。

0-5 分析机械制造工厂生产过程与机械产品生产过程的关系。

0-6 什么是工艺过程？机械加工工艺系统是由哪些部分构成的？

0-7 机械制造工艺过程通常包括哪些内容？

0-8 “机械制造技术基础”课程学习过程中，要求掌握的主要专业知识内容有哪些？

第1章

金属切削基础

知识点

- 金属切削加工、切削用量、切削层参数及切削方式
- 金属切削加工时的运动分析
- 金属切削刀具的几何参数
- 刀具材料的特点及其选用

本章导读

金属切削过程实质上是刀具与工件相互作用的过程，其目的是将工件上多余的金属切除，并在高效率、低成本的前提下，使工件满足图纸的形状、尺寸精度和表面质量等要求。完成上述过程必须具备：①刀具与工件有一定的相对运动；②刀具具有合理的几何参数；③刀具具备应有的切削性能；④刀具具有良好的切削环境。本章着重阐述与切削运动、刀具几何参数和切削层参数有关的基本概念以及刀具材料方面的基本知识，为研究分析金属切削过程的基本规律及其应用打下基础。

1.1 切削运动与切削用量

金属切削加工是用金属切削刀具切除工件上多余(或须留的)金属，从而使工件的尺寸精度、形状精度及表面质量都符合要求。由刀具切除的多余金属变为切屑而排离工件。在切削加工过程中，刀具同工件之间必须具有相对切削运动，它可以通过人手或金属切削机床的作用来实现。

1.1.1 切削时的工件表面

切削加工是金属切削最常见的加工方法。在切削过程中，工件上存在三个变化着的表面，如图1-1所示。

(1) 待加工表面 工件上多余金属即将被切除的表面。随着切削的进行，待加工表面逐渐减小，直至多余的金属被切削完。

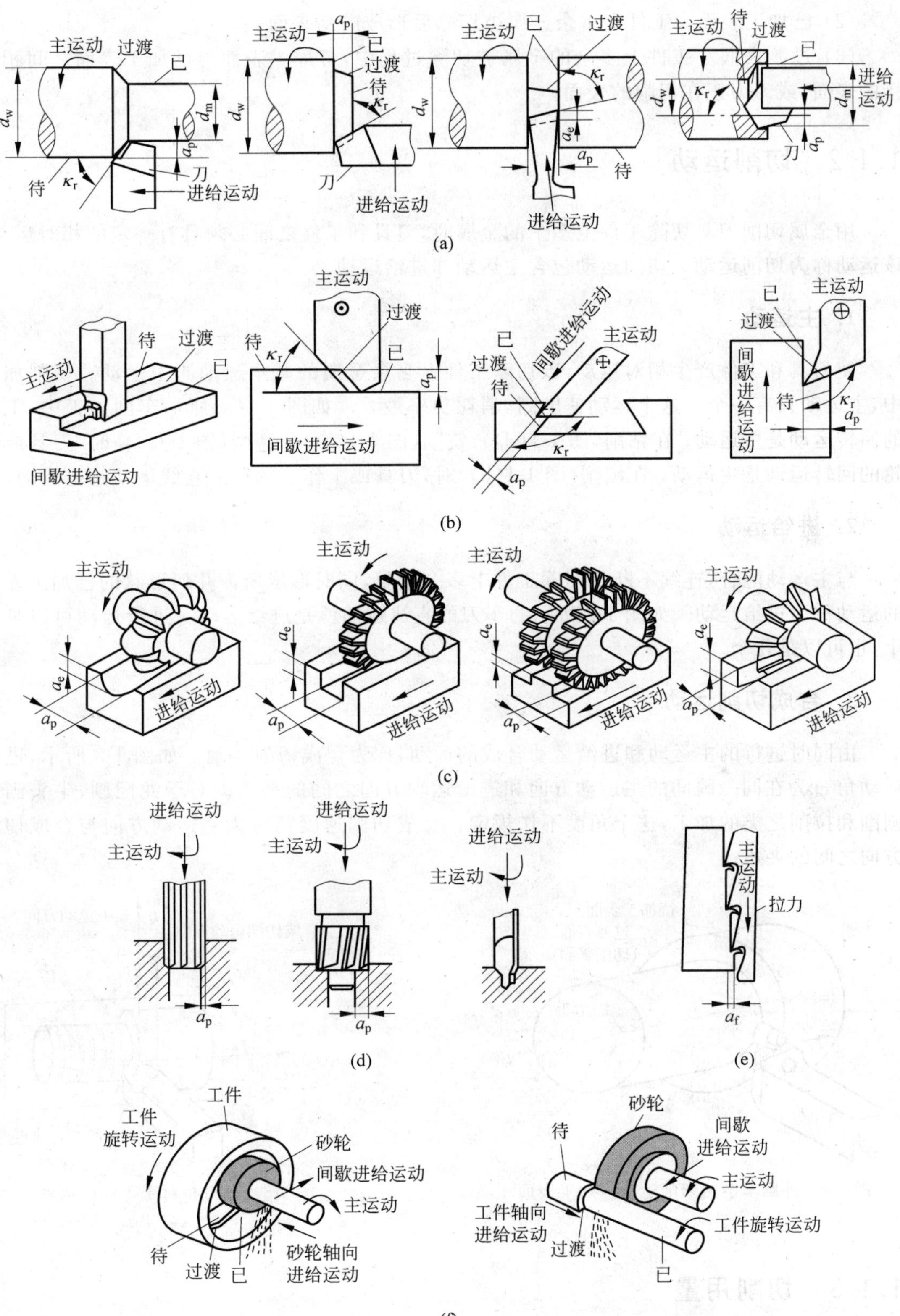

图 1-1　各种切削加工运动和加工表面

待—待加工表面；已—已加工表面；过渡—过渡表面

(2) 已加工表面　工件上多余金属被切除后形成的新表面。

(3) 过渡表面　工件上多余的金属被切除过程中，待加工表面与已加工表面之间相连接的表面，或刀刃正在切削的表面。

1.1.2 切削运动

用金属切削刀具切除工件上多余的金属时，刀具和工件之间必须具有一定的相对运动，该运动称为切削运动。切削运动包含主运动和进给运动。

1. 主运动

使刀具和工件产生相对运动，以切除工件上多余金属的基本运动叫主运动。切削加工中，主运动只有一个。这个运动速度高，消耗功率最大。如图 1-1(a)所示车削加工中，工件的回转运动是主运动；在钻削(图 1-1(d))、铣削(图 1-1(c))和磨削(图 1-1(f))时，刀具或砂轮的回转运动是主运动；在刨削(图 1-1(b))时，刀具或工作台的往复直线运动是主运动。

2. 进给运动

与主运动配合，连续不断地切除工件上多余金属，同时形成所需几何形状的已加工表面的运动称为进给运动。如图 1-2 所示的车刀的直线运动就是进给运动。进给运动可以是一个，也可以是几个。

3. 合成切削运动

由同时进行的主运动和进给运动合成的运动，称为合成切削运动。如图 1-3 所示，进给运动角 φ 为在同一瞬间的主运动方向和进给运动方向之间的夹角。对于龙门刨、牛头刨的刨削和拉削之类的加工，这个角度不作规定。合成切削速度角 η 为主运动方向与合成切削方向之间的夹角。

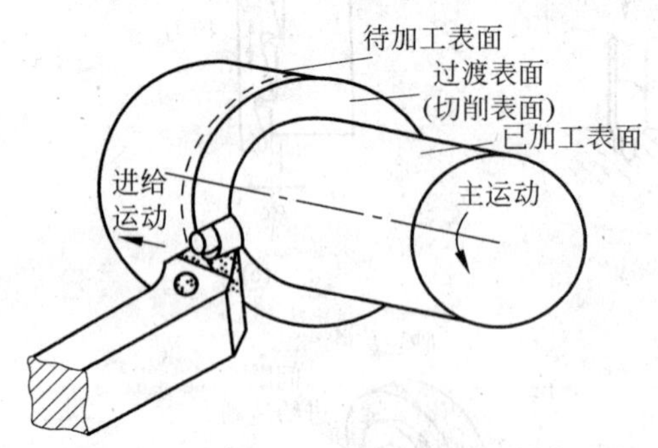

图 1-2　外圆车削的切削运动与加工表面

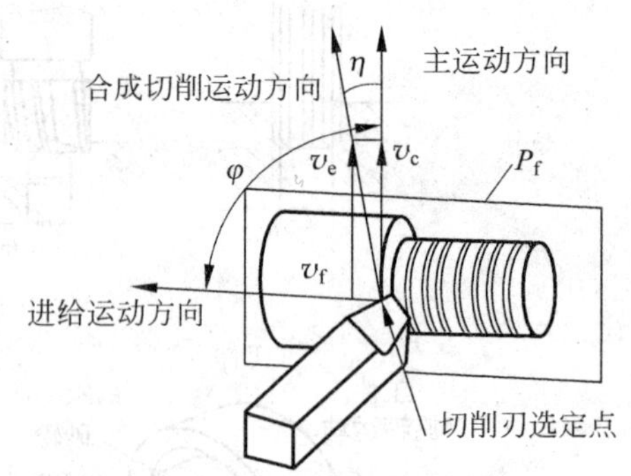

图 1-3　车刀相对于工件的运动

1.1.3 切削用量

在切削加工过程中，需要针对不同的工件材料、刀具材料和其他技术经济要求来选定适

宜的切削速度 v、进给量 f 或进给速度 v_f 值，还要选定适宜的背吃刀量 a_p 值。切削速度、进给量和背吃刀量通常称为切削用量三要素。

1. 切削速度 v

它是刀刃上选定点相对于工件的主运动线速度。刀刃上各点的切削速度可能是不同的。当主运动是旋转运动时，切削速度(m/min 或 m/s)由下式确定：

$$v = \frac{\pi dn}{1000} \tag{1-1}$$

式中：d——工件待加工表面最大直径，mm；

n——工件主运动的转速，r/min 或 r/s。

若主运动为往复直线运动(如刨削、插削等)，则以平均速度(m/min 或 m/s)为切削速度，由下式确定：

$$v = \frac{2Ln_r}{1000} \tag{1-2}$$

式中：L——往复行程长度，mm；

n_r——主运动每秒或每分钟的往复次数。

2. 进给量 f

进给速度 v_f 是刀刃上选定点相对于工件的进给运动速度，单位为 mm/s。进给量 f 是工件或刀具的主运动每转一转或每完成一次行程时，两者在进给运动方向上的相对位移量。如外圆车削时 f 的单位为 mm/r；平面刨削时为 mm/st(1 st 为 1 个行程)。进给量分为每转或每行程进给量 f(mm/r 或 mm/st)和每齿进给量 f_z(mm/z)。

若刀具齿数为 z，则每转进给量与进给速度、每齿进给量的关系为

$$v_f = fn = f_z zn \tag{1-3}$$

3. 背吃刀量 a_p

对车削和刨削而言，背吃刀量 a_p 是工件上待加工表面和已加工表面之间的垂直距离。如图 1-4 所示，外圆车削的背吃刀量(mm)为

$$a_p = \frac{d_w - d_m}{2} \tag{1-4}$$

式中：d_w——工件待加工表面的直径，mm；

d_m——工件已加工表面的直径，mm。

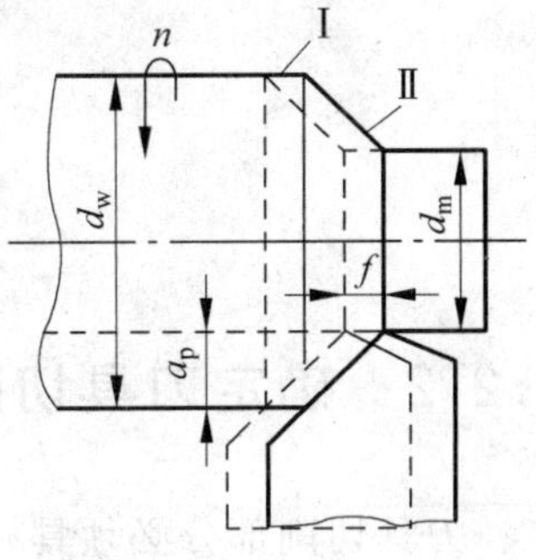

图 1-4　外圆车削时的进给量和背吃刀量

1.2　金属切削刀具的几何参数

金属切削刀具的种类很多，结构各异，但各种刀具的切削部分却具有共同的特征。外圆车刀是最基本、最典型的刀具，车刀的切削部分与其他刀具刀齿的切削部分基本相同。

1.2.1 刀具切削部分的结构要素

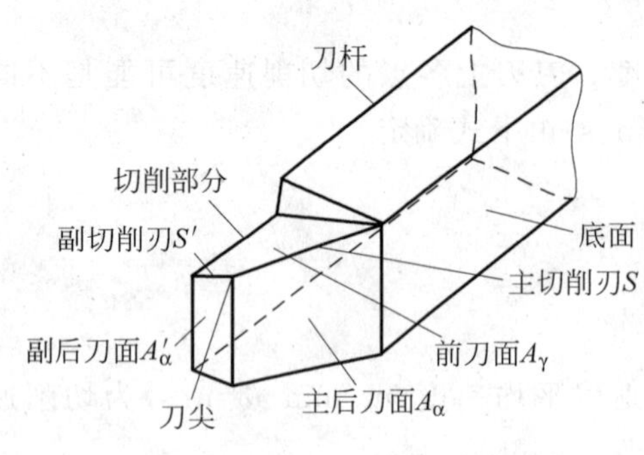

图 1-5 外圆车刀的切削部分

如图 1-5 所示,刀具的切削部分是由三个刀面、两个刀刃和一个刀尖等结构要素组成的。

(1) 前刀面 A_γ 刀具上切屑流过的表面。

(2) 主后刀面 A_α 与工件过渡表面相对的刀面。

(3) 副后刀面 A'_α 与工件已加工表面相对的刀面。

(4) 主切削刃 S 前刀面与主后刀面的交线,它承担主要的切削工作,并形成工件上的过渡表面。

(5) 副切削刃 S' 前刀面与副后刀面的交线,协助主切削刃切除多余金属,形成已加工表面。

(6) 刀尖 主、副切削刃连接处很短的一部分切削刃,常用刀尖有三种形式,即交点刀尖、圆弧刀尖、倒棱刀尖,如图 1-6 所示。

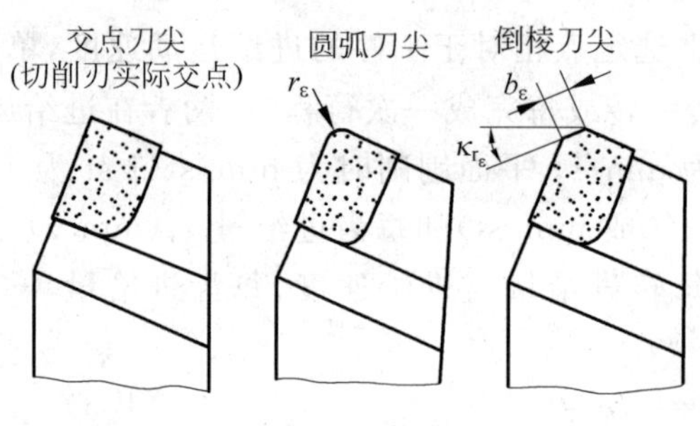

图 1-6 刀尖形状

1.2.2 确定刀具切削角度的参考平面

刀具切削部分必须具有合理的几何形状,才能保证切削加工的顺利进行,并获得预期的加工质量。刀具切削部分的几何形状主要由一些刀面和刀刃的方位角度来表示。为了确定和测量刀具的这些角度,必须引入参考平面。构成刀具标注角度参考系的参考平面通常有基面、切削平面、正交平面、法平面、背平面和假定工作平面。

(1) 基面 P_r 基面是通过主切削刃 S 上选定点,垂直于主运动方向的平面,如图 1-7 所示。通常基面应平行或垂直于刀具在制造、刃磨和测量时便于安装、定位的某一平面或轴线。

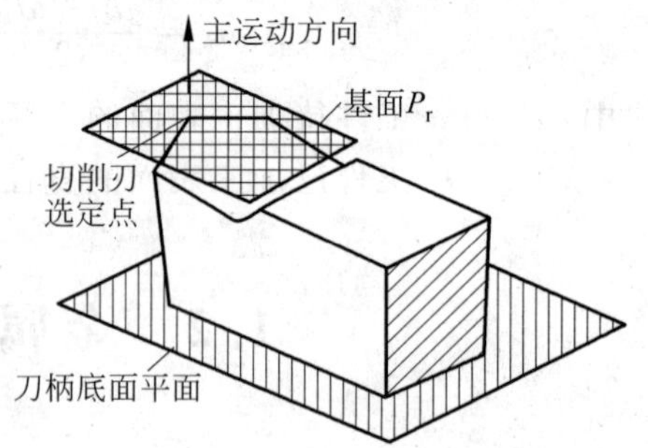

图 1-7 普通车刀的基面 P_r

例如，普通车刀、刨刀的基面 P_r 平行于刀具底面，如图 1-7 所示。钻头和铣刀等旋转类刀具，其切削刃上各点的主运动（即回转运动）方向都垂直于通过该点并包含刀具旋转轴线的平面，故其基面 P_r 就是刀具的轴向平面。

(2) 切削平面 P_s　切削平面是通过主切削刃 S 上选定点，同时与主切削刃 S 相切，并垂直于基面 P_r 的平面。也就是主切削刃 S 与切削速度方向构成的平面。

基面和切削平面十分重要。这两个平面加上不同的剖面，便构成不同的刀具角度参考系。

(3) 副切削平面 P_s'　副切削平面是通过副切削刃 S' 上选定点，同时与副切削刃 S' 相切，并垂直于基面 P_r 的平面。

(4) 正交平面 P_o　正交平面是通过主切削刃 S 上选定点，同时垂直于基面 P_r 和切削平面 P_s 的平面，又称为主剖面。

(5) 法平面 P_n　法平面是通过主切削刃 S 上的选定点，并垂直于主切削刃 S 的平面，如图 1-8(b)所示，又称为切削刃法剖面。

(6) 背平面 P_p　背平面是通过主切削刃 S 上的选定点，同时垂直于基面 P_r 和进给方向的平面，如图 1-8(c)所示，又称为切深剖面。

(7) 假定工作平面 P_f　假定工作平面是通过主切削刃 S 上的选定点，同时垂直于基面 P_r 和背平面 P_p 的平面，如图 1-8(c)所示，又称为进给剖面。通常 P_f 也平行或垂直于刀具在制造、刃磨和测量时便于安装、定位的某一平面或轴线。例如，车刀和刨刀的 P_f 垂直于刀柄底面(图 1-8(c))；钻头、拉刀、端面车刀、切断刀等的 P_f 平行于刀具轴线；铣刀的 P_f 则垂直于铣刀轴线。

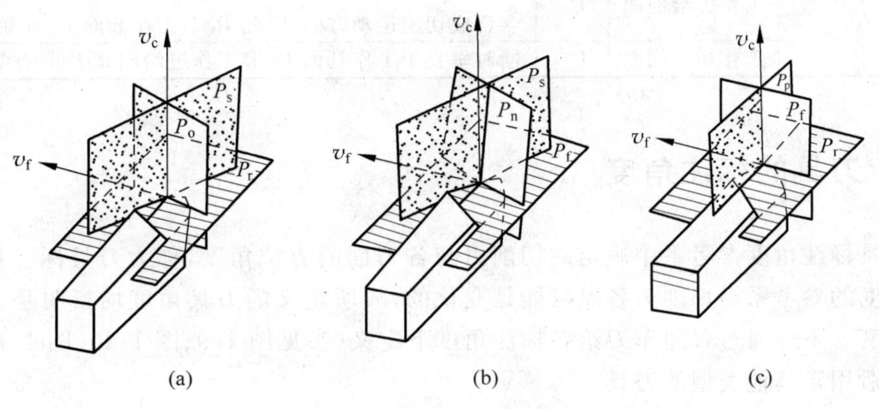

图 1-8　刀具标注角度参考系

1.2.3　刀具几何角度参考系

1. 刀具标注角度参考系

(1) 正交平面参考系　由正交平面 P_o 与基面 P_r 和切削平面 P_s 共同组成的参考系，又称为主剖面参考系。如图 1-8(a)所示，$P_r-P_s-P_o$ 组成一个正交的主剖面参考系。这是目前生产中最常用的刀具标注角度参考系。

(2) 法平面参考系　由法平面 P_n 与基面 P_r 和切削平面 P_s 共同组成的参考系，又称为法剖面参考系。如图 1-8(b)所示，$P_r - P_s - P_n$ 组成一个法剖面参考系。由该图可知，法剖面参考系与主剖面参考系中的基面和切削平面相同，只是二者中的剖面不同。

(3)背平面、假定工作平面参考系　由假定工作平面 P_f 和背平面 P_p 与基面共同组成的参考系，如图 1-8(c)所示，为由 $P_r - P_f - P_p$ 组成的背平面、假定工作平面参考系。

2. 刀具工作角度参考系

在刀具标注角度参考系里定义基面时，只考虑了主运动，未考虑进给运动。但是，刀具在实际使用时，这样的参考系所确定的刀具角度往往不能反映切削加工的真实情形，只有通过合成切削运动方向来确定参考系，才符合实际情况。其定义见表 1-1。

表 1-1　刀具工作角度参考系

参考系	参考平面	符号	定义与说明
工作主剖面参考系	工作基面	P_{re}	垂直于合成切削运动方向的平面
	工作切削平面	P_{se}	与切削刃 S 相切并垂直于工作基面 P_{re} 的平面
	工作主剖面	P_{oe}	同时垂直于工作基面 P_{re} 和工作切削平面 P_{se} 的平面
工作法剖面参考系	工作基面	P_{re}	垂直于合成切削运动方向的平面
	工作切削平面	P_{se}	与切削刃 S 相切并垂直于工作基面 P_{re} 的平面
	切削刃法剖面	P_{ne}	工作系中的切削刃法剖面与标注系中所定义的切削刃法剖面相同，即 $P_{ne} = P_n$
工作进给、切深剖面参考系	工作基面	P_{re}	垂直于合成切削运动方向的平面
	工作进给剖面	P_{fe}	由主运动方向和进给运动方向所组成的平面。显见，P_{fe} 包含合成切削运动方向，因此 P_{fe} 与工作基面 P_{re} 互相垂直
	工作切深剖面	P_{pe}	同时垂直于工作基面 P_{re} 和工作进给剖面 P_{fe} 的平面

1.2.4　刀具的标注角度

在刀具标注角度参考系中确定的切削刃与各刀面的方位角度，称为刀具标注角度。由于刀具角度的参考系沿切削刃各点可能是变化的，故所定义的刀具角度均指明是切削刃选定点的角度。下面通过普通车刀给各标注角度下定义(参见图 1-9、图 1-10、图 1-11)，这些定义同样适用于其他类型的刀具。

1. 正交平面参考系内的标注角度(图 1-9)

在正交平面参考系中的参考平面 P_r、P_o 和 P_s 内有如下一些标注角度。

1) 正交平面 P_o 内的标注角度

(1) 前角 γ_o　在正交平面内度量的基面 P_r 与前刀面 A_γ 的夹角。

(2) 后角 α_o　在正交平面内度量的后刀面 A_α 与切削平面 P_s 的夹角。

(3) 楔角 β_o　在正交平面内度量的后刀面 A_α 与前刀面 A_γ 的夹角。楔角 β_o 为派生角度，显然，有如下关系：

$$\beta_o = 90° - (\alpha_o + \gamma_o)$$

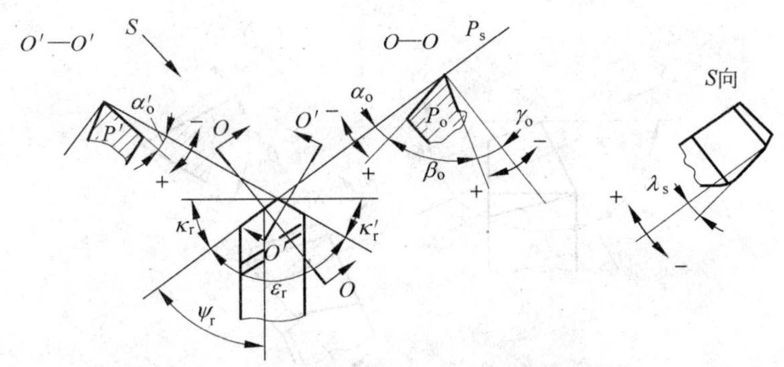

图 1-9　外圆车刀主剖面参考系标注角度

2）切削平面 P_s 内的标注角度

刃倾角 λ_s　在切削平面内度量的主切削刃 S 与基面 P_r 的夹角。

3）基面 P_r 内的标注角度

（1）主偏角 κ_γ　在基面 P_r 内度量的切削平面 P_s 与假定工作（进给）平面 P_f 之间的夹角。

在正交平面参考系里定义了 5 个角度：$\gamma_o, \alpha_o, \lambda_s, \kappa_\gamma$ 和 β_o。其中 β_o 是派生角度，只有前 4 个角度是独立的。当给定刃倾角 λ_s 和主偏角 κ_γ 后，主切削刃 S 在空间的方位就被唯一确定。再进一步给定前角 γ_o 和后角 α_o 后，前刀面 A_γ 和后刀面 A_α 也被唯一确定。对于单刃刀具，若给定这 4 个独立角度，那么它的切削部分的几何形状便被唯一确定。

（2）副偏角 κ'_γ　在基面 P_r 内度量的副切削平面 P'_s 与假定工作（进给）平面 P_f 之间的夹角。

对于同时具有主切削刃 S 和副切削刃 S' 的刀具，如图 1-9 所示，还必须给出与副切削刃 S' 有关的 4 个独立角度：副偏角 κ'_γ、副刃倾角 λ'_s、副前角 γ'_o 和副后角 α'_o，这样，刀具切削部分的几何形状才能确定。与副切削刃 S' 有关的 4 个独立角度的定义可以参照 $\gamma_o, \alpha_o, \lambda_s, \kappa_\gamma$ 的定义，这里不再赘述。

（3）刀尖角 ε_γ　在基面内度量的切削平面 P_s 和副切削平面 P'_s 的夹角。也可以定义为主切削刃 S 和副切削刃 S' 在基面上投影的夹角。可知

$$\varepsilon_\gamma = 180° - (\kappa_\gamma + \kappa'_\gamma)$$

前角 γ_o、后角 α_o 和刃倾角 κ_γ 是有正负号的。其正负号的判定如图 1-9 所示。

2. 法平面参考系内的标注角度（图 1-10）

法平面参考系和正交平面参考系的差别仅在于采用的剖面不同。因此只有法平面内的标注角度和正交平面内的标注角度不同，其余角度是相同的，所以只需定义法平面 P_n 内的标注角度即可。

（1）法前角 γ_n　在法平面内度量的前刀面 A_γ 与基面 P_r 之间的夹角。

（2）法后角 α_n　在法平面内度量的切削平面 P_s 与后刀面 A_α 之间的夹角。

（3）法楔角 β_n　在法平面内度量的前刀面 A_γ 与后刀面 A_α 之间的夹角。法楔角 β_n 为派生角度，上述 3 个角度之间有如下关系：

$$\gamma_n + \alpha_n + \beta_n = 90°$$

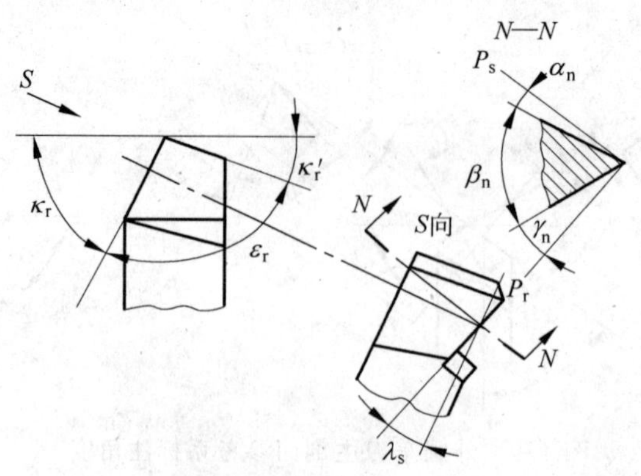

图1-10 外圆车刀法平面参考系标注角度

3. 背平面、假定工作平面参考系内的标注角度

背平面、假定工作平面参考系中的标注角度可以从图1-11所示的R向视图P_r、F-F(P_f)和P-P(P_p)剖面图得到。假定工作(进给)平面P_f内的标注角度有侧前角γ_f、侧后角α_f和侧楔角β_f;背(切深)平面P_p内有背前角γ_p、背后角α_p和背楔角β_p。

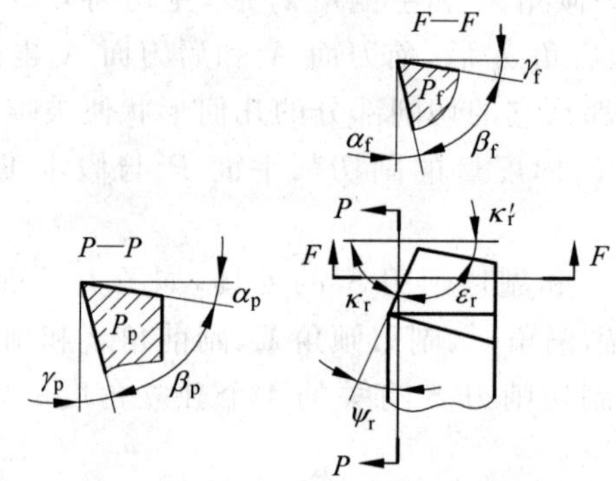

图1-11 外圆车刀背平面、假定工作平面参考系标注角度

1.2.5 刀具的工作角度

在实际切削加工中如果考虑进给运动和刀具安装条件,则刀具的工作角度不等于刀具的标注角度。

1. 进给运动对刀具工作角度的影响

通常进给速度远小于主运动速度,所以在一般安装条件下,刀具的工作角度近似地等于标注角度,如普通车削、镗削、端铣、周铣等。只有在进给运动引起刀具角度值变化较大时(如车螺纹或丝杠、铲背和钻孔时)才计算工作角度。

1) 横车

以切断刀为例(见图1-12),当不考虑进给运动时,车刀主切削刃上选定点相对于工件

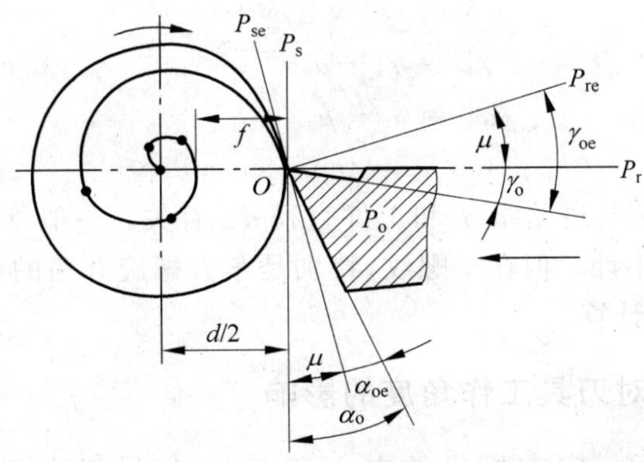

图 1-12　横向进给运动对工作角度的影响

的运动轨迹为一圆周，切削平面 P_s 为通过主切削刃上该点并切于圆周的平面，基面 P_r 为平行于刀杆底面同时垂直于 P_s 的平面，标注前角 γ_o 和标注后角 α_o 就是工作前角和后角。当考虑进给运动后，主切削刃选定点相对于工件的运动轨迹为一平面阿基米德螺旋线，切削平面变为通过主切削刃并与螺旋面相切的平面 P_{se}，基面也相应倾斜为 P_{re}，角度变化值为 μ。工作正交平面 P_{oe} 仍为 P_o 平面。此时在刀具工作角度参考系 P_{re}-P_{se}-P_{oe} 内，刀具工作角度 γ_{oe} 和 α_{oe} 为

$$\left.\begin{aligned}\gamma_{oe} &= \gamma_o + \mu \\ \alpha_{oe} &= \alpha_o - \mu \\ \tan\mu &= \frac{v_f}{v} = \frac{fn}{\pi dn} = \frac{f}{\pi d}\end{aligned}\right\} \tag{1-5}$$

由式(1-5)可知，进给量 f 越大，μ 也越大，说明对于大进给量的切削，不能忽略进给运动对刀具角度的影响。另外，随着刀具横向进给不断进行，d 越来越小，μ 值随之增大。靠近中心时，μ 值急剧增大，工作后角 α_{oe} 将变为负值。

2）纵车

同理，纵车时也是由于工作中基面 P_r 和切削平面 P_s 发生了变化，形成了一个合成切削速度角 μ_f，引起了工作角度的变化。如图 1-13 所示，假定车刀 $\lambda_s=0°$，在不考虑进给运动时，基面 P_r 平行于刀柄底面，切削平面 P_s 垂直于刀柄底面，标注前角 γ_o 和标注后角 α_o 就是刀具工作前角和后角；考虑进给运动后，工作切削平面 P_{se} 为切于螺旋面的平面，刀具工作角度参考系 P_{se}-P_{re} 倾斜了一个 μ_f 角，则工作假定平面内的工作角度为

$$\left.\begin{aligned}\gamma_{fe} &= \gamma_f + \mu_f \\ \alpha_{fe} &= \alpha_f - \mu_f \\ \tan\mu_f &= \frac{f}{\pi d}\end{aligned}\right\} \tag{1-6}$$

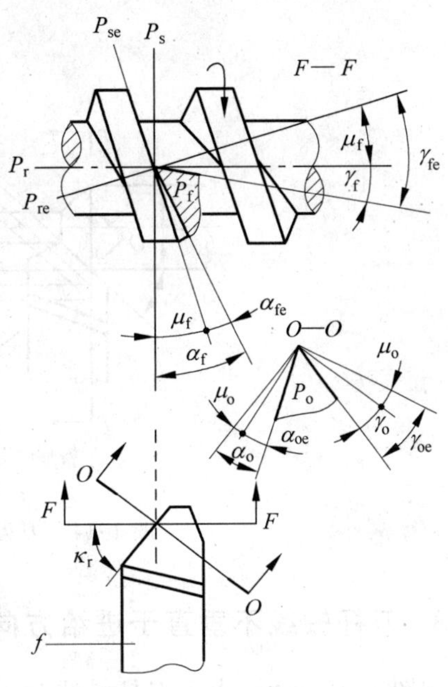

图 1-13　纵向进给运动对工作角度的影响

在正交平面内的角度为

$$\left.\begin{aligned} \gamma_{oe} &= \gamma_o + \mu_o \\ \alpha_{oe} &= \alpha_o - \mu_o \\ \tan\mu_o &= \tan\mu_f \sin\kappa_r \end{aligned}\right\} \tag{1-7}$$

由式(1-7)可知,μ_f 值与进给量 f 和工件直径 d_w 有关。一般外圆车削的 μ_f 值不超过 $30'\sim40'$,因此可以忽略不计。但在车螺纹,特别是车大螺旋升角的多头螺纹时,μ_f 的值很大,必须进行工作角度的计算。

2. 刀尖位置高低对刀具工作角度的影响

安装刀具时,刀尖不一定在机床的中心高度上,如果刀尖高于机床中心高度(见图1-14),此时选定点 A 的基面 P_r 和切削平面 P_s 变为过 A 点的径向平面 P_{re} 和与之垂直的切削平面 P_{se},其在背平面 P_{pe} 中的工作前角和后角分别为 γ_{pe}、α_{pe}。可见,刀具工作前角比标注角度 γ_p 增大了,工作后角比标注后角 α_p 减小了。计算公式为

$$\left.\begin{aligned} \gamma_{pe} &= \gamma_p + \theta_p \\ \alpha_{pe} &= \alpha_p - \theta_p \\ \theta_p &= \arctan\frac{h}{\sqrt{(d_w/2)^2 - h^2}} \end{aligned}\right\} \tag{1-8}$$

式中:θ_p——刀尖位置变化引起前角、后角的变化值,rad;

h——刀尖高于机床中心的数值,mm。

在正交平面内的角度为

$$\left.\begin{aligned} \gamma_{oe} &= \gamma_o + \theta_o \\ \alpha_{oe} &= \alpha_o - \theta_o \\ \tan\theta_o &= \tan\theta_p \cos\kappa_r \end{aligned}\right\} \tag{1-9}$$

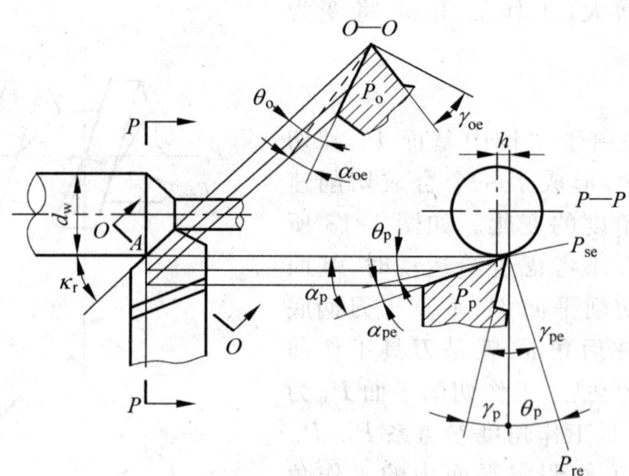

图1-14 刀刃选定点安装高低与工作角度

3. 刀杆轴线不垂直于进给方向时对刀具工作角度的影响

如图1-15所示,由于刀杆轴线与进给方向不垂直而偏离 G 角度,将影响主偏角和副偏

角的大小：

$$\kappa_{re} = \kappa_r \pm G$$
$$\kappa'_r = \kappa'_r \mp G$$

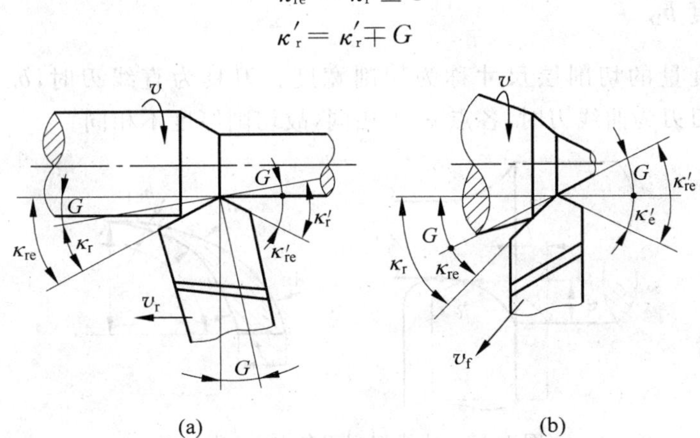

图 1-15　刀杆中心线不垂直于进给方向

(a) 刀头左偏；(b) 刀头右偏

1.3　切削层参数与切削方式

1.3.1　切削层参数

在切削过程中，刀具或工件沿进给方向移动一个 f 或 f_z 时，刀具的刀刃从工件待加工表面切下的金属层称为切削层。切削层参数是指切削层的截面尺寸，它决定刀具所承受的负荷和切屑的尺寸大小。现以外圆车削为例来说明切削层参数。如图 1-16 所示，车削外圆时，工件每转一转，车刀沿工件轴线移动一个进给量 f 的距离，主切削刃及其对应的工件切削表面也连续由位置Ⅱ移至Ⅰ，因而Ⅰ、Ⅱ之间的一层金属被切下，这一切削层的参数，通常都是在过刀刃选定点的基面内观察和度量的。

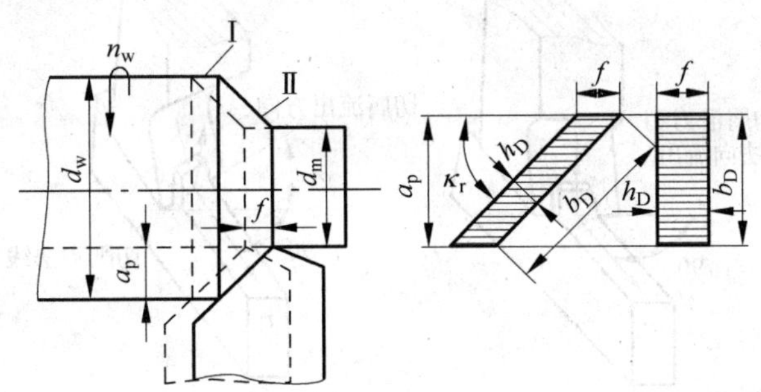

图 1-16　外圆纵车时切削层参数

1. 切削厚度 h_D

垂直过渡表面度量的切削层尺寸称为切削厚度。外圆纵车 $\lambda_s = 0°$时，$h_D = f\sin\kappa_r$。由此可见，f 或 κ_r 增大时，则 h_D 变大。

2. 切削宽度 b_D

沿过渡表面度量的切削层尺寸称为切削宽度。刀具为直线刃时，$b_D = a_p/\sin\kappa_r$。如图 1-17 所示，当刀刃为曲线刃时，各点 κ_r 不相同，故切削厚度不相同。

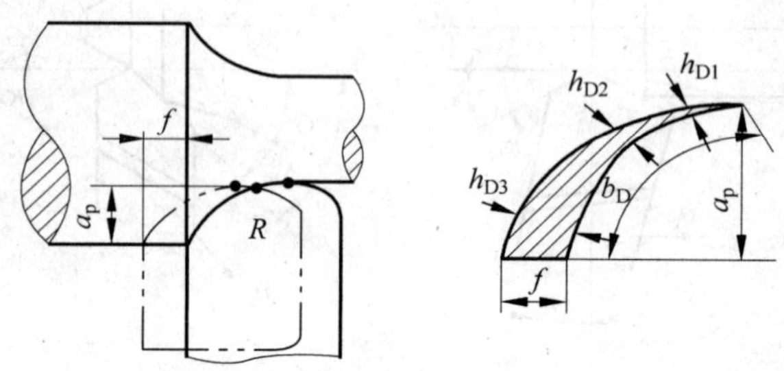

图 1-17 曲线切削刃各点 h_D 及 b_D

3. 切削面积 A_D

切削层在基面内的截面面积称为切削层面积(mm^2)，即

$$A_D = h_D b_D = f a_p$$

1.3.2 切削方式

1. 直角切削和斜角切削

所谓直角切削是指刀刃垂直于合成切削运动方向的切削方式，如图 1-18(a)所示，直角切削时，其刀刃刃倾角 $\lambda_s = 0°$。斜角切削时刀刃不垂直于合成切削运动方向，即 $\lambda_s \neq 0°$，如图 1-18(b)所示。直角切削方式，其切屑流出方向在刀刃法平面内；而斜角切削方式，切屑流出方向不在法平面内。

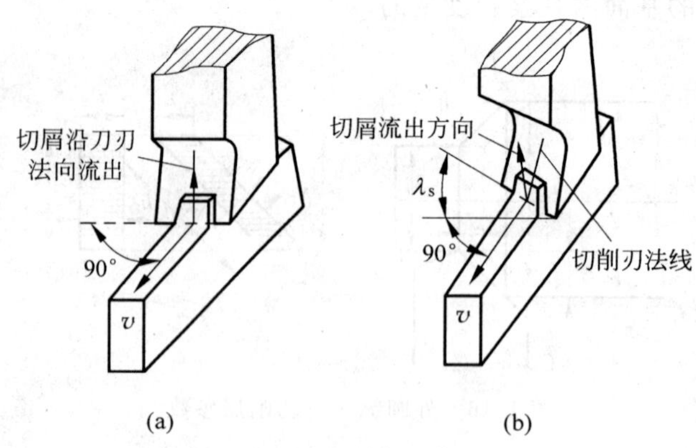

图 1-18 直角切削和斜角切削
(a) 直角切削；(b) 斜角切削

2. 自由切削与非自由切削

所谓自由切削是指只有一条直线刀刃参与切削。其特点是刀刃上各点切屑流出方向一致，且金属变形在二维平面内。图 1-18(a)既是直角切削方式，又是自由切削方式，故称为直角自由切削。曲线刀刃或两条以上刀刃参与切削的切削方式称为非自由切削。

在实际生产中，切削通常属于非自由切削方式。在研究金属变形时为了简化条件，常采用直角自由切削方式进行分析。

1.4 刀具材料及选用

在切削过程中，刀具担负着切除工件上多余金属以形成已加工表面的任务。刀具的切削性能好坏，取决于刀具切削部分的材料、几何参数以及结构的合理性等几个方面。刀具材料对刀具寿命、加工生产效率、加工质量以及加工成本都有很大影响，因此必须合理选择。

1.4.1 刀具材料应具备的性能

刀具在切削时要承受高温、高压、强烈的摩擦、冲击和振动，因此刀具材料必须具备以下性能。

(1) 高的硬度和耐磨性　刀具材料应具备高的硬度和耐磨性。一般刀具材料的硬度越高，耐磨性就越好。刀具材料的硬度一般大于 84 HRA。

(2) 足够的强度和韧性　切削过程中，刀具的切削部分承受很大的切削负荷，尤其在断续切削过程中更要承受循环的热及机械冲击。因此，刀具材料必须具备足够的强度和韧性。

(3) 高的热稳定性　刀具在高温下工作，要求刀具材料具备高的热稳定性，也称高的耐热性，即刀具材料在高温下保持硬度、耐磨性、抗氧化、强度和韧性的能力。

(4) 良好的物理特性和工艺性　刀具材料应具备良好的导热性、大的热容量、优良的抗热冲击性能以及良好的加工工艺性和热处理工艺性。此外，刀具材料还应具有良好的经济性。

1.4.2 刀具材料

目前金属切削刀具材料包括高速钢、硬质合金钢、涂层硬质合金和涂层高速钢、金属陶瓷、金刚石及立方氮化硼等。其中高速钢、硬质合金钢以及涂层硬质合金和涂层高速钢成为目前最常用的刀具材料。各种刀具材料的物理力学性能如表 1-2 所示。

1. 高速钢

高速钢是含有 W、Mo、Cr、V 等合金元素较多的工具钢，俗称白钢，其性能如表 1-3 所示。高速钢和硬质合金相比，塑性、韧性、导热性和工艺性好，适宜于制造复杂形状的刀具，但硬度、耐磨性和耐热性较差，故常用于制造低速切削的刀具和成形刀具等。

表 1-2 各种刀具材料的物理力学性能

材料种类 / 性能指标	高速钢	硬质合金		TiC(N)基硬质合金	陶瓷			聚晶立方氮化硼	聚晶金刚石
		K系(WC-Co)	P系(WC-TiC-TaC-Co)		Al_2O_3	Al_2O_3-TiC	Si_3N_4		
密度/(g/cm^3)	8.7～8.8	14～15	10～13	5.4～7.0	3.90～3.98	4.2～4.3	3.2～3.6	3.48	3.52
硬度/HRA	84～85	91～93	90～92	91～93	92.5～93.5	93.5～94.5	1350～1600 HV	4500 HV	>9000 HV
抗弯强度/MPa	2000～4000	1500～2000	1300～1800	1400～1800	1400～750	700～900	600～900	500～800	600～1100
抗压强度/MPa	2800～3800	3500～6000		3000～4000	3500～5500		3000～4000	2500～5000	7000～8000
断裂韧性/($MPa\cdot m^{1/2}$)	18～30	10～15	9～14	7.4～7.7	3.0～3.5	3.5～4.0	5～7	6.5～8.5	6.89
弹性模量/GPa	210	610～640	480～560	390～440	400～420	360～390	280～320	710	1020
导热系数/(W/(m·K))	20～30	80～110	25～42	21～71	29	17	20～35	130	210
热膨胀系数/(10^{-6}/K)	5～10	4.5～5.5	5.5～6.5	7.5～8.5	7	8	3.0～3.3	4.7	3.1
耐热性/℃	600～700	800～900	900～1000	1000～1100	1200	1200	1300	1000～1300	700～800

表 1-3 高速钢的力学性能

钢号	常温硬度/HRC	抗弯强度/GPa	冲击韧性/(MJ/m^2)	高温硬度/HRC	
				500℃	600℃
W18Cr4V	63～66	3～3.4	0.18～0.32	56	48.5
W6Mo5Cr4V2	63～66	3.5～4	0.3～0.4	55～56	47～48
9W18Cr4V	66～68	3～3.4	0.17～0.22	57	51
W6Mo5Cr4V3	65～67	3.2	0.25	—	51.7
W6Mo5Cr4V2Co8	66～68	3.0	0.3	—	54
W2Mo9Cr4VCo8	67～69	2.7～3.8	0.23～0.3	～60	～55
W6Mo5Cr4V2Al	67～69	2.9～3.9	0.23～0.3	60	55
W10Mo4Cr4V3Al	67～69	3.1～3.5	0.20～0.28	59.5	54

高速钢按用途分为通用型高速钢和高性能高速钢；按制造工艺分为熔炼型高速钢和粉末冶金高速钢。

（1）通用型高速钢　这类高速钢含碳量为 0.7%～0.9%，合金元素主要成分有 W、Mo、Cr、V 等。按含钨量不同可分为钨钢和钨钼钢。

（2）高性能高速钢　在普通高速钢基础上增大含碳量，添加其他合金元素，使其机械性能和切削性能显著提高，即成为高性能高速钢。高性能高速钢的常温硬度可达 67～70 HRC，高温硬度也相应提高，可用于高强度钢、高温合金、钛合金等难加工材料的切削加工，并可提高刀具使用寿命。

（3）粉末冶金高速钢　将熔融状高速钢用高压氩气或纯氮气进行雾化，形成细小颗粒粉末，再将这些细小颗粒粉末在高温高压下制成钢坯，经锻轧成一定形状，然后制成各种刀具。

2. 硬质合金

硬质合金是由高硬、难熔的金属碳化物（如 WC、TiC、TaC、NbC 等）和金属黏结剂（如 Co、Ni 等）粉末在高温下烧结制成。它与高速钢相比有如下特点：硬度高（89～93 HRA）、耐磨性好（寿命可提高几倍到几十倍，在寿命相同时切削速度可提高 4～10 倍）、耐热性高（在 800～1000℃时仍可切削）。但其抗弯强度低（0.9～1.5 GPa）、断裂韧性低（见表 1-2）。因此硬质合金刀具承受切削振动和冲击负荷能力差。主要硬质合金的性能如表 1-4 所示。

表 1-4　硬质合金成分和性能

合金牌号		化学成分/%				物理力学性能							相似ISO牌号
		WC	TiC	TaC(NbC)	Co	硬度 HRA	硬度 HRC	抗弯强度/GPa	冲击韧性/(kJ/m²)	导热系数/(kW/(m·℃))	线膨胀系数 α/(10^{-6}/℃)	密度/(g/m³)	
WC 基合金													
WC+Co	YG3	97	—	—	3	91	78	1.10	—	87.9	—	14.9～15.3	K01，K05
	YG6	94	—	—	6	89.5	75	1.40	26.0	79.6	4.5	14.6～15.0	K15，K20
	YG8	92	—	—	8	89	74	1.50	—	75.4	4.5	14.4～14.8	K30
	YG3X	97	—	—	3	92	80	1.00	—	—	4.1	15.0～15.3	K01
	YG6X	94	—	—	6	91	78	1.35	—	79.6	4.1	14.6～15.0	K10
WC+TaC(NbC)+Co	YG6A(YA6)	91～96	—	1～3	6	92	80	1.35	—	—	—	14.4～15.0	K10

续表

<table>
<tr><th rowspan="3" colspan="2">合金牌号</th><th colspan="4">化学成分/%</th><th colspan="7">物理力学性能</th><th rowspan="3">相似ISO牌号</th></tr>
<tr><th rowspan="2">WC</th><th rowspan="2">TiC</th><th rowspan="2">TaC(NbC)</th><th rowspan="2">Co</th><th colspan="2">硬度</th><th rowspan="2">抗弯强度/GPa</th><th rowspan="2">冲击韧性/(kJ/m²)</th><th rowspan="2">导热系数/(kW/(m·℃))</th><th rowspan="2">线膨胀系数α/(10⁻⁶/℃)</th><th rowspan="2">密度/(g/m³)</th></tr>
<tr><th>HRA</th><th>HRC</th></tr>
<tr><td colspan="14">WC基合金</td></tr>
<tr><td rowspan="4">WC+TiC+Co</td><td>YT30</td><td>66</td><td>30</td><td>—</td><td>4</td><td>92.5</td><td>80.5</td><td>0.90</td><td>3.00</td><td>20.9</td><td>7.00</td><td>9.35~9.7</td><td>P01</td></tr>
<tr><td>YT15</td><td>79</td><td>15</td><td>—</td><td>6</td><td>91</td><td>78</td><td>1.15</td><td>—</td><td>33.5</td><td>6.51</td><td>11.0~11.7</td><td>P10</td></tr>
<tr><td>YT14</td><td>78</td><td>14</td><td>—</td><td>8</td><td>90.5</td><td>77</td><td>1.20</td><td>7.00</td><td>33.5</td><td>6.21</td><td>11.2~12.7</td><td>P20</td></tr>
<tr><td>YT5</td><td>85</td><td>5</td><td>—</td><td>10</td><td>89.5</td><td>75</td><td>1.30</td><td>—</td><td>62.8</td><td></td><td>12.5~13.2</td><td>P30</td></tr>
<tr><td rowspan="2">WC+TiC+TaC(NbC)+Co</td><td>YW1</td><td>84</td><td>6</td><td>4</td><td>6</td><td>92</td><td>80</td><td>1.25</td><td>—</td><td>—</td><td>—</td><td>13.0~13.5</td><td>M10</td></tr>
<tr><td>YW2</td><td>82</td><td>6</td><td>4</td><td>8</td><td>91</td><td>78</td><td>1.50</td><td>—</td><td>—</td><td>—</td><td>12.7~13.3</td><td>M20</td></tr>
<tr><td colspan="14">TiC基合金</td></tr>
<tr><td rowspan="2">TiC+WC+Ni-Mo</td><td>YN10</td><td>15</td><td>62</td><td>1</td><td>Ni-12 Mo-10</td><td>92.5</td><td>80.5</td><td>1.10</td><td>—</td><td>—</td><td>—</td><td>6.3</td><td>P05</td></tr>
<tr><td>YN05</td><td>8</td><td>71</td><td>—</td><td>Ni-7 Mo-14</td><td>93</td><td>82</td><td>0.90</td><td>—</td><td>—</td><td>—</td><td>5.9</td><td>P01</td></tr>
</table>

国际标准化组织(ISO)将硬质合金分为P、K、M三类。我国的硬质合金刀具材料分类如下。

(1) YG类(WC+Co)硬质合金(相当于K类)　由硬质相WC和黏结相Co组成。常用牌号有YG3、YG6、YG8及YG3X、YG6X。这种合金有较高的抗弯强度和抗冲击韧度,可减少切削时的崩刃。YG类适用于加工短切屑黑色金属、有色金属以及非金属材料,低速时也可加工钛合金等耐热钢。

(2) YT类(WC+TiC+Co)硬质合金(相当于P类)　这类硬质合金的硬质相除WC外还有TiC。常用牌号有YT30、YT15、YT14及YT5,YT类与YG类相比,硬度、耐热性好,但韧性与导热系数较差,适合于加工长切屑黑色金属。含TiC越多,耐热性越高,强度越低,一般用于精加工;含TiC少时,耐热性较低,但强度较高,可用于粗加工。

(3) YW类(WC+TiC+TaC(NbC)+Co)硬质合金(相当于M类)　这类硬质合金是在YT类中加入TaC(NbC)硬质相,使其抗弯强度、冲击韧性和疲劳强度增加,提高了高温性能和抗氧化能力。因此,这类合金既可加工长切屑,也能加工短切屑黑色金属和有色金属,有通用合金之称。

(4) YN 类硬质合金　这类合金是以 TiC 为主要硬质相,以 Ni 或 Mo 为黏结相制成的。它比 WC 基合金有高的耐磨性、耐热性和高的硬度(近似金属陶瓷),但抗弯强度和冲击韧性较差。通常适用于钢和铸铁的半精加工和精加工。代表牌号为 YN05 和 YN10。

此外,超细晶粒硬质合金是一种高硬度、高强度兼备的硬质合金。它具有硬质合金的高硬度和高速钢的强度。代表牌号有 YM051、YM052、YM053,其平均晶粒尺寸为0.4～0.5 μm,1 μm 以下的占 95%以上,其硬度大于 92.5 HRA,抗弯强度在 1600 MPa 以上。YM051 和 YM052 的通用性很强,适用于加工钢和铸铁及高耐热合金。YM053 则主要用于干加工各种铸铁。而金属陶瓷刀具是硬质合金刀具的一种。它主要的硬质相成分是 TiC 和 TiCN,具有高的抗磨损性能。作为刀具材料的金属陶瓷,应用最广泛的 TiCN 金属陶瓷以 Ni 作为黏结金属。与传统的硬质合金相比,它具有较高的热硬性、耐磨性、耐热性、抗月牙洼磨损能力及低摩擦因数的特点,从而刀具寿命较长或在寿命相同的情况下可采用较高的切削速度。与陶瓷相比,TiCN 金属陶瓷接近陶瓷的硬度和耐热性,其抗弯强度和断裂韧度都比陶瓷高,但其抗塑性变形能力、抗崩刃性能差及韧性不好,适用于加工钢材。

3. 涂层硬质合金和涂层高速钢

涂层硬质合金和涂层高速钢是在韧性较好的硬质合金或高速钢刀具基体上,涂覆一层耐磨性高的难熔金属化合物。常见的涂层材料有碳化钛、氮化钛、氧化铝等。涂层硬质合金刀片的寿命可提高 1～3 倍,涂层高速钢刀具的寿命可提高 2～10 倍。加工材料的硬度越高,则涂层刀具的效果越好。

涂层硬质合金是在 YG 类合金基体上涂覆一层高硬、耐磨、难熔金属化合物(如 TiC、TiN、Al_2O_3)。这种合金具有表层硬度高、耐磨性好、化学稳定性强,基体抗弯强度高、韧性好和导热系数大的特点。涂层硬质合金主要用于钢材和铸铁的半精加工和精加工以及小负荷的粗加工。

4. 陶瓷刀具材料

目前使用的陶瓷刀具材料有两种:Al_2O_3 基陶瓷和 Si_3N_4 基陶瓷。

(1) Al_2O_3 基陶瓷　这种陶瓷与硬质合金相比,硬度高、耐热性好、摩擦因数小、化学稳定性好。这类陶瓷刀具可用于加工钢和铸铁以及高硬度合金,但由于其抗弯强度低和冲击韧性较差,通常用于精加工和半精加工。

(2) Si_3N_4 基陶瓷　这种陶瓷强度高、韧性好,特别是抗热冲击性大大优于 Al_2O_3 基陶瓷。因此,可用于加工铸铁及镍基合金。

陶瓷刀具的性能特点如下:

(1) 高的硬度和耐磨性　陶瓷刀具的硬度大大高于硬质合金和高速钢刀具,达到 93～95 HRA。陶瓷刀具的最佳切削速度是硬质合金刀具的 3～10 倍。陶瓷刀具可以加工传统刀具难以加工的高硬材料,实现"以车代磨",陶瓷刀具适合于高速切削和硬切削。

(2) 高的耐热性　陶瓷刀具在 1200℃以上的高温下仍能进行切削,具有很好的高温力学性能,在 1200℃时的硬度仍达到 80 HRA。随着温度的升高,陶瓷刀具的高温力学性能降低很慢。另外,Al_2O_3 陶瓷刀具的抗氧化性特别好,切削刃即使处于炽热状态,也能连续使用。因此陶瓷刀具可以实现干切削,从而省去切削液。

(3) 化学稳定性高　陶瓷刀具不易与金属产生黏结,且耐腐蚀、化学稳定性好,可以减小刀具的黏结磨损。

(4) 低的摩擦因数　陶瓷刀具与金属的亲和力小,摩擦因数低,可降低切削力和切削温度,加工表面质量好。

(5) 原料丰富　硬质合金中的钨和钴等资源缺乏,价格昂贵,而陶瓷刀具材料使用的主要原料氧化铝、氧化硅、碳化物等是地壳中最丰富的化合物,这对刀具材料的发展十分有利。因此,开发和使用陶瓷刀具,对节省重金属也具有十分重要的意义。

5. 金刚石

金刚石是目前发现的最硬的一种物质。其摩擦因数小、导热性好、耐磨性高,所以切削时不易产生积屑瘤和鳞刺,加工表面质量好,刀具寿命高。

目前金刚石刀具有三种:单晶、聚晶整体(PCD)和金刚石复合刀片。它能够加工硬质合金、陶瓷、高硅铝合金及耐磨塑料等。但一般不易加工铁族金属,因为金刚石的碳元素与铁原子有很强的化学亲和作用,使之转化为石墨,失去切削性能。金刚石热稳定性差,在700～800℃以上硬度下降很大,无法切削。目前金刚石刀具多用于有色金属及非金属(如耐磨塑料、石材)的加工,也用于制造磨具和磨料。

金刚石刀具具有如下特点:

(1) 极高的硬度和耐磨性　金刚石的显微硬度达10000 HV,是自然界最硬的物质。它具有极高的耐磨性,天然金刚石的耐磨性为硬质合金的80～120倍,人造金刚石的耐磨性为硬质合金的60～80倍。

(2) 各向异性　单晶金刚石晶体不同晶面及晶向的硬度、耐磨性能、微观强度、研磨加工的难易程度以及与工件的摩擦因数等相差很大。因此,设计和制造单晶金刚石刀具时,必须正确地选择晶体方向。

(3) 具有很低的摩擦因数　金刚石与一些有色金属之间的摩擦因数比其他刀具都低,约为硬质合金的一半,通常在0.1～0.3之间。摩擦因数低可减小切削温度和切削力。

6. 立方氮化硼(CBN)

它是硬度仅次于金刚石的物质,与金刚石相比,化学惰性强、热稳定性高、耐磨性高。立方氮化硼刀具能以硬质合金刀具加工普通钢和铸铁的切削速度切削淬硬钢、冷硬铸铁和高温合金等,加工精度可达IT5,表面粗糙度可达$Ra0.05\ \mu m$。在加工高硬度(>50 HRC)、高强度、低热传导率的铁族金属及其合金时,立方氮化硼刀具具有加工精度高、表面粗糙度低、切削速度快、刀具寿命长等特点。因此它是目前加工黑色金属材料以及实现高效、高速和高精度切削加工的最佳刀具材料。但立方氮化硼与水起反应,故一般不用切削液或用不含水的切削液。目前立方氮化硼多用于磨具和磨料,也可做成整体聚晶刀具,或做成立方氮化硼与硬质合金的复合刀具。

立方氮化硼刀具具有如下特点:

(1) 高的硬度和耐磨性　CBN晶体结构与金刚石相似,晶格常数相近,因此具有和金刚石相近的硬度。CBN微粉的显微硬度为8000～9000 HV,其CBN烧结体的硬度达到3000～5000 HV。在切削耐磨材料时,其耐磨性为硬质合金刀具的50倍,为涂层硬质合金刀具的 30 倍。CBN 特别适合于加工从前只能磨削的高硬度材料，实现“以车代磨”。

(2) 具有很高的热稳定性　CBN 的耐热性可达 1400～1500℃，比金刚石的耐热性(700～800℃)几乎高 1 倍。因此 CBN 刀具可用比硬质合金高 3～5 倍的速度高速切削淬硬钢。

(3) 优良的化学稳定性　CBN 的化学惰性大，与铁系材料在 1200～1300℃时不起化学作用。CBN 具有很高的抗氧化能力，在 1000℃时也不会产生氧化现象。但在 1000℃左右时，与水产生水解作用。因此，CBN 刀具最适合干切削加工方式。

(4) 具有较高的导热性　在各类刀具材料中 CBN 的导热系数仅次于金刚石，大大高于高速钢和硬质合金。CBN 的导热系数是紫铜的 3.2 倍，是硬质合金的 20 倍。

(5) 具有较低的摩擦因数　CBN 与不同材料间的摩擦因数为 0.1～0.3，比硬质合金的摩擦因数(0.4～0.6)小得多。低摩擦因数可使切削时切削力减小，切削温度降低，使 CBN 刀具切削时不易形成滞留层或积屑瘤，有利于加工表面质量提高。

习题与思考题

1-1　试说明外圆车削、端面车削、刨削、铣削的切削运动及工件上的各表面。

1-2　车刀切削部分由哪些面和刃组成？

1-3　在正交平面参考系中标注车刀各角度：$\kappa_r=60°$，$\kappa_r'=45°$，$\gamma_o=10°$，$\alpha_o=5°$，$\lambda_s=-10°$。

1-4　试以横车(切断)为例说明车刀工作角度与标注角度的关系。

1-5　端面车削时，刀尖高(或低)于工件中心时，车刀的前角、后角有何变化？

1-6　切削层参数指的是什么？它们与背吃刀量和进给量有何关系？

1-7　刀具切削部分材料应具备哪些基本性能？为什么？

1-8　刀具材料有哪几种？常用牌号有哪些？性能如何？常用于何种刀具？如何选用？

1-9　说明涂层硬质合金、涂层高速钢刀具的品种、特点及应用范围。

1-10　从化学成分、物理机械性能和应用范围，说明陶瓷、立方氮化硼、金刚石刀具材料的特点。

1-11　刀具材料与被加工材料应如何匹配？怎样根据工件材料的性质和切削条件正确选择刀具？

1-12　超硬高速钢有哪些品种？我国根据资源条件研制了哪些牌号的超硬高速钢？各有何特色？

1-13　试列举普通高速钢的品种与牌号，并说明它们的性能特点。

1-14　试列举常用硬质合金的品种和牌号，并说明它们的性能特点和应用范围。

第2章

金属切削的基本规律及其应用

知识点

- 切削变形及其影响因素
- 积屑瘤的成因
- 影响切削力的因素及其计算方法
- 影响切削温度的因素和刀具磨损的机理
- 刀具合理几何参数的选择
- 切屑形态
- 刀具前角、后角、主偏角、副偏角和刃倾角的作用
- 切削液的种类

本章导读

本章分析了金属切削加工过程中的切削力、切削热、切削温度和刀具磨损等各种现象产生的原因及其影响因素，讨论了生产中出现的积屑瘤、振动和切屑的卷曲与折断等问题，并对材料的切削性能以及切削液的选择做了介绍。

2.1 金属切削过程中的变形

金属切削过程是指通过切削运动，由刀具从工件上切下多余的金属层而形成切屑并获得已加工表面的过程。切削过程中切削区域内的变形是金属切削过程中最基本的物理现象，其变形规律是研究切削力、切削热、切削温度和刀具磨损等现象的重要理论基础。

2.1.1 挤压与切削

在切削过程中，切削层金属在刀具的作用下经过一系列复杂的过程变成切屑。在这一过程中，刀具前刀面对切削层金属进行挤压，产生了切削层金属的剪切滑移变形这一最基本的现象。切屑形成的本质是切削层金属的剪切滑移和剪切破坏。切削过程可以用金属挤压过程模型加以描述，如图 2-1 所示。

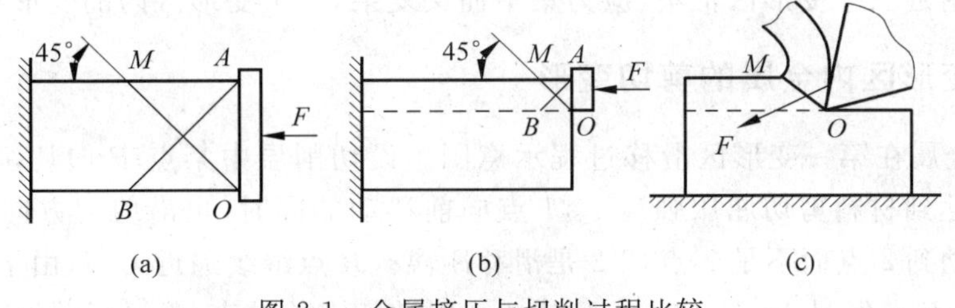

图 2-1　金属挤压与切削过程比较

(a) 正挤压；(b) 偏挤压；(c) 切削

1. 正挤压

如图 2-1(a)所示，金属材料受正压力 F 作用时，材料在其横截面上受到均匀的压应力作用，根据纯剪切理论，金属材料会沿 AB 或 OM 面发生剪切滑移直至材料发生剪切断裂。

2. 偏挤压

如图 2-1(b)所示，金属材料一部分受挤压时，被挤压金属由于受到 OB 线以下母体材料的阻碍，不能沿 AB 面滑移，而只能沿 OM 面滑移。当刀具的前角 γ_o 和刃倾角 λ_s 均等于零时，刀具对切削层金属的作用就相当于偏挤压的情况。

3. 切削

如图 2-1(c)所示，刀具对切削层金属的作用与偏挤压情况类似。切削层金属在刀具的挤压作用下，产生弹性变形→剪切应力增大，达到屈服点→产生塑性变形，沿 OM 面滑移→剪切应力与滑移量继续增大，达到断裂强度→与母体脱离→形成切屑，沿前刀面流出。

2.1.2　切削层金属的变形

1. 变形区的划分

现以直角自由切削方式切削塑性材料为基础模型来研究切屑的形成。根据实验，切削层金属在刀具作用下变成切屑的形态大体可划分为三个变形区。图 2-2 所示为金属切削过程中的滑移线和流线示意图。

(1) 第一变形区(Ⅰ)　从 OA 线开始金属发生剪切变形，到 OM 线金属晶粒的剪切滑移基本结束，AOM 区域称为第一变形区(或剪切区)。该区域是切屑变形的基本区，其特征是晶粒发生剪切滑移，并产生剪切面的滑移变形。

(2) 第二变形区(Ⅱ)　该区是刀-屑接触区。切屑沿前刀面流出时受到挤压和摩擦，使靠近前刀面的晶粒进一步剪切滑移。其特征是晶粒剪切滑移剧烈呈纤维化，纤维化方向与前刀面平行，有时有滞流层。

(3) 第三变形区(Ⅲ)　该区是刀-工接触区，已加工表面受到刀刃钝圆部分及后刀面的挤压和摩擦，金属晶粒进一步剪切滑移，有时也呈纤维化，其方向平行于已加工表面，并产生加工硬化和回弹现象。

在切削刃附近三个变形区汇集,应力集中而又复杂,三个变形区内的变形相互影响。

2. 第一变形区内金属的剪切变形

图 2-3 是金属在第一变形区滑移过程示意图。设切削层中某点 P 向切削刃逼近,到 1 点时剪切应力达到材料剪切屈服强度 τ_s,1 点向前移动的同时,也沿剪切方向滑移,其合成运动使 1 点流动到 2 点而不是 $2'$点,$2'2$ 是滑移距离。P 点继续逼近刀刃,由于硬化现象,剪应力增大,因此 P 点经过 1—2—3—4,到达 4 点时剪切滑移结束,沿平行前刀面方向流出成为切屑。OA 线为始滑移线,OM 线为终滑移线。切削层金属是在 AOM 区域内通过剪应力产生滑移变成切屑的。

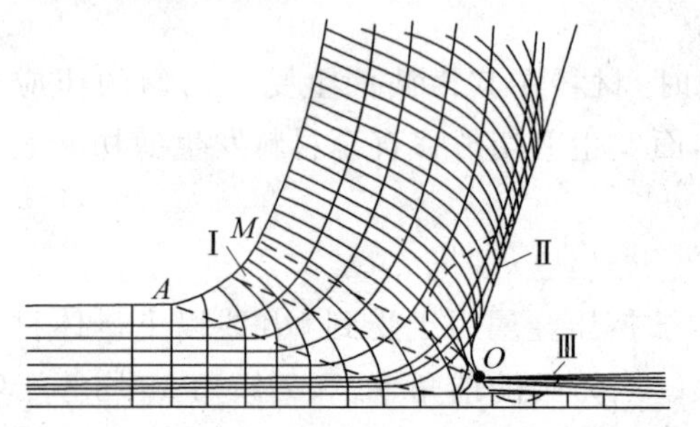

图 2-2　金属切削过程中的滑移线和流线示意图

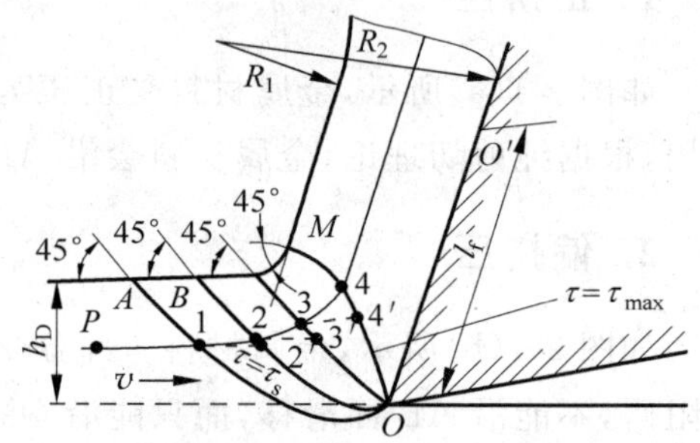

图 2-3　第一变形区金属的滑移

切削层金属的变形,从晶体结构看,就是沿晶格中晶面的滑移。现用图 2-4 所示的模型来说明。设金属晶粒是圆形的(见图 2-4(a)),当受到剪应力后晶格中晶面发生滑移,晶粒呈椭圆形,直径 AB 变为椭圆长轴 $A'B'$(见图 2-4(b)),最后 $A''B''$成为晶粒纤维化方向(见图 2-4(c))。由图 2-5 可知,晶粒纤维化方向与晶粒滑移方向不一致,成一 ψ 夹角。晶粒滑移越大,其 ψ 角越小。图 2-3 中第一变形区较宽,表示切削速度很低。实际上,在一般切削速度范围内,第一变形区宽度仅为 0.02～0.2 mm,可以看成一个面,即剪切面。剪切面与切削速度方向之间的夹角称为剪切角,用 ϕ 表示。

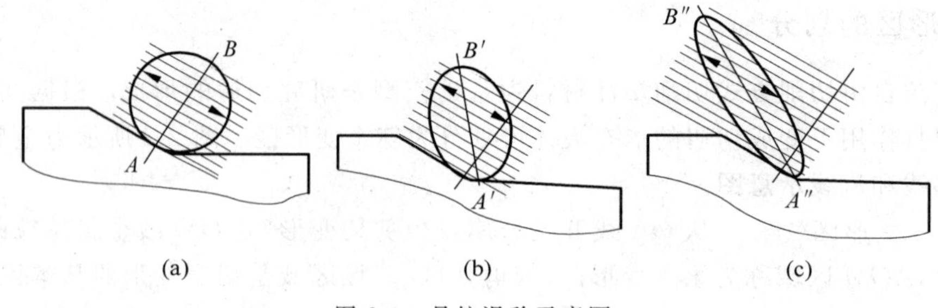

图 2-4　晶粒滑移示意图

3. 变形程度的表示方法

1) 变形系数 ξ

由实验和生产经验可知,切屑厚度 h_{ch} 一般大于切削层厚度 h_D,切屑长度 l_{ch} 小于切削层长度 l_D,如图 2-6 所示。切屑厚度与切削层厚度之比称为厚度变形系数 ξ_a;切削层长度与切屑长度之比称为长度变形系数 ξ_l。即 $\xi_a = h_{ch}/h_D$，$\xi_l = l_D/l_{ch}$。由于切屑宽度与切削层宽度变化甚小，按体积不变定律有 $\xi_a = \xi_l = \xi$，由此可知，变形系数 ξ 大于 1。ξ 越大，说明切屑越厚越短。变形系数能直观反映切屑的变形程度，而且容易求得，故在生产中经常采用。

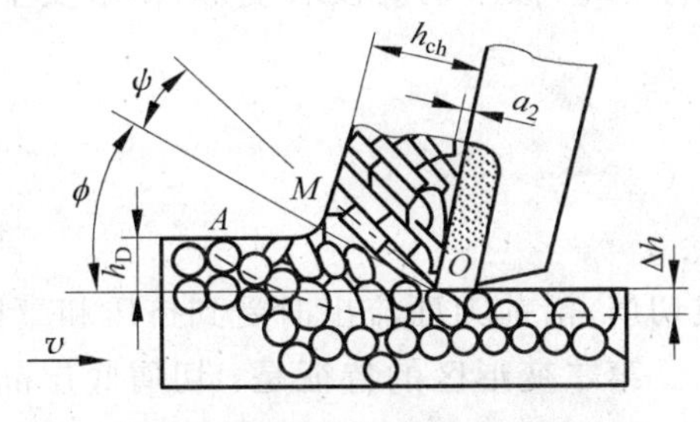

图 2-5　晶粒的滑移与伸长

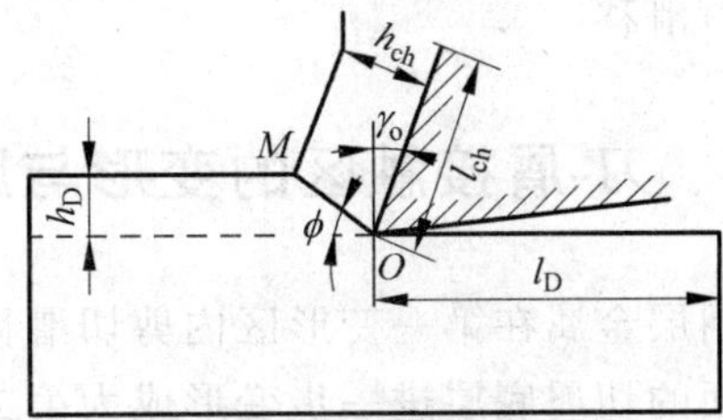

图 2-6　变形系数 ξ 的求法

2）剪切角 ϕ

由图 2-7 可知，在相同切削条件下，剪切角越大（小于 45°），剪切面积越小，切屑厚度 h_{ch} 越小（h_D 不变），故变形程度越小，切削比较省力。

3）剪应变 ε

如图 2-8 所示，按剪应变即相对滑移关系有

$$\varepsilon = \Delta s/\Delta y$$

而

$$\Delta s = \overline{NP},\quad \Delta y = \overline{MK}$$

故有

$$\varepsilon = \overline{NP}/\overline{MK} = (\overline{NK} + \overline{KP})/\overline{MK} = \cot\phi + \tan(\phi - \gamma_o) \tag{2-1}$$

$$\varepsilon = \cos\gamma_o/(\sin\phi\cos(\phi - \gamma_o)) \tag{2-2}$$

表示切屑变形程度的变形系数 ξ、剪切角 ϕ 和剪应变 ε 之间的关系可以由图 2-6 求得

$$\xi = \frac{h_{ch}}{h_D} = \frac{\overline{OM}\sin(90° - \phi + \gamma_o)}{\overline{OM}\sin\phi} = \frac{\cos(\phi - \gamma_o)}{\sin\phi} \tag{2-3}$$

经变换可写成

$$\tan\phi = \frac{\cos\gamma_o}{\xi - \sin\gamma_o} \tag{2-4}$$

将式(2-4)代入式(2-1)可得 ξ 和 ε 的关系：

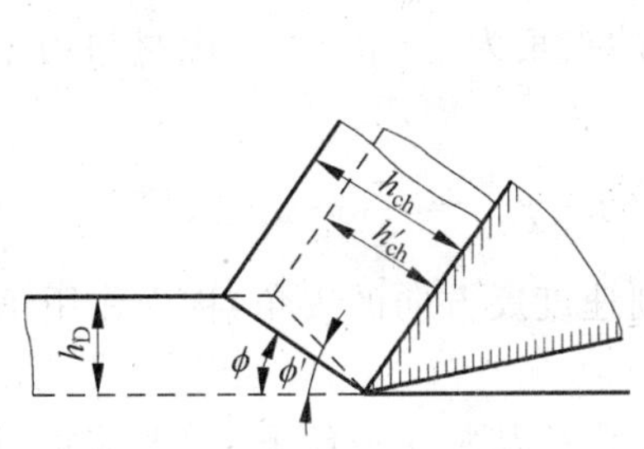

图 2-7　ϕ 角与剪切面面积的关系

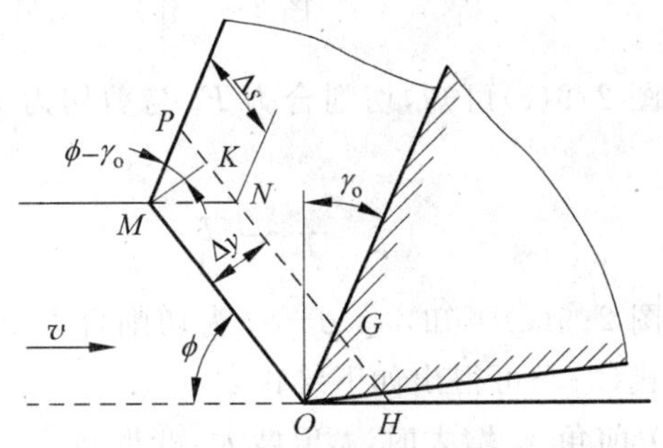

图 2-8　剪切变形示意图

$$\varepsilon = \frac{\xi^2 - 2\xi\sin\gamma_o + 1}{\xi\cos\gamma_o} \tag{2-5}$$

以上是按纯剪切观点提出的，而切削过程是复杂的，既有剪切又有挤压和摩擦的作用，以上分析很显然有一定局限性，例如当 $\xi=1$ 时，$h_{ch}=h_D$，似乎切屑没有变形，但事实上切屑存在相对滑移。

2.1.3 刀-屑接触区的变形与摩擦

切削层金属在第一变形区内剪切滑移后形成切屑，沿前刀面流出时受到挤压和摩擦，靠近前刀面的切屑底层进一步变形成为第二变形区。第二变形区的特征是：切屑底层晶粒纤维化，流速减慢甚至会滞留在前刀面上，切屑发生弯曲，刀具前刀面与切屑接触区温度升高等。

由此可见，第二变形区的挤压和摩擦影响切屑的流出，因此必然影响第一变形区金属的变形，影响剪切角 ϕ 的大小。

1. 剪切角 ϕ 与前刀面上摩擦角 β 的关系

切屑的受力如图 2-9(a)所示，前刀面上法向力 F_n 和摩擦力 F_f，以及剪切面上正压力 F_{ns} 和剪切力 F_s，这两对力是相互平衡的。简化后如图 2-9(b)所示。其中 F_r 为切削合力；ϕ 是剪切角；β 是 F_n 与 F_r 之间的夹角，称为摩擦角。图 2-9(c)中，F_c 是切削运动方向的分力，F_p 是与切削运动方向垂直的分力。

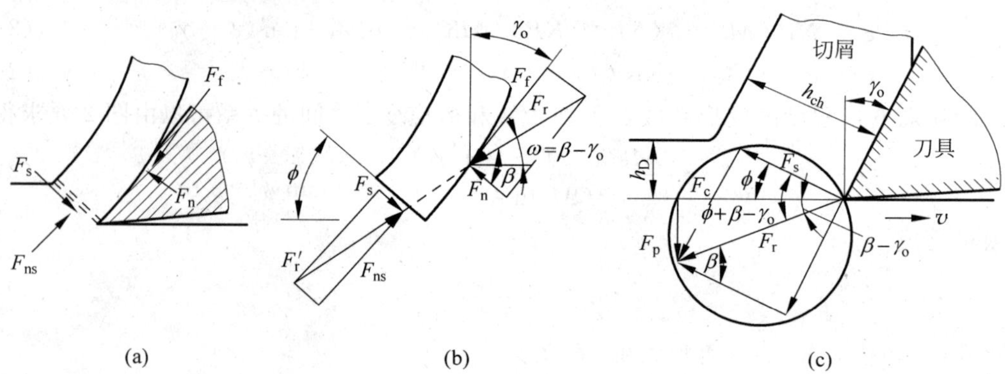

图 2-9 作用在切屑上的力及其角度关系

由图 2-9(c)可知，切削合力 F_r 与剪切力 F_s 之间的夹角为 $\phi+\beta-\gamma_o$。由材料力学理论可知：

$$\phi + \beta - \gamma_o = \frac{\pi}{4} \quad 或 \quad \phi = \frac{\pi}{4} - (\beta - \gamma_o) = \frac{\pi}{4} - \omega \tag{2-6}$$

由图 2-9(c)可知，$\omega=\beta-\gamma_o$ 为切削合力 F_r 与切削速度反方向的夹角，称为作用角。

由式(2-6)可得出如下结论：

(1) 前角 γ_o 增大时，ϕ 角增大，变形减小。故在保证刀刃强度条件下，增大前角可以改善切削过程。

(2) 摩擦角 β 增大时，ϕ 角减小，变形增大。故提高刀具刃磨质量或使用切削液，可以减小前刀面上的摩擦，对切削过程有利。

2. 前刀面上的摩擦与积屑瘤现象

1) 前刀面上的摩擦

切削塑性金属材料时，切屑与前刀面之间的压力为 2～3 GPa，温度可达 400～1000℃，切屑底部与前刀面发生黏结现象，亦称"冷焊"现象。此处不是一般金属之间的外摩擦，而是切屑和前刀面的黏结层金属与相邻的切屑之间的晶粒相对剪切滑移，属于内摩擦。内摩擦与材料的剪切屈服应力特性及黏结面积大小有关。图 2-10 所示为切屑与前刀面有黏结时的摩擦情况。刀-屑接触面可分为两个区域，即黏结区和滑动区。黏结区为内摩擦，单位切向力等于材料的剪切屈服极限 τ_s；滑动区为外摩擦，其单位切向力 τ_γ 逐渐减小到零。刀-屑接触面上的正应力 σ_γ，在刀尖处最大，逐渐减小到零。若以 $\tau_\gamma/\sigma_\gamma$ 表示摩擦因数 μ，显然，前刀面上各点摩擦因数是变化的。令 μ 为前刀面上的平均摩擦因数，按内摩擦规律则有

$$\mu=\frac{\tau_s A_{fl}}{\sigma_{av} A_{fl}}=\frac{\tau_s}{\sigma_{av}} \tag{2-7}$$

式中：A_{fl}——内摩擦部分的接触面积，mm^2；

σ_{av}——内摩擦部分的平均正应力，MPa；

τ_s——工件材料的剪切屈服强度，MPa。

由于 τ_s 随温度升高而略有下降，σ_{av} 随材料硬度、切削厚度、切削速度及刀具的前角而变化，其变化范围较大，故 μ 是一个变数。

2) 积屑瘤现象

由于刀具前刀面与切屑接触面上的摩擦，当切削速度不高且形成连续切屑时，加工钢料或其他塑性材料，常常在刀刃处黏着一块剖面呈三角状的硬块，其硬度是工件材料硬度的 2～3 倍，称为积屑瘤，如图 2-11 所示。

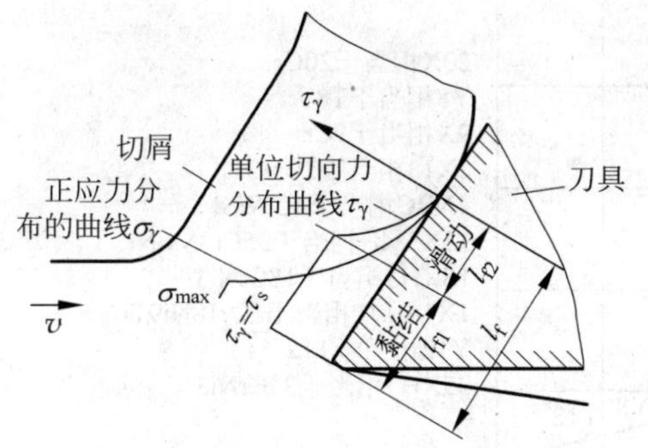

图 2-10　切屑与前刀面摩擦示意图

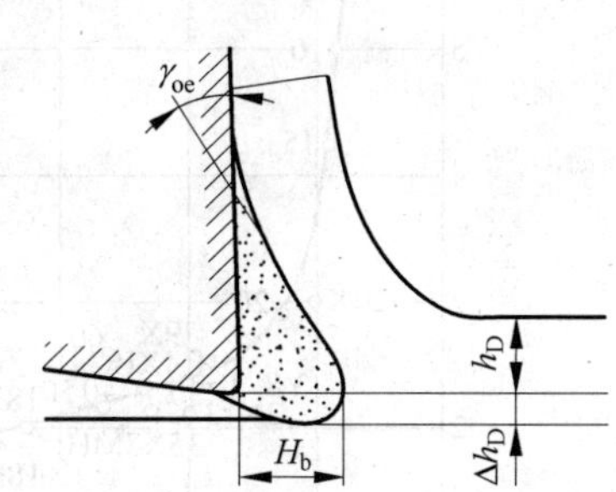

图 2-11　积屑瘤前角 γ_b

刀-屑接触面间的摩擦是产生积屑瘤的原因，压力和温度是产生积屑瘤的条件。工件材料硬化指数越大，越容易形成积屑瘤。实验证明，形成积屑瘤有一最佳切削温度(对于碳素钢，最佳温度为 300～500℃)，此时积屑瘤高度 H_b 最大；当温度高于或低于此温度时，积屑瘤高度皆减小。

积屑瘤对切削过程的影响如下。

(1) 增大实际前角 γ_{oe}　积屑瘤黏结在前刀面上,加大了刀具的实际前角,可使切削力减小。积屑瘤越高,实际前角越大。

(2) 增大切削厚度　积屑瘤使刀具切削厚度增大 Δh_D 值。由于积屑瘤的产生、成长、脱落是一个周期性的动态过程,Δh_D 的变化容易引起振动。

(3) 使加工表面粗糙度增大　积屑瘤不稳定,易破裂,使加工表面变得粗糙。

(4) 影响刀具寿命　积屑瘤相对稳定时,可代替刀刃切削,提高刀具寿命;积屑瘤不稳定时,破裂部分有可能引起硬质合金刀具的剥落,反而降低刀具寿命。

显然,积屑瘤有利有弊。粗加工时,对精度和表面粗糙度要求不高,如果积屑瘤能稳定生长,则可以代替刀具进行切削,保护刀具,同时可减小切削变形。精加工时,则绝对不希望积屑瘤出现。

精加工时避免或减小积屑瘤的主要措施如下:

(1) 降低切削速度,使切削温度降低到不易产生黏结现象的程度;

(2) 采用高速切削,使切削温度高于积屑瘤消失的极限温度;

(3) 增大刀具前角,减小刀具前刀面与切屑的接触压力;

(4) 使用润滑性好的切削液,精研刀具表面,降低刀具前刀面与切屑接触面的摩擦因数;

(5) 适当提高工件材料的硬度,减小材料硬化指数。

2.1.4 切屑变形的规律

1. 工件材料对切屑变形的影响

工件材料的强度、硬度越高,切屑变形越小。因为切屑与前刀面的摩擦越小,切屑越容易排出,工件材料强度对变形系数的影响如图2-12所示。

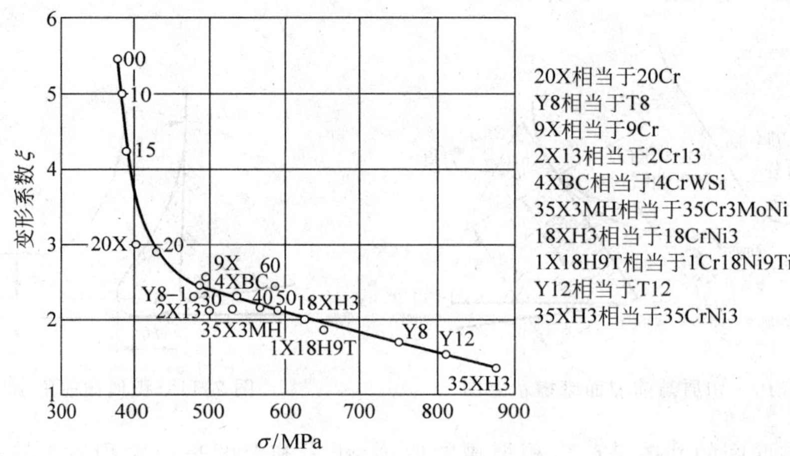

图2-12　工件材料强度对切屑变形系数的影响曲线

2. 刀具前角对切屑变形的影响

前角 γ_o 越大，则 ϕ 角越大，变形越小(见图 2-13)，切屑流出越容易。

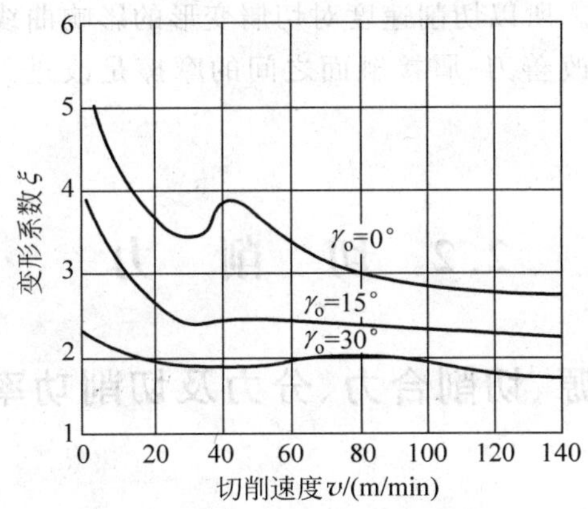

图 2-13　前角对变形系数的影响

3. 切削厚度对切屑变形的影响

切削厚度 h_D 增加，则前刀面上的法向力增加，摩擦因数减小，ϕ 角增大，变形系数 ξ 减小。图 2-14 给出了不同进给量 f 条件下变形系数 ξ 随切削速度 v 的变化。可见在无积屑瘤情况下，$f(h_D)$越大，变形系数 ξ 越小。

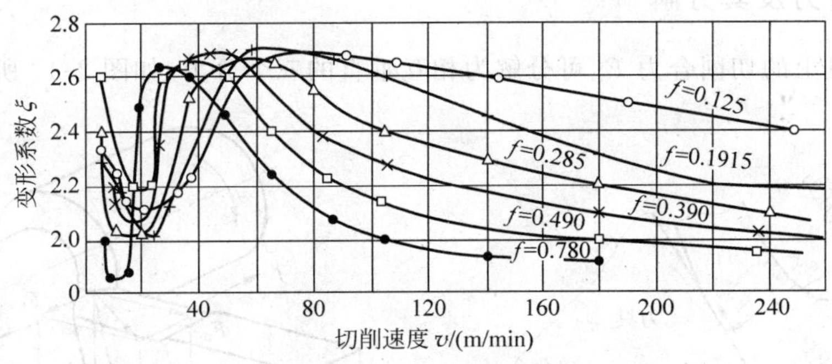

图 2-14　切削速度及进给量对变形系数的影响

4. 切削速度对切屑变形的影响

切削速度对切屑变形的影响较复杂，由图 2-14 可知，在无积屑瘤区，v 越大，ξ 越小。因为塑性变形较弹性变形来得慢，切削速度低时始滑移线为 OA(见图 2-15)，当切削速度 v 增大时，金属流动速度大于塑性变形速度，因此使始滑移线 OA 滞后至 OA'，第一变形区由 AOM 变成 $A'OM'$，剪切角 ϕ 增大，故变形系数 ξ 减小。

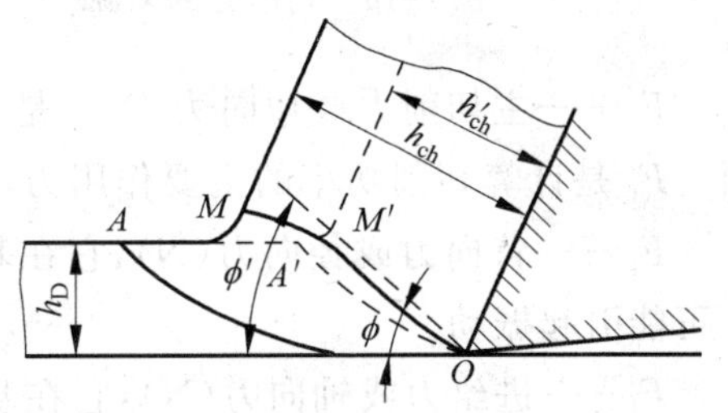

图 2-15　切削速度对剪切角的影响

在有积屑瘤区,低速时随切削速度增大摩擦因数增大,积屑瘤逐渐增大,刀具实际前角增大,因此,变形减小。当积屑瘤高度 H_b 达到最大值时,实际前角最大,切屑变形系数 ξ 最小。如果 v 继续增大,则积屑瘤开始减小,实际前角也减小,而变形系数 ξ 增大,直至积屑瘤消失,变形系数达到最大值。所以切削速度对切屑变形的影响曲线呈驼峰状。

总之,减小切屑变形和改善刀-屑接触面之间的摩擦是改进刀具和获得较理想切削过程的关键。

2.2 切 削 力

2.2.1 切削力的来源、切削合力、分力及切削功率

1. 切削力的来源

金属切削时,刀具切除工件上的多余金属所需要的力称为切削力。它的主要来源(见图 2-16)有以下几方面。

(1) 克服工件材料弹性变形的力;

(2) 克服工件材料塑性变形的力;

(3) 克服刀-屑、刀-工接触面之间的摩擦力。

2. 切削合力及其分解

作用在刀具上的切削合力 F_r 可分解为相互垂直的三个分力,如图 2-17 所示。

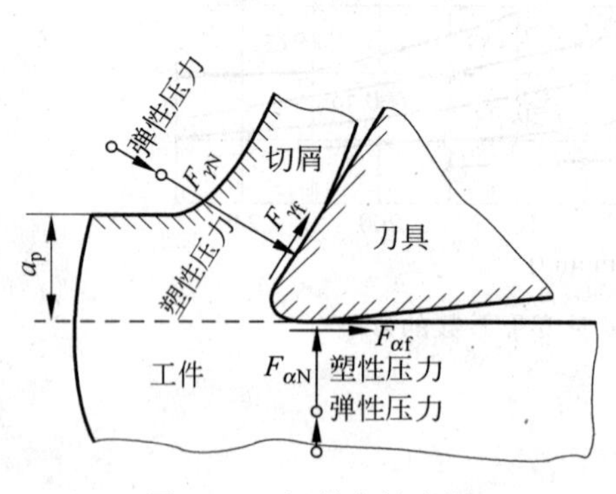

图 2-16 切削力的来源

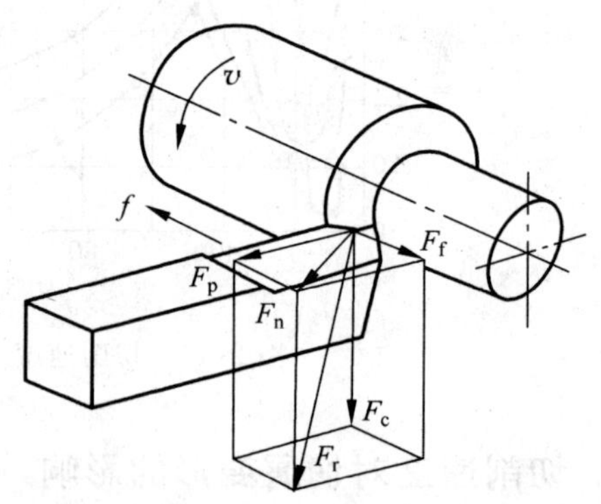

图 2-17 切削合力与分力

F_c——主切削力或切向力(N),是切削合力在主运动方向上的投影,其方向垂直于基面。F_c 是计算切削功率的主要作用力,也是设计机床零件和计算刀具强度的重要依据。

F_p——背向力或径向力(N),它在基面内并与进给方向垂直。F_p 使工件产生弯曲变形并可能引起振动。

F_f——进给力或轴向力(N),它在基面内并与进给方向平行。F_f 是设计进给机构和计算进给功率的依据。

F_c、F_p、F_f 之间的比例关系随着刀具材料、几何参数、工件材料及刀具磨损状态的不同存在较大的变化。

显然：

$$F_r = \sqrt{F_c^2 + F_n^2} = \sqrt{F_c^2 + F_p^2 + F_f^2} \tag{2-8}$$

3. 切削功率

切削功率是指切削刀具在切削过程中所消耗的功率，用 P_m(kW)表示即

$$P_m = \left(F_c v + \frac{F_f n_w f}{1000}\right) \times 10^{-3} \tag{2-9}$$

式中：v——切削速度，m/s；

n_w——工件转速，r/s；

f——进给量，mm/r。

由于 $F_f < F_c$，进给速度又很小，因此 F_f 消耗的功率可忽略不计，于是：

$$P_m = F_c v \times 10^{-3} \tag{2-10}$$

由切削功率 P_m 可求得机床电机功率 P_E，即

$$P_E \geqslant P_m / \eta_m \tag{2-11}$$

式中：η_m——机床传动效率，一般可取 0.75～0.85。

2.2.2 切削力的求法

1. 通过测量机床功率求切削力

利用功率表测量机床主电动机、进给电动机的功率，然后求得切削力的大小。该方法简便，但误差较大。

2. 利用测力仪测量切削力

通常使用的切削测力仪有两种：电阻应变片式测力仪和压电晶体式测力仪。这两种测力仪都可以测出 F_c、F_p、F_f 三个分力，后者精度较高。

3. 利用经验公式计算切削力

通过大量实验，将测力仪测得的切削力数据，用数学方法进行处理，得到切削力的经验公式。通常采用切削力的指数公式：

$$\left.\begin{aligned} F_c &= C_{F_c} a_p^{x_{F_c}} f^{y_{F_c}} v_c^{n_{F_c}} K_{F_c} \\ F_p &= C_{F_p} a_p^{x_{F_p}} f^{y_{F_p}} v_c^{n_{F_p}} K_{F_p} \\ F_f &= C_{F_f} a_p^{x_{F_f}} f^{y_{F_f}} v_c^{n_{F_f}} K_{F_f} \end{aligned}\right\} \tag{2-12}$$

式中：C_{F_c}、C_{F_p}、C_{F_f}——工件材料和切削条件对三个分力的影响系数；

x_{F_c}、y_{F_c}、n_{F_c}、x_{F_p}、y_{F_p}、n_{F_p}、x_{F_f}、y_{F_f}、n_{F_f}——切削用量对三个分力影响的指数；

K_{F_c}、K_{F_p}、K_{F_f}——实际切削条件与经验公式不符时的修正系数。

表 2-1 为特定条件下，车削时的切削分力公式中的影响系数和指数。而更多切削条件下的各影响指数、修正系数值可查阅参考文献或有关机械加工工艺手册。

表 2-1 车削时的切削分力公式中的系数和指数

加工材料	刀具材料	加工形式	公式中的系数及指数											
			主切削力 F_c				背向力 F_p				进给力 F_f			
			C_{F_c}	x_{F_c}	y_{F_c}	n_{F_c}	C_{F_p}	x_{F_p}	y_{F_p}	n_{F_p}	C_{F_f}	x_{F_f}	y_{F_f}	n_{F_f}
结构钢及铸钢 $\sigma_b=0.637$ GPa	硬质合金	外圆纵车、横车及镗孔	270	1.0	0.75	−0.15	199	0.9	0.6	0.3	294	1.0	0.5	0.4
		切槽及切断	367	0.72	0.8	0	142	0.73	0.67	0	—	—	—	—
		切螺纹	133	—	1.7	0.71	—	—	—	—	—	—	—	—
	高速钢	外圆纵车、横车及镗孔	180	1.0	0.75	0	94	0.9	0.75	0	54	1.2	0.65	0
		切槽及切断	222	1.0	1.0	0	—	—	—	—	—	—	—	—
		成形车削	191	1.0	0.75	0	—	—	—	—	—	—	—	—
不锈钢 1Gr18Ni9Ti，≤187 HBS	硬质合金	外圆纵车、横车及镗孔	204	1.0	0.75	0	—	—	—	—	—	—	—	—
灰铸铁 190 HBS	硬质合金	外圆纵车、横车及镗孔	92	1.0	0.75	0	54	0.9	0.75	0	46	1.0	0.4	0
		切螺纹	103	—	1.8	0.82	—	—	—	—	—	—	—	—
	高速钢	外圆纵车、横车及镗孔	114	1.0	0.75	0	119	0.9	0.75	0	51	1.2	0.65	0
		切槽及切断	158	1.0	1.0	0	—	—	—	—	—	—	—	—
可锻铸铁 170 HBS	硬质合金	外圆纵车、横车及镗孔	81	1.0	0.75	0	43	0.9	0.75	0	38	1.0	0.4	0
	高速钢	外圆纵车、横车及镗孔	100	1.0	0.75	0	88	0.9	0.75	0	40	1.2	0.65	0
		切槽及切断	139	1.0	1.0	0	—	—	—	—	—	—	—	—
中等硬度不均质铜合金 120 HBS	高速钢	外圆纵车、横车及镗孔	55	1.0	0.66	0	—	—	—	—	—	—	—	—
		切槽及切断	75	1.0	1.0	0	—	—	—	—	—	—	—	—
铝及铝硅合金	高速钢	外圆纵车、横车及镗孔	40	1.0	0.75	0	—	—	—	—	—	—	—	—
		切槽及切断	50	1.0	1.0	0	—	—	—	—	—	—	—	—

4. 用单位切削力计算切削力

单位切削力是指单位切削面积上的切削力，用 p(N/mm²)表示：

$$p=\frac{F_c}{A_D}=\frac{F_c}{a_p f}=\frac{F_c}{b_D h_D} \tag{2-13}$$

表 2-2 给出了几种常用材料的单位切削力，若已知单位切削力和切削面积就可求得切削力。

表 2-2　硬质合金外圆车刀切削几种常用材料的单位切削力

<table>
<tr><th colspan="4">工件材料</th><th rowspan="2">单位
切削力
/(N/mm²)</th><th colspan="4">实验条件</th></tr>
<tr><th>名称</th><th>牌号</th><th>制造、热
处理状态</th><th>硬度
/HBS</th><th colspan="3">刀具几何参数</th><th>切削用量范围</th></tr>
<tr><td rowspan="5">钢</td><td rowspan="3">45</td><td>热轧或正火</td><td>187</td><td>1962</td><td rowspan="6">$\gamma_o=15°$
$\kappa_r=75°$
$\lambda_s=0°$</td><td rowspan="5">前刀面带卷屑槽</td><td>$b_{r1}=0$</td><td rowspan="5">$v=1.5\sim1.75$ m/s
$a_p=1\sim5$ mm
$f=0.1\sim0.5$ mm/r</td></tr>
<tr><td>调质</td><td>229</td><td>2305</td><td>$b_{r1}=0.1\sim0.15$ mm
$\gamma_{o1}=-20°$</td></tr>
<tr><td>淬火及低温回火</td><td>44 HRC</td><td>2649</td><td>$b_{r1}=0$</td></tr>
<tr><td rowspan="2">40 Cr</td><td>热轧或正火</td><td>212</td><td>1962</td><td rowspan="2">$b_{r1}=0.1\sim0.15$ mm
$\gamma_{o1}=-20°$</td></tr>
<tr><td>调质</td><td>285</td><td>2305</td></tr>
<tr><td>灰铸铁</td><td>HT200</td><td>退火</td><td>170</td><td>1118</td><td colspan="2">$b_{r1}=0$ 平前刀面，无卷屑槽</td><td>$v=1.17\sim1.42$ m/s
$a_p=2\sim10$ mm
$f=0.1\sim0.5$ mm/r</td></tr>
</table>

2.2.3　影响切削力的主要因素

1. 工件材料的影响

(1) 工件材料强度、硬度愈高，虽然切屑变形略有减小，但总的切削力还是增大的。

(2) 工件材料化学成分不同(如含碳量多少，是否含有合金元素等)，切削力不同。

(3) 热处理状态不同，切削力也不同(见表 2-2)。

(4) 材料硬化指数不同，切削力也不同。如不锈钢硬化指数大，切削力大；铜、铝、铸铁及脆性材料硬化指数小，切削力就小。

2. 切削用量的影响

1) 背吃刀量 a_p 和进给量 f

当 a_p 和 f 增加时，切削面积增加，切削力也增加。但 a_p 增加时变形系数 ξ 不变，切削力按正比关系增加；而 f 增加时变形系数 ξ 减小，因此，切削力不按正比关系增加，f 对切削力的影响比 a_p 小。

2) 切削速度 v

切削速度对切削力的影响规律与对切屑变形的影响基本相同。图 2-18 表示用 YT15 硬质合金车刀加工 45 钢时切削速度对切削力的影响曲线。切削塑性金属时，在积屑瘤区，由于产生积屑瘤现象，影响刀具实际前角大小，从而影响变形，影响了切削力变化。在 $v>40$ m/min 的无积屑瘤区时，随 v 的增加，切削力逐渐减小并处于较稳定状态。切削脆性金属时，v 增加，切削力略有减小。

3. 刀具几何参数的影响

1) 前角

前角对切削力影响较大。当切削塑性金属时，切削力随前角增大而减小。因为前角增

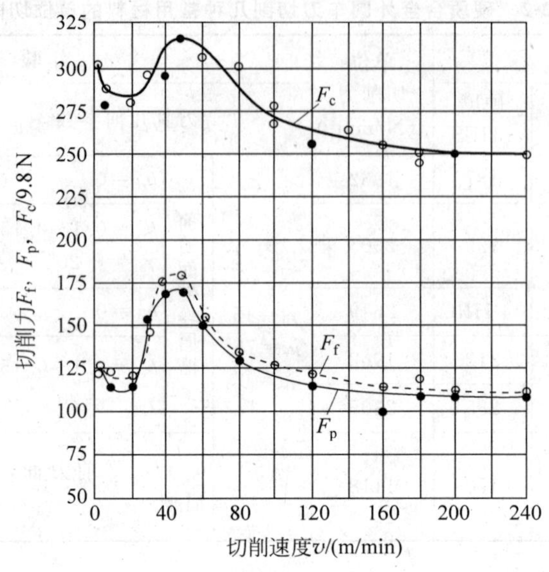

图 2-18　切削速度对切削力的影响

大,剪切角 ϕ 增大,变形系数 ξ 减小,切屑流出阻力减小。前角对切削力的影响程度随 v 增加而减小。加工脆性金属时前角对切削力影响不明显。

2) 负倒棱

在锋利的切削刃上磨出负倒棱(见图 2-19),可以提高刃口强度,从而提高刀具使用寿命。但负倒棱导致切削变形增加,切削力增大。负倒棱宽度为 b_{r1},切屑与刀具前刀面的接触长度为 l_f。当 $b_{r1}<l_f$ 时切屑沿前刀面流出,正前角仍起作用,但切削力比无倒棱的要大些,而当 $b_{r1}>l_f$ 时则切屑沿负倒棱而不是前刀面流出,切削力相当于 $\gamma_o=\gamma_{o1}$ 的负前角车刀的切削力。当有负倒棱时,切削力经验公式应加修正系数。

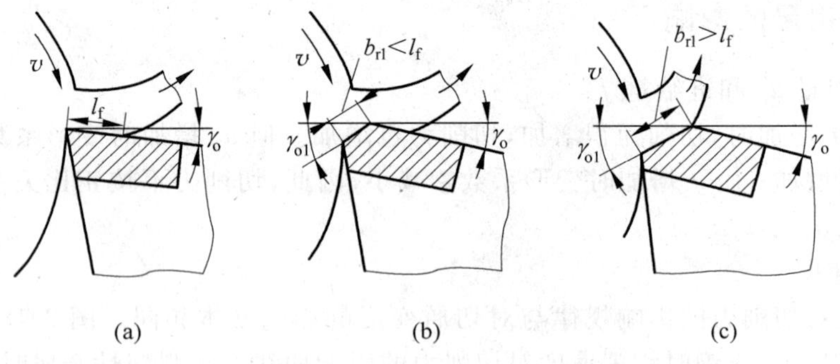

图 2-19　车刀负倒棱对切屑流出的影响

3) 主偏角

主偏角对切削力的影响主要是通过切削厚度和刀尖圆弧曲线长度的变化来影响变形,从而影响切削力的。主偏角对切削力的影响如图 2-20 所示。当 $\kappa_r<60°$ 时,随 κ_r 增加,h_D 增大,变形减小,切削力 F_c 减小;当 $\kappa_r>75°$ 时,虽然 h_D 增大,但刀尖圆弧刃工作长度增大引起变形增加,且占主导作用,故切削力 F_c 增大。主偏角增大时,引起 F_p 减小和 F_f 增加。

4）刀尖圆弧半径

在一般的切削加工中，刀尖圆弧半径对切削力 F_c 的影响较小，但刀尖圆弧半径增大时切削厚度 h_D 减小，圆弧刃工作部分平均主偏角减小，F_p 增大，而 F_f 减小。

5）刃倾角

实验证明，刃倾角 λ_s 在 $-40°\sim40°$ 内变化时 F_c 没有什么变化。但 λ_s 的变化会引起切削合力方向的变化，使 F_p 随 λ_s 增大而减小；而 F_f 则增大。

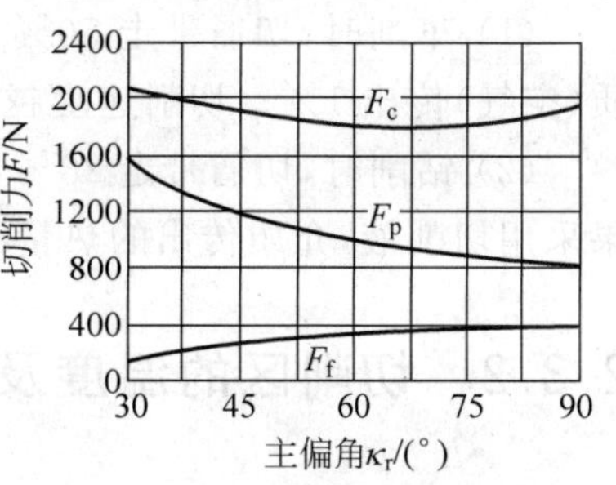

图 2-20　主偏角对切削力的影响

以上是影响切削力的主要因素，在实际生产中还有许多因素，如刀具材料摩擦因数、刀具磨损状态、切削时是否使用切削液以及切削液的润滑性能等都会不同程度地影响切削力。世界上许多学者对切削力的理论进行研究并建立了很多理论公式，但尚未有与实际情况完全相符合的公式。生产或科研中通常用经验公式或测力仪测量切削力。

2.3　切削热和切削温度

切削热和由它产生的切削温度，直接影响到前刀面上的摩擦因数、积屑瘤的产生、刀具的磨损、工件加工精度以及已加工表面质量等。

2.3.1　切削热的来源及传出

切削过程中所消耗的能量几乎全部转化为热量。根据切削过程的三个变形区理论，切削热来源于切屑的变形功和前、后刀面的摩擦功。切削塑性材料时，变形与摩擦都较大，切削热量大；切削脆性材料时，主要是后刀面摩擦，发热量小。按切削热的来源，可写出单位时间产生的热量为

$$q = P_m = F_c v$$

当用硬质合金车刀切削 $\sigma=0.637$ GPa 的结构钢时，有

$$F_c = C_{F_c} a_p f^{0.75} v^{-0.15} K_{F_c}$$

故有

$$q = F_c v = C_{F_c} a_p f^{0.75} v^{0.85} K_{F_c} \tag{2-14}$$

由式(2-14)可知，切削用量三要素中 a_p 对 q 的影响最大，其次是 v，f 的影响最小。

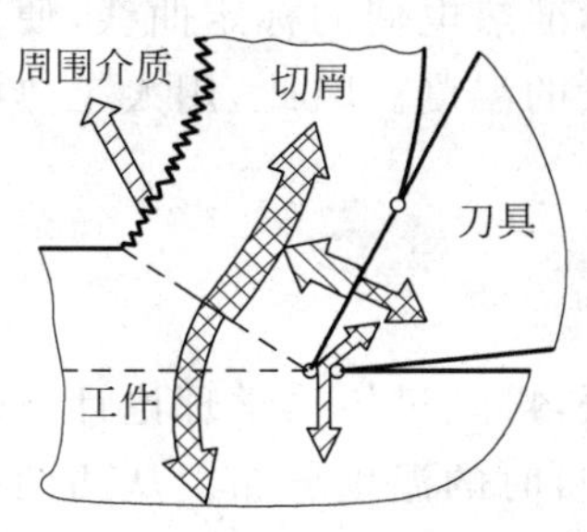

图 2-21　切削热的产生与传出

切削热主要由切屑、工件、刀具以及周围介质传出(见图 2-21)。工件、刀具材料导热系数、热容量大小直接影响工件、刀具传出热量的多少；提高切削速度使切屑带走热量比例增多，流入刀具中的热量减少，流入工件中热量更少。经过车削与钻削实验，各因素传出热量的比例为：

(1) 车削时,切屑带走50%~86%,车刀传出10%~40%,工件传出3%~9%,周围介质(空气)传出1%。切削速度越高、切削厚度越大,切屑带走热量越多。

(2) 钻削时,切屑带走28%,刀具传出14.5%,工件传出52.5%,周围介质传出5%;如果采用切削液,介质传出的热量大大增加。

2.3.2 切削区的温度及其分布

切削区(切屑与前刀面接触区)的平均温度称为切削温度。它是切削过程中产生的切削热与切屑、工件、刀具和介质传出的热两者综合后在切削区形成的温度。

1. 切削温度的测量

目前对切削温度的测量常用以下两种方法:自然热电偶法和人工热电偶法。

1) 自然热电偶法

图2-22所示为自然热电偶法测量切削温度的示意图。在切削时,化学成分不同的刀具材料和工件材料,在切削高温作用下形成一热端,与刀具、工件保持室温的一端(冷端)必然有热电势产生(称泽贝克效应),用仪表测出这一热电势,再与事先作出的这两种材料的标定曲线进行对照,就可得出切削温度的平均值。

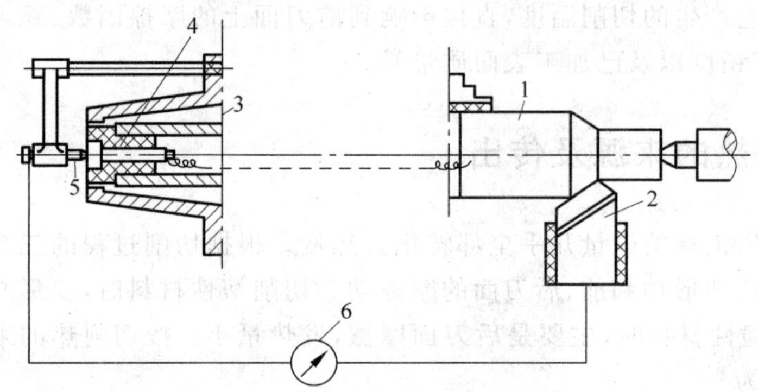

图2-22 自然热电偶法测量切削温度示意图

1—工件;2—车刀;3—车床主轴尾部;4—铜销;5—铜顶尖(与支架绝缘);6—毫伏计

2) 人工热电偶法

将两种预先标定的金属丝组成热电偶(或标准的热电偶),热端焊接在被测点上,两冷端用仪器连接起来,仪器可测得切削时的热电势数值,参照该标准热电偶的标定曲线,便可得出被测点的温度值。人工热电偶法可以测量切削区内任一点的温度。因此,用人工热电偶法可以测量切屑、刀具、工件上不同点的温度。

2. 切削温度的分布

图2-23、图2-24是用人工热电偶法测得的各点温度数据,再经过传热学理论计算得出的工件、刀具和切屑的二维切削温度分布和切削不同工件材料时的温度分布。从两图中可以看出:

(1) 前刀面上和切屑接触面上温度高且梯度很大。这主要是由于切削速度较高、切削热来不及传导所致。

(2) 前刀面和后刀面上温度最高点不是在切削刃上，而在离切削刃有一定距离的地方，这主要是由于摩擦热沿刀面逐渐积累，而摩擦后半段散热条件改善，前刀面滑动区为外摩擦，摩擦减小且散热改善，温度又下降所致。

(3) 刀具材料和工件材料的导热系数越小，前、后刀面上的温度越高。如高温合金和钛合金的导热系数低，切削温度高，因此切削时宜采用低的切削速度，以降低刀具上的温度。

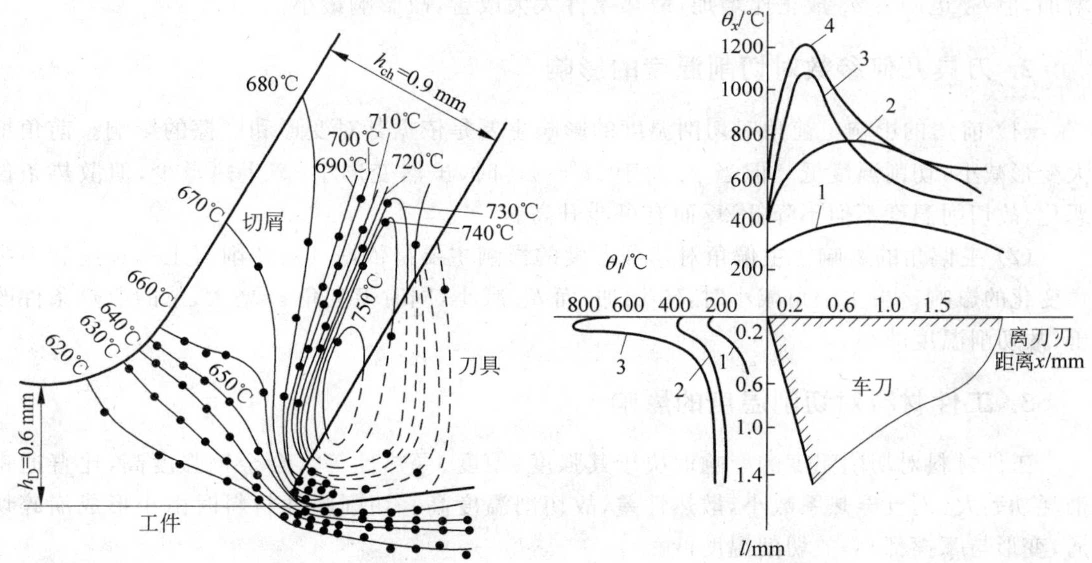

图 2-23　二维切削中的温度分布

工件材料：低碳易切钢；刀具角度：$\gamma_o=30°$，$\alpha_o=7°$；

切削厚度：$h_D=0.6$ mm；切削速度：$v=22.86$ m/min；

干切削；预热 611℃

图 2-24　切削不同材料的温度分布

切削速度：$v=30$ m/min；进给量：$f=0.2$ mm/r

1—45 钢-YT15；2—GCr15-YT14；

3—钛合金 BT2-YG8；4—BT2-YT15

传入切屑、刀具、工件的切削热将引起切削区各部分温度升高。其中，第一变形区，刀具前刀面与后刀面的温度对切削力、刀具磨损、已加工表面质量有很大影响。

2.3.3　影响切削温度的主要因素

在分析影响切削温度的因素时，应该考虑其对产生切削热和散热两个方面的影响情况。

1. 切削用量对切削温度的影响

经实验得出的切削温度经验公式如下：

$$\theta = C_\theta v^{z_\theta} f^{y_\theta} a_p^{x_\theta} \tag{2-15}$$

式中：θ——实验时测得的切削区平均温度，℃；

C_θ——切削温度系数；

z_θ、y_θ、x_θ——v、f、a_p 影响切削温度的指数。硬质合金刀具切削碳钢时，$z_\theta=0.41$～0.26，$y_\theta=0.15$，$z_\theta=0.05$。

由式(2-15)可知：

(1) 切削速度对切削温度影响最大。这是因为随着 v 的增加,摩擦热增加,又来不及传出,产生热积聚现象;但切削速度提高使变形减小,因此 θ 不随 v 成正比增加。

(2) 进给量 f 对切削温度的影响次之。这是由于一方面 f 增加时,单位时间切削体积增加,切削温度升高;另一方面 f 增加时 h_D 增加,变形减小,而且切屑热容量增大,由切屑带走的热量增加,所以切削区切削温度的上升不显著。

(3) 背吃刀量 a_p 对切削温度的影响最小。这是因为虽然 a_p 增加使产生的热量成正比增加,但 b_D 也随着 a_p 成正比增加,散热条件大大改善,故影响最小。

2. 刀具几何参数对切削温度的影响

(1) 前角的影响　前角对切削温度的影响主要是依据其对变形和摩擦的影响。前角增大变形减小,切削温度低。但当 γ_o 大于 18°～20°时,虽然变形小,产生热量少,但散热条件恶化,故切削温度不但不降低,反而有可能升高。

(2) 主偏角的影响　主偏角对切削温度的影响主要是依据其对切削刃工作长度和刀尖角变化的影响。当主偏角减小时,b_D 增加,而 h_D 减小,同时刀尖角 ε_r 增大,总的散热条件改善,故切削温度减小。

3. 工件材料对切削温度的影响

工件材料对切削温度的影响取决于其强度、硬度、导热性等。合金钢强度高,比普通钢消耗功率大,而且导热系数小,散热性差,故切削温度高。切削脆性材料时由于形成崩碎切屑,变形与摩擦都小,故切削温度低。

4. 刀具磨损对切削温度的影响

刀具磨损较严重时,刀具刃口变钝,切屑变形增大,同时后刀面与工件之间摩擦增大,二者均使切削热增加,切削温度升高。刀具磨损是影响切削温度的主要因素。

掌握了切削温度的变化规律,就可以控制刀具的磨损和已加工表面的质量。

2.4　刀具磨损与刀具寿命

刀具在切削过程中将会被磨损而使切削力增大,切削温度升高,影响已加工表面质量和生产率。有时刀具尚未磨损到重新刃磨或更换新刀时,会发生突然损坏而失效,称为破损。它也影响已加工表面质量和生产率。因此研究刀具的磨损和破损的规律是非常重要的。

2.4.1　刀具磨损形态

刀具磨损是指刀具在正常的切削过程中,由于物理的或化学的作用,使刀具原有的几何角度逐渐丧失。在切削过程中,前、后刀面不断与切屑、工件接触,在接触区里存在着强烈的摩擦,同时在接触区里又有很高的温度和压力。因此,随着切削的进行,前、后刀面都将逐渐磨损。刀具磨损呈现为三种形态。

1. 前刀面磨损

切削塑性材料，切削厚度较大，前刀面承受较大的压力和摩擦力，而且切削温度很高，使前刀面产生月牙洼磨损，如图 2-25 所示。月牙洼离切削刃有一定的距离，其长度取决于切屑宽度，而其宽度取决于切屑厚度。随着切削进行，月牙洼长度基本不变，宽度逐渐扩展，深度逐渐加深。前刀面月牙洼磨损程度通常用月牙洼深度 KT 表示，如图 2-26 所示。

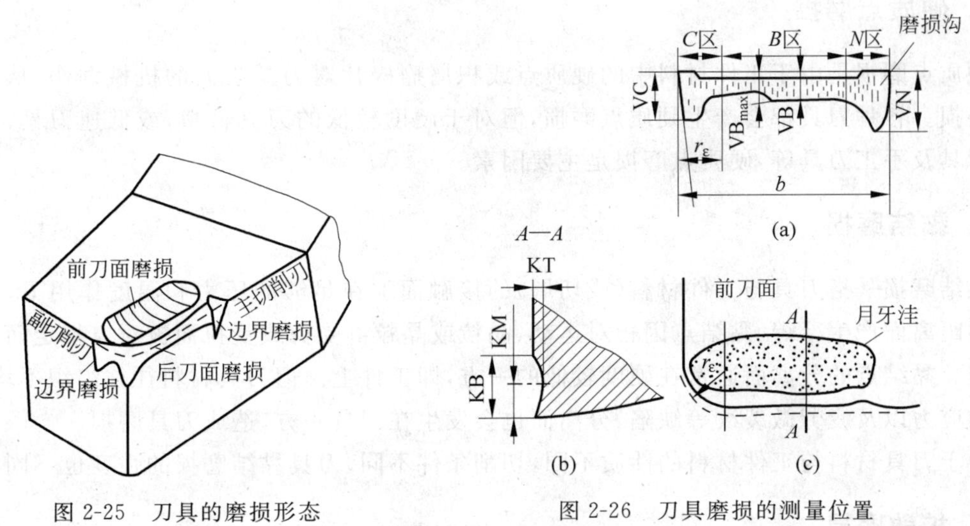

图 2-25　刀具的磨损形态

图 2-26　刀具磨损的测量位置

2. 后刀面磨损

切削过程中，后刀面与工件加工表面间存在着压力和摩擦，使其产生磨损。通常加工脆性材料或以较小切削厚度切削塑性材料时主要发生后刀面磨损。如图 2-26 所示，由于切削刃各点工作条件不同，其后刀面磨损带是不均匀的。*C* 区和 *N* 区磨损严重，其磨损带最大宽度分别以 VC 和 VN 表示。中间磨损较均匀(*B* 区)，以平均磨损带宽度 VB 表示，而最大磨损带宽度以 VB_{max} 表示。

3. 边界磨损

边界磨损实际上属于后刀面磨损的边界部分。在主、副后刀面上，主切削刃与待加工表面对应位置、副切削刃与已加工表面对应位置处的磨损为边界磨损。边界磨损在后刀面磨损带中最为严重。主要原因是：

(1) 边界处属切削刃受力(压应力和剪应力)最大位置，承受很大的机械应力；

(2) 边界处属切削刃参与切削的边缘位置，存在很大的温度梯度，引起很大的热应力；

(3) 边界处受到周围介质(如切削液)中元素的作用加剧了磨损；

(4) 边界处受到待加工表面硬皮或硬化层作用加剧了磨损。

2.4.2 刀具磨损的主要原因

在切削过程中,刀具的切削条件不同,其磨损的原因也不同。刀具磨损经常是机械作用和热、化学作用的综合结果,实际情况很复杂,尚待进一步研究。到目前为止,认为刀具磨损的原因主要是以下五个方面。

1. 硬质点磨损

硬质点磨损是由于工件材料中的硬质点或积屑瘤碎片对刀具表面的机械划伤,从而使刀具磨损。各种刀具都会产生硬质点磨损,但对于硬度较低的刀具材料,或低速刀具,如高速钢刀具及手工刀具等,硬质点磨损是主要因素。

2. 黏结磨损

黏结磨损是指刀具与工件材料(或切屑)的接触面上在足够的压力和温度作用下,达到原子间距离而产生冷焊,黏结点因相对运动,晶粒或晶粒群受剪或受拉而被对方带走而造成的磨损。黏结点的分离面通常在硬度较低的一方,即工件上。但刀具材料往往组织不均匀,存在内应力以及疲劳微裂纹等缺陷,分离面也会发生在刀具一方,造成刀具磨损。

由于刀具材料与工件材料的性质不同,切削条件不同,刀具黏结磨损的强度也不同。

3. 扩散磨损

扩散磨损是指刀具表面与被切出的工件新鲜表面接触,在高温下,两摩擦面的化学元素获得足够的能量,相互扩散,改变了接触面各方的化学成分,降低了刀具材料的性能,从而造成刀具磨损。

例如硬质合金车刀加工钢料时,在800~1000℃高温时,硬质合金中的Co、WC和C等元素迅速扩散到切屑、工件中去;工件中的Fe则向硬质合金表层扩散,使硬质合金形成新的低硬度高脆性的复合化合物层,从而使刀具磨损加剧。刀具扩散磨损与化学成分有关,并随温度的升高而增加。

4. 化学磨损

化学磨损又称氧化磨损,是指刀具与周围介质(如空气中的氧,切削液中的极压添加剂硫、氯等),在一定的温度下发生化学作用,在刀具表面形成硬度低、耐磨性差的化合物,加速刀具的磨损。化学磨损最容易发生在工作切削刃的边界处,是造成刀具边界磨损的主要原因之一。化学磨损的强度取决于刀具材料中元素的化学稳定性以及温度的高低。

5. 热电磨损

热电磨损是指刀具与工件材料在高温下形成热电势,当形成闭合回路时将有热电流产生,在热电流的作用下,加快了元素的扩散速度,使刀具磨损加快。

总之,在不同的刀具材料、工件材料及切削条件下,磨损原因和磨损强度是不同的。

图 2-27 所示为硬质合金刀具加工钢料时，在不同的切削速度(切削温度)下各类磨损所占比重。由图可见，在低速(低温)区以硬质点磨损和黏结磨损为主；在高速(高温)区以扩散磨损和化学磨损为主。刀具的磨损是一个复杂的过程，磨损原因之间相互作用，如热电磨损促使扩散磨损加剧，扩散磨损又促使黏结、硬质点磨损加剧。归根结底，刀具磨损与温度有至关重要的联系。

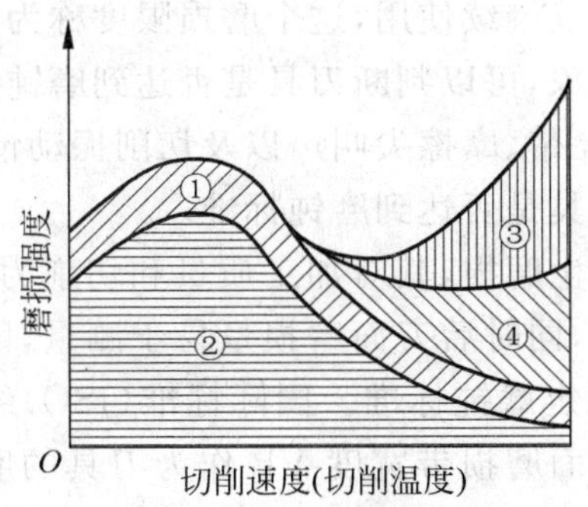

图 2-27　切削速度对刀具磨损强度的影响

①—硬质点磨损；②—黏结磨损；③—扩散磨损；④—化学磨损

2.4.3　刀具磨损过程及磨钝标准

1. 刀具磨损过程

在正常条件下，随着刀具的切削时间延续，刀具的磨损量将增加。通过实验得到如图 2-28 所示的刀具后刀面磨损量 VB 与切削时间的关系曲线。由图可知，刀具磨损过程分三个阶段。

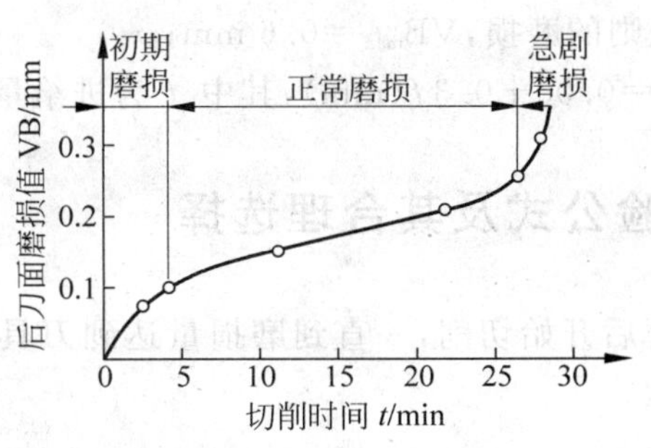

图 2-28　刀具磨损的典型曲线

1) 初期磨损阶段

初期磨损阶段的特点是在极短的时间内，VB 增大很快。由于新刃磨的刀面较粗糙，刀-工接触面之间为峰点接触，故磨损很快。初期磨损量的大小与刀具刃磨质量有很大的关系，通常 VB＝0.05～0.1 mm。经过研磨的刀具初期磨损量小，而且寿命长。

2) 正常磨损阶段

经过初期磨损阶段之后，后刀面上被磨出一条狭窄的棱面，压应力减少，磨损量均匀而缓慢地增加，经历的切削时间较长。这就是正常磨损阶段，也是刀具工作的有效阶段。

3) 急剧磨损阶段

当磨损带宽度增加到一定限度之后,切削力与切削温度迅速升高,磨损带宽度急剧增加。为合理使用刀具及保证加工质量,应在此阶段之前及时更换刀具。

2. 刀具的磨钝标准

刀具磨损到一定的限度不能继续使用,这个磨损限度称为磨钝标准。

依据生产中产生的各种现象,可以判断刀具是否达到磨钝标准,如粗加工时观察切屑的颜色、加工表面是否出现挤压亮带、摩擦尖叫声以及切削振动情况等。精加工时常以表面粗糙度及尺寸精度为依据判断刀具是否达到磨钝标准。

一般刀具的后刀面都会发生磨损,其对加工质量和切削力、切削温度的影响比前刀面显著,同时后刀面磨损量易于测量,因此通常按后刀面磨损宽度来制定磨钝标准。国际标准(ISO)统一规定以1/2背吃刀量处后刀面磨损带宽度VB作为刀具的磨钝标准(见图2-29)。

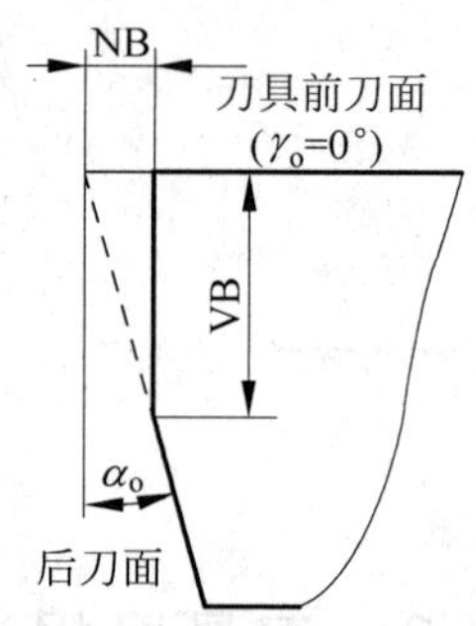

图2-29 车刀的径向磨损量

自动化生产中的精加工刀具常以工件径向上刀具磨损量NB作为衡量刀具的磨钝标准,称为刀具径向磨损量。

国际标准(ISO)推荐的车刀寿命试验磨钝标准如下。

1) 高速钢和陶瓷刀具可以是下列任何一种:

(1) 破损;

(2) 如果后刀面在B区内(见图2-26)是有规则的磨损,取VB=0.3 mm;

(3) 如果后刀面在B区内是无规则的磨损、划伤、剥落或有严重的沟痕,取VB_{max}=0.6 mm。

2) 硬质合金刀具,可以是下列的任何一种:

(1) VB=0.3 mm;

(2) 如果后刀面是无规则的磨损,VB_{max}=0.6 mm;

(3) 前刀面磨损量KT=0.06+0.3f(mm),其中f为进给量。

2.4.4 刀具寿命经验公式及其合理选择

刀具寿命是指刀具刃磨后开始切削,一直到磨损量达到刀具的磨钝标准所经过的净切削时间,用T(s或min)表示。

1. 切削速度与刀具寿命的关系

在一定切削条件下,切削速度越高,刀具寿命越低。这是因为切削速度对切削温度影响最大,对刀具磨损影响最大,故对刀具寿命影响也最大。

现通过实验方法求得v-T关系。实验前先选定刀具后刀面的磨钝标准,然后固定其他的切削条件,在常用速度范围内,取不同的切削速度$v=v_1,v_2,v_3,\cdots$进行刀具的磨损试验,得到如图2-30所示的一组刀具磨损曲线。根据规定的磨钝标准,求出对应于不同v的T。在双对数坐标中确定(v_1,T_1)、(v_2,T_2)、(v_3,T_3)、…各点,发现它们呈线性关系(如图2-31所示)。其方程为

$$\lg v = -m\lg T + \lg C_0$$

式中：$m=\tan\varphi$，即该直线的斜率；

C_0——$T=1$ s（或 min）时的切削速度值。

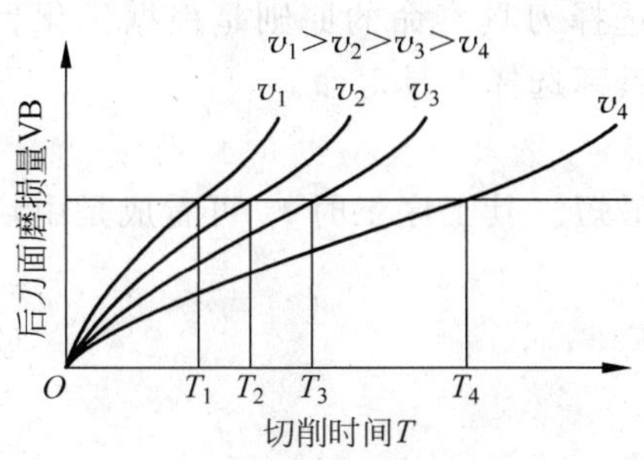

图 2-30　刀具的磨损曲线

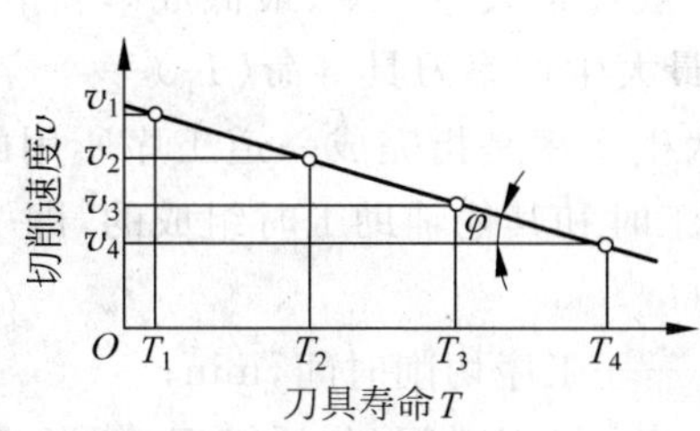

图 2-31　双对数坐标中的 v-T 曲线

因此有

$$vT^m = C_0 \tag{2-16}$$

由图 2-31 可知，该直线斜率 m 越小，说明 v 对 T 影响越大，因此 v 稍微增加，使 T 下降很大，说明刀具材料耐磨性能差。如高速钢刀具材料 $m=0.1\sim0.125$；硬质合金 $m=0.2\sim0.3$；陶瓷刀具 $m=0.4$；可见陶瓷刀具耐磨性好。

应当指出，在较宽的切削速度范围内，特别是在低速区内，v-T 关系就不是单调函数，这主要是由于积屑瘤现象影响刀具的寿命所致。

2. 进给量和背吃刀量与刀具寿命的关系

按照求 v-T 关系的方法，同样可以求得 f-T 关系、a_p-T 关系，即

$$fT^{m_1} = C_1 \tag{2-17}$$

$$a_p T^{m_2} = C_2 \tag{2-18}$$

综合式(2-16)～式(2-18)，可以得到切削用量三要素与刀具寿命的关系：

$$T = \frac{C_T}{v^{1/m} f^{1/m_1} a_p^{1/m_2}}$$

令 $x=1/m$，$y=1/m_1$，$z=1/m_2$，则

$$T = \frac{C_T}{v^x f^y a_p^z}$$

式中：C_T——刀具寿命系数，与刀具、工件材料和切削条件有关；

x、y、z——指数，分别表示切削用量三要素对刀具寿命影响的程度。

用 YT5 硬质合金车刀切削 $\sigma_b=0.637$ GPa 的碳素钢时（$f>0.7$ mm/r），切削用量与刀具寿命的关系为

$$T = \frac{C_T}{v^5 f^{2.25} a_p^{0.75}} \tag{2-19}$$

或

$$v = \frac{C_T}{T^{0.2} f^{0.45} a_p^{0.15}} \tag{2-20}$$

由上式可以看出，v 对 T 的影响最大，其次是 f，a_p 最小。很显然，切削用量对 T 的影响规

律符合对切削温度的影响规律,也反映出切削温度对刀具的磨损和刀具寿命有重要的影响。

3. 合理刀具寿命的选择

刀具寿命与切削用量有密切关系。在生产中,选择刀具寿命的原则是根据优化目标确定的。一般按最大生产率、最低成本和最大利润为目标选择刀具寿命。

1) 最大生产率刀具寿命(T_p)

最大生产率是指完成一道工序所用的时间 t_w 最短。其工序工时 t_w 可看成是由切削工时、换刀工时和其他辅助工时组成的,即

$$t_w = t_m + t_{ct}t_m/T + t_{ot} \tag{2-21}$$

式中:t_m——工序切削时间,min;

t_{ct}——换刀时间(包括卸刀、装刀、对刀等时间),min;

T——刀具寿命,min;

t_m/T——换刀次数;

t_{ot}——除换刀以外的其他辅助时间,min。

车削外圆时的切削时间为

$$t_m = \frac{l_w \Delta}{n_w f a_p} = \frac{\pi d_w l_w \Delta}{1000 v a_p f} \tag{2-22}$$

式中:l_w——刀具一次走刀长度,mm;

Δ——工件单边加工余量,mm;

n_w——工件转速,r/min。

将式(2-16)代入式(2-22)得

$$t_m = \frac{\pi d_w l_w \Delta}{1000 C_0 a_p f} T^m \tag{2-23}$$

切削条件确定后,除 T^m 外均为常数并以 K 表示,故有

$$t_m = KT^m \tag{2-24}$$

将上式代入式(2-21)有

$$t_w = KT^m + t_{ct}KT^{m-1} + t_{ot} \tag{2-25}$$

根据上式可以画出 t_w-T 关系曲线,如图 2-32 所示。图中 t_w 有最小值,其对应的生产率为最大生产率 T_p。

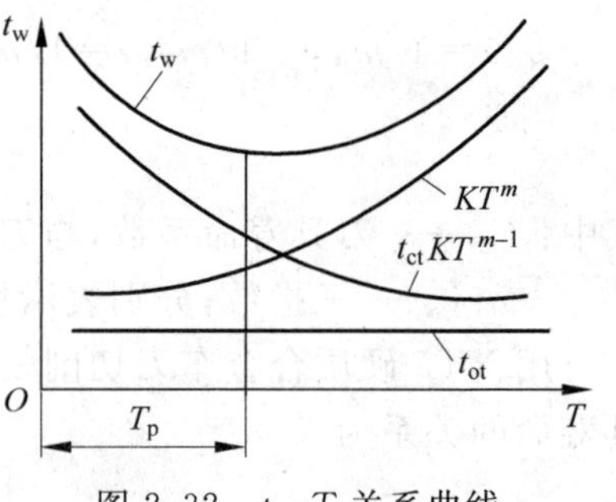

图 2-32 t_w-T 关系曲线

对式(2-25)求微分,使 $dt_w/dT=0$,则

$$\frac{dt_w}{dT} = mKT^{m-1} + t_{ct}(m-1)KT^{m-2} = 0$$

故

$$T = \frac{1-m}{m} t_{ct} = T_p \tag{2-26}$$

与 T_p 对应的切削速度称为最大生产率切削速度,用 v_p 表示,$v_p = C_0/T_p^m$。

2) 最低成本刀具寿命(T_c)

最低成本刀具寿命是指以每个零件(或工序)加工费用最低为原则确定的刀具寿命。设零件的一道工序成本为 C,则有

$$C = t_m M + t_{ct}\ \frac{t_m}{T} M + \frac{t_m}{T} C_t + t_{ot} M \tag{2-27}$$

式中：M——该工序单位时间内所分担的全厂总开支；

C_t——刀具成本。

根据式(2-27)也可画出 C-T 关系曲线(见图 2-33)，图中 C 有最小值，即成本最低。对式(2-27)求微分并使 $\mathrm{d}C/\mathrm{d}T=0$，则有

$$T = \frac{1-m}{m}\left(t_{ct} + \frac{C_t}{M}\right) = T_c \tag{2-28}$$

T_c 称为最低成本刀具寿命，与 T_c 对应的切削速度称为最低成本切削速度，用 v_c 表示，可由下式求得

$$v_c = C_0 / T_c^m \tag{2-29}$$

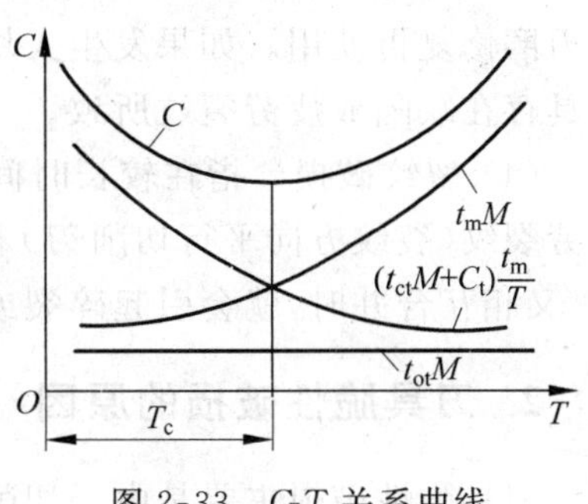

图 2-33　C-T 关系曲线

从式(2-26)和式(2-28)可知，$T_c > T_p$，$v_c < v_p$。因此，选择刀具寿命时，当需要完成紧急任务或产品供不应求以及完成限制性工序时，可采用最大生产率刀具寿命；当产品滞销或在一般生产中，常采用最低成本刀具寿命。

选择刀具寿命时，复杂刀具应选择高一些；对刀、调整刀具复杂时应选择高一些；加工大件的刀具应选择高一些；可转位刀具应选择刀具寿命低一些。

3) 最大利润刀具寿命(T_{pr})

按最低成本原则制定刀具寿命时，加工工时将长于最短工序工时；如果按最大生产率原则制定刀具寿命时，则工序成本将高于最低成本。因此，有时为了兼顾两方面的要求，提出最大利润率刀具寿命。

令 S 为工厂对每个零件所收取的加工费用，C 为每个零件的成本，则每个零件的利润率为

$$P_r = (S - C)/t_w \tag{2-30}$$

将式(2-25)和式(2-27)中的 t_w、C 代入式(2-30)，并令 $\mathrm{d}P_r/\mathrm{d}T=0$，即可求得最大利润率刀具寿命 T_{pr}，$T_p < T_{pr} < T_c$。与 T_{pr} 对应的切削速度称为最大利润率切削速度 v_{pr}，故 $v_c < v_{pr} < v_p$。

2.4.5　刀具破损

刀具破损是指刀具在切削过程中尚未达到磨钝标准，发生突然损坏而不能继续使用。刀具的破损已成为当前刀具损坏的重要形式。特别是用脆性大的刀具进行断续切削，或切削高强度、高硬度的工件材料时，刀具破损更为常见。

1. 刀具脆性破损

刀具脆性破损形态主要有以下四种。

(1) 崩刃　指在切削刃上产生小的缺口，它属早期轻度破损，常发生在高脆性刀具材料如陶瓷刀具，崩刃缺口较大时，则不能继续使用。

(2) 剥落　常发生在脆性刀具材料的前、后刀面上,剥落物成片状,剥落面积较大。这种破损与刀具表面组织中的缺陷和接触面上的摩擦、压力有关,特别在产生积屑瘤、粘屑现象、有冲击负荷时容易发生。

(3) 碎断　指在切削刃上发生小块碎裂或大块断裂。如果发生小块碎裂有可能通过重新刃磨修复再使用。如果发生大块断裂则不能继续使用。这种破损是由于切削负荷过大或刀具存在缺陷或疲劳裂纹所致。

(4) 裂纹破损　指在较长时间连续切削后,由于疲劳而引起裂纹的一种破损。当机械疲劳裂纹(裂纹方向平行切削刃)和热冲击引起的热应力裂纹(方向垂直于切削刃)不断扩展,又相互合并时,就会引起碎裂或断裂。

2. 刀具脆性破损的原因

刀具脆性破损主要是由于切削时受到冲击负荷、热冲击所致。

(1) 机械应力　在切削时,由于机械载荷作用使刀片内产生很大的应力。机械应力使刀片薄弱处产生裂纹,并在载荷反复作用下使裂纹扩展,在一定条件下发生崩刃或者碎裂。

(2) 热应力　在断续切削时,特别是在使用切削液不充分时,刀具切入工件时承受高温,切出工件时刀具受到冷却,冷热交替作用于刀具表面,这时由于热冲击而产生微裂纹。随着切削进行,微裂纹逐渐扩展,或形成龟裂,在机械应力的作用下造成脆性断裂。因此刀具的脆性破损是由于机械应力和热应力联合作用所致。

3. 刀具的塑性破损

刀具的塑性破损是指在切削过程中,由于高温和高压的作用,有时在前、后刀面和切屑、工件的接触层上,刀具表层材料发生塑性流动而丧失切削能力。

刀具的塑性破损与刀具材料和工件材料的硬度比有关。硬度比越高,越不容易发生塑性破损。合金工具钢和高速钢刀具因其耐热性低,容易发生塑性破损;硬质合金、陶瓷刀具的高温硬度高,一般不容易发生塑性破损。

4. 防止刀具破损的措施

为防止或减少刀具破损,在提高刀具材料的强度和抗震性能基础上,可采取以下措施:

(1) 正确选择刀具材料的种类和牌号;

(2) 合理选择切削用量,以控制切削力和切削温度;

(3) 合理选择刀具的几何参数,以控制刀具的受力性质和强化刀具;

(4) 提高工艺系统的刚性,减少振动。

2.5 刀具几何参数的选择

切削力的大小、切削温度的高低、切屑的连续与碎断、加工质量的好坏以及刀具寿命、生产效率、生产成本的高低等都与刀具几何参数有关。

合理选择刀具几何参数的原则是在保证加工质量的前提下,尽可能地使刀具寿命高、生产效率高和生产成本低。但在生产中应根据具体情况决定哪一项是主要目标，如粗加工和半精加工时，主要考虑生产率和刀具寿命；精加工时，主要考虑保证加工质量。刀具几何参数之间相互影响又相互联系。一个参数改变对刀具切削性能的影响，既有有利方面，也有不利方面，应根据具体情况选取合理值。

2.5.1 前角及前刀面形式的选择

1. 前角的功用及选择

1）前角的功用

前角是刀具上重要的几何参数之一，它决定切削刃的锋利程度和刀尖的坚固程度。除此之外，前角对切削过程有如下影响：

(1) 增大前角能减小切屑变形，减小切削力和切削功率；

(2) 增大前角能改善刀-屑接触面上的摩擦状况，降低切削温度和刀具磨损，延长刀具寿命；

(3) 增大前角能减小或抑制积屑瘤，减少振动，从而改善加工表面质量。

但是，增大前角使刀楔角减小，散热条件和刀尖的强度削弱，引起刀具寿命下降。因此，在一定的切削条件下，存在着一个刀具寿命最大的前角值，这个前角称为合理前角，用 γ_{opt} 表示，如图 2-34、图 2-35 所示。

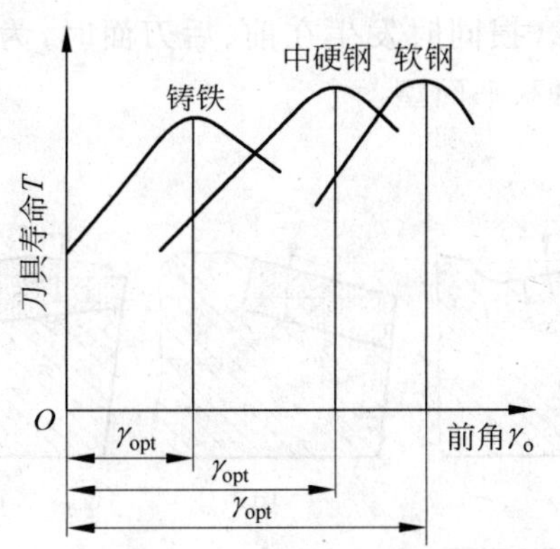

图 2-34　加工不同材料时的合理前角

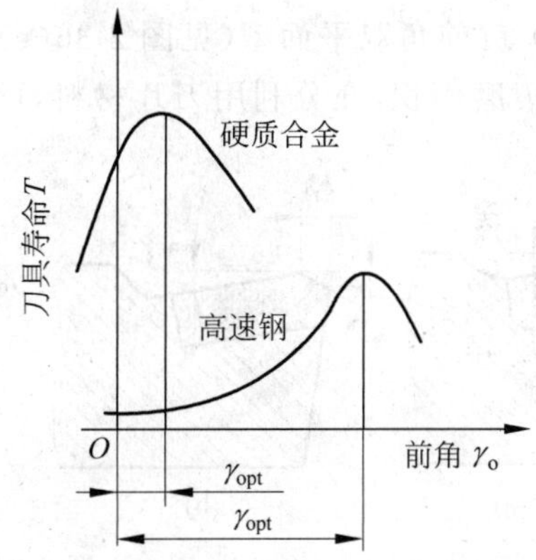

图 2-35　不同刀具材料的合理前角

2）前角的选择

实验证明，合理的前角主要取决于工件材料和刀具材料的种类和性质。

(1) 工件材料塑性越大，前角合理值越大；塑性越小，前角合理值越小(见图 2-34)。这是由于切削塑性大的材料时，前角对切屑变形影响显著，所以增大前角后切削力减小，刀具磨损小。加工脆性材料时，由于产生崩碎切屑，切削力集中在切削刃附近，前角对切屑变形影响不大，同时为了防止崩刃，应选择较小的前角。当工件材料的强度、硬度大时，为保证刀尖的强度，前角应选择较小些。

(2) 刀具材料抗弯强度和冲击韧性越大，合理前角越大(如图 2-35 中的高速钢)，抗弯强度低、韧性低则合理前角越小(如图 2-35 中的硬质合金)。

(3) 粗加工时切削力大,特别是断续切削时冲击力较大,合理前角小;精加工时切削力小,要求刃口锋利,合理前角大。工艺系统刚性较差或机床功率小时,前角应大些。自动机床刀具前角取小些,以提高切削性能的稳定性和刀具寿命。

2. 前刀面形式的选择

常见的前刀面形式如图 2-36 所示。

(1) 正前角平面型(见图 2-36(a)) 这是前刀面的最基本形式,其制造简单、刀刃锋利,但刀尖强度较差,对卷屑的断屑能力差,常用于精加工。

(2) 正前角平面带倒棱型(见图 2-36(b)) 这种前刀面是在图 2-36(a)型基础上沿切削刃磨出很窄的棱边(负倒棱)而形成的。刀刃强度增强,用于脆性大的刀具材料,如陶瓷刀具、硬质合金刀具,适于在断续切削时使用。负倒棱宽度必须选择适当,否则就会变成负前角切削了。负倒棱宽度 $b_{r1}=(0.3\sim0.8)f$,粗加工时取大值,精加工时取小值;负倒棱前角 $\gamma_{o1}=-5°\sim-10°$(硬质合金刀具)。

(3) 正前角曲面带倒棱型(见图 2-36(c)) 这种前刀面是在正前角平面带倒棱型基础上磨出一定曲面形成的。这个曲面起卷屑作用,并增大前角,改善切削条件,主要用于粗加工和半精加工塑性材料。

(4) 负前角单平面型(见图 2-36(d)) 用硬质合金刀具切削高强度、高硬度材料,如切削淬火钢或带硬皮并有冲击的粗加工时采用此种形式的前刀面。其最大特点是抗冲击能力强。

(5) 负前角双平面型(见图 2-36(e)) 当刀具磨损同时发生在前、后刀面时,为了减少前刀面刃磨面积,充分利用刀片材料,可采用负前角双平面型。

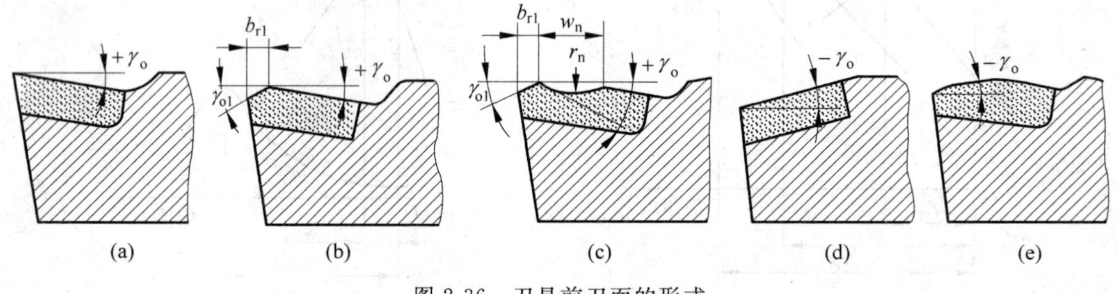

图 2-36 刀具前刀面的形式

3. 切屑控制

在金属切削加工的过程中,刀具切除工件上的多余金属层,被切离工件的金属以切屑的形式与工件分离。

研究切屑的控制(卷屑和断屑)方法和机理对高速切削或自动化生产是十分重要的。切屑的控制问题主要取决于前刀面的形式与尺寸参数。

1) 切屑的形状

(1) 按形成机理,切屑有四种形态。

由于工件材料和切削条件的不同,切屑的形态也不同。常见的切屑有四种类型(见

图 2-37)，前三种为切削塑性材料的切屑，最后一种为切削脆性材料的切屑。

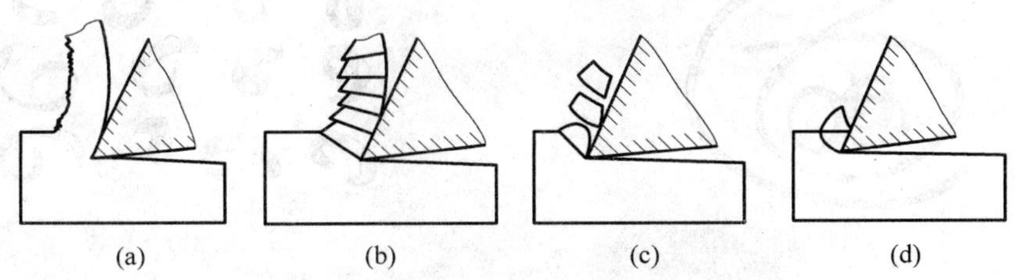

图 2-37　按切屑形成机理的切屑分类

① 带状切屑　如图 2-37(a)所示，切屑内侧表面光滑，外侧表面呈毛茸状，用显微镜观察可见到有均匀整齐的剪切裂纹。通常加工塑性金属材料，切削厚度较小，切削速度较高，刀具前角较大时得到这种切屑。此时切削力波动很小，切削过程平稳，已加工表面粗糙度较小。

② 挤裂切屑　如图 2-37(b)所示，切屑外侧面呈锯齿状，内侧面有时有裂纹。这种切屑是在加工塑性金属材料，切削厚度较大，切削速度较低，刀具前角较小时得到的。此时切削力波动较大，切削过程中产生一定的振动，已加工表面较粗糙。

③ 单元切屑　如图 2-37(c)所示，它是在挤裂切屑基础上增大切削厚度，减小切削速度和前角，使剪切裂纹进一步扩展而断裂成梯形状的单元体。生产中很少见到单元切屑。切屑的形态随切削条件的改变而转化。在形成挤裂切屑的情况下，若加大前角，提高切削速度，减小切削厚度，则可得到带状切屑；反之，就可以得到单元切屑。

④ 崩碎切屑　如图 2-37(d)所示，它是切削脆性金属材料时得到的。通常加工灰铸铁时得到这种切屑。产生崩碎切屑的原因是材料受的拉应力已超过其抗拉强度。此时切削力波动很大，有冲击载荷，已加工表面凹凸不平。生产中常通过改变切削条件，如增大前角、增大刃倾角、减小切削厚度、提高切削速度，可得到针状切屑或松散的带状切屑。此时切削过程平稳，已加工表面粗糙度较小。

(2) 按切屑几何形状和处理要求，切屑大体分为带状屑、C 形屑、崩碎屑、宝塔状卷屑、螺旋卷屑、长紧卷屑和发条状卷屑等，如图 2-38 所示。

在不同的切削加工条件下，对切屑的形状要求也不同。带状屑虽然切削平稳，但易缠绕在工件或刀具上，会划伤工件表面、损伤刀具甚至伤人。为了清除方便，人们常常将带状屑转变成螺卷屑或长紧卷屑。C 形屑不缠绕工件，也不易伤人，是一种比较好的屑形，但其高频率的碰撞和折断会影响切削过程的平稳性，影响已加工表面粗糙度，所以精车时希望形成长螺卷屑。在重型车床上采用大的切削厚度和大的进给量车削钢件时，C 形屑易损坏切削刃和崩飞伤人，则希望得到发条状卷屑。在自动化生产中，宝塔状卷屑是理想的。加工脆性金属(如铸铁、黄铜)时，为避免碎屑飞溅或磨损导轨，应设法使切屑连成卷状，形成假带状屑。

2) 卷屑机理

卷屑的基本原理是：设法使切屑在沿前刀面流出时，受到额外的作用力而产生附加的变形而卷曲。

(1) 自然卷屑机理　切屑沿正前角平面型前刀面流出时，在切削速度 v 不是很高时，在积屑瘤的作用下，切屑往往自行卷曲，如图 2-39(a)所示。

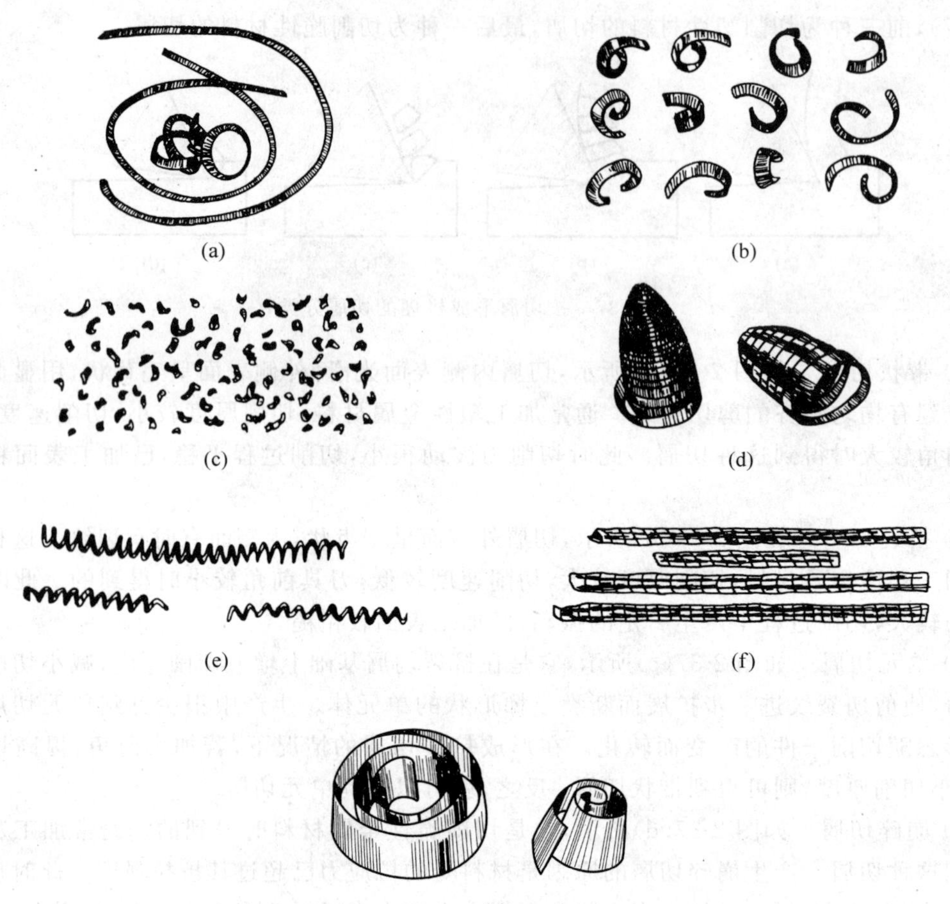

图 2-38 切屑的各种形状

(a) 带状屑;(b) C形屑;(c) 崩碎屑;(d) 宝塔状卷屑;(e) 螺旋卷屑;(f) 长紧卷屑;(g) 发条状卷屑

(2) 卷屑槽卷屑机理 前刀面上磨出卷屑槽或选择带卷屑槽的刀片,当切屑流出并受附加力后产生卷曲,如图 2-39(b)所示。

3) 断屑原理

切屑在切削过程中受到较大变形(基本变形)后,其硬度提高、塑性降低、材质变脆,从而为切屑的折断创造了条件。切屑流出时,受到卷屑槽或断屑台的阻挡,再次产生变形(附加变形),进一步脆化,当它碰到后刀面或过渡表面时即可折断,如图 2-39(c)~(f)所示。

2.5.2 后角的功用及选择

1. 后角的功用

后角的大小影响后刀面与工件加工表面之间的摩擦,影响刀楔角的大小,因此,后角的主要功用是:

(1) 增大后角可以减少刀具的磨损,提高加工表面质量。

(2) 增大后角,在 VB 相同时,达到磨钝标准磨去金属体积多,刀具寿命高;但在 NB 相

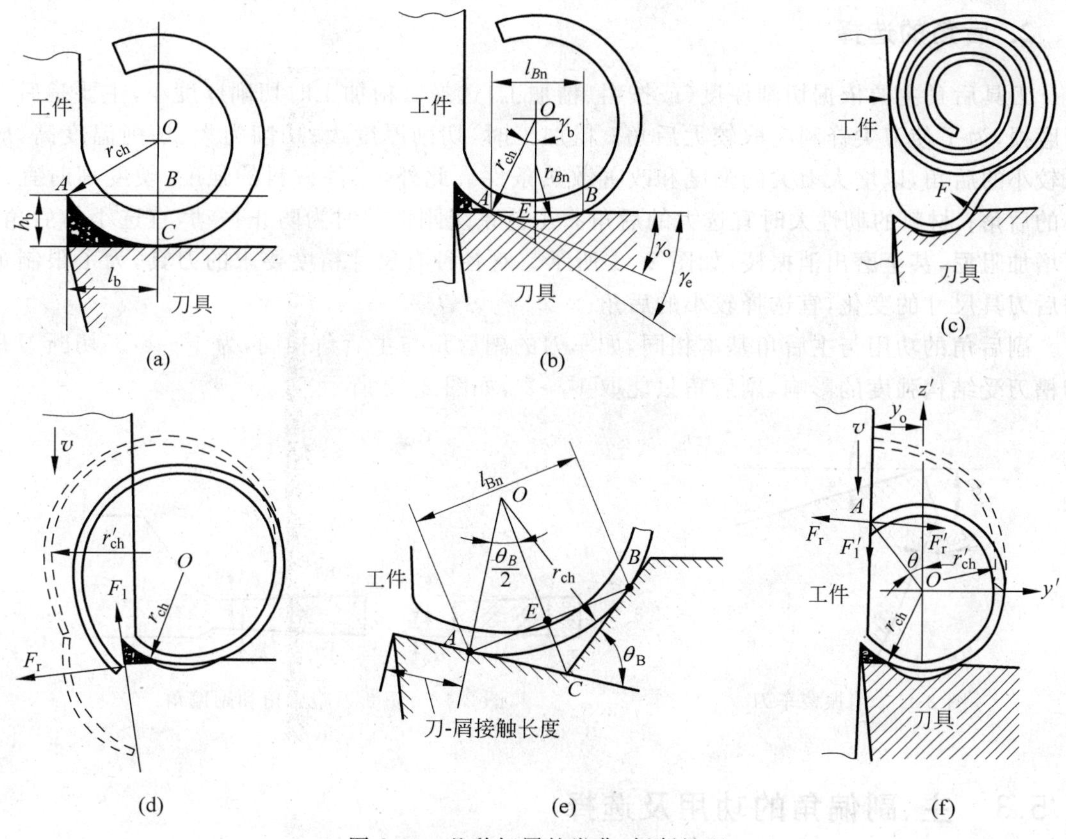

图 2-39　几种切屑的卷曲、折断机理

(a) 自然卷屑机理；(b) 卷屑槽卷屑机理；(c) 发条状切屑碰到工件上折断的机理；
(d) 切屑碰到后刀面上折断的机理；(e) 卷屑台的卷屑机理；(f) C形屑撞在工件上折断的机理

同时，则磨去的金属体积少，刀具寿命低，如图 2-40 所示。

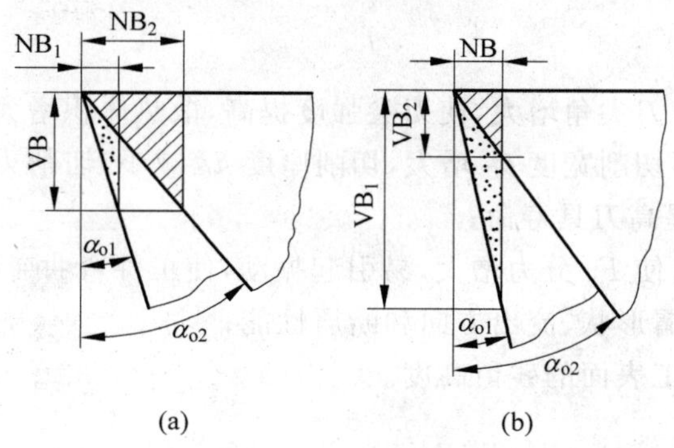

图 2-40　后角大小对刀具磨损体积的影响

(a) VB一定；(b) NB一定

(3) 后角增大，刀楔角减小，刀尖圆弧半径减小，刀尖锋利，易切入工件，减小变质层深度。但后角太大时，刀楔角显著减小，散热条件变差，同时削弱刀尖强度，使刀具寿命降低或者发生刀具破损。

2. 后角的选择

刀具后角主要依据切削厚度(或按粗、精加工)选择。精加工时切削厚度小,主要是后刀面磨损,为了使刀尖锋利应取较大后角;粗加工时,切削厚度大、切削力大、切削温度高,应取较小的后角,以增大刀尖的强度和改善散热条件。此外,工件材料的强度、硬度高时宜选小的后角;材料的韧性大时宜选大的后角。工艺系统刚性差时为防止振动,宜选小的后角,可增加阻尼,甚至磨出消振棱,如图 2-41 所示。对各种有尺寸精度要求的刀具,为了限制重磨后刀具尺寸的变化,宜选择较小的后角。

副后角的功用与主后角基本相同,如车刀的副后角与主后角相同,为 4°～6°。切断刀和切槽刀受结构强度的影响,副后角只能取 1°～2°,如图 2-42 所示。

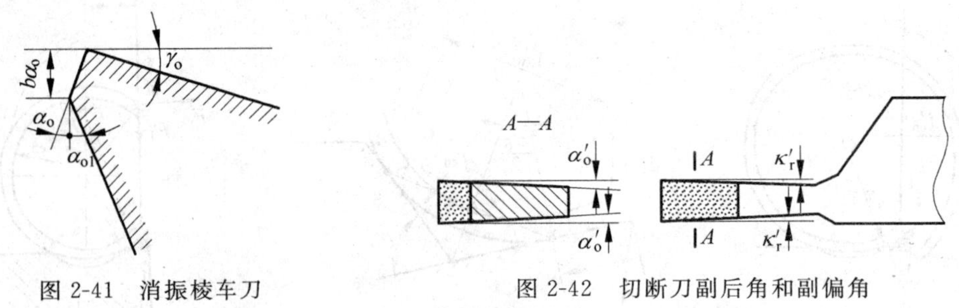

图 2-41 消振棱车刀　　图 2-42 切断刀副后角和副偏角

2.5.3 主、副偏角的功用及选择

主偏角、副偏角以及刀尖形状的共同点是影响刀尖强度、散热面积、热容量以及刀具寿命和已加工表面质量。

1. 主偏角的功用及选择

1) 主偏角的功用

(1) 主偏角减小时,刀尖角增大,使刀尖强度提高,散热体积增大,刀具寿命提高;

(2) 主偏角减小时,切削宽度 b_D 增大,切削厚度 h_D 减小,切削刃工作长度增大,单位切削刃负荷减小,有利于提高刀具寿命;

(3) 主偏角减小时,使 F_p 分力增大,易引起振动,使工件弯曲变形,降低加工精度;

(4) 主偏角影响切屑形状、流出方向和断屑性能;

(5) 主偏角影响加工表面的残留高度。

2) 主偏角的选择

(1) 工件材料的强度、硬度高时,选用较小的主偏角可以增大刀尖强度、散热体积及单位切削负荷;

(2) 硬质合金刀具粗加工和半精加工时应选择较大的主偏角,有利于减少振动和断屑;

(3) 工艺系统刚性好时,宜选取较小的主偏角,以提高刀具寿命;刚度不足,如加工细长轴时,宜取较大的主偏角,甚至取 $\kappa_r \geqslant 90°$,以减小径向力。

2. 副偏角的功用及选择

副偏角的功用与主偏角基本相同，选择副偏角时应考虑以下因素：

(1) 已加工表面粗糙度值小时，应选择小的副偏角，有时磨出修光刃，如图 2-43 所示；

(2) 工艺系统刚性较差时，副偏角不宜选择太小，以不致引起振动为原则；

(3) 切断刀、切槽刀考虑结构强度，一般取 1°～3°。

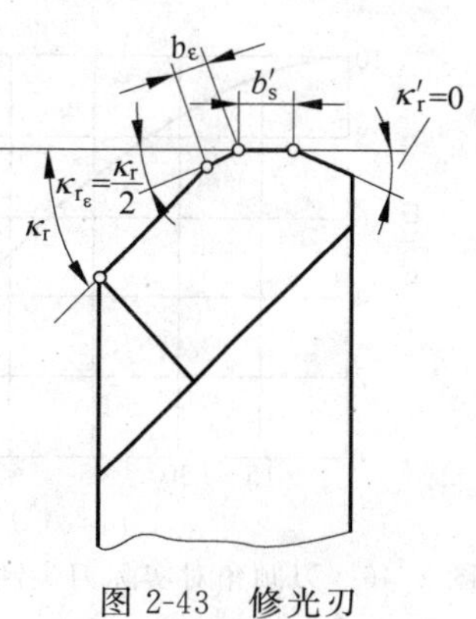

图 2-43　修光刃

2.5.4　刃倾角的功用及选择

1. 刃倾角的功用

刃倾角和前角决定着前刀面的倾斜状况，切削时有如下功用。

1) 控制切屑流出的方向(见图 2-44)

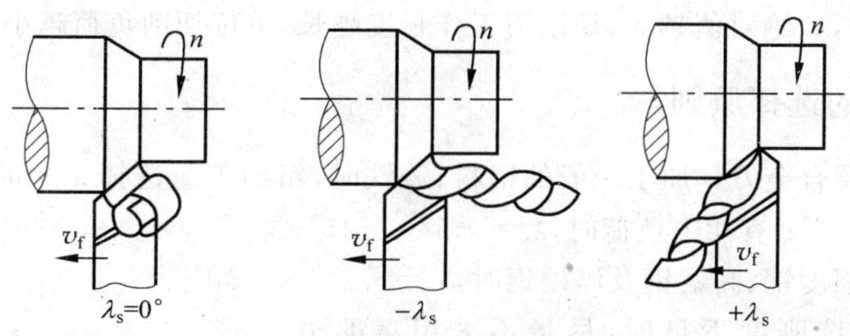

图 2-44　刃倾角对排屑方向的影响

当 $\lambda_s=0°$时，切屑在前刀面上近似沿主切削刃的法线方向流出；当 $\lambda_s<0°$时，切屑流向已加工表面；当 $\lambda_s>0°$时，切屑流向待加工表面。

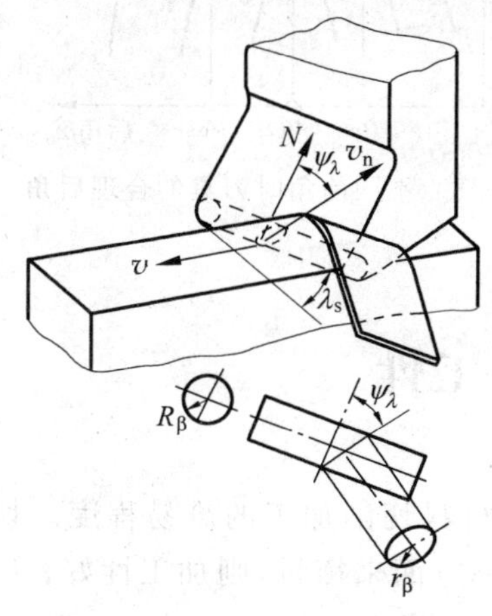

图 2-45　流屑方向刀尖钝圆半径

2) 影响切削刃的锋利程度(见图 2-45)

当 $\lambda_s\neq0°$时，切屑在前刀面上流出方向与切削刃法线呈一夹角 ψ_λ，ψ_λ 角称为流屑角。在流屑剖面内，实际刀尖钝圆半径 $r_{\beta e}<r_\beta$，因此，切削刃锋利性增大，对微量切削很有利。图 2-46 表示$|\lambda_s|$对实际刀尖钝圆半径的影响情况。

3) 影响切削刃切入时接触点的变化

如图 2-47 所示，当 $\lambda_s<0°$时，切削刃上离刀尖较远的点先接触工件；$\lambda_s=0°$时，切削刃上各点同时接触工件；$\lambda_s>0°$时，刀尖先接触工件。断续切削时，希望第一接触点不要发生在刀尖位置。

4) 影响切入切出时的平稳性

由图 2-47 可知，当 $\lambda_s=0°$时，切削刃同时切入、切出工件，切削力大，切削有冲击现象；$\lambda_s\neq0°$时，切削刃逐渐切入、

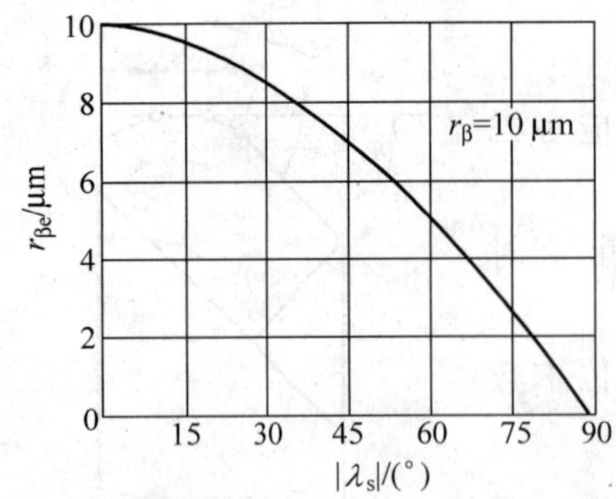

图 2-46 刃倾角对实际刀尖钝圆半径的影响

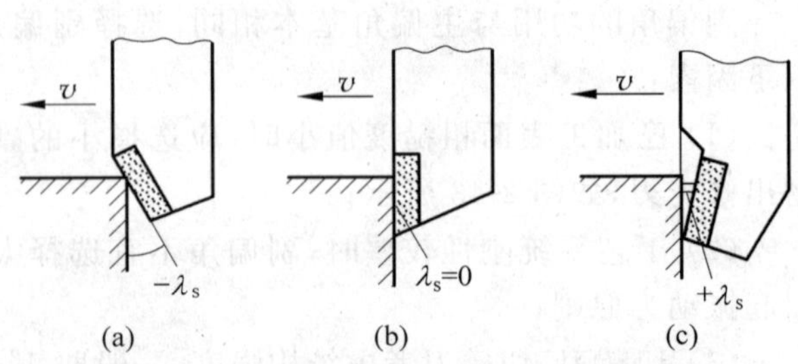

图 2-47 刃倾角对切削刃冲击点的影响

(a) $-\lambda_s$；(b) $\lambda_s=0°$；(c) $+\lambda_s$

切出工件，切削平稳。

5) 影响切削分力的比值

以外圆车刀为例，λ_s 由 10°变化到 −45°时，F_p 增加约 1 倍，F_f 减少到三分之一，F_c 基本不变。

6) 影响切削刃的工作长度

当 a_p 不变时，λ_s 绝对值越大，切削刃工作长度越长，单位切削负荷越小，刀具寿命越高。

2. 刃倾角的选择原则

(1) 采用硬质合金刀具加工一般的钢料、铸铁时，粗加工应选择 $\lambda_s=0°\sim-5°$；精加工应选择 $\lambda_s=0°\sim+5°$；有冲击负荷时，$\lambda_s=-5°\sim-15°$。

(2) 加工高强度钢、高锰钢及淬硬钢时，$\lambda_s=-20°\sim-30°$。

(3) 工艺系统刚度不足时，尽量不采用负的刃倾角。

(4) 微量切削时取 $\lambda_s=45°\sim75°$。

(5) 金刚石、立方氮化硼等脆性大的刀具取 $\lambda_s=0°\sim-5°$。

应该指出，刀具各参数之间相互联系又相互影响，如图 2-48 所示，改变前角时，合理后角同时发生变化。任何刀具合理几何参数，都应该综合考虑多方面因素后确定。

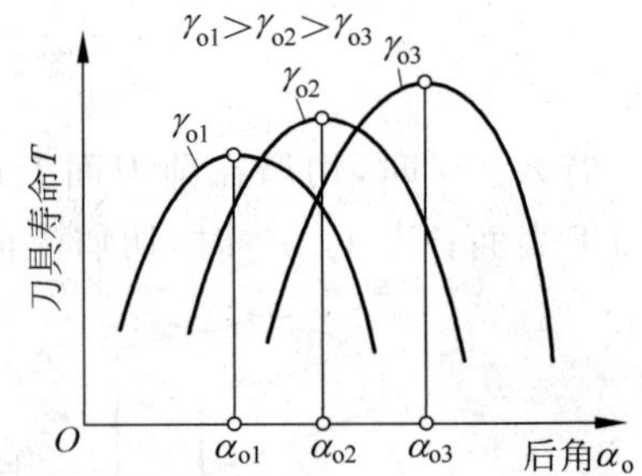

图 2-48 不同前角时刀具的合理后角

2.6 工件材料的切削加工性

工件材料的切削加工性是指在一定的切削条件下，工件材料切削加工的难易程度。切削加工性是一个相对的概念，如低碳钢，从切削力和切削功率方面来衡量，则加工性好；如果从已加工表面粗糙度方面来衡量，则加工性不好。

2.6.1　衡量切削加工性的指标

切削过程的要求不同，切削加工性的衡量指标也不同。

1. 刀具寿命 T 或一定刀具寿命下允许的切削速度 v_T

在相同的切削条件下加工不同的材料时，在一定的切削速度下刀具寿命 T 越大或一定刀具寿命下所允许的切削速度 v_T 越高，加工性越好；反之，加工性越差。

在一定刀具寿命下，某种材料允许的切削速度 v_T 是最常用的衡量加工性的指标。通常以 $\sigma_b=0.735$ GPa 的正火状态下 45 钢的刀具寿命 $T=60$ min 允许的切削速度 v_{60} 为基准，记作 $(v_{60})_j$，其他各种材料的 v_{60} 与之相比，比值 K_v 即为这种材料的相对加工性。即

$$K_v = v_{60}/(v_{60})_j \tag{2-31}$$

$K_v>1$，说明该材料的加工性比 45 钢好；$K_v<1$，说明该材料的加工性比 45 钢差。常用工件材料相对加工性 K_v 可分为 8 级，如表 2-3 所示。

表 2-3　材料的相对加工性等级

加工性等级	名称及种类		相对加工性	代表性材料
1	很容易切削材料	一般有色金属	>3.0	5-5-5 铜铅合金、9-4 铝铜合金、铝镁合金
2	容易切削材料	易切削钢	2.5～3.0	退火 15Cr，$\sigma_b=0.373\sim0.441$ GPa 自动机钢，$\sigma_b=0.393\sim0.491$ GPa
3		较易切削钢	1.6～2.5	正火 30 钢，$\sigma_b=0.441\sim0.549$ GPa
4	普通材料	一般钢及铸铁	1.0～1.6	45 钢、灰铸铁
5		稍难切削材料	0.65～1.0	2Cr13，调质，$\sigma_b=0.834$ GPa 85 钢，$\sigma_b=0.883$ GPa
6	难切削材料	较难切削材料	0.5～0.65	45Cr，调质，$\sigma_b=0.834$ GPa 65Mn，调质，$\sigma_b=0.932\sim0.981$ GPa
7		难切削材料	0.15～0.5	50CrV，调质，1Cr18Ni9Ti，某些钛合金
8		很难切削材料	<0.15	某些钛合金、铸造镍基高温合金

2. 已加工表面质量

如果切削加工时容易获得好的加工质量(包括表面粗糙度、加工硬化程度和表面残余应力等)，材料的切削加工性就好；反之则差。精加工时常以此作为衡量加工性的指标。

3. 切削力或切削功率

在相同切削条件下加工不同材料时，切削力或切削功率越大，切削温度越高，则材料的切削加工性越差；反之，切削加工性越好。在粗加工或机床的刚性、动力不足时，可采用切削力或切削功率作为衡量切削加工性的指标。

4. 切屑的处理性能

切削加工时切屑的处理性能(指切屑的卷曲、折断和清理等)越好,则材料的加工性越好;反之,加工性越差。数控机床、组合机床、自动机床或自动线加工时,常以此作为衡量切削加工性的指标。

2.6.2 影响材料加工性的因素

根据材料学理论,影响材料加工性的因素主要有化学成分、金相组织、力学性能、物理性能及化学性能等,其中材料的力学性能、物理性能及化学性能是由化学成分和金相组织决定的。

1. 工件材料的力学性能

一般情况下,工件材料的硬度(包括常温硬度、高温硬度、硬质点和加工硬化等方面)、强度越高,塑性、韧性越大,弹性模量越小,其加工性越差;反之,则越好。但在生产实际中不能孤立地考虑这些因素,而应根据不同的材料,对多种影响因素进行综合考虑,如低碳钢,虽然其硬度很低,但塑性很大,其加工性并不是很好。

2. 工件材料的物理性能

在材料的物理性能中,导热系数对切削加工性有直接的影响。切削过程中所产生的切削热分别从切屑、工件及刀具传出。工件材料的导热系数越高,刀具与工件及切屑摩擦面上的温度越低,刀具磨损越小,刀具寿命越高,工件切削性好。反之,则差。

3. 工件材料的化学性能

某些材料在切削温度高时,容易引起化学反应:如镁合金易燃烧;钛合金在切削时与空气中的氧和氮发生反应,形成硬脆的化合物,使切屑成短碎片状,切削力和切削热集中在切削刃附近;切削液有时会和某些材料起化学反应等。这些都对材料的切削性能有一定的影响。

2.6.3 改善切削加工性的途径

在保证产品使用性能的前提下,可以通过多种方法改善材料的切削加工性。

1. 对材料进行热处理

通过热处理可以改善材料的金相组织和物理力学性能,这是生产实践中最常用的方法。如高碳钢和工具钢硬度高,有较多的网状、片状渗碳体组织,通过球化退火可以降低其硬度。热轧状态的中碳钢组织不均匀,有时表面有硬皮,经过正火可使其组织均匀,硬度适中,改善其切削加工性。低碳钢塑性过高,可通过冷拔或正火适当降低其塑性,提高硬度,改善其切削加工性。

2. 调整材料的化学成分

在钢中适当添加一些元素如硫、钙、铅等，这些添加元素几乎不能与钢的基体固溶，而以金属或金属夹杂物的状态分布，在切削过程中起到减小变形和摩擦的作用，使钢的切削性能得到改善，这样的钢称为易切钢。它具有良好的加工性，使刀具寿命提高，切削力减小，切屑易折断等。

2.6.4 难加工材料切削技术

随着科技的全面发展，新材料不断涌现。由于新材料具有综合优良的性能，有时会给切削加工带来极大的困难。目前，通过选用新型的刀具材料、选择合理的刀具几何参数和切削用量、正确使用切削液等措施，仍不能对有些难加工材料进行有效的加工。近年来发展了多种新的切削方法，现简介如下。

1. 加热切削法

加热切削法是指用等离子弧对靠近刀尖处的被切削金属加热，使其硬度、强度降低，提高切削效果，常用于粗加工，目前也有人试用 1～5 V，100～500 A 的电流进行电加热和激光辅助切削法。

2. 低温切削法

低温切削法是指用液氮（－180℃）或液态 CO_2（－76℃）作为切削液降低切削区温度。加工钢时，当切削温度降至 310℃时形成的积屑瘤最大，实际前角最大，切削力明显降低；而切削温度降至 500℃时，积屑瘤逐渐消失，得到小的表面粗糙度数值和高的刀具寿命。国内外有学者进行超低温切削的研究。

3. 振动切削法

振动切削法是指用振动发生器使刀具在切削速度方向产生高频（＞10 kHz）或低频（＜300 Hz）振动，使刀具和切屑间摩擦因数和切削力降低，切屑变形及切削温度降低，积屑瘤消失，能获得好的已加工表面质量。由于振动产生冲击，要求刀具有一定的韧性。也有振动方向与进给方向一致的振动切削方式。

4. 真空切削法

真空切削法主要使切削区不受空气中的元素影响。如加工钛合金可避免钛与空气中的元素生成不利于切削的化合物，从而改善其加工性。

5. 惰性气体保护切削法

惰性气体保护切削法是指采用惰性气体氩气保护（喷射氩气覆盖切削区），防止材料中的活泼元素与空气中的元素发生反应生成不利于切削的化合物，提高刀具的寿命。

6. 绝缘切削法

绝缘切削法的主要目的是防止切削时产生的热电势在闭合回路中形成热电流,防止刀具热电磨损,提高刀具的寿命。

7. 超高速切削法

当切削速度提高到某一临界值时,切削温度有一最高值,此时切削速度再提高,切削温度反而会降低,此时已加工表面质量好,刀具寿命提高。但是,超高速切削要求机床具有良好的刚性和抗振性。

2.7 切削液的选择

在切削加工过程中合理使用切削液,可以改善切屑、工件与刀具的摩擦状况,降低切削力和切削温度,减少刀具磨损,抑制积屑瘤和鳞刺(在已加工表面上呈鱼鳞状的毛刺)的生长,从而提高生产率和加工质量。

2.7.1 切削液的种类

金属切削加工中常用的切削液可分为三大类:水溶液、水基切削液和油基切削液。

1. 水溶液

水溶液的主要成分是水,它的冷却性能好,呈透明状,便于操作者观察,最适用于磨削加工。但是易使金属生锈,且润滑性能欠佳。因此,使用中在水溶液中加入一定的添加剂,使其既能保持冷却性能又有良好的防锈性能和一定的润滑性能。

2. 水基切削液

水基切削液是将切削液原液用水稀释后再使用的切削液,稀释溶液中的水约占90%以上的比例。乳化切削液是水基切削液中的重要一支,此外还有微乳化切削液和合成切削液。这类切削液适用于首先要求冷却性的加工工艺的金属加工场合。乳化切削液的原液一般不含水,稀释后呈白色乳状;在其中添加防锈剂、油性剂、极压剂,可以得到不同类型的乳化切削液。合成切削液的原液一般不含油,稀释后多为透明溶液。微乳化切削液介于乳化切削液与合成切削液之间,含有一定量的油,稀释后呈半透明状微乳液。

在乳化切削液基本组成中添加入一定量的防锈剂、油性剂、极压剂和防锈添加剂,可以获得极压乳化液或防锈乳化液。在乳化切削液的配方中减少基础油的含量,增加防锈剂、表面活性剂等的含量,可以得到溶于水后呈半透明状的防锈微乳化切削液,其稳定性好,使用周期长,是目前应用日益广泛的一种水基切削液。合成切削液是单相体系,其稳定性比乳化切削液好,具有很好的冷却性、防锈性和一定的清洗性能,不易变质,使用周期长;但是很容易将裸露的机床导轨面上的润滑油清洗掉,使用时应当注意导轨和滑动机件的防护。

3. 油基切削液

油基切削液又称作切削油，其主要成分是基础油（矿物油或合成油，少数采用植物油）。在基础油中适量加入各种油溶性添加剂，如油性剂、极压剂、防腐蚀剂、抗氧化剂等，可以配制成性能各异的油基切削液，以适应不同的加工要求。这类切削液适用于首先要求润滑性的加工工艺的金属加工场合，使用时不需要稀释，直接使用原液。

2.7.2 切削液的作用

切削液主要起冷却和润滑的作用，同时还具有良好的清洗作用和防锈作用。此外，要求切削液无毒无异味、不影响人身健康、不变质及具有良好的化学稳定性等。

1. 冷却作用

切削液的冷却作用主要是靠热传导带走切削区的大量热量，降低切削温度，提高刀具寿命和加工表面质量。对耐热性差的刀具，切削液的冷却作用尤其重要。

切削液的冷却效果取决于切削液的性质（如导热系数、比热容、汽化热和汽化速度等）、用量（如流量、流速和压力等）以及使用方法。水溶液的导热系数和比热容比油大得多，故水溶液的冷却性能比油基切削液好，乳化切削液介于两者之间。

2. 润滑作用

在切削过程中，刀具与切屑、工件接触面上的摩擦剧烈，而且压力很大（1 GPa 以上），温度很高（500℃以上）。在这种条件下，使用切削液后切削区摩擦界面上也不可能达到完全流体润滑摩擦状态，而是属于边界润滑摩擦状态。使用切削液后切削液将从刀具与切屑、刀具与工件界面的微小间隙并在相对运动下形成泵吸现象时渗入其中（见图 2-49）。在切屑剪切区的剪切裂纹处，汽化切削液分子直接渗入并吸附在摩擦界面和剪切面上。因此，在切削过程中，切削液可以减小接触界面上的摩擦，使剪切角增大，刀具与切屑接触长度缩短，抑制或消除积屑瘤，从而提高刀具的寿命和加工表面质量。表 2-4 是几种切削液与干切削时的润滑效果比较。

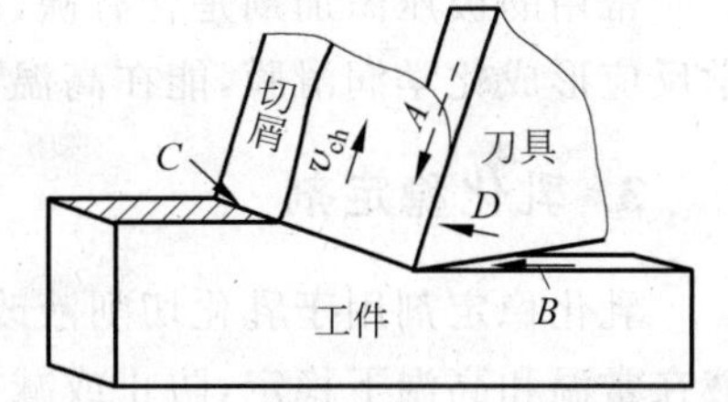

图 2-49 切削液渗入的途径

表 2-4 几种切削液与干切削时润滑效果比较表

切削液种类	剪切角 ϕ	变形系数 ξ	摩擦因数 μ
干切削	15°15′	2.9	0.90
乳化液	22°50′	2.7	0.83
矿化脂肪油＋矿物油（非活性）	24°20′	2.6	0.72
菜籽油	25°12′	2.3	0.68
氯化硫化矿物油＋脂肪油（活性）	25°30′	2.2	0.66

3. 清洗作用

在加工脆性工件形成崩碎切屑或加工塑性工件形成粉末切屑时(如磨削),要求切削液具有良好的清洗和冲刷作用。切削液的清洗性能与其渗透性、流动性、使用的压力和流量有关。这种切削液通常以水为主,添加表面活性剂和少量的矿物油。

4. 防锈作用

在使用切削液时,由于切削液的飞溅,工件、机床、刀具等受到污染,因此要求切削液具有防锈性能。切削液的防锈性能主要取决于防锈添加剂的作用。

2.7.3 切削液的添加剂

为了使切削液具有各种使用性能,通常加入某些化学物质,这些化学物质称为添加剂。

切削液中常见的添加剂有油性添加剂、极压添加剂、防锈添加剂、防腐杀菌剂、抗泡沫添加剂、表面活性剂和乳化稳定剂等。

1. 油性添加剂

油性添加剂含有极性分子,它与金属表面形成牢固的吸附膜,以减少摩擦。这种吸附膜耐高温性差,故主要用于低速精加工。

2. 极压添加剂

常用的极压添加剂是含有硫、磷、氯、碘的有机化合物。它在高温下与金属表面发生化学反应形成化学润滑膜,能在高温下保持润滑作用。

3. 乳化稳定剂

乳化稳定剂用于乳化切削液改善其乳化稳定性和扩大乳化范围,其作用是使乳化切削液在常温和高温下稳定,防止或减少分层、析油、相变,形成稳定的乳化切削液。

此外,其他添加剂可参见表2-5。

表2-5 切削液中的添加剂

分类		添加剂
油性添加剂		动植物油,脂肪酸及其皂,脂肪醇及多元醇,脂类、酮类、胺类等化合物
极压添加剂		硫、磷、氯、碘等有机化合物(如氯化石蜡、二烷基二硫代磷酸锌等)
防锈添加剂	水溶性	亚硝酸钠、磷酸三钠、磷酸氢二钠、苯甲酸钠、苯甲酸胺、三乙醇胺等
	油溶性	石油磺酸钡、石油磺酸钠、环烷酸锌、二壬基萘磺酸钠等
防霉添加剂		苯酚、五氯酚、硫柳汞等化合物
抗泡沫添加剂		二甲基硅油
助溶添加剂		乙醇、正丁醇、苯二甲酸酯、乙二醇醚等

续表

分　类		添　加　剂
表面活性剂	阴离子型	石油磺酸钠、油酸钠皂、松香酸钠皂、高碳酸钠皂、磺化蓖麻油、油酸三乙醇胺等
	非离子型	平平加(聚氧乙烯脂肪醇醚)、司本(山梨糖醇油酸酯)、吐温(聚氧乙烯山梨糖醇油酸酯)
乳化剂		乙二醇、乙醇、正丁醇、二乙二醇单正丁基醚、二甘醇、高碳醇、苯乙醇胺、三乙醇胺

2.7.4　切削液的选择

切削液的品种繁多、性能各异,在切削加工中应根据工件材料、刀具材料、加工方法和加工要求的具体情况合理选用,以取得良好的效果。

1. 根据刀具材料和加工要求选用

对于低速刀具如高速钢刀具,为了降低切削温度和减少摩擦应使用切削液。粗加工时选用冷却性能好的切削液;精加工时选用润滑性好的切削液,以保证加工表面质量。

对硬质合金刀具,由于耐热性好,一般不使用切削液。如果必须使用切削液时,应连续、充分、大流量使用,以防止热冲击产生内应力而降低刀具的寿命和已加工表面质量。

2. 根据工件材料选用

加工钢等塑性材料时应选用切削液。加工铸铁等脆性材料时一般不选用切削液,以免污染工作地。如果必须使用,则采用煤油或轻柴油等与切屑容易分离的切削液。对于高强度钢、高温合金钢等难加工材料,应选用极压性能优良的切削液,以适应极压润滑摩擦状况,起到降低切削温度和减小摩擦的效果,从而提高刀具寿命和加工表面质量。

3. 根据加工方法选用

对于钻孔、攻螺纹、铰孔和拉削等,由于导向部分和校准部分与已加工表面摩擦较大,通常选用极压乳化切削液和极压切削油;成形刀具、螺纹刀具及齿轮刀具应保证有较高的刀具寿命,通常选用润滑性能好的切削油、高浓度的极压乳化液或极压切削油;磨削加工,由于磨屑微小而且磨削温度很高,故选用冷却和清洗性能好的切削液,如水溶液、水基切削液。磨削难加工材料时宜选用有一定润滑性能的水溶液和极压乳化切削液。

2.7.5　切削液的使用方法

切削液不仅要合理选用,而且要选择正确的使用方法才能充分发挥切削液的作用。切削液常用的使用方法有浇注法、高压冷却法和喷雾冷却法。

1. 浇注法

浇注法是切削液使用的最常用方法。这种方法使用方便、设备简单,但流量大、压力低,切削液不易进入切削区的最高温度处,因此,冷却、润滑效果皆不理想。

2. 高压冷却法

高压冷却法是利用高压(1～10 MPa)切削液直接作用于切削区周围进行冷却润滑并冲走切屑,效果好于浇注法。但需要高压冷却装置。深孔加工时常用此法。

3. 喷雾冷却法

喷雾冷却法是以压力为0.3～0.6 MPa的压缩空气,通过喷雾装置使切削液雾化,高速喷射到切削区,在高温下迅速汽化,吸收大量的热量,达到良好的冷却效果,能显著地提高刀具寿命和加工表面质量。但需要高压气源和喷雾装置。

2.8 切削用量的选择

合理地选择切削用量对保证加工质量、降低加工成本和提高生产率有着非常重要的影响。但是,随着机床、刀具和工件等条件的不同,切削用量的合理值有较大的变化。

2.8.1 选择切削用量的原则

选择切削用量时,要考虑到它对生产率、刀具寿命和已加工表面质量的影响,最后确定切削用量的合理值。

所谓切削用量的合理值是指充分发挥机床、刀具的性能,在保证加工质量的前提下,获得高的生产率和低的加工成本的切削用量的值。

1. 切削用量与加工生产率的关系

车削外圆时,按切削工时t_m(式(2-22))计算的生产率为

$$P = 1/t_m = \frac{10^3 v f a_p}{\pi d_w L_w \Delta} \tag{2-32}$$

由式(2-32)可知,切削用量三要素分别与生产率呈线性关系,即提高任一要素都能以相同的比例提高生产率。但切削用量三要素对刀具寿命的影响却不相同。

在常用切削用量范围内,当刀具寿命一定时,切削用量之间的关系如下:

$$v = \frac{C}{a_p^{x_v} f^{y_v}} \tag{2-33}$$

硬质合金车刀在不使用切削液切削碳素钢时,$x_v = 0.15$,$y_v = 0.35$,代入上式则得

$$v = \frac{C}{a_p^{0.15} f^{0.35}} \tag{2-34}$$

(1) 当 f 不变，a_p 增至 $3a_p$ 时，若仍保持刀具合理的寿命，则 v 必须降低15%，此时生产率 $P_{3a_p} \approx 2.6P$，即生产率提高至2.6倍。

(2) 当 a_p 不变，f 增至 $3f$ 时，若仍保持刀具合理的寿命，则 v 必须降低32%，此时生产率 $P_{3f} \approx 2P$，即生产率提高至2倍。

由此可见，增大 a_p 比增大 f 更有利于提高生产率。但是 a_p 的选择常受到工序余量的限制，一旦确定，则 a_p 为常数。由式(2-34)可得：当 f 增大至3倍时，生产率增大到2.04倍；v 增大至3倍时，生产率反而下降到0.13倍。

2. 切削用量对刀具寿命的影响

由用YT5硬质合金车刀切削 $\sigma_b = 0.637$ GPa 的碳钢时($f > 0.7$ mm/r)刀具寿命的关系(见式(2-19))可见，v、f、a_p 任一项增大时，都会使刀具寿命下降，但影响最大的是 v，其次是 f，最小的是 a_p。因此，从刀具的寿命方面考虑，应首先选取最大的 a_p，再选取大的 f，最后按刀具寿命公式计算 v 值。这就是粗加工时选择切削用量的原则。

3. 切削用量对加工表面粗糙度的影响

进给量 f 直接影响已加工表面的残留高度，因而对加工表面粗糙度影响最大。a_p 对切削变形、摩擦及积屑瘤等无明显影响，但 a_p 增大后，切削力增大，易引起振动，会降低加工精度和表面粗糙度。切削速度 v 增大至一定值时，可抑制积屑瘤，减小切削变形和切削力，减小表面粗糙度。

由以上分析可知，在粗加工时主要是以提高生产效率为主，因此在工艺系统强度、刚度允许的情况下，通常选取大的背吃刀量和进给量，按刀具寿命来计算切削速度。在半精加工和精加工时，主要以保证加工质量为主，通常采用较小的背吃刀量和进给量，为避免或减小积屑瘤，硬质合金刀具采用较高的切削速度；高速钢刀具采用较低的切削速度。当然，选择切削速度时，应避开工艺系统的颤振区，以防止因振动而影响加工精度和表面粗糙度。

2.8.2 切削用量优化及切削数据库

通常切削用量是根据生产中的经验数据并进行必要的计算获得的数据，并非最佳值。随着计算机技术的广泛采用，计算机辅助切削用量的优化选择成为可能。

1. 切削用量优化

所谓切削用量的优化，就是依据拟定的优化目标并在一些必要的约束条件下选择最佳的切削用量值。

所谓约束条件，是指在保证加工质量，充分利用机床、刀具性能的前提下对切削用量的极限值设定的限制。如：

(1) 机床方面　机床功率、转速、进给量范围及走刀机构允许的进给力等；

(2) 工件方面　工件刚度、尺寸和形状精度、加工表面粗糙度等；

(3) 刀具方面　刀具强度及刚度、刀具最大磨损量、刀具寿命等；

(4) 切削条件方面　最小背吃刀量、积屑瘤、断屑等。

通常,可采用经济成本最低、生产效率最高(或单件工时最短)和获得利润率最大等作为切削用量优化的目标。目前我国常以经济成本最低作为优化目标。

切削用量优化时,通常将背吃刀量 a_p 视为常数,因为它取决于加工余量,特别是在一次走刀就能将全部余量切除的情况下。因此,优化设计变量只有进给量和切削速度。假定我们已经确定优化目标为经济成本最低,而单件成本与 v、f 之间的关系如下:

$$t_m = \frac{L_w \Delta}{n_w f a_p} = \frac{\pi d_w L_w \Delta}{10^3 v f a_p} = \frac{C_1}{vf}$$

$$T_m = \frac{C_T}{10^3 v^x f^y a_p^z} = \frac{C_2}{v^x f^y}$$

将以上两式代入式(2-27)中得

$$C = \frac{B_1}{vf} + B_2 v^{(x-1)} f^{(y-1)} + B_2 \tag{2-35}$$

式中:C_1、C_2、B_1、B_2 均为常数。将式(2-35)分别对 v 和 f 求偏导数,并令其等于零,即可求出单件加工成本最低时的 v 和 f。即

$$\left.\begin{aligned}\frac{\partial C}{\partial v} &= -\left[\frac{B_1}{v^2 f} + (1-x) B_2 v^{(x-2)} f^{(y-1)}\right] = 0 \\ \frac{\partial C}{\partial f} &= -\left[\frac{B_1}{v f^2} + (1-y) B_2 v^{(x-1)} f^{(y-2)}\right] = 0\end{aligned}\right\} \tag{2-36}$$

求得的 v 和 f 值,按约束条件关系式进行检验,其结果有三种可能:

(1) 求得的 v 和 f 值都在约束范围之内,这时 v 和 f 即是可采用的最优值。

(2) 求得的 v 和 f 值,其中一个在约束范围之内,另一个在约束范围之外,此时可将在约束范围之外的那个参数作为约束边界值,代入式(2-36)中相应的方程,求出另一个参数值。

(3) 两个参数值均在约束范围之外,此时可将其中一个参数(如 f)作为约束边界值代入式(2-36)求得另一个参数(v)值,这样得到了第一对优化值。再将 v 作为约束边界值,用同样的方法求出第二对优化值。比较两对优化值,选取两者较优者。

2. 金属切削数据库的概念

在金属切削加工中选择合理参数,涉及多方面大量的数据。随着科学技术的发展和计算机的广泛应用,为了使用方便、查找迅速、选择数据合理,将研究所、高等院校及工厂实验室经验证在实际生产中行之有效的切削用量数据、手册中的数据,经评价分析和处理后存入到计算机中,形成可以供用户进行查询服务的一种金属切削数据处理中心。这个数据处理中心称为金属切削数据库。其中储存了大量的切削加工方法、大量的工程材料的切削数据、大量的刀具材料的数据、不同机床的性能及原始参数等。用户可以根据自己具体的加工条件,从数据库中搜索到适合于该加工条件的刀具材料、刀具合理的几何参数、合理的刀具寿命和优化的切削用量值。对于金属切削数据库,既有全国性的大型数据库,也有适合本单位、本部门工作需要的小型数据库,后者相对单纯而具体。

习题与思考题

2-1　画简图说明切屑形成过程。
2-2　如何表示切屑变形程度？
2-3　积屑瘤是如何产生的？积屑瘤对切削过程有何影响？
2-4　影响切屑变形有哪些因素？各因素如何影响切屑变形？
2-5　切屑形状分几种？各在什么条件下产生？
2-6　切削力是如何产生的？
2-7　三个切削分力是如何定义的？各分力对加工有何影响？
2-8　影响切削力的因素有哪些？各因素对切削力影响的规律如何？
2-9　如何根据实验数据确定切削力经验公式中的系数和指数？
2-10　切削热有哪些来源？切削热如何传出？
2-11　影响切削温度的因素有哪些？如何影响？
2-12　切削热对切削加工有什么影响？
2-13　刀具磨损有哪些形式？如何进行度量？
2-14　刀具磨损过程有几个阶段？为何出现这种规律？
2-15　刀具磨钝的标准是如何制定的？
2-16　切削用量三要素对刀具使用寿命的影响程度有何不同？试分析其原因。
2-17　造成刀具磨损的原因主要有哪些？
2-18　刀具破损的主要形式有哪些？高速钢和硬质合金刀具的破损形式有何不同？为什么？
2-19　工件材料切削加工性的衡量指标有哪些？
2-20　影响工件材料切削加工性的主要因素是什么？
2-21　如何改善工件材料的切削加工性？
2-22　刀具前角、后角各有什么功用？说明选择合理前角、后角的原则。
2-23　主偏角、副偏角有什么功用？说明选择合理主偏角、副偏角的原则。
2-24　刃倾角有什么功用？说明选择合理刃倾角的原则。
2-25　说明最大生产效率刀具使用寿命和经济刀具使用寿命的含义及计算公式。
2-26　切削液有何功用？如何分类？如何选用？
2-27　说明合理选择切削用量的原则。
2-28　如何合理确定切削深度、进给量和切削速度？
2-29　说明切削用量优化的概念。

第3章

金属切削机床的基本知识

知识点

- 机床型号编制
- 工件表面成形和运动分析
- 机床传动联系及原理

本章导读

本章主要介绍金属切削机床的分类方法及其型号编制，然后阐述工件表面的成形原理、成形方法以及机床的运动分析，最后简单介绍机床的传动联系和传动原理。

3.1 金属切削机床的分类与型号编制

金属切削机床(简称机床)是用切削的方法将金属毛坯加工成机器零件的机器，是制造机器的机器，又称为“工作母机”，习惯上称为机床。

金属切削机床的品种和规格繁多，为便于区别、使用和管理，国家制定了标准对机床进行分类和编制型号。

3.1.1 金属切削机床的分类

机床的传统分类方法，主要是按加工性质和所用刀具进行分类。根据我国制定的机床型号编制方法，目前将机床分为车床、钻床、镗床、磨床、齿轮加工机床、螺纹加工机床、铣床、刨插床、拉床、锯床以及其他机床。每一类机床又按工艺范围、布局形式和结构等分为10个组，每一组又细分为若干系(系列)。

在上述基本分类方法的基础上，还可以根据机床其他特征进一步区分。

(1) 同类机床按应用范围(通用性程度)又可分为通用机床、专门化机床和专用机床。

① 通用机床　它可用于加工多种零件的不同工序，加工范围较广，通用性较大，但结构比较复杂。这种机床主要适用于单件小批量生产，例如卧式车床、万能升降台铣床等。

② 专门化机床　它的工艺范围较窄，专门用于加工某一类或几类零件的某一道(或几

道）特定工序，如曲轴车床、凸轮轴车床等。

③ 专用机床　它的工艺范围最窄，只能用于加工某一种零件的某一道特定工序，适用于大批量生产，如机床主轴箱的专用镗床、车床导轨的专用磨床和各种组合机床等。

(2) 同类型机床按工作精度可分为普通精度机床、精密机床和高精度机床。

(3) 按自动化程度分为手动、机动、半自动和自动机床。

(4) 按质量与尺寸分为仪表机床、中型机床（一般机床）、大型机床（质量达 10 t）、重型机床（大于 30 t）和超重型机床（大于 100 t）。

随着机床的发展，其分类方法也将不断变化。现代机床正向数控化方向发展，数控机床的功能日趋多样化。现在的数控机床已经集中了越来越多的传统机床的功能。例如，数控车床在卧式车床功能的基础上，集中了转塔车床、仿形车床、自动车床等多种车床的功能；车削中心在数控车床功能的基础上，又加入了钻、铣、镗等类机床的功能，并对主轴进行伺服控制（C 轴控制）。又如，具有自动换刀功能的镗铣加工中心机床，集中了钻、镗、铣等多种类型机床的功能，习惯上称为“加工中心”（machining center），有的加工中心的主轴既能立式又能卧式，集中了立式加工中心和卧式加工中心的功能。可见，机床数控化引起了机床传统分类方法的变化，这种变化主要表现在机床品种不是越分越细，而是趋向综合。

3.1.2　金属切削机床的型号编制方法

机床的型号是赋予每种机床的一个代号，用以简明地表示机床的类型、通用特性和结构特性、主要技术参数等内容。我国现在最新的机床型号，是按 2008 年颁布的《金属切削机床型号编制方法》（GB/T 15375—2008）编制的。该标准规定，机床型号由汉语拼音字母和阿拉伯数字按一定的规律组合而成。

1. 通用机床的型号编制

通用机床型号由基本部分和辅助部分组成，中间用“/”隔开，前者需要统一管理，后者纳入型号与否由企业自定。型号构成如图 3-1 所示。

1）机床的分类及类代号

机床按工作原理分为车床、钻床、镗床、磨床、齿轮加工机床、螺纹加工机床、铣床、刨插床、拉床、锯床及其他机床 11 类。机床的类代号用大写的汉语拼音字母表示，见表 3-1。必要时每类可分为若干分类，分类代号在类代号之前，作为型号的首位，用阿拉伯数字表示（第一分类代号前的“1”省略），见表 3-1 中的磨床。

表 3-1　机床的类别和分类代号

类别	车床	钻床	镗床	磨　床			齿轮加工机床	螺纹加工机床	铣床	刨插床	拉床	锯床	其他机床
代号	C	Z	T	M	2M	3M	Y	S	X	B	L	G	Q
读音	车	钻	镗	磨	二磨	三磨	牙	丝	铣	刨	拉	割	其他

2）通用特性代号和结构特性代号

这两种特性代号用大写的汉语拼音字母表示，位于类代号之后。

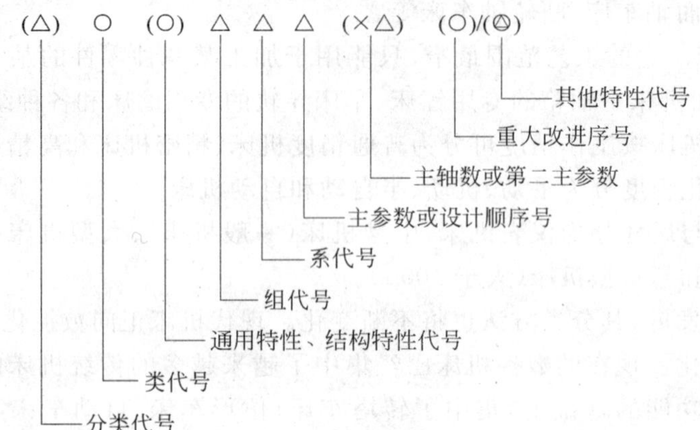

其中：① 有“( )”的代号或数字，当无内容时则不表示，若有内容则不带括号；
② 有“○”符号者，为大写的汉语拼音字母；
③ 有“△”符号者，为阿拉伯数字；
④ 有“◎”符号者，为大写的汉语拼音字母或阿拉伯数字，或两者兼有之。

图 3-1 机床型号的表示方法

(1) 通用特性代号 有统一的固定含义，在各类机床的型号中表示的意义相同，如表3-2所示。当某类机床除有普通型外还有下列某种通用特性时，在类代号之后加通用特性代号予以区分。如果某类机床仅有某种通用特性而无普通形式，通用特性不予表示。当在一个型号中需同时使用2～3个通用特性代号时，一般按重要程度排列顺序。

表 3-2 机床的通用特性代号

通用特性	高精度	精密	自动	半自动	数控	加工中心(自动换刀)	仿形	轻型	加重型	简式或经济型	柔性加工单元	数显	高速
代号	G	M	Z	B	K	H	F	Q	C	J	R	X	S
读音	高	密	自	半	控	换	仿	轻	重	简	柔	显	速

(2) 结构特性代号 对主参数值相同而结构、性能不同的机床，在型号中加结构特性代号予以区分，它在型号中没有统一的含义，只在同类机床中起区分机床结构、性能的作用。当型号中已有通用特性代号时，结构特性代号应排在通用特性代号之后。

3) 机床组、系的划分原则及代号

每类机床划分为10个组，每组使用一位阿拉伯数字表示，位于类代号或通用特性代号和结构特性代号之后。每组又划分为10个系(系列)，每个系列用一位阿拉伯数字表示，位于组代号之后。机床的类、组划分如表3-3所示。

4) 主参数的表示方法

机床型号中主参数用折算值(主参数乘以折算系数，一般取两位数字)表示，位于系代号之后。机床的统一名称和组、系划分，以及型号中主参数的表示方法，见GB/T 15375—2008的“金属切削机床统一名称和类、组、系划分表”。

5) 机床的重大改进序号

当机床的结构、性能有更高的要求，并需按新产品重新设计、试制和鉴定时，按改进的先后顺序在型号基本部分的尾部加A、B、C、…英文字母(I、O两个字母不得选用)，以区别原机

表 3-3　金属切削机床类、组划分表

类别＼组别		0	1	2	3	4	5	6	7	8	9
车床 C		仪表车床	单轴自动、半自动车床	多轴自动、半自动车床	回轮、转塔车床	曲轴及凸轮轴车床	立式车床	落地及卧式车床	仿形及多刀车床	轮、轴、辊、锭及铲齿车床	其他车床
钻床 Z		—	坐标镗钻床	深孔钻床	摇臂钻床	台式钻床	立式钻床	卧式钻床	铣钻床	中心孔钻床	其他钻床
镗床 T		—	—	深孔镗床	—	坐标镗床	立式镗床	卧式铣镗床	精镗床	汽车、拖拉机修理用镗床	其他镗床
磨床	M	仪表磨床	外圆磨床	内圆磨床	砂轮机	坐标磨床	导轨磨床	刀具刃磨床	平面及端面磨床	曲轴、凸轮轴、花键轴及轧辊磨床	工具磨床
	2M	—	超精机	内圆研磨机	外圆及其他研磨机	抛光机	砂带抛光及磨削机床	刀具刃磨及研磨机床	可转位刀片磨削机床	研磨机	其他磨床
	3M	—	球轴承套圈沟磨床	滚子轴承套圈滚道磨床	轴承套圈超精机床	—	叶片磨削机床	滚子加工机床	钢球加工机床	气门、活塞及活塞环磨削机床	汽车、拖拉机修磨机床
齿轮加工机床 Y		仪表齿轮加工机	—	锥齿轮加工机	滚齿及铣齿机	剃齿及研齿机	插齿机	花键轴铣床	齿轮磨齿机	其他齿轮加工机	齿轮倒角及检查机
螺纹加工机床 S		—	—	—	套丝机	攻丝机	—	螺纹铣床	螺纹磨床	螺纹车床	—
铣床 X		仪表铣床	悬臂及滑枕铣床	龙门铣床	平面铣床	仿形铣床	立式升降台铣床	卧式升降台铣床	床身铣床	工具铣床	其他铣床
刨插床 B		—	悬臂刨床	龙门刨床	—	—	插床	牛头刨床	—	边缘及模具刨床	其他刨床
拉床 L		—	—	侧拉床	卧式外拉床	连续拉床	立式内拉床	卧式内拉床	立式外拉床	键槽及螺纹拉床	其他拉床
锯床 G		—	—	砂轮片锯床	—	卧式带锯床	立式带锯床	圆锯床	弓锯床	锉锯床	—
其他机床 Q		其他仪表机床	管子加工机床	木螺钉加工机	—	刻线机	切断机	多功能机床	—	—	—

床型号。

6）其他特性代号

用以反映各类机床的特性，用数字、字母或阿拉伯数字来表示。

通用机床型号的编制方法举例如下：

例 3-1 CA6140 型卧式车床

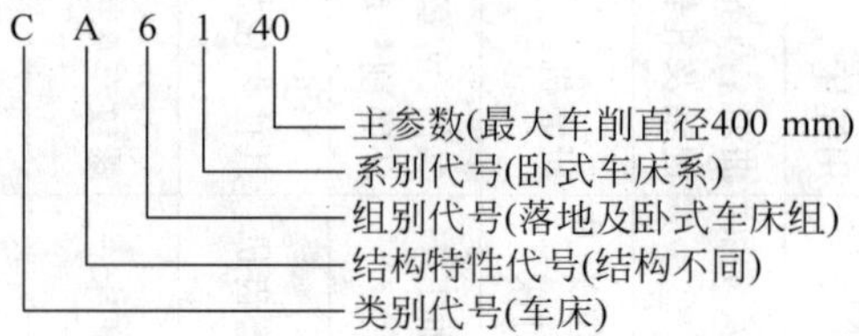

例 3-2 MG1432A 型高精度万能外圆磨床

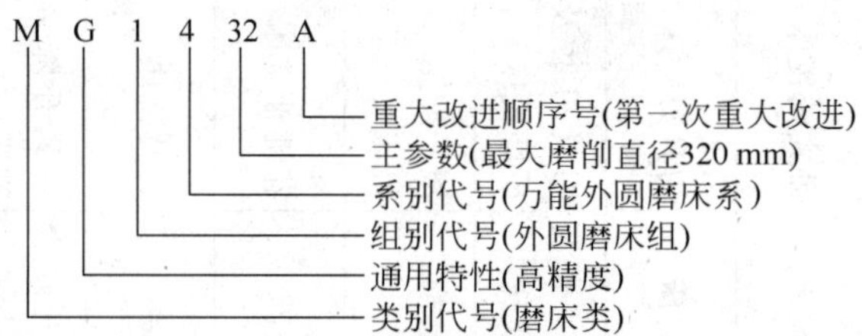

2. 专用机床的型号编制

1）专用机床型号表示方法

专用机床的型号一般由设计单位代号和设计顺序号组成，其表示方法为

2）设计单位代号

设计单位代号包括机床生产厂和机床研究单位代号(位于型号之首)。

3）专用机床的设计顺序号

按该单位的设计顺序号(从“001”起始)排列，位于设计单位代号之后，并用“—”隔开，读作“至”。

例如，北京第一机床厂设计制造的第 100 种专用机床为专用铣床，其型号为 B1—100。

关于机床型号中其他内容机床自动线的型号，参见金属切削机床型号编制方法(GB/T 15375—2008)。

3.2 机床的运动分析

机床的运动分析，就是研究在金属切削机床上的各种运动及其相互联系。机床运动分析的一般过程是：根据在机床上加工的各种表面和使用的刀具类型，分析得到这些表面的方法和所需的运动，再分析为实现这些运动，机床必须具备的传动联系，实现这些传动联系的机构以及机床运动的调整方法。这个次序可以总结为“表面—运动—传动—机构—调整”。

尽管机床品种繁多，结构各异，但大都是几种基本运动类型的组合与转化。机床运动分析的目的在于，利用非常简便的方法迅速认识一台陌生的机床、掌握机床的运动规律、分析或比较各种机床的传动系统，从而能够合理地使用机床和正确设计机床的传动系统。

3.2.1　工件加工表面及其形成方法

1. 被加工工件的表面形状

在切削加工过程中，安装在机床上的刀具和工件按一定的规律作相对运动，通过刀具的刀刃对工件毛坯的切削作用，把毛坯上多余的金属切除掉，从而得到所要求的表面。尽管机器零件千姿百态，但其常用的组成表面却是平面、圆柱面、圆锥面、球面、圆环面、螺旋面、成形表面等基本表面元素，如图 3-2 所示。

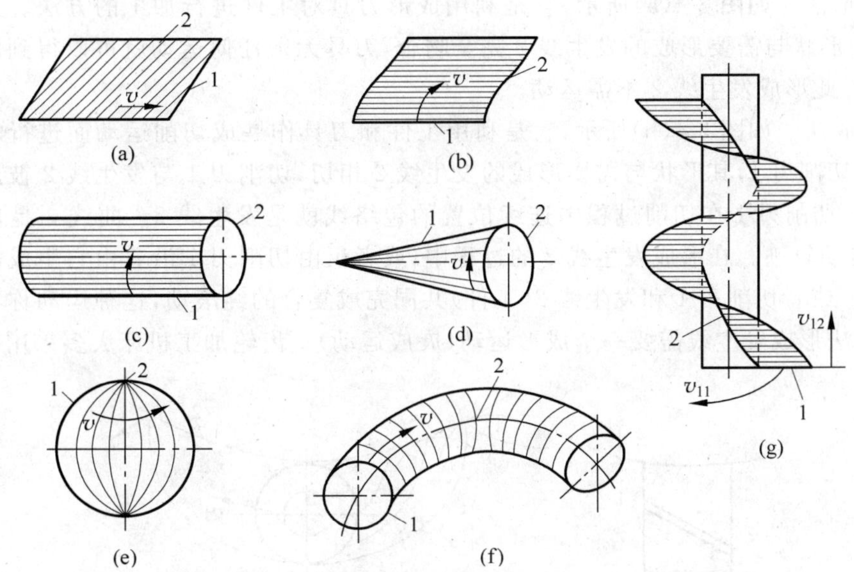

图 3-2　组成工件轮廓的几种几何表面

(a) 平面；(b) 直线成形表面；(c) 圆柱面；(d) 圆锥面；(e) 球面；(f) 圆环面；(g) 螺旋面

1—母线；2—导线

2. 工件表面的形成方法

任何规则表面都可以看作是一条线（母线）沿着另一条线（导线）运动的轨迹。母线和导线统称为形成表面的发生线，如图 3-2 所示。

如果形成表面的两条发生线母线和导线互换，形成表面的性质不改变，则这种表面称为可逆表面，如图 3-2(a)～(c)所示。如果形成表面的母线和导线不可以互换，则称为不可逆表面，如图 3-2(d)～(g)所示。

还要注意,虽然有些表面的两条发生线完全相同,但因母线的原始位置不同,也可形成不同的表面,如图3-3所示。

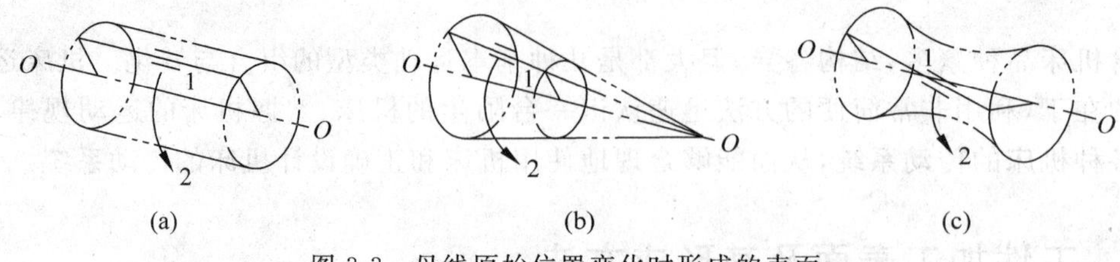

图3-3 母线原始位置变化时形成的表面

1—母线;2—导线

3. 形成发生线的方法及所需运动

发生线是由刀具的切削刃和工件的相对运动得到的。由于使用的刀具切削刃形状和采取的加工方法不同,形成发生线的方法可归纳为四种,以形成图3-4中的一段圆弧(发生线2)为例说明如下。

(1) 成形法 如图3-4(a)所示,它是利用成形刀具对工件进行加工的方法。刀刃为切削线1,它的形状与需要形成的发生线2完全吻合,刀具无须任何运动就可以得到所需的发生线形状,因此形成发生线2不需运动。

(2) 展成法 如图3-4(b)所示,它是利用工件和刀具作展成切削运动而进行加工的方法。刀刃为切削刃1,其形状与需要形成的发生线2相切,切削刃1与发生线2彼此作无滑动的纯滚动,切削刃1在切削过程中连续位置的包络线就是发生线2。曲线3是切削刃上某点A的运动轨迹。在形成发生线2的过程中,或者仅由切削刃1沿着由它生成的发生线2作纯滚动;或者切削刃1和发生线2(工件)共同完成复合的纯滚动,这种运动称为展成运动。用展成法形成发生线需要一个成形运动(展成运动)。齿轮加工机床大多采用展成法形

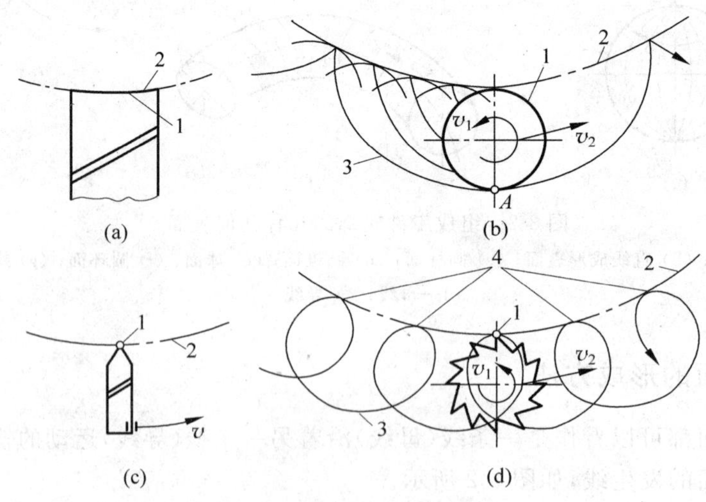

图3-4 形成发生线的方法

(a) 成形法;(b) 展成法;(c) 轨迹法;(d) 相切法

1—切削刃;2—发生线;3—切削刃上某点的运动轨迹;4—切点

成渐开线。

(3) 轨迹法　如图 3-4(c)所示,它是利用刀具作一定规律的轨迹运动对工件进行加工的方法。刀刃与发生线 2 为点接触(切削刃 1),刀刃按一定轨迹运动形成所需的发生线 2。用轨迹法形成发生线需要一个成形运动。

(4) 相切法　如图 3-4(d)所示,它是利用旋转中心按一定轨迹运动的旋转刀具对工件进行加工的方法。在垂直于刀具旋转轴线的端面内,切削刃可看作切削刃 1,刀具作旋转运动的同时,其中心按一定规律运动,切削刃 1 的运动轨迹(如图中的曲线 3)的共切线就是发生线 2。图中点 4 就是刀具上的切削刃 1 的运动轨迹与工件的各个切点。因为这种方法的刀具一般是多齿刀具,有多个切削点,所以发生线 2 就是刀具上所有的切削点在切削过程中共同形成的。用相切法得到发生线,需要两个独立的成形运动,即刀具的旋转运动和刀具中心按所需规律进行的运动。

3.2.2 机床的运动

按功用不同,机床上的运动可分为表面成形运动和辅助运动(非表面成形运动)两大类。

1. 表面成形运动

为了形成工件表面的发生线,机床上的刀具和工件按上述四种方法之一所作的相对运动称为表面成形运动,简称成形运动。表面成形运动是机床上最基本的运动,为了加工出所需的零件表面,机床必须具备表面成形运动。

1) 成形运动的种类

表面成形运动可能是简单运动,也可能是复合运动。如果表面成形运动仅仅是执行件的旋转运动或直线运动,则称为简单的表面成形运动,简称简单运动。这两种运动最简单,也最容易得到,在机床上,以主轴或刀具的旋转、刀架或工作台的直线运动的形式出现。通常用符号 A 表示直线运动,用符号 B 表示旋转运动。例如,用车刀车削外圆柱面(见图 3-5),工件的旋转运动 B_1 产生母线(圆),刀具的纵向直线运动 A_2 产生导线(直线)。运动 B_1 和 A_2 就是两个表面成形运动,角标号表示表面成形运动次序。又如用龙门刨床刨削工件,工作台带着工件作往复直线运动,刀架带着刀具作间歇的直线进给运动,这两个直线运动都产生发生线(皆为直线),因而都是成形运动。

成形运动有时是复合运动。图 3-6 所示为用螺纹车刀切削螺纹,螺纹车刀是成形刀具,

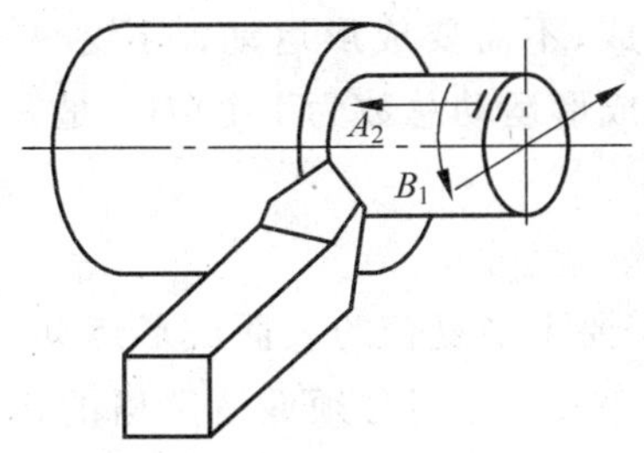

图 3-5　车削外圆柱表面的成形运动图

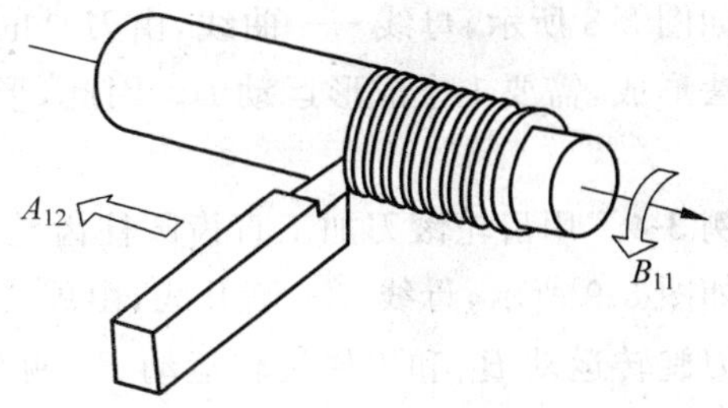

图 3-6　用螺纹车刀车螺纹的成形运动

形成螺纹的牙形（母线）不需要运动；形成螺旋线（导线）需要车刀在不动的工件上作空间螺旋运动。因此形成螺旋面只需一个运动。在机床上，最容易实现并保证精度的是旋转运动和直线运动，因此，把这个空间螺旋运动分解成工件的旋转运动 B_{11} 和刀具的直线运动 A_{12}。角标号的第一位数字表示第一个运动（此例只有一个运动），后一位数字表示第一个运动中的第1、第2两部分。为了得到要求导程的螺旋线，运动的两个部分 B_{11} 和 A_{12} 必须保持严格的相对运动关系，即工件每均匀转一周，刀具均匀移动工件一个导程的距离。这种各个部分之间必须保持严格相对运动关系的运动称为复合的表面成形运动，简称复合运动。

图3-7所示为用插齿刀加工齿轮。插齿机加工原理为插齿刀和工件模拟一对圆柱齿轮的啮合过程，产生渐开线（母线）靠展成法，需要一个展成运动。如上所述，这个展成运动也可分解为插齿刀的旋转运动 B_{11} 和工件的旋转运动 B_{12}。B_{11} 和 B_{12} 是一个运动的两个部分，它们必须保持严格的相对运动关系，即插齿刀每均匀转过一个齿，工件也应均匀转过一个齿。齿轮齿面的导线（直线）用轨迹法形成，由插齿刀的上下往复运动 A_2 实现。

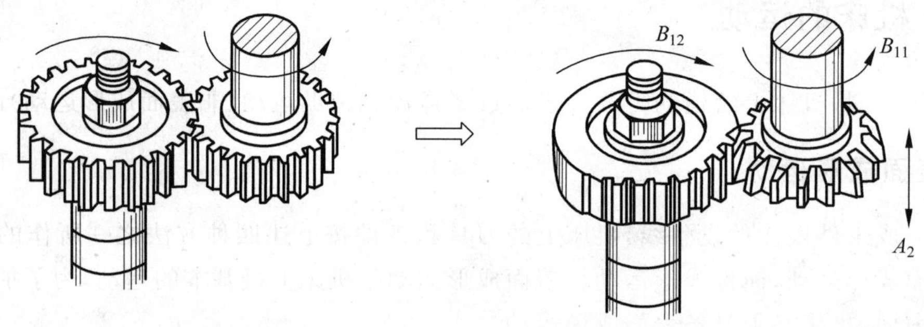

图3-7 插齿刀加工齿轮的成形运动

在多轴联动的数控机床中，有些复合的表面成形运动可以分解为两个或两个以上的简单运动，每个部分就是机床的一个坐标轴。复合运动虽然可以分解成几个部分，每个部分是一个旋转或直线运动，与简单运动相似，但这些部分之间必须保持严格的相对运动关系，是相互依存而不是独立的。所以复合运动是一个运动，而不是两个或两个以上的简单运动。

2）零件表面成形所需的成形运动

母线和导线是形成零件表面的两条发生线，形成表面所需要的成形运动，就是形成其母线及导线所需要的成形运动的有机综合（有时是总和）。为了加工出所需的零件表面，机床就必须具备这些成形运动。

例3-3 用成形车刀车削成形回转表面。

如图3-8所示，母线——曲线，由刀具的切削刃形成，不需要成形运动；导线——圆，由轨迹法形成，需要1个成形运动 B。因此，形成表面的成形运动总数为1个（B），是一个简单运动。

例3-4 用齿轮滚刀加工直齿圆柱齿轮齿面。

如图3-9所示，母线——渐开线，由展成法形成，需要1个复合的表面成形运动，可分解为滚刀旋转运动 B_{11} 和工件旋转运动 B_{12} 两个部分，B_{11} 和 B_{12} 之间必须保持严格的相对运动关系；导线——直线，由相切法形成，需要两个独立的成形运动，即滚刀旋转运动和滚刀沿工件轴向移动 A_2。其中滚刀的旋转运动与展成运动的一部分 B_{11} 重合，所以形成表面所需的成形运动的总数只有两个，一个是复合运动(B_{11}和B_{12})，另一个是简单运动(A_2)。

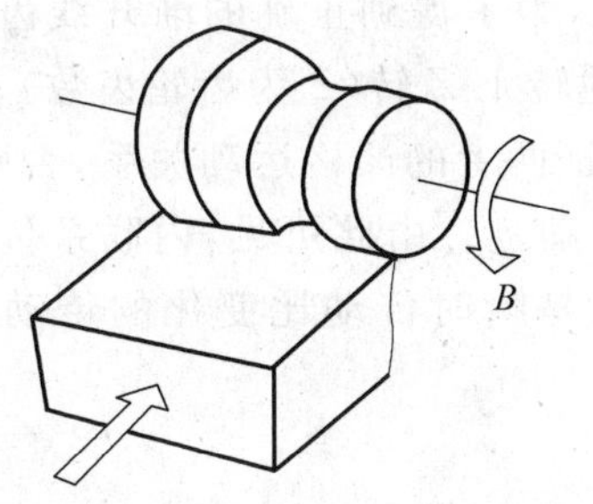

图3-8　用成形车刀车削成形回转表面

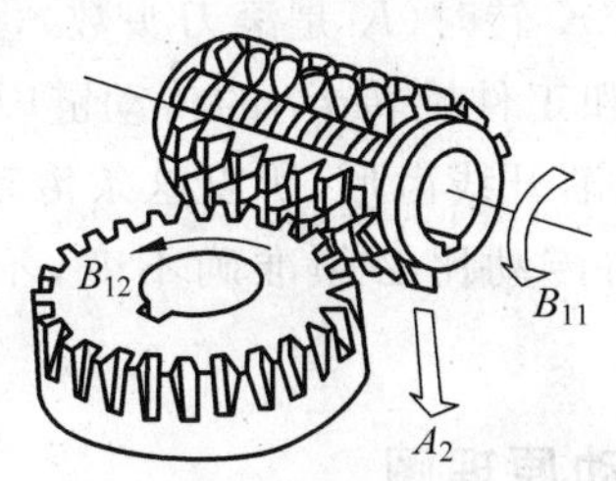

图3-9　用齿轮滚刀滚切直齿圆柱齿轮

3）主运动和进给运动

成形运动按其在切削加工中所起的作用，又可分为主运动和进给运动，它们可能是简单的表面成形运动，也可能是复合的表面成形运动。

2. 辅助运动

机床上除表面成形运动外，还需要辅助运动，以实现机床的各种辅助动作。辅助动作的种类很多，主要包括各种空行程运动、切入运动、分度运动和操纵及控制运动等。机床越复杂，功能越多，辅助运动也越多。

3.2.3　机床的传动联系和传动原理图

1. 机床的传动联系

为了实现加工过程中所需的各种运动，机床必须具备以下3个基本部分。

(1) 执行件　执行机床运动的部件，如主轴、刀架、工作台等，其任务是带动工件或刀具完成一定形式的运动(旋转或直线运动)，并保持其运动的准确性。

(2) 动力源　提供运动和动力的装置，是执行件的运动来源，一般为电动机。

(3) 传动装置　传递运动和动力的装置，把动力源的运动和动力传给执行件。传动装置通常还需完成变速、换向、改变运动形式等任务，使执行件获得所需要的运动速度、运动方向和运动形式。传动装置把执行件和动力源或把相关的执行件连接起来，构成传动联系。

2. 机床的传动链

构成一个传动联系的一系列传动件称为传动链。传动链按功用可分为主运动传动链和进给运动传动链等，按性质可以分为外联系传动链和内联系传动链。

(1) 外联系传动链　联系动力源和机床执行件，使执行件得到运动，并能改变运动的速度和方向，但不要求动力源和执行件之间有严格的传动比关系。例如，车削螺纹时，从电机到车床主轴的传动链就是外联系传动链，它只决定车削螺纹的速度，不影响螺纹表面的成形。

(2) 内联系传动链　联系复合运动之内的各个分解部分。内联系传动链所联系的执行件相互之间的相对速度有严格的传动比要求，用来保证准确的运动关系。例如，在卧式车床上用螺纹车刀车螺纹时，联系主轴-刀架之间的螺纹传动链，就是一条传动比有严格要求的内联系传动链。再如，用齿轮滚刀加工直齿圆柱齿轮时，为了得到正确的渐开线齿形，滚刀均匀地转 $1/K$ 转时(K 是滚刀头数)，工件就必须均匀地转 $1/Z$ 转(Z 为齿轮齿数)。联系滚刀旋转 B_{11} 和工件旋转 B_{12} 的传动链(见图 3-9)，必须保证两者的严格运动关系，否则就不能形成正确的渐开线齿形，所以这条传动链也是内联系传动链。由此可见，内联系传动链中，各传动副的传动比必须准确不变，不应有摩擦传动或是瞬时传动比变化的传动件(如链传动)。

3. 传动原理图

通常传动链中包括多种传动机构，如带传动、定比齿轮副、丝杠螺母副、蜗轮蜗杆副、滑移齿轮变速机构、离合器变速机构、交换齿轮或挂轮架，以及各种电的、液压的、机械的无级变速机构等。在考虑传动路线时，可以先撇开具体机构，把上述各种机构分成两大类：一类是固定传动比的传动机构，简称定比传动机构，另一类是变换传动比的传动机构，简称换置机构。定比传动机构有定比齿轮副、丝杠螺母副、蜗轮蜗杆副等，换置机构有变速箱、挂轮架、数控机床中的数控系统等。为了便于研究机床的传动联系，常用一些简明的符号把传动原理和传动路线表示出来，这就是传动原理图。图 3-10 为传动原理图经常使用的一部分符号，其中表示执行件的符号还没有统一的规定，一般采用较直观的图形表示。

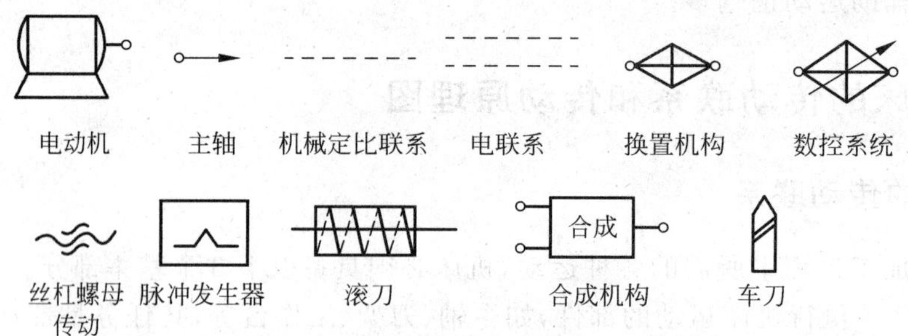

图 3-10 传动原理图常用符号

如图 3-11 所示为卧式车床的传动原理图，卧式车床在形成螺旋表面时需要一个运动——刀具与工件间相对的螺旋运动。这个复合运动可分解为两部分：主轴的旋转 B_{11} 和车刀的纵向移动 A_{12}。联系这两部分的传动链(主轴—4—5—u_f—6—7—刀架)是内联系传动链，保证主轴每均匀转一转，刀具均匀移动一个导程。此外，这个复合运动还应有一个外联系传动链与动力源相联系，以获得动力。外联系传动链可由动源联系复合运动中的任一环节。考虑到大部分动力应输送给主轴，故外联系传动链联系动源与主轴，即传动链为电动机—1—2—u_v—3—4—主轴。

车床在车削圆柱面或端面时，主轴的旋转和刀具的移动(车端面时为横向移动)是两个互相独立的简单运动，运动比例的变化不影响加工表面的性质，只影响生产率或表面粗糙度。两个简单运动各有自己的外联系传动链与动力源相联系。一条传动链是电动机—1—2—u_v—3—4—主轴；另一条传动链是电动机—1—2—u_v—3—5—u_f—6—7—丝杠。其中，1—2—u_v—3 是公共段。这样的传动原理图的优点是既可用于车螺纹，又可用于车削圆柱面等，区别在于车螺纹时要求 u_f 计算和调整必须准确，而车削圆柱面时准确性要求不高。

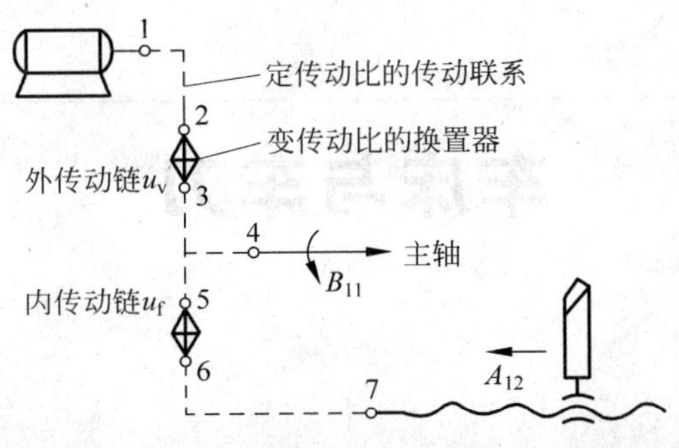

图 3-11　卧式车床的传动原理图

如果车床仅用于车削圆柱面或端面，不车削螺纹，传动原理图也可如图 3-12(a)所示。进给也可以用液压传动，如图 3-12(b)(局部)所示，如某些多刀半自动车床。

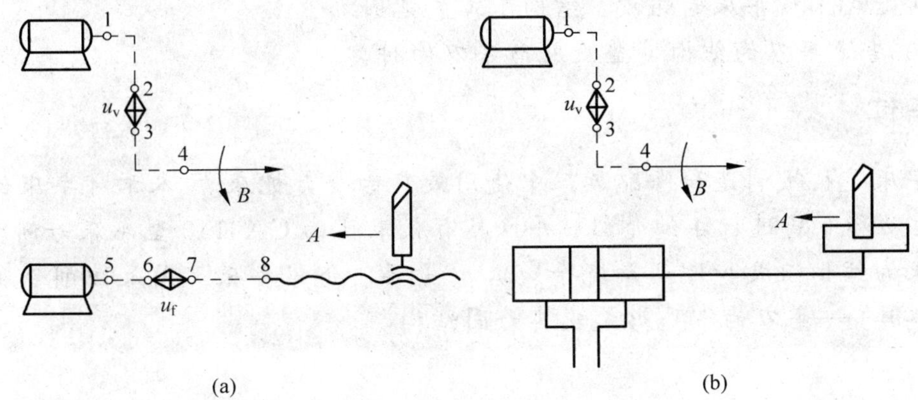

图 3-12　车削圆柱面时传动原理图

习题与思考题

3-1　解释机床型号 CA6140、CM6132、M1432A、Y3150E。

3-2　形成发生线的方法有哪些?

3-3　分析用燕尾槽铣刀铣燕尾槽时机床所需要的运动。

3-4　分析用螺纹车刀车削螺纹时机床所需要的运动。

3-5　什么是内联系传动链？什么是外联系传动链？

3-6　根据铣削加工的运动和传动联系，画出铣削加工的传动原理图。

第 4 章

车床与车刀

知识点

- 车床的应用范围及主要类型
- CA6140 车床主运动传动系统、进给运动传动系统
- CA6140 车床的组成、结构及工艺范围
- 普通车刀的结构类型及成形车刀的种类

本章导读

车床是机械制造和修配工厂中使用最广的一类机床。本章对车床的用途、运动和布局进行详细介绍，并以具有代表性的 CA6140 型车床为例，介绍车床的结构组成和传动系统等知识。最后，介绍车床上用来切削金属材料的工具——车刀的常见形式及其紧固结构。

4.1 车床的用途、运动和布局

车床类机床主要用于加工各种回转表面，如内外圆柱表面、内外圆锥表面、成形回转面和回转体端面等，有些车床还能加工螺纹面。由于大多数机器零件都具有回转表面，车床的通用性又较广，因此，车床的应用极为广泛，在金属切削机床中所占的比重最大，占机床总数的 20%～35%。

在车床上使用的刀具，主要是各种车刀，有些车床还可以使用各种孔加工刀具(如钻头、扩孔钻、铰刀等)和螺纹刀具。图 4-1 是卧式车床所能加工的典型表面。

车床的表面成形运动有主轴带动工件的旋转运动、刀具的进给运动。前者是车床的主运动，其转速常以 n(r/min)表示。后者有以下几种情况：刀具作平行于工件旋转轴线的纵向进给运动(车圆柱面)；作垂直于工件旋转轴线的横向进给运动(车端面)；作与工件旋转轴线方向倾斜的运动(车削圆锥面)；作曲线运动(车成形回转面)。进给运动的速度常以 f(mm/r)表示。

在车削螺纹时只有一个复合的表面成形运动——螺旋运动，它分解为主轴的旋转运动和刀具的纵向移动两部分。

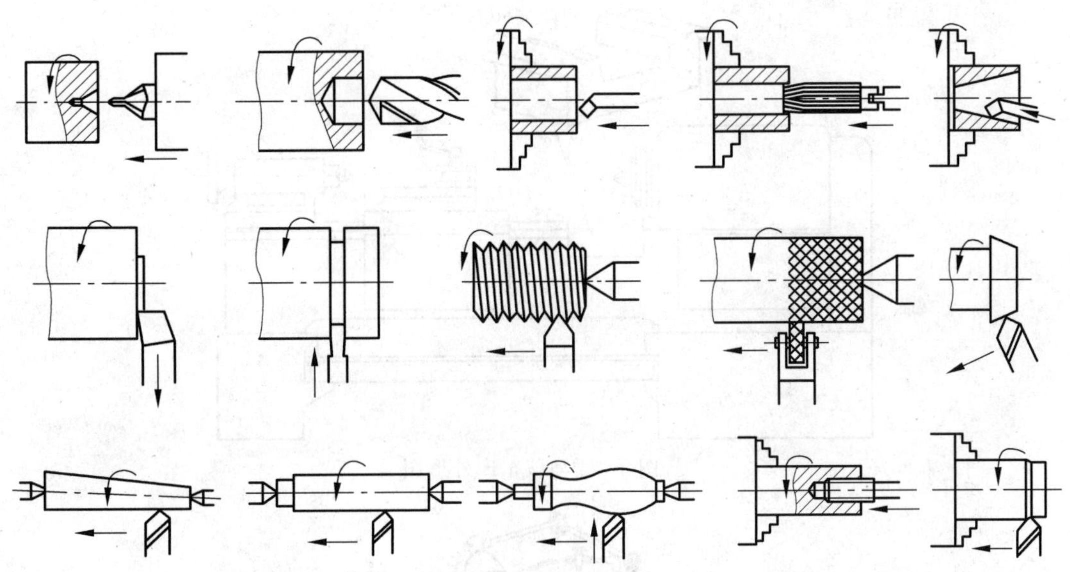

图 4-1　卧式车床所能加工的典型表面

图 4-2 为卧式车床外形图，卧式车床主要部件有主轴箱 1、刀架部件 2、尾座 3、床身 4、溜板箱 6、进给箱 8 等。

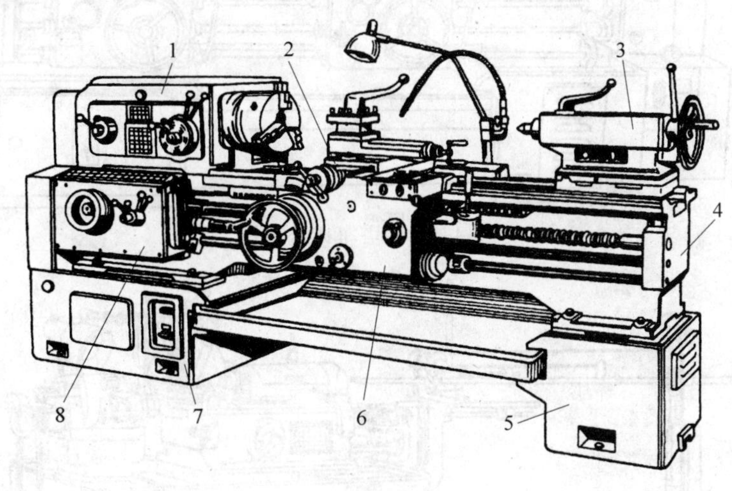

图 4-2　卧式车床外形图

1—主轴箱；2—刀架部件；3—尾座；4—床身；
5—右床腿；6—溜板箱；7—左床腿；8—进给箱

除卧式车床外，车床的其他常用类型有马鞍车床（见图 4-3）、转塔车床（见图 4-4）、单轴自动车床（见图 4-5）、立式车床（见图 4-6）和半自动车床、仿形及多刀车床、数控车床和车削中心、各种专门化车床和大批量生产中使用的各种专用车床等。在所有车床类机床中，卧式车床应用最广。

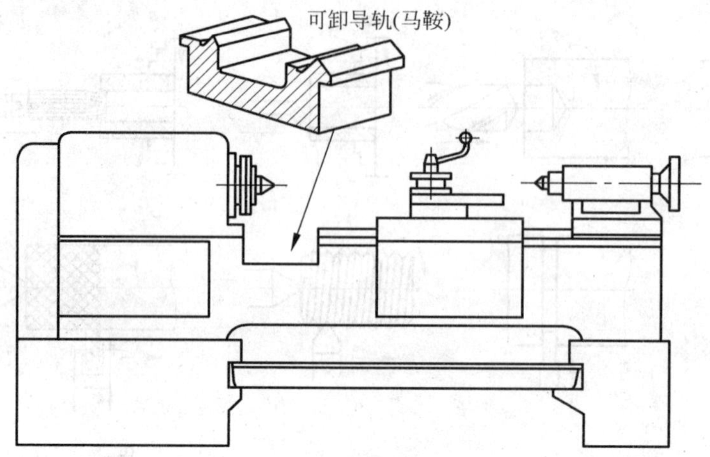

图 4-3　马鞍车床外形图

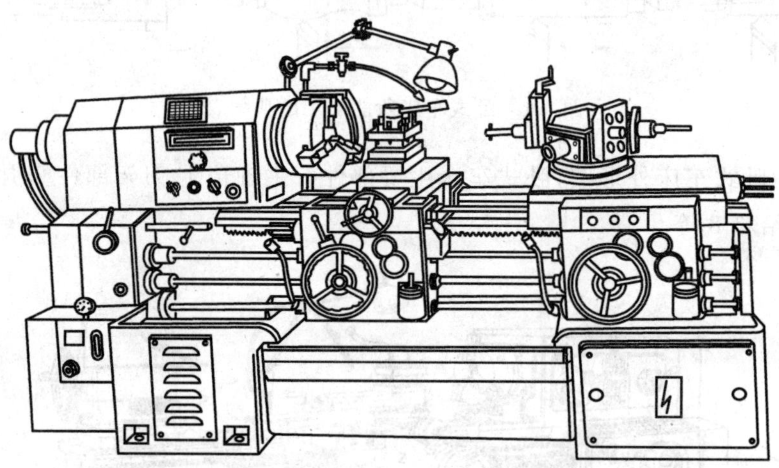

图 4-4　转塔车床外形图

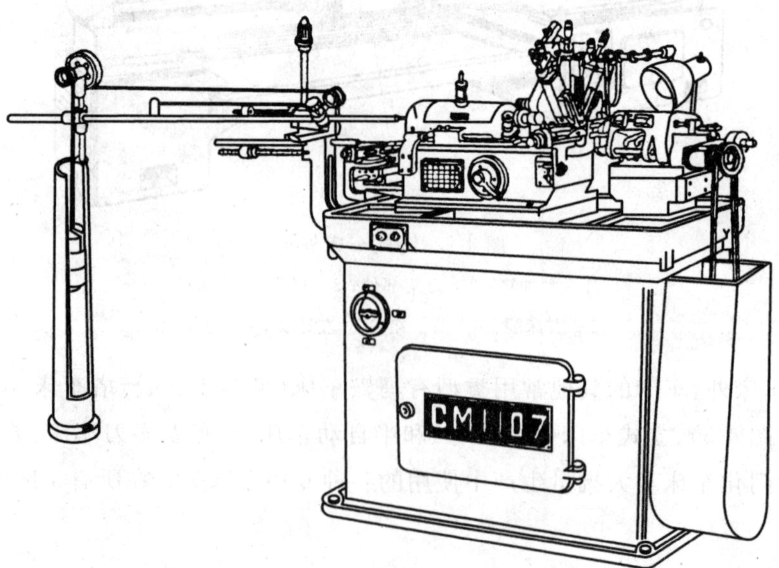

图 4-5　CM1107 型单轴纵切自动车床外形图

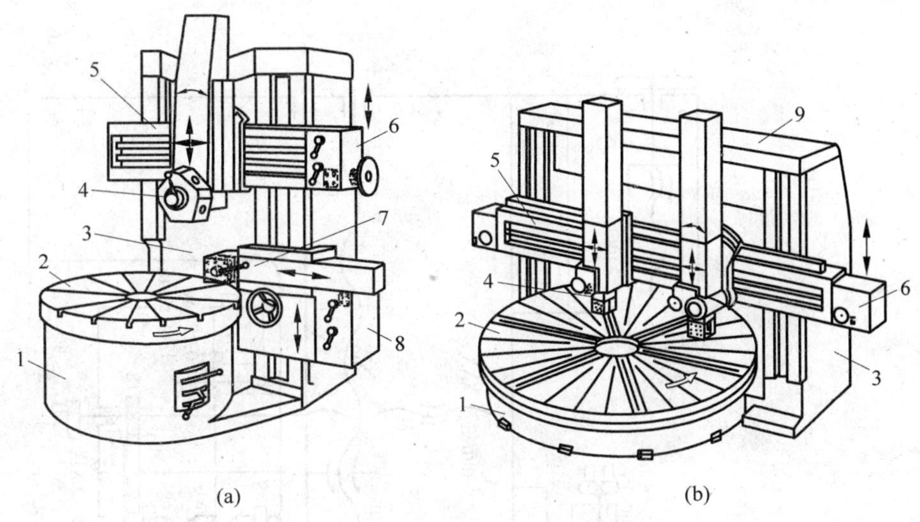

图 4-6　立式车床外形图

(a) 单立柱立式车床；(b) 双立柱立式车床

1—底座；2—工作台；3—立柱；4—垂直刀架；5—横梁；6—进给箱；7—侧刀架；8—侧刀架进给箱；9—顶梁

4.2　CA6140 型卧式车床的传动系统

车床的传动原理图(见图 3-11)所表示的传动关系要通过传动系统图体现出来。CA6140 型卧式车床的传动系统图(见图 4-7),图中各种传动元件用简单的规定符号(详见《机械制图　机构运动简图符号》(GB/T 4460—2013)),代表各齿轮所标数字表示齿数。机床的传动系统图画在一个能反映机床基本外形和各主要部件相互位置的平面上,各传动元件应按传动顺序展开画出。该图只表示传动关系,不代表各传动元件的实际尺寸和空间位置。

4.2.1　主运动传动链

主运动传动链的两末端件是主电动机与主轴,它的功能是把动力源的运动及动力传给主轴,并满足卧式车床主轴变速和换向的要求。

1. 传动路线

运动由电动机经 V 带轮传至主轴箱中的Ⅰ轴,在Ⅰ轴上装有双向多片式摩擦离合器 M_1,其作用是使主轴正转、反转或停止。当压紧离合器 M_1 左部的摩擦片时,Ⅰ轴的运动经齿轮副 56/38 或 51/43 传给Ⅱ轴。当压紧离合器 M_1 的右部摩擦片时,Ⅰ轴的运动经齿轮 50 传至Ⅶ轴上的空套齿轮 34,然后再传给Ⅱ轴上的固定齿轮 30,由于这一传动路线中多经过了一个中间齿轮 34,因此Ⅱ轴的转动方向与经 M_1 左部传动时相反。当离合器 M_1 处于中间位置时,其左部和右部的摩擦片都不被压紧,空套在Ⅰ轴上的齿轮 56、51 和 50 都不转

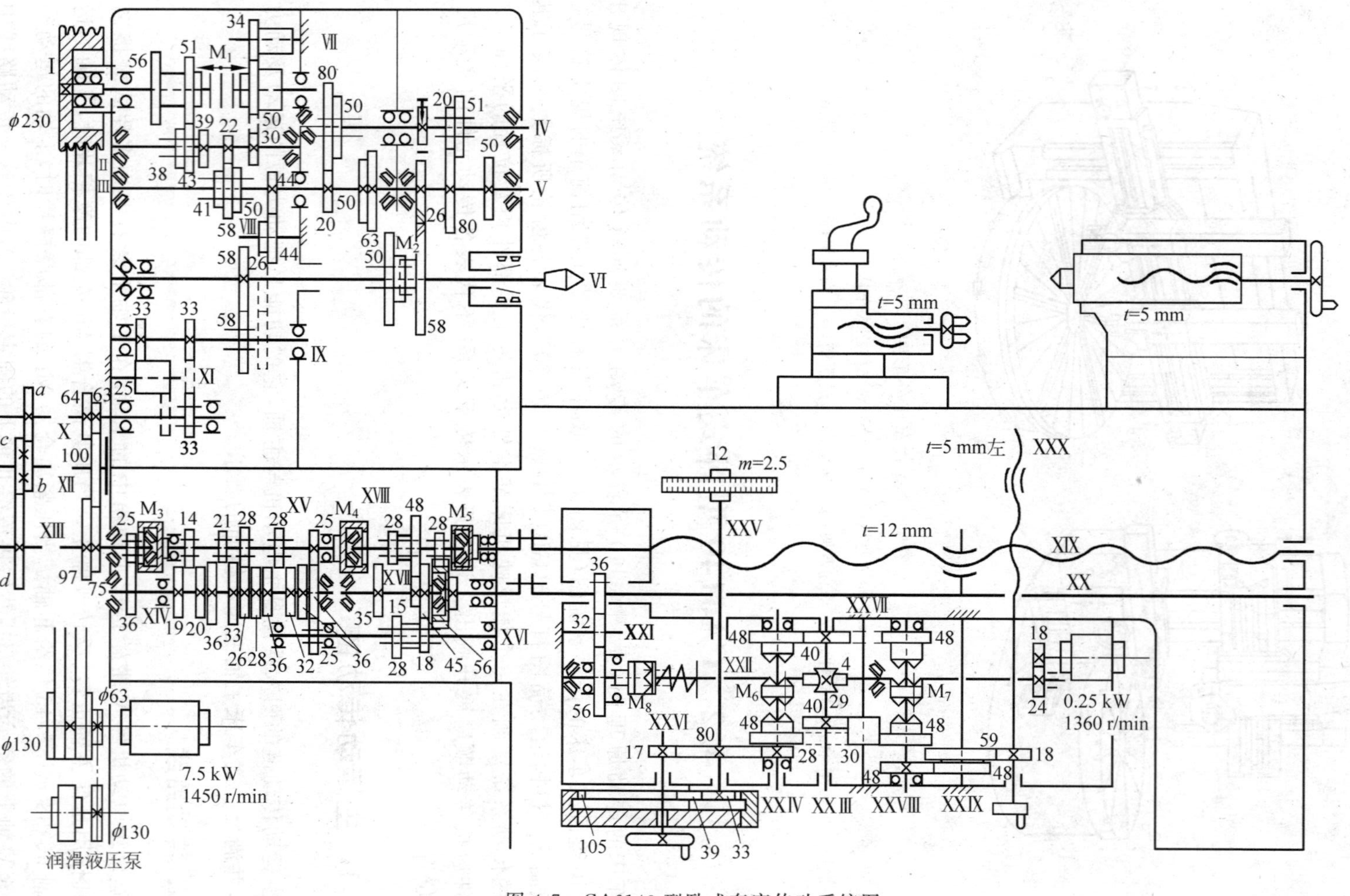

图 4-7 CA6140 型卧式车床传动系统图

动，Ⅰ轴的运动不能传至Ⅱ轴，主轴也就停止转动。

Ⅱ轴的运动经三对轮副传至Ⅲ轴，Ⅲ轴正转共有 2×3＝6 种转速，反转共有 1×3＝3 种转速。运动由Ⅲ轴传到主轴有两条路线：

(1) 高速传动路线　主轴上的滑移齿轮 50 移至左端，与Ⅲ轴上右端的齿轮 63 啮合，运动由Ⅲ轴直接传给主轴，使主轴得到 450～1400 r/min 的高转速。

(2) 低速传动路线　主轴上的滑移齿轮 50 移至右端(见图 4-7 所示位置)，使主轴上的齿式离合器 M_2 啮合，Ⅲ轴的运动经Ⅳ轴、Ⅴ轴、齿轮副 26/58 和齿式离合器 M_2 传给主轴，使主轴获得 10～500 r/min 的低转速。

在说明和分析机床的传动系统时，常用传动路线表达式来表示机床的传动路线。CA6140 型卧式车床主运动传动路线表达式为

$$\underset{(7.5\text{ kW},1450\text{ r/min})}{\text{电动机}} - \frac{\phi 130\text{ mm}}{\phi 230\text{ mm}} - \text{Ⅰ} - \left\{\begin{matrix} \underset{M_1\text{左}}{(\text{正转})} - \left\{\begin{matrix}\frac{56}{38}\\ \frac{51}{43}\end{matrix}\right\} \\ \underset{M_1\text{右}}{(\text{反转})} - \frac{50}{34} - \text{Ⅶ} - \frac{34}{30} \end{matrix}\right\} - \text{Ⅱ} - \left\{\begin{matrix}\frac{39}{41}\\ \frac{30}{50}\\ \frac{22}{58}\end{matrix}\right\} - \text{Ⅲ} - \left\{\begin{matrix} -\left\{\begin{matrix}\frac{20}{80}\\ \frac{50}{50}\end{matrix}\right\} - \text{Ⅳ} - \left\{\begin{matrix}\frac{20}{80}\\ \frac{51}{50}\end{matrix}\right\} - \text{Ⅴ} - \frac{26}{58} - M_2\text{右} \\ -\frac{63}{50} \quad M_2\text{左} \end{matrix}\right\} - \text{Ⅵ}(\text{主轴})$$

2. 主轴转速级数和转速值

由传动系统图和传动路线表达式可以看出，主轴正转时，利用各滑动齿轮轴向位置的各种不同组合，共可得 2×3×(1＋2×2)＝30 种传动主轴的路线。从Ⅲ轴到Ⅴ轴的 4 条传动路线的传动比为

$$u_1=\frac{20}{80}\times\frac{20}{80}=\frac{1}{16},\quad u_2=\frac{20}{80}\times\frac{51}{50}\approx\frac{1}{4},\quad u_3=\frac{50}{50}\times\frac{20}{80}=\frac{1}{4},\quad u_4=\frac{50}{50}\times\frac{51}{50}\approx 1$$

其中：u_2 和 u_3 基本相同，所以实际上只有 3 种不同的传动比。运动经低速传动路线时，主轴实际上只能得到 2×3×(2×2－1)＝18 级转速。加上由高速路线传动获得的 6 级转速，主轴总共可获得 2×3×[1＋(2×2－1)]＝24 级转速。

同理，主轴反转时有 3×[1＋(2×2－1)]＝12 级转速。

主轴各级转速的数值，可根据主运动传动时所经过的传动件的运动参数(如带轮直径、齿轮齿数等)列出运动平衡式来求出。对于图 4-7 中所示的齿轮啮合位置，主轴的转速为

$$n_{\text{主}}=1450\times\frac{130}{230}\times\frac{51}{43}\times\frac{22}{58}\times\frac{20}{80}\times\frac{20}{80}\times\frac{26}{58}\text{ r/min}=10\text{ r/min}$$

同理，可计算出主轴正、反转时的其他转速。主轴反转主要用于车削螺纹时沿螺旋线退刀而不断开主轴和刀架间的传动链，以免下次切削时“乱扣”，为节省时间，主轴反转转速比正转转速略高。

3. 主传动系统的转速图

转速图可以清楚地表示以下内容：传动轴的数目；主轴及各传动轴的转速级数、转速值及其传动路线；各变速组的传动副数目及传动比数值等。图 4-8 是 CA6140 型车床主传动系统的转速图，转速图由“三线一点”组成。

(1) 传动轴格线　间距相等的一组竖直线表示各传动轴。

(2) 转速格线　间距相等的一组水平线表示转速的对数坐标。由于分级变速机构的转速一般是等比数列，故转速采用对数坐标，相邻两水平线之间的间隔为 lg ϕ(其中 ϕ 为相邻

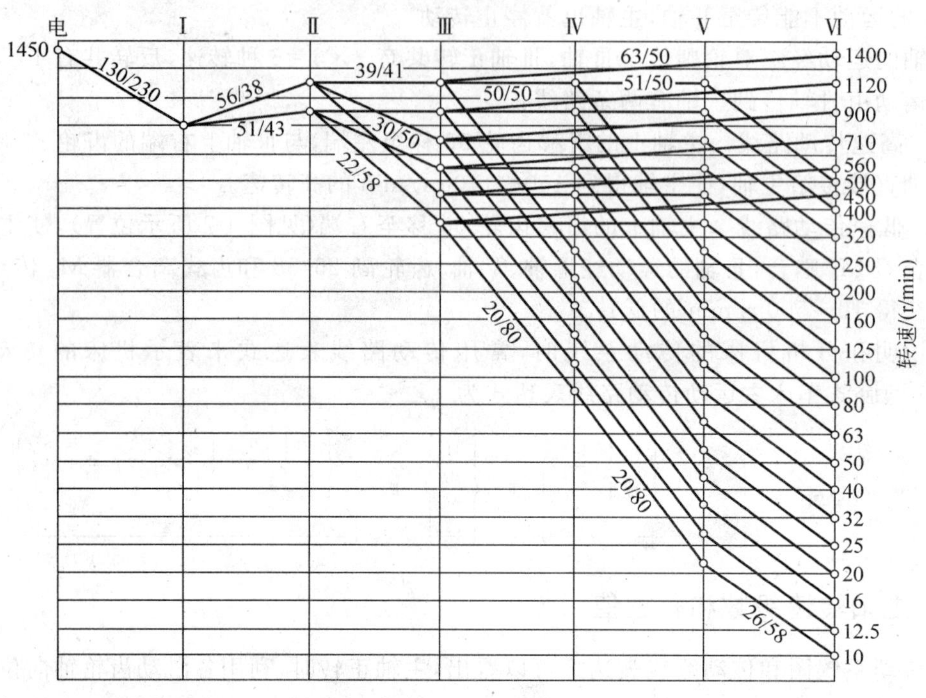

图 4-8 CA6140 型车床主传动系统的转速图

两级转速中高转速与低转速之比,称为公比)。为了简单起见,转速图中省略了对数符号。

(3) 转速点 传动轴格线上的圆圈(或圆点)表示该轴所具有的转速。

(4) 传动线 传动轴格线间的转速点连线表示相应传动副的传动比,称传动比连线,简称传动线。传动线的倾斜方向和倾斜程度表示传动比的大小。若传动线是水平的,表示等速传动,传动比 $u=1$;若传动线向右下方倾斜,表示降速传动,传动比 $u<1$;若传线向右上方倾斜,表示升速传动,传动比 $u>1$。对于一定的公比,传动线的倾斜方向和所跨格数,表示相应的传动比数值。例如,CA6140 型车床的公比 $\phi=1.26$,在Ⅱ轴与Ⅲ轴之间的传动比 $30/50\approx1/\phi^2$,传动线基本下降两格;$22/58\approx1/\phi^4$,传动线基本下降四格。

由同一个主动转速点引出的传动线数目,表示该变速组中不同传动比的传动副数,如第Ⅱ轴和第Ⅲ轴之间有三对齿轮副。

4.2.2 进给传动链

进给传动链是实现刀具纵向或横向移动的传动链。卧式车床在切削螺纹时,进给传动链是内联系传动链,主轴每均匀转一转,刀架应均匀移动工件螺纹的导程。在切削圆柱面和端面时,进给传动链是外联系传动链,进给量也是以工件每转一转时刀架的移动量来计算的。所以在分析进给链时都是把主轴和刀架作为传动链的两末端件。

进给传动链的传动路线(见图 4-7)为:运动从主轴Ⅵ经Ⅸ轴(或再经Ⅺ轴上的中间齿轮 Z_{25} 使运动反向)传至Ⅹ轴,再经过挂轮传至ⅩⅢ轴,传入进给箱。从进给箱传出的运动,一条路线是车削螺纹的传动链,经丝杠ⅩⅨ带动溜板箱,使刀架纵向运动;另一条路线是一般机动进给的传动链,经光杠ⅩⅩ和溜板箱内的传动轴可以分别带动刀架作纵向或横向的机动进给。

1. 车削螺纹

CA6140 型车床可以车削米制、模数制、英制和径节制四种标准的常用螺纹，还可以车削大导程、非标准和较精密的螺纹，而且既可车削右螺纹，又可车削左螺纹。车削螺纹时溜板箱中的开合螺母与丝杠啮合，由丝杠带动溜板箱移动。车削螺纹时机床所需的运动如图 3-6 所示。车削螺纹时的运动平衡式为

$$1r_{(主轴)}\ uP_1=S$$

式中：u——从主轴到丝杠之间的总传动比；

P_1——机床丝杠的导程，CA6140 型车床的 $P_1=12$ mm；

S——被加工螺纹的导程，mm。

改变传动比 u，就可得到任一类型的各种导程的螺纹。

1）车削米制螺纹

车削米制螺纹时，进给箱中的离合器 M_3 和 M_4 脱开，M_5 接合，挂轮用 $\frac{63}{100}\times\frac{100}{75}$。传动链的传动路线表达式如下：

$$主轴\ \text{VI}-\frac{58}{58}-\text{IX}-\left[\begin{array}{l}\frac{33}{33}\ 右螺纹\\ \frac{33}{25}-\text{XI}-\frac{25}{33}\ 左螺纹\end{array}\right]-\text{X}-\frac{63}{100}\times\frac{100}{75}-\text{XIII}-\frac{25}{36}-\text{XIV}-$$

$$-\left[\begin{array}{c}\frac{19}{14}\\ \frac{20}{14}\\ \frac{36}{21}\\ \frac{33}{21}\\ \frac{26}{28}\\ \frac{28}{28}\\ \frac{36}{28}\\ \frac{32}{28}\end{array}\right]-\text{XV}-\frac{25}{36}\times\frac{36}{25}-\text{XVI}-\left[\begin{array}{c}\frac{28}{35}\times\frac{35}{28}\\ \frac{18}{45}\times\frac{35}{28}\\ \frac{28}{35}\times\frac{15}{48}\\ \frac{18}{45}\times\frac{15}{48}\end{array}\right]-\text{XVIII}-M_5-丝杠\ \text{XIX}-刀架$$

其中，XIV—XV 轴之间的变速机构可变换 8 种不同的传动比：

$$u_{基1}=\frac{26}{28}=\frac{6.5}{7},\quad u_{基2}=\frac{28}{28}=\frac{7}{7},\quad u_{基3}=\frac{32}{28}=\frac{8}{7},\quad u_{基4}=\frac{36}{28}=\frac{9}{7},$$

$$u_{基5}=\frac{19}{14}=\frac{9.5}{7},\quad u_{基6}=\frac{20}{14}=\frac{10}{7},\quad u_{基7}=\frac{33}{21}=\frac{11}{7},\quad u_{基8}=\frac{36}{21}=\frac{12}{7}$$

这些传动比的分母都是 7，分子则除 6.5 和 9.5 用于车削其他种类的螺纹外，其余按等差数列规律排列。这套变速机构称为基本组。

XVI—XVIII 轴间的变速机构可变换 4 种传动比：

$$u_{倍1}=\frac{18}{45}\times\frac{15}{48}=\frac{1}{8},\quad u_{倍2}=\frac{28}{35}\times\frac{15}{48}=\frac{1}{4},\quad u_{倍3}=\frac{18}{45}\times\frac{35}{28}=\frac{1}{2},\quad u_{倍4}=\frac{28}{35}\times\frac{35}{28}=1$$

它们可实现螺纹导程标准中的倍数关系,称为增倍机构或增倍组。

基本组、增倍组和移换机构组成进给变速机构,和挂轮一起组成换置机构,完成传动原理图(图3-11)中的 u_f 功能。

车削米制右旋螺纹时的运动平衡式为

$$S=1r_{(主轴)}\times\frac{58}{58}\times\frac{33}{33}\times\frac{63}{100}\times\frac{100}{75}\times\frac{25}{36}\times u_{基}\times\frac{25}{36}\times\frac{36}{25}\times u_{倍}\times 12\ (\mathrm{mm})$$

将上式简化后可得

$$S=7u_{基}u_{倍}\ (\mathrm{mm})$$

米制螺纹(也称普通螺纹)在国家标准中已规定了导程的标准值。标准的米制螺纹导程数列 S 是按分段等差数列规律排列的。选择 $u_{基}$ 和 $u_{倍}$ 的值,就可以得到导程12 mm以下的按分段等差数列规律排列的各种 S 值(见表4-1)。

表4-1　CA6140型车床米制螺纹表

$u_{倍}$ \ S \ $u_{基}$	$\frac{26}{28}$	$\frac{28}{28}$	$\frac{32}{28}$	$\frac{36}{28}$	$\frac{19}{14}$	$\frac{20}{14}$	$\frac{33}{21}$	$\frac{36}{21}$
$\frac{18}{45}\times\frac{15}{48}=\frac{1}{8}$	—	—	1	—	—	1.25	—	1.5
$\frac{28}{35}\times\frac{15}{48}=\frac{1}{4}$	—	1.75	2	2.25	—	2.5	—	3
$\frac{18}{45}\times\frac{35}{28}=\frac{1}{2}$	—	3.5	4	4.5	—	5	5.5	6
$\frac{28}{35}\times\frac{35}{28}=1$	—	7	8	9	—	10	11	12

当需要车削导程大于12 mm的螺纹时,可将Ⅸ轴上的滑移齿轮58向右移动,使之与Ⅷ轴上的齿轮26啮合。这是一条导程扩大传动路线,传动路线表达式可以写为

$$\text{主轴 VI}-\left\{\begin{array}{c}\text{(正常螺纹导程 1:1)}\quad\frac{58}{58}\\ \text{(扩大螺纹导程 4:1)}\\ \frac{58}{26}-\text{V}-\frac{80}{20}-\text{IV}-\left\{\begin{array}{c}\frac{50}{50}\\ \frac{80}{20}\end{array}\right\}-\text{III}-\frac{44}{44}-\text{VIII}-\frac{26}{58}\\ \text{(扩大螺纹导程 16:1)}\end{array}\right\}-\text{IX}-\cdots$$

自Ⅸ轴以后的传动路线仍与正常螺纹导程时相同。从Ⅵ轴到Ⅸ轴的传动比为

$$u_{扩1}=\frac{58}{26}\times\frac{80}{20}\times\frac{50}{50}\times\frac{44}{44}\times\frac{26}{58}=4$$

$$u_{扩2}=\frac{58}{26}\times\frac{80}{20}\times\frac{80}{20}\times\frac{44}{44}\times\frac{26}{58}=16$$

所以,用于车削大导程螺纹的导程扩大机构 $u_{扩}$ 实质上也是一个增倍组。但必须注意,由于导程扩大机构的传动齿轮就是主运动的传动齿轮,所以,只有主轴上的 M_2 合上,即主轴处于低速状态时用螺纹导程扩大机构才能车削大导程螺纹。当主轴转速确定后,这时导

程可能扩大的倍数也就确定了，不能再变动。

正常螺纹导程时，从Ⅵ轴到Ⅸ轴的传动比 $u=1$。

2）车削模数螺纹

模数螺纹主要是米制蜗杆，有时某些特殊丝杠的导程也是模数制的。米制蜗杆的齿距为 πm，所以模数螺纹的导程为 $S_m=K\pi m$，这里 K 为螺纹的头数。

模数 m 的标准值也是按分段等差数列规律排列的，但在模数螺纹导程 $S_m=K\pi m$ 中含有特殊因子 π。

车削模数螺纹时，在车削米制螺纹传动路线的基础上，将挂轮更换为 $\frac{64}{100}\times\frac{100}{97}$ 即可引入 π 因子，运动平衡式为

$$S_m=1\text{r}_{(\text{主轴})}\times\frac{58}{58}\times\frac{33}{33}\times\frac{64}{100}\times\frac{100}{97}\times\frac{25}{36}\times u_{\text{基}}\times\frac{25}{36}\times\frac{36}{25}\times u_{\text{倍}}\times 12(\text{mm})$$

式中：$\frac{64}{100}\times\frac{100}{97}\times\frac{25}{36}\approx\frac{7\pi}{48}$，代入化简后得 $S_m=\frac{7\pi}{4}u_{\text{基}}u_{\text{倍}}(\text{mm})$。

因为 $S_m=K\pi m$，从而得

$$m=\frac{7}{4K}u_{\text{基}}u_{\text{倍}}(\text{mm})$$

改变 $u_{\text{基}}$ 和 $u_{\text{倍}}$，或应用螺纹导程扩大机构，就可以车削出按分段等差数列规律排列的各种模数的螺纹。

3）车削英制螺纹

英制螺纹在采用英制的国家（如英国、美国、加拿大等）中应用较广泛。我国的部分管螺纹目前也采用英制螺纹。

英制螺纹以每英寸长度上的螺纹扣数 a（扣/in）表示，英制螺纹的导程 $S_a=K/a$ in。由于这台车床的丝杠是米制螺纹，被加工的英制螺纹也应换算成以 mm 为单位的相应导程值：

$$S_a=\frac{K}{a}(\text{in})=\frac{25.4K}{a}(\text{mm})$$

其中，a 的标准值也是按分段等差数列的规律排列，所以，英制螺纹的导程是按分段的调和数列的规律排列。此外，还有特殊因子 25.4。

要车削各种英制螺纹，只需对米制螺纹的传动路线作如下两点变动：

(1) 将基本组的主动轴与被动轴对调，可得按调和数列规律排列的传动比数值；

(2) 在传动链中实现特殊因子 25.4。

为此，将进给箱中的离合器 M_3 和 M_5 接合，M_4 脱开，同时ⅩⅥ轴左端的滑移齿轮 Z_{25} 移至左面位置，与固定在ⅩⅣ轴上的齿轮 36 啮合。运动由ⅩⅢ轴经 M_3 先传到ⅩⅤ轴，然后传至ⅩⅣ轴，再经齿轮副 36/25 传至ⅩⅥ轴。其余部分的传动路线与车削米制螺纹时相同。车削英制螺纹传动路线表达式读者可自行写出，其运动平衡式为

$$S_a=1\text{r}_{(\text{主轴})}\times\frac{58}{58}\times\frac{33}{33}\times\frac{63}{100}\times\frac{100}{75}\times\frac{1}{u_{\text{基}}}\times\frac{36}{25}\times u_{\text{倍}}\times 12(\text{mm})$$

其中，$\frac{63}{100}\times\frac{100}{75}\times\frac{36}{25}\approx\frac{25.4}{21}$，再将 $S_a=\frac{25.4K}{a}(\text{mm})$ 代入，化简可得

$$a=\frac{7K}{4}\frac{u_{基}}{u_{倍}}(扣/\mathrm{in})$$

改变 $u_{基}$ 和 $u_{倍}$,就可以车削出按分段等差数列排列的各种 a 值的英制螺纹。

4) 车削径节螺纹

径节螺纹主要是英制蜗杆,它是用径节 DP 来表示的。径节 $\mathrm{DP}=z/D$ (z—齿数,D—分度圆直径,in),即蜗轮或齿轮折算到每一英寸分度圆直径上的齿数。所以英制蜗杆的轴向齿距即径节螺纹的导程为

$$S_{\mathrm{DP}}=\frac{\pi K}{\mathrm{DP}}(\mathrm{in})=\frac{25.4\pi K}{\mathrm{DP}}(\mathrm{mm})$$

径节 DP 也是按分段等差数列的规律排列的,所以径节螺纹与英制螺纹导程系列的排列规律相同,只是多了特殊因子 25.4π。车削径节螺纹时,在车削英制螺纹传动路线的基础上,将挂轮更换为 $\frac{64}{100}\times\frac{100}{97}$,以引入特殊因子 π。

5) 车削非标准螺纹

车削非标准螺纹时不能用进给变速机构,这时须将离合器 M_3、M_4 和 M_5 全部合上,把轴ⅩⅢ、ⅩⅤ、ⅩⅧ和丝杠连成一体,使运动由挂轮直接传到丝杠。被加工螺纹的导程 S 依靠调整挂轮的传动比 $u_{挂}$ 来实现。

$$S=1\mathrm{r}_{(主轴)}\times\frac{58}{58}\times\frac{33}{33}\times u_{挂}\times 12(\mathrm{mm})$$

为了综合分析和比较车削上述各种螺纹时的传动路线,把 CA6140 型车床进给运动链中加工螺纹时的传动路线表达式归纳总结如下:

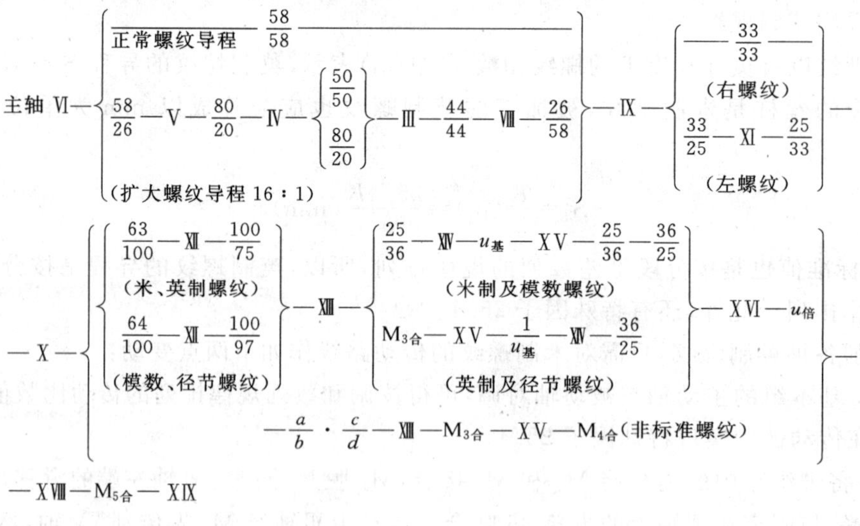

$$主轴\ \text{Ⅵ}-\left\{\begin{array}{l}正常螺纹导程\ \frac{58}{58}\\ \frac{58}{26}-\text{Ⅴ}-\frac{80}{20}-\text{Ⅳ}-\left\{\begin{array}{l}\frac{50}{50}\\ \frac{80}{20}\end{array}\right\}-\text{Ⅲ}-\frac{44}{44}-\text{Ⅷ}-\frac{26}{58}\\ (扩大螺纹导程\ 16:1)\end{array}\right\}-\text{Ⅸ}-\left\{\begin{array}{c}\frac{33}{33}\\ (右螺纹)\\ \frac{33}{25}-\text{Ⅺ}-\frac{25}{33}\\ (左螺纹)\end{array}\right\}-$$

$$-\text{Ⅹ}-\left\{\begin{array}{l}\left\{\begin{array}{l}\frac{63}{100}-\text{Ⅻ}-\frac{100}{75}\\ (米、英制螺纹)\\ \frac{64}{100}-\text{Ⅻ}-\frac{100}{97}\\ (模数、径节螺纹)\end{array}\right\}-\text{ⅩⅢ}-\left\{\begin{array}{l}\frac{25}{36}-\text{ⅩⅣ}-u_{基}-\text{ⅩⅤ}-\frac{25}{36}-\frac{36}{25}\\ (米制及模数螺纹)\\ M_{3合}-\text{ⅩⅤ}-\frac{1}{u_{基}}-\text{ⅩⅣ}-\frac{36}{25}\\ (英制及径节螺纹)\end{array}\right\}-\text{ⅩⅥ}-u_{倍}\\ -\frac{a}{b}\cdot\frac{c}{d}-\text{ⅩⅢ}-M_{3合}-\text{ⅩⅤ}-M_{4合}(非标准螺纹)\end{array}\right\}-$$

$$-\text{ⅩⅧ}-M_{5合}-\text{ⅩⅨ}$$

2. 车削圆柱面和端面

1) 传动路线

车削圆柱面和端面时,为了避免丝杠磨损过快及便于人工操纵(将刀架运动的操纵机构放在溜板箱上),机动进给运动是由光杠输入运动后通过溜板箱的传动系统带动刀架运动。这时,将进给箱中的离合器 M_5 脱开,使ⅩⅧ轴的齿轮 28 与ⅩⅩ轴左端的齿轮 56 啮合。运动

由进给箱传至光杠XX，再经溜板箱中的齿轮副、超越离合器及安全离合器 M_8、XXII轴、蜗杆蜗轮副 4/29 传至XXIII轴。此后，纵、横向机动进给的传动路线分别由 M_6、M_7 控制。当运动由XXIII轴经齿轮副 $\frac{40}{48}$ 或 $\frac{40}{30}\times\frac{30}{48}$、双向离合器 M_6、XXIV轴、齿轮副 28/80、XXV轴传至小齿轮 12 时，由于小齿轮 12 与固定在床身上的齿条相啮合，小齿轮转动时，就带动刀架作纵向机动进给。当运动由XXIII轴经齿轮副 $\frac{40}{48}$ 或 $\frac{40}{30}\times\frac{30}{48}$、双向离合器 M_7、XXVIII轴及齿轮副 $\frac{48}{48}\times\frac{59}{18}$ 传至横进给丝杠XXX后，就使横刀架作横向机动进给。其传动路线表达式如下：

$$\cdots \text{XVIII}-\frac{28}{56}-\text{XX}-\frac{36}{32}-\text{XXI}-\frac{32}{56}-\text{XXII}-\frac{4}{29}-\text{XXIII}-$$

$$\text{快速电动机(250 W,1300 r/min)}-\frac{18}{24}-(\text{XXII})$$

$$-\begin{cases}\begin{bmatrix}M_6\uparrow\ \frac{40}{48}\\ M_6\downarrow\ \frac{40}{30}\times\frac{30}{48}\end{bmatrix}-\text{XXIV}-\frac{28}{80}-\text{XXV}-Z_{12}/\text{齿条}\\ \begin{bmatrix}M_7\uparrow\ \frac{40}{48}\\ M_7\downarrow\ \frac{40}{30}\times\frac{30}{48}\end{bmatrix}-\text{XXVIII}-\frac{48}{48}-\text{XXIX}-\frac{59}{18}-\text{横向丝杠}-\text{横杆XXX}\end{cases}$$

2）机动进给量

纵向机动进给和横向机动进给的传动路线在XXIII轴以前完全相同，在XXIII轴以后有所不同。在对应的传动路线下，横向机动进给量是纵向机动进给量的一半。

3. 刀架的快速移动

按下快速移动按钮，快速电动机(250 W，1300 r/min)经齿轮副 18/24 使轴XXII高速转动(见图 4-7)，再经蜗杆副 4/29 传到溜板箱内的转换机构，使刀架实现纵向或横向的快速移动，快移方向仍由溜板箱中双向离合器 M_6 和 M_7 控制。

为了缩短辅助时间和简化操作，在刀架快速移动时不必脱开进给运动传动链。为了避免仍在转动的光杠和快速电动机同时传动XXII轴，在齿轮 56 与XXII轴之间装有单向超越离合器；当进给力过大或刀架移动受阻时，为防止损坏传动机构，在单向超越离合器与XXII轴之间装有安全离合器 M_8，如图 4-7 所示。

4.3　CA6140 型卧式车床的主要结构

4.3.1　主轴箱内的主要结构

机床主轴箱是一个比较复杂的传动部件。图 4-9 是 CA6140 型卧式车床主轴箱展开图。展开图基本上是按各传动轴传递运动的先后顺序，沿其轴心线剖开(见图 4-10)，并展开在一个平面上而形成的装配图。CA6140 主轴箱内主要有卸荷式皮带轮、双向多片式摩擦离合器和制动器及操纵机构、主轴组件及滑动齿轮的变速操纵机构等典型机构。

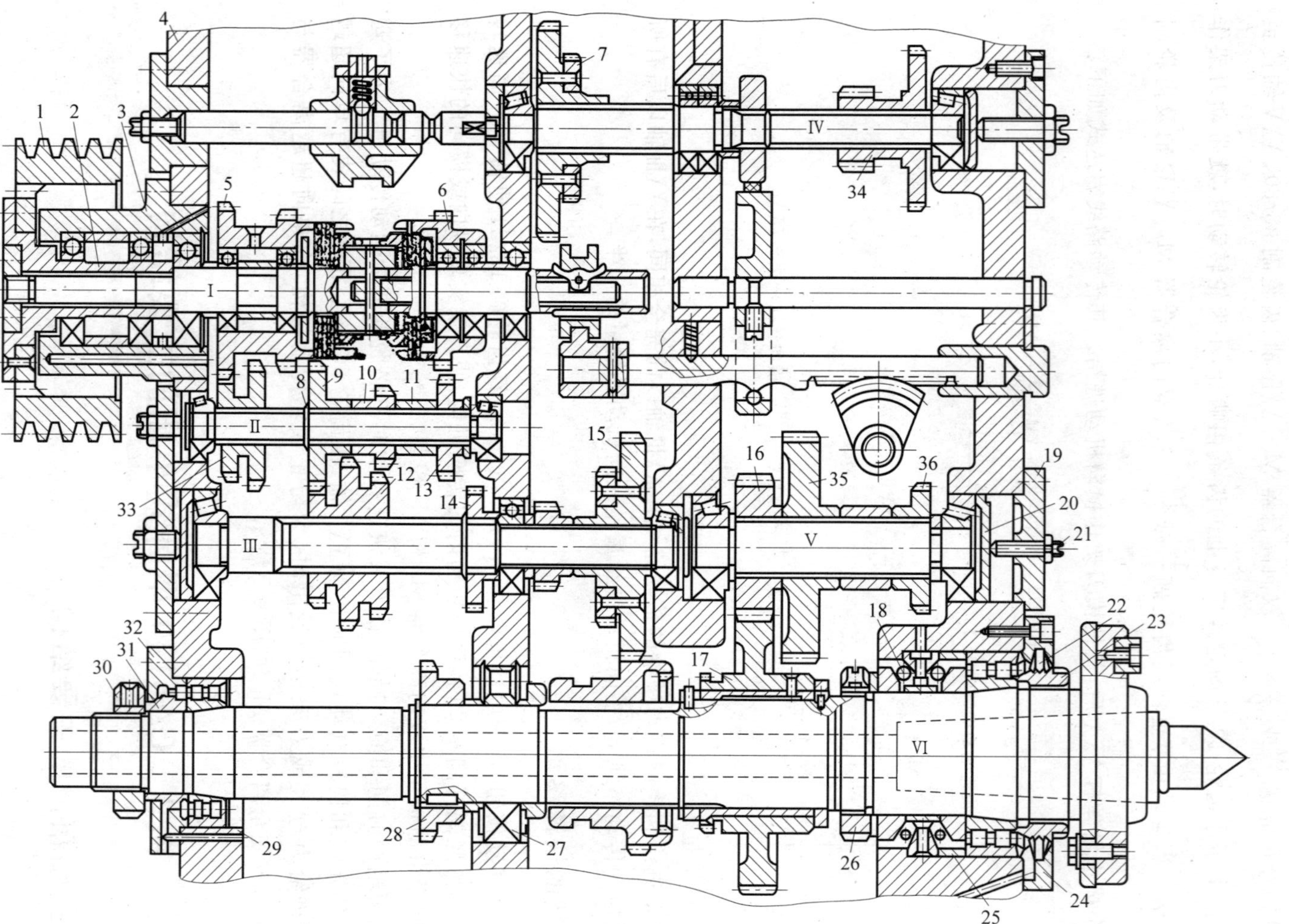

图 4-9 CA6140 型卧式车床主轴箱展开图

1—带轮；2—花键套；3—卸荷轴承座；4—主轴箱体；5—双联空套齿轮；6—空套齿轮；7,33,34—双联齿轮；8—半圆环；9,10,13,14,28,35,36—固定齿轮；11,25—隔套；12—三联滑移齿轮；15—双联固定齿轮；16,17—斜齿轮；18—双向推力角接触球轴承；19—盖板；20—轴承压盖；21—调整螺钉；22,29—双列圆柱滚子轴承；23,26,30—螺母；24,32—轴承端盖；27—圆柱滚子轴承；31—套筒

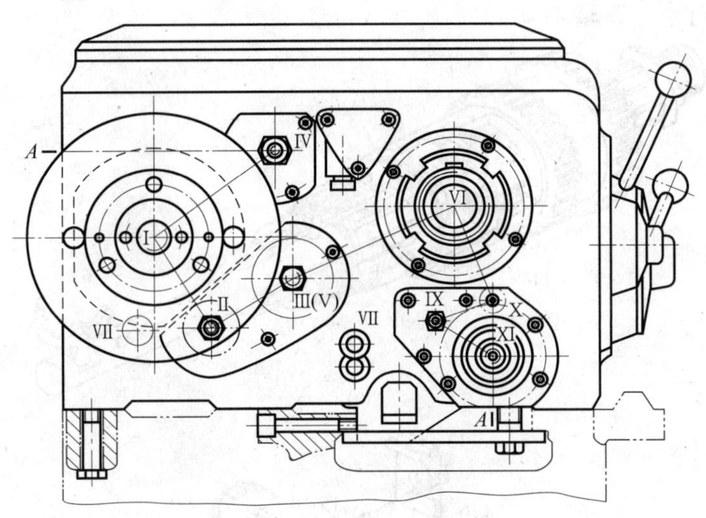

图 4-10　主轴箱各轴空间位置示意图

1. 双向多片式摩擦离合器 M_1、制动器及其操纵机构

如图 4-11(a)所示，双向多片式摩擦离合器 M_1 装在Ⅰ轴上。摩擦离合器由内摩擦片 3、外摩擦片 2、止推片 10 及 11、压块 8 及空套齿轮 1 等组成。离合器左、右两部分结构相同，分别用来控制主轴正反转。内摩擦片 3 的内孔为花键孔，装在Ⅰ轴的花键部位上，与Ⅰ轴一起旋转。外摩擦片 2 外圆上有四个凸起，卡在空套齿轮 1 的缺口槽中；内孔是光滑圆孔，空套在Ⅰ轴的花键外圆上。内、外摩擦片相间安装，在未被压紧时，内、外摩擦片互不联系。当杆 7 通过销 5 向左推动压块 8 时，内片与外片相互压紧，Ⅰ轴的运动便通过内、外摩擦片之间的摩擦力传给齿轮 1，使主轴正转。同理，当向右推动压块 8 时，主轴反转。当压块 8 处于中间位置时，左、右离合器都脱开，这时Ⅰ轴虽然转动，但离合器不传递运动，主轴处于停止状态。

离合器 M_1 的左右接合或脱开由手柄 18 操纵。向上扳动手柄 18，杆 20 向外移动，曲柄 21 及齿扇 17 顺时针转动，齿条轴 22 向右移动，并通过拨叉 23 带动滑套 12 向右移动。滑套 12 内孔的两端为锥孔，中间为圆柱。滑套 12 向右移动时，将元宝销 6(其回转中心轴装在Ⅰ轴上)的右端向下压，元宝销顺时针转动，其下端凸缘推动装在Ⅰ轴内孔中的杆 7 向左移动，并通过销 5 带动压块 8 向左压紧，主轴正转。同理，将手柄 18 扳至下端位置时，离合器右半部压紧，主轴反转。当手柄 18 处于中间位置时，离合器脱开，主轴停转。

摩擦离合器除了靠摩擦力传递运动和转矩外，还能起过载保护的作用。当机床过载时，摩擦片打滑，可避免损坏机床。

制动器(刹车)安装在Ⅳ轴上。它的功用是在摩擦离合器脱开时立刻制动主轴，以缩短辅助时间。制动器的结构如图 4-11(b)和(c)所示。制动盘 16 是一钢制圆盘，与Ⅳ轴用花键连接。制动盘的周边围着制动带 15，制动带为一钢带，内侧固定一层酚醛石棉。制动带的一端通过调节螺钉 13 等与箱体相连，另一端与杠杆 14 连接。为操纵方便并不出错，制动器和摩擦离合器共用一套操纵机构，也由手柄 18 操纵。当离合器脱开时，齿条轴 22 处于中间位置，这时齿条轴 22 上的凸起部分正处于与杠杆 14 下端相接触的位置，使杠杆 14 向逆时针方向摆动，将制动带拉紧，使Ⅳ轴和主轴迅速停转。齿条轴 22 凸起的左右两边都是凹槽，在左、右离合器接合时，杠杆 14 顺时针摆动，制动带放松，主轴旋转。制动带的拉紧程度由

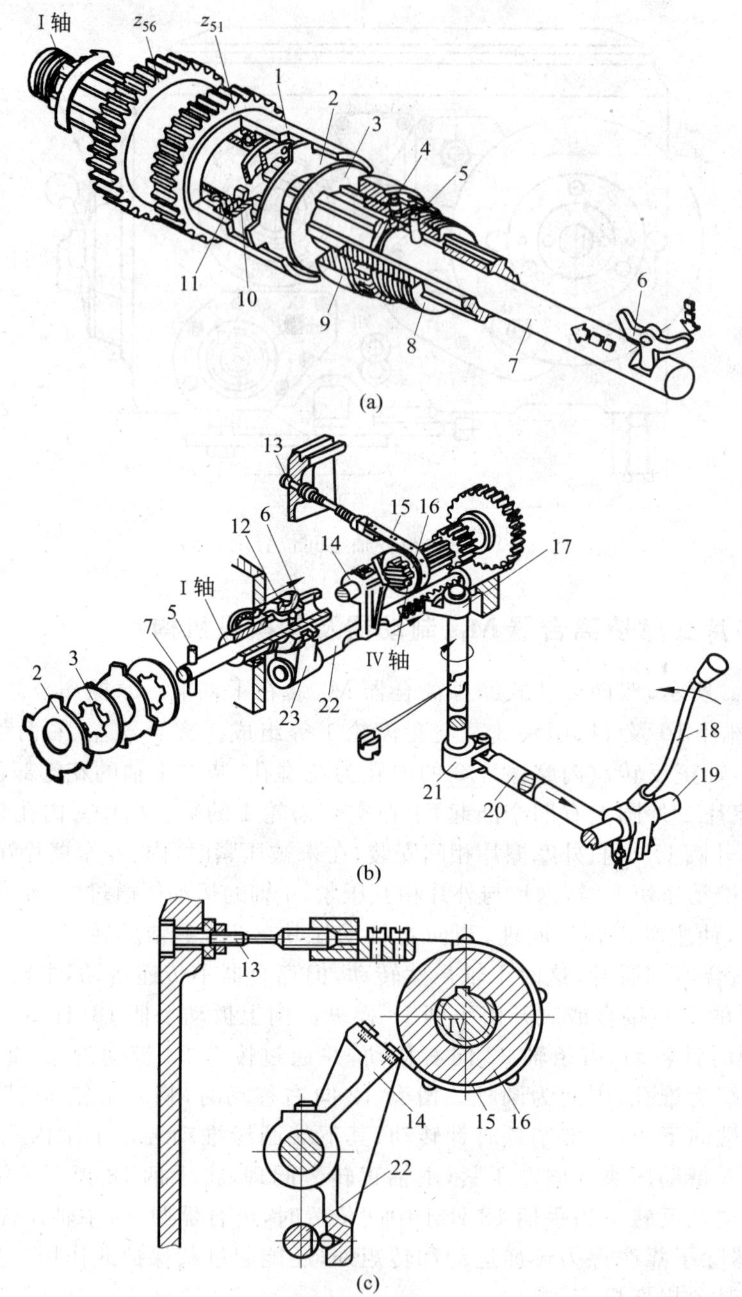

图 4-11 摩擦离合器、制动器及其操纵机构

1—空套齿轮；2—外摩擦片；3—内摩擦片；4—弹簧销；5—销；6—元宝销；7—杆；8—压块；9—螺母；10,11—止推片；12—滑套；13—调节螺钉；14—杠杆；15—制动带；16—制动盘；17—齿扇；18—手柄；19—操纵杆；20—杆；21—曲柄；22—齿条轴；23—拨叉

调节螺钉13调整，调整后应保证在压紧离合器时制动带完全松开。

2. 主轴组件

CA6140型卧式车床的主轴是一个空心阶梯轴。主轴前端的莫氏6号锥孔用于安装前顶尖或心轴，利用锥面配合的摩擦力带动顶尖或心轴转动。

主轴前端采用短锥法兰式C形结构，用于安装卡盘或拨盘。如图4-12所示，拨盘或卡盘座4由主轴3端部的短圆锥面和法兰端面定位，由卡口垫2和插销螺栓5紧固，螺钉1锁紧。这种结构装卸方便，工作可靠，定心精度高，主轴前端的悬伸长度较短，有利于提高主轴组件的刚度，应用很广。主轴轴肩右端面上的圆形拨块(见图4-9)用于传递扭矩。

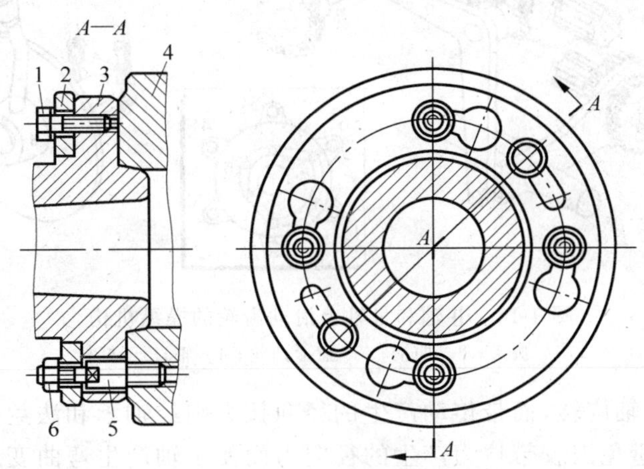

图4-12 卡盘或拨盘的安装

1—螺钉；2—卡口垫；3—主轴；4—卡盘座；5—插销螺栓；6—螺母

CA6140型车床的主轴组件为三支承结构，主轴轴承应在无间隙(或少量过盈)条件下运转，故主轴组件在结构上应保证能够调整轴承间隙。如图4-9所示，前支承采用NN3021K型锥孔双列短圆柱滚子轴承和两个60°角接触双向推力球轴承18，前者用于承担径向力，后者承担轴向力。调整主轴轴向间隙和径向间隙是靠转动带有锁紧螺钉的调正螺母26实现的。后支承采用的是NN3015K型锥孔双列向心短圆柱滚子轴承，其间隙调整靠转动螺母30实现。中间支承采用的是单列向心短圆柱滚子轴承27。后和中间轴承只承受径向力，而在轴向可以浮动，主轴受热变形时可以自由伸缩。

3. 变速操纵机构

图4-13是Ⅱ轴和Ⅲ轴上滑动齿轮的操纵机构。Ⅱ轴上的双联齿轮和Ⅲ轴上的三联齿轮是用一个手柄集中操纵的。变速手柄装在主轴箱的前壁面，手柄通过链传动使轴4转动，在轴4上固定有盘形凸轮3和曲柄2，分别用于操纵Ⅱ轴和Ⅲ轴上的滑动齿轮。凸轮3上有一条封闭的曲线槽，它由两段不同半径的圆弧和直线组成，有6个不同的变速位置。凸轮曲线槽控制杠杆5摆动，从而带动Ⅱ轴上的双联滑动齿轮滑动。曲柄2上的圆销伸出端套有滚子，嵌在拨叉1的长槽中。当曲柄2随着轴4转动时，可带动拨叉1拨动Ⅲ轴上的滑动齿轮，使它处于左、中、右三种不同的位置。顺次地转动手柄至各个变速位置，就可使两个滑动齿轮块的轴向位置实现6种不同的组合，使Ⅲ轴得到6种转速。

4. 主轴箱带轮卸荷装置

主电机通过带传动使Ⅰ轴旋转，为了提高Ⅰ轴的旋转稳定性，Ⅰ轴上的皮带轮采用了卸荷机构。如图4-14所示，带轮1通过螺栓2与花键套3连成一体，支承在卸荷轴承座4内的两个深沟球轴承5上，而卸荷轴承座4则固定在主轴箱体6上。这样，带轮1可通过花键

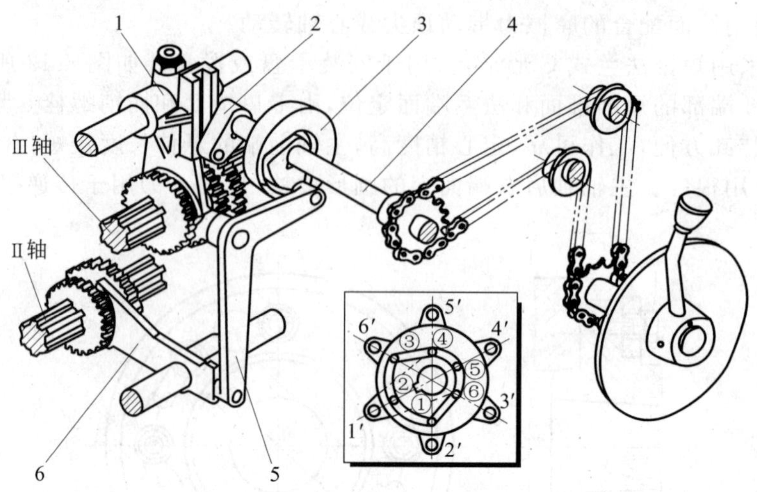

图 4-13 Ⅱ轴和Ⅲ轴上滑动齿轮的操纵机构

1,6—拨叉;2—曲柄;3—盘形凸轮;4—轴;5—杠杆

套3的内花键带动Ⅰ轴旋转,而带传动产生的径向拉力则经轴承和法兰直接传至箱体(卸下了径向载荷)。从而避免因胶带拉力产生的径向力而使Ⅰ轴产生弯曲变形,提高了传动平稳性。卸荷式带轮特别适用于要求传动平稳性高的精密机床。

4.3.2 溜板箱内的操纵机构

1. 开合螺母机构

车螺纹时,进给箱将运动传递给丝杠。合上开合螺母,丝杠就可带动溜板箱和刀架运动。

开合螺母机构由下半螺母1和上半螺母2组成,如图4-15所示,它们都可以沿溜板箱中竖直的燕尾形导轨上下移动。每个半螺母上装有一个圆柱销3,它们分别插进槽盘4的两条曲线槽 d 中。车削螺纹时,顺时针转动手柄5,使槽盘4转动,两个圆柱销带动上下螺母互相靠拢,开合螺母就与丝杠啮合。槽盘4上的偏心圆弧槽 d 接近盘中心部分的倾斜角

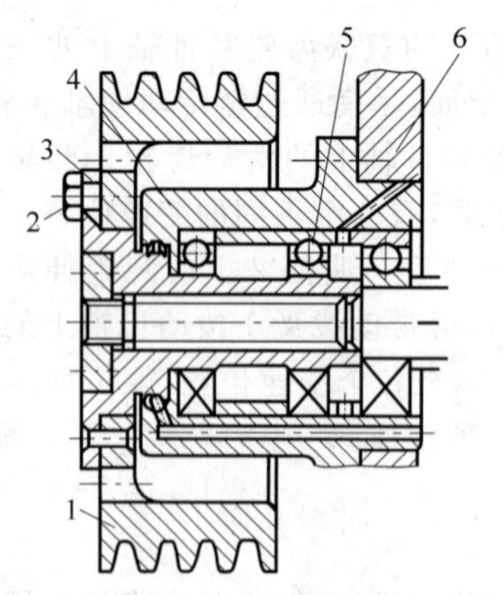

图 4-14 主轴箱的带轮卸荷装置

1—带轮;2—螺栓;3—花键套;4—卸荷轴承座;5—深沟球轴承;6—主轴箱体

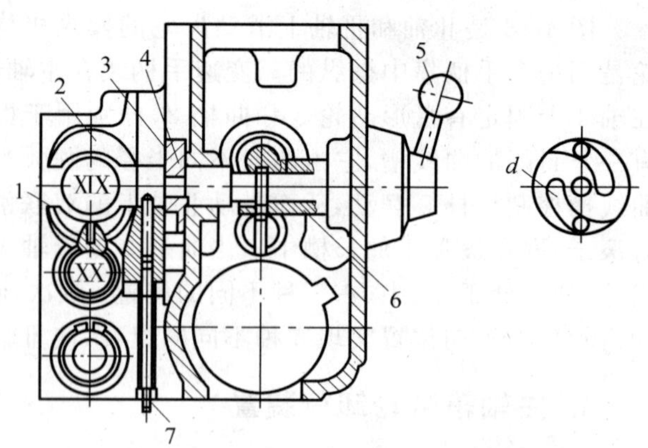

图 4-15 开合螺母机构

1—下半螺母;2—上半螺母;3—圆柱销;4—槽盘;5—手柄;6—轴;7—限位螺钉

比较小，使开合螺母闭合后能自锁。限位螺钉7用以调节丝杠与螺母的间隙。

2. 纵向、横向机动进给及快速移动的操纵机构

纵向、横向机动进给及快速移动是由一个手柄集中操纵的，如图4-16所示。纵向移动刀架时，向相应方向(向左或向右)扳动操纵手柄1。操纵手柄1绕销摆动，其下部的开口槽就拨动轴3轴向移动。轴3通过杠杆7和推杆8使鼓形凸轮9转动，凸轮9的曲线槽迫使拨叉10移动，从而操纵XXIV轴上的牙嵌式双向离合器M_6向相应方向啮合(见图4-7)，运动传给XXIV轴，从而使刀架作纵向机动进给；此时如果按下手柄1上端的快速移动按钮，快速电动机启动，刀架就可向相应方向快速移动，直到松开快速移动按钮时为止。如向前或向后扳动操纵手柄1，可通过轴14使鼓形凸轮13转动，凸轮13上的曲线槽迫使杠杆12摆动，杠杆12又通过拨叉口拨动XXVIII轴上的牙嵌式双向离合器M_7向相应方向啮合，可使横刀架实现向前或向后的横向机动进给或快速移动。操纵手柄1处于中间位置时，离合器M_6和M_7脱开，这时机动进给及快速移动均被断开。为了避免同时接通纵向和横向的运动，在盖2上开有十字形槽以限制操纵手柄1的位置。

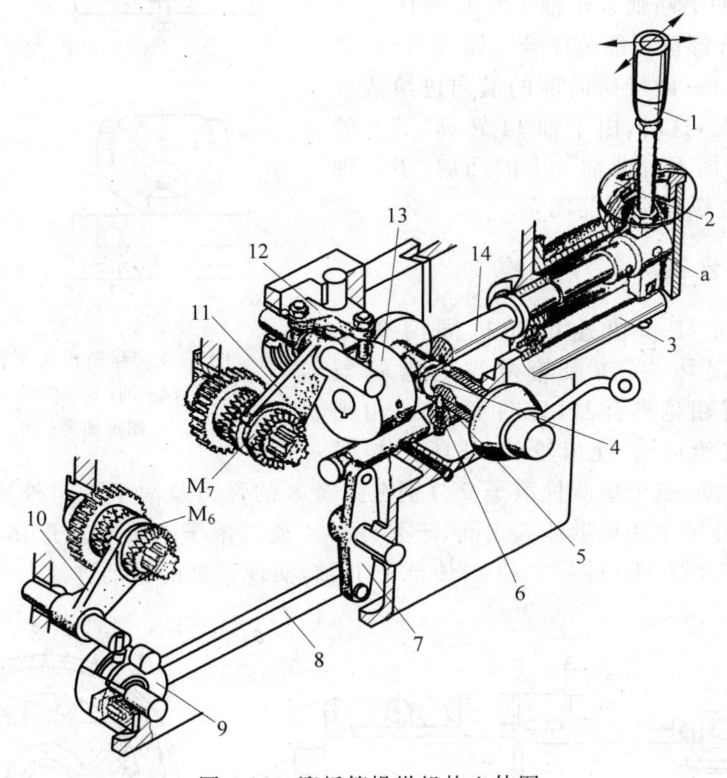

图4-16　溜板箱操纵机构立体图

1—手柄；2—盖；3,4,14—轴；5—锥销；6—柱销；7,12—杠杆；8—推杆；9,13—凸轮；10,11—拨叉

3. 互锁机构

为了避免损坏机床，在接通机动进给或快速移动时，开合螺母不应闭合。反之，合上开合螺母时，也不许接通机动进给或快速移动。图4-17是互锁机构的工作原理图。图4-17(a)

是中间位置时的情况，这时可任意地扳动开合螺母操纵手柄或机动进给操纵手柄1(见图4-16)。图4-17(b)是合上开合螺母时的情况，这时由于手柄所操纵的轴4转过了一个角度，它的凸肩转入到轴14的槽中，将轴14卡住，使它不能转动，横向机动进给不能接通；同时凸肩又将锥销5压入到轴3的孔中，由于锥销5的另一半尚留在固定轴套15中，使轴3也不能轴向移动，机动进给的操纵手柄就被锁住，不能扳动，纵向机动进给也不能接通。图4-17(c)是向左扳动机动进给及快速移动操纵手柄时的情况，这时轴3向右移动，轴3上的圆孔及安装在圆孔内的弹簧16、柱销6也随之移开，锥销5被轴3的表面顶住不能往下移动，锥销5的圆柱段均处于固定轴套15的圆孔中，而它的上端则卡在轴4的锥孔中，将手柄轴4锁住，开合螺母不能再闭合。图4-17(d)是向前扳动操纵手柄(即接通向前的横向进给或快速移动)时的情况，这时，由于轴14转动，其上的长槽也随之转动而不对准轴4上的凸肩，于是轴4不能转动，开合螺母也不能闭合。

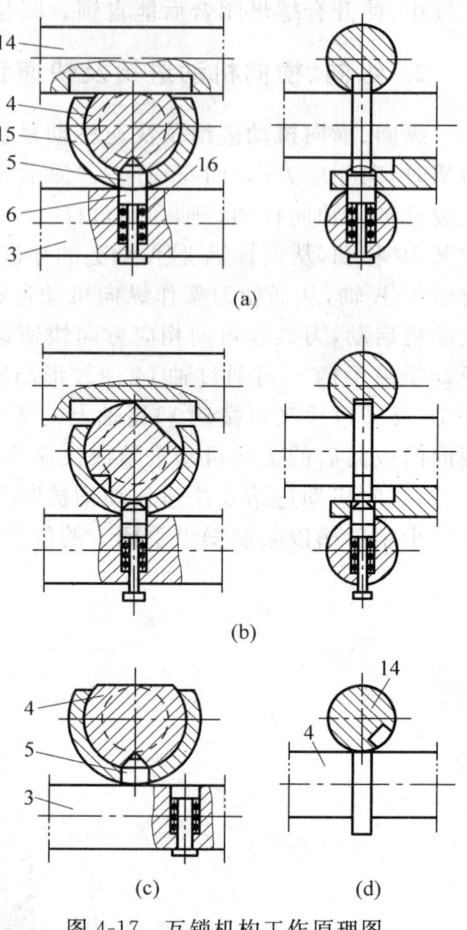

图4-17　互锁机构工作原理图

3,4,14—轴；5—锥销；6—柱销；15—固定轴套；16—弹簧

4. 超越离合器

为了避免光杠和快速电动机同时传动ⅩⅫ轴而造成损坏，在溜板箱左端的齿轮与ⅩⅫ轴之间装有超越离合器(见图4-18)。由光杠传来的低速进给运动，使齿轮(即外环4)按图示逆时针方向转动，三个短圆柱滚子6分别在弹簧8的弹力及滚子6与外环4之间摩擦力作用下，楔紧在外环4和星形体5之间，于是外环4通过滚子6带动星形体5一起转动，运动便经过安全离合器M_8(件号1和2)传至ⅩⅫ轴，实现正常的机动进给。当按下快移按钮

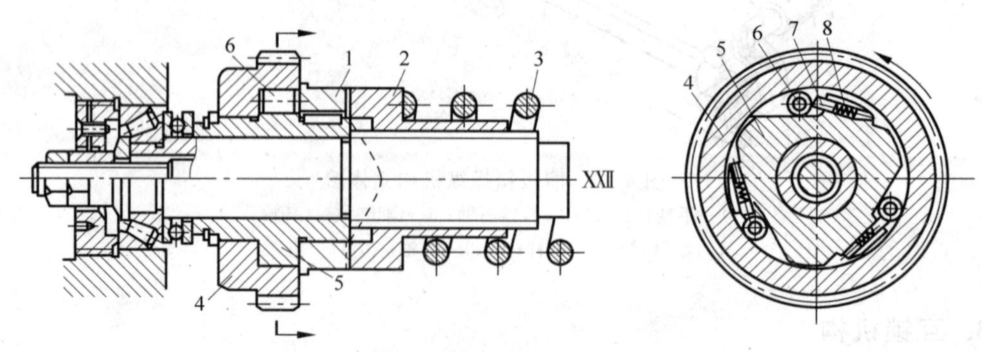

图4-18　超越离合器

1,2—安全离合器右、左半部；3,8—弹簧；4—外环；5—星形体；6—滚子；7—柱销

时，快速电动机的运动由齿轮副 14/28 传至 XXII 轴，使星形体 5 得到一个与齿轮转向相同而转速却快得多的旋转运动（高速）。这时，在与外环 4 及星形体 5 之间的摩擦力作用下，滚子 6 通过柱销 7 压缩弹簧 8 而向楔形槽的宽端滚动，从而脱开外环 4 与星形体 5 及 XXII 轴间的传动联系，光杠 XX 不再驱动 XXII 轴，刀架可实现快速移动。

5. 安全离合器

机动进给时，如果进给力过大或刀架移动受阻，则有可能损坏机件。为此，在进给传动链中设有安全离合器 M_8 来自动地停止进给。

在图 4-18 中，超越离合器的星形体 5 空套在 XXII 轴上。如图 4-19 所示，安全离合器的左半部 1 用键固定在星形体上，右半部 2 经花键与 XXII 轴相连。正常情况下，安全离合器的左、右两半部由弹簧 3 压紧在一起。运动经图 4-18 中的件 5、1，安全离合器左、右两半间的齿，以及件 2 传给 XXII 轴。由于安全离合器左、右半部之间是螺旋形端面齿（见图 4-19），故倾斜的接触面在传递转矩时产生轴向力，这个力靠弹簧 3 平衡，如进给力过大或刀架移动受阻，轴向力克服弹簧的弹力而使离合器的左、右半部脱开啮合，停止进给。

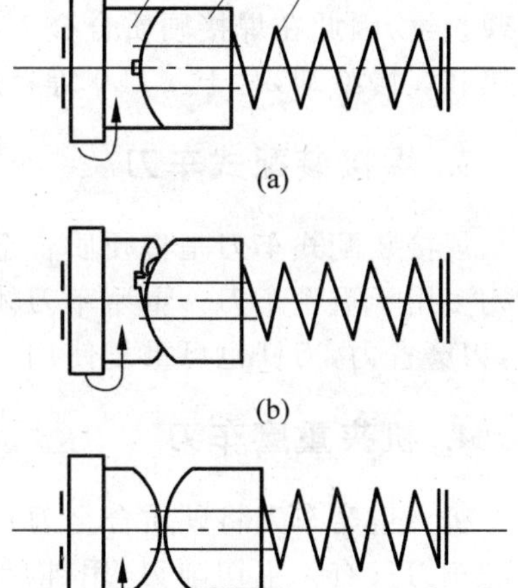

图 4-19 安全离合器的工作原理
1—安全离合器左半部；2—安全离合器右半部；3—弹簧

4.4 车 刀

车刀的种类很多，按用途不同可分为外圆车刀、端面车刀、切断车刀等类型；按切削部分材料不同可分为高速钢车刀、硬质合金车刀、陶瓷车刀等类型；按结构不同可分为整体车刀、焊接车刀、焊接装配式车刀、机夹重磨车刀和机夹可转位车刀；按切削刃复杂程度不同可分为普通车刀和成形车刀。

4.4.1 普通车刀的结构类型

1. 整体车刀

整体车刀主要是高速钢车刀，俗称“白钢刀”，截面为正方形或矩形，使用时可根据不同用途进行修磨。

2. 焊接车刀

焊接车刀是在普通碳钢刀杆上镶焊（钎焊）硬质合金刀片，经过刃磨而成（见图 4-20），其优点是结构简单，制造方便，并且可以根据需要进行刃磨，硬质合金的利用也较充分，故目前在车刀中仍占相当大的比

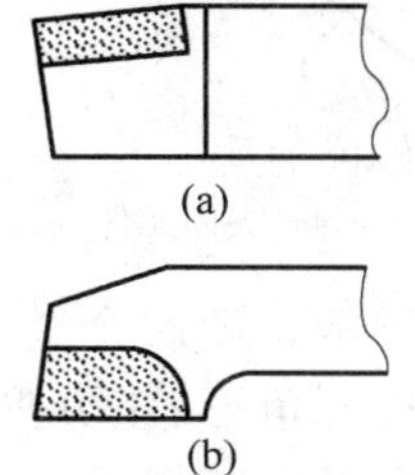

图 4-20 焊接车刀

重。硬质合金焊接车刀的缺点是其切削性能主要取决于工人刃磨的技术水平,与现代化生产不相适应,此外刀杆不能重复使用。在制造工艺上,由于硬质合金和刀杆材料(一般是中碳钢)的线膨胀系数不同,当焊接工艺不够合理时容易产生热应力,严重时会导致硬质合金出现裂纹,因此在焊接硬质合金刀片时,应尽可能采用熔化温度较低的焊料,对刀片应缓慢加热和缓慢冷却,对于YT30等易产生裂纹的硬质合金,应在焊缝中放一层应力补偿片。

3. 焊接装配式车刀

焊接装配式车刀是将硬质合金刀片钎焊在小刀块上,再将小刀块装配到刀杆上。这种结构多用于重型车刀。重型车刀体积和重量较大,采用焊接装配式结构以后,只需装卸小刀块,刃磨省力,刀杆也可重复使用。

4. 机夹重磨车刀

机夹重磨车刀将硬质合金刀片用机械夹固的方法安装在刀杆上,如图4-21所示。机夹重磨车刀只有一主切削刃,用钝后必须修磨,而且可修磨多次。其优点是刀杆可以重复使用,刀具管理简便;刀杆也可进行热处理,提高硬质合金刀片支承面的硬度和强度,减少打刀的危险性,提高刀具的使用寿命;刀片不经高温焊接,排除了产生焊接裂纹的可能性。机夹车刀在结构上要保证刀片夹固可靠,结构简单,刀片在重磨后能够调整尺寸,有时还要考虑断屑的要求。

5. 机夹可转位车刀

机夹可转位车刀又称机夹不重磨车刀,将可转位刀片用机械夹固的方法安装在刀杆上,如图4-22所示。它与机夹重磨车刀的不同点在于刀片为多边形,每一边都可作为切削刃,用钝后只需将刀片转位,使新的切削刃投入工作,当每个切削刃都用钝后,再更换新刀片。可转位车刀除具备机夹重磨车刀的优点外,其最大优点在于几何参数完全由刀片和刀槽保证,不受工人技术水平的影响,因此切削性能稳定,适合现代化生产的要求。

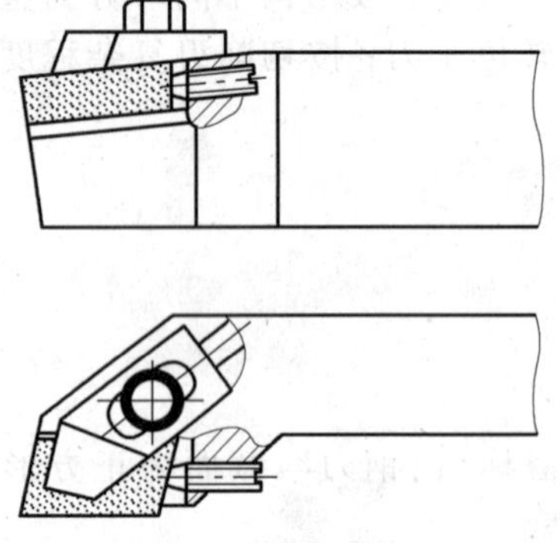

图4-21 机夹重磨车刀

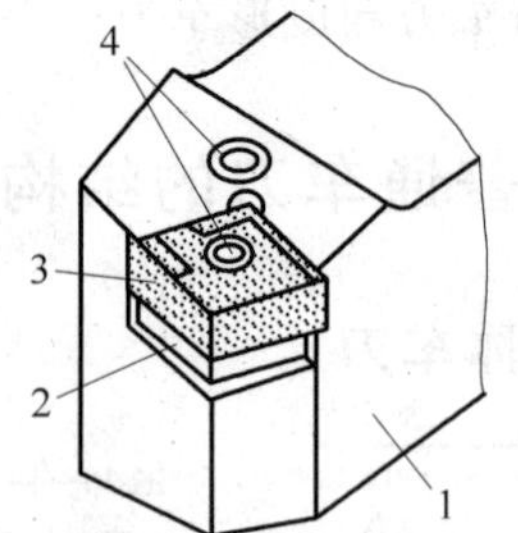

图4-22 机夹可转位车刀

1—刀杆;2—刀垫;3—刀片;4—夹固元件

可转位车刀由刀杆1、刀垫2、刀片3和夹固元件4组成,如图4-22所示。硬质合金可转位刀片见GB/T 2076—2007。刀片形状很多,常用的有三角形、各种凸三角形、正方形、五角形和圆形等,如图4-23所示。刀片大多不带后角,但在每个切削刃上做有断屑槽并形成刀片的前角。刀具的实际角度由刀片和刀槽的角度组合确定。

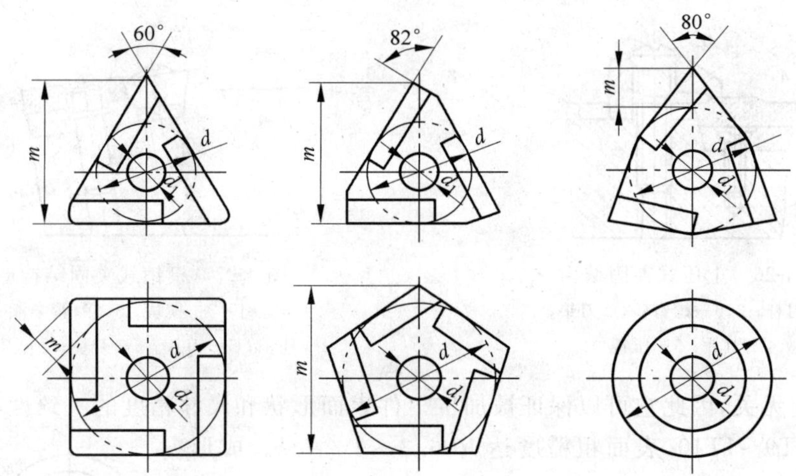

图 4-23 硬质合金可转位刀片的常用形状

可转位车刀多利用刀片上的孔对刀片进行夹固，典型的夹固结构如下。

(1) 偏心式夹固结构 如图 4-24 所示，它以螺钉作为转轴，螺钉上端为偏心圆柱销，偏心量为 e。当转动螺钉时，偏心销就可以夹紧或松开刀片。

(2) 杠杆式夹固结构 图 4-25(a)所示为直杆式结构，图 4-25(b)所示为曲杆式结构，利用螺钉带动杠杆转动而将刀片夹固在定位侧面上。

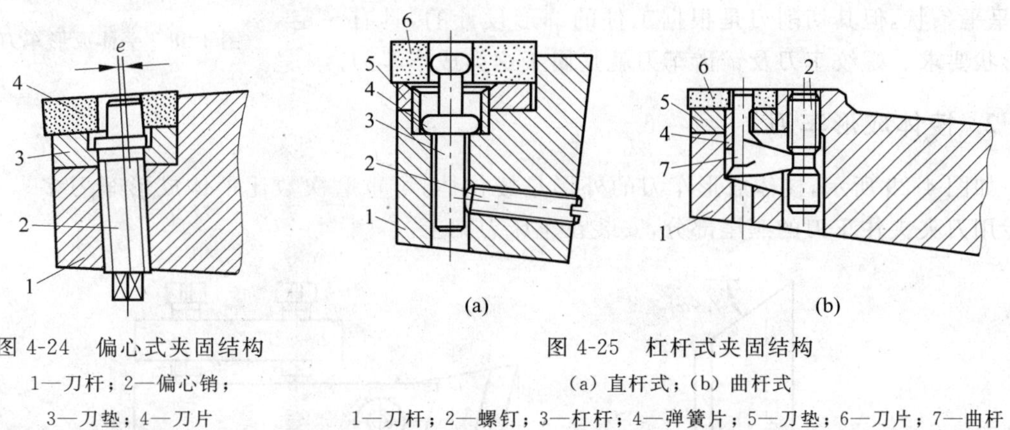

图 4-24 偏心式夹固结构
1—刀杆；2—偏心销；
3—刀垫；4—刀片

图 4-25 杠杆式夹固结构
(a) 直杆式；(b) 曲杆式
1—刀杆；2—螺钉；3—杠杆；4—弹簧片；5—刀垫；6—刀片；7—曲杆

(3) 上压式夹固结构 如图 4-26 所示，这种螺钉压板结构尺寸小，不需要多大的压紧力，夹固元件的位置易避开切屑流出方向。一般用于夹固不带孔的刀片。

(4) 楔销式夹固结构 如图 4-27 所示，刀片 5 由销子 4 在孔中定位，楔块 2 向下运动时将刀片夹固在内孔的销子上，松开螺钉时，弹簧垫圈 3 自动抬起楔块。

4.4.2 成形车刀的种类

成形车刀是加工回转体成形表面的专用刀具，它的切削刃形状是根据工件的廓形设计的。成形车刀操作简单，生产率高，成形表面的精度主要取决于刀具切削刃的制造精度，与

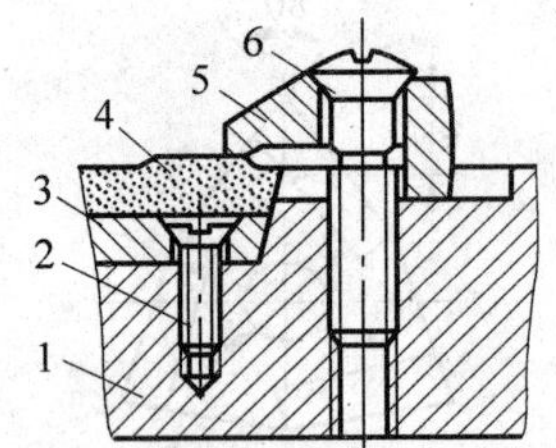

图 4-26 上压式夹固结构

1—刀杆;2,6—螺钉;3—刀垫;4—刀片;5—压板

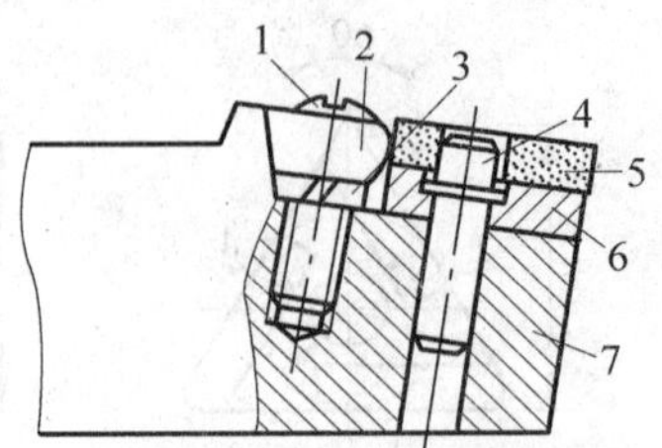

图 4-27 楔销式夹固结构

1—螺钉;2—楔块;3—弹簧垫圈;4—柱销;5—刀片;6—刀垫;7—刀杆

工人熟练程度无关,因此它可以保证被加工工件表面形状和尺寸精度的一致性和互换性,加工精度可达IT9~IT10,表面粗糙度达 $Ra6.3\sim3.2\ \mu m$。成形车刀只需刃磨前刀面,而前刀面是一平面,所以刃磨简单。成形车刀的可重磨次数多,使用寿命较长,但是刀具的设计和制造较复杂,成本较高,故主要用在小型零件的大批量生产中。成形车刀主要有下列几类。

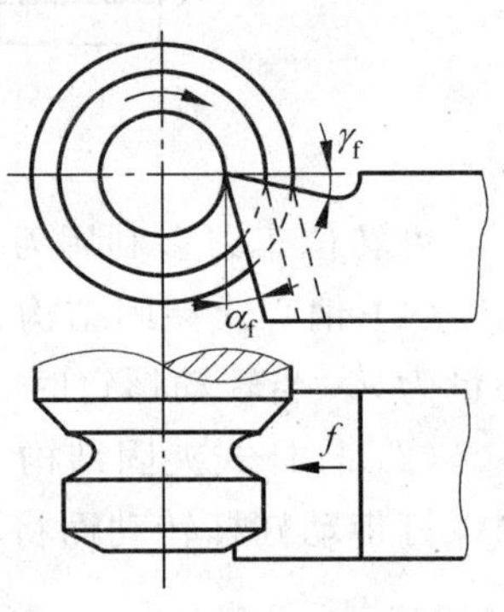

图 4-28 平体成形车刀

1. 平体成形车刀

如图4-28所示,平体成形车刀的外形和普通车刀的外形相似,呈平条状,但其切削刃是根据工件的廓形设计的,具有一定的形状要求。螺纹车刀及铲齿车刀就是属于这类成形车刀。

2. 棱体成形车刀

如图4-29所示,棱体成形车刀的外形是棱柱体,可重磨次数比平体成形车刀多。一般用专用刀夹夹住车刀的燕尾部分,安装在车床刀架上。

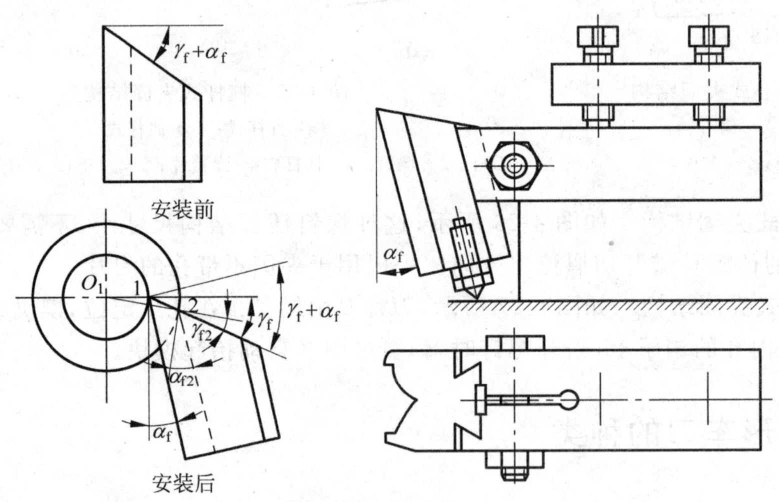

图 4-29 棱体成形车刀及装夹

3. 圆体成形车刀

如图4-30所示，圆体成形车刀的外形是回转体，由于刀体是圆柱状，重磨时刃磨前刀面，可重磨次数更多，而且既可以加工内成形表面，又可以加工外成形表面。圆体成形车刀以圆柱孔作为定位基准套装在刀夹上进行安装。

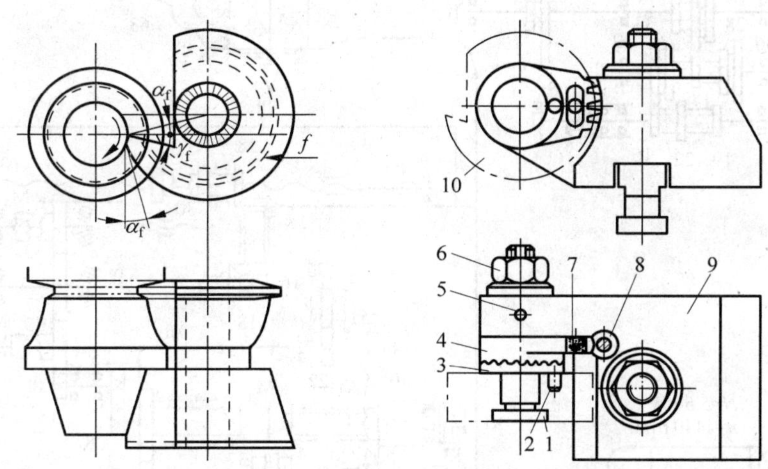

图4-30　圆体成形车刀及装夹

1—螺杆；2,5,7—销子；3—齿环；4—扇形板；6—螺母；8—蜗杆；9—刀夹；10—车刀

习题与思考题

4-1　计算CA6140车床反转时的最高转速。

4-2　CA6140车床能车削哪几种标准螺纹？其标准参数符合什么规律？

4-3　写出车削$m=3$、$K=1$的模数螺纹和$a=5$、$K=1$的英制螺纹的运动平衡式。

4-4　CA6140车床为什么能车削按分段等差数列规律排列的标准螺纹？

4-5　CA6140车床车削标准螺纹时共有几套挂轮？变换挂轮的目的是什么？

4-6　CA6140车床车削标准螺纹时共有几条传动路线？变换传动路线的目的是什么？

4-7　CA6140车床车削标准螺纹传动链由哪些主要环节组成？各自作用是什么？

4-8　若CA6140车床主轴转速忽快忽慢，从理论上讲会不会影响所加工的螺纹导程的大小？为什么？

4-9　双向片式摩擦离合器的作用是什么？

4-10　画简图表示双向片式摩擦离合器的内片、外片。

4-11　画简图表示短锥法兰式主轴端部结构，并指出其优点。

4-12　开合螺母的作用是什么？

4-13　互锁机构的作用是什么？

4-14　根据题4-14图给出的立式升降台铣床传动系统图，写出其链动传动路线表达式，并求其转速级数、最高转速和最低转速。

4-15　可转位车刀有哪些典型的夹固机构？

4-16　可转位车刀由哪些元件组成？

4-17　车床有哪些基本组成部分？分析各部分的主要功用。

4-18　分析车床主轴箱带轮卸荷装置的工作原理，CA6140主轴箱传动皮带的张力作用在哪些零件上？

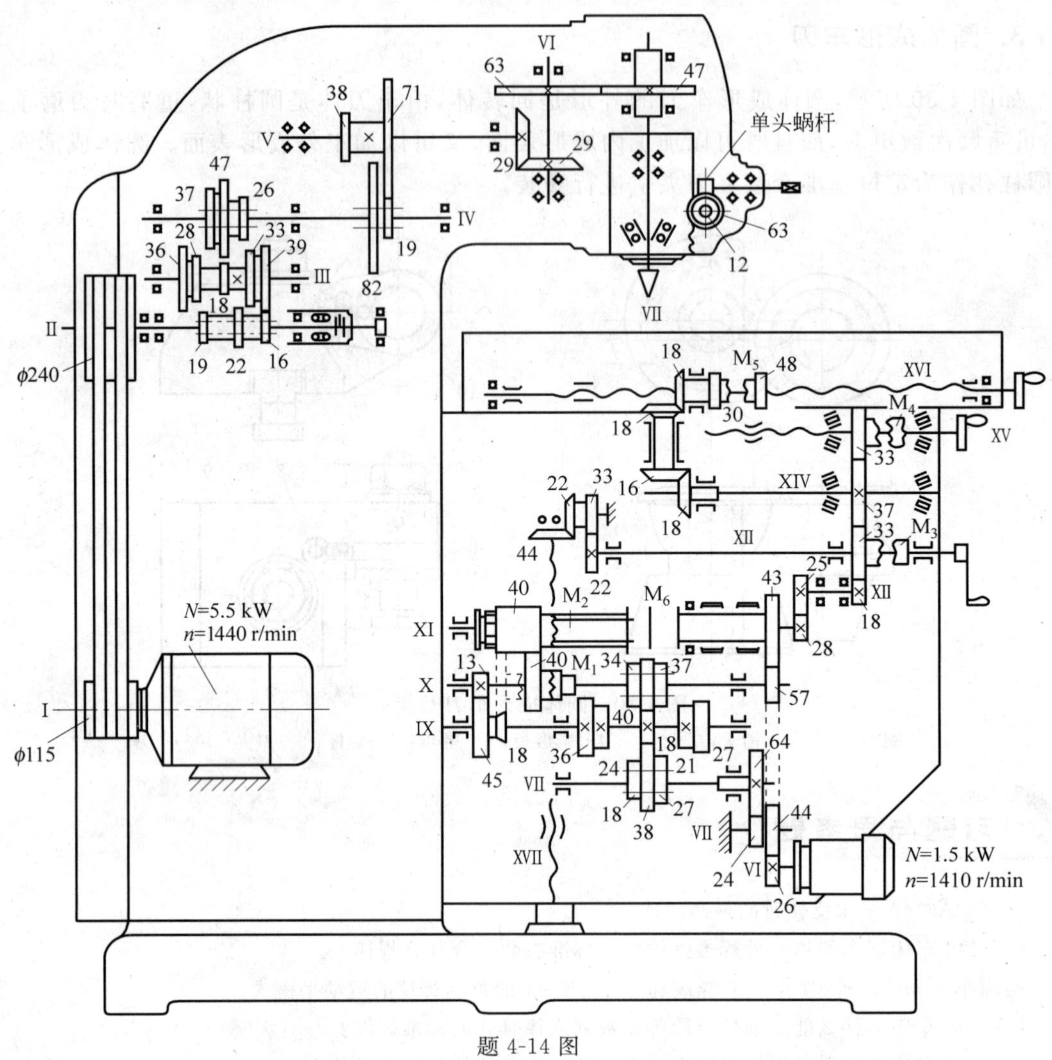

题 4-14 图

4-19 车刀有哪几种？简述各种车刀的结构特征及其应用范围。

4-20 CA6140 型卧式车床主轴前轴承的径向间隙是如何调整的？

4-21 车床的哪些运动为主运动？哪些运动为进给运动？

4-22 机床传动系统的转速图的主要内容有哪些？如何绘制机床主传动系统的转速图？

4-23 CA6140 机床主轴的支承结构有什么特点？径向支承采用三支承或者两支承有什么区别？CA6140 卧式车床主轴的轴向工作载荷是如何解决的？有没有更好的解决方案？

4-24 车床主轴箱中的制动器是如何工作的？怎样避免操作人员在运动过程中的干涉问题？

第5章

铣床、钻床、镗床及其刀具

知识点

- 铣床的主要用途及铣刀的铣削方式及特点
- 钻床的工艺范围及两种常用刀具的特点
- 镗床的主要类型及常用镗刀的特点

本章导读

本章介绍铣床，钻床、镗床，并且对铣刀钻头、镗刀的常用类型及结构特点进行讨论。

5.1 铣床和铣刀

5.1.1 铣削与铣削方式

1. 铣削

用旋转的铣刀作为刀具，对工件表面进行切削加工的方法称为铣削。铣削一般是在铣床上进行的，这种方法适应范围很广，可以加工各种工件的平面、台阶面、沟槽、各种成形面（如花键、齿轮和螺纹等）和特殊形面等。图5-1为铣削加工的典型应用。

2. 铣削用量

铣削时的切削用量包括切削速度 v_c、进给速度 v_f、背吃刀量（铣削深度）a_p 和侧吃刀量（铣削宽度）a_c。

1）背吃刀量 a_p 或侧吃刀量 a_e

因圆周铣与端铣时相对于工件的方位不同，故铣削吃刀量的标示也有所不同，如图5-2所示。

（1）背吃刀量 a_p　铣削时的背吃刀量是沿平行于铣刀轴线方向测量的切削层尺寸（铣刀与工件的接触长度），单位为mm。端铣时，a_p 为切削层深度；而圆周铣削时，a_p 为被加工表面的宽度。

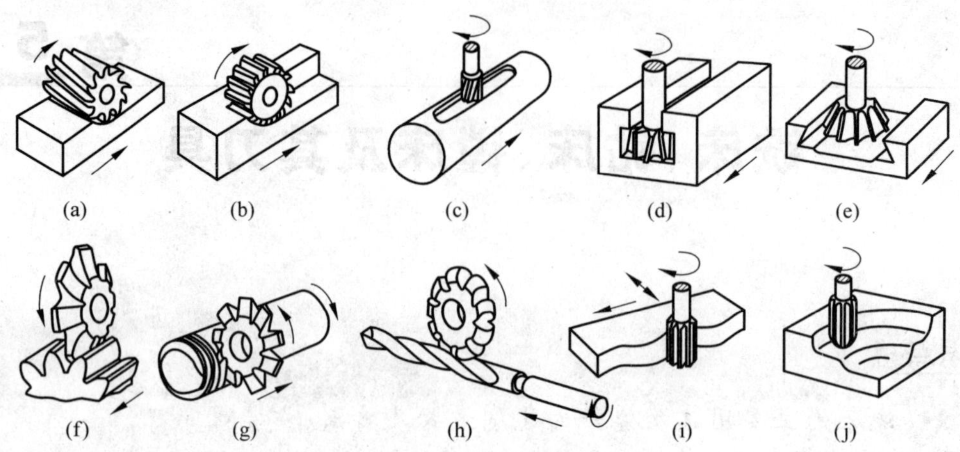

图 5-1 铣削加工的典型应用

(a) 铣平面；(b) 铣台阶面；(c) 铣键槽；(d) 铣 T 形槽；(e) 铣燕尾槽；(f) 铣齿；(g) 铣螺纹；(h) 铣螺旋槽；(i) 铣外轮廓；(j) 铣内空间曲面

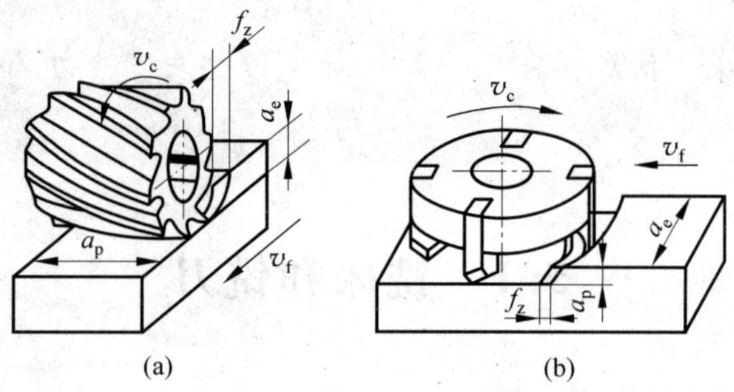

图 5-2 铣刀的铣削用量

(a) 圆周铣；(b) 端铣

(2) 侧吃刀量 a_e(又称铣削宽度) 铣削侧吃刀量是沿垂直于铣刀轴线方向测量的切削层尺寸，单位为 mm。端铣时，a_e 为被加工表面的宽度；而圆周铣削时，a_e 为切削层深度。

2) 进给速度 v_f

进给速度指单位时间内工件与铣刀沿进给方向的相对位移量，单位为 mm/min。它与铣刀转速 n、铣刀齿数 Z 及每齿进给量 f_z(单位为 mm/z)有关。

3) 切削速度 v_c

铣削切削速度是指铣刀刃的最大圆周线速度，单位为 m/min。

铣削的切削速度与其他铣削参数之间的关系由经验公式给出：

$$v_c = \frac{C_v d^{q_v}}{60^{1-m} T^m a_p^{x_v} f_z^{y_v} a_e^{u_v} z^{p_v}} K_v \tag{5-1}$$

式中，K_v——切削条件改变时，切削速度修正系数；

C_v——取决于工件材料和切削条件的系数。

公式中的各项系数及指数是经过试验求出的，可查阅参考文献[30]以及有关的切削用量手册。

由式(5-1)可知，铣削的切削速度与刀具寿命 T、每齿进给量 f_z、背吃刀量 a_p、侧吃刀量 a_c 以及铣刀齿数 Z 成反比，与铣刀直径 d 成正比。其原因是 f_z、a_p、a_e、Z 增大时，使同时工作齿数增多，刀刃负荷和切削热增加，加快刀具磨损。如果加大铣刀直径，则可以改善散热条件，相应提高切削速度。

4）铣削用量的选择

背吃刀量和侧吃刀量的选取主要由加工余量和对表面质量要求决定。每齿进给量 f_z 的选用主要取决于工件材料和刀具材料的机械性能、工件表面粗糙度等因素。

铣削用量选择的基本原则是：通常粗加工为了保证必要的刀具寿命，应优先采用较大的侧吃刀量或背吃刀量，其次是加大进给量，最后根据刀具寿命的要求，由式(5-1)计算选择适宜的切削速度。这样选择是因为切削速度对刀具寿命影响最大，进给量次之，侧吃刀量或背吃刀量影响最小。

精加工时为减小工艺系统的弹性变形，同时抑制积屑瘤的产生，往往采用较小的进给量；硬质合金铣刀的每齿进给量高于同类高速钢铣刀的选用值。当工件材料的强度和硬度高，工件表面粗糙度的要求高，工件刚性差或刀具强度低时，f_z 值取小值。

对于硬质合金铣刀应采用较高的切削速度，对高速钢铣刀应采用较低的切削速度；如果铣削过程中不产生积屑瘤时，应采用较大的切削速度。

3. 铣削方式

铣削一般分为圆周铣和端铣两种方式。圆周铣是用刀体圆周上的刀齿铣削工件成形表面，其周边刀刃起切削作用。端铣是主要用刀体端面上的刀齿铣削工件成形表面，周边刀刃与端面刀刃同时起切削作用，铣刀的轴线工件的成形面表面垂直。

1）圆周铣削方式

(1) 逆铣。铣刀切削速度方向与工件进给速度方向相反时，称为逆铣，如图5-3(a)所示。

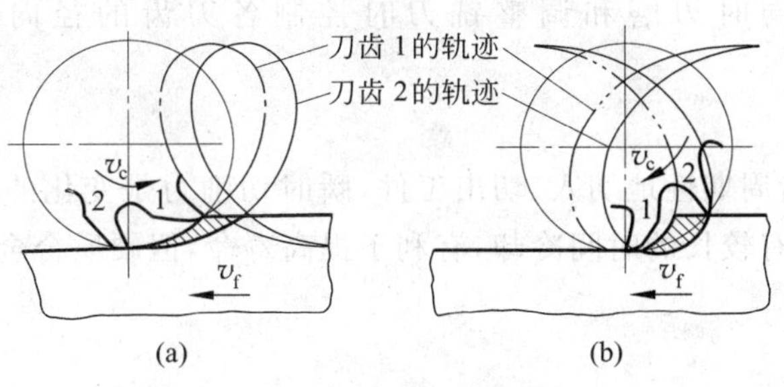

图5-3 逆铣与顺铣

(a) 逆铣；(b) 顺铣

(2) 顺铣。铣刀切削速度方向与工件进给速度方向相同时，称为顺铣，见图5-3(b)。

逆铣和顺铣时，因为切入工件时的切削厚度不同，刀齿与工件的接触长度不同，所以铣刀磨损程度不同。实践表明：顺铣时，铣刀寿命可比逆铣时提高2～3倍，加工表面质量提高。但顺铣时，铣刀所受的冲击力较大，不宜用于铣削带硬皮的铸锻毛坯工件。

逆铣时,工件受到的纵向分力与进给运动的方向相反,铣床工作台丝杠与螺母始终接触;而顺铣时工件所受纵向分力与进给方向相同,如果丝杠螺母之间有螺纹间隙,就会造成工作台窜动,铣削进给量不均,容易引起振动和损坏刀具。

2) 端铣平面时的铣削形式

(1) 对称铣削(见图5-4(a))。切入、切出时切削厚度相同。

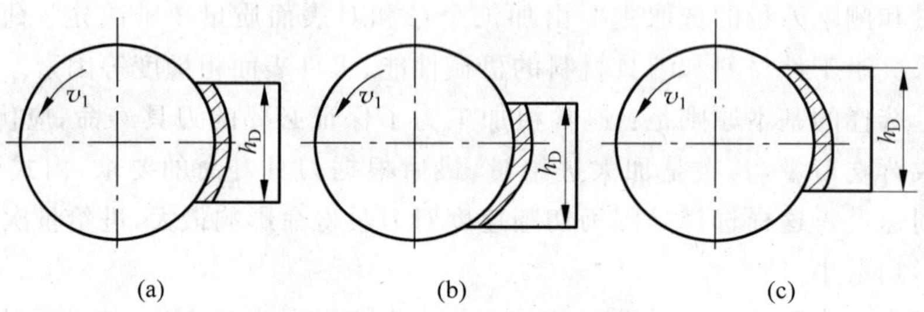

图5-4 端铣刀加工平面时的铣削方式

(a) 对称铣削;(b) 不对称逆铣;(c) 不对称顺铣

(2) 不对称逆铣(见图5-4(b))。切入时切削厚度最小,切出时切削厚度最大。铣削碳钢或一般合金钢时,这种铣削方式可减小铣刀的切入冲击,提高硬质合金铣刀寿命一倍以上。

(3) 不对称顺铣(见图5-4(c))。切入时切削厚度最大,切出时切削厚度最小。实践证明,不对称顺铣用于加工不锈钢和耐热合金时,可减少硬质合金的剥落磨损,切削速度可提高40%～60%。

4. 铣削特点

1) 多刃切削

铣刀的刀齿多,切削刃的总长大,生产效率高,刀具寿命长。但是,刀齿多时容屑空间小,排屑困难,同时刃磨和调整铣刀时控制各刀齿的径向跳动和端面跳动较困难。

2) 断续切削

铣削时,铣刀刀齿周期性地切入、切出工件,瞬时切削力是变化的,切削有振动,影响加工质量。铣刀一转中有较长的时间冷却,有利于提高寿命,但硬质合金刀具因周期性热冲击易产生裂纹和破损。

5.1.2 铣床的主要类型

铣床是主要用铣刀在工件上加工各种表面的机床。铣刀旋转为主运动,工件或铣刀的移动为进给运动。铣床的工艺范围很广,可以加工平面、沟槽、分齿零件、螺旋面等。铣床采用多刃刀具连续切削,生产效率很高。铣床在机器制造业中应用很广,在绝大多数场合替代了刨床。铣床的主要类型有卧式升降台铣床、立式升降台铣床、龙门铣床、床身铣床、工具铣床等,另外还有各种专门化铣床。

1. 卧式升降台铣床

卧式升降台铣床的主轴水平布置，简称“卧铣”。图 5-5(a)为其外形图。床身 2 固定在底座 1 上，用于安装和支撑机床的各个部件，内装主轴部件、主传动装置和变速操纵机构等。悬梁 3 可沿水平方向调整其位置，支架 4 用于支撑刀杆的悬伸端。工件通过工作台 6、滑座 7 和升降台 8 带动，可以在互相垂直的三个方向实现任一方向的进给和调整。图 5-5(b)为卧式升降台铣床的传动系统图。

(a)

(b)

图 5-5　卧式升降台铣床

1—底座；2—床身；3—悬梁；4—支架；5—主轴；6—工作台；7—滑座；8—升降台

万能升降台铣床比一般卧式铣床在工作台和滑座之间多一个回转盘,回转盘可带工作台绕垂直轴线在±45°范围内转动,以便切削不同角度的螺旋槽。

2. 立式升降台铣床

立式升降台铣床和卧式升降台铣床的主要区别是其主轴是竖直安装的,故简称"立铣",如图5-6所示。

3. 龙门铣床

龙门铣床是一种大型高效的通用机床,主要加工各类大型工件的平面、沟槽等。图5-7为龙门铣床的外形图,工作台2位于床身1上,两个立柱7固定在床身的两侧,横梁5可沿立柱导轨上下移动,横梁上有立式铣削头6,可沿横梁导轨水平移动,立柱下部安装一个卧式铣削头3,可沿立柱导轨上下移动。各铣削头都可沿各自的轴线作轴向移动,实现铣刀的切削运动。铣削时,铣刀的旋转运动为主运动,工作台带动工件作直线进给运动。

图5-6 立式升降台铣床

4. 万能工具铣床

万能工具铣床(如图5-8所示)常配备有可倾斜工作台、回转工作台、平口钳、分度头、立铣头、插削头等附件,所以,万能工具铣床除能完成卧式与立式铣床的加工内容外,还有更多的万能性,故适用于工具、刀具及各种模具加工,也可用于仪器、仪表等行业加工形状复杂的零件。

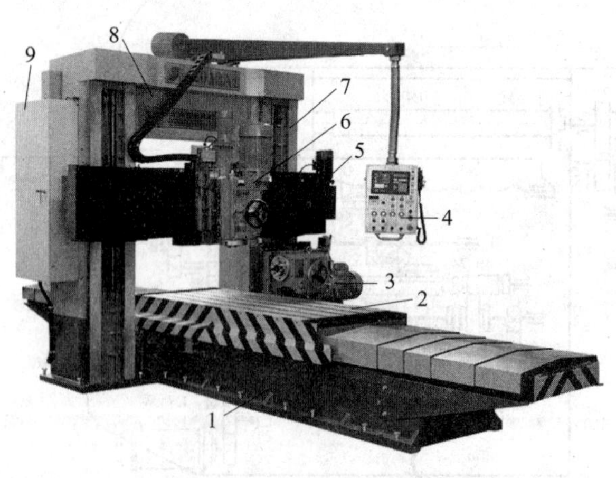

图5-7 龙门铣床

1—床身;2—工作台;3—卧式铣削头;4—操作盘;5—横梁;6—立式铣削头;7—立柱;8—悬梁;9—电控柜

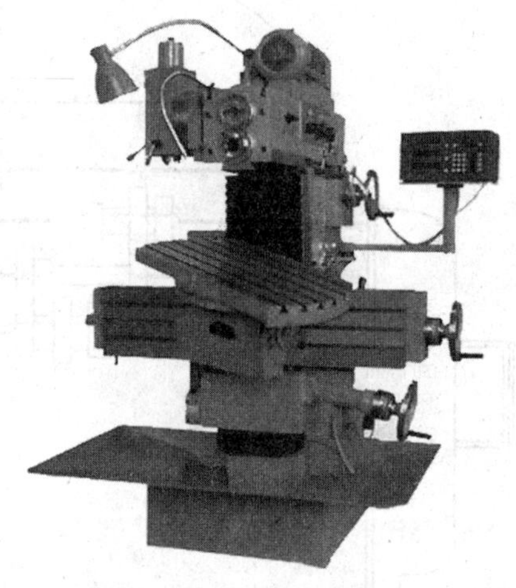

图5-8 万能工具铣床

5.1.3　铣刀

1. 铣刀

铣刀是一种用于铣削加工的、具有一个或多个刀齿的旋转多齿切削刀具。工作时各刀齿依次间歇地切去工件的余量。同时参与切削加工的切削刃总长度较长，并可以使用较高的切削速度，又无空行程，一般情况下，铣削加工的生产率比用单刃刀具的切削加工（如刨削、插削）为高。但是铣刀的制造和刃磨较困难。

2. 铣刀的种类

铣刀的种类很多，一般按用途和结构形状分类，也可按齿背形式分类。

1）按铣刀的形状和用途分类

（1）圆柱铣刀。如图 5-9(a)所示，圆柱铣刀仅在圆柱表面上有切削刃，没有副切削刃，用于在卧式铣床上加工平面。圆柱铣刀采用螺旋形刀齿以提高切削工作的平稳性，它主要用高速钢制造，也可以镶焊螺旋形的硬质合金刀片。

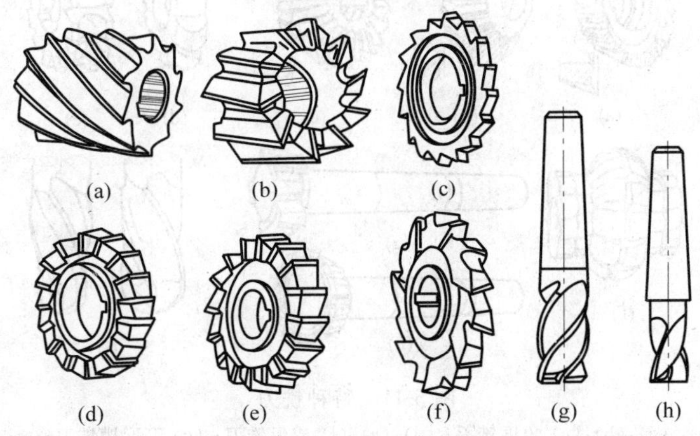

图 5-9　通用铣刀的类型

(a) 圆柱铣刀；(b) 端铣刀；(c) 槽铣刀；(d) 两面刃铣刀；(e) 三面刃铣刀；(f) 错齿三面刃铣刀；(g) 立铣刀；(h) 键槽铣刀

（2）端铣刀。如图 5-9(b)所示，端铣刀轴线垂直于被加工表面，刀齿在铣刀的端部，主切削刃分布在圆锥表面或圆柱表面上，端部切削刃为副切削刃。端铣刀一般是在刀体上安装硬质合金刀片，切削速度比较高，故生产率较高。

（3）盘形铣刀。盘形铣刀分槽铣刀、两面刃铣刀、三面刃铣刀和错齿三面刃铣刀，如图 5-9(c)～(f)所示。

另外铣刀还有锯片铣刀、立铣刀、键槽铣刀等类型。

2）按铣刀安装结构分类

（1）带柄铣刀

带柄铣刀有直柄和锥柄之分。一般直径小于 20 mm 的较小铣刀做成直柄；直径较大的铣刀多做成锥柄，如图 5-9(g)、(h)所示。这种铣刀多用于立铣加工。

(2) 带孔铣刀

带孔铣刀,如图 5-9(a)~(f)所示。这种铣刀适用于卧式铣床加工,能加工各种表面,应用范围较广。

3) 按齿背加工形式分类

(1) 尖齿铣刀　尖齿铣刀的特点是齿背经铣制而成,并在切削刃后面磨出一条窄的刃带以形成后角,铣刀用钝后只需刃磨后刀面。尖齿铣刀是铣刀中的一大类,图 5-9 所示皆为尖齿铣刀。尖齿铣刀的齿背有直线、曲线和折线三种形式,如图 5-10 所示。直线齿背加工简单,常用于细齿的精加工铣刀;曲线和折线齿背的刀齿强度较好,常用于粗齿铣刀。

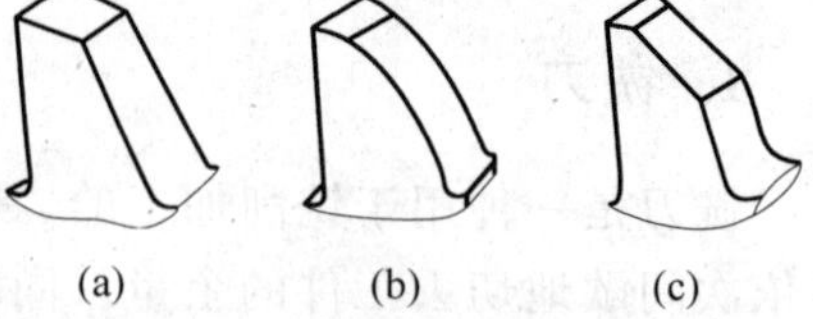

图 5-10　尖齿铣刀的齿背形式

(a) 直线齿背;(b) 曲线齿背;(c) 折线齿背

(2) 铲齿铣刀　铲齿铣刀的齿背经铲削(或铲磨)方法加工而成,铣刀用钝后仅刃磨前刀面,因此适用于切削刃廓形复杂的铣刀,如成形铣刀等。图 5-11(d)~(f)所示即为铲齿成形铣刀。

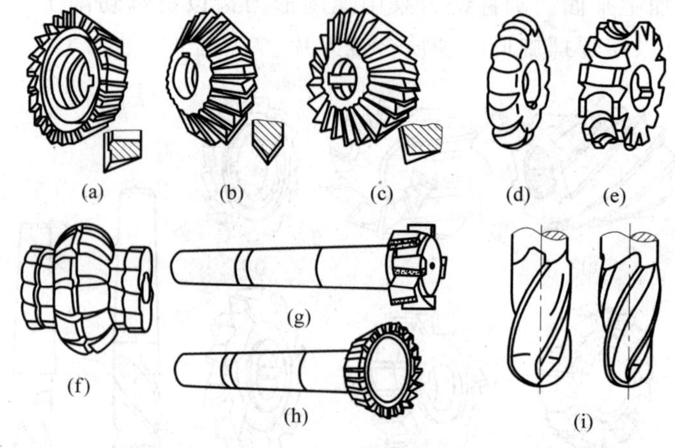

图 5-11　特种铣刀

(a),(b),(c) 角度铣刀;(d),(e),(f) 成形铣刀;(g) T 形槽铣刀;(h) 燕尾槽铣刀;(i) 指状球铣刀

4) 按刀具结构形式分类

(1) 整体铣刀　整体铣刀是整个刀具采用一种材料整体制造而成,通常采用最多的材料有高速钢。而随着高硬度刀具材料的性能和制作工艺的发展,目前实际生产中硬质合金整体铣刀、陶瓷材料整体铣刀也开始得到应用。

(2) 整体焊齿式铣刀　焊接整体铣刀是刀体和刀片分别采用不同的材料制作(刀齿用硬质合金或其他耐磨刀具材料制成),将二者焊接成为一个整体刀具(图 5-11(g)、(h))。而整体焊接铣刀有利于节省贵重的刀具材料,结构紧凑,较易制造。目前硬质合金整体焊接铣刀应用非常普遍。

(3) 镶齿式铣刀　该铣刀的刀体采用普通钢材制造,刀体上开槽,刀齿用机械夹固的方法紧固在刀体上。这种可换的刀齿可以是整体刀具材料的刀头,也可以是焊接刀具材料的刀头。刀头装在刀体上刃磨的铣刀称为体内刃磨式;刀头在夹具上单独刃磨的称为体外刃磨式。

(4) 可转位铣刀　转位铣刀的刀体采用普通钢材制造,刀体上开槽,将可转位不重磨刀片直接装夹在刀体槽中。刀片目前多采用硬质合金、陶瓷等高硬度、高切削性能的材料制成。如图 5-12 所示。切削刃用钝后,将刀片转位或更换刀片即可继续使用。可转位铣刀有效率高、寿命长、使用方便、加工质量稳定等优点。可转位铣刀已形成系列标准,广泛用于面铣刀、立铣刀和三面刃铣刀等。

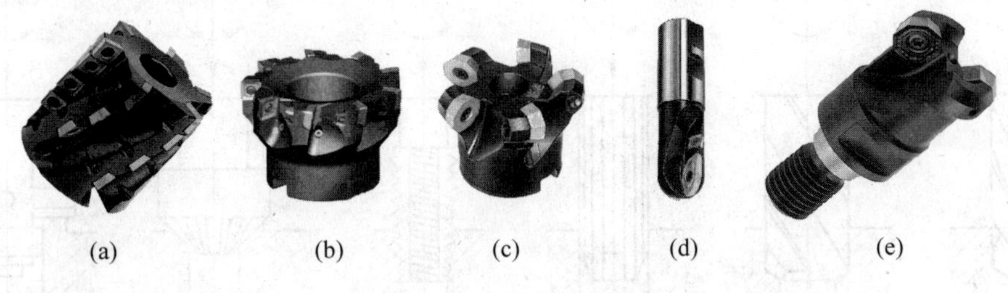

图 5-12 可转位铣刀

(a) 长刃圆周铣刀; (b) 方肩两面铣刀; (c) 弧肩端面铣刀; (d) 球头立铣刀; (e) 仿形弧肩铣刀

3. 成形铣刀

成形铣刀是在铣床上加工成形表面的专用刀具,其刀具廓形要根据工件廓形设计。如果廓形复杂的成形铣刀做成尖齿的,制造和刃磨将非常困难,因而廓形复杂的铣刀常做成铲齿成形铣刀,其前刀面是平面,刃磨方便。

铲齿成形铣刀的前刀面多取为通过轴线的平面,即 $\gamma_f=0°$,刃磨前刀面。为保证铣刀重磨后廓形保持不变,刀齿各径向剖面廓形应与新刀廓形相同,同时为了保持应有的后角不变,廓形应依次、逐渐向铣刀轴线靠近。铣刀后刀面的实质是以铲刀切削刃廓形为母线,绕铣刀轴线旋转并同时向轴线靠近所得的轨迹(见图 5-13)。通过铣刀切削刃上任意点作端剖面,端剖面与齿背表面(后刀面)的交线称为齿背曲线。齿背曲线的形状影响刀齿后角 α_f 的大小,而对刀齿后刀面廓形没有影响。生产上广泛采用阿基米德螺线作为成形铣刀的齿背曲线。阿基米德螺线上各点的向量半径 ρ 值,随向径转角 θ 值的增减而等比例地增减。因此,等速回转运动与沿半径方向的等速直线运动合成后,就得到阿基米德螺线,生产中很容易实现。如图 5-13 所示,$A—A$、$B—B$ 都是径向剖面且廓形相同,$B—B$ 剖面中廓形靠近铣刀轴线,以形成铣刀的后角 α_f。这种齿背面通常是在铲齿车床上铲削加工出来的。

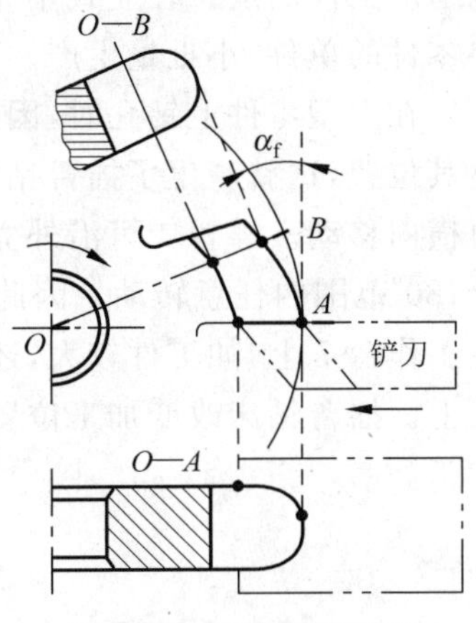

图 5-13 铲齿成形铣刀

5.2 钻床与孔加工刀具

5.2.1 钻床的功用和主要类型

钻床是主要用钻头在实体工件上加工孔的机床。钻床主要用来加工外形比较复杂、没有对称回转轴线的工件上的孔,如箱体、机架等零件上的孔。钻床可完成钻孔、扩孔、铰孔、锪平面、攻螺纹等工作,如图5-14所示。在钻床上加工时,工件不动,刀具旋转为主运动,刀具轴向移动为进给运动。钻床的加工精度不高,仅用于加工一般精度的孔。

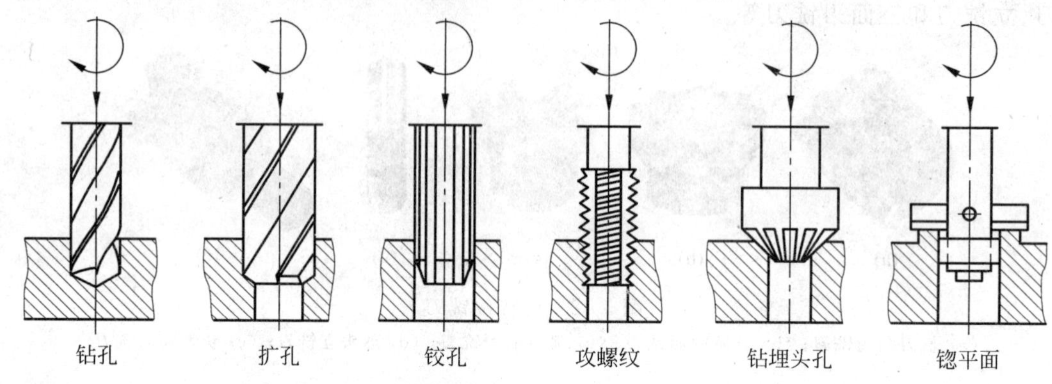

图5-14 钻床的加工方法

钻床主要有台式钻床、立式钻床、摇臂钻床、深孔钻床等类型。

图5-15为立式钻床的外形图,进给箱3和工作台1可沿立柱5的导轨调整上下位置,以适应工件高度。在立式钻床上钻不同的孔时,需要移动工件,因此,立式钻床仅适用于中、小零件的单件、小批量生产。

在大型零件上钻孔时,因工件移动不便,就希望工件不动,而钻床主轴能在空间任意调整其位置,这就产生了摇臂钻床。图5-16是摇臂钻床的外形图。主轴箱5可沿摇臂4的导轨横向移动。摇臂4可沿外立柱3上下移动,同时外立柱3及摇臂4还可以绕内立柱2在±180°范围内任意转动。因此,主轴6的位置可在空间任意地调整。被加工工件可以安装在工作台7上,如工件较大,还可以卸掉工作台,直接安装在底座1上,或直接放在周围的地面上。摇臂钻床改变加工位置灵活方便,被广泛应用于各种批量的一般精度大、中型零件的加工。

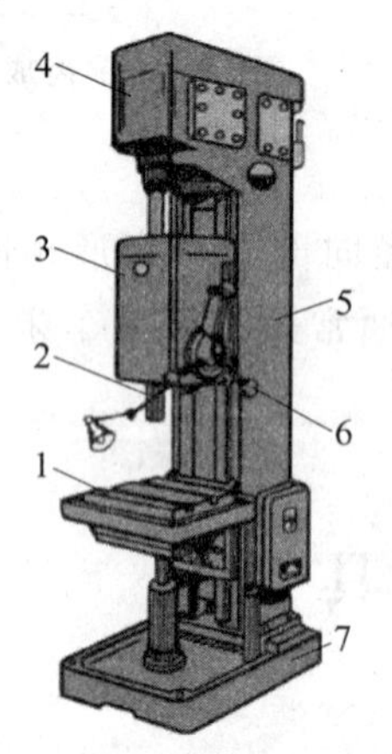

图5-15 立式钻床

1—工作台;2—主轴;3—进给箱;4—变速箱;5—立柱;6—操作柄;7—底座

图5-16 摇臂钻床

1—底座;2—内立柱;3—外立柱;4—摇臂;5—主轴箱;6—主轴;7—工作台

5.2.2 麻花钻

钻床上常用的刀具分为两类：一类用于在实体材料上加工孔，如麻花钻、扁钻、中心钻及深孔钻等；另一类用于对工件上已有的孔进行再加工，如扩孔钻、铰刀等。其中麻花钻是最常用的孔加工刀具。

1. 麻花钻的结构

麻花钻刀体结构如图 5-17 所示。标准高速钢麻花钻主要由工作部分、颈部和柄部等三部分组成。工作部分担负切削与导向工作，柄部是钻头的夹持部分，用于传递扭矩。

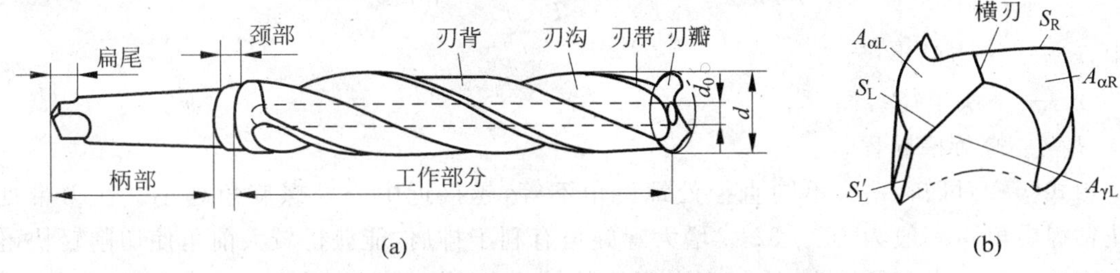

图 5-17　麻花钻刀体结构

如图 5-17(b)所示。麻花钻的切削部分有两条主切削刃(S_L 和 S_R)、两条副切削刃(S'_L和 S'_R)和一条横刃。在钻头中心部分连接两个刃瓣且与两螺旋钻沟底部相切的回转体称为钻心，为保证钻头具有必要的刚性和强度，钻心直径 d_0 向柄部方向递增。在钻心上的切削刃叫横刃，它与两主切削刃相连。两条螺旋槽钻沟形成两条主切削刃的前刀面 $A_{\gamma L}$ 和 $A_{\gamma R}$，两主后刀面 $A_{\alpha L}$ 和 $A_{\alpha R}$ 在钻头端表面上，分布于横刃两边；钻头外缘上两小段窄棱边形成的刃带是副后刀面，在钻孔时刃带起导向作用且控制孔的轮廓和直径；为减小与孔壁的摩擦，刃带向刀柄部方向有减小的倒锥量，从而形成副偏角。

2. 麻花钻的结构参数

麻花钻的结构参数是指钻头在制造中控制的尺寸或角度，它们是确定钻头几何形状和直径大小的独立参数，主要包括以下几项。

(1) 直径 d　是指在切削部分测量的两刃带间距离。它按标准尺寸系列或螺孔底径尺寸设计。

(2) 直径倒锥　是指远离切削部分的直径逐渐减小，以减少刃带与孔壁间的摩擦，相当于副偏角。钻头倒锥量为 0.03～0.12 mm/100 mm，直径大的钻头其倒锥量也大。

(3) 钻心直径 d_0　是指钻心处与两螺旋槽沟底相切圆的直径。它影响钻头的刚性与容屑截面积的大小。$d>13$ mm 的钻头，$d_0=(0.125\sim0.15)d$。为提高钻头刚性，钻心直径制成向钻柄方向逐渐增大的正锥度，尽可能符合等强度的结构。一般钻心正锥量为 1.4～2 mm/100 mm。

(4) 螺旋角 ω　钻头刃带棱边螺旋线展开成直线与钻头轴线的夹角。它相当于副切削

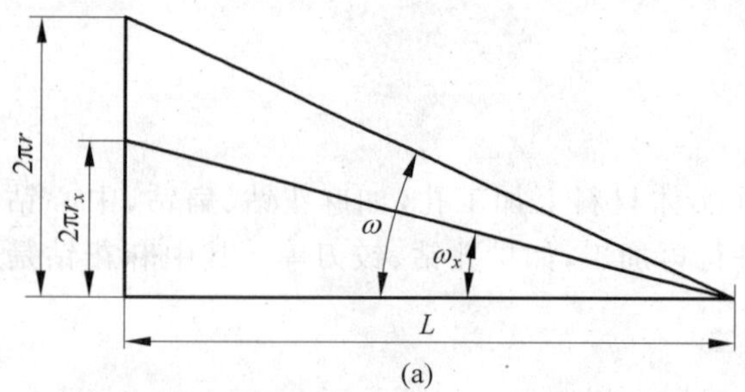

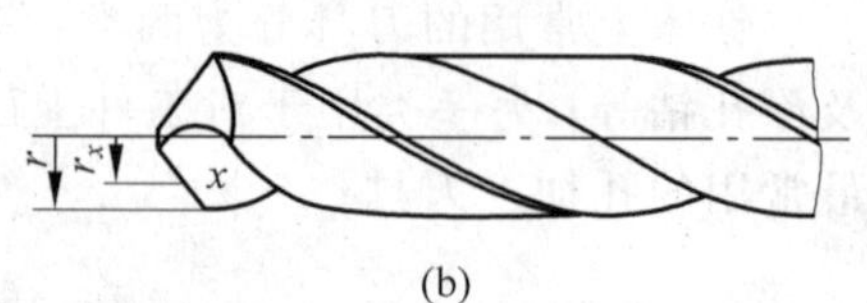

图 5-18 麻花钻的螺旋角

刃的刃倾角。如图 5-18 所示,主切削刃上任意点 x 的螺旋角 ω_x 可由下式计算:

$$\tan\omega_x = \frac{2\pi r_x}{L} = \frac{2\pi r}{L}\frac{r_x}{r} = \tan\omega\frac{r_x}{r} \tag{5-2}$$

式中,r_x——x 点的半径;

r——钻头半径;

L——螺旋槽导程。

由式(5-2)可知,钻头不同直径处螺旋角不等,越接近中心处螺旋角越小。在刃带处,麻花钻螺旋角 ω 一般为 25°~32°。增大螺旋角有利于排屑,能获得较大前角使切削轻快,但钻头刚性变差。小直径钻头、钻削高强度钢的钻头,为提高钻头刚性,ω 可设计得小些。钻削软材料、铝合金,为改善排屑效果,ω 还可设计得大些。

3. 麻花钻的几何角度

1) 麻花钻几何角度的参考系

(1) 钻头的参考系平面

确定钻头几何角度需要建立参考系。钻头参考系平面与测量平面如图 5-19 所示。图 5-19(a)所示分别是主切削刃上 A 点、横刃上 B 点、副切削刃上 C 点等三点处的正交平面参考系。其组成平面分别为基面 P_r、切削平面 P_s、正交平面 P_o,它们的定义与车削中的规定相同。

由于钻头切削刃上各点都是绕钻头中心旋转的,与切削刃任一点切线速度垂直的平面均通过钻头中心线。所以,基面是通过切削刃上选定点且包含钻头轴线的平面。由于钻头主切削刃不通过钻头的轴线,故钻头切削刃上的各点直径不同,因而其上各点的基面也不相同。

(2) 钻头刃磨几何角度测量平面

度量钻头的刃磨几何角度还需以下几个测量平面,如图 5-19(b)所示。

① 端平面 P_t 与钻头轴线垂直的投影面;

② 中剖面 P_c 过钻头轴线与两切削刃平行的平面;

③ 柱剖面 P_z 过切削刃上选定点作与钻头轴线平行的直线,该直线绕钻头轴线旋转形成圆柱面。

2) 钻头的刃磨角度

普通麻花钻刃磨时只需刃磨两个后刀面,控制三个角度。

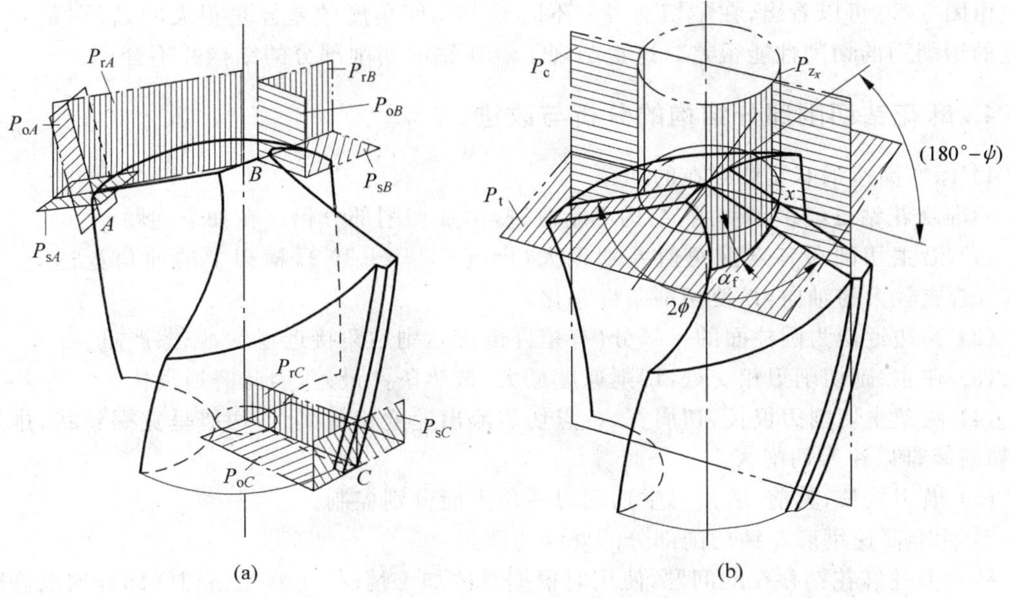

图 5-19　麻花钻正交平面参考系及测量平面

(1) 顶角 2ϕ　顶角是两主切削刃在中剖面中的投影之间的夹角。普通麻花钻 $2\phi=116°\sim118°$。

(2) 外缘后角 α_f　主切削刃靠刃带转角处在主剖面中表示的后角，可用工具显微镜投影的方法测量。中等直径钻头 $\alpha_f=8°\sim20°$。直径越小，钻头的外缘后角越大，以改善横刃的锋利程度。

(3) 横刃斜角 ψ　在端平面中测量的中剖面与横刃之间的钝夹角。普通麻花钻 $\psi=125°\sim133°$，其中直径小的钻头，ψ 允许较大。横刃斜角 ψ 数值与钻头近中心处切削刃的后角密切相关，由于近中心处后角不易测量，通常通过测量 ψ 来控制中心刃的后角。

3) 主切削刃角度分析

钻头的两条主切削刃是前、后刀面汇交形成的区域。前面就是螺旋形的槽沟面，后面是刃磨形成的圆锥或螺旋面，它们都是曲面。

麻花钻在正交平面参考系中的标注角度的定义与车刀标注角度的定义相同。由于麻花钻主切削刃的前、后刀面的形状和位置取决于麻花钻的结构参数和刃磨角度，故其前角、后角、主偏角和刃倾角均是派生角度。由于前面不通过钻头轴线，且前面的螺旋角的大小与观察点的半径有关，所以钻头切削刃各点的螺旋角、刃倾角、前角、主偏角都是不同的，其分布如图 5-20 所示。

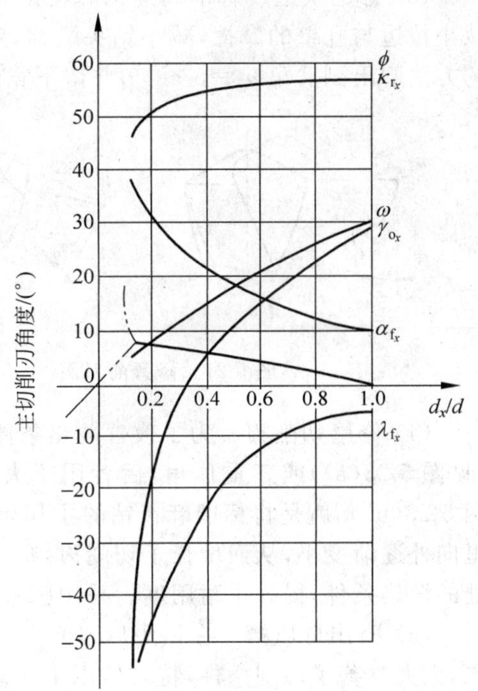

图 5-20　麻花钻主切削刃角度的分布

由图5-20可以看出,在主切削刃上不同点上几何角度的差异是很大的,特别是靠近钻心处的切削刃的切削性能很差。这也凸现了麻花钻的切削部分的结构并不合理。

4. 麻花钻切削部分结构的分析与改进

1) 标准高速钢麻花钻存在的问题

标准麻花钻虽经多年使用,结构不断改进,但在切削部分仍存在如下问题:

(1) 沿主切削刃各点前角值差别很大(由$-30°$~$+30°$),横刃上的前角竟达$-54°$~$-60°$,造成较大的轴向力,使切削条件恶化。

(2) 棱边近似为圆柱面的一部分(有稍许倒锥),副后角接近零度,摩擦严重。

(3) 在主、副切削刃相交处,切削速度最大,散热条件最差,因此磨损很快。

(4) 两条主切削刃很长,切屑宽,各点切屑流出速度相差很大,切屑呈宽螺卷状,排屑不畅,切削液难以注入切削区。

(5) 横刃较长,其前、后角与主切削刃后角不能分别控制。

2) 标准高速钢麻花钻切削部分的修磨与改进

针对上述麻花钻存在的问题,使用时根据具体加工情况,对麻花钻切削部分加以修磨与改进,可显著改善钻头切削性能,提高钻削生产率。一般常采用以下措施。

(1) 修磨横刃　可采用将整个横刃磨去、磨短横刃、加大横刃前角、磨短横刃同时加大前角等修磨形式改善麻花钻的切削性能。

(2) 修磨前刀面　加工较硬材料时,可将主切削刃外缘处的前刀面磨去一部分,适当减小该处前角,以保证足够强度(见图5-21(a));当加工较软材料时,在前刀面上磨出卷屑槽,加大前角,减小切屑变形,降低温度,改善工件表面加工质量(见图5-21(b))。

(3) 修磨棱边　标准高速钢麻花钻的副后角为零度,所以在加工无硬皮的工件时,为了减小棱边与孔壁的摩擦,减小钻头磨损,对于直径较大(>12 mm)的钻头,可按图5-22所示的方法磨出副后角$\alpha_1=6°$~$8°$,并留下宽度为0.1~0.2 mm的窄棱边。

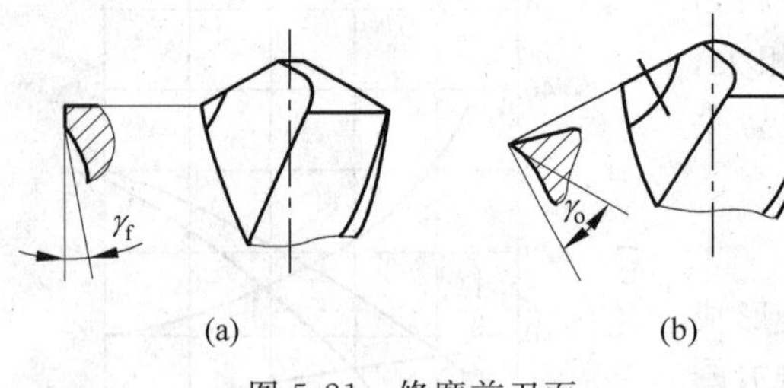

图5-21　修磨前刀面

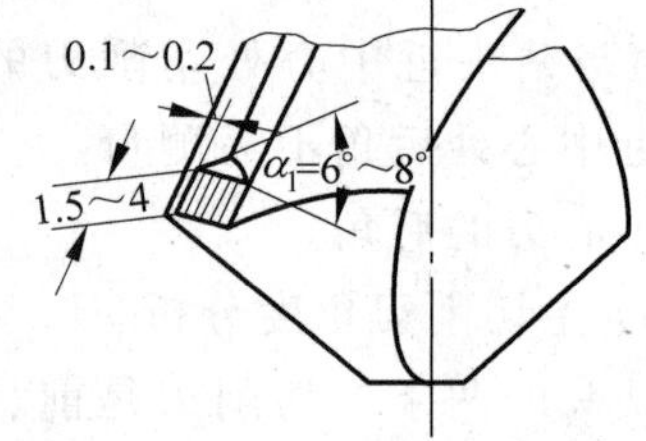

图5-22　修磨棱边

(4) 修磨切削刃　为了改善散热条件,在主副切削刃交接处磨出过渡刃,形成双重顶角(见图5-23(a))或三重顶角,后者用于大直径钻头。生产中还常采用一种圆弧刃钻头(见图5-23(b)),就是将标准麻花钻的主切削刃外缘处修磨成圆弧,该段切削刃上各点顶角由里向外逐渐变小,从而增长了切削刃,减轻了切削刃单位长度上的负荷,而且还改善了转角处的散热条件,提高了耐用度。采用圆弧刃钻头钻孔还可获得较高的加工表面质量和精度。

(5) 磨出分屑槽　在钻头后刀面上磨出分屑槽(见图5-24),有利于排屑及切削液的注入,大大改善了切削条件,特别适用于在韧性材料上加工较深的孔。为了避免在加工表面上留下凸起部分,两条切削刃上的分屑槽位置必须互相错开。

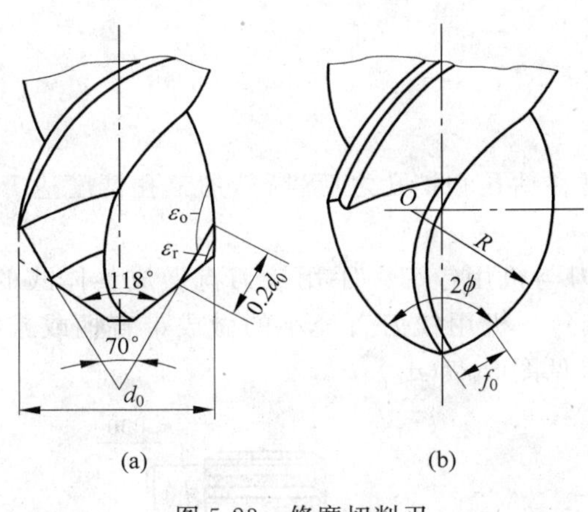

图 5-23　修磨切削刃

(a) 双重顶角；(b) 圆弧刃钻头

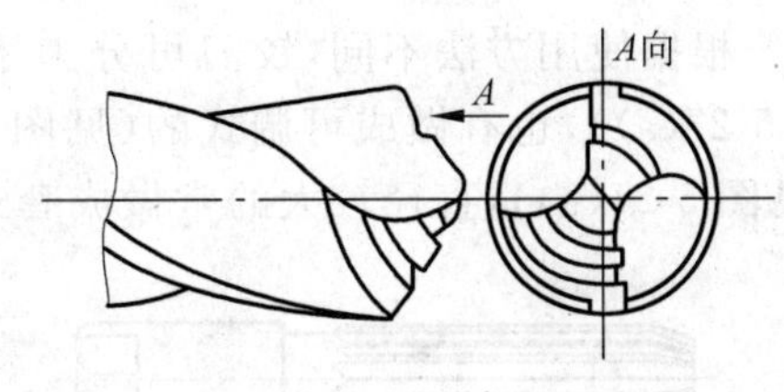

图 5-24　磨出分屑槽

(6) 群钻　综合应用上述措施，用标准高速钢麻花钻修磨而成。图 5-25 所示为中型标准群钻，先磨出两条外刃 AB，然后再在两个后刀面上分别磨出月牙形圆弧槽 BC，最后修磨横刃，使之缩短、变尖、变低，以形成两条内刃 CD，留下一条窄横刃 b，此外，在外刃上还磨出分屑槽。群钻切削部分的特殊结构获得了下列效果：

① 横刃缩短，横刃及其附近的主切削刃上各段前角都有不同程度的增大，轴向力和扭矩显著减小。

② 圆弧刃不仅能起到良好的分屑作用，而且由于它在工件上切出一个凸形环圈，切削时能够很好定心，钻头不易偏摆，增加了钻削过程的稳定性。

基于以上所述，群钻无疑是一种修磨得比较完善的先进钻头，如果刃磨方便，必能获得更广泛应用。

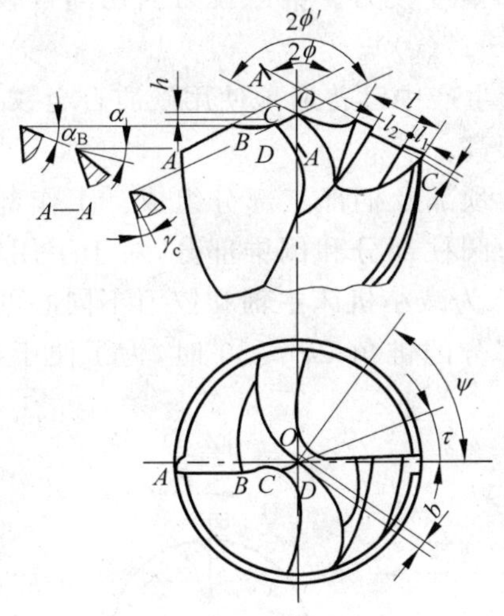

图 5-25　中型标准群钻

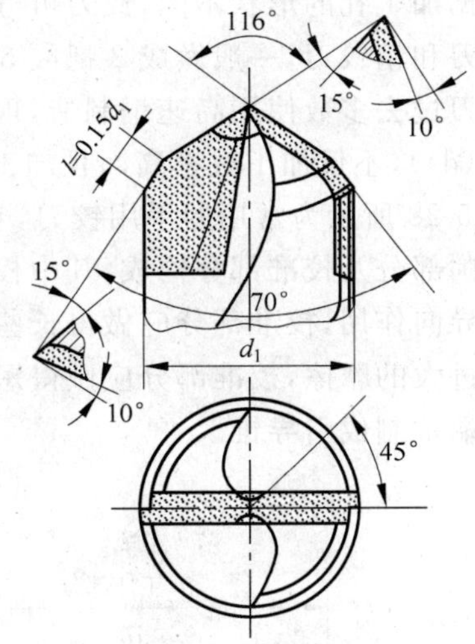

图 5-26　加工铸铁孔用硬质合金钻头

5. 硬质合金钻头

硬质合金钻头在加工铸铁等脆性材料、有色金属以及玻璃、石材、塑料等非金属材料时应用广泛，其寿命和生产率比高速钢钻头相比有显著提高，如图 5-26 所示。

5.2.3 铰削与铰刀

铰削是一种常用的孔的精加工方法,通常在钻孔和扩孔之后进行,加工孔精度达IT6~IT7,加工表面粗糙度可达Ra1.6~0.4μm。

根据使用方法不同,铰刀可分为手用铰刀与机用铰刀。手用铰刀有做成整体式的(见图5-27(a)),也有做成可调式的(见图5-27(b))。机用铰刀直径小的做成带直柄或锥柄的(见图5-27(c)),直径较大的常做成套式结构(见图5-27(d))。

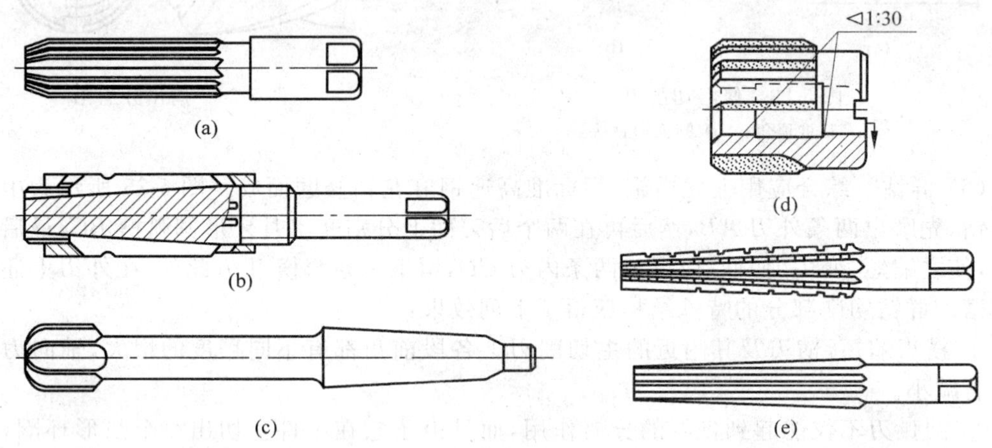

图5-27 不同种类的铰刀

(a) 整体式手用铰刀;(b) 可调式手用铰刀;(c) 机用铰刀;(d) 套式铰刀;(e) 锥度铰刀

根据加工孔的形状不同,铰刀可分为柱形铰刀和锥度铰刀。锥度铰刀因切削量较大做成粗铰刀和精铰刀,一般做成2把或3把一套(见图5-27(e))。

铰刀过去多数使用高速钢制造,现在在成批大量生产中已普遍地使用硬质合金铰刀(见图5-27(d)),不仅加工效率高而且加工孔的质量也很高。

图5-28所示为常用的手用铰刀,它由工作部分、颈部及柄部三部分组成。工作部分主要由切削部分及校准部分构成,其中校准部分又分为圆柱部分和倒锥部分,对于手用铰刀,为增强导向作用,校准部分应做得长些;对机用铰刀,为减小机床主轴和铰刀不同心的影响和避免过大的摩擦,校准部分应做得短些。当切削部分的锥角 $2\kappa_r \leqslant 30°$ 时,为了便于切入,在其前端常制成引导锥。

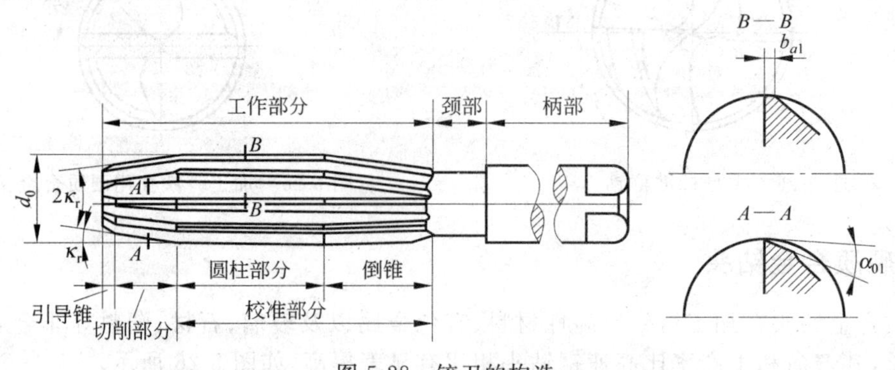

图5-28 铰刀的构造

铰削加工余量很小，刀齿容屑槽很浅，因而铰刀的齿数比较多，刚性和导向性好，工作更平稳。由于铰削的加工余量小，切削厚度 h_D 很薄，而刀刃具有一定的刃口圆弧半径 r_β，因此铰刀有时会在 $h_D < r_\beta$ 的情况下切削，此时工作前角为负值，挤压作用很大，实际上铰削过程是切削与挤刮的联合作用的过程。由于铰削的切削余量小，同时为了提高铰孔的精度，通常铰刀与机床主轴采用浮动连接，所以铰刀只能修正孔的形状精度，提高孔径尺寸精度和减小表面粗糙度，不能修正孔位置误差。

5.3　镗床与镗刀

镗床是主要用镗刀在工件上加工已有预制孔的机床。镗床主要有卧式镗床、坐标镗床和金刚镗床等。

5.3.1　卧式镗床

卧式镗床因其工艺范围非常广泛和加工精度高而得到普遍应用。卧式镗床除了镗孔以外，还可车端面、铣端面、车外圆、车螺纹等，图5-29为卧式镗床的主要加工方法。零件可在一次安装中完成大量的加工内容，而且其加工精度比钻床和一般的车床、铣床高，因此特别适合加工大型、复杂的箱体类零件上精度要求较高的孔系及端面。

图5-30为卧式镗床的外形图。在主轴箱中，装有主轴部件、主运动和进给运动变速机构以及操纵机构。根据加工情况不同，刀具可以装在镗杆主轴3上或平旋盘4上。加工时，当刀具装在镗杆主轴3上时，镗杆主轴3既可旋转完成主运动，又可沿轴向移动完成进给运动(见图5-29(a)、(d))；当刀具装在平旋盘4上时，平旋盘只能作旋转主运动(见图5-29(b))；当刀具装在平旋盘4的径向刀架上时，径向刀架可带着刀具作径向进给运动，以车削端面(见图5-29(c))。主轴箱1可沿前立柱2的导轨上下移动进行调位或进给(见图5-29(e))。工件安装在工作台5上，可与工作台一起随下滑座7或上滑座6作纵向或横向运动(见图5-29(e)～(g))。工作台还可绕上滑座的圆导轨在水平面内转位，以便加工互相成一定角度的平面或孔。装在后立柱10上的后支承9，用于支承较长的镗杆，以增加刚性，后支承可沿后立柱上的导轨与主轴箱同步升降，以保持其支承孔与镗轴在同一轴线上。后立柱可沿床身的导轨8左右移动，以适应镗杆不同长度的需要。这种情况在加工箱体类零件和较大的支架类零件时是其他机床不容易实现的。

综上所述，卧式镗床具有下列工作运动：镗杆的旋转主运动、平旋盘的旋转主运动、镗杆的轴向进给运动、主轴箱垂直进给运动、工作台纵向进给运动、工作台横向进给运动、平旋盘径向刀架进给运动。

卧式镗床的辅助运动有主轴箱、工作台在进给方向上的快速调位运动、后立柱的纵向调位运动、后支架的垂直调位运动、工作台的转位运动。这些辅助运动由快速电机传动。

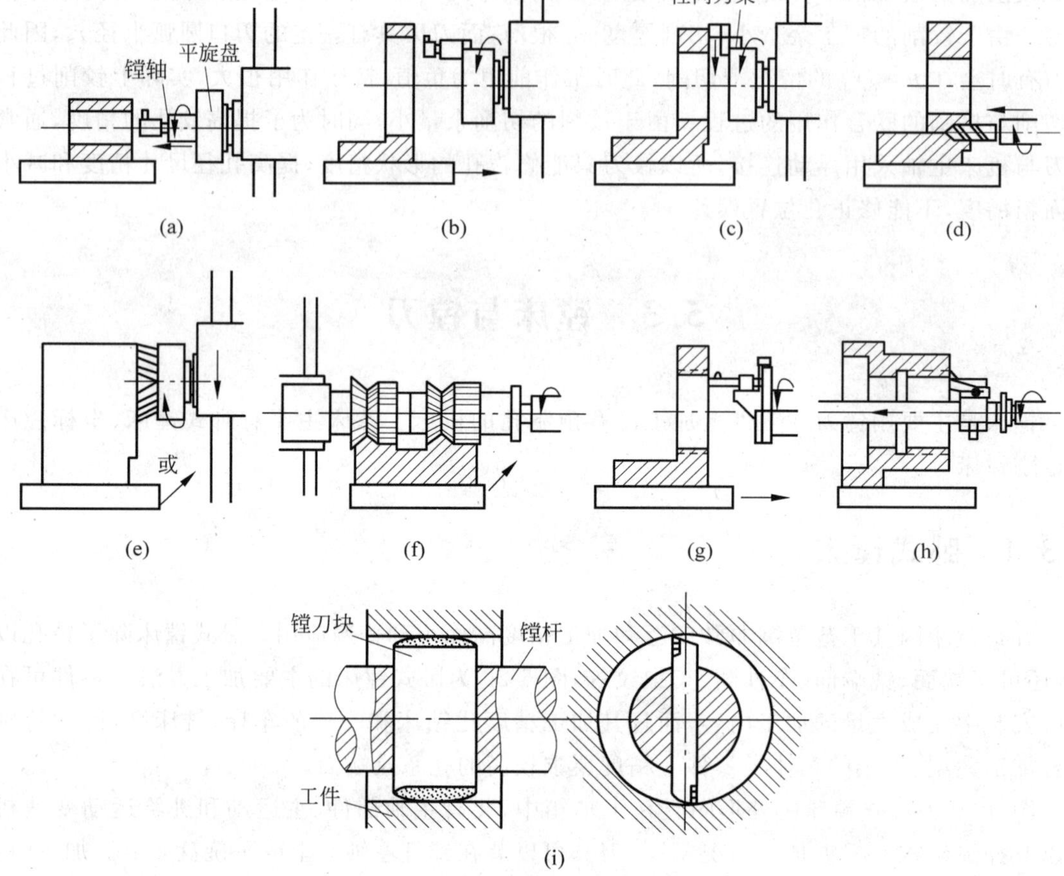

图 5-29　卧式镗床的主要加工方法

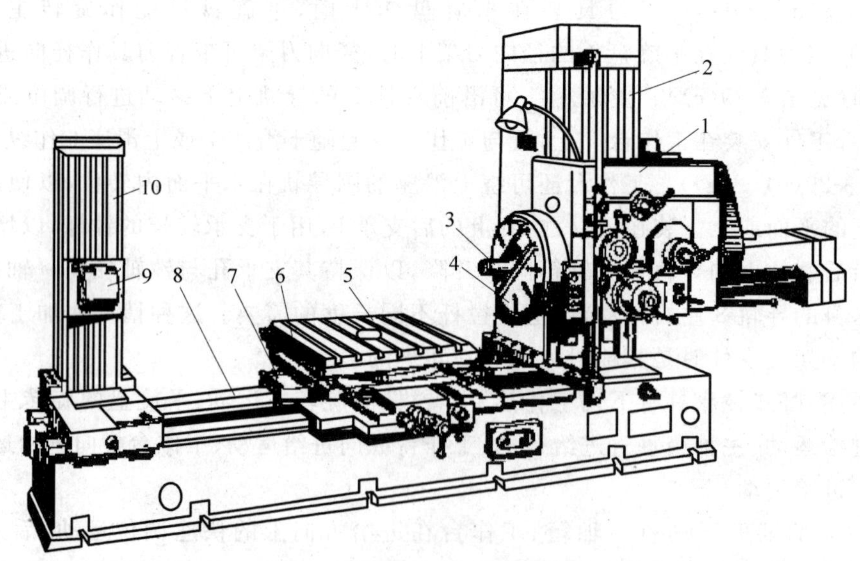

图 5-30　卧式镗床外形图

1—主轴箱；2—立柱；3—镗杆主轴；4—平旋盘；5—工作台；6—上滑座；

7—下滑座；8—导轨；9—后支承；10—后立柱

5.3.2　坐标镗床

坐标镗床是一种高精度级机床，它具有测量坐标位置的精密测量装置，而且这种机床的主要零部件的制造和装配精度很高，并有良好的刚性和抗振性，所以它主要用来镗削精密的孔(IT5 级或更高)和位置精度要求很高的孔系(定位精度达 0.002～0.01 mm)，如钻模、镗模等精密孔。

坐标镗床的工艺范围很广，除镗孔、钻孔、扩孔、铰孔、精铣平面和沟槽外，还可进行精密划线和刻线，以及孔距和直线尺寸的精密测量等工作。

坐标镗床有立式和卧式的。立式坐标镗床还有单柱和双柱之分。图 5-31 为立式单柱坐标镗床。

5.3.3　金刚镗床

金刚镗床是一种高速精密镗床，因以前采用金刚石镗刀而得名，现在已大量采用硬质合金刀具。这种机床的特点是切削速度很高(加工钢件 $v=1.7\sim3.3$ m/s，加工有色合金件 $v=5\sim25$ m/s)，而背吃刀量和进给量极小(背吃刀量一般不超过 0.1 mm，进给量一般为 0.01～0.14 mm/r)，因此可以获得很高的加工精度(孔径精度一般为 IT6～IT7 级，圆度不大于 3～5 μm)和表面质量(表面粗糙度一般为 $Ra1.25\sim0.08$ μm)。金刚镗床常用于在成批生产、大量生产中加工有色金属零件上的精密孔。

图 5-32 是单面卧式金刚镗床的外形图。机床的主轴箱 1 固定在床身 4 上，主轴 2 高速旋转带动镗刀作主运动。工件通过夹具安装在工作台 3 上，工作台沿床身导轨作平稳的低速纵向移动以实现进给运动。工作台一般为液压驱动，可实现半自动循环。

图 5-31　立式单柱坐标镗床
1—底座；2—滑座；3—工作台；4—立柱；5—主轴

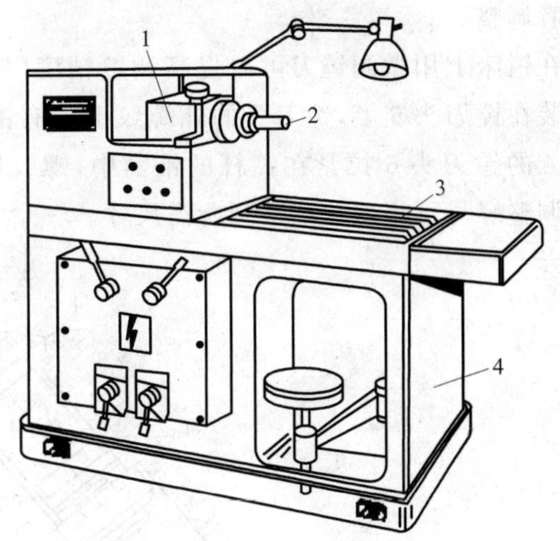

图 5-32　单面卧式金刚镗床
1—主轴箱；2—主轴；3—工作台；4—床身

主轴组件是金刚镗床的关键部件,它的性能好坏,在很大程度上决定着机床的加工质量。这类机床的主轴短而粗。主轴采用精密的角接触球轴承或静压轴承支承,并由电动机经皮带直接传动主轴旋转,为保证主轴组件准确平稳地运转,在镗杆端部设有消振器。

金刚镗床的种类很多,按其布局形式可分为单面、双面和多面的;按其主轴的位置可分为立式、卧式和倾斜式;按其主轴的数目可分为单轴、双轴及多轴的。

5.3.4 镗刀

镗床上用的刀具种类较多,除了可以采用钻床所用的各种孔加工刀具和铣床所用的各种铣刀外,还可用单刃镗刀(见图 5-33)、微调镗刀和浮动镗刀。

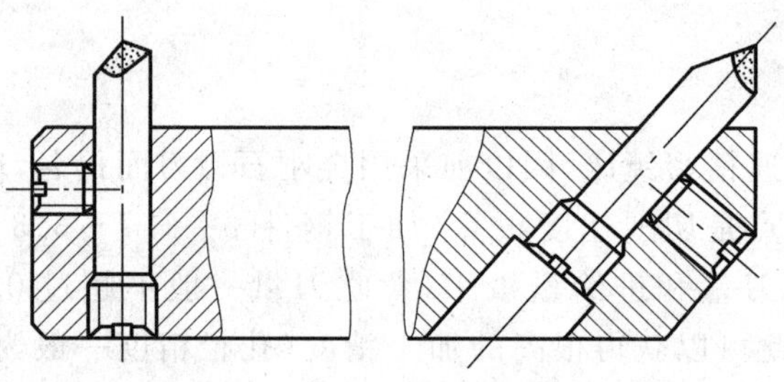

图 5-33 单刃镗刀

在镗床上使用钻头、扩孔钻、铰刀等钻床所用的各种孔加工刀具以及各种铣刀时,可把刀具直接安装在镗床主轴的莫氏锥孔中,如图 5-29(d)、(e)、(f)所示。

单刃镗刀切削部位与普通车刀相似,刀体较小,安装在镗杆的孔中(见图 5-33),尺寸靠操作者调整。

在镗床上用微调镗刀可以提高调整精度(见图 5-34)。图中镗杆 3 上装有镗刀头 6,刀片 5 装在镗刀头 6 上,镗刀头的外螺纹上装有锥形调整螺母 4。拉紧螺钉 2 可将带有调整螺母 4 的镗刀头 6 拉紧在镗杆的锥窝中,螺纹尾部的两个导向键 7 用来防止镗刀头转动。转动调整螺母可将刀片调整到所需尺寸。

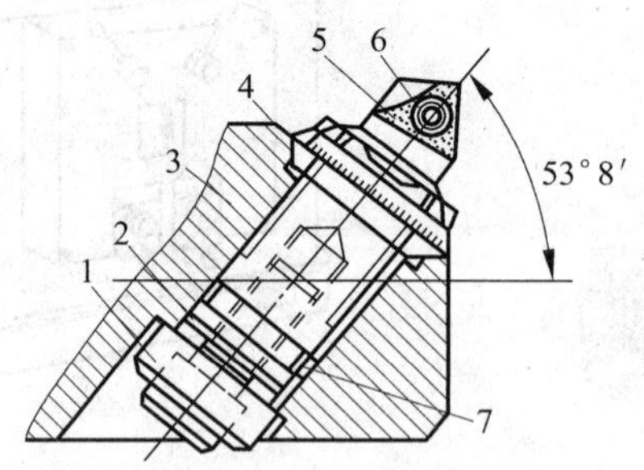

图 5-34 微调镗刀

1—垫块;2—拉紧螺钉;3—镗杆;4—调整螺母;5—刀片;6—镗刀头;7—导向键

为了消除镗孔时径向力对镗杆的影响，可采用浮动镗刀。浮动镗刀的刀块以间隙配合状态浮动地安装在镗杆的径向孔中（见图5-29(i)），工作时刀块在切削力的作用下保持平衡位置，可以减少镗刀块安装误差及镗杆径向跳动所引起的加工误差。图5-35为可调式浮动镗刀块，拧动尺寸调整螺钉3可以推动斜面垫板4，调整刀片1的位置。

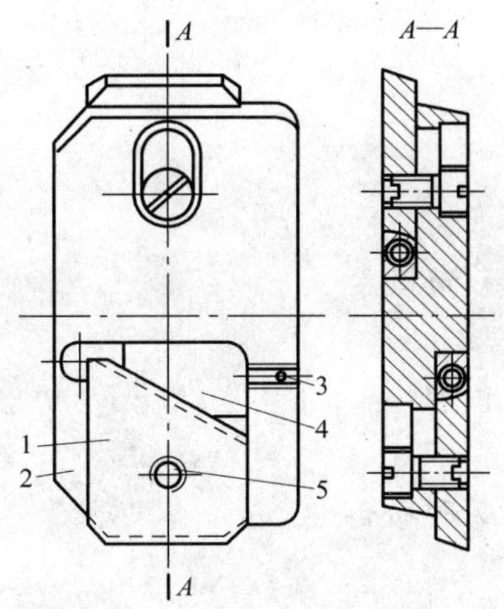

图5-35 可调式浮动镗刀块

1—刀片；2—镗刀块；3—调整螺钉；4—斜面垫板；5—紧固螺钉

习题与思考题

5-1 什么是顺铣？什么是逆铣？请画图表示，并说明各自的特点与适用场合。

5-2 了解对称铣削、不对称顺铣、不对称逆铣及其应用场合。

5-3 铣床主要有哪些类型？各适用于什么场合？

5-4 铲齿成形铣刀后刀面实质是什么？铲齿成形铣刀如何刃磨？

5-5 标准麻花钻存在哪些问题？有哪些修磨和改进措施？

5-6 麻花钻主切削刃上何处前角最大？

5-7 卧式镗床有哪些主运动和进给运动？

5-8 什么是浮动镗刀？分析浮动镗削的工艺特点。

第6章 磨床与磨削

知识点

- 砂轮的特性及其影响因素
- 磨削原理
- 磨削类型及对应磨床
- 表面光整加工
- 砂带磨削特点及应用场合

本章导读

本章介绍磨削加工的分类及适用场合、砂轮的特性，讨论磨削机理及磨削热、磨削温度等概念；简要介绍常用磨床的类型及功用。

6.1 磨削加工

6.1.1 磨削加工概况

用磨料磨具(砂轮、砂带、油石或研磨料等)作为工具对工件表面进行切削加工的方法称为磨削。

磨削常用于半精加工和精加工，加工精度可达到IT5～IT6，加工表面粗糙度值可小至Ra1.25～0.01 μm，镜面磨削时可达到Ra0.04～0.01 μm。由于磨料硬度高、耐热性好，所以磨削能加工一般刀具难以切削的高硬度材料，如淬硬钢、硬质合金、工程陶瓷等。近年来，由于采用新型砂轮、磨床和新的磨削工艺，磨削也可以用于切除大余量金属，在机械制造业中得到了越来越广泛的应用。

6.1.2 磨削加工方法分类

通常所说的磨削主要是指用砂轮和砂带进行去除材料的加工工艺方法。根据加工对象的工艺目的和加工要求不同，磨削加工方式分类方法多种多样。

1）按磨具类型进行分类

可以分为固定磨粒和自由磨粒，如图6-1所示。

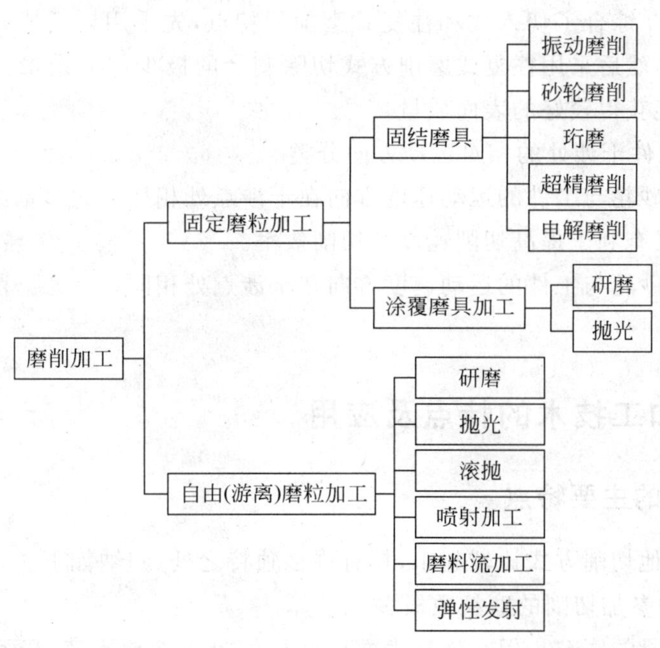

图 6-1 磨削加工分类

2）按加工对象分类

一般砂轮磨削根据加工对象及表面生成方法可将磨削加工分为 6 种基本类型，如图 6-2 所示。

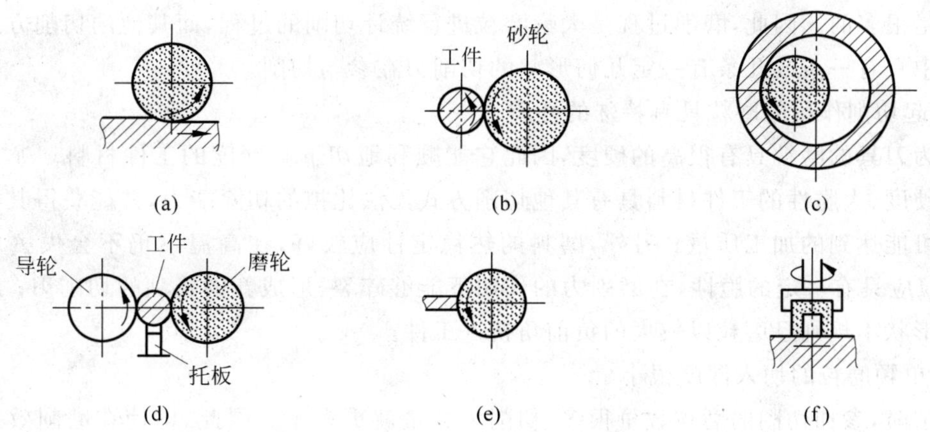

图 6-2 基本的磨削加工方式

(a) 平面磨削；(b) 外圆磨削；(c) 内圆磨削；(d) 无心磨削；(e) 自由磨削；(f) 环形砂轮磨端面

3）根据砂轮与工件的相对运动关系分类

通常将磨削加工分为往复式磨削、切入式磨削及综合磨削三种方式。

(1) 往复式磨削 砂轮与工件的径向位置保持不变，在砂轮轴线方向有相对运动。这种加工方式加工质量较好但效率不高。

(2) 切入式磨削 砂轮与工件沿砂轮轴线的位置关系保持不变，砂轮以匀速径向进给直至工件尺寸磨到位为止的加工方式。切入式磨削方式的加工效率高，但加工质量较差。

(3) 综合磨削　综合了切入式和往复式磨削的特点，先采用切入式磨削方式分段切除大部分的工件余量，然后采用往复式磨削方式切除剩余的极少部分余量。这种方式既能达到较高的效率，又能获得较好的表面质量。

4) 按砂轮与工件干涉处的相对运动方向分类

逆磨方式是指砂轮与工件的运动速度方向在干涉点处相反。大多数磨削方式都属于这一类，这种磨削方式有利于提高切削速度和切削效率。

顺磨方式是指砂轮与工件的运动速度方向在干涉点处相同。无心磨削就是典型的顺磨方式。

6.1.3 磨削加工技术的特点及应用

1. 磨削加工的主要特点

磨削加工与其他切削方式比较起来，具有许多独特之处，归纳如下。

1) 磨削过程中参加切削的磨粒数极多

砂轮中含有大量的磨粒。但在砂轮表面上磨粒的分布参差不齐，极不规则。磨粒在砂轮表面的圆周面上并不是等高地分布在同一外圆周上，因而砂轮表面上实际参加磨削的磨粒数(即有效磨粒数)少于砂轮表面的磨粒总数。如果考虑到磨削时的工作条件，则实际参加切削的磨粒(即动态有效磨粒数)就更少。根据测定，由于磨具特性与磨削条件的不同，砂轮表面实际参加磨削的磨粒数占磨粒表面总数的10%～50%。即使这样，参加磨削的磨粒数仍然是很多的。因此，磨削过程是大量磨粒进行统计切削的过程，而其他的切削方式在切削过程中只有一条或几条有一定几何形状的切削刃在参与切削。

2) 起切削作用的磨粒具有特殊的性质

作为刀具的磨粒具有很高的硬度，因此它能顺利地切下高硬度的工件材料。尤其是对一些高硬度、大脆性的工件材料具有其他切削方式无法比拟的切除能力，并能获得其他加工方式不可能达到的加工质量；另外，磨料的热稳定性应较好，在高温下仍不会失去切削能力；磨粒应具有一定的脆性，在磨削力的作用下能够碎裂，形成新的锋利的切削刃；磨粒切削刃的形状不规则且磨粒以较大的负前角挤入工件。

3) 单颗磨粒的切入深度很小

磨削时，参加切削的磨粒数量很多，切削刃数量就更多了。因此，即使在磨削效率很高的情况下，一个切削刃切下的工件体积只有 10^3～10^5 mm^3。精磨时，每个磨屑的体积则更小。

4) 磨粒的切削速度极高

磨削时，砂轮圆周表面的速度极高，磨粒切刃与被加工工件的接触时间极短。在这样短的时间内要完成切削，磨粒和工件间产生强烈的摩擦，并伴随有急剧的塑性变形，因而产生大量的磨削热，使磨削区域产生极高的磨削温度，达到400～1000℃，且80%的热量传给工件。

5) 磨具有自锐作用

参与切削的磨粒不断与工件摩擦而逐渐被磨钝，磨粒受的力也逐渐增大，当磨粒所受的力超过结合剂对磨粒的把持能力时，磨粒将从磨具表面脱落下来。而位于该磨粒下面的新的、锋利的磨粒暴露出来，形成磨具的自锐。另外，磨粒在与工件干涉过程中不断受到磨具与工件的挤压作用，如果这种挤压力超过磨粒自身的抗压强度时，则磨粒会破碎产生新的锐利的切削刃。

2. 磨削加工的应用

磨削可以加工的工件材料范围很广，既可以加工铸铁、碳钢、合金钢等一般结构材料，也能够加工高硬度的淬硬钢、硬质合金、陶瓷和玻璃等难切削的材料。但是磨削不宜精加工塑性较大的有色金属工件。

磨削可以获得良好的表面粗糙度和高的加工精度，在精加工、超精加工领域是重要的切削加工手段；它适应性强，可以满足多种加工要求，磨削常用于各种刀具的刃磨，还可用于工件的粗加工场合、毛坯的预加工和清理工作。

磨削可以加工内、外圆面，内孔平面、曲面形面、螺纹和齿轮齿形等各种各样的表面。

6.2　砂　　轮

砂轮是磨具中用量最大、使用面最广的一种，使用时高速旋转，可对金属或非金属工件的外圆、内圆、平面和各种形面等进行粗磨、半精磨和精磨以及开槽和切断等。

砂轮是用结合剂把磨料黏结起来，经压坯、干燥和焙烧的方法制成的。砂轮的特性由下列参数来确定：磨料、粒度、结合剂、硬度、组织及形状尺寸。

6.2.1　磨料

磨料(天然的或人造的)是具有颗粒形状和切削能力的天然或人造材料。磨料可以分为天然磨料和人造磨料两大类。依据磨料的磨削性能，通常又将金刚石、立方氮化硼等高硬度磨削材料称为超硬磨料，其他磨料称为普通磨料。

常用磨料有刚玉类、碳化硅类及高硬磨料类。刚玉类磨料的主要成分是 Al_2O_3，由于它的纯度不同和加入金属元素不同，而分为不同的品种。碳化物系磨料主要以碳化硅、碳化硼等为基体，也是因材料的纯度不同而分为不同品种，高硬磨料主要有人造金刚石和立方氮化硼。其性能及适用范围见表6-1。

6.2.2　粒度

粒度分为磨粒及微粉二类。磨粒的粒度用筛选法分级，如粒度60#的磨粒，表示其大小正好能通过1 in长度上孔眼数为60的筛网。直径小于40 μm的磨粒称为微粉，微粉按实际尺寸大小表示，如尺寸为28 μm的微粉，其粒度号标为W28。常用砂轮的粒度及应用范围见表6-2。

表 6-1 常用磨料性能及适用范围

类别	名称及代号	主要成分	显微硬度/HV	极限抗弯强度/GPa	与铁的反应性能	热稳定性	磨削能力(以金刚石为1)	适用磨削范围
氧化物系	棕刚玉 A(GZ)	$w(Al_2O_3)>95\%$ $w(SiO_2)<2\%$	1800～2200	0.368	稳定	2100℃熔融	0.1	碳钢、合金钢、铸铁
	白刚玉 WA(GB)	$w(Al_2O_3)>99\%$	2200～2400	0.60	稳定	2100℃熔融	0.12	淬火钢、高速钢
碳化物系	黑碳化硅 C(TH)	$w(SiC)>98\%$	3100～3280	0.155	与铁有反应	>1500℃氧化	0.25	铸铁、黄铜、非金属材料
	绿碳化硅 GC(TL)	$w(SiC)>99\%$	3200～3400	0.155	与铁有反应	>1500℃氧化	0.28	硬质合金等
高硬磨料系	立方氮化硼 CBN(JLD)	CBN	7300～8000	1.155	稳定高温与水有反应	<1300℃稳定	0.80	淬火钢、高速钢
	人造金刚石 D(JR)	碳结晶体	10600～11000	0.33～3.38	与铁有反应	>700℃石墨化	1.0	硬质合金、宝石、非金属材料

① 磨料代号中,( )中为旧标准规定的代号。

② 氧化物系除上述两种外,还有铬刚玉 PA(GG)、单晶刚玉 SA(GD)、微晶刚玉 MA(GW)、镨钕刚玉 NA(GP)及锆刚玉 ZA(GA)等,性能皆高于白刚玉 WA。PA、SA 适用于磨削淬火钢、高速钢和不锈钢。MA、NA 有较好的自锐性,适用于磨削不锈钢和各种铸铁。ZA 适用于磨削高温合金。

表 6-2 常用磨料粒度尺寸及应用范围

类别	粒度	颗粒尺寸/mm	应用范围
磨粒	12#～36#	2000～1600 500～400	荒磨 打毛刺
	46#～80#	400～315 200～160	粗磨、半精磨 精磨
	100#～280#	160～125 50～40	精密 珩磨
微粉	W40～W28	40～28 28～20	珩磨 研磨
	W20～W14	20～14 14～10	研磨、超级加工、超精磨削
	W10～W5	10～7 5～3.5	研磨、超级加工、镜面磨削

磨粒的粒度直接影响磨削的表面质量和生产率。一般粗磨时磨削量较大,要求较高的磨削效率,应选用粒度较大的砂轮;精磨时,为了获得较好的表面粗糙度及高的廓形精度,宜选用粒度小的砂轮。当工件材料软、塑性大时,为了防止砂轮堵塞,应选用粒度大的砂轮。当磨削的面积大时,为避免过度发热而引起工件表面烧伤,也应选用粒度大的砂轮。

6.2.3 结合剂

结合剂的作用是将磨粒黏结在一起，使砂轮具有必要的形状和强度。常用的结合剂的性能及适用范围见表6-3。

表6-3　常用结合剂的性能及适用范围

结合剂	代号	性　能	适用范围
陶瓷	V	耐热，耐蚀，气孔率大，易保持廓形，弹性差	最常用，适用于多数砂轮
树脂	B	强度较V高，弹性好，耐热性差	适用于高速磨削，切断，开槽等
橡胶	R	强度较B高，更富有弹性，气孔率小，耐热性差	适用于切断，开槽及做无心磨的导轮
青铜	J	强度较高，导电性好，磨耗少，自锐性差	适用于金刚石砂轮

6.2.4 硬度

砂轮的硬度是指磨粒在外力作用下自砂轮表面上脱落的难易程度。砂轮硬，磨粒难以脱落；砂轮软，磨粒容易脱落。硬度是磨粒和结合剂承受外力作用能力的综合反映，在此只是以结合剂把持磨粒从磨具表面脱落的难易作为判据。所以，磨具硬度不是磨粒本身的硬度，而是结合剂把持磨粒的能力。硬度不高的磨粒，可以制成高硬度的砂轮磨具；硬度高的磨粒也可以制成低硬度砂轮磨具。因此砂轮的软硬和磨粒的软硬是两个不同的概念。砂轮硬度等级见表6-4。一般情况下，软材料选用较硬砂轮，硬材料选用较软砂轮。粗磨采用较软砂轮，精磨采用较硬砂轮。当工件材料太软(如有色金属、橡胶、树脂等)时，为避免砂轮堵塞应选用较软的砂轮。当工件与砂轮接触面积大时，应选用较软砂轮。

表6-4　砂轮的硬度等级名称及代号

名称	超软	软1	软2	软3	中软1	中软2	中1	中2	中硬1	中硬2	中硬3	硬1	硬2	超硬
代号	D、E、F	G	H	J	K	L	M	N	P	Q	R	S	T	Y

6.2.5 组织

磨具由三个基本要素组成，即磨粒、结合剂和气孔。磨粒的作用是磨削被加工材料，形成符合要求的工件表面。结合剂的作用是把磨粒黏结到一起，使其成为具有一定形状和强度的磨具，使磨粒在磨削过程中保持稳定的运动轨迹，并有一定程度的自锐能力。气孔的作用是在磨削过程中排屑和冷却，并兼有润滑作用。其体积关系如下：

$$V_{磨具} = V_{磨料} + V_{结合剂} + V_{气孔}$$

砂轮组织是指磨粒、结合剂与气孔三者之间的体积比。根据磨粒在砂轮总体积中所占的比例，将砂轮组织分为紧密、中等、疏松三大级(见图6-3)，细分为15个号(见表6-5)。组织号越小，磨粒所占比例越大，表明组织越紧密，气孔越少。反之，组织号越大，表明组织越疏松，气孔越多。

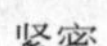

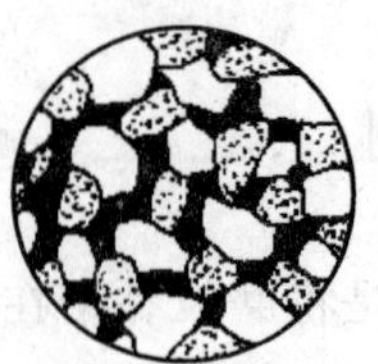

图 6-3 砂轮的组织

表 6-5 砂轮组织的分级

类 别	紧 密				中 等				疏 松				大气孔		
组织号	0	1	2	3	4	5	6	7	8	9	10	11	12	13	14
磨粒占砂轮体积/%	62	60	58	56	54	52	50	48	46	44	42	40	38	36	34

砂轮气孔可以容纳切屑,使砂轮不易堵塞,并把切削液带入磨削区,使磨削温度降低,避免烧伤和产生裂纹,减少工件的热变形。但砂轮气孔太多,磨粒含量少,容易磨钝和失去正确外形。一般7~9级组织的砂轮最常用。在精密磨削及成形磨削时应采用较紧密的砂轮;而在平面磨削、内圆磨削及磨削热敏性强的材料时应选用较疏松的砂轮。

6.2.6 砂轮的形状

常用砂轮的形状、代号及用途见表6-6。

表 6-6 常用砂轮形状、代号及用途

砂轮名称	代号	断面简图	基 本 用 途
平形砂轮	P		根据不同尺寸,分别用于外圆磨、内圆磨、平面磨、无心磨、工具磨、螺纹磨和砂轮机上
双斜边一号砂轮	PSX		主要用于磨齿轮齿面和磨单线螺纹
双面凹砂轮	PSA		主要用于外圆磨削和刃磨刀具,还用作无心磨的磨轮和导轮
薄片砂轮	PB		主要用于切断和开槽等
筒形砂轮	N		用于立式平面磨床上
杯形砂轮	B		主要用其端面刃磨刀具,也可用其圆周磨平面和内孔
碗形砂轮	BW		通常用于刃磨刀具,也可用于磨机床导轨
碟形一号砂轮	D		适用磨铣刀、铰刀、拉刀等,大尺寸的一般用于磨齿轮的齿面

砂轮的特性参数，一般都标在砂轮的端面上。砂轮的标记示例如下：

P	300×30×75			A	60	S	V	6	35
形状	外径	厚度	孔径	磨料	粒度	硬度	结合剂	组织	最高工作线速度(m/s)

6.2.7 超硬磨料砂轮简介

超硬磨料砂轮磨削主要是指用金刚石砂轮和立方氮化硼砂轮加工硬质合金、陶瓷、玻璃、半导体材料及石材等高硬度、高脆性材料。

1. 超硬磨料砂轮的常用类型

超硬磨料砂轮主要有人造金刚石砂轮和立方氮化硼砂轮两种。

1）人造金刚石砂轮

人造金刚石砂轮如图6-4所示，主要由磨料层、过渡层和基体三部分组成。

(1) 磨料层由人造金刚石磨粒和结合剂组成，厚度为1.5～5 mm，起磨削作用。

(2) 过渡层不含人造金刚石，单由结合剂组成，其作用是使磨料层与基体牢固地结合在一起，并使磨料层能全部得到使用。

(3) 基体起支承磨削层的作用，并通过它将砂轮紧固在磨床主轴上。基体常用铝、钢、铜或胶木等制造。

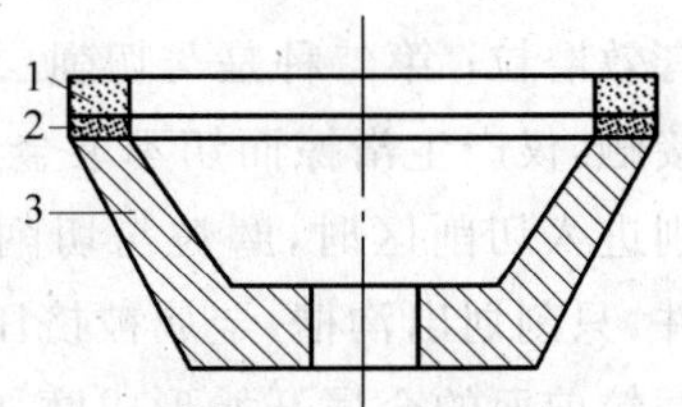

图6-4 金刚石砂轮的构造

1—磨料层；2—过渡层；3—基体

人造金刚石砂轮用于磨削超高硬度的脆性材料，如硬质合金、花岗石、宝石、光学玻璃和陶瓷等，还可磨削一定韧性的热喷焊耐磨焊接。

2）立方氮化硼砂轮

由于立方氮化硼磨粒非常锋利又非常硬，其寿命是刚玉磨粒的100倍。因而在立方氮化硼砂轮上只有一薄层立方氮化硼。立方氮化硼砂轮用于磨削超硬的高韧性的难加工钢材，如高钒高速钢、耐热合金等。但需采用经改制的特殊水剂切削液而不能采用普通的水剂切削液。

2. 超硬磨料砂轮的突出特点

(1) 磨削能力强，耐磨性好，寿命高，易于控制加工尺寸及实现加工自动化。

(2) 磨削力小，磨削温度低，加工表面质量好，无烧伤、裂纹和组织变化。金刚石砂轮磨削硬质合金时，其磨削力只有绿色碳化硅砂轮的1/5～1/4。

(3) 磨削效率高。在加工硬质合金及非金属硬脆材料时，金刚石砂轮的金属切除率优于立方氮化硼砂轮；但在加工耐热钢、钛合金、模具钢等时，立方氮化硼砂轮远高于金刚石砂轮。

(4) 加工成本低。金刚石砂轮和立方氮化硼砂轮比较昂贵，但由于其寿命长，加工效率高，所以综合成本低。

6.3 磨削机理

6.3.1 磨料的形状特征

磨料的形状是很不规则的、但大多磨粒呈菱形八面体,其顶锥角在80°～145°范围内,因此,磨削时磨粒基本上都以很大的负前角进行切削。一般磨粒切削刃都有一定大小的圆弧,其刃口圆弧半径在几微米到几十微米之间,磨粒磨损后,其负前角和圆弧半径 r_n 都将增大。

6.3.2 磨屑的形成过程

由于砂轮工作表面形貌特点,其磨粒工作状态有三种:第一种是参加切除金属的,称为有效磨粒;第二种是与切削层金属不接触的,称为无效磨粒;第三种是刚好与切削层金属接触,仅产生滑擦而切不下金属。现将一个有效磨粒切削过程分析如下(见图6-5):当磨粒刚进入切削区时,磨粒与切削层金属产生挤压和摩擦,随着切入,挤压力加大,磨粒切入工件,只刻划出沟槽,金属被挤压向两侧,形成隆起,当继续切入时,磨粒切削厚度进一步加大,磨粒前面的金属开始形成磨屑。因此,磨屑形成过程可划分为三个阶段:滑擦阶段、刻划阶段和切屑形成阶段。

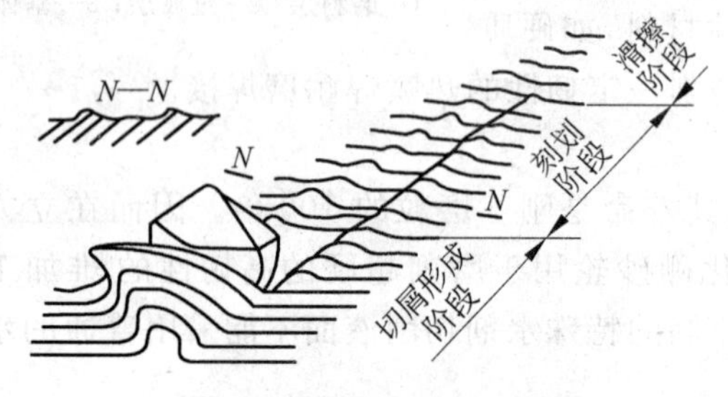

图6-5 磨粒的切削过程

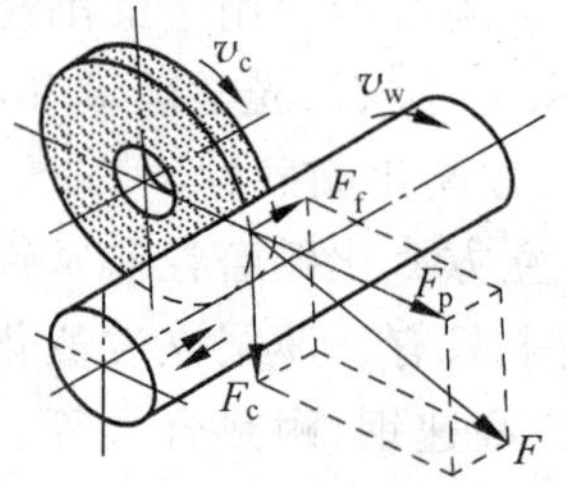

图6-6 磨削力

6.3.3 磨削力的主要特征

(1) 虽然单个磨粒切除的材料很少,但砂轮表层有大量磨粒同时工作,而且由于磨粒几何形状的随机性和参数不合理性,磨削时的单位磨削力很大,可达70000 N/mm²以上。

(2) 总磨削力 F 可分解为三个分力:背向力或径向力 F_p、主磨削力或切向力 F_c、进给力或轴向力 F_f。如图6-6所示,三向分力中背向力 F_p 最大。因背向力 F_p 与砂轮轴、工件的变形及振动有关,会直接影响加工精度和表面质量,故该力是十分重要的。

6.3.4 磨削温度

1. 磨削温度的基本概念

磨削时由于速度很高，且单位切削功率也大(为车削的 10～20 倍)，因此磨削温度很高。由于工件磨削区附近的温度高低差别很大，磨削温度分为磨粒砂轮磨削区温度、磨削点温度、工件平均温度三类。

(1) 砂轮磨削区温度是指砂轮与工件接触区的平均温度，在 400～1000℃之间。该温度是产生磨削烧伤、残余应力、磨削裂纹等缺陷的原因。通常所说的“磨削温度”指的是磨削区的温度。

(2) 磨粒磨削点温度是指磨粒切削刃与切屑接触点的温度。磨粒磨削点温度是磨削中温度最高的部位，瞬时可达 1000～1400℃。它对切刃的热损伤，磨粒的磨损、破碎及切屑熔着现象有着重要的影响。

(3) 工件平均温度。随着磨削行程的不断进行，切削热传入工件，工件表面温度上升，且由表及里温度降低，形成了工件表层的温度场。工件平均温度及表层温度分布主要影响工件的尺寸、形状精度、表面质量及磨削裂纹等。

磨削过程中产生大量的热，使磨削表面层金属产生相变，从而导致其硬度与塑性发生变化，这种表面变质现象被称为表面烧伤。表面烧伤损坏了零件表层组织，影响零件的使用寿命。避免烧伤的办法是要减少磨削热和加速磨削热的传出，具体措施有合理选择砂轮、合理选择磨削用量、加强冷却等。

2. 影响磨削温度的主要因素

1) 砂轮速度 V

砂轮速度增大，单位时间内的工作磨粒数将增多，单个磨粒的切削厚度变小，挤压和摩擦作用加剧，滑擦热显著增多。此外还会使磨粒在工件表面的滑擦次数增多。所有这些，都将促使磨削温度的升高。

2) 工件速度 V_w

工件速度增大就是热源移动速度增大，工件表面温度可能有所降低，但不明显。这是由于工件速度增大后，增大了金属切除量，从而增加了发热量。因此，为了更好的降低磨削温度，应该在提高工件速度的同时，适当降低径向进给量，使单位时间内的金属切除量保持为常值或略有增加。

3) 径向进给量 f_r

径向进给量的增大，将导致磨削过程中磨削变形力和摩擦力的增大，从而引起发热量的增多和磨削温度的升高。

4) 工件材料

金属的导热性越差，则磨削区的温度越高。对钢来说，含碳量高，则导热性差。铬、镍、铝、硅、锰等元素的加入会使导热性显著变差。合金的金相组织不同，导热性也不同，按奥氏体、淬火和回火马氏体、珠光体的顺序变好。磨削冲击韧度和强度高的材料，磨削区温度也比较高。

5）砂轮硬度与粒度

用软砂轮磨削时的磨削温度低；反之则磨削温度高。由于软砂轮的自锐性好，砂轮工作表面上的磨粒经常处于锐利状态，减少了由于摩擦和弹、塑性变形而消耗的能量，所以磨削温度较低。砂轮的粒度粗时磨削温度低，其原因在于砂轮粒度粗，则砂轮工作表面上单位面积上的磨粒数少，在其他条件均相同的情况下与细粒度的砂轮相比，和工件接触面的有效面积较小，并且单位时间内与工件加工表面摩擦的磨粒数较少，有助于磨削温度的降低。

6.3.5 砂轮的磨损及寿命

砂轮磨损分为三种基本形态：磨耗磨损、磨粒磨损及脱落磨损。

1）磨耗磨损

磨耗磨损是由于磨粒与工件之间的摩擦、黏结和扩散而引起的，一般发生在磨粒与工件的接触处(图6-7中的A处)。开始时，在磨粒刃尖上出现一磨损的微小平面，当微小平面逐步增大时，磨刃就无法顺利切入工件，而只是在工件表面产生挤压作用，从而使磨削热增加，磨削过程恶化。

2）磨粒磨损

磨粒磨损发生在一个磨粒的内部(图6-7中的B—B处)。磨粒在磨削过程中，在多次急热急冷作用下，表面形成极大的热应力，而导致局部破碎。磨粒的热传导系数越小，热膨胀系数越大，则越容易破碎。

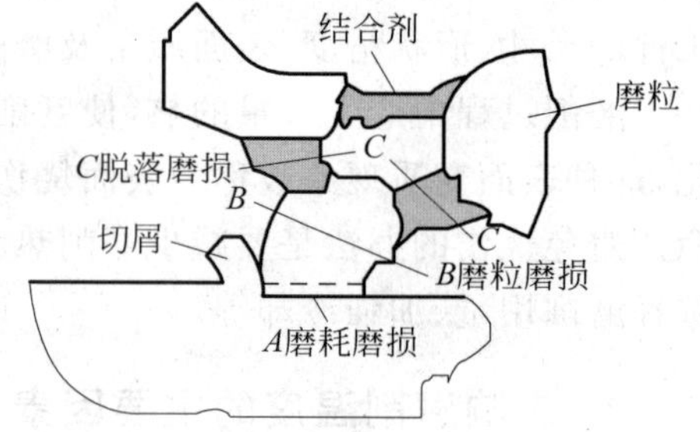

图6-7 砂轮磨损的三种形态

3）脱落磨损

脱落磨损(图6-7中的C—C处)的难易主要取决于结合剂的强度。磨削时，随着磨削温度的上升，结合剂强度下降，当磨削力超过结合剂强度时，整个磨粒从砂轮上脱落，形成脱落磨损。

砂轮磨损会导致磨削性能的恶化，其主要形式有钝化型、脱落型(外形失真)及堵塞型三种。

当砂轮硬度较高、修整较细、磨削载荷较轻时，易出现钝化型。此时，加工表面质量较好，但金属切除率显著下降。

当砂轮硬度较低、修整较粗、磨削载荷较重时，易出现脱落型。这时，砂轮廓形失真，严重影响磨削表面质量及加工精度。

在磨削碳钢时由于切屑在磨削高温下发生软化，嵌塞在砂轮空隙处，形成嵌入式堵塞；在磨削钛合金时，由于切屑与磨粒的亲和力强，使切屑熔结黏附于磨粒上，形成黏附式堵塞。砂轮堵塞后，即丧失切削能力，导致磨削力及温度剧增，表面质量明显下降。

砂轮寿命用砂轮在两次修整之间的实际磨削时间表示。砂轮磨损量是最主要的寿命判据。当磨损量大至一定程度时，工件将发生颤振，表面粗糙度突然增大，或出现表面烧伤现象。但准确判断砂轮寿命比较困难，实际生产中，砂轮寿命的常用合理数值可参考表6-7确定。

表 6-7　砂轮寿命的合理数值

磨削种类	外圆磨	内圆磨	平面磨	成形磨
寿命 T/s	1200～2400	600	1500	600

6.4　常用磨床的类型及功用

磨床用于磨削各种表面，如内外圆柱面和圆锥面、平面、螺旋面、齿轮的轮齿表面以及各种成形面等，还可以刃磨刀具，应用范围非常广泛。

常用磨床主要有：外圆磨床、内圆磨床、坐标磨床、无心磨床、平面磨床、砂带磨床、珩磨机、研磨机、导轨磨床、工具磨床、多用磨床、专用磨床。

6.4.1　M1432A 型万能外圆磨床

M1432A 型万能外圆磨床是普通精度级的万能外圆磨床。它主要用于磨削精度 IT6～IT7 的圆柱形或圆锥形的外圆或内孔，表面粗糙度在 Ra1.25～0.08 μm 之间。

图 6-8 是 M1432A 型万能外圆磨床的外形图。它主要由床身 1、头架 2、内圆磨具 3、砂轮架 4、尾座 5、滑鞍 6、横向进给机构和工作台 8 等部件组成。

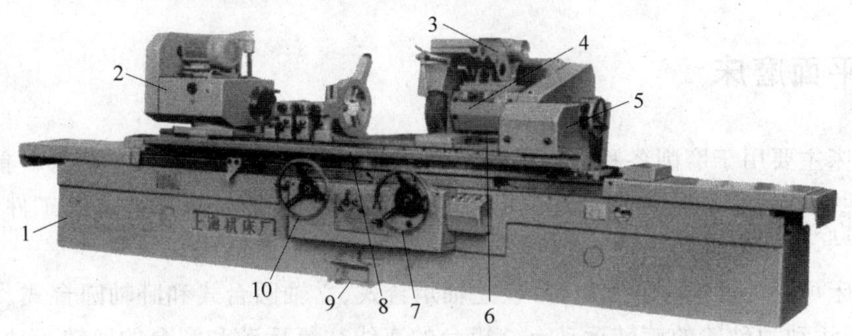

图 6-8　M1432A 型万能外圆磨床

1—床身；2—头架；3—内圆磨具；4—砂轮架；5—尾座；6—滑鞍；
7—砂轮架横向进给手轮；8—工作台；9—脚踏操纵板；10—工作台纵向进给手轮

图 6-9 是该机床的几种典型加工方法及机床所需要的运动。这种机床的通用性较好，但生产率较低，适用于单件小批量生产。

外圆磨削法分为纵向进给磨削法和横向进给磨削法。

纵向进给磨削法磨外圆时(见图 6-9(a)、(b)、(d))，工件旋转并与工作台一起作纵向往复运动 $f_{纵}$。工件每一纵向行程或往复行程终了时，砂轮作一次横向进给运动 $f_{横}$。在磨削最后阶段，在无横向进给的情况下，纵向往复运动几次，一直到火花消失为止，即所谓光磨。这种磨削法适合磨削较长的轴类零件，但走刀次数多，生产率低。把工作台台面旋转一定的角度，可以磨削外圆锥面。

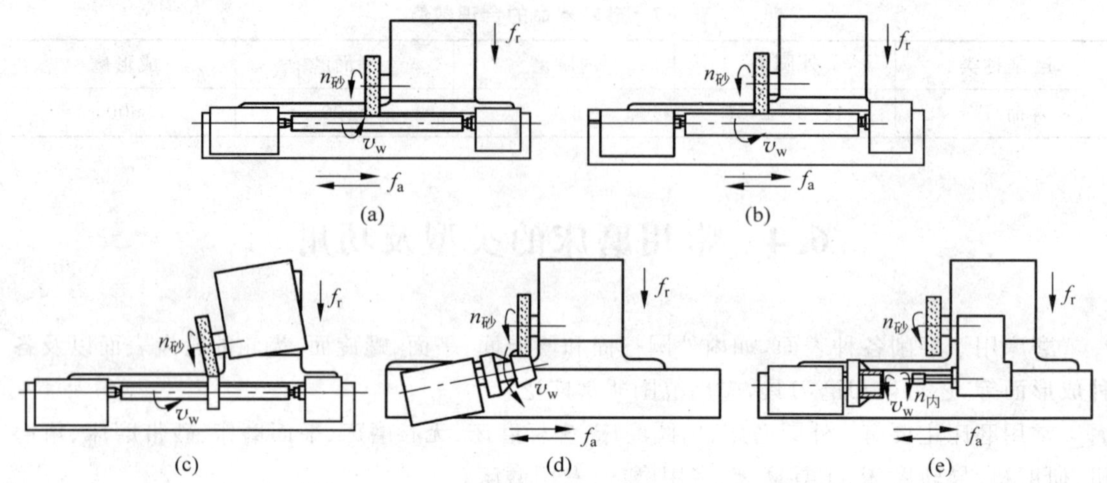

图 6-9 M1432A 型万能外圆磨床典型加工示意图

横向进给磨削法(切入磨削法)磨外圆时(见图 6-9(c)),工件只作旋转运动,没有纵向往复运动,砂轮作连续的横向进给运动。横向进给磨削法主要用于加工磨削长度小于砂轮宽度的工件或刚性好的工件。

M1432A 型磨床的运动,是通过机械和液压联合传动的。工作台纵向往复移动,砂轮架快速进退和周期性径向自动切入,尾座顶尖套筒缩回等运动采用液压传动,其余运动都采用机械传动。图 6-10 是机床的机械传动系统图,该机床主要采用皮带传动。

6.4.2 平面磨床

平面磨床主要用于磨削各种平面。平面磨床的工作台有矩形和圆形两种。前者适宜加工长工件,但工作台作往复运动,较易发生振动;后者适宜加工短工件或圆工件的端面,工作台连续旋转,无往复冲击。图 6-11 为矩形工作台卧轴平面磨床。

平面磨床可分为四类:卧轴矩台式、立轴矩台式、立轴圆台式和卧轴圆台式。如图 6-12 所示,图中主运动为砂轮的旋转运动 $n_{砂}$,矩台的直线往复运动和圆台的回转运动 $f_{纵}$ 是进给运动。用轮缘磨削时(见图 6-12(a)和(d)),砂轮的宽度小于工件的宽度,故卧轴磨床砂轮还有轴向进给运动 $f_{横}$。矩台的 $f_{横}$ 是间歇运动,在 $f_{纵}$ 的两端进行;圆台的 $f_{横}$ 是连续运动;$f_{切}$ 是周期的切入运动。

平面磨削方法分为周面磨削法(轮缘磨削法)和端面磨削法。平面磨床采用砂轮的轮缘(圆周)进行磨削,称为周面磨削法或轮缘磨削法,砂轮主轴水平放置(卧轴),如图 6-12(a)、(b)所示。用周面磨削法磨削平面时,砂轮与工件接触面积少,发热少、散热快,排屑和冷却容易,可以得到较高的加工精度和表面粗糙度等级,但生产率较低。平面磨床采用砂轮的端面进行磨削,称为端面磨削法,砂轮主轴竖直放置(立轴),如图 6-12(c)、(d)所示。端面磨削法磨头主轴伸出长度短,刚性好,可采用较大的切削用量,磨削面积大,生产率高。但由于砂轮与工件接触面积大,发热多,排屑和冷却困难,故加工精度和表面粗糙度等级较低,在大批量生产中多用于粗加工和半精加工。

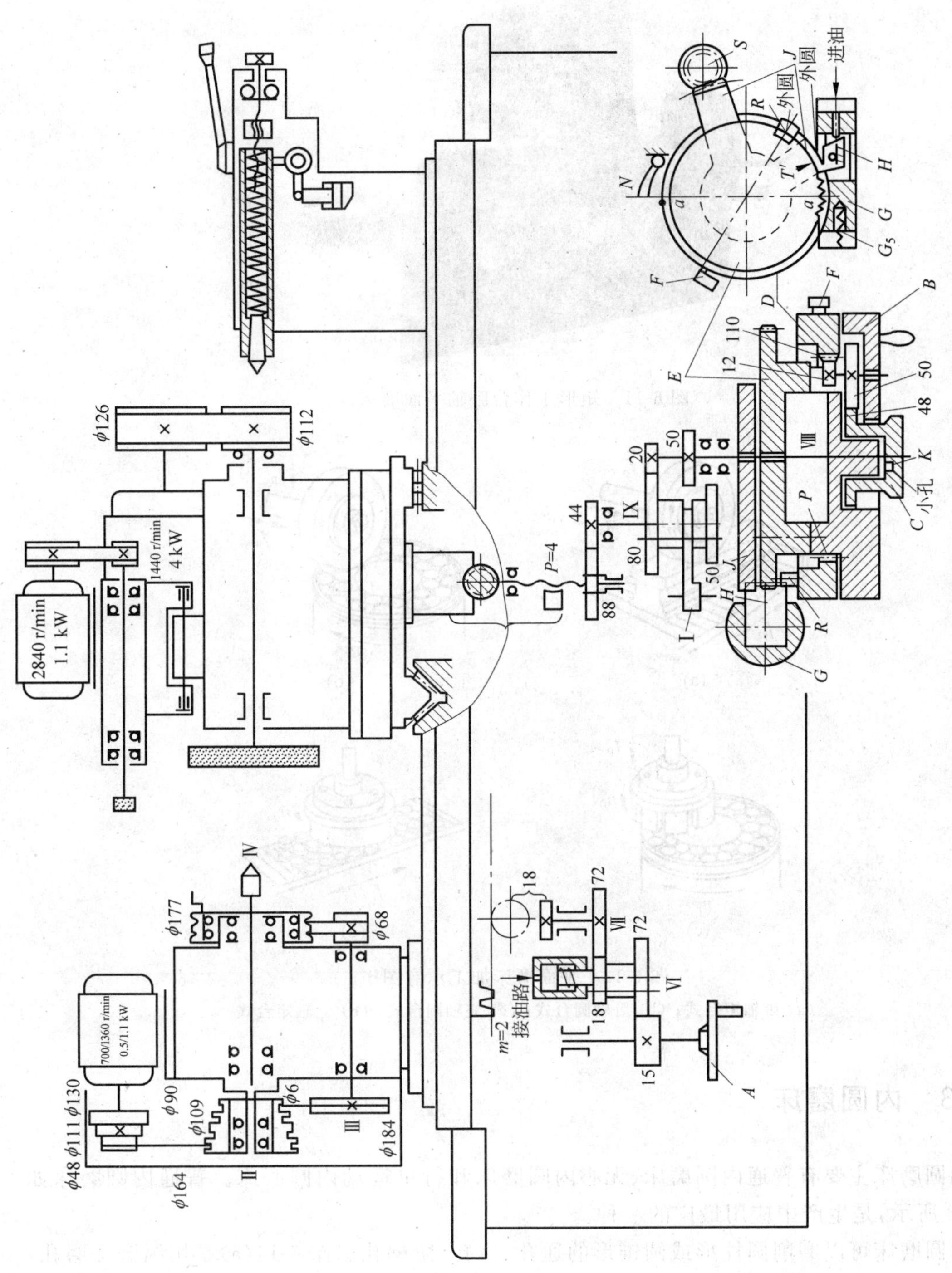

图 6-10　M1432A 型万能外圆磨床机械传动系统图

图 6-11 矩形工作台卧轴平面磨床

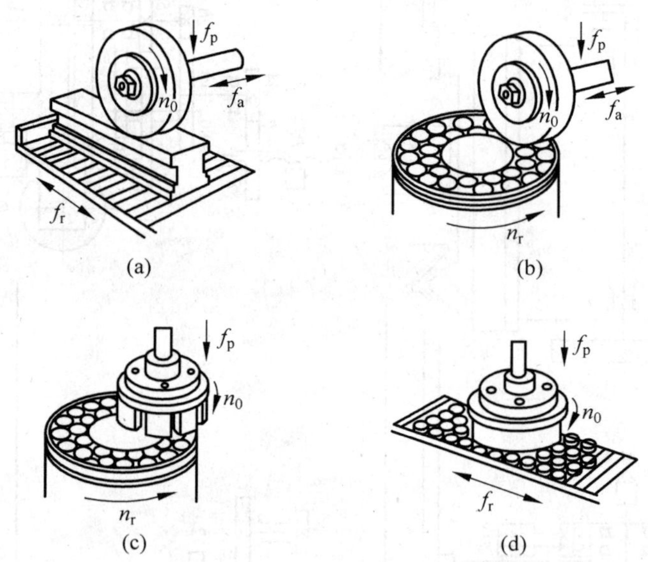

图 6-12 平面磨床加工示意图

(a) 卧轴矩台式;(b) 卧轴圆台式;(c) 立轴圆台式;(d) 立轴矩台式

6.4.3 内圆磨床

内圆磨床主要有普通内圆磨床、无心内圆磨床和行星运动内圆磨床。普通内圆磨床如图 6-13 所示,是生产中应用最广的一种。

内圆磨床可以磨削圆柱形或圆锥形的通孔、盲孔、阶梯孔。图 6-14(a)是用纵磨法磨孔,图 6-14(b)是用切入法磨孔。图 6-14(a)和(b)的 f_a 是切入运动。有的内圆磨床还附有磨削端面的磨头,可以在一次装夹下磨削端面和内孔,以保证端面垂直于孔中心线,如图 6-14(c)和(d)所示,此时 f_p 是切入运动。

图 6-13　普通内圆磨床

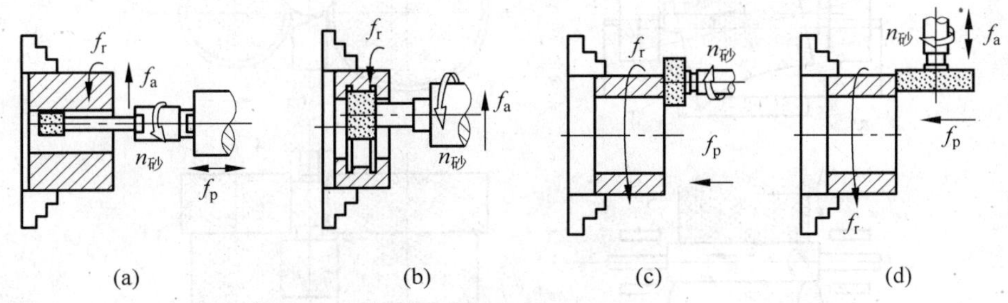

图 6-14　普通内圆磨床的磨削方法

(a) 纵磨法磨孔；(b) 切入法磨孔；(c) 端面磨削法磨削端面；(d) 周面磨削法磨削端面

磨孔时，砂轮尺寸受到孔径尺寸限制，砂轮轴径一般为孔径的 0.5～0.9 倍，因此刚性较差，影响内圆磨孔质量和生产率。内圆磨削时，因为砂轮尺寸小，若使砂轮的圆周速度达到一般的 25～30 m/s，就需要极高的转速。

6.4.4　无心磨床(无心外圆磨床)

无心外圆磨削是外圆磨削的一种特殊形式。利用无心磨床加工工件的外圆，工件不需打中心孔，且装夹工件省时省力，可连续磨削，所以生产效率较高。图 6-15 所示为一种典型的无心磨床外形图。

在无心磨床上加工工件时，如图 6-16 所示，直接将工件 5 放在砂轮 1 和导轮 2 之间，用托板 3 支承着，以工件被磨削的外圆做定位面。导轮 2 是用树脂或橡胶为黏结剂制成的刚玉砂轮，它与工件 5 之间的摩擦系统较大，工件由导轮的摩擦力带动旋转。导轮的线速度一般在 10～50 m/min，工件的线速度基本上等于导轮的线速度。磨削砂轮 1 就是一般外圆磨削砂轮，其线速度很高，所以磨削砂轮与工件之间有很大的切削速度。

无心磨床有两种磨削方式：贯穿磨削法(纵磨法)和切入磨削法(横磨法)。贯穿磨削

图 6-15 普通无心磨床

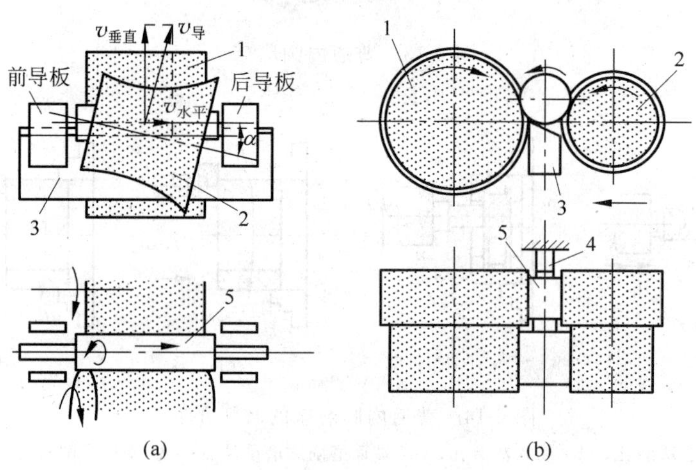

图 6-16 无心磨床磨削示意图

(a) 贯穿磨削法;(b) 切入磨削法

1—砂轮;2—导轮;3—托板;4—挡销;5—工件

时,如图 6-16(a)所示,将工件放到机床进料端的托板上,在前导板的引导下推入磨削区域后,工件旋转,同时依靠导轮产生的轴向水平分力向前移动,从机床的另一端出去即磨削完毕。切入磨削时,如图 6-16(b)所示,将工件放在托板和导轮之间,然后导轮横向切入进给,是磨削砂轮磨削工件,这时导轮的轴心线仅倾斜很少的角度(约 30′)对工件有微小的轴向推力,使工件靠向挡销 4,得到可靠轴向定位。切入磨削法适用于磨削具有阶梯或成形回转表面的工件。

为了避免磨削出棱圆形工件,工件的中心应高于磨削砂轮与导轮中心的连心线。这样就使工件和导轮及砂轮的接触,相当于在假想的 V 形槽中转动,工件的凸起部分和形槽的两侧面不可能对称的接触,从而可使工件在多次运动中,逐步磨圆。工件中心高出的距离为工件直径的 15%~20%。若高出的距离过大,导轮对工件的向上方向垂直分力也随着增大,磨削时易引起工件跳动,影响加工表面的表面粗糙度。

6.5 表面的光整加工

6.5.1 光整加工技术的功能及特点

进行光整加工的目的,主要是提高零件的表面质量。零件表面的光整加工技术主要是指超精研、研磨、珩磨和抛光加工。

1. 光整加工技术的功能

(1) 减小和细化零件表面粗糙度,去除划痕、微观裂纹等表面缺陷,提高和改善零件表面质量;

(2) 提高零件表面物理力学性能,改善零件表面应力分布状态;

(3) 去除棱边毛刺,倒圆、倒角,保证表面之间光滑过渡,提高零件的装配工艺性;

(4) 改善零件表面的光泽度和光亮程度,提高零件表面清洁程度等。

2. 光整加工技术特点

无论是传统的光整加工方法,还是近年来出现的新工艺技术,都具有以下主要特点。

(1) 光整加工的加工余量小。原则上只是前道工序公差带宽度的几分之一。一般情况下,只能改善表面质量(减小粗糙度值,消除划痕、裂纹和毛刺等),不影响加工精度。如果余量太大,不仅生产效率低,有时还可能导致工件的原有精度下降。

(2) 光整加工所用机床设备不需要很精确的成形运动,但磨具与工件之间的相对运动应尽量复杂。因为光整加工是用细粒度的磨料对工件表面进行微量切削和挤压、划擦、刻划的过程,只要保证磨具与工件加工表面能具有较大的随机性接触,就能使表面误差逐步均化到最终消除,从而获得很高的表面质量。

(3) 光整加工时,磨具相对于工件的定位基准没有确定的位置,一般不能修正加工表面的形状和位置误差,其精度要靠先行工序来保证。

光整加工方法的特点是没有与磨削深度相对应的用量参数,一般只规定加工时的压强。加工时所用的工具由加工面本身导向,而相对于工件的定位基准没有确定的位置,所使用的机床也不需要具有非常精确的成形运动。所以这些加工方法的主要作用是降低表面粗糙度值,而形状精度和位置精度则主要由前面工序保证。采用这些方法加工时,其加工余量都不可能太大,一般只是前道工序公差的几分之一。

6.5.2 超精研

超精研是改善零件加工表面粗糙度的一种有效的工艺方法。

1. 超精研的工作原理

超精研是采用细粒度的磨条在一定的压力和切削速度下作往复运动,对工件表面进行光整加工的方法,其加工原理如图6-17所示。加工中有三种运动:工件低速回转运动1、磨条轴向进给运动2和磨条高速往复振摆运动3。这三种运动使磨粒在工件表面上形成不重复的复杂轨迹。

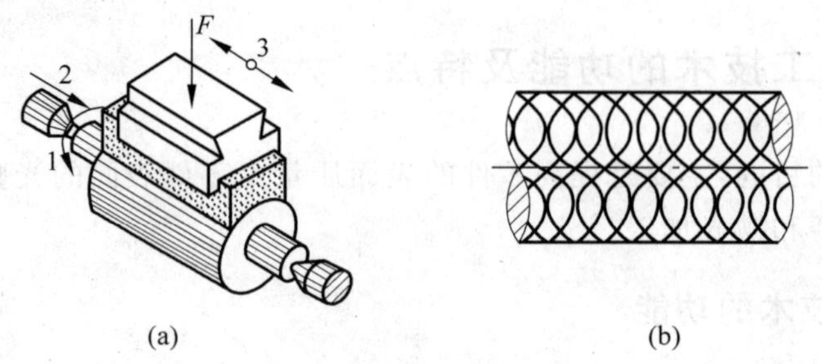

图6-17 超精研加工原理

1—工件低速回转运动;2—磨条轴向进给运动;3—磨条高速往复振摆运动

2. 超精研的切削过程

超精研的切削过程与磨削不同,一般可划分为如下四个阶段。

(1) 强烈切削阶段 超精研加工时虽然磨条的磨粒细、压力小和工件与磨条之间易形成润滑油膜,但在开始研磨时,由于工件表面粗糙,少数凸峰上的压强很大,破坏了油膜,故切削作用强烈。

(2) 正常切削阶段 当少数凸峰被研磨平之后,接触面积增加、单位面积上的压力下降,致使切削作用减弱而进入正常切削阶段。

(3) 微弱切削阶段 随着接触面积逐渐增大,单位面积上的压力更低,切削作用微弱,且细小的切屑形成氧化物而嵌入磨条的空隙中,从而使磨条产生光滑表面,对工件表面进行抛光。

(4) 自动停止切削阶段 工件表面被研平,单位面积上的压力极低,磨条与工件之间又形成油膜,不再接触,故切削自动停止。

上述整个加工过程所需时间很短,一般约30 s,生产率较高。

6.5.3 研磨

研磨是一种最常用的光整加工和精密加工方法。在采用精密的定型研磨工具的情况下,可以达到很高的尺寸精度和形状精度,表面粗糙度可达$Rz0.04\sim0.4\ \mu m$,多用于精密偶件、精密量规和精密量块等的最终加工。研磨加工的基本原理如图6-18所示,它是通过介于工件与硬质研具间磨料或研磨液的流动,在工件和研磨剂之间产生机械摩擦或机械化学作用来去除微小加工余量的。

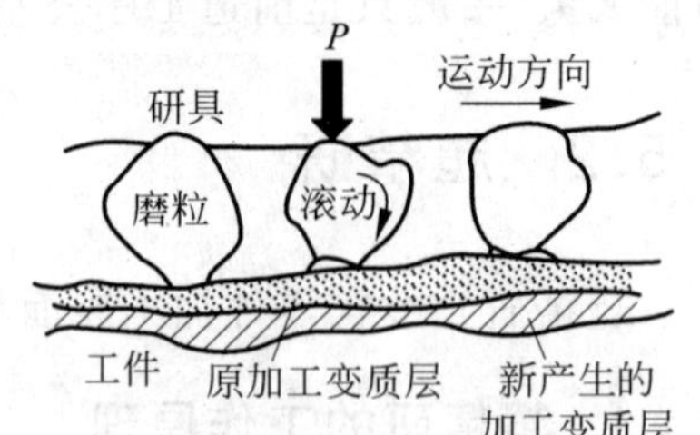

图6-18 研磨加工原理示意图

1. 研磨的分类

研磨方法一般可分为湿研、干研和半干研三类。

(1) 湿研又称敷砂研磨,把液态研磨剂连续加注或涂敷在研磨表面,磨料在工件与研具间不断滑动和滚动,形成切削运动。湿研一般用于粗研磨,所用微粉磨料粒度粗于 W7。

(2) 干研又称嵌砂研磨,把磨料均匀压嵌在研具表面层中,研磨时只须在研具表面涂以少量的硬脂酸混合脂等辅助材料。干研常用于精研磨,所用微粉磨料粒度细于 W7。

(3) 半干研类似湿研,所用研磨剂是糊状研磨膏。研磨既可用手工操作,也可在研磨机上进行。工件在研磨前须先用其他加工方法获得较高的预加工精度,所留研磨余量一般为 5～30 μm。

2. 研磨加工的特点

(1) 所有研具均采用比工件软的材料制成,这些材料为铸铁、铜、青铜、巴氏合金、塑料及硬木等,有时也采用钢做研具。

(2) 研磨加工不仅具有磨粒切削金属的机械加工作用,同时还有化学作用。磨料混合液或研磨膏使工件表面形成氧化层,使之易于被磨料切除,因而大大加速了研磨过程的进行。

(3) 研磨时研具和工件的相对运动是较复杂的,因此每一磨粒不会在工件表面上重复自己的运动轨迹,这样就有可能均匀地切除工件表面的凸峰。

(4) 研磨可以获得很高的尺寸精度和低的表面粗糙度值,也可以提高工件表面的宏观形状精度,但不能提高工件表面间的位置精度。

3. 研具

研磨工具的材料应软硬适当,一般选用比工件材料软且组织均匀的材料。

制造研具的材料,最常用的是铸铁。因铸铁研具适用于加工各种材料的工件,能保证较好的研磨质量和较高的生产率,且研具制造容易,成本也较低。铜、铝等软金属研具较铸铁研具容易嵌入较大的磨料,因此它们适用于切除较大余量的粗研加工。铸铁研具则适用于精研加工。

4. 研磨剂

研磨剂是由磨料和油脂混合起来的一种混合剂。研磨加工中所使用的磨料主要有:金刚石粉(C)及碳化硼(B_4C),主要用于硬质合金的研磨加工;氧化铬(Cr_2O_3)和氧化铁(Fe_2O_3)是极细的磨料,主要用于表面粗糙度值要求小的表面研磨加工;碳化硅(SiC)及氧化铝(Al_2O_3)是一般常用的两种磨料。研磨加工中,研磨液(油脂)对加工表面粗糙度和生产率的影响也是不可忽视的。加工中研磨液不仅要起调和磨料和润滑冷却作用,而且在研磨过程中还要起化学作用,以加速研磨过程。目前常用作研磨液的油脂主要有:变压器油、凡士林油、锭子油、油酸和葵花子油等。

5. 研磨参数

1) 磨料粒度

磨料的粒度一般要根据工件所要求的表面粗糙度来选择。粒度越细则加工后的表面粗糙度值越小。粗研时,为了提高生产率,用较粗的粒度,如 W28～W40;精研时则用较细的粒度,如 W5～W28；镜面研磨时则用更细的粒度 W1～W3.5,甚至还有用 W0.5 的。

2）研磨速度

研磨时切削速度较低,一般都小于 0.5 m/s,精密研磨时则应小于 0.16 m/s。

3）研磨余量

为了提高生产效率和保证研磨质量,研磨余量应尽量小,一般手工研磨不大于 10 μm,而机械研磨也得小于 15 μm。

4）研磨压强

研磨时所采用的压强,在手工研磨时主要靠操作者的感觉来确定。采用机械研磨时,可用 0.01～0.03 MPa。若分粗、精研,则粗研时用 0.1～0.3 MPa,精研时用 0.01～0.1 MPa。

6.5.4 珩磨

珩磨是用镶嵌在珩磨头上的油石(又称珩磨条)对精加工表面进行的精整加工工艺方法,又称镗磨。它不仅可以降低加工表面的粗糙度值,而且在一定的条件下还可以提高工件的尺寸及形状精度。

珩磨加工过程基本上与超精研加工相同,开始时珩磨头或珩磨轮与工件接触面积小,单位面积压力大,而且珩磨头或珩磨轮上的磨粒有自励性,故切削作用强烈。随着工件加工表面粗糙度的凸峰被逐渐磨平,压强下降,磨粒的切削作用也就逐渐趋于停止。

珩磨加工主要用于内孔表面,但也可以对外圆或齿形表面进行加工。珩磨加工后的表面粗糙度一般为 Rz0.4～3.2 μm,在一定条件下还可达到 Rz0.1 μm 以下。

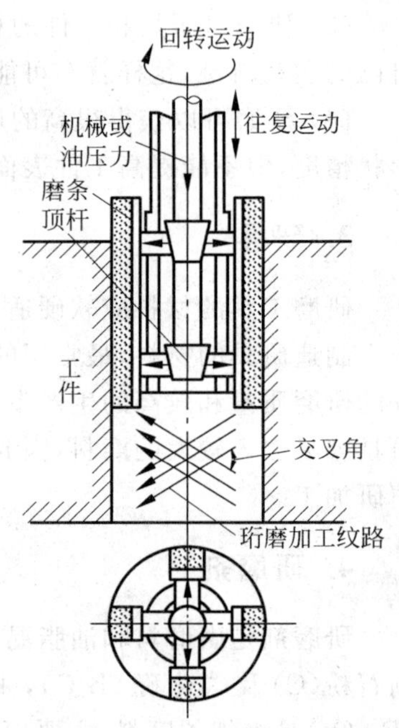

图 6-19　珩磨运动及其切削轨迹

珩磨头结构如图 6-19 所示。珩磨头的油石具有三种运动：旋转运动、往复运动和施加压力的径向运动。旋转和往复运动是珩磨的主要运动,这两种运动的组合,使油石上磨粒在孔的内表面上的切削轨迹成交叉而不重复的网纹,因此易获得较细的加工表面。径向加压运动是油石的进给运动,加压力越大,进给量就越大。珩磨头与机床主轴采用浮动连接,以保证余量均匀,因此,珩磨能够修正几何误差而不能修正位置误差。孔的位置精度和孔中心线的直线度要求应在珩前的工序给予保证。

6.5.5 抛光

通常所说的抛光与研磨并没有本质上的区别,只是其工具由软质材料制成(如无纺布等)。

当被加工表面只要求低的粗糙度值,而对形状精度没有严格要求时,就不能用硬的研具而只能用软的研具进行抛光加工。抛光常用于去掉前工序所留下来的痕迹,或者用于“打光”已精加工过的表面。为了得到光亮美观的表面和提高疲劳强度，或为镀铬等作准备，也常采用抛光加工。例如钻头沟的抛光加工及各种手轮、手柄等镀铬前的抛光加工。

机械抛光所用的研具常用帆布、毛毡等做成，它们可对平面、外圆、沟槽等进行抛光。抛光磨料可用氧化铬、氧化铁等，也可用按一定化学成分配合制成的抛光膏。

液体抛光是将含磨料的磨削液经喷嘴用6～8个大气压$(6\sim8)\times1.013\times10^5$ Pa高速喷向已加工表面，磨料颗粒就能将原来已加工过的工件表面上的凸峰击平，而得到极光滑的表面。

液体抛光所以能降低加工表面粗糙度，主要是由于磨料颗粒对表面微观凸峰高频((200～2500)万次/s)和高压冲击的结果。液体抛光的生产率极高，表面粗糙度可达$Rz0.1\sim0.8\ \mu m$，并且不受工件形状的限制，故可对某些其他光整加工方法无法加工的部位，如对内燃机进油管内壁等进行抛光加工。

液体抛光是一种高效的、先进的工艺方法，此外还有电解抛光、化学抛光等方法。

6.6 砂带磨削

砂带磨削属于使用涂覆磨具磨削的方法，砂带是砂带磨削这一特殊形式的磨削工具，借助于张紧机构使之张紧，和驱动轮使之高速运动，并在一定压力作用下，使砂带与工件表面接触以实现磨削加工的整个过程。图6-20为砂带磨削外圆的三种方式。砂带磨削是一种新的高效磨削方法，可以补充或部分替代砂轮磨削，具有广泛的应用前景和应用范围。

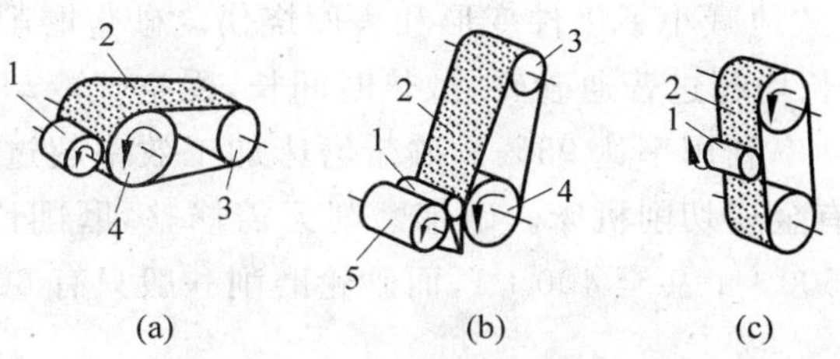

图6-20 砂带磨削外圆表面

(a) 中心磨；(b) 无心磨；(c) 自由磨

1—工件；2—砂带；3—张紧轮；4—接触轮；5—导轮

6.6.1 砂带磨削机理

砂带结构如图6-21所示。砂带多数采用静电植砂法制作，其原理是利用静电作用将砂粒4吸附在已涂胶的基体1上。这种方法由于静电作用，使砂带上的磨粒几乎垂直砂带基体排列，尖端向上，因此砂带切削性能强，容屑空间大，加工质量好。

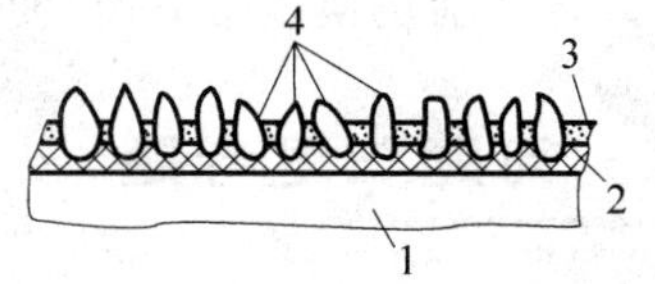

图6-21 砂带结构

1—基体；2—底胶；3—复胶；4—磨粒

砂带磨削时,砂带直接或经接触轮与工件被加工表面接触。由于砂带基体材料是纸、布或聚酯薄膜,有一定的弹性,同时接触轮的外圆材料一般是有一定硬度的橡胶或塑料,是弹性体,因此在砂带磨削时,弹性变形区的面积较大,与砂轮磨削相比,磨粒承受的载荷小而均匀,且有减振作用。砂带磨削时材料的塑性变形和摩擦力均较砂轮磨削时减小,工件温度降低。砂带粒度均匀、等高性好,粒度尖端向上,有方向性,且切削刃间隔长,不易被切屑堵塞,因此有较好的切削性。这些都使得加工表面得到很高的表面质量,但对提高工件的几何精度帮助不大。

砂带磨削时,除有砂轮磨削的滑擦、刻划和切削作用外,由于有弹性,有磨粒的挤压使加工表面产生的塑性变形、磨粒的压力使加工表面产生的加工硬化和断裂、因摩擦升温而引起的加工表面热塑性流动等,因此从加工机理来看,砂带磨削兼有磨削、研磨和抛光的综合作用,是一种复合加工。

砂带磨削在提高加工表面质量,特别是降低表面粗糙度值方面效果比较明显,在加工精度方面只是略有提高。

6.6.2 砂带磨削的特点及应用范围

砂带磨削不同于其他的几种磨削方式,因此具有其独有的特点和适用场合。

(1) 砂带磨削时,因为砂带与工件是柔性接触,又有磨削、研磨和抛光的综合作用,还有减振作用,从而可获得较高的表面质量,表面粗糙度可达 $Ra0.05\sim0.01\ \mu m$。砂带磨削又有弹性磨削之称。

(2) 砂带磨削时,由于砂带磨粒有方向性,且切削刃间隔长,摩擦升温小,不易被切屑堵塞,有较好的切削性,有效地减小了工件变形和表面烧伤。砂带磨削又有冷态磨削之称。

(3) 砂带宽度与周长均超过普通砂轮,散热时间长,受空气冷却作用强、不易烧伤工件,因而加工效率特别高,功率利用率达95%。砂带磨床加工效率超过车、铣、刨等通用机床加工效率,几乎领先于所有金属切削机床。砂带磨削无需修整,磨削比(切除工件重量与磨料磨损重量之比)可高达300∶1甚至400∶1,而砂轮磨削一般只有30∶1,因此又有高效磨削之称。

(4) 砂带制作比砂轮简单方便,无烧结、动平衡等问题,易于批量生产,价格便宜。砂带磨削所用设备简单,可制作砂带磨床或砂带磨削头架,后者可安装在各种普通机床上进行砂带磨削工作,使用方便,制造成本低。砂带磨削加工成本只是砂轮磨削的三分之一。因此是一种廉价磨削。

(5) 砂带磨削工艺性和应用范围广,可加工外圆、内圆、平面和成形表面。砂带磨削头可安装在卧式车床、立式车床、龙门刨床等普通机床上进行磨削加工,有很强的适应性。另外,砂带磨削更换砂带方便,使用安全。

习题与思考题

6-1 磨削加工如何进行分类?磨削加工具有哪些特点?

6-2 砂轮特性由哪些因素决定?

6-3　试列出几种常用磨料的特性及用途。

6-4　砂轮粒度的常用选择原则有哪些？

6-5　什么是砂轮硬度？如何选择砂轮的硬度？

6-6　磨屑形成的过程可划分为哪三个阶段？

6-7　与切削加工相比，磨削有哪些特点？

6-8　分析用窄砂轮磨削细长轴时机床需要哪些运动。

6-9　周面磨削有哪些特点？端面磨削有哪些特点？

6-10　无心磨床的导轮是什么形状？

6-11　常用的零件表面光整加工方法有哪些？

6-12　珩磨头的油石有哪些运动？

6-13　试述砂带磨削的特点和应用。

第7章

其他机床与刀具

知识点

- 齿轮加工机床与齿轮加工刀具
- 拉床和拉刀
- 刨床与插床
- 组合机床与组合刀具
- 数控机床与刀具系统

本章导读

本章着重介绍齿轮的各种加工方法及对应的齿轮加工机床。其中插齿和滚齿的加工原理及相应的运动分析应予以掌握；此外还介绍拉床、刨床和插床可以看作是立式刨床；最后介绍组合机床和数控机床以及相应的刀具、工具系统。

7.1 齿轮加工机床与齿轮加工刀具

按形成齿轮齿形的原理不同，齿轮的切削加工可分为两大类：成形法和展成法。

成形法加工齿轮时，刀具的齿形与被加工齿轮的齿槽形状相同。其中最常用的是用盘状模数铣刀或指状模数铣刀在铣床上借助分度装置铣齿轮。如图7-1所示，母线(渐开线)用成形法获得，不需成形运动，导线由相切法形成，需要两个成形运动。

齿轮的齿廓形状取决于基圆的大小(与齿轮的齿数有关)，如图7-2所示。由于同一模数的铣刀是按被加工工件齿数范围分号的(见表7-1)，每一号铣刀的齿形是按该号中最少齿数的齿轮齿形确定的，因此，用这把铣刀铣削同号中其他齿数的齿轮时齿形有误差。用成形法铣齿轮所需运动简单，不需专门的机床，但要用分度头分度，生产效率低。因此这种方法一般用于单件小批量、精度要求低的齿轮生产。

展成法加工齿轮时，齿轮表面的渐开线由展成法形成，展成法具有较高的生产效率和加工精度。齿轮加工机床绝大多数采用展成法。

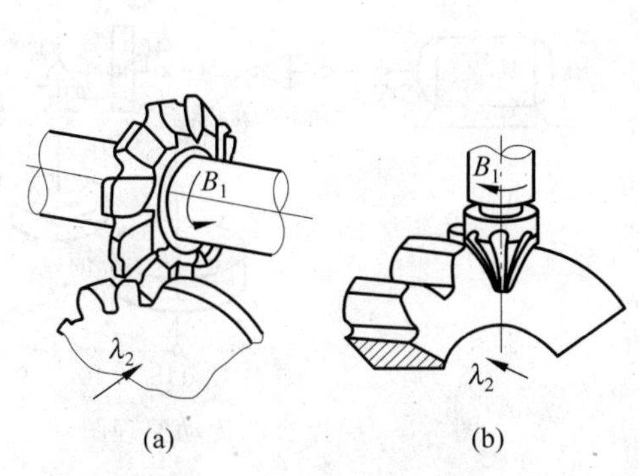

图 7-1　成形法加工齿轮

(a) 盘状模数铣刀；(b) 指状模数铣刀

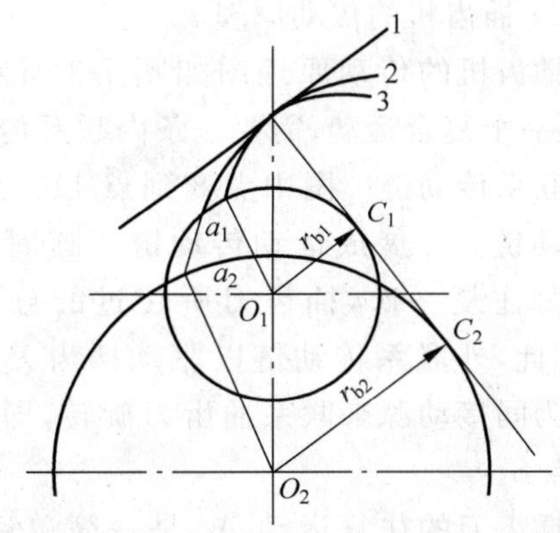

图 7-2　渐开线形状与基圆关系

表 7-1　模数铣刀加工齿数范围

刀号	1	2	3	4	5	6	7	8
加工齿数范围	12～13	14～16	17～20	21～25	26～34	35～54	55～134	135 以上及齿条
齿形								

圆柱齿轮的加工方法主要有滚齿、插齿等。锥齿轮的加工方法主要有刨齿、铣齿等。精加工齿轮齿面的方法有磨齿、剃齿、珩齿、研齿等。

7.1.1　插齿原理和插齿刀

1. 插齿原理及运动分析

插齿机一般用来加工内、外啮合的圆柱齿轮，尤其适合于加工内齿轮和多联齿轮，这是滚齿机无法加工的。装上附件，插齿机还能加工齿条，但插齿机不能加工蜗轮。

1）插齿原理及所需的运动

如图 7-3 所示，从原理上讲，插齿加工过程，相当于一对直齿圆柱齿轮啮合。插齿刀实质是一个端面磨有前角，齿顶及齿侧均磨有后角的齿轮。插齿时，刀具沿工件轴线方向作高速往复直线运动，形成切削加工主运动，同时还与工件作无间隙啮合运动，在工件上加工出全部轮齿齿廓。加工过程中，刀具每往复一次仅切出工件齿槽很小部分，工件齿槽齿面曲线是由插齿刀切削刃多次切削包络线所形成。插齿机是按展成法加工圆柱齿轮的。

用插齿刀插削直齿圆柱齿轮的运动分析见图 3-7。插齿开始时，插齿刀和工件除作展成运动外，还要作相对的径向切入运动，直到达到全齿深为止；然后，工件再旋转一周，全部轮齿就切削完毕，插齿刀与工件分开，机床停止。为了减少刀刃的磨损，还需要有让刀运动，即刀具在回程时径向退离工件，切削时复原。

2) 插齿机的传动原理

插齿机的传动原理图如图 7-3 所示。B_{11} 和 B_{12} 是一个复合运动,需要一条内联系传动链和一条外联系传动链。图中点 8 到点 11 之间是内联系传动链——展成运动传动链。圆周进给以插齿刀每往复一次,插齿刀所转过的分度圆弧长计,因此,外联系传动链以驱动插齿刀往复的偏心轮为间接动源来联系插齿刀旋转,即图中的点 4 到点 8。

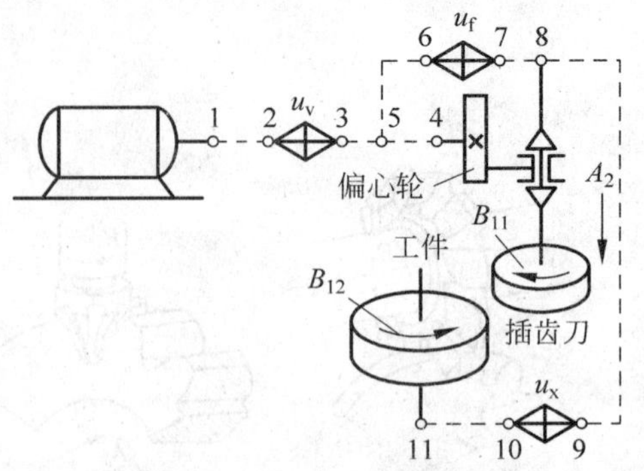

图 7-3 插齿机的传动原理图

插齿刀的往复运动 A_2 是一简单运动,它只有一个外联系传动链,即由点 1 至曲柄偏心轮处的点 4,这是主运动链。

2. 插齿刀

标准插齿刀分直齿和斜齿插齿刀两类,有盘状插齿刀、碗状插齿刀、锥柄插齿刀几种形式,如图 7-4 所示。盘状插齿刀主要用于加工内、外啮合的直齿、斜齿和人字齿轮。碗状插齿刀主要加工带台肩和多联的内、外啮合的直齿轮,它与盘形插齿刀的区别在于工作时夹紧用的螺母可容纳在插齿刀的刀体内,因而不妨碍加工。锥柄插齿刀主要用于加工内啮合的直齿和斜齿齿轮。插齿刀一般用高速钢制造,整体结构。大直径插刀也有做成镶齿结构的。

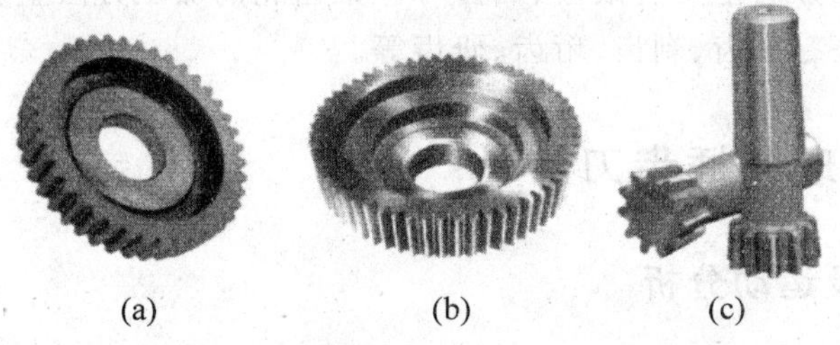

图 7-4 插齿刀的三种标准形式

(a) 盘状插齿刀;(b) 碗状插齿刀;(c) 锥柄插齿刀

1) 插齿刀齿形特征

图 7-5 所示为直齿插齿刀一个刀齿,它有一条顶刃 1 和一个顶后刀面,两条侧刃 2 和两个侧后刀面 3。

为了得到顶刃后角,插齿刀外圆面应做成与插齿刀同轴线的外锥面,其半锥顶角为 α_p (见图 7-6)。为了得到侧刃后角 α_f,将两侧后刀面做成旋向相反的渐开螺旋面,这样,刀具磨钝后重磨前刀面时,刀齿顶圆直径和分圆齿厚都减小了,但两侧刃齿形仍是渐开线。为了保持齿高不变,齿根圆也应向插齿刀轴线移近相同的距离,插齿刀每个端剖面截形,可以看成是基圆直径相同,变位系数不同的变位齿轮,新插齿刀变位系数最大,重磨后变位系数减小。变位系数等于零的剖面 $O—O$ 中齿顶高和分圆齿厚都是标准值,这个剖面叫做原始剖面。插齿刀的本质是基圆相同,变位系数由大到小依次排列而成的无穷片变位齿轮的组合体。

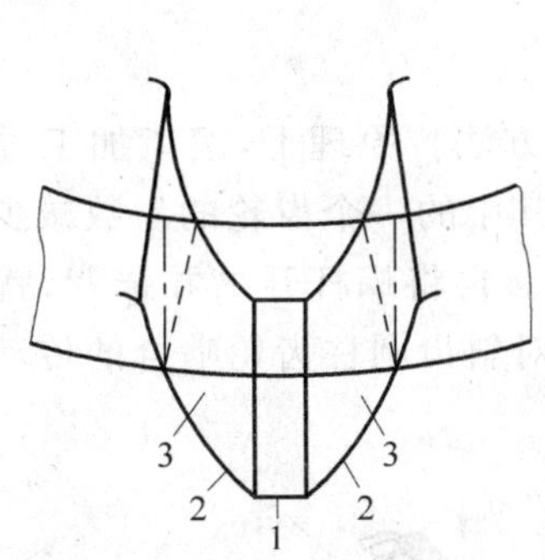

图 7-5　直齿插齿刀的切削刃与后刀面

1—顶刃；2—侧刃；3—侧后刀面

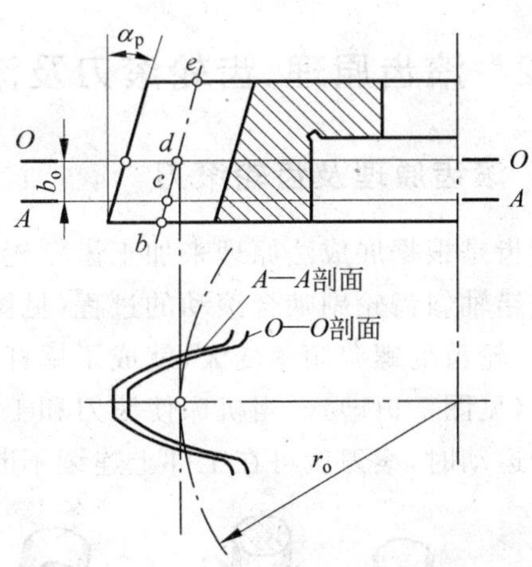

图 7-6　插齿刀在不同端剖面中的截形

2）插齿刀的切削角度及齿形修正

为了得到插齿刀的前角，前刀面做成与插齿刀同轴线的内锥面，其内锥面底角 γ_p 就是插齿刀顶刃前角(见图 7-7)，标准直齿插齿刀 $\gamma_p=5°$。侧刃前角的大小与顶刃前角有关，而且在侧刃各点处的大小不等，从齿顶到齿根逐渐变小。

顶刃后刀面做成外锥面，其半锥顶角 α_p 即为顶刃后角。标准直齿插齿刀 $\alpha_p=6°$。侧刃后角在侧刃各点处的大小相等，其值等于渐开螺旋面的基圆螺旋角。

插齿刀有前角 γ_p 后，切削刃的顶刃、分圆和齿根不在同一端剖面内，分别在Ⅰ—Ⅰ、Ⅱ—Ⅱ、Ⅲ—Ⅲ端剖面内。这样，插齿刀切削刃在端面的投影(铲形齿轮)的齿形角减小，不再是渐开线，造成较大的齿形误差，如图 7-7 所示。随 γ_p、α_p 的增大，其误差也增大，因此，必须进行齿形修正。

修正齿形误差的方法是，将插齿刀切削刃在端面内截形(渐开线)的齿形角不做成 α 值，而做成 α_o 值($\alpha_o>\alpha$)，使切削刃在端面内投影(铲形齿轮)的齿形分圆处齿形角达到 α 值(见图 7-8)。

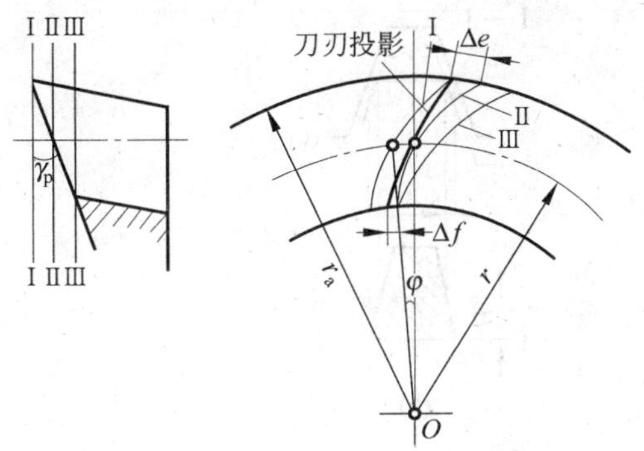

图 7-7　插齿刀前角引起的齿形偏差

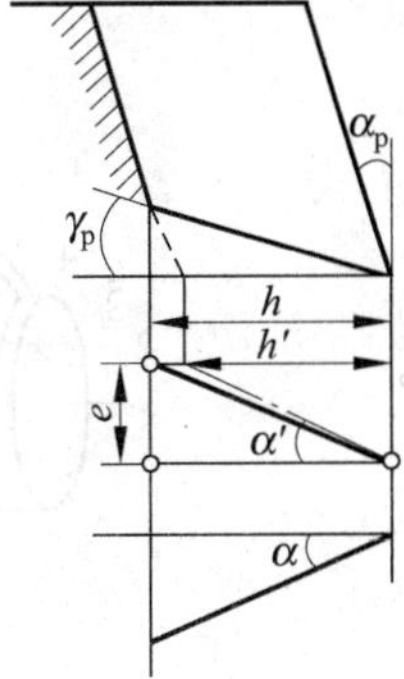

图 7-8　插齿刀齿形角的修正

7.1.2 滚齿原理、齿轮滚刀及滚齿机的运动分析

1. 滚齿原理及齿轮滚刀

滚齿是根据展成法原理来加工齿轮轮齿的一种加工方法。原理上,滚齿加工过程模拟一对交错轴斜齿轮副啮合滚动的过程(见图7-9(a))。将其中的一个齿轮的齿数减少到一个或几个,轮齿的螺旋倾角变大,就成了蜗杆(见图7-9(b))。再将蜗杆开槽并铲背,就成了齿轮滚刀(见图7-9(c))。当机床使滚刀和工件严格地按一对斜齿圆柱齿轮啮合的传动比关系作旋转运动时,滚刀就可在工件上连续不断地切出齿来。

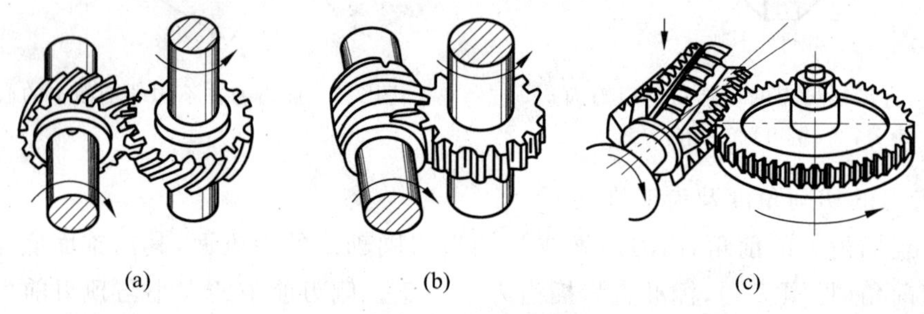

图7-9 滚齿原理

将蜗杆开槽后,产生了前刀面和切削刃,各个刀齿的切削刃都必须位于这个相当于斜齿圆柱齿轮的蜗杆螺纹表面上,这个蜗杆叫滚刀的基本蜗杆(或称"铲形"蜗杆),如图7-10(a)所示。基本蜗杆的螺纹表面若是渐开螺旋面,则称渐开线基本蜗杆,这种滚刀称渐开线滚刀。用这种滚刀可以切出理论上完全理想的渐开线齿形。但这种滚刀制造及检查很困难,生产中很少采用。通常采用近似造型方法,如采用阿基米德基本蜗杆滚刀和法向直廓基本蜗杆滚刀。这两种滚刀基本蜗杆的螺纹表面在端面的截形不是渐开线,分别是阿基米德螺线和延长渐开线。当滚刀分圆柱螺旋角很大,导程很小时,虽然它们不是渐开线蜗杆,切出的齿轮齿形也不是理论上的渐形线齿形,但误差很小。由于阿基米德滚刀齿形误差更小,制造与检测更容易,生产标准齿轮滚刀通常多采用这种类型的滚刀。

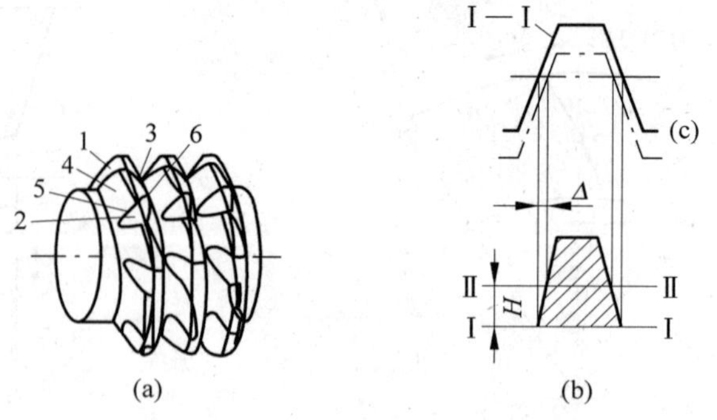

图7-10 齿轮滚刀的基本蜗杆

(a) 齿轮滚刀的基本蜗杆;(b) 分圆柱截面展开图;(c) 重磨前后的齿形位置

1—蜗杆表面;2—滚刀前刀面;3—顶刃后刀面;4—侧刃后刀面;5—侧切削刃;6—顶刃

1）滚刀的前刀面及前角

滚刀容屑槽的一侧构成前刀面，前刀面在滚刀端剖面中的截形为直线，制造与重磨都简单。滚刀前角为零度时，此直线通过滚刀中心（见图 7-11）。工具厂生产的标准齿轮滚刀都做成零前角滚刀，因为滚刀的切削刃形状较简单，刃磨前刀面时方便，同时容易保证齿形精度。粗加工齿轮滚刀为了改善切削条件，也可采用正前角，通常取 $\gamma_p=6°\sim9°$。滚切硬齿面齿轮的硬质合金精切滚刀，则采用很大的负前角。

容屑槽有螺旋槽和直槽两种，如图 7-11(a)、(b)所示。直槽制造方便，重磨和检查滚刀齿形也方便。但滚刀做成直槽后，左右两侧刃的前角数值相等而正负号相反（如图 7-12(a)），其数值等于滚刀基本蜗杆分圆柱螺旋升角 λ_0。生产中 $\lambda_0\leqslant5°$ 时才做成直槽的。当 $\lambda_0>5°$ 时都做成螺旋槽滚刀，容屑槽的螺旋角等于滚刀基本蜗杆螺纹的螺旋升角 λ_0，由图 7-12(b)可以看出，左、右侧刃点 a 和 b 的前角相同，切削条件相同。

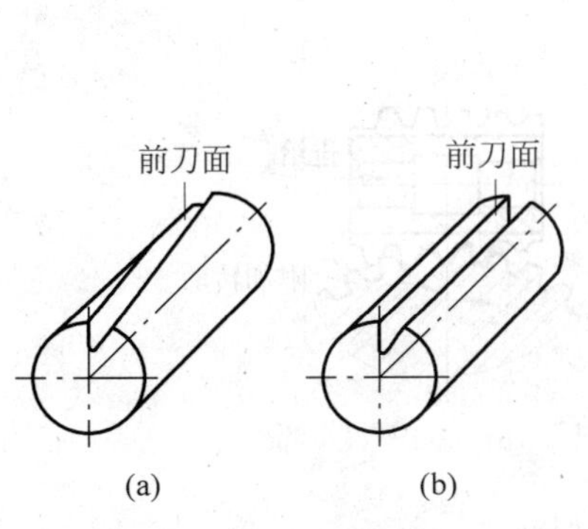

图 7-11　滚刀的容屑槽

(a) 螺旋槽；(b) 直槽

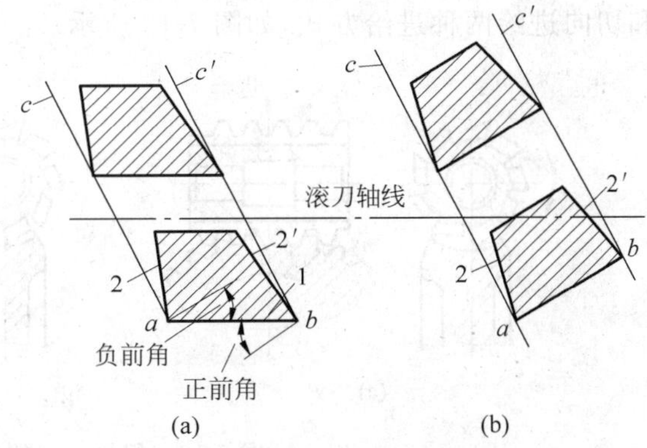

图 7-12　直槽和螺旋槽滚刀侧刃前角

(a) 直槽；(b) 螺旋槽

2）滚刀的后刀面和后角

作为切削刀具，滚刀必须有后角，使侧刃后刀面与顶刃后刀面都缩入基本蜗杆的螺旋面之内，如图 7-10(a)。滚刀用钝后，重磨前刀面，重磨后产生新的切削刃，图 7-10(c)中虚线所示为滚刀用钝重磨后的新切削刃。新滚刀齿形与重磨后的滚刀齿形应一致，因此，滚刀的本质应是一个齿数很少，螺旋角很大的变位斜齿圆柱齿轮。滚刀的顶刃后刀面和两侧刃后刀面都是用铲削方法加工出来的。可以看出，滚刀重磨后，分圆齿厚减小了，齿顶高也减小了，加工齿轮时，为使所切齿轮分圆齿厚不变，应减小滚刀与齿轮的中心距，这相当于减小了齿轮滚刀的变位量。

齿轮滚刀直径较小、模数较小时常做成整体式。整体式齿轮滚刀常用高速钢制造。齿轮滚刀模数较大时常做成镶齿结构，在刀体上镶装高速钢齿条或硬质合金齿条。

2. 蜗轮滚刀和蜗轮飞刀

蜗轮滚刀无论从外形上还是结构上都与齿轮滚刀很相似，在设计方法上也有许多相似之处，但蜗轮滚刀在工作原理上与齿轮滚刀有很大差别。齿轮滚刀是按螺旋齿轮啮合原理加工齿轮的，而蜗轮滚刀是模拟工作蜗杆与蜗轮啮合加工蜗轮的。蜗轮轮齿在不同端截面内齿形各不相同，在齿长方向上形成一个环状空间曲面，无论工作蜗杆与蜗轮啮合，还是滚刀与蜗轮啮合,都不是交错轴齿轮啮合。所以渐开线齿轮啮合基本特性(两者法向模数、法向齿形角对应相等)不适于蜗杆与蜗轮啮合条件。因此,蜗轮滚刀工作原理是模拟工作蜗杆与蜗轮的啮合原理而工作的。这样它具有以下特点:

(1) 蜗轮滚刀的基本蜗杆应与工作蜗杆类型相同,它不能采用近似造型原理加工蜗轮;

(2) 蜗轮滚刀基本参数应与工作蜗杆相同,如模数、齿形角、分圆直径、螺纹头数、旋向、分圆柱上螺旋升角等;

(3) 蜗轮滚刀切制蜗轮齿形时工作位置应与工作蜗杆与蜗轮的啮合位置相同,如轴间距、轴交错角、滚刀轴线在蜗轮齿长方向的位置;

(4) 蜗轮滚刀的顶圆直径和分度圆齿厚都比工作蜗杆对应尺寸要大一些,以保证蜗杆与蜗轮传动所需要的齿顶间隙和齿侧间隙。

从以上可以看出,蜗轮滚刀是特定条件下的专用刀具。蜗轮滚刀切制蜗轮时,有径向进给和切向进给两种进给方式,如图7-13所示。

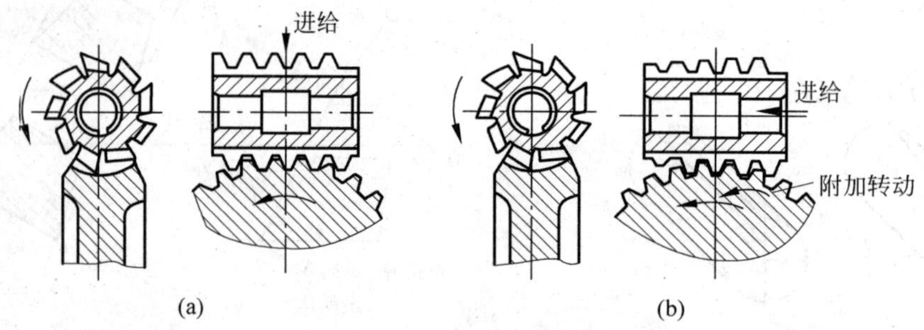

图7-13　蜗轮滚刀的进给方向
(a) 径向进给;(b) 切向进给

由于蜗轮滚刀是专用刀具,当某一参数和蜗轮制造数量很少时,设计、制造一把蜗轮滚刀既不经济,周期又长,此时可用蜗轮飞刀来加工。蜗轮飞刀实际上是单齿的蜗轮滚刀(见图7-14)。为了包络出完整的蜗轮齿形,采用切向进给方式加工。这种刀具结构简单、制造容易、周期短、成本低,能加工出合格的蜗轮,但生产效率低,要求机床有切向进给刀架。

3. 滚齿机的运动分析

1) 滚切直齿圆柱齿轮

(1) 机床的运动和传动原理图

用滚刀加工直齿圆柱齿轮时机床的运动分析见例3-4,此时需要两个表面成形运动、三条传动链,如图7-15所示。

① 展成运动传动链　展成运动是滚刀与工件之间的啮合运动,是一个复合的表面成形运动。这个运动被分解为两部分:滚刀的旋转运动 B_{11} 和工件的旋转运动 B_{12}。要保持 B_{11} 和 B_{12} 之间严格的相对运动关系,需要一条内联系传动链。设滚刀的头数为 K,工件齿数为 z,则滚刀每转 $1/K$ 转,工件应转 $1/z$ 转。在图7-15中,这条传动链是滚刀—4—5—u_x—6—7—工件,称为展成运动传动链。

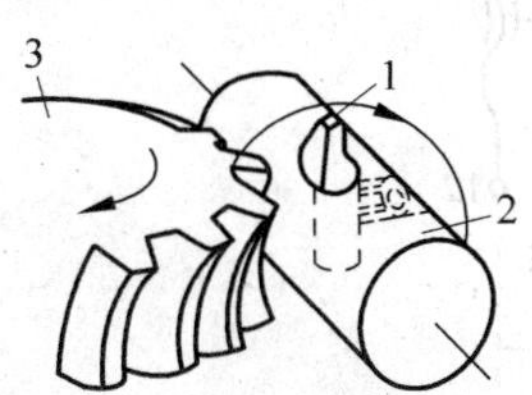

图 7-14　飞刀加工蜗轮

1—飞刀刀头；2—刀杆；3—蜗轮

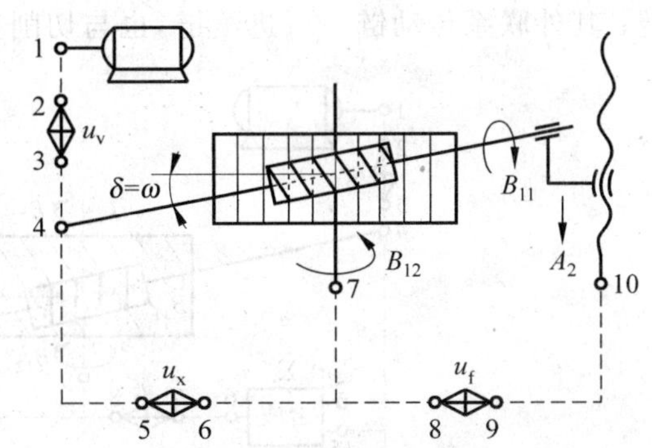

图 7-15　滚切直齿圆柱齿轮需要的运动及传动原理图

② 主运动传动链　展成运动还应有一条外联系传动链与动力源相联系。这条传动链为电动机—1—2—u_v—3—4—滚刀，从切削的角度分析，滚刀的旋转运动是主运动。这条传动链称为主运动传动链。

③ 进给运动传动链　为了形成直线，滚刀还需作竖直的直线运动 A_2。这个运动是维持切削得以连续进行的运动，是进给运动。A_2 是一个简单运动，可以使用独立的动力源驱动，但是，工件转速和刀架移动速度之间的相对关系，会影响到齿轮的表面粗糙度。因此，滚齿机的进给以工件每转时滚刀刀架的轴向移动量计，把工作台作为间接动力源。这条传动链为工件—7—8—u_f—9—10—刀架升降丝杠。这是一条外联系传动链，称为进给运动传动链。

(2) 滚刀的安装

滚刀刀齿是沿螺旋线分布的，螺旋升角为 ω。加工直齿圆柱齿轮时，为了使切削点处滚刀刀齿方向与被切齿轮的齿槽方向一致，滚刀轴线与被切齿轮端面之间应倾斜一个角度 δ，称为滚刀的安装角，它在数量上等于滚刀的螺旋升角 ω。用右旋滚刀加工直齿齿轮的安装角如图 7-15 所示。用左旋滚刀时反向倾斜。图中虚线表示滚刀与齿坯接触一侧切削点处的滚刀螺旋线方向。

2) 滚切斜齿圆柱齿轮

(1) 机床的运动和传动原理图

滚切斜齿圆柱齿轮时，形成渐开线所需的运动与滚切直齿圆柱齿轮相同(见例 3-2)。斜齿圆柱齿轮与直齿圆柱齿轮的区别在于齿长方向不是直线，而是螺旋线。因此，加工斜齿圆柱齿轮时，进给运动是螺旋运动，是一个复合运动，这个运动可由滚刀刀架的直线运动 A_{21} 和工作台的旋转运动 B_{22} 两部分复合而成。因为工作台既要在展成运动中完成 B_{12}，又要在形成螺旋线的运动中完成 B_{22}，故 B_{22} 被称为附加转动。总之，滚切斜齿圆柱齿轮需要两个运动，一个是形成渐开线的复合运动(B_{11} 和 B_{12})，另一个是形成螺旋齿向线的复合运动(A_{21} 和 B_{22})，如图 7-16 所示。

滚切斜齿圆柱齿轮时的两个成形运动都各需一条内联系传动链和一条外联系传链。形成渐开线的展成运动传动链和主运动传动链与滚切直齿轮时完全相同。产生螺旋进给运动的内联系传动链连接刀架移动 A_{21} 和工件的附加转动 B_{22}，以保证当刀架直线移动距离为工件螺旋线的一个导程 S 时，工件的附加转动为一转，这条内联系传动链习惯上称为差动运动传动链；其外联系传动链——进给链,也与切削直齿圆柱齿轮时相同。

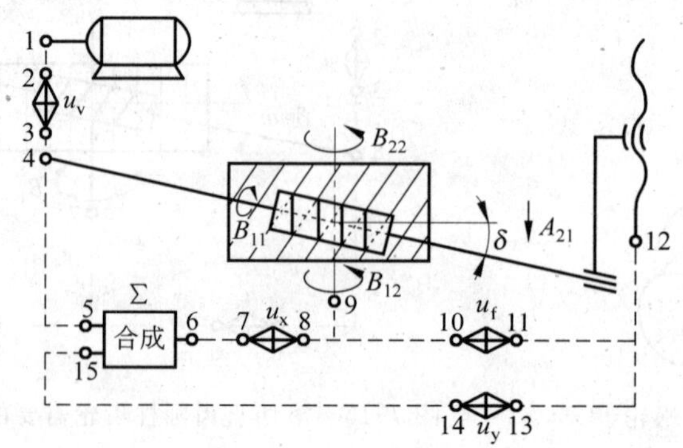

图 7-16　滚切斜齿圆柱齿轮需要的运动及传动原理图

展成运动传动链要求工件转动 B_{12},差动传动链又要求工件附加转动 B_{22}。为防止这两个运动同时传给工件时发生干涉,采用合成机构先把 B_{12} 和 B_{22} 合并起来,然后再传给工作台。合成机构把来自滚刀的运动(点 5)和来自刀架的运动(点 15)合并起来,在点 6 输出,传给工件。在图 7-16 中,差动传动链为丝杠—12—13—u_y—14—15—合成机构—6—7—u_x—8—9—工件。换置器官的传动比 u_y 根据被加工齿轮的螺旋线导程 S 或螺旋倾角 β 调整。

滚齿机既能加工直齿圆柱齿轮,又能加工斜齿圆柱齿轮。因此,滚齿机是根据滚切斜齿圆柱齿轮的传动原理图设计的。当滚切直齿圆柱齿轮时,就将差动运动传动链断开(换置器官不挂挂轮),并把合成机构通过一定的结构固定成为一个如同联轴器的整体。

(2) 滚刀的安装

滚切斜齿圆柱齿轮时,滚刀的安装角 δ 不仅与滚刀的螺旋线方向及螺旋升角 ω 有关,而且还与被加工齿轮的螺旋线方向及螺旋角 β 有关。当滚刀与齿轮的螺旋线方向相同时,滚刀的安装角 $\delta=\beta-\omega$,图 7-17(a)表示用右旋滚刀加工右旋齿轮的情况。当滚刀与齿轮的螺旋线方向相反时,滚刀的安装角 $\delta=\beta+\omega$；图 7-17(b)表示用右旋滚刀加工左旋齿轮的情况。

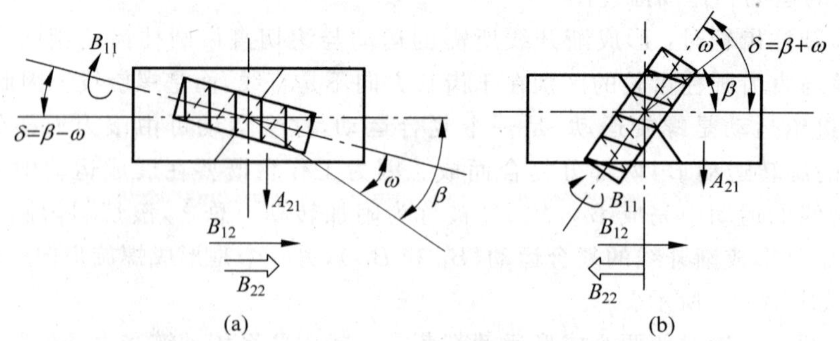

图 7-17　滚切斜齿圆柱齿轮时滚刀的安装角

(a) 用右旋滚刀加工右旋齿轮；(b) 用右旋滚刀加工左旋齿轮

（3）工件附加转动的方向

工件附加转动 B_{22} 的方向见图 7-18。图中 ac' 是斜齿圆柱齿轮的齿向线。滚刀在位置Ⅰ时，切削点在 a 点。滚刀下降 Δf 到达位置Ⅱ时，需要切削的是 b' 点而不是 b 点。如果用右旋滚刀切削右旋齿轮，则工件应比切直齿时多转一些（见图 7-18(a)），切左旋齿轮，则应少转一些（见图 7-18(b)），以便滚刀到达需要切削的 b' 点。用右旋滚刀时，刀架向下移动工件螺旋线导程 S，工件应多转（右旋齿轮）或少转（左旋齿轮）1 转。

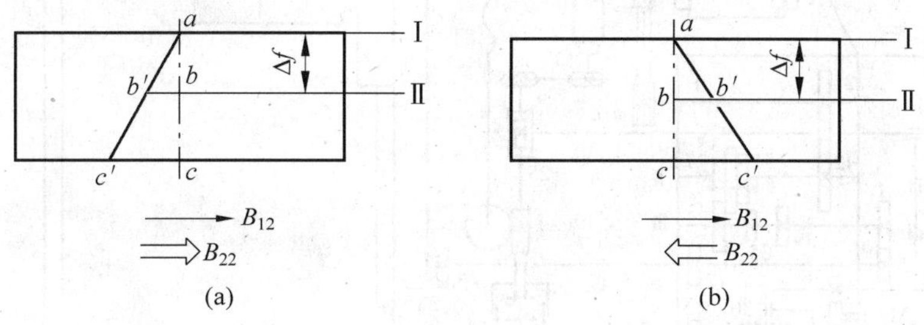

图 7-18　用右旋滚刀滚切斜齿轮时工件的附加转动方向

(a) 加工右旋齿轮；(b) 加工左旋齿轮

3）滚齿机结构和传动系统图

图 7-19 是 Y3150E 型滚齿机的外形图，滚刀装在滚刀主轴 4 上作旋转运动；滚刀刀架 3 既可沿立柱 2 上的导轨作上下直线移动，还可绕自己水平轴线转位，以调整滚刀和工件间的相对位置，使它们相当于一对轴线交叉的螺旋齿轮啮合；工件装在心轴 6 上随工作台 7 一起转动：小立柱 5 可以同工作台一起作水平方向移动，以适应不同直径工件的需要以及在用径向进给法切削蜗轮时作进给运动。

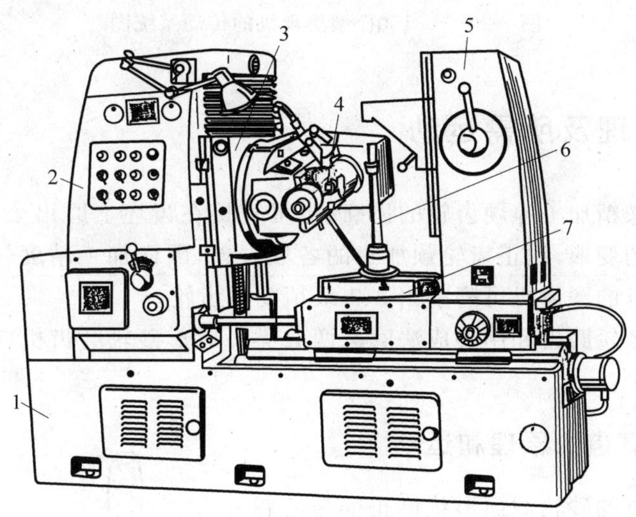

图 7-19　Y3150E 型滚齿机

1—床身；2—立柱；3—刀架；4—主轴；5—小立柱；6—心轴；7—工作台

图 7-20 是 Y3150E 型滚齿机的传动系统图。滚齿机的传动系统比较复杂，对于这种运动关系比较复杂的机床，必须根据对机床的运动分析，结合传动原理图，在传动系统图上对应地找到每一条传动链的末端件和传动路线及换置器官，逐条进行分析。

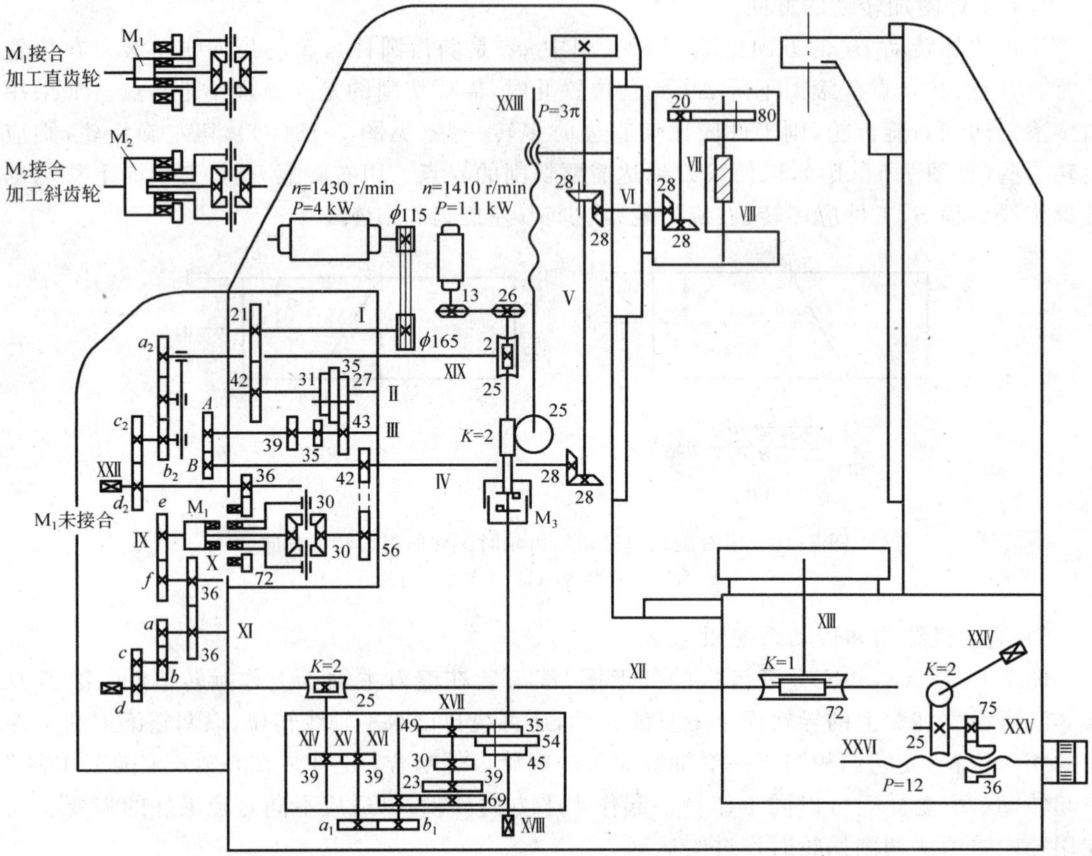

图 7-20　Y3150E 型滚齿机的传动系统图

7.1.3　磨齿原理及所需运动

磨齿机床常用来精加工淬硬齿轮的齿廓,也可直接在齿坯上磨出小模数的轮齿。磨齿能消除齿轮淬火后的变形,纠正齿轮预加工的各项误差,因而加工精度较高。磨齿后,精度一般可达到6级。有的磨齿机可磨削出3、4级精度的齿轮。

磨齿机分成形砂轮磨齿和用展成法磨齿两大类。成形砂轮磨齿机应用比较少,多数磨齿机用展成法。

1. 成形砂轮磨齿机原理和运动

成形砂轮磨齿机的砂轮截面形状修正得与齿谷形状相同(见图7-21)。磨齿时,砂轮高速旋转并沿工件轴线方向往复运动。一个齿磨完后分度,再磨第二个齿,砂轮对工件的切入运动,由砂轮与安装工件的工作台作相对径向运动得到。这种机床的运动比较简单。

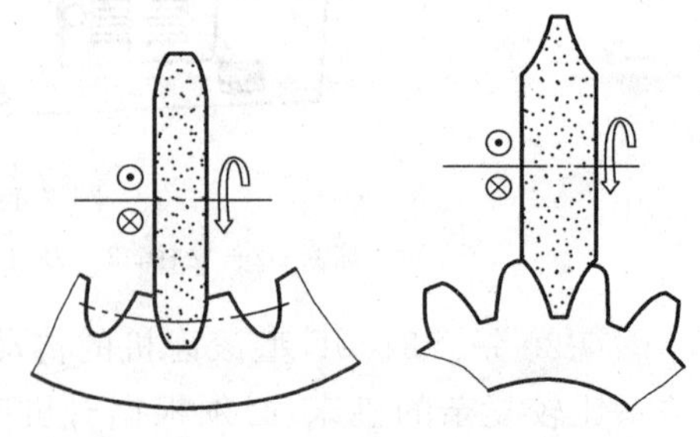

图 7-21　成形砂轮磨齿的工作原理

2. 展成法磨齿机的原理和运动

用展成法原理工作的磨齿机，分为连续磨齿和分度磨齿两大类，如图7-22所示。

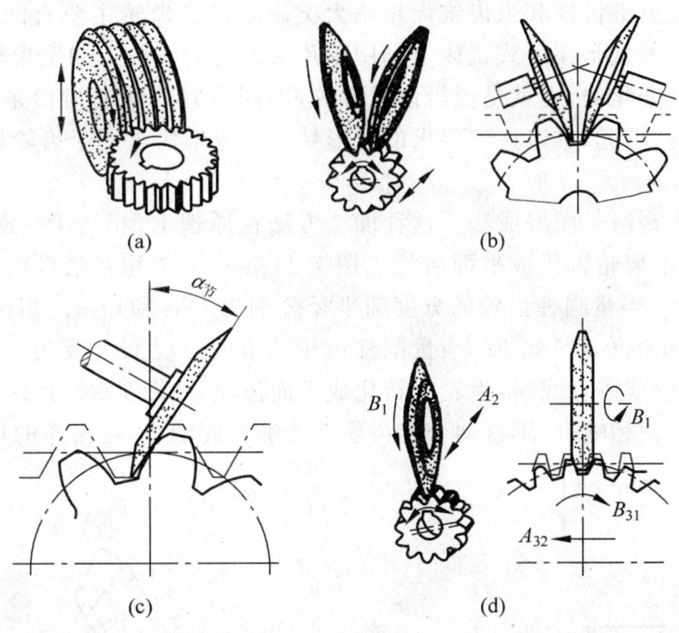

图7-22 展成法磨齿的工作原理

(a) 蜗杆砂轮法；(b) 蝶形砂轮法；(c) 大平面砂轮法；(d) 锥形砂轮法

1）连续磨齿

展成法连续磨削的磨齿机，工作原理与滚齿机相似。砂轮为蜗杆形，称为蜗杆砂轮磨齿机，如图7-22(a)所示，砂轮相当于滚刀，相对工件作展成运动，磨出渐开线。工件作轴向直线往复运动，以磨削直齿圆柱齿轮的轮齿，如果作倾斜运动，就可磨削斜齿圆柱齿轮。砂轮的转速很高，展成链不能用机械方法联系砂轮和工件。

2）分度磨齿

这类磨齿机根据砂轮形状又可分为蝶形砂轮型、大平面砂轮型和锥形砂轮型三种(见图7-22(b)～(d))。它们都是利用齿条和齿轮的啮合原理，用砂轮代替齿条来磨削齿轮。齿条的齿廓是直线，形状简单，易于保证砂轮的修整精度。加工时被切齿轮在想象中的齿条上滚动。每往复滚动一次，完成一个或两个齿面的磨削。因此需多次分度才能磨完全部齿面。

蝶形砂轮型磨齿机(见图7-22(b))用两个蝶形砂轮代替齿条的两个齿侧面。大平面砂轮型磨齿机(见图7-22(c))用大平面的端面代替齿条的一个齿侧面。锥形砂轮磨齿机(见图7-22(d))用锥形砂轮的侧面代替齿条的一个齿，但砂轮比齿条的一个齿略窄。一个方向滚动时磨削一个齿面；另一个方向滚动时，齿轮略作水平窜动，以磨削另一个齿面。

7.1.4 锥齿轮的加工方法

锥齿轮分为直齿锥齿轮和弧齿锥齿轮两大类。制造锥齿轮主要有两种方法,即成形法和展成法。成形法通常是在卧式铣床上利用单片铣刀或指状铣刀加工齿轮。锥齿轮沿齿线方向的基圆直径是变化的,也就是说沿齿线方向,不同位置的法向齿形是变化的,但成形刀具的形状是固定的,因此,难以达到要求的齿形精度。成形法仅用于齿轮粗加工或精度要求不高的场合。

锥齿轮加工中普遍采用展成法。这种加工方法在原理上,相当于一对相互啮合的锥齿轮,将其中的一个锥齿轮转化成平面齿轮。图 7-23 表示一对相互啮合的锥齿轮,节锥顶角分别为 $2\phi_1$ 和 $2\phi_2$。当量圆柱齿轮的分度圆半径分别为 O_1a 和 O_2a。当锥齿轮 2 的节锥角 $2\phi_2$ 逐渐变大,并最终等于 180°时,当量圆柱齿轮的节圆半径 O_2a 变为无穷大,当量圆柱齿轮就成了齿条,齿形就成直线,锥齿轮 2 转化成平面齿轮,如图 7-24 所示。两个锥齿轮若都能与同一个平面齿轮相啮合,则这两个锥齿轮就能够彼此啮合,锥齿轮的切齿方法就基于这个原理。

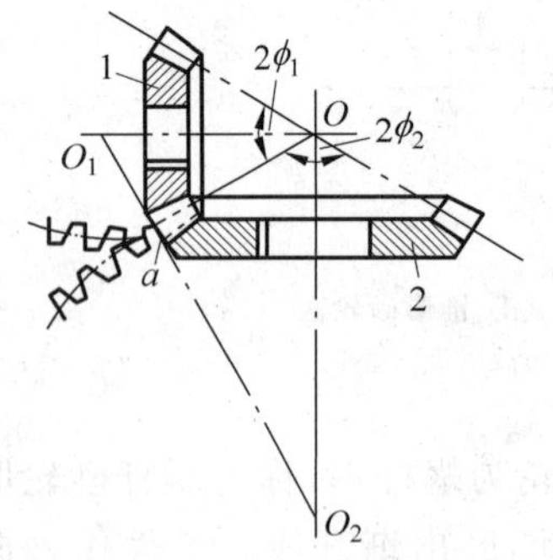

图 7-23 锥齿轮啮合及当量圆柱齿轮齿廓

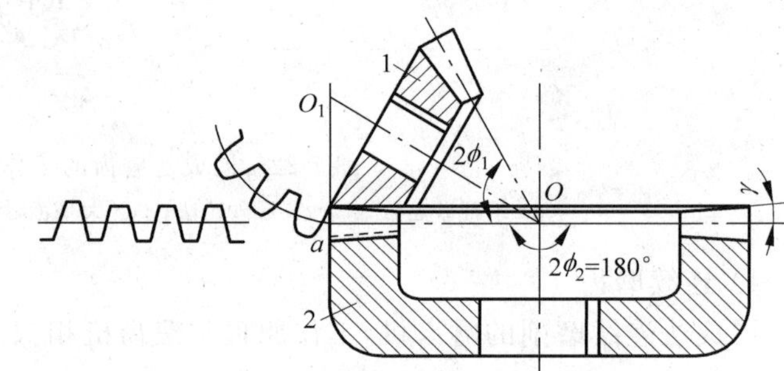

图 7-24 一对锥齿轮中的一个转变为平面齿轮

齿向线的形状取决于平面齿轮的齿向线形状。如图 7-25 所示,如果齿向线形状是径向直线,则加工的是直齿锥齿轮;如果齿向线是圆弧,则加工的是弧齿锥齿轮。目前锥齿轮加工机床往往是以弧齿锥齿轮铣齿机为基型,而以直齿锥齿轮加工机床为变形。

在锥齿轮加工机床上,用刀具运动时的轨迹代替平面齿轮一个齿或一个齿槽的两个侧面,其余齿并不参加工作。平面齿轮的齿形在任意位置都是直线,因此刀刃也可做成直线。图 7-26 说明假想平面齿轮的形成。机床的摇台 3 上装切齿刀盘 1,用以代替假想的平面齿轮。切齿刀盘旋转时,刀刃的运动轨迹就构成假想平面齿轮(图 7-26 中摇台平面上的虚线)的两个齿侧面。齿向线的形状为圆弧,是被加工轮齿的母线,是用轨迹法形成的,由切齿刀盘旋转 B_1 形成。渐开线齿廓(导线)的成形是工件毛坯同假想平面齿轮按展成法加工原理得到的,机床需要一个展成运动,分为摇台摆动 B_{21} 和工件转动 B_{22} 两个部分。由于假想平面齿轮上只有一个“齿”,故每切削一个齿槽,摇台应来回摆动一次,工件要作分度运动。

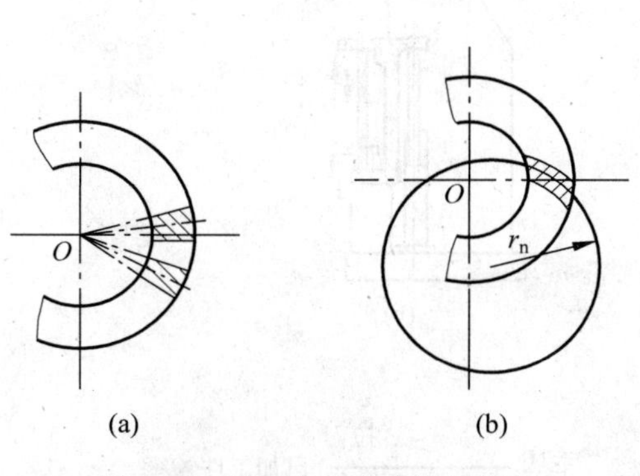

图 7-25　平面齿轮的齿向线形状
(a) 径向直线；(b) 圆弧

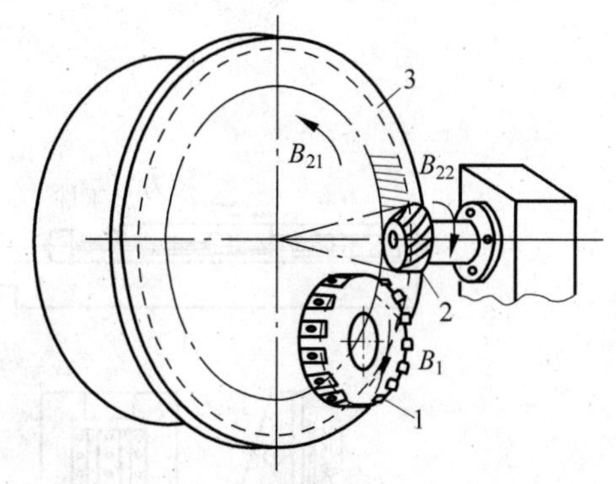

图 7-26　摇台和切齿刀盘构成的假想平面齿轮
1—切齿刀盘；2—工件；3—摇台

7.2　拉床和拉刀

7.2.1　拉床的功用和类型

拉床是用拉刀加工工件各种内外成形表面的机床。拉床一般用于加工通孔、平面及成形表面。图 7-27 为适于拉削的一些典型截面形状。拉削时，拉刀使被加工表面在一次走刀中成形，所以拉刀只有主运动没有进给运动。

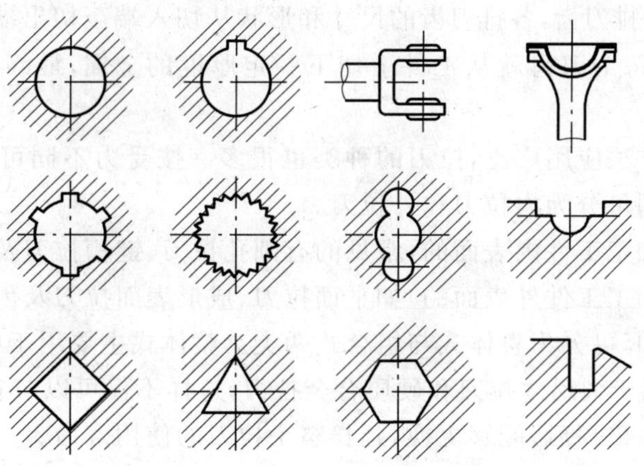

图 7-27　拉削加工的典型表面形状

拉削加工切屑薄，切削运动平稳，因而可获得较高的加工精度(IT6 级或更高)和较好的表面粗糙度(Ra 值为 1.6～0.4 μm)。拉床工作时，工件在拉刀一次行程中完成工件表面的粗、精加工，因此生产率较高，是铣削的 3～8 倍。但拉刀结构复杂，制造困难，拉削每一种表面都需要用专门的拉刀，因此仅适用于大批量生产。

按工作性质的不同，拉床可分为内拉床和外拉床；按拉床的结构形式不同，可分为立式拉床和卧式拉床。图 7-28 是常用的几种拉床的外形图。

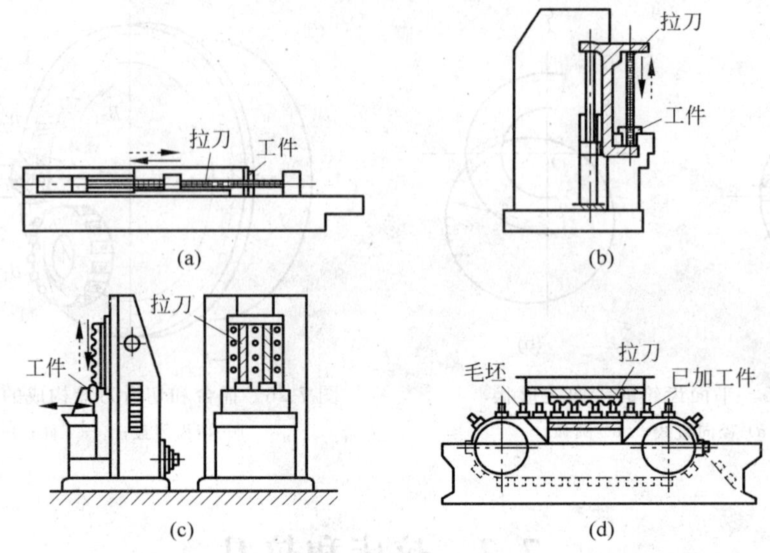

图 7-28 拉床的外形图

(a) 卧式内拉床;(b) 立式内拉床;(c) 立式外拉床;(d) 连续式拉床

7.2.2 拉刀

1. 拉刀及其类型

拉刀表面上有多排刀齿,各排刀齿的尺寸和形状从切入端至切出端依次增加和变化。当拉刀作拉削运动时,每个刀齿就从工件上切下一定厚度的金属,最终得到所要求的尺寸和形状。

由于拉削加工方法应用广泛,拉刀的种类也很多。按受力不同可分为拉刀和推刀。按加工工件的表面不同可分为内拉刀和外拉刀。

内拉刀是用于加工工件内表面的,常见的有圆孔拉刀、键槽拉刀及花键拉刀等。

外拉刀是用于加工工件外表面的,如平面拉刀、成形表面拉刀及齿轮拉刀等。

按拉刀构造不同,可分为整体式与组合式两类。整体式主要用于中、小型尺寸的高速钢拉刀;组合式主要用于大尺寸拉刀和硬质合金拉刀,这样不仅可以节省贵重的刀具材料,而且当拉刀刀齿磨损或破损后,能够更换,延长整个拉刀的使用寿命。

2. 拉刀的结构

1)拉刀的组成部分

拉刀的种类虽多,但结构组成都类似。图 7-29 所示为圆孔拉刀的组成部分。圆孔拉刀由头部、颈部、过渡锥部、前导部、切削部、校准部、后导部及尾部组成,其各部分功用如下。

(1) 头部　拉刀的夹持部分,用于传递拉力;

(2) 颈部　头部与过渡锥部之间的连接部分,并便于头部穿过拉床挡壁,也是打标记的地方;

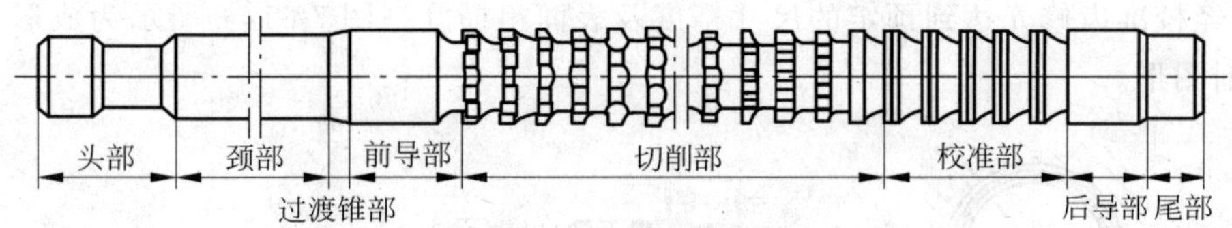

图 7-29 圆孔拉刀的组成部分

(3) 过渡锥部　使拉刀前导部易于进入工件孔中,起对准中心的作用;

(4) 前导部　起引导作用,防止拉刀进入工件孔后发生歪斜,并可检查拉前孔径是否符合要求;

(5) 切削部　担负切削工作,切除工件上所有余量,由粗切齿、过渡齿与精切齿三部分组成;

(6) 校准部　切削很少,只切去工件弹性恢复量,起提高工件加工精度和表面质量的作用,也作为精切齿的后备齿;

(7) 后导部　用于保证拉刀工作即将结束而离开工件时的正确位置,防止工件下垂而损坏已加工表面与刀齿;

(8) 尾部　只有当拉刀又长又重时才需要,用于支撑拉刀、防止拉刀下垂。

2) 拉刀切削部分设计参数

拉刀切削部分的主要设计参数如图 7-30 所示。

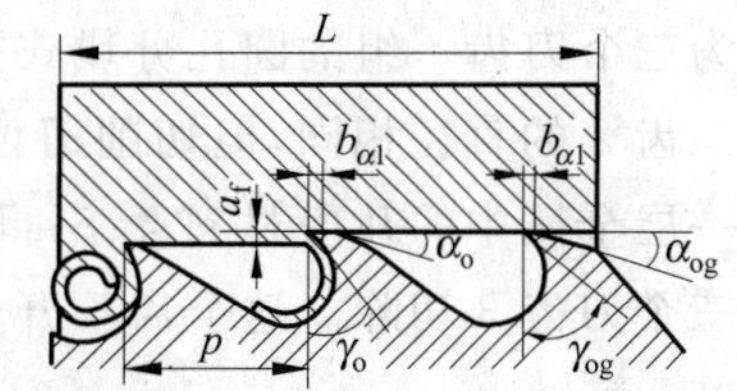

图 7-30 拉刀切削部分几何参数

a_f　齿升量,即切削部相邻两刀齿(或刀齿组)高度差,它影响拉削力、拉刀长度、生产率和加工表面质量;

p　齿距,即两相邻刀齿之间的轴向距离,它影响容屑空间、同时工作齿数及工作平稳性;

$b_{\alpha 1}$　刃带宽度,用于在制造拉刀时控制刀齿直径,也为了增加拉刀校准齿前刀面的可重磨次数,提高拉刀使用寿命,有了刃带,还可提高拉削过程稳定性;

γ_o　拉刀前角,按工件材料选择;

α_o　拉刀后角,内拉刀后角较小,重磨前刀面后尺寸变小较慢。

3. 拉削图形

拉刀从工件上把拉削余量切下来的顺序,通常都用图形来表达,这种图形即所谓“拉削图形”,拉削图形选择合理与否,直接影响到刀齿负荷的分配、拉刀的长度、拉削力的大小、拉刀的磨损和耐用度、工件表面质量、生产率和制造成本等。拉削图形可分为分层式、分块式及综合式三大类。

1) 分层式

分层式拉削可分为成形式及渐成式两种。

(1) 成形式

按成形式设计的拉刀,每个刀齿的廓形与被加工表面最终要求的形状相同,切削部的刀齿高度向后递增,工件上的拉削余量被一层一层地切去,最终由最后一个切削齿切出所要求的尺寸,经校准齿修光达到预定的尺寸精度及表面粗糙度。图 7-31(a)所示为成形式圆孔拉刀的拉削图形。

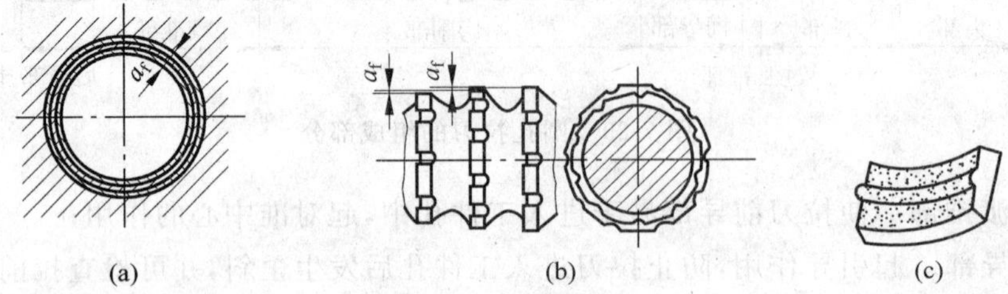

图 7-31 分层式拉削图形

(a) 拉削图形;(b) 切削部齿形;(c) 切屑

(2) 渐成式

如图 7-32 所示,按渐成式原理设计的拉刀,刀齿的廓形与被加工工件最终表面形状不同,被加工工件表面的形状和尺寸由各刀齿的副切削刃形成。

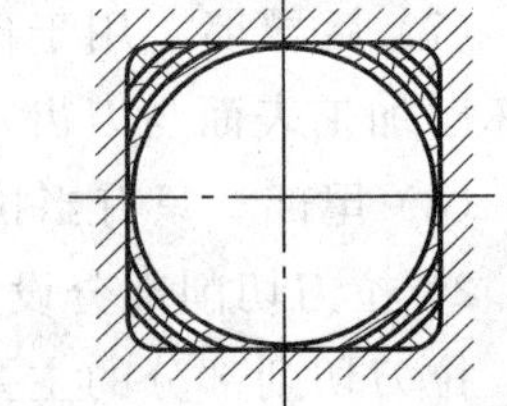

图 7-32 渐成式拉削图形

2) 分块式(轮切式)

分块拉削方式对于工件上的每层金属是由一组尺寸基本相同的刀齿切去,每个刀齿仅切去一层金属的一部分。图 7-33 所示为三个刀齿一组的圆孔分块式拉刀及其拉削图形,第一齿 1 与第二齿 2 的直径相同,但切削刃位置互相错开,分别切除工件上同一层金属中的几段材料 4、5;剩下的残留金属 6,由同一组的第三个刀齿 3 切除。这个齿不开分屑槽,考虑加工表面回弹,其直径比前两个齿小 0.02~0.05 mm。

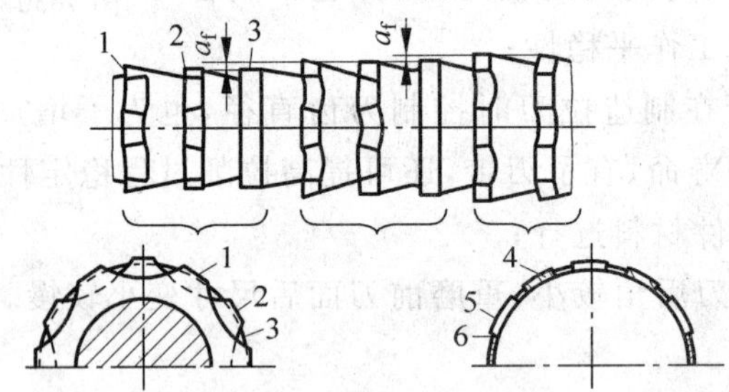

图 7-33 分块式拉刀截形及拉削图形;

1—第一齿;2—第二齿;3—第三齿;4—被第一齿切去的金属层;

5—被第二齿切去的金属层;6—被第三齿切去的金属层

3) 综合式

按综合拉削方式设计的拉刀,称为综合式拉刀,它集中了成形式拉刀与轮切式拉刀的优点,即粗切齿制成分块式结构,精切齿则采用成形式结构。这样,既缩短了拉刀长度,保持较高的生产率,又获得较好的工件表面质量。我国生产的圆孔拉刀较多地采取这种结构。

7.3　刨床与插床

刨床和插床的主运动都是直线运动，属直线运动机床。

7.3.1　刨床

刨床是用刨刀加工工件的机床，主要用于加工各种平面和沟槽。刨床的主运动和进给运动都是直线运动，由于工件的尺寸和重量不同，表面成形运动有不同的分配形式。使用刨床加工，刀具较简单，但生产率较低(加工长而窄的平面除外)，因而主要用于单件、小批量生产及机修车间，在大批量生产中往往被铣床所代替。刨床常见的种类主要有牛头刨床和龙门刨床。

牛头刨床因滑枕和刀架形似牛头而得名，刨刀装在滑枕的刀架上作纵向往复运动，多用于切削各种平面和沟槽。牛头刨床适于加工尺寸和重量较小的工件，如图 7-34 所示。滑枕 6 可带动刀具沿床身 7 的水平导轨作往复主运动，刀座 5 可绕水平轴线转动，以适应不同的加工角度。刀架 4 可沿刀座 5 的导轨移动，以调整切削深度，工作台 2 带动工件沿滑板导轨作间歇的横向进给运动，滑板 3 可沿床身 7 的竖直导轨上下移动，以适应工件的不同高度。

牛头刨床的特点是调整方便，但由于是单刃切削，而且切削速度低，回程时不工作，所以生产效率低，适用于单件小批量生产。刨削精度一般为 IT7～IT9，表面粗糙度值为 Ra 6.3～3.2 μm，牛头刨床的主参数是最大刨削长度。

龙门刨床因有一个由顶梁和立柱组成的龙门式框架结构而得名，工作台带着工件通过龙门框架作直线往复运动，多用于加工大平面(尤其是长而窄的平面)，也用来加工沟槽或同时加工数个中小零件的平面，如图 7-35 所示。工作台 2 带动工件沿床身导轨作纵向往复主运动，立柱 6 固定在床身 1 的两侧，由顶梁 5 连接，横梁 3 可在立柱上上下移动，装在横梁上的垂直刀架 4 可在横梁上作间歇的横向进给运动，两个侧刀架 9 可沿立柱导轨作间歇的上

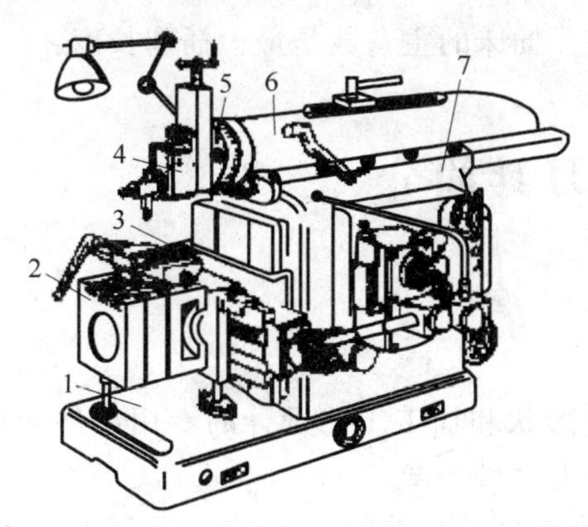

图 7-34　牛头刨床

1—底座；2—工作台；3—滑板；4—刀架；
5—刀座；6—滑枕；7—床身

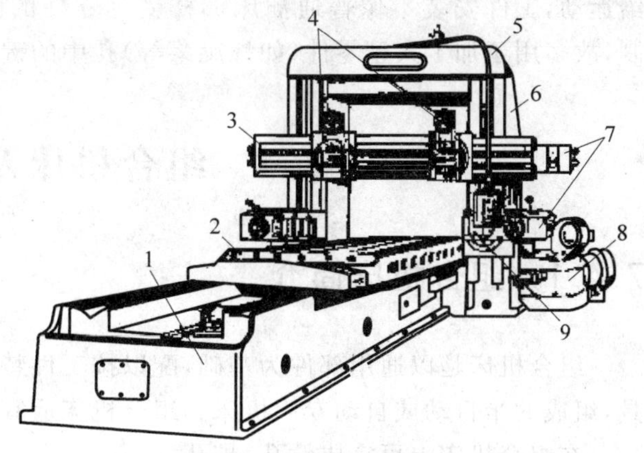

图 7-35　龙门刨床

1—床身；2—工作台；3—横梁；4—垂直刀架；5—顶梁；
6—立柱；7—进给箱；8—驱动机构；9—侧刀架

下移动进给,每个刀架上的滑板都能绕水平轴线转动一定的角度,刀座还可沿滑板上的导轨移动。

应用龙门刨床进行精密刨削,可得到较高的精度(直线度 0.02 mm/1000 mm)和表面质量。大型机床的导轨通常是用龙门刨床精刨完成的。龙门刨床的主参数是最大刨削宽度。大型龙门刨床往往附有铣头和磨头等部件,这样就可以使工件在一次安装后完成刨、铣及磨平面等工作。

7.3.2 插床

插床是用插刀加工工件表面的机床,如图 7-36 所示。滑枕 5 可带动刀具沿立柱 6 的导轨作上下往复主运动,工作台可作纵、横两个方向的进给运动,圆工作台 4 可带动工件回转进给。

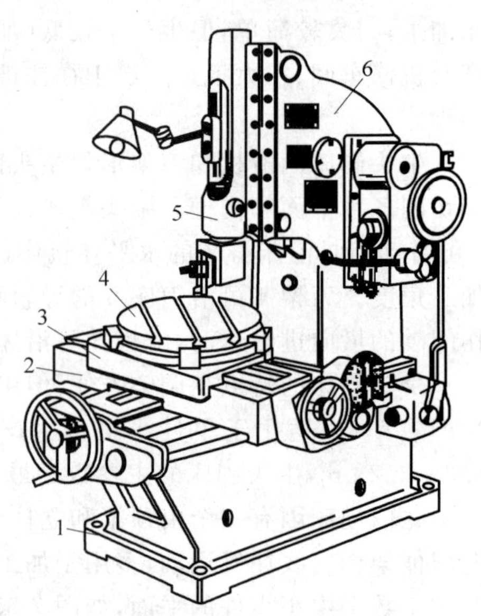

图 7-36 插床

1—底座;2—下滑座;3—上滑座;4—圆工作台;5—滑枕;6—立柱

插床与刨床一样,也是使用单刃刀具(插刀)来切削工件,但刨床是卧式布局,插床是立式布局。插床的生产率和精度都较低,多用于单件或小批量生产中加工内孔键槽或花键孔,也可以加工平面、方孔或多边形孔等,在批量生产中常被铣床或拉床代替。但在加工不通孔或有障碍台肩的内孔键槽时,就只有利用插床。

插床主要有普通插床、键槽插床、龙门插床和移动式插床等几种。普通插床的滑枕带着刀架沿立柱的导轨作上下往复运动,插刀随滑枕的直线往复运动是主运动,装有工件的工作台沿纵向、横向及圆周三个方向分别所作的间歇运动是进给运动。键槽插床的工作台与床身连成一体,从床身穿过工件孔向上伸出的刀杆带着插刀作上下往复运动和断续的进给运动,工件安装不像普通插床那样受到立柱的限制,故多用于加工大型零件(如螺旋桨等)孔中的键槽。插床的主参数是最大插削长度。

7.4 组合机床及刀具简介

7.4.1 组合机床简介

组合机床是以通用部件为基础,配以按工件特定形状和加工工艺设计的专用部件和夹具,组成的半自动或自动专用机床。组合机床适宜于大批量生产。

在组合机床上可完成钻孔、扩孔、铰孔、镗孔、攻螺纹、车削、铣削、磨削及滚压等工序,还可以完成打印、清洗、热处理、在线自动检查等非切削工序。根据不同的工艺要求,组合机床可配置成不同的组合形式。图 7-37 是立卧复合式三面钻孔组合机床,用于同时钻工件两侧面和顶面上的许多孔。机床由侧底座、立柱底座、立柱、动力箱及滑台等通用部件和主轴箱、中间底座、夹具等专用部件组成。

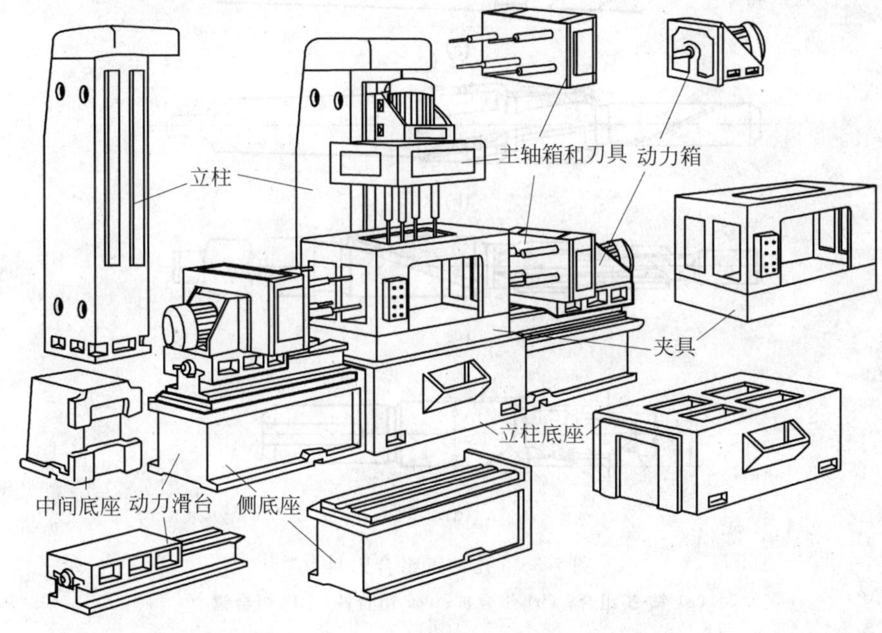

图 7-37　组合机床的组成

组合机床与通用机床和其他专用机床相比，有以下特点。

(1) 组合机床中有 70%～80%的通用零、部件。这些零、部件是经过精心设计和长期生产实践考验的，又有专门厂家成批生产，所以工作稳定可靠，使用和维修方便。

(2) 设计组合机床时，主要工作是选用通用零、部件，因此，设计、制造周期短。

(3) 当加工对象改变时，原有的通用零、部件可以重新利用，组成新的组合机床。

(4) 由于组合机床多采用多刀、多工位加工，自动化程度很高，所以生产率高。

(5) 组合机床加工工件时采用专用夹具、组合刀具和导向装置等，产品质量靠工艺装备保证，对操作工人技术水平要求低，因此产品质量稳定，劳动强度低。

(6) 组合机床很容易组成自动线，实现联合操纵和控制。

7.4.2　组合机床常用的刀具

根据工艺要求及加工精度不同，组合机床采用的刀具有：简单刀具、组合刀具及特种刀具。只要条件允许，尽量选择标准刀具。有时为提高工序内容的集中程度或保证加工精度，可采用组合刀具，用两把或两把以上的刀具组合在同一个刀体上，先后或同时加工两个或两个以上的表面。

1. 组合刀具的类型

组合刀具是按零件加工工艺的要求设计的专用刀具，但组合刀具按不同特征有如下类型，如图 7-38 所示。

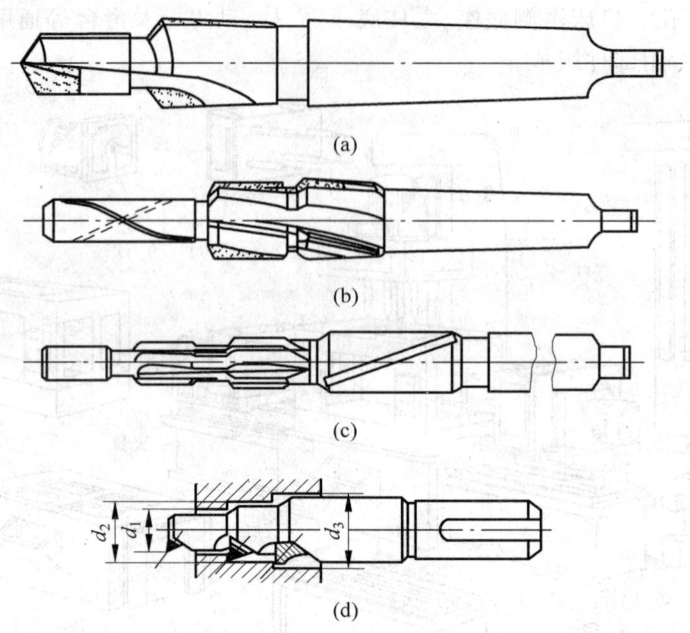

图 7-38　孔加工组合刀具

(a) 钻-扩组合;(b) 组合扩;(c) 组合铰;(d) 组合镗

按零件工艺要求不同分为:同类工艺组合刀具和不同类工艺组合刀具。如组合扩、组合镗、组合铰为同工艺组合刀具;钻-扩组合、扩-铰组合为不同工艺组合刀具。按刀齿与刀体组合方式分为整体式、焊接式和装配式。

按刀齿切削次序分,有同时切削和顺序切削组合刀具。

按刀具组成部分分,有导向部组合刀具和无导向部组合刀具。导向部组合刀具还可分为前导向、后导向及前后都有导向的组合刀具。

2. 组合刀具的特点

由于组合刀具是按零件加工工艺的要求将几道工序或工步合在一起的加工原则而设计的,因此有如下特点。

(1) 生产效率高　由于加工工序集中,节省辅助时间,提高了生产率。

(2) 加工精度高　由于几把刀组合在一个刀体上,同时加工出的零件上几个表面,因此,各表面之间具有高的位置精度。如孔的同轴度、孔与端面的垂直度等。

(3) 加工成本低　由于组合刀具集中了几道工序或工步,减少了机床台数和占地面积,从而使工序成本降低。

(4) 使用范围广　组合刀具可加工圆孔、锥孔、螺纹孔,也可加工平面、曲面、圆弧面等。

(5) 要求操作者技术低　这是因为组合刀具有以上特点决定的。

(6) 与单个刀具相比,组合刀具设计、制造和刃磨都比较麻烦,成本较高,因此,适用于大批量生产或自动生产线。

7.5　数控机床简介

7.5.1　数控机床的概念与分类

1. 数控机床的概念及组成

数控机床，也称数字程序控制机床，是一种以数字量作为指令信息形式，通过电子计算机或专用电子计算装置控制的机床。在数控机床上加工工件时，预先把加工过程所需要的全部信息（如各种操作、工艺步骤和加工尺寸等）利用数字或代码化的数字量表示出来，编出控制程序，输入计算机。计算机对输入的信息进行处理与运算，发出各种指令来控制机床的各个执行元件，使机床按照给定的程序，自动加工出所需要的工件。当加工对象改变时，只需更换加工程序。数控机床是实现柔性生产自动化的重要设备。

数控机床一般由下列几个部分组成。

(1) 主机　数控机床的主体，包括机床身、立柱、主轴、进给机构等机械部件。它是用于完成各种切削加工的机械部件。

(2) 数控装置　数控机床的核心，包括硬件（印制电路板、CRT显示器、键盒、纸带阅读机等）以及相应的软件，用于输入数字化的零件程序，并完成输入信息的存储、数据的变换、插补运算以及实现各种控制功能。

(3) 驱动装置　数控机床执行机构的驱动部件，包括主轴驱动单元、进给单元、主轴电机及进给电机等。它在数控装置的控制下通过电气或电液伺服系统实现主轴和进给驱动。当几个进给联动时，可以完成定位、直线、平面曲线和空间曲线的加工。

(4) 辅助装置　数控机床的一些必要的配套部件，用以保证数控机床的运行，如冷却、排屑、润滑、照明、监测等。它包括液压和气动装置、排屑装置、交换工作台、数控转台和数控分度头，还包括刀具及监控检测装置等。

(5) 编程及其他附属设备　可用来在机外进行零件的程序编制、存储等。

2. 数控机床的分类

数控机床的种类繁多，根据数控机床的功能和组成不同，可以从多个角度对数控机床进行分类。

1) 按工艺用途分类

(1) 金属切削类数控机床　包括数控车床、数控钻床、数控铣床、数控磨床、数控镗床及加工中心。这些机床都适用于单件、小批量和多品种零件加工，具有很好的加工尺寸的一致性，很高的生产率和自动化程度，以及很高的设备柔性。

(2) 金属成形类数控机床　包括数控折弯机、数控组合冲床、数控弯管机、数控回转头压力机等。

(3) 数控特种加工机床　包括数控线（电极）切割机床、数控电火花加工机床、数控火焰切割机、数控激光切割机床、专用组合机床等。

(4) 其他类型的数控设备　非加工设备采用数控技术,如自动装配机、多坐标测量机、自动绘图机和工业机器人等。

2) 按运动方式分类

(1) 点位控制　点位控制数控机床的特点是机床的运动部件只能够实现从一个位置到另一个位置的精确运动,在运动和定位过程中不进行任何加工工序。如数控钻床、数控坐标镗床、数控焊机和数控弯管机等。

(2) 直线控制　直线控制数控机床的特点是机床的运动部件不仅要实现一个坐标位置到另一个位置的精确移动和定位,而且能实现平行于坐标轴的直线进给运动或控制两个坐标轴实现斜线进给运动。

(3) 轮廓控制　轮廓控制数控机床的特点是机床的运动部件能够实现两个坐标轴同时进行联动控制。它不仅要求控制机床运动部件的起点与终点坐标位置,而且要求控制整个加工过程每一点的速度和位移量,即要求控制运动轨迹,将零件加工成在平面内的直线、曲线或在空间的曲面。

3) 按控制方式分类

(1) 开环控制　即不带位置反馈装置的控制方式。

(2) 半闭环控制　在开环控制伺服电动机轴上装有角位移检测装置,通过检测伺服电动机的转角间接地检测出运动部件的位移反馈给数控装置的比较器,与输入的指令进行比较,用差值控制运动部件。

(3) 闭环控制　在机床的最终的运动部件的相应位置安装直线或回转式检测装置,将直接测量到的位移或角位移值反馈到数控装置的比较器中与输入指令位移量进行比较,用差值控制运动部件,使运动部件严格按实际需要的位移量运动。

4) 按数控机床的性能分类

经济型数控机床、中档数控机床及高档数控机床。

7.5.2 数控机床的特点

数控机床与一般机床相比大致有以下几方面的特点。

1. 数控机床的传动系统特点

数控机床的传动系统机械结构比较简单,传动链短。数控机床的动力源一般是具有一定调速范围的电动机。数控机床的主运动传动系统一般通过动力源直接驱动主轴或经过简单的几级变速驱动主轴,进给运动传动系统一般由伺服电动机在数控装置的控制下直接驱动执行件。传统机械结构的传动,在数控机床中大部分被数控装置取代。但是,如果传动系统中有变速操纵机构,则其操纵应被纳入机床数控系统的控制中,如采用电磁离合器操纵滑移齿轮变速。

2. 数控机床的传动精度和定位精度较高

数控机床的传动系统多采用精度高、摩擦损失比较小的元件,如滚珠丝杠螺母机构、滚动导轨、静压轴承等。传动件(如齿轮)的间隙被适当消除,以保证反向传动精度。采用闭环控制的机床的控制系统可对传动误差进行补偿。

3. 数控机床的机械部分的结构特点

数控机床是自动化高效设备。对于数控机床要提高机床的动、静刚度,减少热变形,减少摩擦,减少某些传动部件的惯量等,以适应高精度、高效率、高自动化加工的要求。

4. 加工中心类的数控机床具有自动换刀功能

数控机床在自动化加工过程中必须能自动换刀,这就要求:

(1) 刀具与主轴或刀架的连接标准化;

(2) 主轴组件或刀架应具备自动换刀功能,如自动夹紧刀具、自动松开刀具、自动保持刀具结合面干净、主轴或刀架定向准停等;

(3) 具有自动换刀装置。目前常用的自动换刀装置有两类。一类是车削中心常用的回转式刀架或多主轴的转塔头,在刀架或转塔的圆周方向均布一定数量的刀具,靠刀架或转塔的转位实现换刀;另一类是镗铣加工中心常用的刀库-机械手换刀系统,在机床上配制一个刀库,换刀机械手取下用完的刀具放入刀库,然后或同时取出下一把刀,装入指定位置,所有这些动作及刀具的管理检测等都在数控系统的控制下进行。

5. 生产效率高,改善了劳动条件,便于现代化生产管理

数控机床减少了人工操作的工作量,并配有自动换刀系统,有些机床还具有自动转换工作台、自动检测等功能,机床防护好,切屑能够自动排除,因此数控机床缩短了辅助时间,减轻了工人的劳动强度,改善了劳动条件。由于几乎所有的机床工作内容(包括过去有工人完成的工作)都有计算机控制,因此很容易实现现代化的生产管理。

7.5.3 JCS-018 型立式镗铣加工中心

JCS-018 型立式镗铣加工中心是一种具有自动换刀装置的计算机数控(CNC)机床,它是在一般数控机床的基础上发展起来的工序更加集中的加工中心。机床上附有刀库和自动换刀机械手,配备有各种类型和不同规格的刀具。把工件一次装夹以后,可自动连续地对工件多个表面完成铣、镗、钻、锪、铰和攻螺纹等多种加工,适用于小型板类、盘类、模具类和箱体类等复杂零件的多品种小批量加工。这种机床适于中、小批量生产。

JCS-018 型立式镗铣加工中心的外形如图 7-39 所示。机床是三坐标的:装在床身 1 上的滑座 2 作横向(前后)运动(y 轴);工作台 3 在滑座 2 上作纵向(左右)运动(x 轴);在床身 1 的后部装有固定的框式立柱 5,主轴箱 9 在立柱导轨上作升降运动(z 轴)。在立柱左侧前部装有自动换刀装置(刀库 7 和自动换刀机械手 8);在立柱左侧后部是数控柜 6,内有小型计算机数控系统,对加工循环的全过程实现计算机控制;在立柱右侧装驱动电柜 11,内有电源变压器和伺服装置等。操作面板 10 悬伸在机床的右前方,操作者通过面板上的按键和各种开关按钮实现对机床的控制;同时机床的各种工作状态信号也可在操作面板上显示

出来。

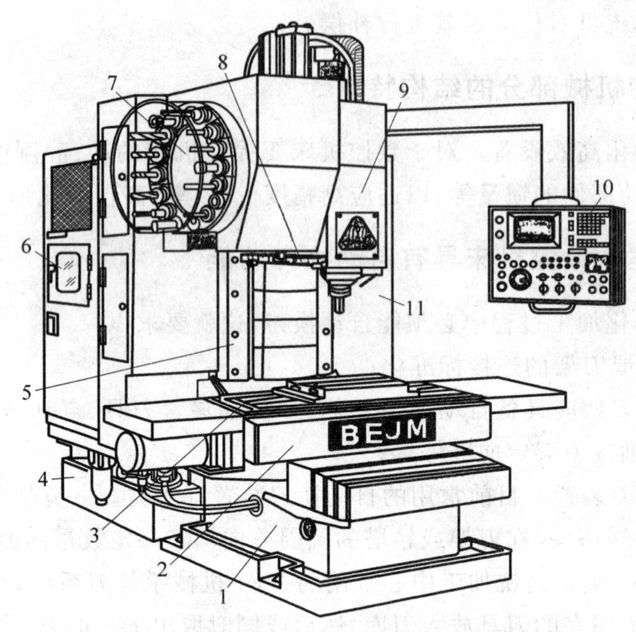

图 7-39 JCS-018 型立式镗铣加工中心

1—床身；2—滑座；3—工作台；4—后底座；5—立柱；6—数控柜；7—刀库；
8—自动换刀机械手；9—主轴箱；10—操作面板；11—驱动电柜

7.5.4 自动化加工对刀具的要求

进入 21 世纪以来，计算机技术在机械制造业中得到广泛应用，自动化加工技术迅猛发展。数控机床、加工中心、柔性制造单元和柔性制造系统在机械制造业中日益广泛的应用，使工具生产者由过去单一生产刀具而扩展为工具系统、工具识别系统、刀具状态在线监测系统以及刀具管理系统的开发与生产。自动化加工对刀具有下列要求。

(1) 刀具应具有很高的可靠性和尺寸寿命。这是对自动化刀具最基本的要求，特别在无人看管条件下，对保证加工质量和使自动化生产顺利进行，显得更加重要。

(2) 刀具应具有高的生产效率。现代机床向着高速度、高刚度和大功率方向发展，要求刀具有承受高速切削和大进给量的能力，以提高生产效率。

(3) 刀具在结构上应满足快速更换的要求，同时刀具能够预调，安装定位精度高，刚性好，以保证高精度加工要求。

(4) 刀具应具有高复合性，特别在品种多、数量少的加工情况下，不致使刀具数量繁多而难以管理。图 7-40 所示为镗铣工具系统。

(5) 加工过程中刀具磨损、破损有在线监测、预报及补偿系统。这样，在自动化加工中，主动掌握刀具工作状态和对产品质量进行控制，避免废品和突发事故发生。

(6) 刀具应符合标准化、系列化、通用化的要求，尽可能减少刀具、辅助工具的数量，以便管理。

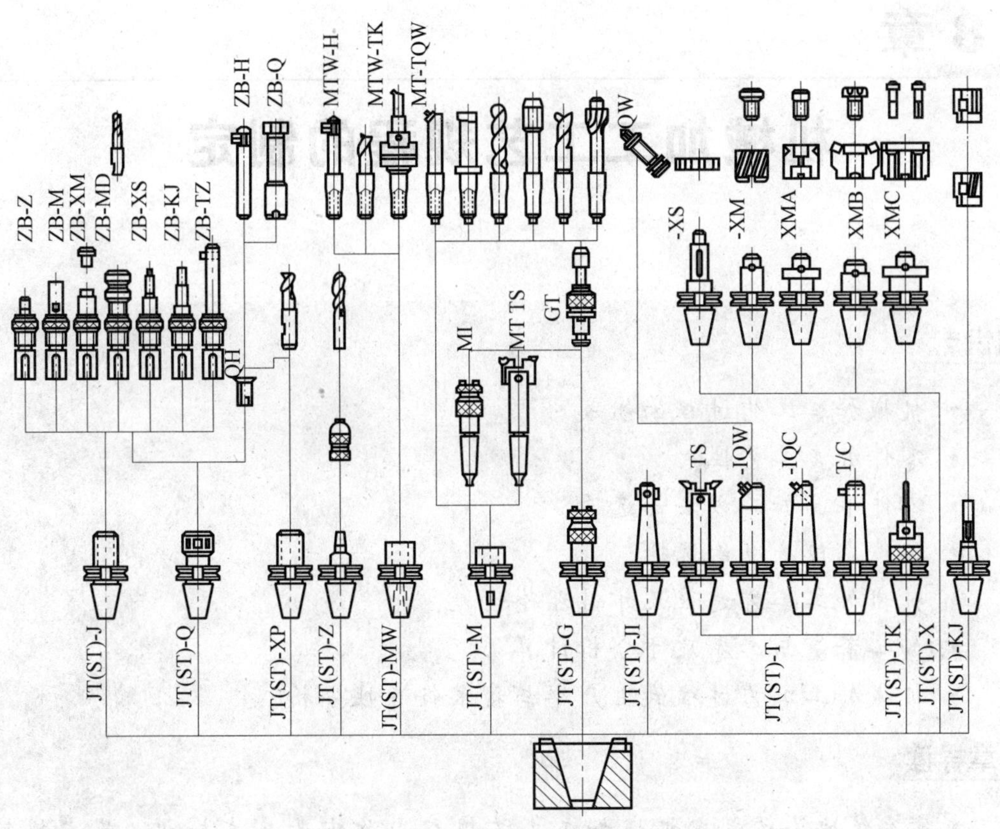

图 7-40 镗铣工具系统

习题与思考题

7-1 分析在卧式铣床上用盘形铣刀铣削直齿圆柱齿轮时机床所需要的运动。这种加工方法主要用于什么场合?

7-2 插齿刀的本质是什么? 其侧后刀面的形状是什么?

7-3 生产中标准齿轮滚刀采用哪种基本蜗杆? 何时采用螺旋形容屑槽?

7-4 分析用齿轮滚刀滚切直齿圆柱齿轮、斜齿圆柱齿轮时机床所需要的运动。

7-5 画出滚切斜齿圆柱齿轮时滚齿机的传动原理图,写出各传动链的名称及计算位移,说明各传动链换置机构的作用。

7-6 在有差动机构的滚齿机上滚切斜齿圆柱齿轮时,工件的螺旋角误差是如何产生的?

7-7 滚齿机的滚刀安装角 δ 的误差是否影响工件螺旋角 β 的精度? 为什么?

7-8 滚齿机的滚刀刀架运动轨迹是什么? 滚刀模数如何选取?

7-9 什么是拉削图形? 有哪些类型? 各有何特点?

7-10 什么是组合机床? 组合机床有何特点?

7-11 什么是数控机床? 数控机床可以分为哪些种类?

7-12 自动化加工对刀具有哪些要求?

第8章

机械加工工艺规程的制定

知识点

- 机械加工工艺过程的组成
- 零件加工工艺性
- 零件表面加工方法的选择
- 工件定位基准的选择
- 机械加工工艺过程尺寸链理论
- 加工余量与工序尺寸分析计算
- 机械加工工艺过程的生产率与技术经济性分析

本章导读

本章系统地论述制定机械加工工艺规程工作中的基本知识、基本规律和科学方法。首先介绍机械加工工艺过程相关的基本概念，定性讨论确定加工方法、定位基准，制订加工路线、组织工序等的原则和规律，介绍加工余量和工序尺寸的分析计算方法，以及单件工时、工艺方案的技术经济性分析方法。

8.1 机械加工工艺过程的基本概念

8.1.1 机械加工工艺过程的组成

由于零件加工表面的多样性、生产设备和加工手段的加工范围的局限性、零件精度要求及产量的不同，通常零件的加工过程是由若干个顺次排列的工序组成的。毛坯依次通过这些工序而变成零件。

1. 工序

工序是一个或一组工人，在相同的工作地对同一个或同时对几个工件连续完成的那一部分工艺过程。

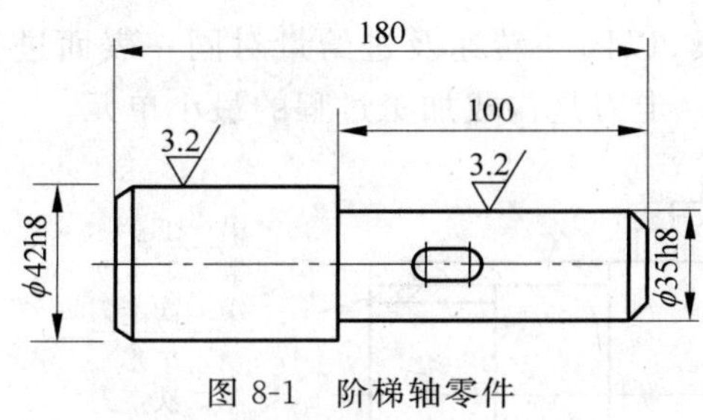

图 8-1　阶梯轴零件

工序是组成工艺过程的基本单元，也是生产计划、成本核算的基本单元。一个零件的加工过程需要包括哪些工序，由被加工零件的复杂程度、加工精度要求及其产量等因素决定。如图 8-1 所示的阶梯轴，在单件小批生产时，其加工过程由 3 个工序组成（见表 8-1）；而在大批量生产时可由 5 个工序组成（见表 8-2）。

表 8-1　单件小批生产工艺过程

工序	工序内容	设备
1	车一端面、打中心孔；调头；车另一端面，打中心孔	车床
2	车大外圆及倒角；调头；车小外圆及倒角	车床
3	铣键槽；去毛刺	铣床

表 8-2　大批量生产工艺过程

工序	工序内容	设　备
1	铣端面，打中心孔	铣端面打中心孔机床
2	车大外圆及倒角	车床
3	车小外圆及倒角	车床
4	铣键槽	铣床
5	去毛刺	钳工台

2. 安装与工位

(1) 安装　工件在被加工之前，需要在机床上确定与刀具之间的正确位置，这一过程称为工件的定位。为了确保工件的正确位置在加工过程中不被破坏，需要对工件夹紧固定，称为工件的夹紧。而完成工件的定位和夹紧的过程称为工件的装夹。工件经过一次装夹后所完成的那一部分工序内容，称为安装。如表 8-1 中工序 1 和 2 都是两次安装，而表 8-2 中各工序都是一次安装。在工序中应尽量减少安装次数，以减少辅助时间和装夹误差。

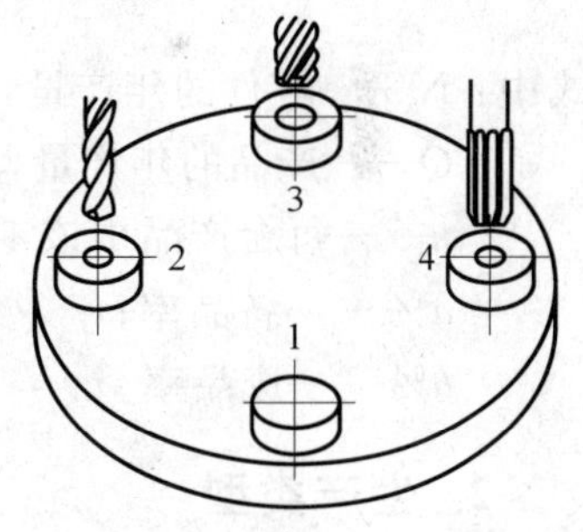

图 8-2　多工位加工

(2) 工位　为完成一定的工序内容，在一次装夹工件后工件（或装配单元）与夹具或设备的可动部分一起相对刀具或设备的固定部分所占据的每一个位置所完成的加工称为工位。如图 8-2 所示为利用回转工作台在一次安装中顺次完成装卸工件、钻孔、扩孔和铰孔四个工位的示意图。

3. 工步与走刀

工步是指在加工表面、刀具和切削用量（不包括背吃刀量）均保持不变的情况下所完成的那一部分工序内容。对于在一次安装中连续进行的若干个相同工步，习惯上视为一个工步。如 4 个 ϕ15 mm 孔的钻削，可写成一个工步，即 4×ϕ15 mm 孔。有时为了提高生产效率，经常用几把刀具同时分别加工几个表面的工步，称为复合工步。如图 8-3 所示为用一把车刀和一个钻头同时加工外圆和孔。在多刀车床、转塔车床的加工中经常有这种情况。在工艺文件上，复合工步也视为一个工步。

在一个工步内,因加工余量较大,需用同一刀具、以同一转速及进给量对同一表面进行多次切削,每次切削称为一次走刀(如图8-4所示)。走刀是构成加工过程的最小单元。

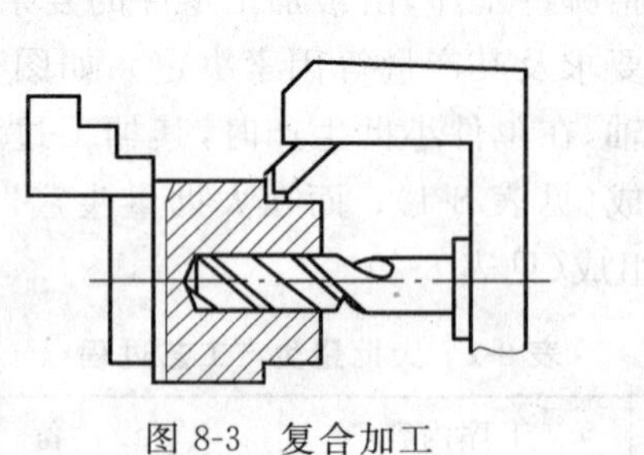
图8-3 复合加工

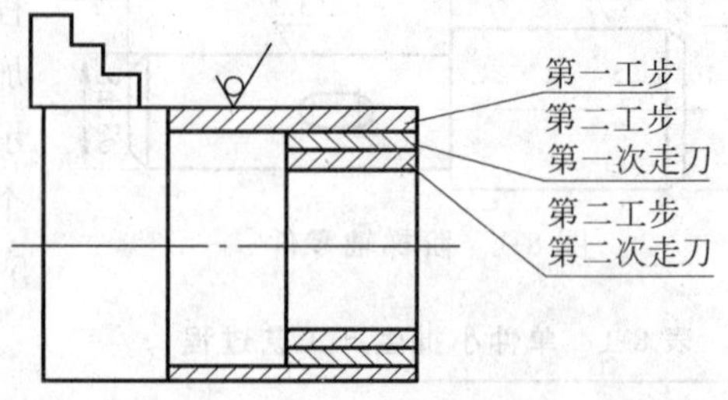

图8-4 车削阶梯轴的多次走刀

8.1.2 生产纲领与生产类型

零件的机械加工工艺过程与生产类型密切相关,在制定机械加工工艺规程时,首先要确定生产类型,而生产类型主要与生产纲领有关。

1. 零件的生产纲领

零件的生产纲领主要是指包括备品与废品在内的计划期内产量。在制定零件的机械加工工艺规程时,零件的生产纲领是一项十分重要的指标。以年生产纲领为例,可按下式计算:

$$N = Qn\,\frac{1+a\%}{1-b\%} \tag{8-1}$$

式中:N——零件的年产量,件/年;

Q——产品的年产量,台/年;

n——每台产品中该零件的数量,件/台;

$a\%$——备品率;

$b\%$——废品率。

2. 生产类型

根据生产纲领大小与产品结构的复杂程度,机械产品制造过程可分为三种生产类型。

(1) 单件生产 单个地生产不同结构、尺寸的产品,且很少重复或完全不重复,称为单件生产。如机械配件加工、专用设备制造、新产品试制等都属于单件生产。

(2) 成批生产 成批地制造相同产品,并且周期性地重复生产,称为成批生产。如机床制造等多属于成批生产。同一产品(或零件)每批投入生产的数量称为批量。根据产品的特征及批量的大小,成批生产又分为小批生产、中批生产和大批生产。小批生产工艺过程的特点与单件生产相似。

(3) 大量生产 产品的数量很大,大多数的工作一直按照一定节拍进行同一种零件的某一道工序的加工,称为大量生产。如轴承、自行车、汽车等的生产。

生产类型的划分主要取决于产品大小、复杂程度及生产纲领的大小,表8-3列出了生产类型与生产纲领的关系。

不同的生产类型，对生产组织、生产管理、毛坯选择、设备工装、加工方法和工人的技术等级要求均有所不同。表 8-4 列出了各种生产类型的工艺特点。

表 8-3　生产类型与生产纲领的关系

生产类型	生产纲领/(件/年)		
	重型机械	中型机械	小型机械
单件生产	<5	<10	<100
小批生产	5～100	10～200	100～500
中批生产	100～300	200～500	500～5000
大批生产	300～1000	500～5000	5000～50000
大量生产	>1000	>5000	>50000

表 8-4　各种生产类型的工艺特点

工艺特点＼生产类型	单件生产	成批生产	大量生产
加工对象	经常变换	周期性变换	固定不变
毛坯特点	木模造型或自由锻，毛坯精度低，余量大	金属模型或模锻，毛坯精度及加工余量中等	广泛采用模锻或金属模机器造型，毛坯精度高，余量小
机床设备	采用通用设备及数控机床	通用机床及部分专用机床	专用机床、自动机床及自动线
机床布局	按机群式布置	按零件类别分工段排列	按流水线排列
夹具	通用夹具或组合夹具	广泛采用专用夹具	采用高效率的专用夹具
刀具量具	通用刀具与万能量具	专用或通用刀具、量具	专用刀具、量具，自动测量
装配方法	零件不互换	多数互换，部分试装或修配	全部互换或分组互换
生产周期	不确定	周期重复	长时间连续生产
生产率	低，用数控机床可改善	中等	高
成本	高	中等	低
技术等级	要求技术水平高的工人	要求中等熟练程度的工人	操作工人要求一般
工艺文件	只编制简单工艺过程卡	比较详细	详细编制各种工艺文件

8.1.3　机械加工工艺规程与工艺文件

工艺文件是指用于指导工人操作和用于生产、工艺管理等的各种技术文件。用来规定零件机械加工工艺的过程和操作方法等的工艺文件被称为机械加工工艺规程。

1. 机械加工工艺规程的内容

机械加工工艺规程的内容主要包括：各工序加工内容与要求、所用机床和工艺装备、工件的检验项目及检验方法、切削用量及工时定额等。

加工工艺路线是指产品或零部件在生产过程中由毛坯准备到成品包装入库，经过各有关部门或工序的先后加工顺序。工艺路线是制定加工工艺规程的重要依据。

工艺装备(简称工装)是产品制造过程中所用的各种工具的总称。它包括刀具、夹具、模具、量具、检验工具及辅助工具等。

2. 加工工艺规程的格式

机械加工工艺规程主要有以下三种格式。

(1) 机械加工工艺规程卡片　以工序为单位简要说明零、部件加工过程的一种工艺文件(见表8-5)。它的工序内容不够具体，只能用来了解零件的加工流向，作为生产管理使用，一般适用于单件小批生产。

表 8-5　机械加工工艺规程卡片

产品型号	零件号	零件名称	台 件	材料牌号	备料规格	每毛坯重量	材料消耗定额	毛坯种类	共 页		
									第 页		
车间名称	工序号	工序名称及内容	一次加工数	机床名称编号	工具名称			单件工时定额/min			
					刀具	夹具	量具				
				拟定者	日期	工人代表	日期	审核者	日期	批准者	日期
标记	更改原因及内容	更改者	日期								

(2) 机械加工工艺卡片　按产品或零、部件的某一加工工艺阶段而编制的一种工艺文件。它以工序为单位，详细说明产品(或零、部件)在某一工艺阶段中的工序号、工序名称、工

序内容、工序参数、操作要求以及采用的设备和工艺装备过程等(见表 8-6)。主要用于成批生产的场合。

表 8-6　机械加工工艺卡片

<table>
<tr><td colspan="3" rowspan="4">(工厂名)</td><td rowspan="4">机械加工工艺卡片</td><td colspan="3">产品名称及型号</td><td></td><td colspan="2">零件名称</td><td colspan="4">零件图号</td><td colspan="2"></td></tr>
<tr><td rowspan="3">材料</td><td>名称</td><td></td><td rowspan="2">毛坯</td><td>种类</td><td></td><td colspan="2" rowspan="2">零件质量/kg</td><td>毛</td><td colspan="2"></td><td>第　页</td></tr>
<tr><td>牌号</td><td></td><td>尺寸</td><td></td><td>净</td><td colspan="2"></td><td>共　页</td></tr>
<tr><td>性能</td><td></td><td colspan="2">每料件数</td><td></td><td colspan="2">每台件数</td><td></td><td colspan="2">每批件数</td><td></td></tr>
<tr><td rowspan="2">工序</td><td rowspan="2">安装</td><td rowspan="2">工步</td><td rowspan="2">工序内容</td><td rowspan="2">同时加工零件数</td><td colspan="4">切削用量</td><td rowspan="2">设备名称及型号</td><td colspan="3">工装名称及编号</td><td rowspan="2">技术等级</td><td colspan="2">工时定额/min</td></tr>
<tr><td>背吃刀量/mm</td><td>切削速度(m/min)</td><td>转速/(r/min)或(双行程数/min)</td><td>进给量/(mm/r)或(mm/min)</td><td>夹具</td><td>刀具</td><td>量具</td><td>单件</td><td>准备—终结</td></tr>
<tr><td></td><td></td><td></td><td></td><td></td><td></td><td></td><td></td><td></td><td></td><td></td><td></td><td></td><td></td><td></td><td></td></tr>
<tr><td></td><td></td><td></td><td></td><td></td><td></td><td></td><td></td><td></td><td></td><td></td><td></td><td></td><td></td><td></td><td></td></tr>
<tr><td></td><td></td><td></td><td></td><td></td><td></td><td></td><td></td><td></td><td></td><td></td><td></td><td></td><td></td><td></td><td></td></tr>
<tr><td></td><td></td><td></td><td></td><td></td><td></td><td></td><td></td><td></td><td></td><td></td><td></td><td></td><td></td><td></td><td></td></tr>
<tr><td></td><td></td><td></td><td></td><td></td><td></td><td></td><td></td><td></td><td></td><td></td><td></td><td></td><td></td><td></td><td></td></tr>
<tr><td colspan="3" rowspan="3">更改内容</td><td colspan="13"></td></tr>
<tr><td colspan="13"></td></tr>
<tr><td colspan="13"></td></tr>
<tr><td colspan="3"></td><td></td><td>抄写</td><td colspan="2"></td><td>校对</td><td></td><td>审核</td><td colspan="2"></td><td>批准</td><td colspan="3"></td></tr>
</table>

(3) 机械加工工序卡片　在工艺过程卡的基础上以工序为单位详细说明每个工步的加工内容、工艺参数、操作要求以及所用的设备等(见表 8-7)。一般都有工序简图。主要用于大批量生产或单件小批生产中的关键工序或成批生产中的重要零件。

工序简图就是按照一定的比例用较少的投影、尽量少的线条绘制的工序图。简图中可以略去工件在本工序中不需要关注的结构和图形线条,主要视图方向尽量选择与工件在机床上的装夹方位相一致,个别表达不清楚的部位可以选用局部放大图表达。本工序的加工表面用粗实线或者红色实线表示,用标准规定的符号表示工件的定位和夹紧要求。工件的结构、尺寸要与本工序加工后的情况相符合,准确完整地给出本工序加工所要达到的工序尺寸及其上下偏差、形位公差和加工表面粗糙度要求。

3. 加工工艺规程的作用

加工工艺规程是机械制造企业最重要的技术文件之一,其作用主要有以下几个方面。

(1) 指导加工车间生产　生产的计划和调度工作,工人的操作以及质量检验,都必须按照加工工艺规程来进行,这样才能达到优质、高产、低耗的要求。

(2) 技术准备和生产准备工作的技术依据　例如,原材料、毛坯及外购件的供应,刀具、夹具、量具的设计、制造和采购,机床的准备和调整以及有关热源的配备等。

(3) 新建、改扩建工厂或车间的技术依据　依据工艺规程确定所需设备类型与数量，车间的生产面积及平面布置，人员的配备以及各辅助部门的安排。

表 8-7　机械加工工序卡片

<table>
<tr><td colspan="2" rowspan="2">(工厂名)</td><td colspan="2" rowspan="2">机械加工工序卡片</td><td colspan="2">产品型号</td><td colspan="2">零件名称</td><td colspan="2">零件号</td></tr>
<tr><td colspan="2"></td><td colspan="2"></td><td colspan="2"></td></tr>
<tr><td>车间</td><td>工段</td><td rowspan="2">工序名称</td><td colspan="5" rowspan="2"></td><td colspan="2">工序号</td></tr>
<tr><td></td><td></td><td colspan="2"></td></tr>
<tr><td colspan="4" rowspan="11">(工序简图)
表述：加工表面
定位表面
夹紧位置
工序要求</td><td colspan="2">材　料</td><td colspan="4">机　床</td></tr>
<tr><td>牌号</td><td>硬度</td><td colspan="2">名称</td><td>型号</td><td>编号</td></tr>
<tr><td></td><td></td><td colspan="2"></td><td></td><td></td></tr>
<tr><td></td><td></td><td colspan="2"></td><td></td><td></td></tr>
<tr><td></td><td></td><td colspan="2"></td><td></td><td></td></tr>
<tr><td></td><td></td><td colspan="2"></td><td></td><td></td></tr>
<tr><td colspan="2">夹　具</td><td colspan="4">定　额</td></tr>
<tr><td>代号</td><td>名称</td><td colspan="2">准备终结时间</td><td>单件时间</td><td>工人级别</td></tr>
<tr><td></td><td></td><td colspan="2"></td><td></td><td></td></tr>
<tr><td></td><td></td><td colspan="2"></td><td></td><td></td></tr>
</table>

工步号	工步名称	走刀次数	每分钟转数或往复次数	进给量	机动时间	辅助时间	刀具		辅具		量具	
							名称	编号	名称	编号	名称	编号

批准		审核		校对		编制	

8.2　制定机械加工工艺规程的要求与步骤

8.2.1　机械加工工艺规程的基本要求

制定加工工艺规程，要确保零件的加工质量，可靠地达到产品图纸所提出的全部技术要求；要有合理的生产率，节约原材料，减少工时消耗，降低成本。此外，还应尽量减轻工人的劳动强度，保证安全及良好的工作条件。其中，保证加工质量是前提，而提高生产率和提高经济性，有时会出现矛盾。如先进高效的生产设备或工艺装备可提高生产效率，但会使投资增加。

8.2.2　制定工艺规程所需要的原始资料

在制定机械加工工艺规程时，需要下列原始资料。

(1) 产品的零件图以及该零件所在部件或总成的装配图。

(2) 产品质量的验收标准。

(3) 产品的年产量计划。

(4) 工厂现有生产条件。如毛坯的制造能力，现有加工设备、工艺装备及使用状况，专用设备、工装的制造能力及工人的技术水平等。

(5) 有关手册、标准及指导性文件。如机械加工工艺手册、时间定额手册、机床夹具设计手册、公差技术标准，以及国内外先进工艺、生产技术发展状况等方面的资料。

8.2.3　制定加工工艺规程的步骤及主要内容

制定加工工艺规程，大致按以下步骤进行。

(1) 分析产品的零件图及装配图，了解产品的工作原理和所加工零件在整个机器中的作用，分析零件图的加工要求、结构工艺性，检验图样的完整性。

(2) 根据零件的生产纲领及零件的结构大小、复杂程度确定生产类型。

(3) 选择和确定毛坯及其制造方式。

(4) 拟定工艺方案是制定机械加工工艺规程时定性分析的核心内容。其中包括：①选择定位基准；②确定定位、夹紧方法；③确定各个表面的加工方法，如孔、平面、外圆等表面的加工；④确定工序的集中和分散；⑤安排加工顺序。一般需要提出几种方案进行分析比较，从中选出最优的方案。

(5) 确定各工序所采用的设备，包括通用机械和专用机械的选定。

(6) 选择工艺装备，即确定各个工序所需要的刀具、夹具、量具和辅具。

(7) 确定各主要工序的技术检验要求以及检验方法。

(8) 确定各工序的加工余量、工序尺寸及公差。

(9) 确定切削用量，制定工时定额。

(10) 评价各种工艺方案，最后选定最佳工艺路线。

(11) 填写工艺文件。

8.3　零件加工工艺性分析与毛坯的选择

在制定零件机械加工工艺规程时，对产品零件图进行细致的审查，并进行工艺性分析，并提出修改意见，是一项重要工作。对零件进行工艺性审查，除了检查尺寸、视图以及技术条件是否完整外，还应有以下几方面内容。

8.3.1 分析零件技术要求及其合理性

一般将零件图上提出的有关技术要求分为以下几类。

(1) 加工表面本身的要求(尺寸精度、形状和粗糙度) 据其选择加工方法、加工步骤。

(2) 表面之间的相对位置精度(包括位置尺寸、位置精度) 与基准的选择有关。

(3) 表面质量及镀层要求 涉及选材及热处理工艺的确定。

(4) 其他要求 如等重、平衡、探伤等。

同时,还要审查材料选用是否恰当、技术要求是否合理。过高的精度要求、粗糙度以及其他要求,会使工艺过程复杂化,加工困难,成本增加。

8.3.2 零件的结构工艺性审查

审查零件结构工艺性是工艺分析工作的一项重要内容。工艺性分析的内容除了审查零件图上视图、尺寸、公差是否齐全、正确之外,主要是审查零件的结构工艺性。所谓零件结构工艺性是指所设计的零件在满足使用要求的前提下,制造的可行性和经济性。有时功能完全相同而结构工艺性不同的零件,其制造方法与制造成本往往相差很大。关于零件在机械加工中的结构工艺性,主要考虑如下几方面。

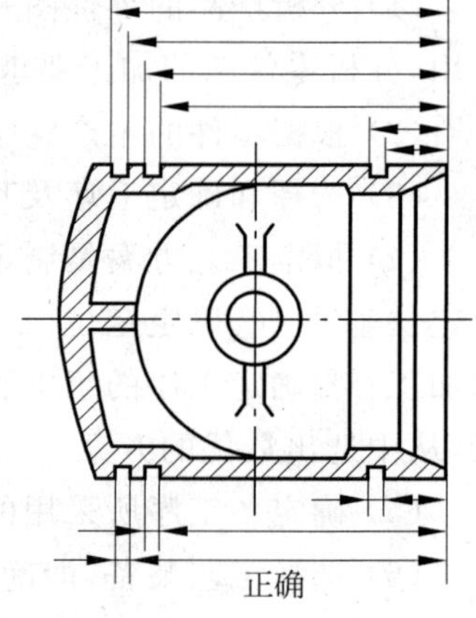

图 8-5 重要尺寸的标注例

1. 合理标注尺寸

(1) 零件图上重要尺寸应直接标注,在加工时尽量使工艺基准与设计基准重合,符合尺寸链最短的原则。如图 8-5 中活塞环槽的尺寸为重要尺寸,其宽度应该直接注出。

(2) 零件图上标注的尺寸应便于测量,不要从轴线、中心线、假想平面等难以测量的基准标注尺寸。

(3) 零件图上的尺寸不应标注成封闭式,以免产生矛盾。

(4) 零件的自由尺寸,应按加工顺序尽量从工艺基准注出。如图 8-6 所示的齿轮轴,图(a)标注方法大部分尺寸要换算,不能直接测量。图(b)标注方法与加工顺序一致,便于加工测量。

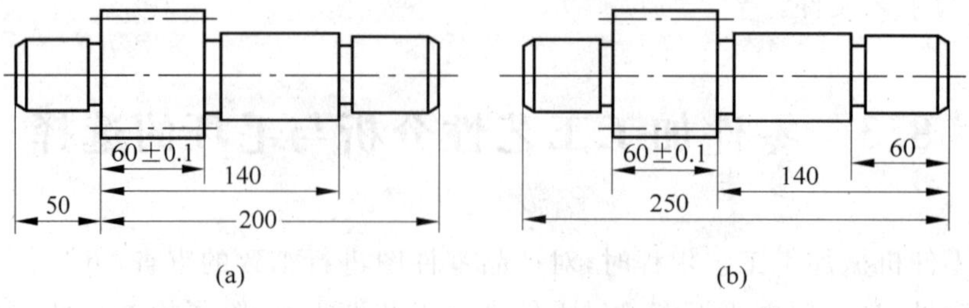

图 8-6 从工艺基准标注尺寸

(5) 零件所有加工表面与非加工面之间只标注一个联系尺寸。

2. 零件结构便于加工,有利于达到所要求的加工质量

(1) 合理确定零件的加工精度与表面质量。加工精度定得过高会增加工序,增加制造成本;过低会影响其使用性能,必须根据零件在整个机器中的作用和工作条件合理地进行选择。

(2) 保证位置精度的可能性。为保证零件的位置精度,最好使零件能在一次装夹下加工出所有相关表面。这样由机床的精度来达到要求的位置精度。如图 8-7(a)所示结构,保证 ϕ80 mm 与内孔 ϕ60 mm 的同轴度较难。如改成图(b)所示结构,就能在一次装夹下加工外圆与内孔。

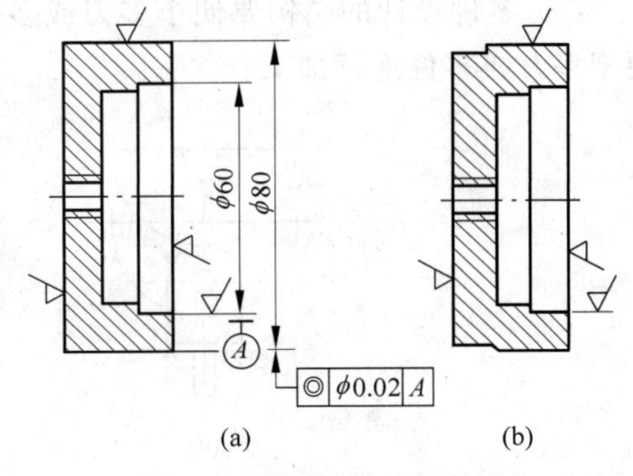

图 8-7　保证同轴度的结构

3. 有利于减少加工和装配的劳动量

(1) 减少不必要的加工面积可减少机械加工量　安装表面的减少有利于保证配合面的接触质量。

(2) 尽量避免、减少或简化内表面的加工　因为外表面要比内表面加工方便经济,又便于测量。因此,在零件设计时应力求避免在零件内腔进行加工。如图 8-8 所示,将图(a)所示的内沟槽改成图(b)所示轴的外沟槽加工,使加工与测量都很方便。

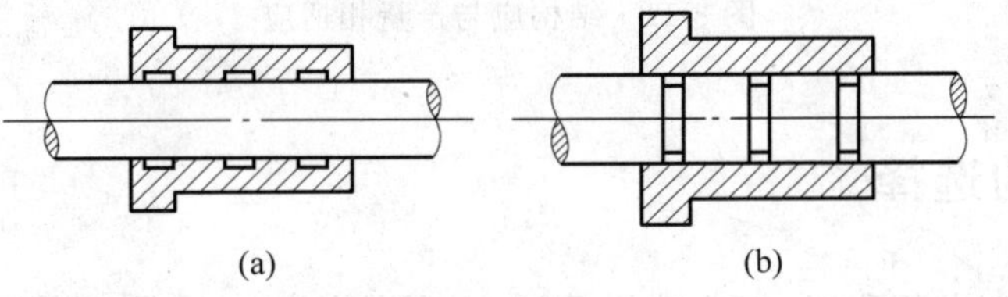

图 8-8　减少内部结构加工

4. 有利于提高劳动生产率,与生产类型相适应

(1) 零件的有关尺寸应力求一致,并能用标准刀具加工。如退刀槽尺寸一致,可减少刀具种类。

(2) 零件加工表面应尽量分布在同一方向,或互相垂直的表面上。如图 8-9 所示孔的轴线应当平行。

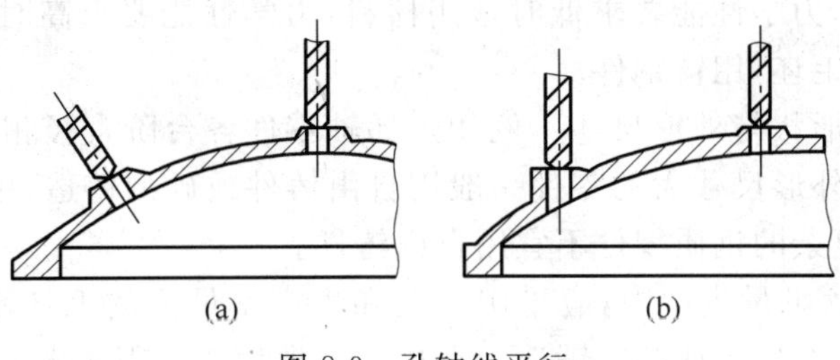

图 8-9　孔轴线平行

(3) 零件结构应便于加工。对于零件上那些不能进行穿通加工的结构,应设退刀槽、越程槽或孔。

(4) 避免在斜面或弧面上钻孔和钻头单刃切削,从而避免造成切削力不等使钻孔轴线倾斜或折断钻头。

(5) 零件设计的结构要便于多刀或多件加工,如图 8-10(b)所示结构可将毛坯排列成行便于多刀或多件连续加工。

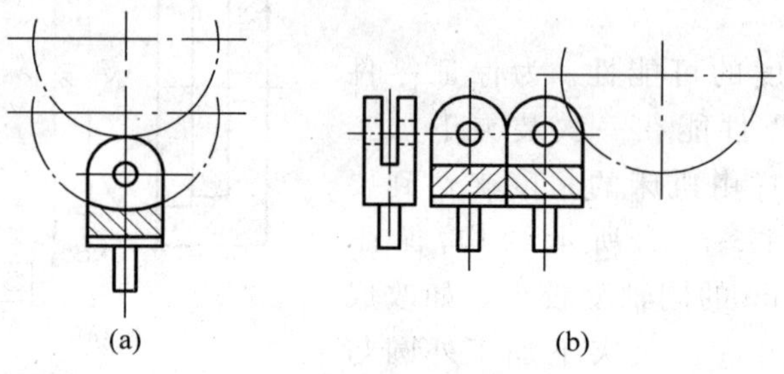

图 8-10 结构便于多件加工

(6) 要与具体的生产类型相适应。如图 8-11 所示,图(a)结构适合于大批量生产类型,图(b)结构则适合于生产量较小的情况。

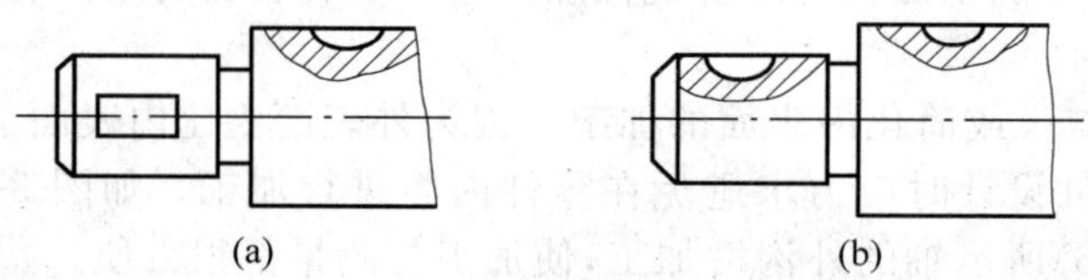

图 8-11 结构应与产量相适应

8.3.3 毛坯的选择

制定机械加工工艺规程时,正确选择毛坯,对零件的加工质量、材料消耗和加工工时有很大影响。毛坯的尺寸、形状越接近成品零件,机械的加工量越少;但是毛坯的制造成本就越高。应根据生产纲领,综合考虑毛坯制造和机械加工成本来确定毛坯类型,以求最好的经济效益。

机械加工中常用的毛坯由铸件、锻件、冲压件和型材等,目前焊接结构也是常见的毛坯形式。选用时主要考虑以下几个因素。

(1) 零件的材料与力学性能　据此大致确定了毛坯种类。例如铸铁零件用铸造毛坯;形状简单的钢质零件,力学性能要求低时常用棒料,力学性能要求高时用锻件;形状复杂、力学性能要求较高的毛坯,用铸钢件。

(2) 零件的结构形状与外形尺寸　例如阶梯轴零件各台阶直径相差不大时可用棒料,相差大时可用铸件;外形尺寸大的零件一般用自由铸件或砂型铸造,中小型零件可用模锻件或压力铸造,形状复杂的钢质零件不宜用自由铸件。

(3) 生产类型　大批量生产中,应采用精度和生产率最高的毛坯制造方法;铸件采用金属模机器造型,锻件用模锻或精密锻造。在单件小批生产中用木模手工造型、焊接结构或自由锻造来制造毛坯。

(4) 毛坯车间的生产条件　在选择毛坯时应考虑工厂毛坯车间的生产条件。

(5) 利用新工艺、新技术、新材料的可能性　例如采用精密锻造、压铸、精锻、冷轧、冷挤压、粉末冶金、异型钢材及工程塑料等，可大大减少机械加工劳动量。

8.4　工件定位的基本原理

工件在夹具中定位的目的是使同一工序的一批工件都能在夹具中占据正确的位置。工件的定位是由工件上一系列的表面联合完成的。因此，必须根据工件定位的基本原理，选择适当的工件表面和表面组合实现工件加工中的定位。

8.4.1　基准的概念与分类

基准是指用来确定生产对象上几何要素间的几何关系所依据的那些点、线、面。基准由具体的几何表面来体现，称为基面。如图 8-12 所示齿轮零件的外圆表面 ϕ50h8 基准是齿轮中心线，在具体装配或定位时，齿轮中心孔表面是体现基准轴线的基面。按基准在不同场合下的不同作用，可分为设计基准和工艺基准两大类。

(1) 设计基准　图样上所采用的基准。如图 8-12 所示的齿轮零件，轴线是各外圆和内孔的设计基准。

(2) 工艺基准　在工艺过程中所采用的基准。按其不同用途又可分为以下四种。

① 工序基准是在工序图上用来确定本工序所加工的表面，加工后的尺寸、形状、位置。它是某一工序所要达到的加工尺寸(即工序尺寸)的起点。

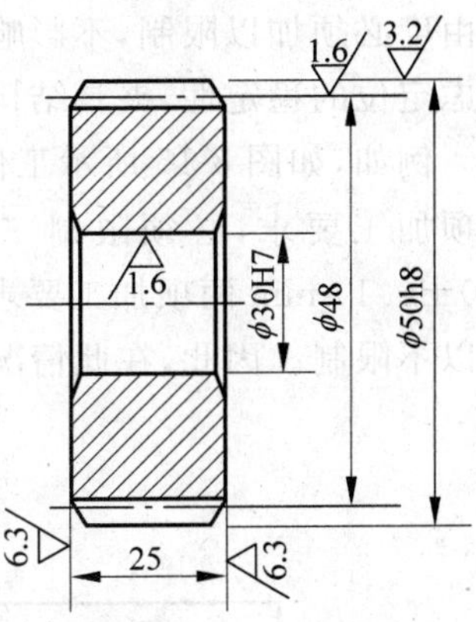

图 8-12　齿轮零件

② 定位基准是在工件加工中用作定位的基准。如图 8-12 所示的齿轮，用内孔装在心轴上磨削 ϕ50h8 外圆表面时，内孔中心线就是定位基准。

③ 测量基准是零件测量时所采用的基准。

④ 装配基准是装配过程中确定零件或部件在产品中的相对位置所采用的基准。如图 8-12 所示的齿轮，ϕ30H7 内孔及端面为装配基准。

8.4.2　六点定位原理

一个尚未定位的工件是一个自由物体，其空间位置是不确定的。一个自由物体的空间位置不确定性，称为自由度。在空间直角坐标系中描述工件的位置不确定性，如图 8-13 所示。一个自由工件具有 6 个自由度：工件沿 x、y、z 轴方向的位置不确定性称为沿 x、y、z 轴的位移自由度，用 $\vec{x}$、$\vec{y}$、$\vec{z}$ 表示；绕 x、y、z 轴的角位置不确定性称为绕 x、y、z 轴的旋转自由度，用 $\widehat{x}$、$\widehat{y}$、$\widehat{z}$ 表示。而一个自由工件在空间的不同位置，就是这 6 个自由度不同状态的综合结果。

显然,要使工件在空间占据完全确定的位置,就必须限制工件的6个自由度。如果按图8-14所示设置6个支承点,工件的三个面分别与这些点接触,工件的6个自由度便都被限制了。这些用来限制工件自由度的固定点,称为定位支承点。通常把工件的某个表面限制的自由度数抽象为相应的定位支承点数。

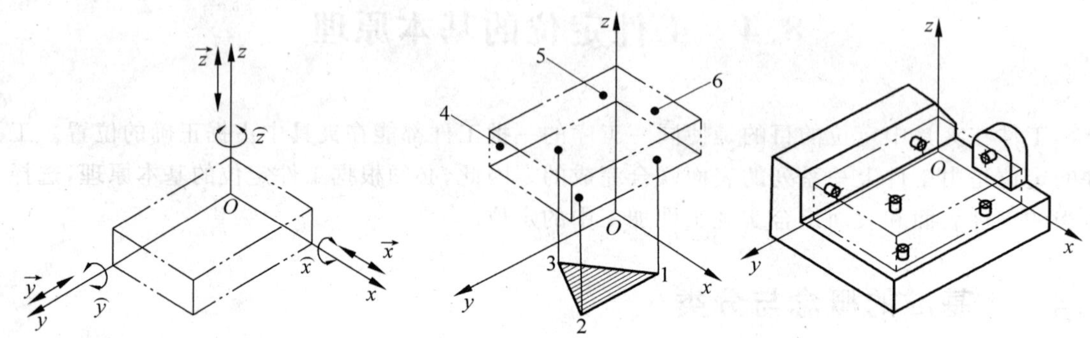

图8-13 作为刚体工件的自由度　　　　图8-14 长方形工件的六点定位

但是,并非所有的情况下,工件的6个自由度都要限制。工件定位时,影响加工要求的自由度必须加以限制,不影响加工要求的自由度,有时可以不限制,视具体情况而定。例如,考虑定位的稳定性,夹具结构简单与否,夹紧是否方便安全等因素。

例如,如图8-15所示工件上的通槽,为保证槽底面与A面的平行度和尺寸 $60_{-0.2}^{\ 0}$ mm两项加工要求,必须限制 $\vec{z}$、$\widehat{x}$、$\widehat{y}$ 三个自由度;为保证槽侧面与B面的平行度和尺寸(30±0.1)mm两项加工要求,必须限制 $\vec{x}$、$\widehat{z}$ 两个自由度;至于 $\vec{y}$,从加工要求的角度看,可以不限制。因此,在此情况下,限制工件的5个自由度就可以保证工序的加工要求。

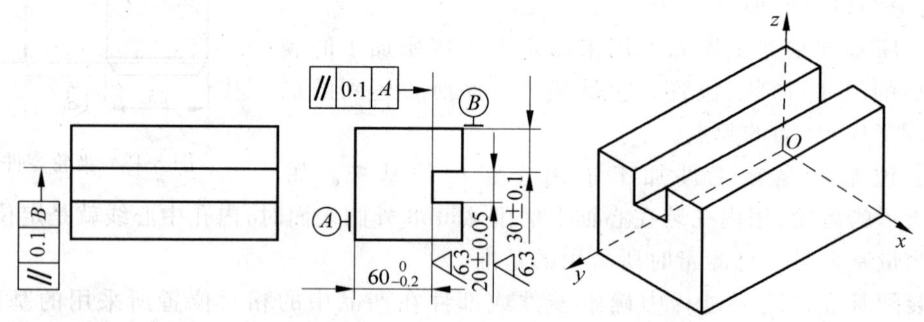

图8-15 按照加工要求确定必须限制的自由度

总之,工件在夹具中的定位,就是工件在未夹紧之前,为了达到工序规定的加工要求,适当地限制某些对加工要求产生影响的自由度,使同一批工件在夹具中占有一个确定的正确加工位置。由上述分析可以得出如下结论。

(1) 任何工件作为一个自由物体,都具有6个自由度。在直角坐标系中,它们分别表示为:$\vec{x}$、$\vec{y}$、$\vec{z}$ 和 $\widehat{x}$、$\widehat{y}$、$\widehat{z}$。

(2) 要限制工件的6个自由度,就必须在夹具中设置相当于6个无重复作用的定位支承点的定位元件,与工件的定位基准相接触或配合。

(3) 工件定位时，需要限制的自由度的数目，是由工件在该工序的加工要求所确定的。独立定位支承点总数，不应少于工件加工时必须限制的自由度数目。

这个结论就是工件定位时，必须遵循的定位原理，通常称为工件的六点定位原理。

8.4.3　六点定位原理的应用

在实际生产中，应用六点定位原理分析工件在夹具中的定位问题时，常有以下几种情况。

1. 完全定位

工件的 6 个自由度都被限制的定位称为完全定位。如长方体工件铣不通槽，需要限制工件的 6 个自由度，应该采用完全定位。

2. 不完全定位

工件被限制的自由度少于 6 个，但能保证加工要求的定位称为不完全定位。这种定位有两种情况：一种是由于工件的几何形状特点，限制工件的某些自由度没有意义，有时也无法限制，如光轴的绕轴线旋转自由度；另一种情况是，工件的某些自由度不限制并不影响加工要求。如图 8-15 加工通槽的例子，工件的位移自由度 $\vec{y}$ 并不影响通槽的加工要求。

3. 欠定位

按照加工要求应该限制的自由度没有被限制的定位称为欠定位，或定位不足。在确定工件在夹具中的定位方案时，欠定位是不允许出现的。

4. 过定位

工件的一个或几个自由度被不同的定位支承点重复限制的定位称为过定位。

在设计夹具时，是否允许过定位，应根据工件的不同定位情况进行分析。如图 8-16(a) 所示为插齿时常用的夹具。工件 3(齿坯)以内孔在心轴 1 上定位，限制工件的 $\vec{x}$、$\vec{y}$、$\widehat{x}$、$\widehat{y}$

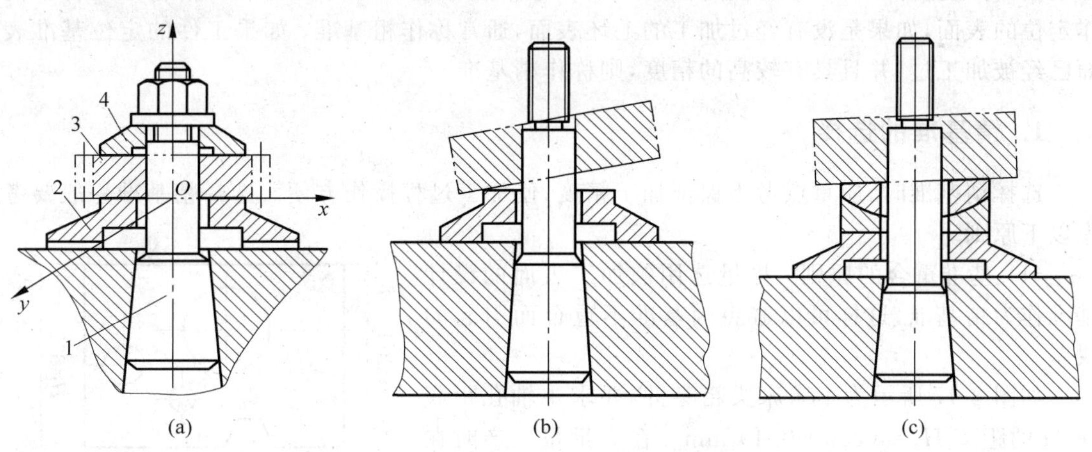

图 8-16　齿轮齿形加工常用定位方式及其夹具

1—心轴；2—支承凸台；3—工件；4—压板

4个自由度,又以端面在支承凸台2上定位,限制工件的$\vec{z}$、$\widehat{x}$、$\widehat{y}$三个自由度,$\widehat{x}$、$\widehat{y}$被重复限制,属于过定位。实际上,齿坯孔与端面的垂直度误差是不可避免的,工件的定位如图8-16(b)所示,这时齿坯端面与凸台只有一点接触,夹紧后,造成工件和定位元件(心轴1)的弯曲变形。如果齿坯孔与端面的垂直度很高,可认为是可用过定位。

从上述工件定位实例可知,若工件定位时出现过定位现象,可能产生以下不良后果:

(1) 定位不稳定,增加了同批工件在夹具中位置的不一致性。

(2) 增加工件和夹具定位元件的夹紧变形。

(3) 导致部分工件不能顺利与定位元件配合,造成干涉。

在实际应用中,应当根据具体情况,采取如下措施,消除或减少过定位带来的不良后果:

(1) 提高工件定位基准之间及定位元件工作表面之间的位置精度,减小过定位对加工精度的影响,使不可用过定位变为可用过定位。

(2) 改变定位方案,避免过定位。具体措施有:改变定位元件的结构,如圆柱销改为菱形销、长销改为短销,消除重复限制自由度的支承或将其中某个支承改为辅助支承,将大支承板改为小支承板或浮动支承等。如图8-16(c)所示,使用球面垫圈,去掉重复限制$\widehat{x}$、$\widehat{y}$的两个支承点。显然夹具的结构复杂程度加大了。

(3) 有些情况下,过定位是允许的,有时甚至是必要的,不可避免的。对于刚性差的薄壁件、细长杆件或用已加工过的大平面作为工件定位基准时,为减小切削力造成工件和夹具定位元件的变形,确保加工中定位稳定,常常采用过定位。例如,在车床上车削细长轴时,往往采用前后顶尖和中心架(或跟刀架)定位。

8.5 机械加工工艺规程设计中的主要定性问题

8.5.1 定位基准的选择

在零件加工过程中,每一道工序都需要选择定位基准。定位基准的选择,对保证零件加工精度,合理安排加工顺序有决定性的影响。通常定位基准分为粗基准和精基准两种。用作定位的表面,如果是没有经过加工的毛坯表面,通常称作粗基准;如果工件的定位基准表面已经被加工过,并且具有较高的精度,则称作精基准。

1. 精基准的选择

选择精基准时,应重点考虑保证加工精度,使加工过程操作方便。选择精基准一般要考虑以下原则。

(1) 基准重合的原则:尽量选用被加工表面的设计基准作为精基准,这样可以避免因基准不重合而引起的误差。

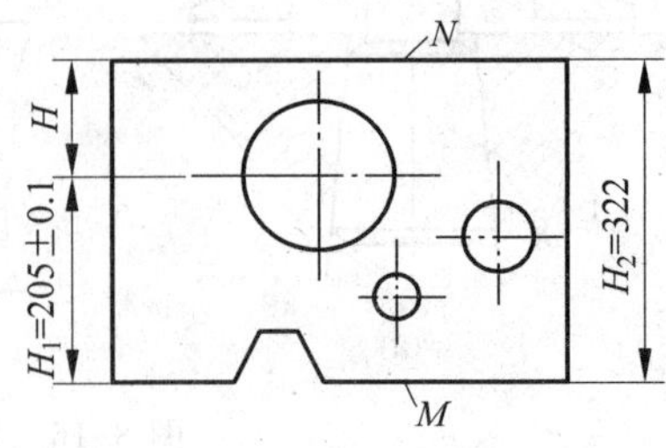

图8-17 车床床头箱

如图8-17所示为车床床头箱零件,要求主轴孔距底面M的距离$H_1=(205\pm0.1)$ mm。在大批量生产时在组合机床上采用调整法加工。为方便布置中间导向装置,床头箱体用顶面N为定位基准。镗孔工序直接保证

的工序尺寸是 H,而 H_1 是由 H 及 H_2 间接保证的；要求 $T_H+T_{H_2}\leqslant T_{H_1}$。如果以底面 M 定位,定位基准与设计基准重合,可以直接按设计尺寸 H_1 加工。

(2) 基准统一原则：选择尽可能多的表面加工时都能使用的基准作精基准。如轴类零件,常用顶尖孔作统一基准加工外圆表面,这样可保证各表面之间的同轴度：一般箱体常用一平面和两个距离较远的孔作为精基准；盘类零件常用一端面和一短孔为一精基准完成各工序的加工。采用基准统一原则可避免基准变换产生的误差,简化夹具设计和制造。

(3) 互为基准原则：对于两个表面间相互位置精度要求很高,同时其自身尺寸与形状精度都要求很高的表面加工,常采用"互为基准、反复加工"原则。如机床主轴前端锥孔,与轴颈外圆的加工,常以锥孔为基准加工外圆轴颈,再以外圆轴颈为基准加工内锥孔,以保证两者间的位置精度。

(4) 自为基准原则：对于加工精度要求很高,余量小而且均匀的表面,加工中常用加工表面本身作为定位基准。例如磨削机床床身导轨面时,为保证导轨面上切除余量均匀,以导轨面本身找正定位磨削导轨面。

(5) 所选精基准,应保证工件装夹稳定可靠,夹具结构简单,操作方便。

2. 粗基准的选择

在机械加工工艺的过程中,第一道工序总是用粗基准定位。粗基准的选择对各加工表面加工余量的分配,保证不加工表面与加工表面间的尺寸、相互位置精度均有很大的影响。图 8-18(a)和(b)分别给出了不同的粗基准选择方案对加工效果的影响。具体选择时应考虑以下原则。

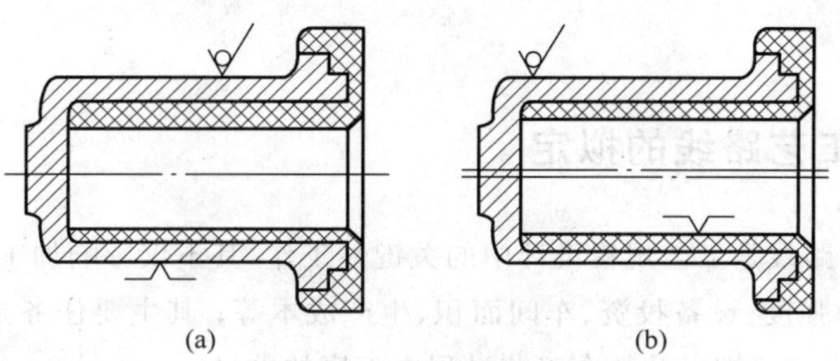

图 8-18　选用不同粗基准时的不同加工效果

(1) 选择重要表面为粗基准：对于工件的重要表面,为保证其本身的加工余量小而均匀,应优先选择该重要表面为粗基准。如加工床身、主轴箱时,常以导轨面(见图 8-19)或主轴孔为粗基准。

(2) 选择不加工表面为粗基准：为了保证加工表面与不加工表面之间的相互位置要求,一般应选择不加工表面为粗基准,如图 8-20 所示。

(3) 选择加工余量最小的表面为粗基准：若零件上有多个表面要加工,则应选择其中加工余量最小的表面为粗基准,以保证各加工表面都有足够的加工余量。如图 8-21 所示,铸造或锻造的轴,一般大头直径上的余量比小头直径上的余量大,故常用小头外圆表面为粗基准来加工大头直径外圆。

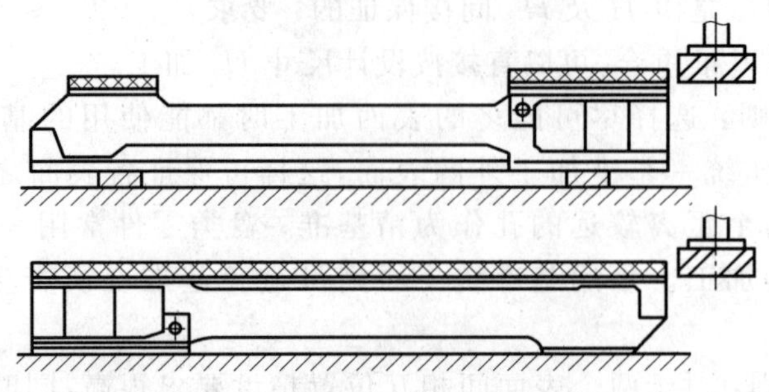

图 8-19 用床身导轨面为粗基准

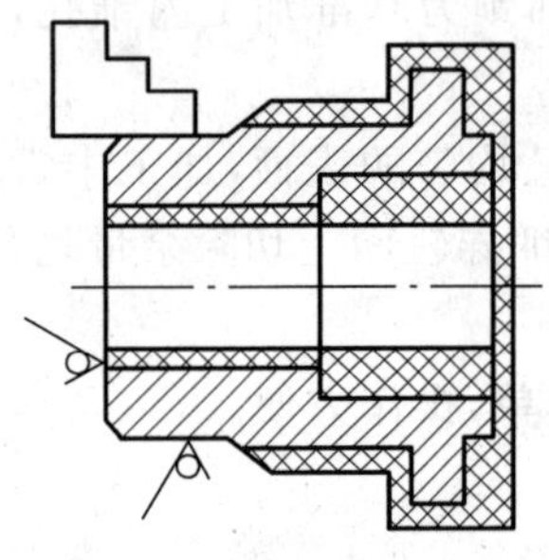

图 8-20 不加工表面作粗基准

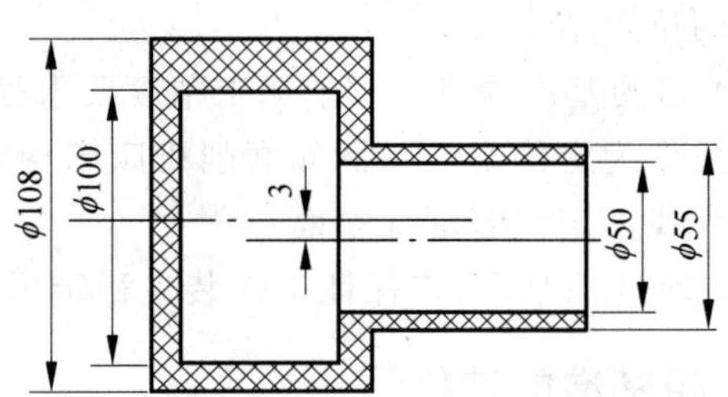

图 8-21 加工余量大小不等的情况

(4) 选择较为平整光洁，无分型面、冒口，面积较大的表面为粗基准，以使工件定位可靠、装夹方便，减少加工劳动量。

(5) 粗基准在同一自由度方向上只能使用一次。粗基准重复使用会造成较大的定位误差。

8.5.2 加工工艺路线的拟定

拟定加工工艺路线是工艺规程设计中的关键性工作，其不仅影响加工质量和加工效率，还影响工人的劳动强度、设备投资、车间面积、生产成本等；其主要任务是解决表面加工方法的选择、加工顺序的安排以及整个工艺过程中工序的数量。

1. 表面加工方法的选择

任何复杂的表面都是由若干个简单的几何表面(外圆柱面、孔、平面或成形表面)组合而成的。零件的加工，实质上就是这些简单几何表面加工的组合。因此，在拟定零件的加工工艺路线时，首先要确定构成零件各个表面的加工方法。

选择加工方法的具体做法就是根据被加工表面的加工要求、材料性质等，选择合适的加工方法及加工路线。在具体选择时应综合考虑下列各方面的原则。

(1) 所选择加工方法的经济加工精度及表面粗糙度应满足被加工表面的要求。

图 8-22～图 8-24 分别给出三种基本表面的典型加工方法。其中的数据是在正常加工条件下(采用符合质量标准的设备、工艺装备和标准技术等级工人、不延长加工时间)所能保

证的加工精度，即经济加工精度。随着生产技术的发展，工艺水平的提高，同一种加工方法能达到的经济加工精度和表面粗糙度也会不断提高。

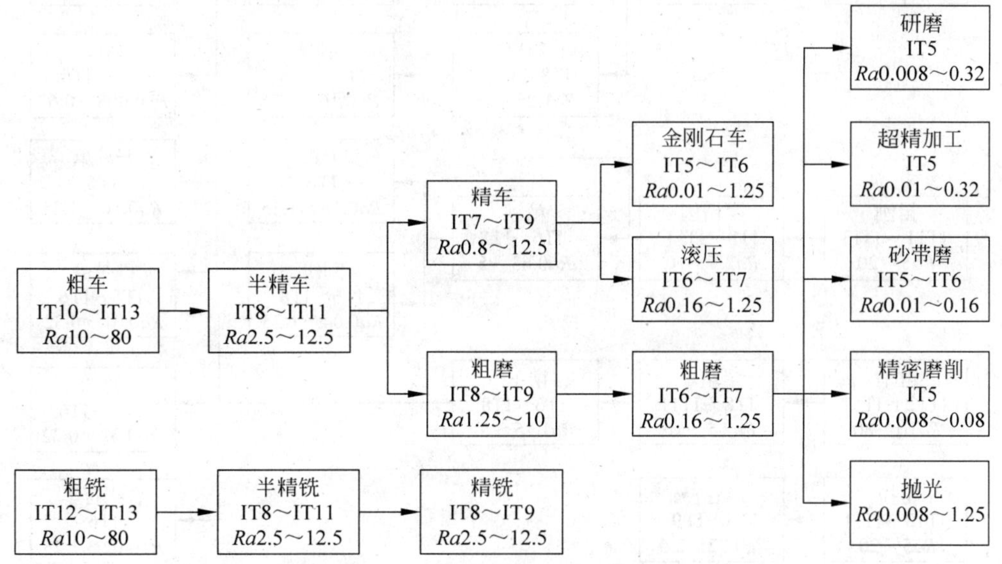

图 8-22 外圆表面的典型加工方法

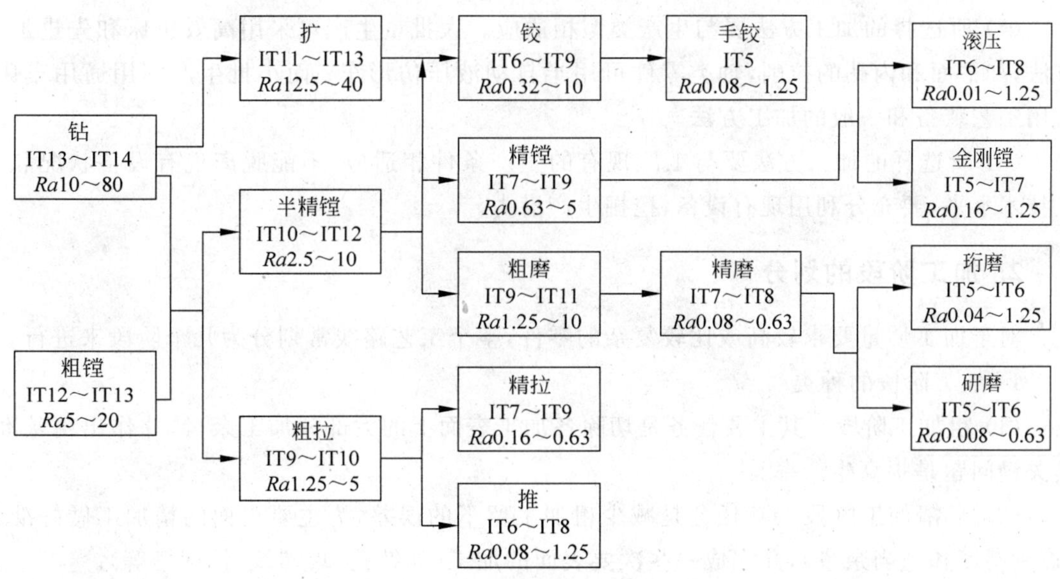

图 8-23 孔表面的典型加工方法

（2）所选择的加工方法要能保证加工表面的几何形状精度和表面相互位置要求。各种加工方法所能达到的几何形状精度和相互位置精度可参阅相关文献[30,31]。

（3）选择加工方法要与零件的加工性能、热处理状况相适应。对于硬度低、韧性较高的金属材料，如有色金属等不宜采用磨削加工，而淬火钢、耐热钢等材料多用磨削加工。

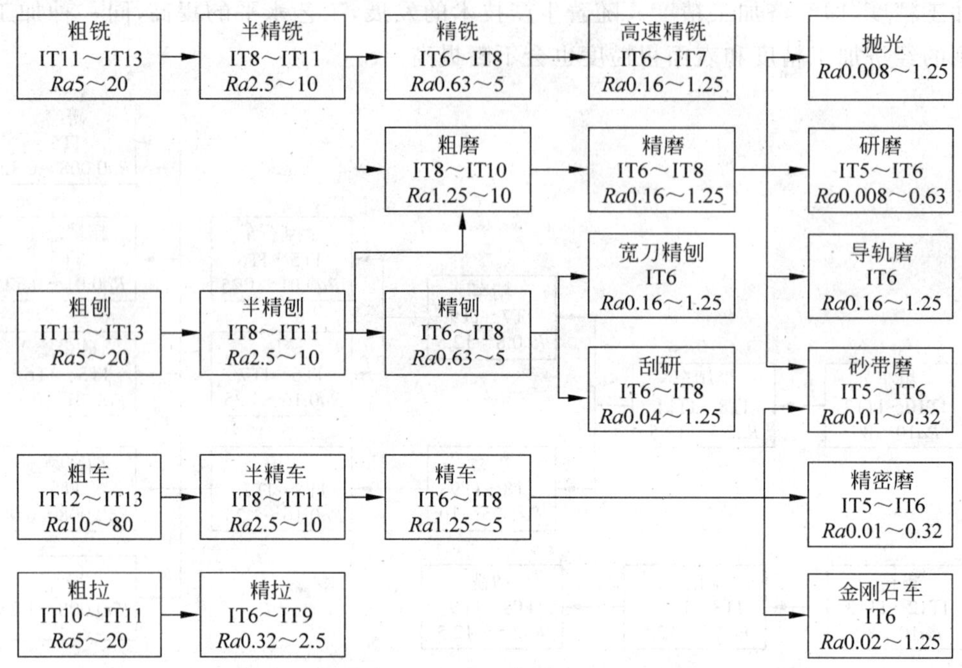

图 8-24 平表面的典型加工方法

(4) 所选择的加工方法要与生产类型相适应。大批量生产可采用高效机床和先进加工方法,如平面和内孔的拉削,轴类零件可用半自动液压仿形车;而小批生产则用通用车床、通用工艺装备和一般的加工方法。

(5) 所选择的加工方法要与工厂现有的生产条件相适应,不能脱离现有设备状况和工人技术水平,要充分利用现有设备,挖掘生产潜力。

2. 加工阶段的划分

对于加工质量要求较高或比较复杂的零件,整个工艺路线常划分为几个阶段来进行。

1) 加工阶段的种类

(1) 粗加工阶段　其主要任务是切除各加工表面上的大部分加工余量,并作出精基准。其关键问题是提高生产率。

(2) 半精加工阶段　其任务是减少粗加工留下的误差,为主要表面的精加工做好准备(控制精度和适当余量),并完成一些次要表面的加工(如钻孔、攻螺纹、铣键槽等)。

(3) 精加工阶段　其任务是保证各主要表面达到图样规定要求,主要问题是如何保证加工质量。

(4) 光整加工阶段　其主要任务是提高表面本身的精度(表面粗糙度和精度),一般没有纠正相互位置误差的作用。常用加工方法有金刚镗、研磨、珩磨、镜面磨、抛光等。

2) 划分加工阶段的原因

(1) 保证加工质量　粗加工时切削余量大,切削力、切削热、夹紧力也大,毛坯本身具有内应力,加工后内应力将重新分布,工件会产生较大变形。划分加工阶段后,粗加工产生的误差和变形，通过半精加工和精加工予以纠正，并逐步提高零件的精度和表面质量。

(2) 及时发现毛坯的缺陷　粗加工时去除了加工表面的大部分余量，当发现有缺陷时可及时报废或修补，可避免精加工工时的损失。

(3) 合理使用设备　粗加工可采用精度一般，功率大、高效率设备；精加工则采用精度高的精密机床；发挥各类机床的效能，延长机床的使用寿命。

(4) 便于组织生产　各加工阶段要求的生产条件不同，如精密加工要求恒温洁净的生产环境。划分加工阶段后，可在各阶段之间安排热处理工序。对精密零件，粗加工后安排去应力时效处理，可减少内应力对精加工的影响；半精加工后安排淬火不仅容易达到零件的性能要求，而且淬火变形可通过精加工工序予以消除。

(5) 精加工安排在最后，可防止或减少对已加工表面的损伤。

应当指出，加工阶段的划分不是绝对的。对于那些刚性好、余量小、加工要求不高或内应力影响不大的工件，如有些重型零件的加工，可以不划分加工阶段。

3. 工序的集中与分散

确定了加工方法和划分加工阶段以后，需将加工表面的全部加工内容，按不同加工阶段组合成若干个工序，拟定出整个加工路线。组合工序时有工序集中或工序分散两种方式。

1) 工序分散

工序分散就是将零件的加工内容分散到很多工序内完成。其特点是：

(1) 由于每台机床完成的工序简单，可采用结构简单的高效单一功能的机床，工艺装备简单、调整容易，易于平衡工序时间，组织流水生产。

(2) 生产准备工作量少，容易适应产品的转换，对操作工人技术要求低。

(3) 有利于采用最合理的切削用量，减少机动时间。

(4) 设备数目多、操作工人多，生产面积大，物料运输路线长。

2) 工序集中

工序集中就是将零件的加工内容集中在少数几道工序中完成。其特点是：

(1) 有利于采用高效的专用设备和工艺装备，可大大提高劳动生产率。

(2) 工序少，减少了机床数量、操作工人人数和生产面积，简化了生产计划管理。

(3) 工件装夹次数减少，缩短了辅助时间。由于在一次装夹中加工较多的表面，容易保证它们的相互位置精度。

(4) 设备和工艺装备复杂，生产准备工作量和投资都较大，调整、维修费时费事，故转换新产品比较困难。

工序集中与分散各有优缺点，在制定工艺路线时应根据生产类型、零件的结构特点及工厂现有设备等灵活处理。一般情况下，单件小批生产能简化生产作业计划和组织工作，常采用工序集中；成批生产和大批量生产中，多采用工序分散，也可采用工序集中。从生产发展来看，尤其是柔性加工技术的使用，一般趋向于工序集中方式组织生产。

4. 工序先后顺序的安排

工序顺序的安排对保证加工质量、提高生产效率和降低成本都有重要的作用。

1) 安排切削加工顺序的原则

(1) 先粗后精　各表面的加工工序按照由粗到精的加工阶段交叉进行。

(2) 先主后次　先安排零件的装配基面和工作表面等主要表面的加工，将次要表面(如键槽、紧固用的光孔和螺纹底孔等)的加工穿插进行。

(3) 先面后孔　对于箱体、支架、连杆、底座等零件，先加工主要表面、定位基准平面和孔的端面，然后加工孔。

(4) 基准先行　优先考虑精基准面的加工，按基面转换的顺序和逐步提高加工精度的原则来安排基准面和主要表面的加工。

在安排加工顺序时，还要注意退刀槽、倒角、去毛刺等工序的安排。

2) 热处理及表面处理工序的安排

热处理工序的安排，主要决定于零件的材料与热处理的要求。通常有以下几种情况：

(1) 改善加工性能和金属组织的热处理　如退火和正火应安排在机械加工之前进行。对含碳量超过0.5%的碳钢用退火来降低其硬度；对于含碳量小于0.5%的碳钢，一般用正火改善材料的切削性能。

(2) 消除内应力的热处理　如人工时效、退火等，一般安排在粗加工后、精加工前进行。对精度要求很高的精密丝杠、主轴等零件，应安排多次时效处理。对于结构复杂的铸件，如机床床身、立柱等，则在粗加工前后都要进行时效处理。

(3) 提高零件表面硬度的热处理　一般安排在半精加工后、磨削加工前进行。对于渗碳淬火，常将渗碳工序放在次要表面加工前，淬火放在次要表面加工完后，以减少次要表面与淬硬表面之间的位置误差。对于氮化、氰化等热处理工序一般安排在粗磨与精磨之间进行。

(4) 提高零件的抗腐蚀能力、耐磨性和导电率等的表面处理　如表面发蓝处理、表面镀层处理，一般安排在机械加工完毕之后进行。

3) 辅助工序的安排

检验工序是重要的辅助工序，它是保证产品质量的必要措施。检验工序一般安排在粗加工完全结束之后、重要工序加工前后、零件在车间之间转换时、特殊性能(如磁力探伤、密封性能等)检测以及零件全部加工结束之后进行。除了检验工序以外，有时在某些工序之后还应安排一些如去毛刺、去磁、涂防锈漆等辅助工序。

8.5.3 机床与工艺装备的选择

1. 机床的选择

选择机床设备的原则是：

(1) 机床的主要规格尺寸应与被加工零件的外廓尺寸相适应；

(2) 机床的精度应与工序要求的加工精度相适应；

(3) 机床的生产率应与被加工零件的生产类型相适应；

(4) 机床的选择应适应工厂现有的设备条件。

如果需要改装或设计专用机床，则应提出设计任务书，阐明与加工工序内容有关的参数、生产率要求，保证零件质量的条件以及机床总体布置形式等。

2. 工艺装备的选择

选择工艺装备，即确定各工序所用的刀具、夹具、量具和辅助工具等。

(1) 夹具的选择　单件小批生产，应尽量选用通用工具，如各种卡盘、虎钳和回转台等，为提高生产率可积极推广和使用成组夹具或组合夹具。大批大量生产可采用高效的液压气动等专用工具。夹具的精度应与工件的加工精度要求相适应。

(2) 刀具的选择　一般采用通用刀具或标准刀具，必要时也可采用高效复合刀具及其他专用刀具。刀具的类型、规格和精度应符合零件的加工要求。

(3) 量具的选择　单件小批生产应采用通用量具，大批大量生产采用各种量规和一些高效的检验工具。选用的量具精度应与零件的加工精度相适应。

如果需要采用专用的工艺装备时，则应提出设计任务书。

8.5.4 切削用量的确定

应当从保证工件加工表面的质量、生产率、刀具寿命以及机床功率等因素来考虑选择切削用量。

1. 粗加工切削用量的选择

粗加工毛坯余量大，加工的精度与表面的粗糙度要求不高。因此，粗加工切削用量的选择应在保证必要的刀具寿命的前提下，尽可能提高生产率和降低成本。

通常生产率以单位时间内的金属切除率 $Z_W(mm^3/s)$ 表示：$Z_W=1000vfa_p$。可见，提高切削速度、增大进给量和背吃刀量都能提高切削加工生产率。其中 v 对刀具寿命 T 影响最大，a_p 最小。在选择粗加工切削用量时，应首先选用尽可能大的背吃刀量 a_p，其次选用较大的进给量 f，最后根据合理的刀具寿命，用计算法或查表法确定合适的切削速度 v。

(1) 背吃刀量的选择　粗加工时，其由工件加工余量和工艺系统的刚度决定。在保留后续工序余量的前提下，尽可能将粗加工余量一次切除掉；若总余量太大，可分几次走刀。

(2) 进给量的选择　限制进给量的主要因素是切削力。在工艺系统的刚性和强度良好的情况下，可用较大的 f 值。具体可用查表法，参阅参考文献[30,31]，根据工件材料和尺寸大小、刀杆尺寸和初选的背吃刀量 a_p 选取。

(3) 切削速度的选择　切削速度主要受刀具寿命的限制，在 a_p 及 f 选定后，v 可按公式计算得到。切削用量 a_p、f 和 v 三者决定切削功率，确定 v 时应考虑机床的许用功率。

2. 精加工切削用量的选择

在精加工时，加工精度和表面粗糙度的要求都较高，加工余量小而均匀。因此，在选择精加工的切削用量时,着重是考虑保证加工质量,并在此基础上尽量提高生产率。

(1) 背吃刀量的选择　由粗加工后留下的余量决定,一般 a_p 不能太大,否则会影响加工质量。

(2) 进给量的选择　限制进给量的主要因素是表面粗糙度。应根据加工表面的粗糙度要求、刀尖圆弧半径 γ_ε、工件材料、主偏角 κ_r 及副偏角 κ_r' 等选取 f。见参考文献[30,31]中的有关表格。

(3) 切削速度的选择　主要考虑表面粗糙度要求和工件的材料种类。当表面粗糙度要求较高时,切削速度也较大。

8.6 加工余量及其确定方法

对于零件的某一个表面,为达到图纸所规定的精度及表面粗糙度,往往需要经过多次加工方能完成。而每次加工都需要去除余量。

8.6.1 加工余量的概念

加工余量是指在加工过程中从被加工表面上切除的金属层厚度。加工余量可分为加工总余量和工序余量两种。

工序余量是指工件某一表面相邻两工序尺寸之差(即一道工序中切除的金属层厚度)。按照这一定义,工序余量有单边余量和双边余量之分。零件的非对称结构的非对称表面,其加工余量一般为单边余量,如单一平面的加工余量为单边余量。零件对称结构的对称表面,其加工余量为双边余量,如回转体表面(内、外圆柱表面)的加工余量为双边余量。

加工总余量为同一表面上毛坯尺寸与零件设计尺寸之差(即从加工表面上切除的金属层总厚度)。某表面加工总余量(Z_Σ)等于该表面各个工序余量(Z_i)之和,即

$$Z_\Sigma = Z_1 + Z_2 + \cdots + Z_n = \sum_{i=1}^{n} Z_i \tag{8-2}$$

式中:n——机械加工工序数目;

Z_1——第一道粗加工工序的加工余量。一般来说,毛坯的制造精度高,Z_1 就小;若毛坯制造精度低,Z_1 就大(具体数值可参阅文献[30])。

8.6.2 影响加工余量的因素

影响工序余量的因素比较多、比较复杂。结合图 8-25 所示用小头孔和端面定位,镗削连杆大孔工序的情形,综合分析影响工序余量的主要因素有以下几种。

(1) 前一工序产生的表面粗糙度 Ra 和表面缺陷层深度 H_a　其应在本工序中切除掉。表面层的结构如图 8-26 所示。表面上 Ra 和 H_a 的大小,与所用的加工方法有关,表 8-8 为有关的实验数据。

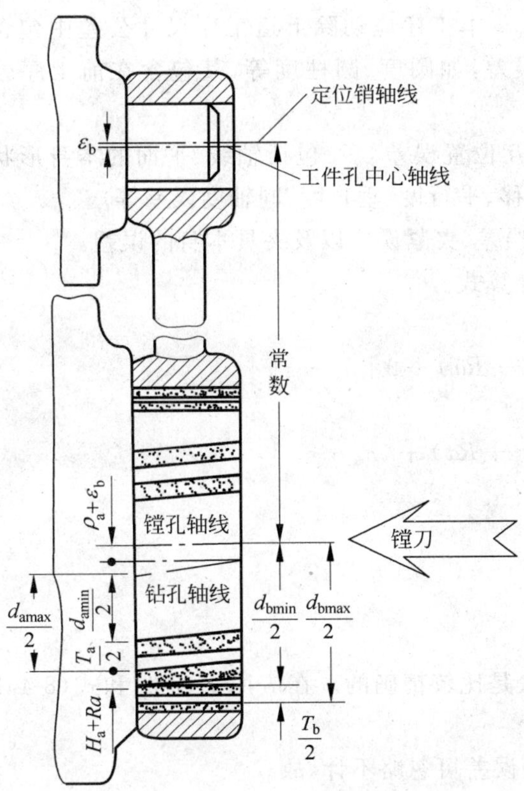

图 8-25 连杆镗孔加工时影响余量的因素示意图

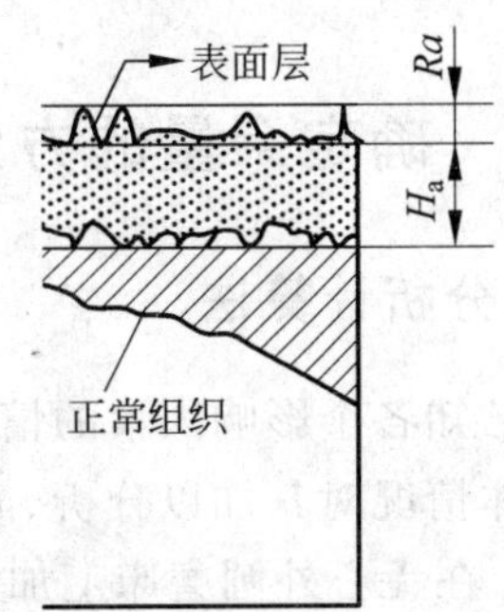

图 8-26 表面粗糙及缺陷层结构

表 8-8 表面粗糙度 *Ra* 和表面缺陷层深度 H_a 值 μm

加工方法	Ra	H_a	加工方法	Ra	H_a
粗车外圆	15～100	40～60	粗刨	15～100	40～50
精车内外圆	5～45	30～40	精刨	5～45	25～40
粗车端面	15～225	40～60	粗插	25～100	50～60
精车端面	5～24	30～40	精插	5～45	35～50
钻	45～225	40～60	粗铣	15～225	40～60
粗扩孔	25～225	40～60	精铣	5～45	25～40
精扩孔	25～100	30～40	拉	1.7～3.5	10～20
粗铰	25～100	25～30	切断	45～225	60
精铰	5.5～25	10～20	研磨	0～1.6	3～5
粗镗	25～225	30～50	超级光磨	0～0.8	0.2～0.3
精镗	5～25	25～40	抛光	0.06～1.6	2～5
磨外圆	1.7～15	15～25	闭式模锻	100～225	500
磨内圆	1.7～15	20～30	冷拉	25～100	80～100
磨端面	1.7～15	15～35	高精度碾压	100～225	300
磨平面	1.7～15	20～30			

(2) 加工前或上道工序的尺寸公差 T_a 本工序应切除上道工序尺寸公差中包含的各种误差。待加工表面存在各种几何形状误差,如圆度、圆柱度等,其包含在前工序公差范围内。

(3) 加工前和上道工序各表面间的相互位置误差 ρ_a 包括轴线、平面的本身形状误差(如弯曲、偏斜等)及其相互位置误差(如偏移、平行度、垂直度、同轴度误差等)。

(4) 本工序的装夹误差 ε_a 包括定位误差、夹紧误差以及夹具本身的误差。

根据以上分析,可建立以下加工余量计算式。

加工外圆和孔时:

$$Z_b = T_a + 2(H_a + Ra) + 2\,|\,\bar{\rho}_a + \bar{\varepsilon}_b\,| \tag{8-3}$$

加工平面时:

$$Z_b = T_a + (H_a + Ra) + |\,\bar{\rho}_a + \bar{\varepsilon}_b\,| \tag{8-4}$$

8.6.3 确定余量的方法

1. 分析计算法

在已知各个影响因素的情况下,计算法是比较精确的。在应用式(8-3)和式(8-4)时,要针对具体情况对其加以分析、简化。

(1) 在无心外圆磨床上加工零件,装夹误差可忽略不计,故

$$Z_b = T_a + 2(H_a + Ra + \rho_a) \tag{8-5}$$

(2) 当用浮动铰刀铰孔以及拉孔(工作端面用浮动支承)时,空间偏差对余量无影响,也无装夹误差的影响,故

$$Z_b = T_a + 2(H_a + Ra) \tag{8-6}$$

(3) 超精加工、研磨及抛光时,主要是为了改善工件的表面粗糙度,故

$$Z_b = T_a + 2Ra \tag{8-7}$$

2. 经验估计

多用于单件小批生产,主要用来确定总余量。由一些有经验的工程技术人员根据经验确定余量的大小。一般地,由经验法确定加工余量往往偏大。

3. 查表法

根据通用的文献[30,31]或企业的经验数据表格,可以查出各种工序余量或加工总余量,并结合实际加工情况加以修正,确定加工余量。此法方便、迅速,生产中被广泛采用。

8.7 加工工艺尺寸的分析计算

在拟定加工工艺路线之后,即应确定各个工序所应达到的加工尺寸及其公差,以及所应切除的加工余量,这一工作通常是运用尺寸链原理进行的。

8.7.1　尺寸链的基本概念

进行加工工艺(装配工艺)分析时,都有关于尺寸公差和技术要求的计算问题。运用尺寸链原理进行分析计算,可以使这些分析计算大为简化。

1. 尺寸链的定义和组成

在零件的加工和装配过程中,经常遇到一些相互联系的尺寸组合,这种相互联系,并按一定顺序排列的封闭尺寸组合称为尺寸链。在零件加工过程中,由加工过程中有关的工艺尺寸所组成的尺寸链,称为加工尺寸链;在机械装配过程中,由有关零件上的有关尺寸组成的尺寸链,称为装配尺寸链。

图 8-27 所示是一块状零件加工工艺尺寸链的例子。加工中控制 A_1、A_2 两个工序尺寸,就可以确定尺寸 A_Σ。这样,A_1、A_2、A_Σ 三个尺寸构成一个封闭的尺寸组合,即形成一个尺寸链。为简单扼要地表示尺寸链中各尺寸之间的关系,常将相互联系的尺寸组合从零件(部件)的具体结构中抽象出来,绘成尺寸链简图。绘制时不需要按比例绘制,只要求保持原有的连接关系。同一个尺寸链中各个环以同一个字母表示,并以脚标加以区别。

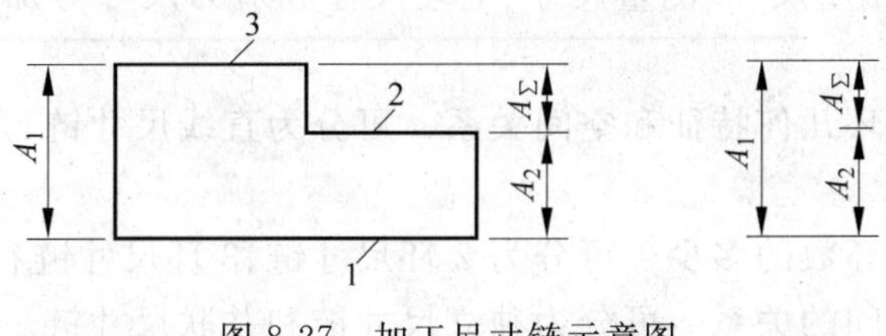

图 8-27　加工尺寸链示意图

尺寸链中的每一个尺寸称为尺寸链的环。环又可分为封闭环和组成环。

(1) 封闭环　在零件加工或机器装配后间接形成的尺寸,其精度是被间接保证的,称为封闭环。图 8-27 的尺寸链中,A_Σ 是封闭环。

(2) 组成环　在尺寸链中,由加工或装配直接控制,影响封闭环精度的各个尺寸称为组成环。图 8-27 中的 A_1 和 A_2 是组成环。组成环按其对封闭环的影响,又分增环和减环。

① 增环　当其余各组成环不变,如其尺寸增大会使封闭环尺寸也随之增大的组成环称为增环。以向右的箭头表示。例如尺寸$\overrightarrow{A_2}$就是增环。

② 减环　当其余各组成环不变,如其尺寸的增大,使封闭环尺寸随之减小的组成环称为减环,以向左的箭头表示。如尺寸$\overleftarrow{A_2}$就是减环。

在尺寸链中,判别增环或减环,除用定义进行判别外,组成环数较多时,还可用画箭头的方法。即在绘制尺寸链简图时,用沿封闭方向的单向箭头表示各环尺寸。凡是箭头方向与封闭环的箭头方向相同的组成环就是减环;箭头方向与封闭环箭头方向相反者就是增环。

2. 尺寸链的特性

(1) 封闭性　尺寸链是由一个封闭环和若干个(含 1 个)相互关联的组成环所构成的封闭图形,因而具有封闭性。不封闭就不能成为尺寸链,一个封闭环对应着一个尺寸链。

(2) 关联性　由于尺寸链具有封闭性,所以尺寸链中的各环都相互关联。尺寸链中封闭环随所有组成环的变动而变动,组成环是自变量,封闭环是因变量。

(3) 尺寸链反映了其中各个环所代表的尺寸之间的关系,这种关系是客观存在的,不是人为构造的。根据封闭环的特性,对于每一个尺寸链,只能有一个封闭环。

(4) 传递系数 ξ　表示各组成环对封闭环影响大小的系数。尺寸链中封闭环与组成环的关系可用方程式表示,即 $L_{\Sigma}=(L_1,L_2,\cdots,L_{n-1})$。设第 i 个组成环的传递系数为 ξ_i,$\xi_i=\dfrac{\partial f}{\partial L_i}$。对于增环,$\xi_i$ 为正值;对于减环,ξ_i 为负值;若组成环与封闭环平行,$|\xi_i|=1$;组成环与封闭环不平行,则 $-1<\xi_i<+1$。图8-27中的尺寸链可写成方程式:$A_{\Sigma}=A_1-A_2$;其中环 A_1 是增环,$\xi_1=+1$;环 A_2 是减环,$\xi_2=-1$。

3. 尺寸链的分类

尺寸链根据不同分类方法,可以有各种类型。

(1) 根据尺寸链的应用场合　可分为零件设计尺寸链(全部组成环为已知零部件的设计尺寸)、加工(工艺)尺寸链(全部组成环为同一工件的加工工艺尺寸,如图8-27所示)和装配(工艺)尺寸链(全部组成环为不同零件的完工尺寸)。设计尺寸是指零件图样上标注的尺寸,加工工艺尺寸是指工序尺寸、测量尺寸、毛坯尺寸和对刀尺寸等加工过程中直接控制的尺寸。

(2) 根据尺寸链各环几何特征和空间关系　可分为直线尺寸链、角度尺寸链、平面尺寸链和空间尺寸链。

(3) 根据尺寸链中环数的多少　可分为2环尺寸链、3环尺寸链和多环尺寸链。

(4) 根据尺寸链之间的关系　可分为独立尺寸链和并联尺寸链。对于两个具有并联关系的尺寸链,总有至少一个尺寸在该两个尺寸链中充当组成环,称之为公共环。

尺寸链的分类虽然有多种,但基本的、典型常用的是直线尺寸链。其他类型的尺寸链均可通过适当的变换,转换成直线尺寸链的问题进行分析。故在此主要研究直线尺寸链。

4. 直线尺寸链的计算方法

直线尺寸链有两种解法:极值法和概率法。极值法是按照各环都处于极限状态(极大或极小)的条件下,建立封闭环尺寸与组成环尺寸之间的关系;概率法是应用概率论与数理统计原理来进行尺寸链分析计算的方法。极值法比较保守,但计算简便。在求解加工尺寸链时,一般都采用极值法,使计算过程简单方便,结果可靠。极值法的基本计算公式有以下五大关系。

1) 各环基本尺寸之间的关系

封闭环的基本尺寸等于各个增环的基本尺寸之和减去各个减环的基本尺寸之和。

$$A_{\Sigma}=\sum_{i=1}^{m}\overrightarrow{A}_i-\sum_{j=m+1}^{n-1}\overleftarrow{A}_j \tag{8-8}$$

式中:A_{Σ} ——封闭环基本尺寸;

$\overrightarrow{A}_i$——第 i 个增环基本尺寸;

$\overleftarrow{A}_j$——第 j 个减环基本尺寸;

n——尺寸链中包括封闭环在内的总环数；

m——增环的数目。

2）各环极限尺寸之间的关系

由式(8-8)推理可得到封闭环最大极限尺寸与各组成环极限尺寸之间的关系为

$$A_{\Sigma\max}=\sum_{i=1}^{m}\overrightarrow{A}_{i\max}-\sum_{j=m+1}^{n-1}\overleftarrow{A}_{j\min} \tag{8-9a}$$

而在相反的情况下，得到封闭环最小极限尺寸与各组成环极限尺寸之间的关系为

$$A_{\Sigma\min}=\sum_{i=1}^{m}\overrightarrow{A}_{i\min}-\sum_{j=m+1}^{n-1}\overleftarrow{A}_{j\max} \tag{8-9b}$$

3）各环尺寸极限偏差之间的关系

由式(8-9a)减去式(8-8)，可得

$$\mathrm{ES}A_{\Sigma}=\sum_{i=1}^{m}\mathrm{ES}\,\overrightarrow{A}_{i}-\sum_{j=m+1}^{n-1}\mathrm{EI}\,\overleftarrow{A}_{j} \tag{8-10a}$$

由式(8-9b)减去式(8-8)，则得

$$\mathrm{EI}A_{\Sigma}=\sum_{i=1}^{m}\mathrm{EI}\,\overrightarrow{A}_{i}-\sum_{j=m+1}^{n-1}\mathrm{ES}\,\overleftarrow{A}_{j} \tag{8-10b}$$

式中：ES——上偏差；

EI——下偏差。

4）各环公差或误差之间的关系

由式(8-9a)减去式(8-9b)，得到尺寸链中各环公差之间的关系：

$$T_{\Sigma}=\sum_{i=1}^{n-1}T_{i} \tag{8-11a}$$

式中：T_{Σ}——封闭环公差；

T_i——第 i 个组成环公差。

由此可见，在封闭环公差一定的条件下，如果减少组成环的数目，就可以相应放大各组成环的公差，从而使之容易加工。

当各环的实际误差量不等于相应的公差时，则各环的误差量之间的关系是

$$\omega_{\Sigma}=\sum_{i=1}^{n-1}\omega_{i} \tag{8-11b}$$

式中：ω_{Σ}——封闭环的误差；

ω_i——第 i 个组成环的误差。

5）各环平均尺寸和平均偏差之间的关系

将式(8-9a)与式(8-9b)相加，并用2除之，可得平均尺寸之间的关系：

$$A_{\Sigma\mathrm{M}}=\sum_{i=1}^{m}\overrightarrow{A}_{i\mathrm{M}}-\sum_{j=m+1}^{n-1}\overleftarrow{A}_{j\mathrm{M}} \tag{8-12a}$$

将式(8-12a)与式(8-8)相减，可得相对于平均尺寸的各环平均偏差之间的关系：

$$\mathrm{EM}_{\Sigma}=\sum_{i=1}^{m}\overrightarrow{\mathrm{EM}}_{i}-\sum_{j=m+1}^{n-1}\overleftarrow{\mathrm{EM}}_{j} \tag{8-12b}$$

式中：$A_{\Sigma\mathrm{M}}$——封闭环的平均尺寸；

$A_{i\mathrm{M}}$——组成环的平均尺寸；

EM_{Σ} ——封闭环的平均偏差;

EM_i——组成环的平均偏差。

8.7.2 加工尺寸链概述

机械加工工艺过程设计中,机械加工工艺过程尺寸链是最基本的分析工具,简称加工尺寸链。

1. 加工尺寸链的组成特点

(1) 加工尺寸链的组成环　即加工工艺尺寸。所谓加工工艺尺寸就是在加工工艺附图或工艺规程中所给出的工序尺寸、毛坯尺寸以及测量尺寸和相互位置要求等。以图 8-28 所示块状零件为例,其中工序尺寸以单箭头表示。若两端均为完工面,称为完工尺寸;有一端尚留有余量,称为中间尺寸。而毛坯尺寸为双向箭头,两端表面皆为毛面。

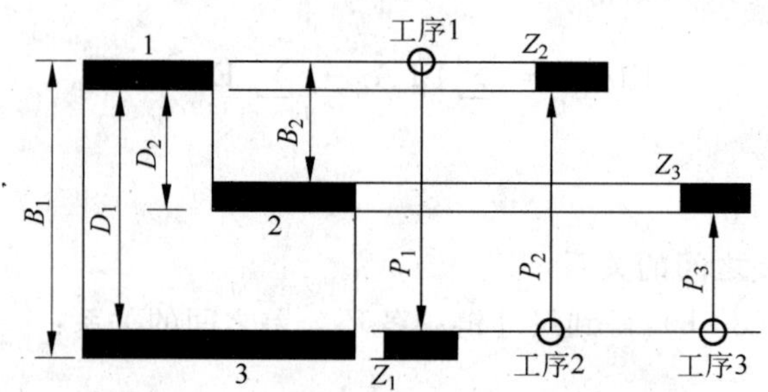

图 8-28　块状零件的设计要求及加工过程

(2) 加工尺寸链的封闭环　在机械加工过程中,确定各工序的工艺尺寸是为了使加工表面达到所要求的设计要求,同时还要使加工时能有一个合理的加工余量,保证加工后得到的表面既达到所要求的加工质量,又不至于浪费材料。所以,在加工尺寸链中,以设计要求或加工余量为封闭环,来分析确定相应的加工工艺尺寸。

2. 加工尺寸链的形式

加工尺寸链根据其封闭环尺寸的不同,有两种基本形式。

(1) 设计尺寸链　即以零件图上的一个设计尺寸为封闭环,以加工过程中与其有关的工艺尺寸为组成环所构成的加工尺寸链。

(2) 余量尺寸链　即以某一工序的加工余量为封闭环,以加工过程中与其有关的工艺尺寸为组成环所构成的加工尺寸链。

由于在制定机械加工工艺规程时,往往力求使工艺路线尽量缩短,常出现一个工序尺寸同时保证两个或几个设计要求的情况,这种工序尺寸在加工尺寸链中称作公共环。故在设计尺寸链之间存在并联和独立关系。在每种产品的机械加工工艺过程中,并联设计尺寸链是普遍存在的,直接影响工艺尺寸的分析计算。同样在加工尺寸链中,还存在着不容忽视的二环尺寸链。

3. 加工尺寸链的查找

加工尺寸链的建立，是分析计算加工工艺尺寸的前提。加工尺寸链反映加工过程中各有关加工工艺尺寸对封闭环尺寸的影响关系。各个加工工艺尺寸的误差，在加工过程中产生在被加工表面上，并通过后续工序的工艺尺寸传递和累积，最终到达封闭环尺寸两端面。

因此，在建立加工尺寸链时，首先要确定封闭环。由上述可知，加工尺寸链的封闭环只能是零件图上的设计尺寸(或设计要求)或者加工过程中的加工余量。然后，从封闭环的两端(随后由工序尺寸的基准面)开始，查找各工艺尺寸的加工表面，按照被加工零件上各有关表面加工顺序及其关系，依次(一般是由精加工工序向粗加工工序)查找，首尾相接，将各有关(加工面与基准面重合)的工艺尺寸作为相应的组成环，直到两端查找的基准端面在某一表面汇合形成封闭为止。为使查找过程直观，可以将有关工艺尺寸按照顺序排列开，如图 8-28 所示为只考虑高度尺寸的情形。

加工尺寸链的个数，取决于封闭环的数量。图 8-28 中，封闭环尺寸共有 2 个设计尺寸和 3 个加工余量。因此，应能建立 5 个加工尺寸链(见图 8-29)。

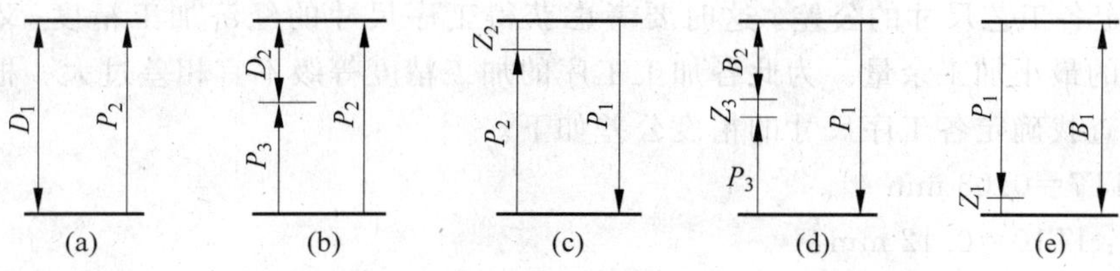

图 8-29　设计尺寸链和余量尺寸链

8.7.3　加工工艺尺寸计算举例

在工序图或工序卡中标注的尺寸，称为工序尺寸。通常工序尺寸不能从零件图上直接得到，而需要经过一定的计算。

运用加工尺寸链理论可确定机械加工工艺规程制定中毛坯尺寸、工序尺寸(包括完工、中间工序尺寸)以及其他有关工艺尺寸和公差。在具体确定加工工艺尺寸时，虽然具体对象、工艺过程的复杂程度不同，但是对加工工艺尺寸的分析计算可归纳为零件加工表面本身各加工工艺尺寸、公差的确定；零件加工表面之间的位置尺寸、公差的确定；同时确定零件加工表面本身和加工表面之间的尺寸和公差的情况。

下面分别举例介绍运用加工尺寸链原理确定加工过程工艺尺寸、公差的方法。

1. 加工表面本身各工序尺寸、公差的确定

零件上的内孔、外圆和平面的加工多属于这种情况。当表面需要经过多次加工时，各次加工的尺寸及其公差取决于各工序的加工余量及所采用的加工方法所能达到的经济加工精度。因此，确定各工序的加工余量和各工序所能达到的经济加工精度后，就可以计算出各工序的尺寸及公差。计算顺序是从最后一道工序向前推算。

例 8-1 材料为45钢的法兰盘零件上有一个 $\phi 60^{+0.03}_{0}$ mm 圆孔，表面粗糙度 $Ra0.08\ \mu m$；需淬硬，毛坯为锻件。孔的机械加工工艺过程是粗镗→半精镗→热处理→磨孔。加工过程中，使用同一基准完成该孔的各次加工，即基准不变。在分析中可忽略不同装夹中定位误差对加工精度的影响。试确定各加工工序的工序尺寸及其上、下偏差。

求解过程如下。

(1) 根据文献[30,31]，查得加工孔各工序的直径加工余量如下。

磨孔余量：$Z_0=0.5$ mm；

半精镗余量：$Z_1=1.0$ mm；

粗镗余量：$Z_2=3.5$ mm。

(2) 确定各个工序的尺寸。磨削后应达到零件图上规定的设计尺寸，故磨削工序尺寸为 $D=60$ mm；

为了留出磨削加工余量，半精镗后孔径的基本尺寸应为 $D_1=(60-0.5)$ mm$=59.5$ mm；

为了留出半精镗加工余量，粗镗后孔径的基本尺寸应为 $D_2=(59.5-1.0)$ mm$=58.5$ mm；

为了留出粗镗加工余量，毛坯孔径的基本尺寸应为 $D_3=(58.5-3.5)$ mm$=55$ mm。

(3) 确定各工艺尺寸的公差。这时要考虑获得工序尺寸的经济加工精度，又要保证各工序有足够的最小加工余量。为此各加工工序的加工精度等级不宜相差过大。根据参考文献[30,31]，查找确定各工序尺寸的精度公差如下。

磨削：IT7=0.03 mm

半精镗：IT10=0.12 mm

粗镗：IT13=0.46 mm

毛坯：IT18=4.00 mm

(4) 确定各工序所达到的表面粗糙度。由参考文献[30]，分别取

磨削：0.8 μm

半精镗：3.2 μm

粗镗：12.5 μm

毛坯：毛面

(5) 确定各工序尺寸的偏差。各工序尺寸的偏差，按照常规加以确定，即加工尺寸按"单向入体原则"标注极限偏差，毛坯尺寸按"1/3～2/3入体原则"标注偏差，如图8-30所示。

(6) 校核各工序的加工余量是否合理。在初定各工序尺寸及其偏差之后，应验算各工序的加工余量，校核最小加工余量是否足够，最大加工余量是否合理。为此，需利用有关工序尺寸的加工余量尺寸链进行分析计算。

例如，验算半精镗工序的加工余量。由有关工序尺寸与加工余量构成的加工尺寸链如图8-31所示。根据此余量尺寸链，可以计算出半精镗工序的最大、最小加工余量，即余量尺寸链的封闭环的极限尺寸：

$$Z_{1\max}=(59.62-58.5)\ \text{mm}=1.12\ \text{mm}$$

$$Z_{1\min}=(59.5-58.96)\ \text{mm}=0.54\ \text{mm}$$

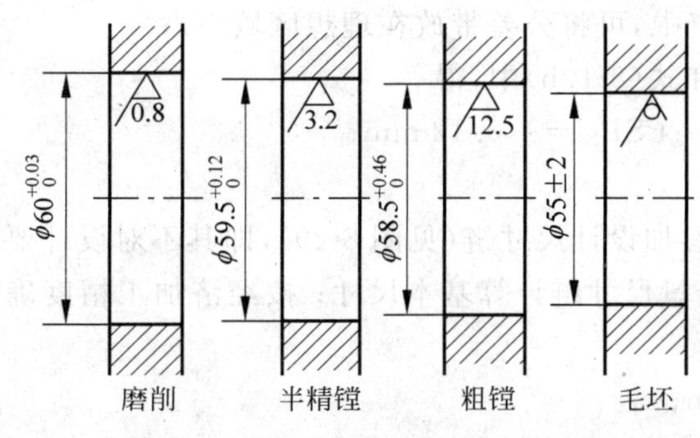

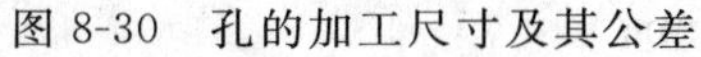
图 8-30 孔的加工尺寸及其公差

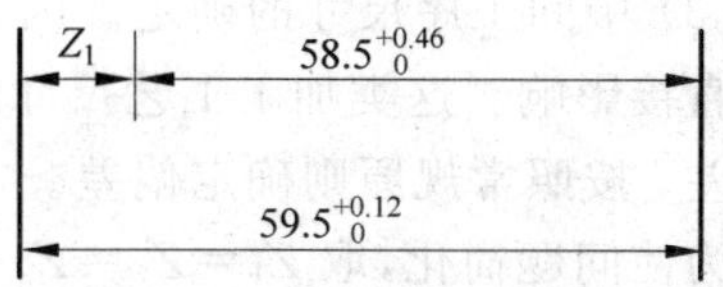

图 8-31 半精镗孔余量尺寸链

结果表明，最小加工余量处于$(1/3\sim2/3)Z_1$范围内。故所确定的工序尺寸能保证半精镗工序有适当的加工余量。

2. 零件各被加工表面之间的位置尺寸和公差的确定

零件的机械加工过程总是从毛坯开始的，因此零件的加工过程是各个表面由毛坯面向完工表面逐步演变的过程。这就决定了在零件的加工过程中，工件的测量基准、定位基准或者工序基准与设计基准不重合的情况必然存在。

例 8-2 以图 8-28 所示块状零件的加工过程为例。其高度方向的设计尺寸分别为 $D_1=50_{-0.4}^{\ 0}$ mm，$D_2=20^{+0.20}_{\ 0}$ mm。毛坯为精密铸钢件。工序尺寸以箭头表示加工端面。完工尺寸有 P_2、P_3；中间尺寸有 P_1；而毛坯尺寸有 B_1、B_2。加工过程为：

工序 1：以面 1 为基准，加工面 3，有工序尺寸 P_1，加工余量 Z_1；

工序 2：以面 3 为基准，加工面 1，有工序尺寸 P_2，加工余量 Z_2；

工序 3：以面 3 为基准，加工面 2，有工序尺寸 P_3，加工余量 Z_3。

由题意分析知，本例需要确定的有关工艺尺寸有中间尺寸、完工尺寸和毛坯尺寸。具体分析计算步骤如下：

(1) 建立全部加工尺寸链。按加工误差传递累积原理，建立全部基本尺寸链，即 2 个设计尺寸链和 3 个余量尺寸链(见图 8-29)。

(2) 完工尺寸 P_2、P_3 的确定。P_2、P_3 与设计尺寸有关，应由设计尺寸链确定。

① 工序尺寸公差的确定　确定工序尺寸公差，须先考虑设计尺寸链间的并联关系，根据对公共环尺寸要求较高的尺寸链确定。由图 8-29，链(a)、(b)为并联尺寸链，P_2 为公共环，链(b)对 P_2 要求高。

由链(b)确定 P_2 的公差。综合考虑，取 $T_3=0.08$ mm；由式(8-11a)得 $T_2=0.12$ mm。

② 基本尺寸的确定　由图 8-29 中链(a)得 $P_2=50$ mm；

由链(b)代入公式(8-8)得：$P_3=30$ mm。

③ 极限偏差的确定　确定偏差时，一般在多环尺寸链中留一个组成环作协调环，其余组成环尺寸的偏差按常规确定；协调环的偏差则由尺寸链关系来确定。

确定 P_2、P_3 的偏差时，考虑二环尺寸链(a)对公共环尺寸的“并联”限定条件，需从并联关系的两环尺寸链入手。

由链(a),取 $P_2=50_{-0.12}^{\ 0}$ mm(在实际生产中,可将公差带放在理想区域内);

再由链(b),将结果分别代入式(8-10a)和式(8-10b)中,得

$$\mathrm{EI}P_3=-0.2\ \mathrm{mm},\quad \mathrm{ES}P_3=-0.12\ \mathrm{mm};$$

则有 $P_3=30_{-0.20}^{-0.12}$ mm。

(3) 中间工序尺寸的确定。因为 P_1 未参加设计尺寸链(见图8-29),即其不对设计要求产生直接影响。这类加工工艺尺寸应根据余量尺寸链计算基本尺寸;按经济加工精度确定其公差;按照常规原则确定偏差。

为使问题简化,取 $Z_1=Z_2=Z_3=0.8$ mm;

则由图8-29中的链(c)得 $P_1=P_2+Z_1=50.8$ mm;

取 $T_1=0.15$ mm,按"入体原则",得 $P_1=50.8_{-0.15}^{\ 0}$ mm。

(4) 毛坯尺寸的确定。由图8-29中链(d)得 $B_2=P_1-Z_2-P_3=20$ mm;

由链(e)得 $B_1=P_1+Z_3=51.6$ mm。

取 $T_{B1}=T_{B2}=0.5$ mm;偏差按"1/3～2/3入体"确定,则有 $B_1=51.6_{-0.2}^{+0.3}$ mm,$B_2=20_{-0.2}^{+0.3}$ mm。

(5) 余量的校核。由余量尺寸链可求得各余量的最大、最小值,以检验加工余量是否合适(结果省略)。

3. 同时确定零件加工表面本身和加工表面之间的工艺尺寸的综合情况

在某些情况下,加工表面本身和加工表面之间的工艺尺寸必须同时确定下来。

例8-3 如图8-32所示为加工齿轮中孔及键槽的情形。设计要求是:键槽深度尺寸 $S_1=46_{\ 0}^{+0.3}$ mm,中孔直径尺寸 $S_2=40_{\ 0}^{+0.05}$ mm,且内孔要淬火,表面粗糙度 Ra 值为 0.16 μm。有关加工顺序为:

工序1:镗内孔至尺寸 $D_1=39.60_{\ 0}^{+0.10}$;

工序2:插键槽至尺寸 A;

工序3:热处理;

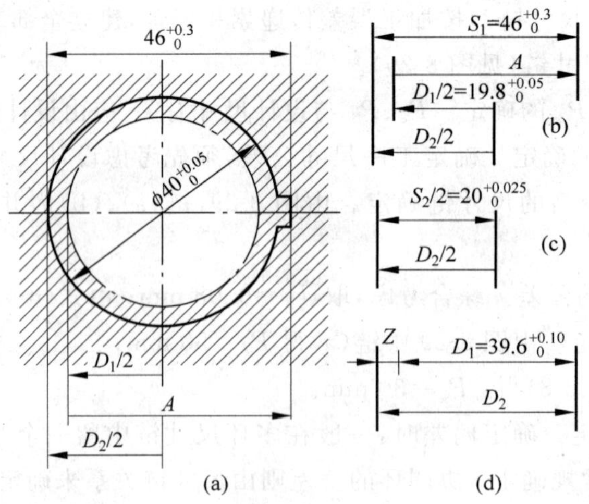

图8-32 内孔及键槽加工尺寸链

工序 4：磨内孔至尺寸 D_2。

试确定工序尺寸 A、D_2 及其公差。

具体解算如下：

(1) 列出全部有关加工尺寸链。根据题意，本例有两项设计要求（即 S_1 和 S_2）及一个磨孔余量 Z 和一个插槽深度余量 Z_A（在此余量 Z_A 不需计算）。因此，可以建立两个设计尺寸链（图 8-32(b)、(c)）和一个余量尺寸链（图 8-32(d)）。

(2) 分析计算。本例中共有三个工序尺寸，即完工尺寸 D_2、中间尺寸 D_1 和 A，其中 D_1 为已知。

① 完工尺寸 D_2 的确定　由图 8-32 可见，两个设计尺寸链(a)、(b)为并联尺寸链，工序尺寸 D_2 为公共环。分析可知，尺寸链(a)对公共环尺寸 D_2 的要求较高，则有 $D_2/2=S_2/2=20^{+0.025}_{0}$（即直径为 $D_2=40^{+0.05}_{0}$）。

② 中间尺寸 A 的确定。

基本尺寸的确定：将尺寸链(b)中的参数代入式(8-8)，得 $A=S_1+D_1/2-D_2/2=45.8$；

确定公差：将尺寸链(b)中的参数代入式(8-11a)，得 $T_A=T_{S1}-T_{D1}/2-T_{D2}/2=0.225$；

确定偏差：将尺寸链(b)中已确定的参数分别代入式(8-10a)和式(8-10b)，则得 $A=45.8^{+0.275}_{+0.050}$。

按单向入体方向标注公差，A 可以改写成 $45.850^{+0.225}_{0}$。

(3) 校核磨孔工序的加工余量。根据余量尺寸链(d)，分别求出 Z_{min} 和 Z_{max}，可校核其是否合适（在此从略）。

如果考虑工序 4 装夹工件时，会出现找正误差，即假设镗孔中心与磨孔中心的同轴度误差为 0.01 mm；则在图 8-32 中的尺寸链，将增加一个组成环——零环。零环在尺寸链分析时，既可以作为增环处理，亦可以作为减环处理，结果相同。

4. 平面尺寸链的分析计算

在箱体、机体类零件上，除平面外，通常有若干具有相互位置要求的圆柱孔组成的孔系。这些孔往往是传动轴甚至可能是机床主轴或者发动机曲轴的支承孔。为了保证轴上齿轮的啮合质量，设计图纸上常常以中心距尺寸和公差标注各个孔之间的位置关系和要求。图 8-33 为某机床床头箱的部分孔系设计要求。在实际加工中，多采用坐标法进行加工。每一个孔的位置尺寸需要由 x、y 平面坐标给出。因此，每一个孔的坐标尺寸和公差需要经过换算得出，方能加工。这种孔系中的设计尺寸和加工所需要的工艺坐标尺寸构成的封闭尺寸系统，称为(孔系)坐标尺寸链。这是常见的一种平面尺寸链。

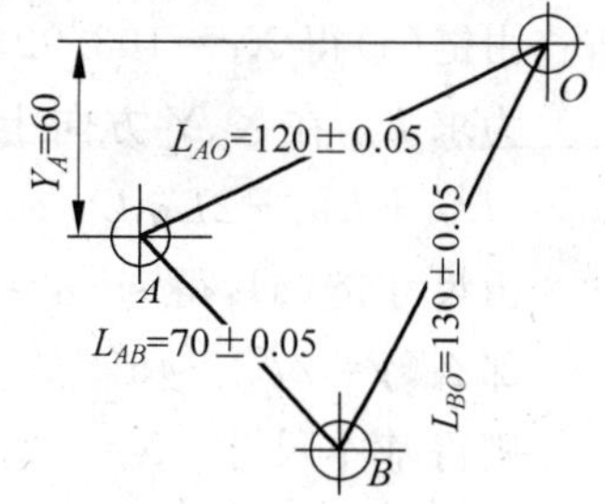

图 8-33　床头箱三孔关系

坐标尺寸链是一种特殊形式的机械加工工艺过程尺寸链，其特点是：①不存在余量尺寸链，只有设计尺寸链。坐标尺寸链的基本形式，即其几何形状往往是三角形或多边形；当然也有两环尺寸链。②孔间距尺寸设计习惯上常以平均尺寸、对称公差给出。故在分析过程中采用平均尺寸计算，分析计算过程变得简单。③由于孔系设计尺寸和加工工艺坐标尺寸之间存在着复杂的并联关系，因而需分析计算并联尺寸链。

例 8-4 以图 8-33 所示某机床床头箱上的三孔组成的孔系加工为例。O 点为主轴孔的轴线位置,并取之为坐标原点。各个孔距的设计要求分别为:$L_{AO}=(120\pm0.05)$ mm,$L_{AB}=(70\pm0.05)$ mm,$L_{BO}=(130\pm0.05)$ mm 以及 $Y_A=60$ mm。各孔的加工顺序为:先镗主轴孔 O;以 O 点为原点,按坐标值$\overline{OC}=X_1$,$\overline{CA}=Y_1(Y_1=Y_A)$移动工作台,镗出 A 孔;以 A 点为起点,按坐标值 $X_2=\overline{DB}$,$Y_2=\overline{AD}$移动工作台,镗出 B 孔。

试确定坐标尺寸 X_1、Y_1 和 X_2、Y_2。

分析计算过程如下:

(1) 建立、分析尺寸链。由图 8-34 可知,本例给出四项设计要求:L_{AO}、L_{AB}、L_{BO} 和 Y_A,故应建立四个设计尺寸链,如图 8-35 所列。其中 L_{AO}、L_{AB}、L_{BO} 和 Y_A 分别为封闭环,X_1、Y_1 和 X_2、Y_2 为组成环。分析各个尺寸链间的关系可知:尺寸链(a)、(c)和(d)为并联尺寸链,其公共环尺寸为 Y_1;而尺寸链(a)和(d)之间还有公共环尺寸 X_1;尺寸链(b)和(d)也为并联尺寸链,而其公共环尺寸为 X_2 和 Y_2。可见两组坐标尺寸 X_1 和 Y_1、X_2 和 Y_2 均为公共环,必须按照精度要求较高的尺寸链确定。

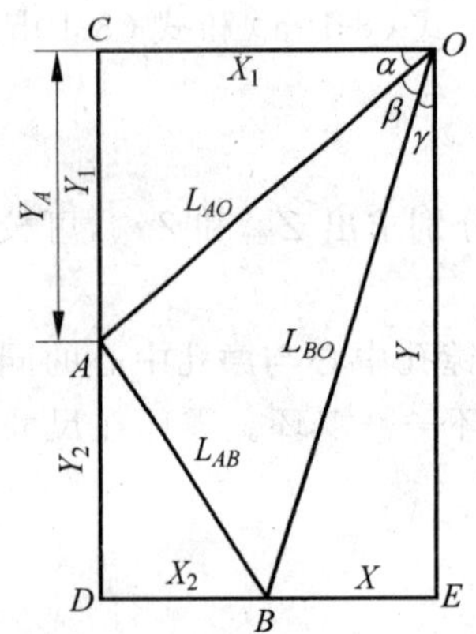

图 8-34 三孔平面尺寸链

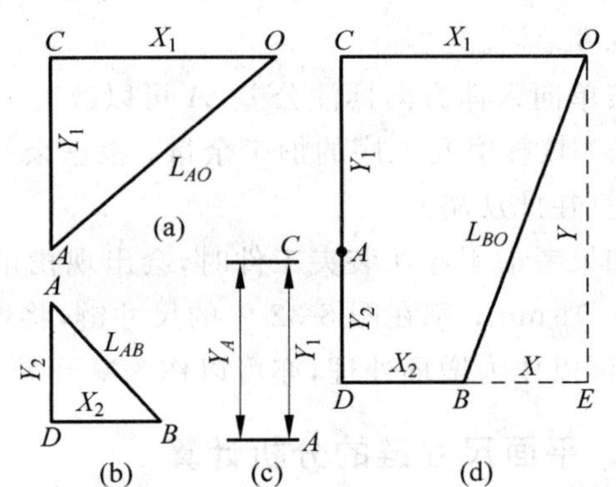

图 8-35 孔系加工过程中的设计尺寸链

(2) 基本尺寸的确定。由图 8-35 中的尺寸链(c)得 $Y_1=60$ mm;

由链(a)得 $X_1=103.923$ mm;

为求 L_{BO} 在 X、Y 方向上的二分量,则先求 α、β 和 γ 值。利用余弦定理,由图 8-35 有 $L_{AB}^2=L_{AO}^2+L_{BO}^2-2L_{BO}L_{AO}\cos\beta$,得 $\beta=32°12'15''$。

由尺寸链(a),得 $\sin\alpha=0.5$,所以 $\alpha=30°$;

那么,$\gamma=27°47'45''$。

则得基本尺寸:$X=L_{BO}\sin\gamma=60.622$ mm,$Y=L_{BO}\cos\gamma=115$ mm;

于是,$X_2=X_1-X=43.301$ mm,$Y_2=Y-Y_1=55$ mm。

由于换算过程中采用三角函数作为转换系数,使转换过程和结果存在舍弃误差,影响孔的实际中心距,故影响齿轮啮合时的工作质量。一般情况下,需要对转换结果进行必要的验算。如 A、B 两孔的中心距的设计要求为 $L_{AB}=(70\pm0.05)$ mm,而实际中心距为 $AB=69.99983286$ mm。

可见,与设计要求仅仅差 0.000167 mm。

同样，验算 O 和 B 两孔以及 O 和 A 两孔之间的中心距误差都在 0.0002 mm 范围内。而在实际工作中，精度应当控制在 0.001 mm 级，故上述结果能够满足要求。

(3) 坐标尺寸公差的换算。分析图 8-35 中各个并联尺寸链可知，尺寸链(d)对公共环尺寸的精度要求最高，故各公共环尺寸的公差应当由尺寸链(d)来确定。由于尺寸链(d)环数较多，且各组成环均在 X、Y 方向上分布，故采用投影坐标直线尺寸链，即在 X、Y 两个方向上分别投影，分解尺寸链，如图 8-36 所示。

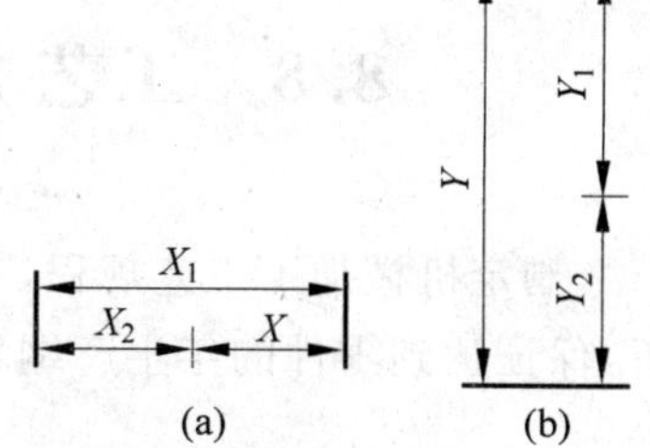

图 8-36　坐标直线尺寸链

首先，根据图 8-35 中尺寸链(d)的封闭环尺寸 $L=(130\pm0.05)$ mm 来确定分解后的两个方向上的过渡封闭环 X、Y 的公差。由 $L_{BO}^2=X^2+Y^2$ 得 $\delta L_{BO}=(X\delta X+Y\delta Y)/L_{BO}$。

为使问题简化，取 $\delta X=\delta Y=\delta$，则得

$$\delta=\delta L_{BO}L_{BO}/(X+Y)=0.074\text{ mm}$$

故 $X=(60.622\pm0.037)$mm，$Y=(115\pm0.037)$mm。

由图 8-36，对尺寸链(a)按照“等公差”原则向各组成环分配公差，可得

$$\delta X_1=\delta X_2=\delta X/2=0.037\text{ mm}$$

同理，对尺寸链(b)可得

$$\delta Y_1=\delta Y_2=\delta Y/2=0.037\text{ mm}$$

其结果为

$X_1=(103.923\pm0.0185)$ mm，　$Y_1=(60\pm0.0185)$ mm；

$X_2=(43.301\pm0.0185)$ mm，　$Y_2=(55\pm0.0185)$ mm。

(4) 校核组成环尺寸的公差。根据图 8-35 中各尺寸链，校核上述结果 L_{AO}、L_{AB} 能否满足设计的要求，由尺寸链(a)，求得中心距 L_{AO} 的实际公差为 $\delta L_{AO}=(X_1\delta X_1+Y_1\delta Y_1)/L_{AO}=0.0506$ mm。

由尺寸链(b)，求出中心距 L_{AB} 的实际公差值为 $\delta L_{AB}=0.052$ mm。

可见，它们都小于设计要求给定的公差值 0.1 mm，故结果是正确可取的。

8.7.4　求解加工尺寸链的几种情况

在具体制定机械加工工艺规程工作中，确定有关工艺尺寸的情形总的说来，不会超出上述三种类型。而运用尺寸链原理分析计算工艺尺寸的情形有下列三种情况。

(1) 正计算　已知组成环，求封闭环。用于需要验算、校核以及求算封闭环尺寸的场合，结果是唯一的。

(2) 反计算　已知封闭环，求各组成环。用于产品设计、加工和装配工艺计算方面。在计算中，将封闭环公差正确合理分配给各组成环，不是单纯计算，而是需要按具体情况选择最佳方案。

(3) 中间计算　已知封闭环及其部分组成环，求算其余各个组成环。用于设计、工艺计算及校核等场合。其他工序尺寸与公差都已确定，求某工序的尺寸及误差，称为中间工序尺

寸与公差的计算。

8.8 工艺方案的生产率及技术经济性分析

制定机械加工工艺规程,不仅要保证零件加工质量,还应通过对工艺方案进行生产率分析,保证达到零件的年生产纲领所提出的产量要求。

8.8.1 生产率分析

按照零件的年生产纲领,可确定要求完成一个零件的单件节拍时间 $t_{要求}$,按下式计算:

$$t_{要求}=\frac{60t_{年}\eta}{N} \tag{8-13}$$

式中:$t_{年}$——年基本工时(h/年),如按两班制考虑,$t_{年}=4600$ h/年;

η——设备负荷效率,一般取0.75~0.85。

根据所制定的工艺方案,可以确定实际所能达到的工序单件时间 $t_{单件}$。生产率分析工作就是要使 $t_{要求}=t_{单件}$,以保证加工工艺过程按所需的生产率进行工作。

1. 工序单件时间确定

工序单件时间是指在一定生产条件下,生产一件产品或完成一道工序所消耗的时间,用 $t_{单件}$ 表示。其包括以下几部分时间。

(1) 基本时间 $t_{基本}$　直接改变生产对象的尺寸、形状、相对位置以及表面状态或材料性质的工艺过程所消耗的时间。对于加工而言,其是切除金属所消耗的时间,包括刀具的切出和切入时间,可用计算方法求出。

(2) 辅助时间 $t_{辅助}$　为实现加工工艺过程所必须进行的各种辅助动作所消耗的时间。对加工而言,包括装卸工件、操作机床、改变切削用量、试切和测量等所消耗的时间。辅助时间的确定有两种方法:一是将动作分解,确定各动作的时间,相加得到;二是按基本时间的百分比估算得到。

(3) 布置工作地时间 $t_{布置}$　为使加工正常进行,工人照管工作地(如更换刀具、润滑机床、清理切屑以及收拾工具等)所消耗的时间。一般按工作时间的2%~7%来计算。

(4) 休息和生理需要的时间 $t_{休息}$　在工作班次内,为恢复体力和满足生理上的需要所消耗的时间。一般按操作时间的2%来计算。

单件工序时间的计算公式为

$$t_{单件}=t_{基本}+t_{辅助}+t_{布置}+t_{休息} \tag{8-14}$$

(5) 准备与终结时间 $t_{准备}$　工人为生产一批产品或零、部件,进行准备和结束工作所消耗的时间。如加工进行前熟悉工艺文件、领取毛坯、领取和安装刀具和夹具、调整机床以及其他工艺装备等,加工一批工件终结需拆卸和归还工艺装备、成品入库等。若一批工件的数量为 n,则每个工件所消耗的准备与终结时间为 $\frac{t_{准备}}{n}$。将这部分时间加到单件时间上,称为

单件核算时间 $t_{单核}$：

$$t_{单核}=t_{单件}+\frac{t_{准备}}{n} \tag{8-15}$$

在大量生产中，工作地和工作内容固定，在单件核算时间中不计入准备与终结时间。

2. 工序单件时间的平衡

在制定加工工艺规程时，应使各个 $t_{单核}$ 相近，以便最大限度发挥各台机床的生产效能；同时又要使各个工序的 $t_{单核}\leqslant t_{要求}$，以保证生产任务的完成。为此，需对工序单件时间进行平衡和调整，最终为每个工序确定合理、科学的工序单件时间定额。

工件单件时间的平衡是根据拟订的加工顺序，计算出每一工序的 $t_{单核}$，即知工序单件时间的平衡情况，然后根据具体的情况采取适当的方法进行平衡。

如果工序的 $t_{单核}>t_{要求}$，这些工序限制了整个工艺过程的生产率，或限制了其他工序的机床充分利用，故称之为限制性工序。对于限制性工序，若 $t_{单核}>t_{要求}$ 1 倍以内，可以采用改进刀具、适当提高切削用量，或采用高效加工方法、缩短工作行程长度等方法，以减小 $t_{单核}$。若 $t_{单核}>t_{要求}$ 2 倍以上，采用上述方法无效时，可采用增加顺序加工工序或增加平行加工工序的方法来成倍提高生产率。对于 $t_{单核}<t_{要求}$ 的工序，可采取合并工序内容、采用通用机床及工艺装备等工序平衡方法。

8.8.2　技术经济性分析

制定加工工艺规程，除了保证加工质量、生产率之外，还应有较高或最优的经济效果。因此要对工艺方案进行经济分析。同时全面考虑改善劳动条件，促进生产技术发展等问题。

制造一个零件或一台产品所必需的一切费用的总和称为生产成本。在生产成本中与工艺过程直接有关的费用称为工艺成本，占生产成本的 70%～75%。对不同工艺方案进行技术经济分析，主要是分析工艺成本。

1. 工艺成本的组成

工艺成本由可变费用 V 与不变费用 S 两部分组成。

(1) 可变费用(V)　与零件年产量 N 有关并与之成比例的费用。其包括：材料费、机床工人工资、机床电费、普通机床折旧费及修理费、刀具费、通用夹具的折旧费及维修费等。

(2) 不变费用(S)　与年生产量的变化没有直接关系的费用。当产量在一定范围内变化时，全年的费用基本不变。其包括：调整工人工资、专用机床折旧费和修理费、专用夹具折旧费和维修费等。

一种零件(或工序)的全年工艺成本(元/年)为

$$E=VN+S \tag{8-16}$$

而单件工艺成本或单件的一个工序的工艺成本(元/件)为

$$E_{\mathrm{d}}=V+S/N \tag{8-17}$$

2. 最佳生产纲领分析

全年工艺成本 E 与年生产量的关系为一条直线，如图 8-37 所示。而单件工艺成本 E_{d}

与年生产量 N 之间的关系(见图 8-38)是一条曲线。曲线 A 部分相当于设备负荷很低的情形,此时若年产量 N 略有变化(ΔN),单件工艺成本变化(ΔE_d)很大。曲线 C 部分逐渐趋于水平,这时年产量虽有很大变化,但对单件成本影响很小。可见对某种工艺方案,当 S(专用设备费用)一定时,就有一个与此设备生产能力相适应的产量 N,称为最佳生产纲领($N_{佳}$)。

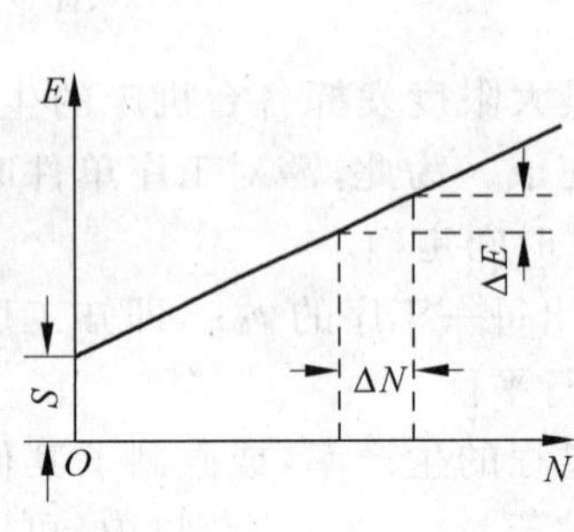

图 8-37　全年工艺成本组成

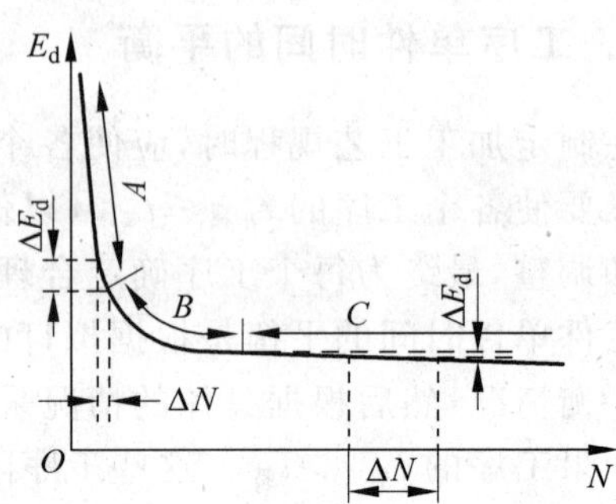

图 8-38　单件工艺成本曲线

当年产量小于最佳生产纲领,即 $N<N_{佳}$ 时,由于 S/N 比值较大,工艺成本增加,此方案显然不经济。故应减少采用专用设备,减小 S,使 $N_{佳}$ 接近 N,方能取得好的经济效果。

当年产量超过最佳生产纲领,即 $N>N_{佳}$ 时,由于 S/N 比值变小,且趋于稳定。这时应采用生产率高、投资大的设备,即增加 S 而减小 V,使 $N_{佳}$ 接近 N,从而减小 E_d。

3. 工艺方案的经济性评价

制定加工工艺规程时,往往要提出几种不同的方案,并对不同方案的经济效果进行分析比较。常利用 E-N、E_d-N 关系曲线来进行技术经济分析。通常有下列两种情况。

1) 基本投资相近或使用现有设备的情况

若有两种工艺方案的基本投资相近或都采用现有设备,那么工艺成本就是衡量各方案经济性的依据。

(1) 当两种方案只有少数工序不同时,可对这些工序的单件工艺成本进行比较(见图 8-39):

$$E_{d1}=V_1+S_1/N,\quad E_{d2}=V_2+S_2/N$$

若 $E_{d2}<E_{d1}$,则第二方案的经济性较好。

(2) 当两种方案有较多的工序不同,可对两种方案的全年工艺成本进行比较(见图 8-40):

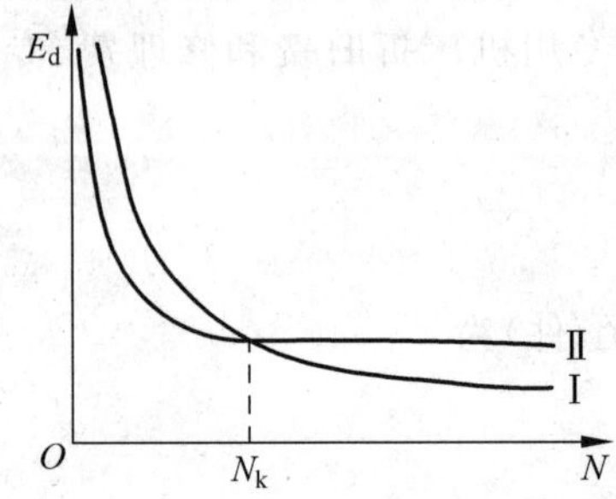

图 8-39　两种方案单件工艺成本的比较

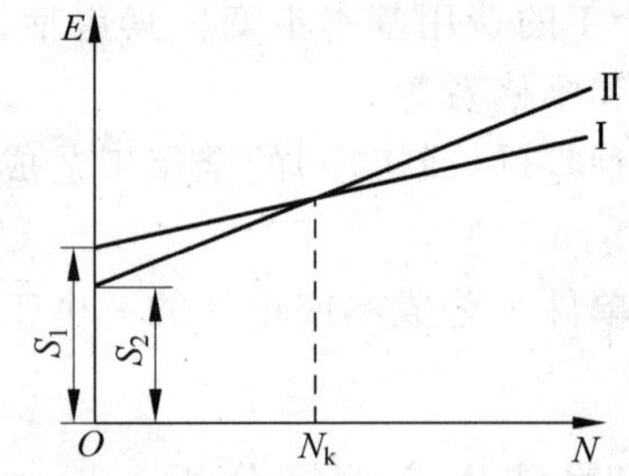

图 8-40　两种方案全年工艺成本比较

$$E_1 = NV_1 + S_1,\quad E_2 = NV_2 + S_2$$

若 $E_2 < E_1$，则第二种方案的经济性较好。

(3) 两种工艺方案的经济性优劣与零件的产量有密切的关系。根据两种方案的全年工艺成本相同，即 $E_2 = E_1$ 时，可以得到对应的年产量，称为临界产量(N_k)，即

$$N_k = \frac{S_2 - S_1}{V_1 - V_2} \tag{8-18}$$

若 $N < N_k$，宜采用第二种方案；若 $N > N_k$，则宜采用第一种方案。

2) 基本投资相差较大的情况

若两种工艺方案基本投资相差较大，单纯比较工艺成本难以全面评价其经济性。如第一种方案采用高生产率、价格较贵的机床和工艺装备，基本投资 K_1 较大，但工艺成本 E_1 较低；第二种方案采用投资省的一般机床和工艺装备，基本投资 K_1 较小，但工艺成本较大。第一种方案工艺成本的降低是因增加基本投资得到的。这时，应考虑两种方案的基本投资差额的回收期。所谓回收期，是指方案一比方案二多用的投资，需要多长时间方能由工艺成本的降低而收回。回收期(单位为年)可由下式求得

$$\tau = \frac{K_1 - K_2}{E_2 - E_1} = \frac{\Delta K}{\Delta E} \tag{8-19}$$

显然，回收期越短，则经济效果越好。一般回收期应满足下列要求：

(1) 回收期应小于所采用设备或工艺装备的使用年限；

(2) 回收期应小于所开发生产的产品的市场寿命；

(3) 回收期应小于国家规定的标准回收期。一般新夹具的标准回收期为2～3年，新机床的标准回收期为4～6年。

8.9 提高机械加工生产率的工艺措施

制定机械加工工艺规程时，在保证产品质量的前提下，应尽量采用必要的先进工艺措施，提高劳动生产率和降低产品机械加工成本。劳动生产率是衡量生产效率的综合指标，它表示一个工人在单位时间内生产出合格产品的数量，它也可以用完成单件产品或单个工序所耗费的劳动时间来衡量。

提高劳动生产率是一个综合性的技术问题，它涉及产品结构设计、毛坯制造、加工工艺、组织管理等各个方面。这里主要介绍提高机械加工生产率的措施。

8.9.1 缩短单件时间定额

缩短单件时间定额中的每一个组成部分都是有效的，特别应缩短其中占比重较大的那部分时间。

1. 缩短基本时间的工艺措施

基本时间可直接用公式来进行计算。以车削外圆为例：

$$t_{基本}=\frac{\pi d_w L_w Z_i}{1000 v f a_p} \tag{8-20}$$

可见，增大切削用量(v、f、a_p)、减小切削行程长度 L 和加工余量 Z，都可缩短基本时间。

1) 提高切削用量

新型刀具材料的出现和砂轮性能的改进，使高速切削和强力磨削得到迅速发展。用硬质合金车刀，车削速度一般可达 200 m/min。用聚晶金刚石或聚晶立方氮化硼刀具，加工普通钢车削速度可达 900 m/min，切削硬度为 60 HRC 以上的淬火钢或高镍合金钢，切削温度达 980℃时仍能保持红硬性。高速磨削时砂轮速度可达 60～80 m/s 以上。缓进给强力磨削一次最大切深可达 6～12 mm，比普通磨削的金属切除率可提高 3～5 倍。

2) 减少切削行程长度

例如几把车刀同时加工被加工工件的同一表面，用宽砂轮作切入法磨削等都可减少切削行程长度，从而缩短基本时间。如某厂用宽 300 mm、直径为 600 mm 的砂轮用切入法磨削加工长度为 200 mm 的花键轴外圆，单件时间由原来的 4.5 min 减少到 0.75 min。采用上述措施可大大提高生产率，但应注意工艺系统应有足够刚性和驱动功率。

3) 合并工步，采用多刀加工

利用几把刀具或复合刀具对工件的几个表面或同一表面进行同时或先后加工，使工步合并，实现多刀多工位加工，使机动时间重合，从而大大减少了基本时间。

4) 多件加工

在多件加工中，按工件排列的方式，可有三种加工方式，如图 8-41 所示。

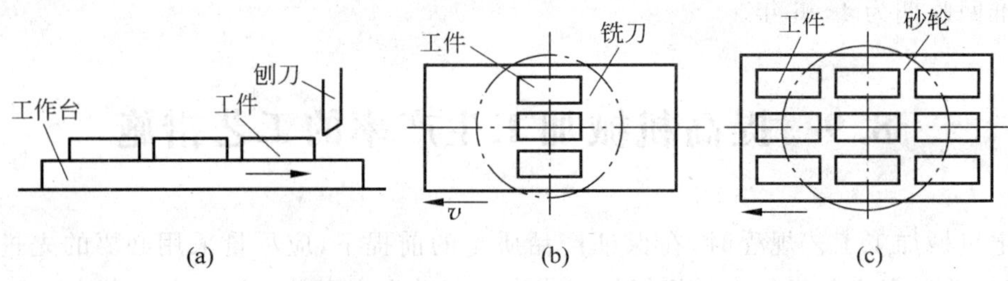

图 8-41　多件加工工艺方式示意图

(1) 顺序多件加工(图 8-41(a))　即工件在刀具切削方向上依次安装，减少刀具切入和切出时间，减少分摊给每个工件的基本时间和辅助时间。这种方式多用于龙门刨、龙门铣、平面磨及滚齿、插齿等加工。

(2) 平行多件加工(图 8-41(b))　即在一次进给中同时加工几个平行排列的工件。这样使每个工件的加工时间仅是单件加工时间的 $1/n$(n 为平行排列的工件数)。这种方式多见于铣削和平面磨削等加工。

(3) 平行顺序多件加工(图 8-41(c))　上述两种方式的综合，适用于生产大批量尺寸小的产品，多见于立轴式的平磨和铣削加工。

2. 缩短辅助时间的工艺措施

当辅助时间在单位时间中占有较大比例时，缩短辅助时间对提高生产率将有重大影响。

缩短辅助时间的措施可归纳为两方面：使辅助动作实行机械化和自动化、使辅助时间与基本时间重合。

（1）直接缩短辅助时间　采用先进高效的夹具。例如在成批或大批大量生产中，使用气动、液压夹具；中小批量生产中使用组合夹具、可调夹具；单件小批生产中，应实行成组工艺，采用成组夹具、通用可调夹具。这样不仅节省工件的装卸找正时间，减轻工人的劳动强度，而且能保证加工质量，大大缩短辅助时间。

（2）使辅助时间与基本时间重合　采用转位夹具、移动式或回转式工作台，当对加工工位上的工件进行加工时，对装卸工位上的工件进行装卸，从而使装卸工件的时间完全与基本时间重合，如图 8-42 所示。

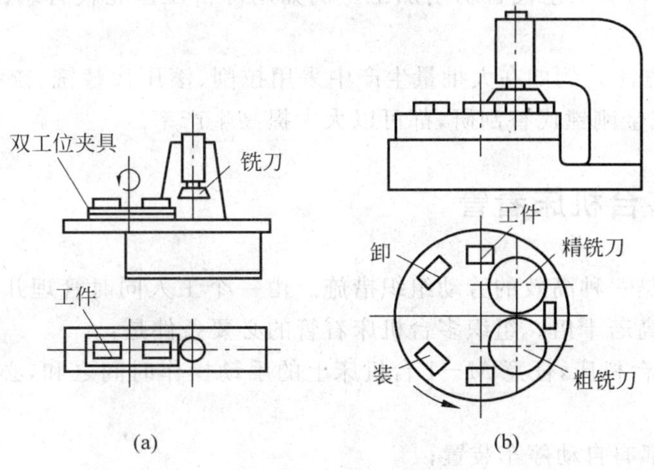

图 8-42　转位夹具(a)与回转工作台(b)加工

采用主动测量和数字显示等自动测量装置，能在加工过程中测量工件的尺寸，从而使测量时间与基本时间重合。

3. 减少布置工作地时间的措施

主要措施是缩短微调刀具时间和每次更换刀具的时间，以及提高砂轮和刀具耐用度等。生产中可采用各种快换刀夹、刀具微调机构、专用对刀样板和样件以及快速换刀或自动换刀装置。如钻床上采用快速夹头，车床上采用可转位硬质合金刀片，铣床上设置对刀装置，数控机床上的自动换刀装置，在磨床上采用金刚石滚轮成形修整砂轮装置等都可以节省换刀、对刀以及修正砂轮的时间。

4. 减少准备与终结时间的工艺措施

减少准备与终结时间的主要方法是减少机床、夹具和刀具的调整和安装时间。如采用可调夹具，可换刀架和刀夹，采用刀具的微调机构和对刀辅助工具等。

在成批生产中，应增加零件的批量，或将相似零件组织起来加工，以扩大零件“成组批量”，从而减少了分摊到每个零件上的终结时间。

8.9.2 采用先进工艺方法

提高劳动生产率,不能只限于机械加工本身,应重视采用先进工艺或新工艺、新技术。例如:

(1) 对特硬、特脆、特韧材料及复杂型面的加工,应采用非常规加工方法来提高生产率。例如用电火花加工锻模、线切割加工冲模、激光加工深孔等,能减少大量的钳工劳动。

(2) 在毛坯制造中采用冷挤压、热挤压、粉末冶金、失蜡铸造、压力铸造、精锻核爆炸成形等新工艺方法,提高毛坯精度、减少切削加工、节约原材料,经济效果十分明显。

(3) 采用少、无切屑工艺代替切削加工。例如用冷挤压齿轮代替剃齿,此外还有滚压、冷轧等。

(4) 改进加工方法。例如在大批量生产中采用拉削、滚压代替铣、铰和磨削;成批生产中采用精刨、精磨或金刚镗代替刮研,都可以大大提高生产率。

8.9.3 实行多台机床看管

多台机床看管是一种高效的劳动组织措施。由一个工人同时管理几台机床,工人劳动生产率可以相应提高若干倍。组织多台机床看管的必要条件是:

(1) 若看管 M 台机床,任意 $M-1$ 台机床上的手动操作时间之和,必须小于第 M 台机床的机动时间;

(2) 每台机床都有自动停车装置;

(3) 布置机床时应考虑使操作工人的往返行程最短。

8.9.4 进行高效及自动化加工

对于大批大量生产,可采用刚性流水线、刚性自动线的生产方式,广泛采用专用自动机床、组合机床及工件输送装置,使零件加工的整个工作循环都是自动进行的。这种生产方式的生产率极高。在汽车、发动机、拖拉机、轴承等制造业中应用十分广泛。

对于成批生产,多采用数控机床、加工中心、柔性制造单元及柔性制造系统,进行部分或全部的自动化生产,实现多品种小批生产的自动化,提高生产效率。

对于单件小批生产,可以实行成组工艺,扩大"成组批量",借助于数控机床、加工中心的灵活加工方式,最大程度地实现自动化加工方式。

习题与思考题

8-1 什么是机械制造工艺过程?机械制造工艺过程主要包括哪些内容?

8-2 什么是生产纲领?如何确定企业的生产纲领?

8-3 某机床厂年产 C6136N 型卧式车床 500 台,已知机床主轴的备品率为 10%,废品率为 4‰。试求该主轴零件的年生产纲领,并说明它属于哪一种生产类型。其工艺过程有何特点?

8-4　什么是生产类型？如何划分生产类型？各生产类型都有什么工艺特点？

8-5　试指出题 8-5 图中在结构工艺性方面存在的问题，并提出改进意见。

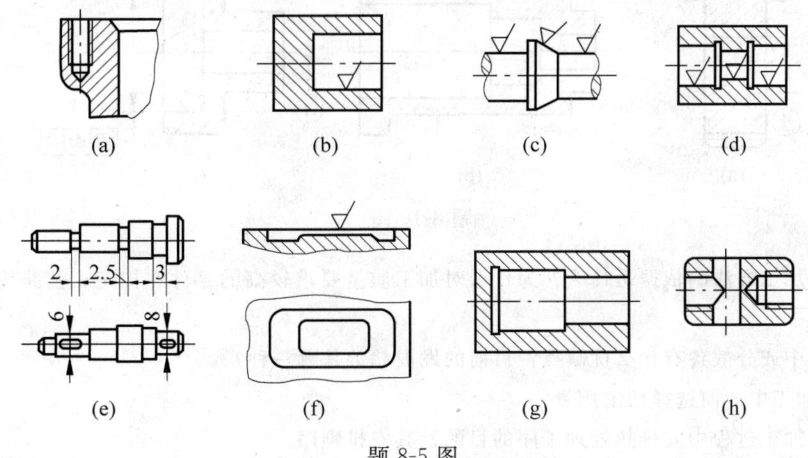

题 8-5 图

8-6　何谓工件六点定位原理？工件加工时是否一定要六点定位？

8-7　什么是不完全定位和欠定位？二者有何相同点和不同点？

8-8　什么是过定位？过定位在生产中是如何对待的？

8-9　根据六点定位原理分析题 8-9 图所示各定位方案中定位元件所限制的自由度。有无过定位现象？如何消除过定位？

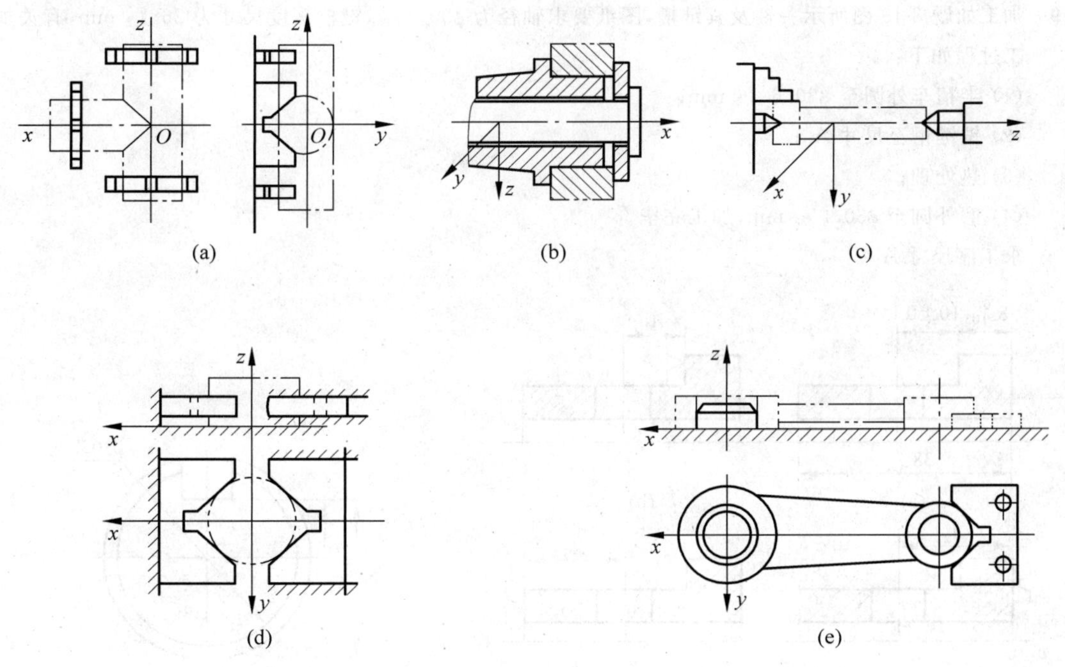

题 8-9 图

8-10　试为题 8-10 图所示三个零件选择粗、精基准。其中图(a)是齿轮，$m=2$，$z=37$，毛坯为热轧棒料；图(b)是液压油缸，毛坯为铸铁件，孔已铸出；图(c)是飞轮，毛坯为铸件。均为批量生产。

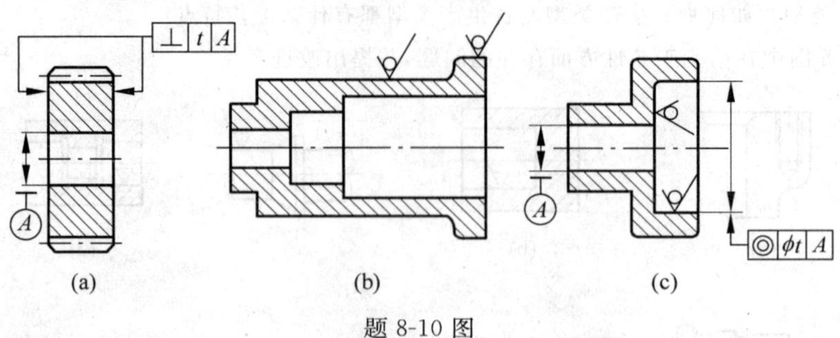

题 8-10 图

8-11 选择表面加工方法的依据是什么？为什么对加工质量要求较高的零件在拟定工艺路线时要划分加工阶段？

8-12 工序的集中或分散各有什么优缺点？目前的发展趋势是哪一种？

8-13 在粗、精加工中如何选择切削用量？

8-14 试述机械加工过程中安排热处理工序的目的及其安排顺序。

8-15 安排箱体类零件的工艺时，为什么一般要依据先面后孔的原则？

8-16 为什么制定工艺规程时要基准先行？精基准要素确定后，如何安排主要表面和次要表面的加工？

8-17 什么是毛坯余量？影响工序余量的因素有哪些？确定余量的方法有哪几种？抛光、研磨等光整加工的余量如何确定？

8-18 如题 8-18 图所示，图(a)为一轴套零件，尺寸 $38_{-0.1}^{0}$ mm 和 $8_{-0.05}^{0}$ mm 已加工好；图(b)、(c)、(d)为钻孔加工时三种工序尺寸标注方案。试计算 A_1、A_2 和 A_3。

8-19 加工如题 8-19 图所示一轴及其键槽，图纸要求轴径为 $\phi30_{-0.032}^{0}$，键槽深度尺寸为 $26_{-0.2}^{0}$ mm，有关加工过程如下：

(1) 半精车外圆至 $\phi30.6_{-0.1}^{0}$ mm；

(2) 铣键槽至尺寸 A_1；

(3) 热处理；

(4) 磨外圆至 $\phi30_{-0.032}^{0}$ mm，加工完毕。

求工序尺寸 A_1。

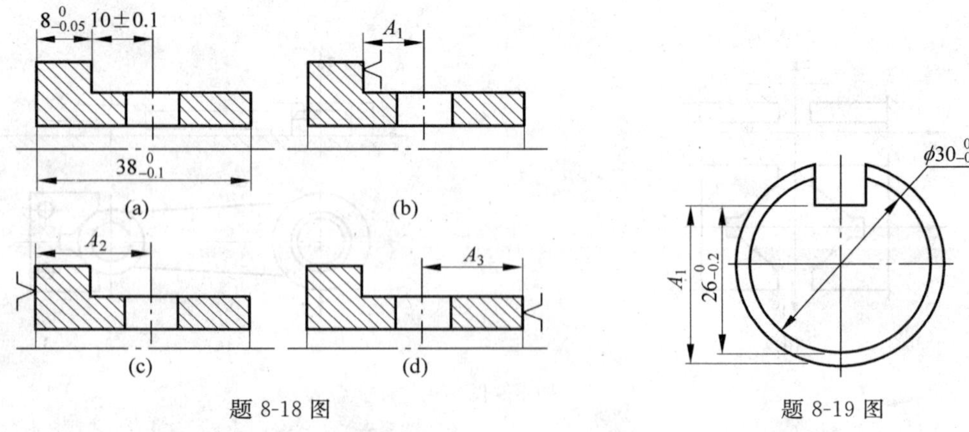

题 8-18 图　　　　题 8-19 图

8-20 工件部分设计要求如题 8-20 图(a)所示，上工序已加工出 $\phi20_{-0.02}^{0}$ mm、$\phi35_{-0.05}^{0}$ mm。本工序以图(b)所示定位方式，用调整法铣削平面 A。试确定工序尺寸 H 及其偏差。

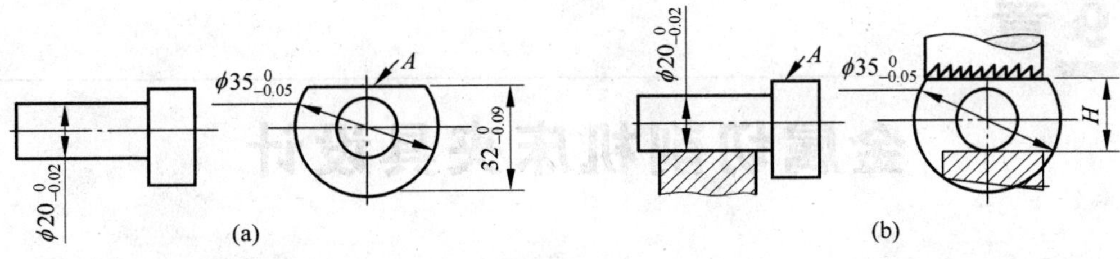

题 8-20 图

8-21　什么叫时间定额？单件时间定额包括哪些方面？举例说明各方面的含义。

8-22　什么叫工艺成本？工艺成本由哪几部分组成？如何对不同工艺方案进行技术经济分析？

第 9 章

金属切削机床夹具设计

知识点

- 机床夹具的结构组成和种类
- 工件定位方式及定位元件
- 定位误差的分析与计算
- 工件的夹紧及夹紧装置
- 典型机床夹具的结构

本章导读

本章首先介绍机床夹具的基本概念，针对夹具设计中的主要问题，讨论不同的定位方式和采用的定位元件、定位误差的概念及其分析计算，介绍工件夹紧原理和常用的典型夹紧机构和装置。并且根据机床夹具的不同设计特点介绍了各类常见的典型机床夹具设计的要点。最后讨论了数控加工中常用的典型数控机床夹具的特点。

9.1 机床夹具的基本概念

在机床上加工工件时，要首先对工件进行定位和夹紧。定位和夹紧的全过程，称为工件的装夹。在机床上用于装夹工件的装置，称为机床夹具。

9.1.1 机床夹具的分类

机床夹具种类繁多，可按不同的方式进行分类，常用的分类方法有以下几种。

1. 按夹具的使用特点分类

(1) 通用夹具　可在一定范围内用于加工不同工件的夹具。如车床使用的三爪自定心卡盘、四爪单动卡盘，铣床使用的平口虎钳、万能分度头等。这类夹具已经标准化，作为机床附件由专业厂生产。其通用性强，不需调整或稍加调整就可以用于不同工件的加工；生产率低，夹紧工件操作复杂。这类夹具主要用于单件小批量生产。

（2）专用夹具　专为某一工件的某一道工序设计和制造的夹具。其特点是结构紧凑、操作迅速、方便，可以保证较高加工精度和生产率；但其设计和制造周期长，制造费用高；在产品变更后，因无法利用而导致报废。因此这类夹具主要用于产品固定的大批量生产中。对于产量不大，形状和结构复杂的工件的关键工序，为了保证加工质量，有时也采用专用夹具。

（3）成组可调夹具（成组夹具）　在成组工艺的基础上，针对某一组零件的某一工序而专门设计的夹具。

在多品种小批量生产中，由于通用夹具的工作效率低，采用专用夹具不经济，而成组可调整的"专用夹具"，经少量调整或更换部分元件即可用于装夹一组结构和工艺特征相似的工件，因此用于多品种、中小批量生产。

（4）组合夹具　由通用标准夹具零部件经过组装而成的专用夹具。它是一种标准化、系列化、通用化程度高的工艺装备，主要用于新产品试制以及多品种、中小批量生产。

（5）自动化生产用夹具　主要有随行夹具（自动线夹具）。在自动线上，随被装夹的工件一起由一个工位移到另一个工位的夹具，称为随行夹具。它是一种移动式夹具，担负装夹工件和输送工件两方面的任务。

2. 按使用机床分类

按使用机床可分为车床夹具、铣床夹具、钻床夹具、镗床夹具、拉床夹具、磨床夹具、齿轮加工机床夹具、数控机床夹具等。

3. 按夹紧的动力源分类

按夹紧的动力源可分为手动夹具、气动夹具、液压夹具、气液夹具、电磁夹具、真空夹具等。

9.1.2 机床夹具在机械加工中的作用

机床夹具是机械加工必不可少的工艺装备。其主要作用如下。

（1）稳定保证加工质量　采用夹具后，工件各加工表面间的相互位置精度是由夹具保证的，而不依靠工人的技术水平与熟练程度，所以产品质量容易保证。

（2）提高劳动生产率　使用夹具可使工件装夹迅速、方便，从而大大缩短了辅助时间，提高了生产率。特别是对于加工时间短，辅助时间长的中、小零件，效果更为显著。

（3）减轻工人的劳动强度，保证安全生产　有些比较大的工件，调整和夹紧很费力气，若采用气动或液压等自动化夹紧装置，则可减轻工人的劳动强度，并保证安全生产。

（4）扩大机床的使用范围　实现一机多用，一机多能。如在铣床上安装一个回转台或分度装置，可以加工有等分要求的零件；在车床上安装镗模，可以加工箱体零件上的同轴孔系。

9.1.3 夹具的组成

机床夹具虽然可以分成各种不同的类型，但它们都由下列基本功能部分组成。

1. 定位装置

定位装置用于确定工件在夹具中的正确位置,它由各种定位元件构成。如图 9-1 所示,盖钻径向孔夹具中的圆柱销 5、菱形销 9 和支承板 4 都是定位元件。

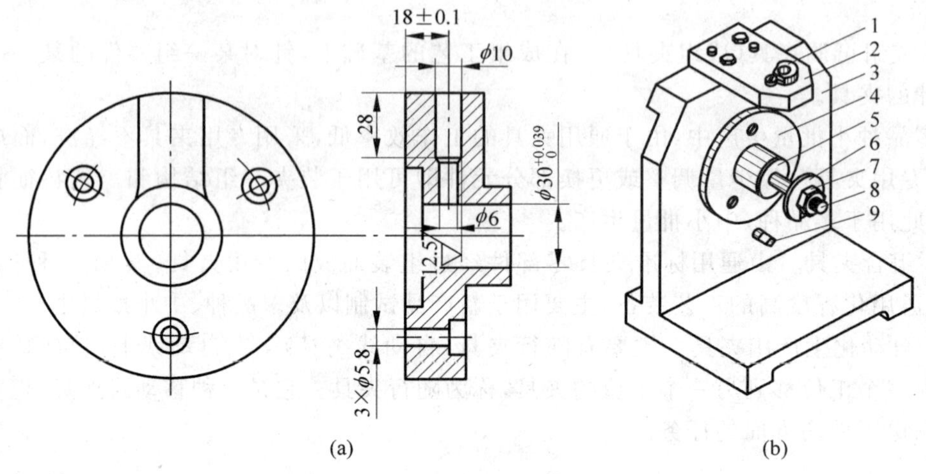

图 9-1 简易钻模夹具示例

1—钻套;2—钻模板;3—夹具体;4—支承板;5—圆柱销;6—开口垫圈;7—螺母;8—螺杆;9—菱形销

2. 夹紧装置

夹紧装置用于保持工件在夹具中的正确位置,保证工件在加工过程中受到外力(如切削力、重力、惯性力)作用时,已经占据的正确位置不被破坏。如图 9-1 所示,钻床夹具中的开口垫圈 6 是夹紧元件,它与螺杆 8、螺母 7 一起组成夹紧装置。

3. 对刀、导向元件

对刀、导向元件用于确定刀具相对于夹具的正确位置和引导刀具进行加工。其中,对刀元件是在夹具中起对刀作用的零部件,如铣床夹具上的对刀块、塞尺等。导向元件是在夹具中起对刀和引导刀具作用的零部件。如图 9-1 所示的钻床夹具中的钻套 1 是导向元件。

4. 夹具体

夹具体用于连接夹具上各个元件或装置,使之成为一个整体,并与机床的有关部位相连接,是机床夹具的基础件。如图 9-1 所示,钻床夹具的夹具体 3 将夹具的所有元件连接成一个整体。

5. 连接元件

连接元件将夹具的各个零部件连接成为一个整体,确定夹具在机床上正确位置的元件,如定位键、定位销及紧固螺栓等。

6. 其他元件和装置

根据夹具上特殊需要而设置的装置和元件，如：

(1) 分度装置 加工按一定规律分布的多个表面。

(2) 上下料装置 为方便大型工件的装卸，减轻工人的劳动强度，常设计上下料输送装置。

(3) 吊装搬运装置 对于重量较大的夹具，应设置吊装元件，如吊环螺钉等。

(4) 工件的顶出让刀装置 箱体类零件内部多层壁上的孔加工场合需要镗刀让刀机构。

9.2 定位方式与定位元件

通常设计夹具时，总是将定位元件设计成为单独的分离元件，通过装配与整个夹具构成一个整体，以保证其特殊的精度要求和制造工艺要求。

设计定位元件时，应满足以下基本要求：具有较高的制造精度，以保证工件定位准确；耐磨性好，以延长定位元件的更换周期，提高夹具的使用寿命；有足够的强度和刚度，以保证在夹紧力、切削力等外力作用下，不产生较大的变形而影响加工精度；工艺性好，定位元件的结构应力求简单、合理，便于加工、装配和更换。

在机械加工中，虽然被加工工件的种类繁多、形状各异，但从它们的基本结构来看，不外乎是由平面、圆柱面、圆锥面及各种成形面组成的。工件在夹具中定位时，可根据各自的结构特点和工序加工精度要求，选取相应的平面、圆面、曲面或者组合表面作为定位基准。定位元件工作表面的结构形状，必须与工件的定位基准面形状特点相适应。常用定位元件的结构和尺寸已经制定了国家机械行业标准，一般工厂也有工厂标准。

9.2.1 工件以平面定位及其定位元件

平面定位是工件定位中应用最普遍的定位形式。

1. 定位方式

平面作为定位基准，通常根据其限制自由度的数目，分为主要支承面、导向支承面和止推支承面，如图9-2所示。限制工件的三个自由度的定位平面，称为主要支承面。常用于精度比较高的工件定位表面。当平面的精度很高时，可以直接将定位元件设计成为平面；更多的情况下，往往布置尽量放远一些的三个支承点，使工件的中心落在三个支承点之间，以保证工件定位的稳定可靠。限制工件的两个自由度的定位平面，称为导向支承面。该平面常常做成窄长面；在工件定位表面精度不高时，甚至将窄长面的中间部分切除，只保留尽可能远位置上的短面，以确保定位效果的一致性。同样道理，限制一个自由度的平面，称为止推支承面。这时，为了

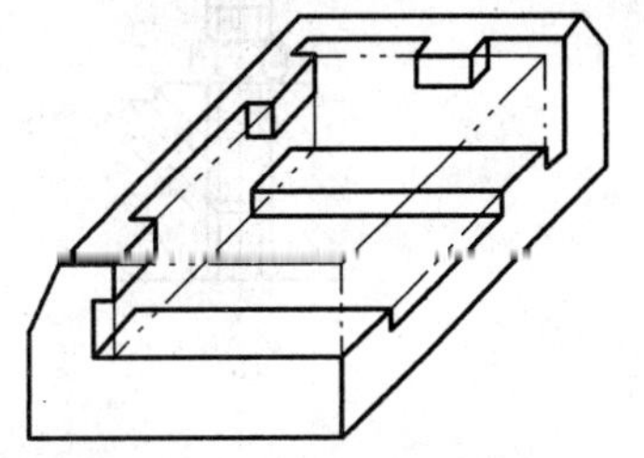

图9-2 支承板定位简图

确保定位准确,往往将平面面积做得尽可能小。

2. 定位元件

平面定位的主要形式是支承定位。常用的定位元件有主要支承和辅助支承。

1) 主要支承

主要支承是指用来限制工件的自由度,起定位作用的支承。有固定支承和可调支承两种。

(1) 固定支承　固定支承有支承钉和支承板两种形式。在使用过程中,它们都是固定不动的。

图 9-3 为标准支承钉(JB/T 8029.2—1999)和支承板(JB/T 8029.1—1999)。图 9-3(a)为平头支承钉,用于精基准;图 9-3(b)为球头支承钉,用于粗基准,可减小与工件的接触面积,提高定位稳定性;图 9-3(c)为齿纹头支承钉,用于侧面定位,很少用于底平面定位;图 9-3(d)为平板式支承板,用作精基准,多用于侧面和顶面定位,用于底面定位时,孔边切屑不易清理;图 9-3(e)为斜槽式支承板,用作精基准,适用于底面定位。

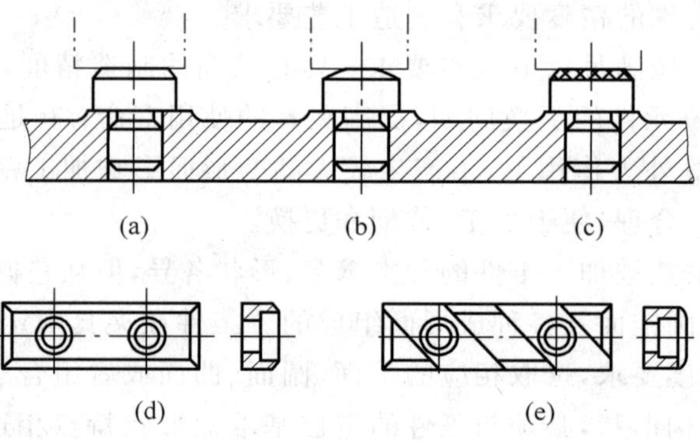

图 9-3　支承钉和支承板

在实际应用中,还可以根据需要设计非标准结构的支承钉和支承板,如台阶式支承板、圆形支承板、三角形支承板等。

(2) 可调支承　可调支承是指在工件定位过程中,高度可调整的支承钉,其结构已标准化。可调支承的工作位置,一经调节合适后需要用螺母锁紧,防止支承点的位置发生变化,作用相当于固定支承。

图 9-4 为可调支承的结构。图 9-4(a)为直接用手或拨杆转动球头调节支承

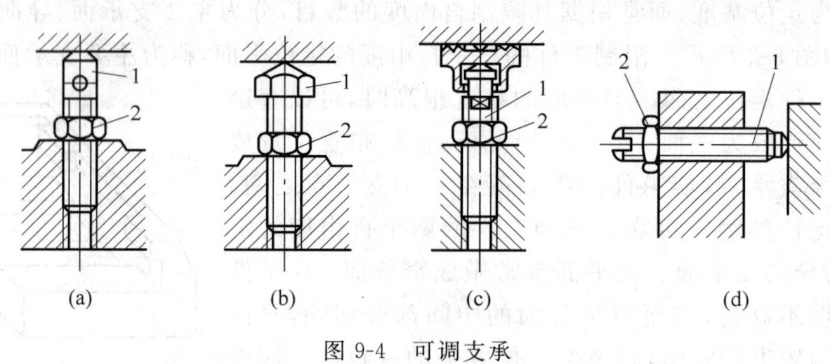

图 9-4　可调支承

1—螺钉;2—锁紧螺母

(JB/T 8026.4—1999)进行调节，一般适用于轻型工件；图 9-4(b)为用扳手调节六角头支承(JB/T 8026.1—1999)，适用于较重的工件；图 9-4(c)为带有压脚的可调支承，可避免损坏定位面；图 9-4(d)为用扳手调节螺钉 1，用于侧面定位。

可调支承常用于毛坯分批制造，其形状和尺寸变化较大的粗基准定位以及可调整夹具中。

(3) 浮动支承(或自位支承)　工件在定位过程中，能自动调整位置的支承，称为浮动支承。

常见的浮动支承结构如图 9-5 所示。图 9-5(a)是球面多点式浮动支承，与工件作多点接触，作用相当于一点；图 9-5(b)和(c)是两点式浮动支承，与工件作两点接触，作用相当于一点。

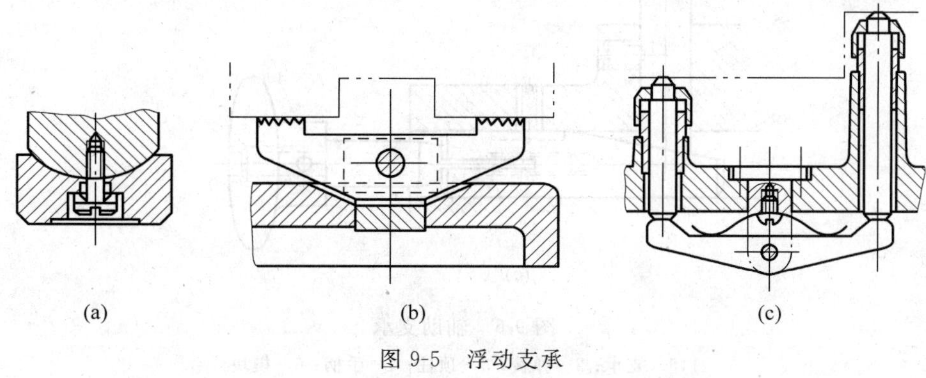

图 9-5　浮动支承

这类支承的工作特点是支承点是活动的或浮动的，支承点的位置随工件定位基面的不同而自动调节，定位基面压下其中一点，其余点便上升，直至与工件定位基面接触；与工件作两点、三点(或多点)接触，作用定位支承点数少于实际接触点数。这类支承主要用于工件以毛坯面定位、定位基面不连续或为台阶面及工件刚性不足的场合。

2) 辅助支承

用来提高工件的装夹刚度和定位稳定性，不起定位作用的支承，称为辅助支承。它是工件定位完成后参与作用的。

常见的辅助支承结构如图 9-6 所示。图 9-6(a)是螺旋式辅助支承，工件定位时，支承 1 高度低于主要支承，工件定位后，必须逐个调整，以适应工件定位表面位置的变化，其特点是结构简单，但效率低；图 9-6(b)是自位式辅助支承(JB/T 8026.7—1999)，靠弹簧力自动调整，通过支承 1 与顶柱 3 上 7°～10°斜面自锁；图 9-6(c)是推动手柄调整，支承 5 与楔块和半圆键锁紧。

3. 定位元件的主要技术要求和常用材料

定位元件要求一定的定位精度、表面粗糙度、耐磨性、硬度和刚度等。其常用的材料如下：

(1) 低碳钢　如 20 钢或 20Cr 钢，工件表面经渗碳淬火，深度 0.8～1.2 mm，硬度 55～65 HRC。

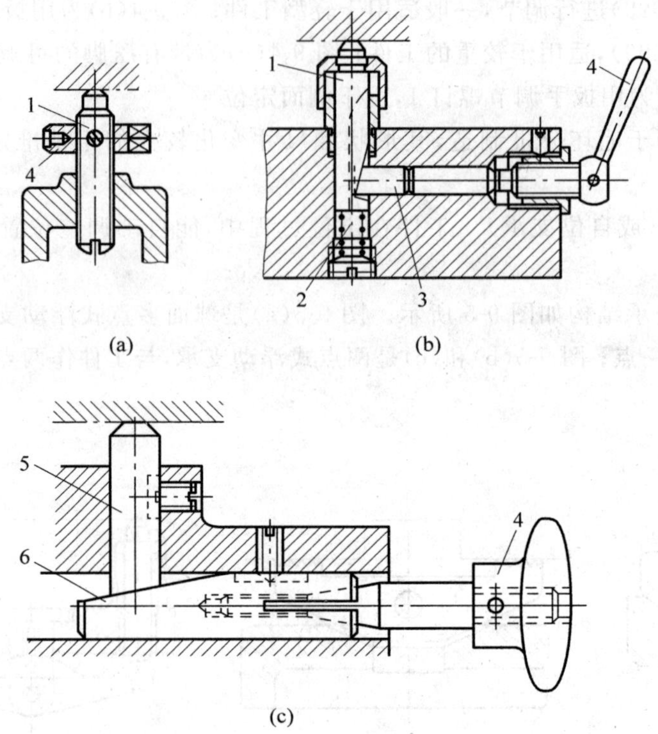

图 9-6　辅助支承

1,5—支承；2—弹簧；3—顶柱；4—手柄；6—楔块

(2) 高碳钢　如 T7、T8、T10 等，淬硬至 55～65 HRC。

(3) 中碳钢　如 45 钢，淬硬至 43～48 HRC。

9.2.2　工件以圆柱孔定位及其定位元件

以工件的圆柱孔作为定位基面，定位可靠，使用方便，在实际生产中获得广泛使用。

1. 定位方法

齿轮、汽缸套、杠杆类工件，常以孔的中心线作为定位基准。常用的定位方法有在圆柱体上定位、在圆锥体上定位、在定心夹紧机构中定位等。

工件以圆孔为定位基面，定位元件多是圆柱面与圆柱面配合，具体定位限制的工件自由度数，不仅与两者之间的配合性质有关，同时还与定位基准孔与定位元件的配合长度 L 及直径 D 有关。根据 L/D 的大小分为两种情形：当 $L/D>1$ 时，为长销定位，相当于 4 个定位支承点，限制工件的 4 个自由度，能够确定孔的中心线位置；若配合长度较短($L/D<1$)，则为短销定位，相当于两个定位支承点，限制工件的两个自由度，只能确定孔的中心点位置。

2. 定位元件

工件以圆孔为定位基面，夹具通常所用的定位元件是定位销和心轴等。

1）定位销

（1）标准定位销　如图 9-7 所示为标准定位销。图 9-7(a)所示是固定式定位销(JB/T 8014.2—1999)；图 9-7(b)是可换式定位销(JB/T 8014.3—1999)。它们分圆柱销和菱形销两种类型。对于直径为 3～10 mm 的小定位销，根部倒圆，可以提高其强度；销的头部带有(2～6) mm×15°的倒角，方便工件的装卸。大批量生产中，工件装卸频繁，定位销容易磨损而丧失定位精度，可采用可换式定位销与衬套配合使用，如图 9-8 所示。

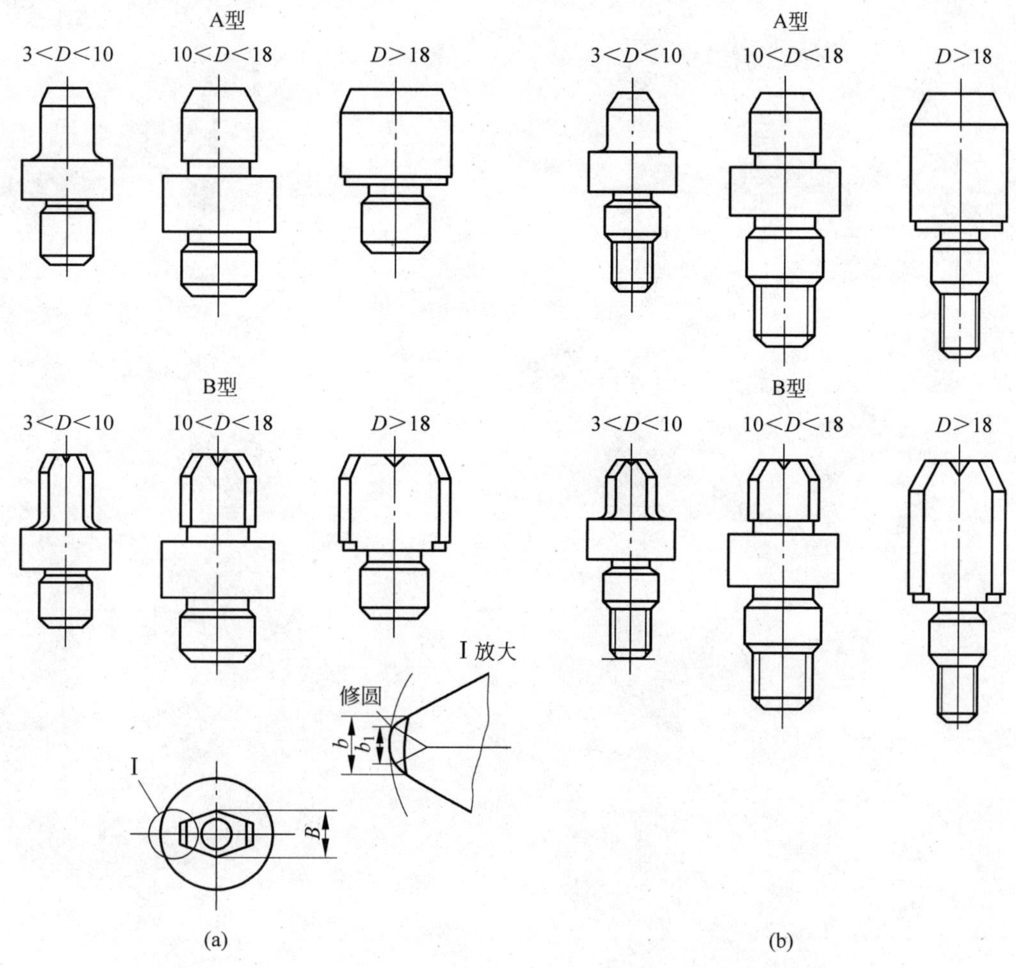

图 9-7　标准定位销

标准结构定位销属于短定位销，圆柱销限制工件的两个位移自由度；菱形销限制工件的一个位移自由度。

（2）非标准定位销　根据需要可设计非标准定位销。长圆柱销限制工件的 4 个自由度，长菱形销限制工件的两个自由度。

（3）圆锥销　如图 9-9 所示，工件圆孔与锥销定位，圆孔与锥销的接触线是一个圆，限制工件 $\vec{x}$、$\vec{y}$、$\vec{z}$ 三个位移自由度。图 9-9(a)用于粗基准，图 9-9(b)用于精基准。根据需要可以设计菱形锥销，限制工件两个位移自由度。

表 9-1 高精度心轴锥度推荐值

工件定位孔直径 D/mm	8～25	25～50	50～70	70～80	80～100	>100
锥度 K	$\frac{0.01}{2.5D}$	$\frac{0.01}{2D}$	$\frac{0.01}{1.5D}$	$\frac{0.01}{1.25D}$	$\frac{0.01}{D}$	$\frac{0.01}{100}$

这种定位方式的定心精度较高,可达到 $\phi0.005$～$\phi0.01$ mm,但工件的轴向位移误差较大,适用于工件定位孔精度不低于 IT7 的精车和磨削加工,不能用于加工端面。

确定锥度心轴的结构尺寸,可参考有关标准或夹具设计手册。为保证心轴的刚度,心轴的长径比 $L/d>8$ 时,应将工件按定位孔的公差范围分成 2～3 组,每组设计一根心轴。

除上述外,心轴定位还有弹性心轴、液塑心轴、定心心轴等,它们在完成工件定位的同时完成工件的夹紧,使用方便,但结构较复杂。

9.2.3 工件以外圆柱面定位及其定位元件

1. 定位方式

以工件的外圆柱面定位有两种基本形式:定心定位和支承定位。

定心定位的外圆柱面是定位基面,外圆柱面的中心线是定位基准。采用各种形式的定心夹紧卡盘、弹簧夹头以及其他形式的定位夹紧机构,实现定位和夹紧同时完成。定位套筒也常用于外圆柱面的定位。

外圆柱面的支承定位应用很广,常以支承钉或者支承板作为定位元件。定位基准为与支承接触的圆柱面的一条母线,其消除的自由度数目取决于母线的相对接触长度。半圆孔定位也是典型的一种支承定位。

2. 定位元件

在夹具设计中,常用于外圆表面定位的定位元件有定位套、支承板和 V 形块等。各种定位套对工件外圆表面实现定心定位,支承板实现对外圆表面的支承定位,V 形块则实现对外圆表面的定心对中定位。

1) V 形块

工件外圆以 V 形块定位是常见的定位方式之一,两斜面夹角有 60°、90°、120°,其中 90°V 形块使用最广泛。

标准结构的 V 形块分为固定 V 形块(JB/T 8018.2—1999)、活动 V 形块(JB/T 8018.4—1999)和可调整 V 形块(JB/T 8018.3—1999)三种形式。

图 9-13 所示为固定 V 形块的结构形式,可用于粗、精基准,如轴类工件铣键槽。长 V 形块限制工件的两个位移自由度和两个旋转自由度;短 V 形块限制工件的两个位移自由度。

如图 9-14 所示,活动 V 形块可用于定位机构中,限制工件一个位移自由度;还可用于定位夹紧机构中,限制工件一个位移自由度,还兼夹紧工件的作用。

使用 V 形块定位的优点是对中性好,能使工件的定位基准处在 V 形块两斜面的对称面内,可用于完整或局部圆柱面定位情况,活动 V 形块还可以兼作夹紧元件。

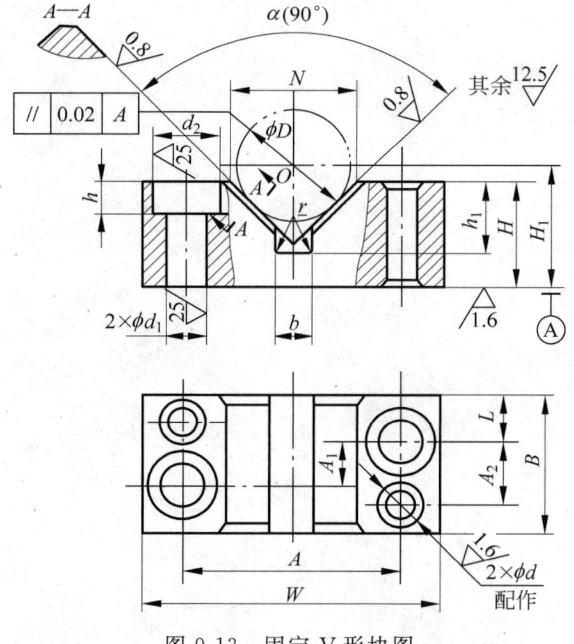

图 9-13　固定 V 形块图

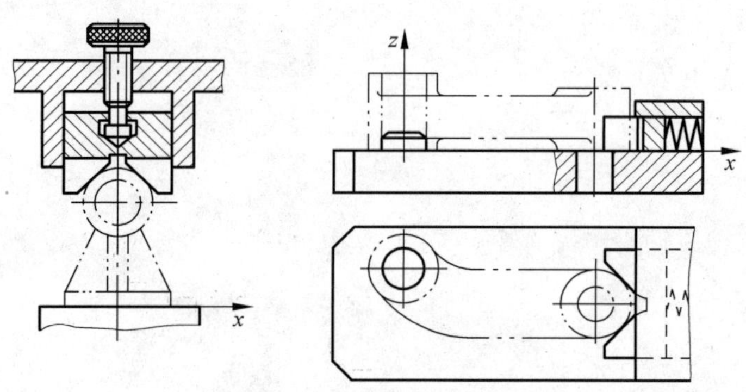

图 9-14　活动 V 形块的应用

根据需要 V 形块可以设计成非标准结构，图 9-15(a)用于精基准；图 9-15(b)用于粗基准，接触面长度为 2～5 mm；图 9-15(c)是镶装支承钉或支承板的结构。它们都属于长 V 形块，限制工件的 4 个自由度。

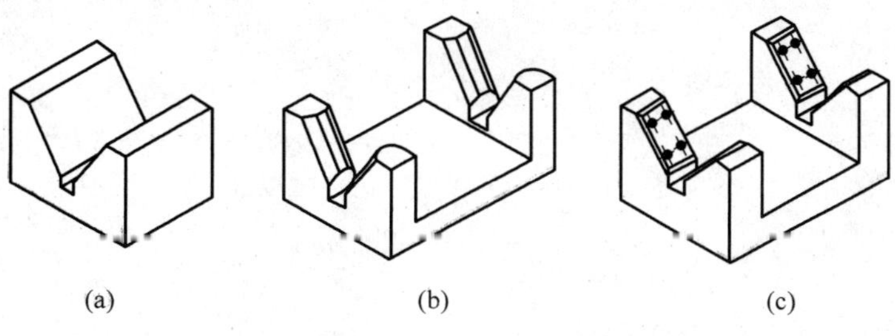

图 9-15　非标准 V 形块的结构

根据需要，V形块可以设计成非标准结构。[illegible]用于[illegible]接触面长度为[illegible]mm；图[illegible](c)[illegible]V形块，限制工件的[illegible]个自由度。

心线方向的间隙，定位精度较高，在生产中获得广泛应用。

2）菱形销(削边销)的设计计算

计算的依据就是不发生干涉，把发生干涉部分削掉。发生干涉的两种极限情况为：

(1) 工件孔距 $L_{gmin}=L-T_{L_D}$，销距 $L_{xmax}=L+T_{L_d}$，直径分别为 d_{1max}、d_{2max}、D_{1min}、D_{2min}；

(2) 工件孔距 $L_{gmax}=L+T_{L_D}$，销距 $L_{xmax}=L-T_{L_d}$，直径分别为 d_{1max}、d_{2max}、D_{1min}、D_{2min}。

按情况(1)计算削边销的宽度 b。设孔1的中心 O_1' 与销1的中心 O_1 重合，最小间隙为 X_{1min}；孔2的中心 O_2' 与销2的中心 O_2 重合，最小间隙为 $X_{2min}=D_{2min}-d_{2max}$，$O_2'$ 如图9-21所示，为孔2与销2处于极限状态时孔2的中心位置。为了避免过定位，应将干涉部分削掉。

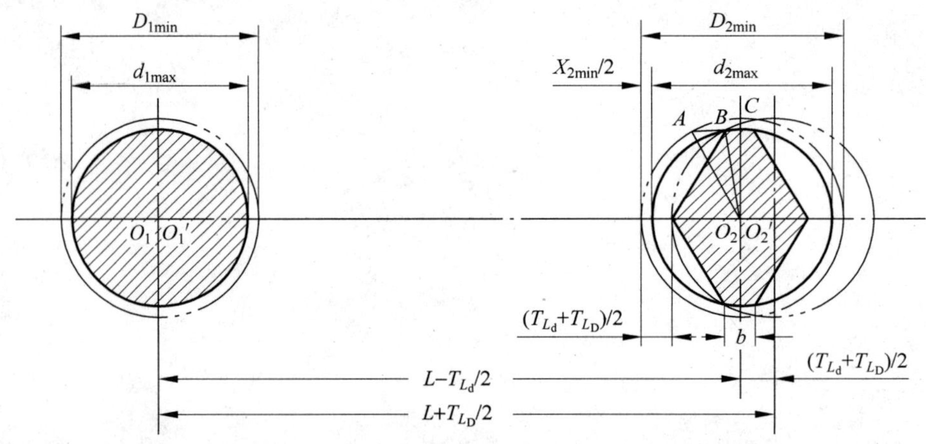

图9-21 削边销的计算

由图9-21所示的几何关系：

$$\overline{CO_2}^2=\overline{AO_2}^2-\overline{AC}^2=\overline{BO_2}^2-\overline{BC}^2$$

其中，

$$\overline{AO_2}=\frac{1}{2}D_{2min},\quad \overline{AC}=\overline{AB}+\overline{BC}=(T_{L_D}+T_{L_d})+\frac{1}{2}b$$

$$\overline{BO_2}=\frac{1}{2}d_{2max}=\frac{1}{2}(D_{2min}-X_{2min}),\quad \overline{BC}=\frac{1}{2}b$$

整理并略去二次微量 $(T_{L_D}+T_{L_d})^2$、X_{2min}^2，得

$$b=\frac{D_{2min}X_{2min}}{2(T_{L_D}+T_{L_d})} \tag{9-1}$$

削边销已标准化了，称为菱形销，其削边尺寸可查表9-2。

表9-2 菱形销的结构尺寸(JB/T 8014.2—1999) mm

D	>3～6	>6～8	>8～20	>20～24	>24～30	>30～40	>40～50
B	$d-0.5$	$d-1$	$d-2$	$d-3$	$d-4$	$d-5$	
b_1	1	2	3			4	5
b	2	3	4	5		6	8

注：B—菱形销总宽度；b_1—修圆后留下的圆柱部分宽度；b—削边部分宽度；d—定位销直径。

3）一面两孔定位设计计算

已知工件孔距 $L_g = L \pm T_{L_D}$，孔径为 D_1、D_2。

（1）确定两定位销的中心距：$L_x = L \pm \left(\frac{1}{5} \sim \frac{1}{3}\right) T_{L_D}$（工件孔距化成 $L \pm T_{L_D}$）。

（2）确定圆柱销直径：$d_1 = D_{1\min}$g6(f7)，定位精度要求比较高时，可按 g5 制造。

（3）确定菱形销直径 d_2：

① 确定菱形销削边宽度 b（对于修圆菱形销按 b_1 计算），由 D_2 查表 9-2 确定；

② 计算孔 2 与销 2 的最小间隙 $X_{2\min}$，由 $b = \frac{D_{2\min} X_{2\min}}{2(T_{L_D} + T_{L_d})}$ 求得

$$X_{2\min} = \frac{2b(T_{L_D} + T_{L_d})}{D_{2\min}}$$

③ 确定菱形销直径 d_2。

由 $d_{2\max} = D_{2\min} - X_{2\min}$，求得 $d_{2\max}$，则

$$d_2 = d_{2\max}\text{h6(h7)}$$

定位精度要求比较高时，可按 h5 制造。

9.3　定位误差的分析与计算

对于一批工件来说，由于每个工件彼此在尺寸、形状和相互位置上均有差异，使得同一批工件在同一个夹具中进行定位时，工件各个表面的位置有差异。使用夹具装夹工件按调整法进行加工时，即夹具（定位元件）相对于刀具的位置经调整后，加工一批工件时不再变动（对刀尺寸不变）。因此，对于这一批工件而言，如不计加工过程中的其他误差，则刀具成形表面（工件的被加工表面）在机床上的位置是不变的。因此，产生工序尺寸误差的原因，就在于由于定位造成的同一批工件中每个工件的工序基准位置不一致。所以，定位误差是由于工件定位造成的被加工表面的工序基准在沿工序尺寸或位置要求方向上的最大可能变动范围，用 Δ_D 表示。若按试切法加工则不考虑定位误差。

计算定位误差的目的就是判断定位精度，是决定定位方案是否合理的重要依据。一般定位误差与加工精度应满足下列关系：

$$\Delta_D \leqslant (1/3 \sim 1/5)T \qquad (9\text{-}2)$$

式中：T——工件的工序尺寸公差或位置公差。

9.3.1　定位误差的产生原因及组成

造成一批工件在夹具中定位时，工序基准变动而产生定位误差的原因主要有以下几种。

1. 基准位移误差 Δ_W

定位基面和定位元件本身的制造误差会引起同一批工件定位基准的相对位置发生变动，这一变动的最大范围称作基准位移误差，用 Δ_W 表示。基准位移误差引起的定位误差是

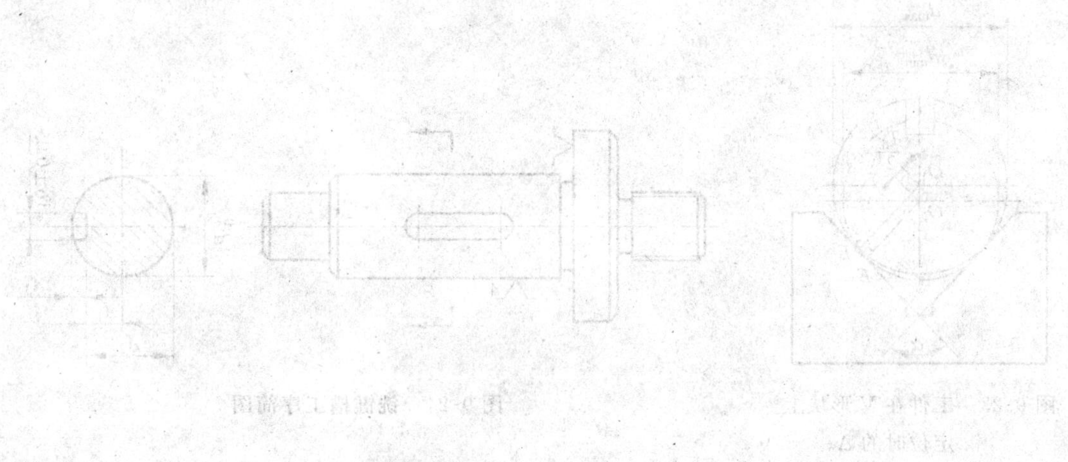

称平面上,其水平位移为零;在垂直方向上,工件制造公差 T_d 会引起基准位移误差 Δ_W。

如图9-23所示,设圆柱截面中心 O 是定位基准的理想状态,由于外圆柱面 d 存在制造公差 T_d,所以 O 在 O_1、O_2 之间变动。定位基准的最大变动量 $\overline{O_1O_2}$,即为基准位移误差。由图示几何关系得

$$\overline{O_1E} = \frac{d_{max}}{2}, \quad \overline{O_2F} = \frac{d_{min}}{2},$$

$$\Delta_W = \overline{O_1O_2} = \frac{T_d}{2\sin\frac{\alpha}{2}} \tag{9-8}$$

式中:Δ_W 的方向为竖直方向。

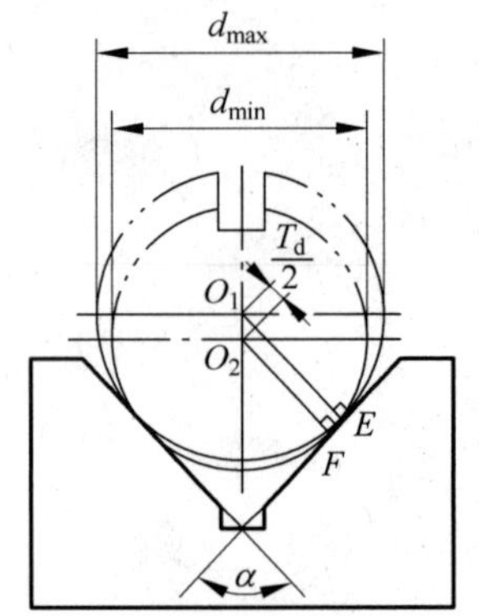

图9-23 工件在V形块上定位时的 Δ_W

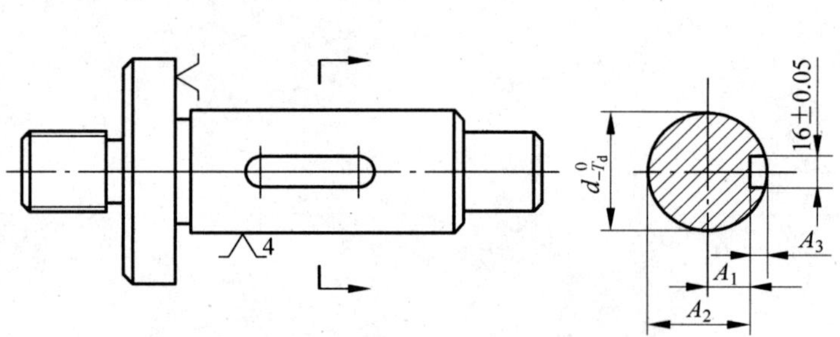

图9-24 铣键槽工序简图

例9-2 图9-24所示工件上的键槽,以圆柱面 $d_{-T_d}^{\ 0}$ 在 $\alpha=90°$ 的V形块上定位,按照图9-23所示的方式不考虑V形块的制造误差,求工序尺寸 A_1、A_2、A_3 的定位误差。

解 用合成法求各工序尺寸的定位误差。

(1) 工序尺寸 A_1。

工序基准为外圆柱面的中心线,与定位基准重合,基准不重合误差 $\Delta_B(A_1)=0$。

由于定位基面存在制造公差 T_d,因此定位基准 O 在 O_1、O_2 之间变动,基准位移误差为

$$\Delta_W(A_1) = \frac{T_d}{2\sin\frac{\alpha}{2}}$$

Δ_W 的方向与工序尺寸 A_1 相同,即 $\beta=0$;工序尺寸 A_1 的定位误差为

$$\Delta_D(A_1) = \Delta_W(A_1) = \frac{T_d}{2\sin\frac{\alpha}{2}}$$

(2) 工序尺寸 A_2。

工序基准为外圆柱面的下母线,与定位基准不重合,会产生基准不重合误差。基准尺寸为 $\left(\frac{d}{2}\right)_{-\frac{T_d}{2}}^{\ 0}$,基准尺寸公差为 $\frac{T_d}{2}$,所以基准不重合误差为

$$\Delta_B(A_2) = \frac{T_d}{2}$$

Δ_B 的方向与工序尺寸 A_2 的方向相同，即 $\gamma=0$。同理，基准位移误差 $\Delta_W(A_2)=\Delta_W(A_1)$。

工序基准在定位基面上，Δ_B 与 Δ_W 有相关公共变量 T_d，当定位基面由 d_{min} 变为 d_{max} 时，定位基准由 O_2 向 O_1 变动，由于工序基准反向变动，故应取"－"号。工序尺寸 A_2 的定位误差为

$$\Delta_D(A_2)=\frac{T_d}{2\sin\frac{\alpha}{2}}-\frac{T_d}{2}=\frac{T_d}{2}\left(\frac{1}{\sin\frac{\alpha}{2}}-1\right)$$

(3) 工序尺寸 A_3。

同样的道理，基准不重合误差数值 $\Delta_B(A_3)=\Delta_B(A_2)$；基准位移误差 $\Delta_W(A_3)=\Delta_W(A_2)$。

由于定位基准变动与工序基准变动方向相同，故应取"＋"号。工序尺寸 A_3 的定位误差为

$$\Delta_D(A_3)=\frac{T_d}{2\sin\frac{\alpha}{2}}+\frac{T_d}{2}=\frac{T_d}{2}\left(\frac{1}{\sin\frac{\alpha}{2}}+1\right)$$

由上述定位误差分析计算可知：

(1) 同样是在 V 形块上定位，工序基准不同，其定位误差也不同，$\Delta_D(A_3)>\Delta_D(A_1)>\Delta_D(A_2)$。

(2) Δ_W 和 Δ_B 均是由定位基面的制造误差引起的，二者不是独立因素，相关变量为 T_d。

(3) V 形块夹角 α 不同，定位误差也不同。α 越小，Δ_D 越大；α 越大，Δ_D 越小，对中性下降。因此，在实际生产中，广泛采用 $\alpha=90°$ 的 V 形块。

3. 工件以内孔定位

工件以内孔在圆柱心轴上定位时，定位基准是内孔中心线。用定心机构定位（如弹性心轴）或用过盈配合定位心轴（圆柱定位销）定位时，可以实现无间隙配合，基准位移误差 $\Delta_W=0$。用间隙配合定位心轴（或圆柱定位销）定位时，由于存在定位基面和定位元件的制造公差及配合间隙，将产生基准位移误差 Δ_W。此时孔与轴的接触有两种情况。

1) 孔与定位心轴任意边接触

设孔与轴的配合基本尺寸为 D；孔的极限尺寸为 D_{min}、D_{max}，公差为 T_D；轴的极限尺寸为 d_{min}、d_{max}，公差为 T_d。

如图 9-25 所示，当孔的尺寸为 D_{max}、心轴尺寸为 d_{min} 时，定位基准的变动量最大，等于孔轴的最大配合间隙 X_{max}，即基准位置误差为

$$\Delta_W=X_{max}=T_D+T_d+X_{min} \tag{9-9}$$

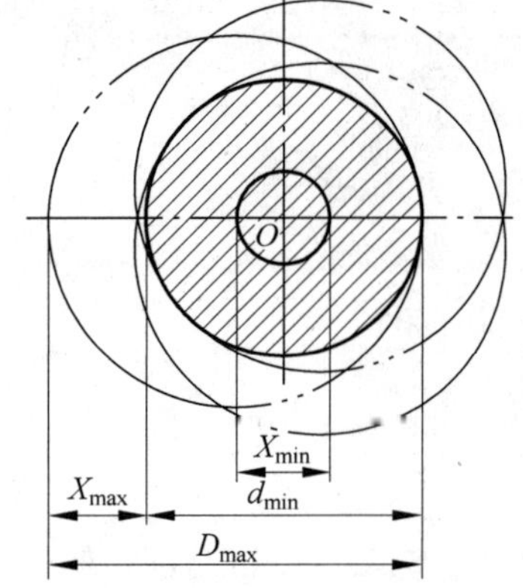

图 9-25　孔与心轴间隙配合时的 Δ_W

2) 孔与定位心轴固定边接触

如图 9-26 所示，心轴中心位置为 O，当定位销直径为 d_{min}、工件孔径为 D_{max} 时，定位基准为 O_1，此时定位基准的位移量最大，$\Delta_{max}=\frac{D_{max}-d_{min}}{2}$；当定位销直径为 d_{max}、工件孔径为 D_{min} 时，定位基准为 O_2，此时定

1) 动力装置

夹紧力来源于人力或者某种动力装置。用人力对工件进行夹紧称为手动夹紧；用各种动力装置产生夹紧作用力进行夹紧称为机动夹紧。常用的动力装置有液压、气动、电磁、电动和真空装置等。

2) 夹紧机构

一般把夹紧元件和中间传递机构合称为夹紧机构。

(1) 中间传递机构　它是在动力装置与夹紧元件之间传递夹紧力的机构。其主要作用有：改变作用力的方向和大小；夹紧工件后的自锁性能，保证夹紧可靠，尤其在手动夹具中。

(2) 夹紧元件　它是执行元件，直接与工件接触，最终完成夹紧任务。

图9-28所示是液压夹紧的铣床夹具。其中，液压缸4、活塞5、活塞杆3组成了液压动力装置，铰链臂2和压板1等组成了铰链压板夹紧机构，压板1是夹紧元件。

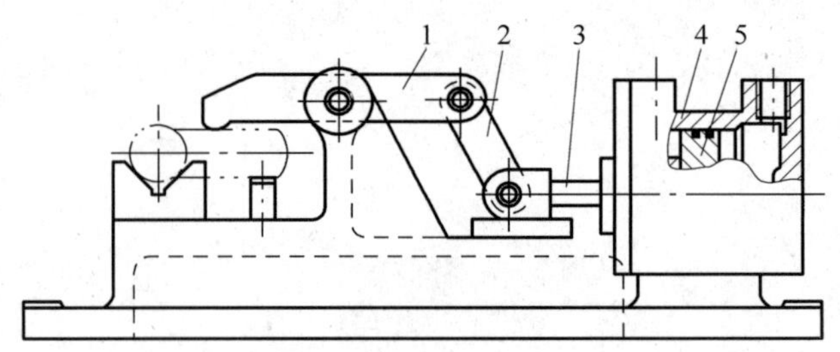

图9-28　液压夹紧的铣床夹具

1—压板；2—铰链臂；3—活塞杆；4—液压缸；5—活塞

2. 对夹紧装置的基本要求

(1) 能保证工件定位后占据的正确位置。

(2) 夹紧力的大小要适当、稳定，既要保证工件在整个加工过程中的位置稳定不变、振动小，又要使工件不产生过大的夹紧变形。夹紧力稳定可减少夹紧误差。

(3) 夹紧装置的复杂程度与生产类型相适应。工件的生产批量越大，允许设计越复杂、效率越高的夹紧装置。

(4) 工艺性好，使用性好。其结构应尽量简单，便于制造和维修；尽可能使用标准夹具零部件；操作方便、安全、省力。

9.4.2 夹紧力的确定

设计夹具的夹紧机构时，所需夹紧力的确定包括夹紧力的方向、作用点、大小三要素。

1. 夹紧力的方向

1) 夹紧力的方向应有助于定位，不应破坏定位

只有一个夹紧力时，夹紧力应垂直于主要定位支承或使各定位支承同时受夹紧力作用。图9-29所示为夹紧力朝向主要定位面的示例。图9-29(a)中，工件以左端面与定位元

件的 A 面接触，限制工件的三个自由度；底面与 B 面接触，限制工件的 2 个自由度；夹紧力朝向主要定位面 A，有利于保证孔与左端面的垂直度要求。图 9-29(b)中，夹紧力朝向 V 形块的 V 形面，使工件装夹稳定可靠。

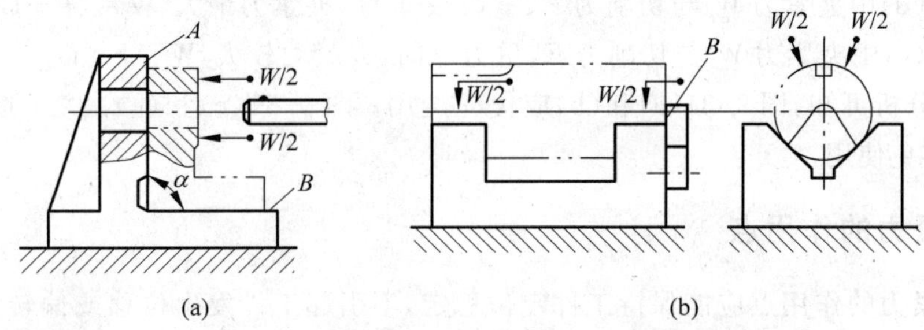

图 9-29　夹紧力的方向朝向主要定位面

图 9-30 所示是一力两用和使各定位基面同时受夹紧力作用的情况。图 9-30(a)对第一定位基面施加 W_1，对第二定位基面施加 W_2；在图 9-30(b)和(c)中，施加 W_3 代替 W_1、W_2，使两定位基面同时受到夹紧力的作用。

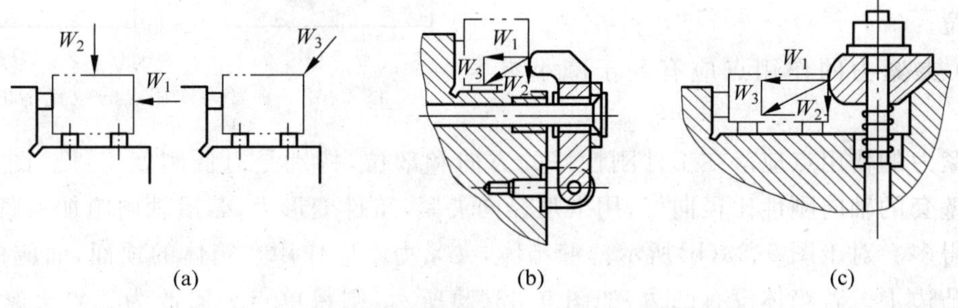

图 9-30　分别加力和一力两用

用几个夹紧力分别作用时，主要夹紧力应朝向主要定位支承面，并应注意夹紧力的动作顺序。如三平面组合定位，$W_1>W_2>W_3$，W_1 是主要夹紧力，朝向主要定位支承面，应最后作用；W_2、W_3 应先作用。

2）夹紧力的方向应方便装夹和有利于减小夹紧力，最好与切削力、重力方向一致

图 9-31 所示为夹紧力与切削力、重力的关系。

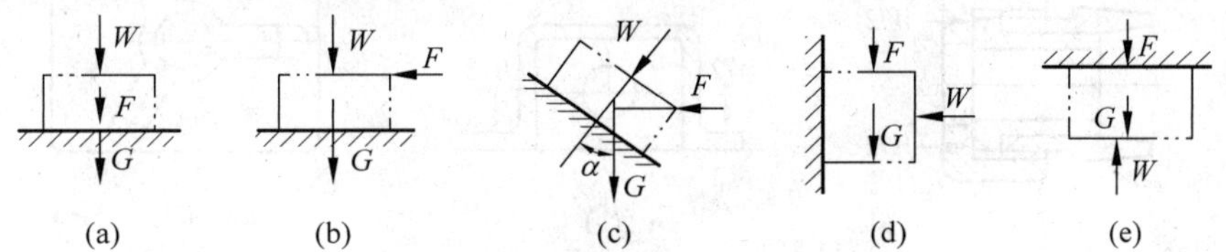

图 9-31　夹紧力与切削力、重力的关系

图 9-31(a)中夹紧力 W 与重力 G、切削力 F 方向一致，可以不夹紧或用很小的夹紧力，$W=0$；

图 9-31(b)中夹紧力 W 与切削力 F 垂直，夹紧力较小，$W=F/f-G$（f 为工件与支承间的摩擦因数）；

图 9-31(c)中夹紧力 W 与切削力 F 呈夹角 α,夹紧力较大,

$$W=\frac{F(\cos\alpha-f\sin\alpha)-G(\sin\alpha+f\cos\alpha)}{f}$$

图 9-31(d)中夹紧力 W 与切削力 F、重力 G 垂直,夹紧力最大,$W=(F+G)/f$;

图 9-31(e)中夹紧力 W 与切削力 F、重力反向,夹紧力较大,$W=F+G$。

由上述分析可知,图 9-31(a)和(b)应优先选用;图 9-31(c)和(e)次之;图 9-31(d)最差,应尽量避免使用。

2. 夹紧力的作用点

(1) 夹紧力的作用点应能保持工件定位稳定,不引起工件发生位移或偏转。为此,夹紧力的作用点应落在定位元件上或支承范围内,否则夹紧力与支座反力会构成力矩,夹紧时工件将发生偏转。

如图 9-32 所示,夹紧力的作用点落在了定位元件支承范围之外,夹紧力与支座反力构成力矩,夹紧时工件将发生偏转,从而破坏工件的定位。

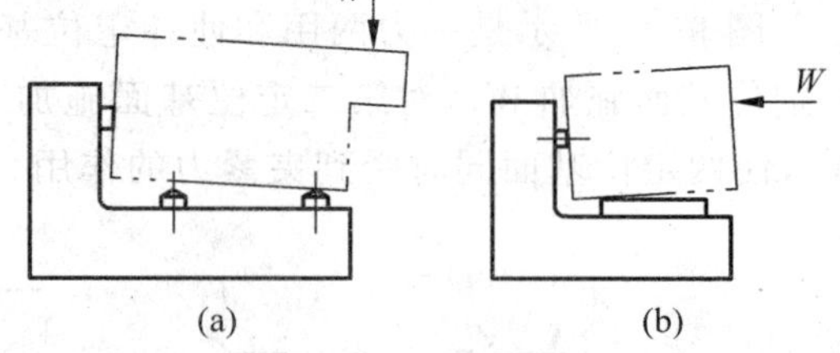

图 9-32 夹紧力作用点的位置不正确

(2) 夹紧力的作用点应有利于减小夹紧变形。

夹紧力的作用点应落在工件刚性好的方向和部位,特别是对低刚度工件。图 9-33(a)所示薄壁套的轴向刚性比径向好,用卡爪径向夹紧,工件变形大,若沿轴向施加夹紧力,变形就会小得多。对于图 9-33(b)所示薄壁箱体,夹紧力不应作用在箱体的顶面,而应作用在刚性好的凸边上。若箱体没有凸边,如图 9-33(c)所示,则将单点夹紧改为三点夹紧,使着力点落在刚性好的箱壁上,可以减小工件的夹紧变形。

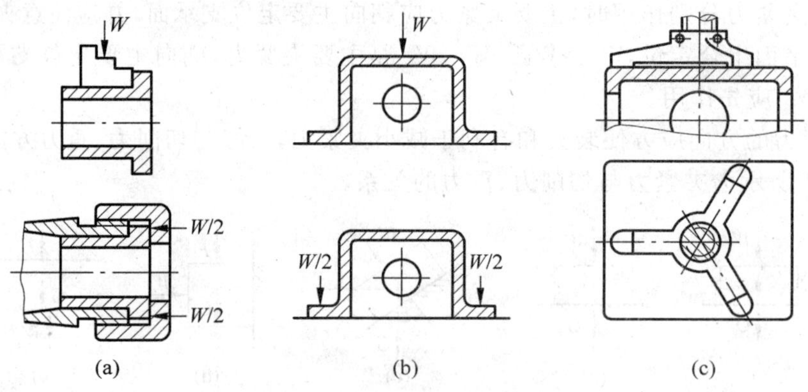

图 9-33 夹紧力作用点与夹紧变形的关系

减小工件的夹紧变形,可采用增大工件受力面积的措施。如设计特殊形状夹爪分散作用夹紧力。

(3) 夹紧力的作用点应尽量靠近工件加工表面,以提高定位稳定性和夹紧可靠性,减少加工中的振动。

不能满足上述要求时，如图 9-34 所示在拨叉上铣槽，由于主要夹紧力的作用点距工件加工表面较远，故应在靠近加工表面处设置辅助支承，施加夹紧力 W'，以提高定位稳定性，并承受夹紧力和切削力等。

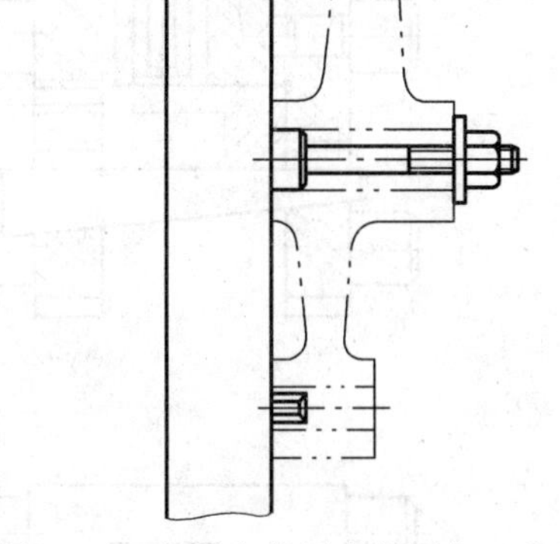

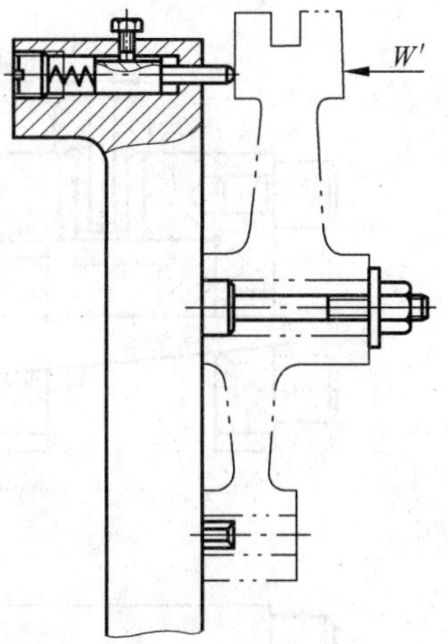

图 9-34　夹紧力作用点靠近加工表面

3. 夹紧力的大小

夹紧力的大小必须适当。若过小，则工件在加工过程中会发生移动，破坏定位；若过大，则会使工件和夹具产生夹紧变形，影响加工质量。

理论上，夹紧力应与工件受到切削力、离心力、惯性力及重力等力的作用平衡；实际上，夹紧力的大小还与工艺系统的刚性、夹紧机构的传递效率等有关。切削力在加工过程中是变化的，因此夹紧力只能进行粗略的估算。

估算夹紧力时，应找出对夹紧最不利的瞬时状态，略去次要因素，考虑主要因素在力系中的影响。通常将夹具和工件看成一个刚性系统，建立切削力、夹紧力 W_0、重力（大型工件）、惯性力（高速运动工件）、离心力（高速旋转工件）、支承力以及摩擦力的静力平衡条件，计算出理论夹紧力 W_0。则实际夹紧力 W 为

$$W = KW_0 \tag{9-15}$$

式中：K——安全系数，与加工性质（粗、精加工）、切削特点（连续、断续切削）、夹紧力来源（手动、机动夹紧）、刀具情况有关。一般取 $K=1.5\sim3$；粗加工时，$K=2.5\sim3$；精加工时，$K=1.5\sim2.5$。

生产中还经常用类比法（或试验）确定夹紧力。

9.4.3　典型夹紧机构

常用的典型夹紧机构有斜楔夹紧机构、螺旋夹紧机构、偏心夹紧机构及铰链夹紧机构等。

1. 斜楔夹紧机构

斜楔夹紧机构是最基本的夹紧机构，螺旋夹紧机构、偏心夹紧机构等均是斜楔机构的变形。图 9-35(a)是在工件上钻互相垂直的 $\phi8$ mm、$\phi5$ mm 两组孔，工件装入后，锤击斜楔大头，夹紧工件；加工完毕后，锤击斜楔小头，松开工件。可见，斜楔是利用其斜面移动时所产生的楔紧作用夹紧工件的。图 9-35(b)是将斜楔与滑柱合成一种夹紧机构，一般用气压或液压驱动。图 9-35(c)是由端面斜楔与压板组合而成的夹紧机构。

1）斜楔的夹紧力

图 9-36(a)为斜楔在外力作用下的受力情况，其静平衡方程式为

$$F_1 + F_{RX} = F_Q$$

其中

$$F_1 = W\tan\phi_1,\quad F_{RX} = W\tan(\alpha+\phi_2)$$

整理后得

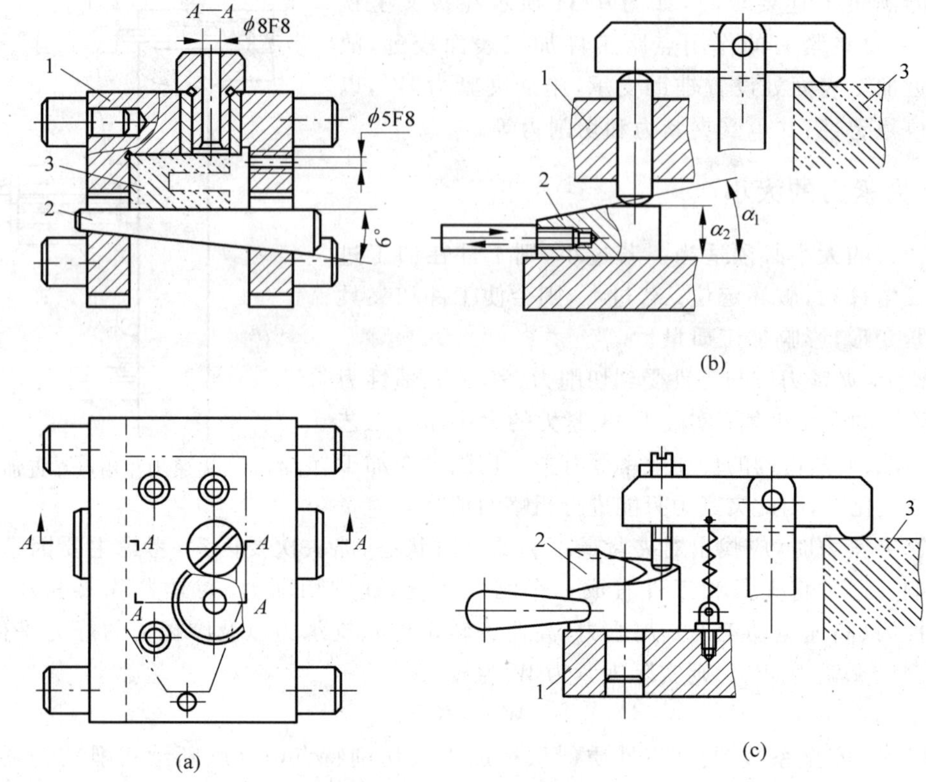

图 9-35 斜楔夹紧机构

1—夹具体；2—斜楔；3—工件

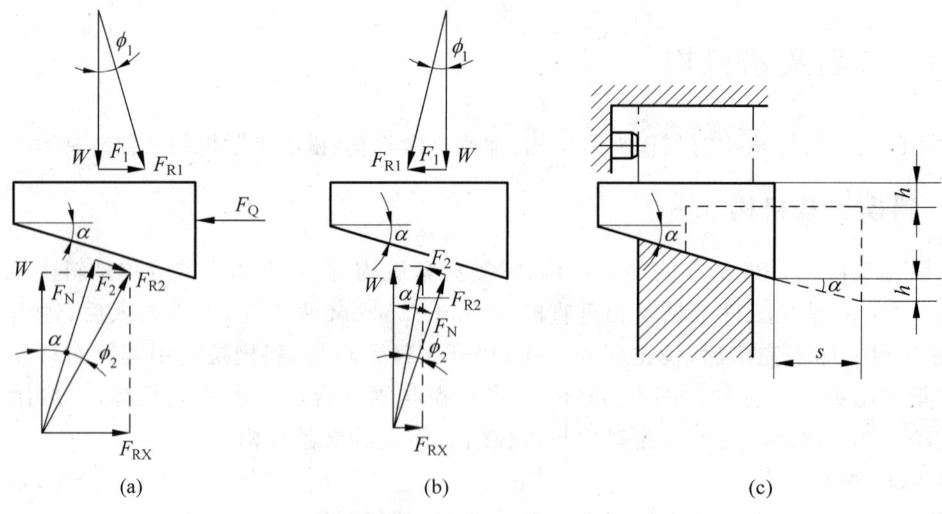

图 9-36 斜楔的受力分析

$$W=\frac{F_Q}{\tan\phi_1+\tan(\alpha+\phi_2)} \tag{9-16}$$

式中：W——斜楔对工件的夹紧力，N；

α——斜楔升角,(°);

F_Q——加在斜楔上的原始作用力,N;

ϕ_1——斜楔与工件间的摩擦角,(°);

ϕ_2——斜楔与夹具体间的摩擦角,(°)。

设 $\phi_1=\phi_2=\phi$,当 $\alpha\leqslant10°$时,可用下式作近似计算:

$$W=\frac{F_Q}{\tan(\alpha+2\phi)} \tag{9-17}$$

2)斜楔的自锁条件

当加在斜楔上的原始作用力 F_Q 撤除后,斜楔在摩擦力作用下仍然不会松开工件的现象称为自锁。此时摩擦力的方向与斜楔企图松开和退出的方向相反,如图 9-36(b)所示。从图中可见,要自锁,必须满足

$$F_1\geqslant F_{RX}$$

其中

$$F_1=W\tan\phi_1,\quad F_{RX}=W\tan(\alpha-\phi_2)$$

整理后得

$$\phi_1\geqslant\alpha-\phi_2$$

所以

$$\alpha\leqslant\phi_1+\phi_2 \tag{9-18}$$

斜楔的自锁条件是斜楔的升角小于或等于斜楔与工件、斜楔与夹具体间的摩擦角之和。

若 $\phi_1=\phi_2=\phi$,$f=0.1\sim0.15$,则 $\alpha\leqslant11.5°\sim17°$。为保证自锁可靠,手动夹紧机构一般取 $\alpha=6°\sim8°$;用液压或气压驱动的斜楔,可取 $\alpha\leqslant12°\sim30°$。

3)斜楔的扩力比与夹紧行程

夹紧力 W 与原始作用力 F_Q 之比称为扩力比或增力系数,用 i_Q 表示,即

$$i_Q=\frac{W}{F_Q}=\frac{1}{\tan\phi_1+\tan(\alpha+\phi_2)} \tag{9-19}$$

若 $\phi_1=\phi_2=6°$,$\alpha=10°$,则 $i_Q=2.6$。可见,斜楔具有扩力作用,α 越小,i_Q 越大。

如图 9-36(c)所示,h 是斜楔夹紧行程,s 是斜楔夹紧工件过程中移动的距离,则

$$h=s\tan\alpha \tag{9-20}$$

由于 s 受到斜楔长度的限制,要增大夹紧行程,就要增大斜角 α,这样会降低自锁性能。当要求机构既能自锁,又要有较大夹紧行程时,可采用双斜面斜楔,如图 9-35(b)所示,大斜角 α_1 段使滑柱迅速上升,小斜角 α_2 段确保自锁。

2. 螺旋夹紧机构

图 9-37 是常见螺旋夹紧机构,由螺钉、螺母、垫圈、压板等元件组成。

1)单个螺旋夹紧机构

直接用螺钉或螺母夹紧工件的机构,称为单个螺旋夹紧机构,如图 9-37 所示。图 9-37(a)中螺钉头直接与工件表面接触,螺钉转动时,可能损伤工件表面或带动工件旋转。为克服这一缺点,可在螺钉头部装上摆动压块。图 9-38(a)所示的端面光滑光面压块(JB/T 8009.1—1999),用于夹紧已加工表面;图 9-38(b)所示的端面有齿纹的槽面压块(JB/T 8009.2—

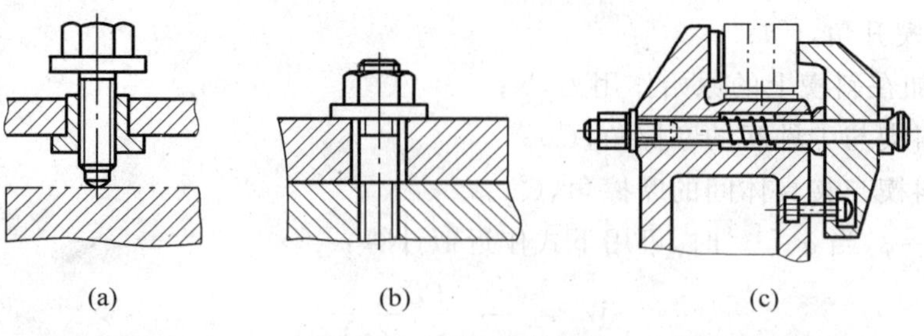

图 9-37 螺旋夹紧机构

1999),用于夹紧毛坯面。当要求螺钉只移动不转动时,可采用图 9-38(c)所示的圆压块(JB/T 8009.3—1999)。

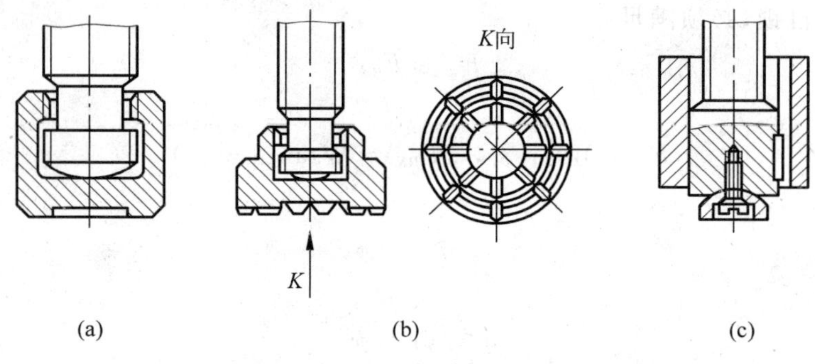

图 9-38 摆动压块

单个螺旋夹紧机构夹紧动作慢,装卸工件费时,因此实用中常采用各种快速螺旋夹紧机构。

2) 螺旋压板夹紧机构

常见的螺旋压板夹紧机构如图 9-39 所示。其中,图 9-39(a)和(b)为移动压板;图 9-39(c)和(d)为回转压板。图 9-40 是螺旋钩形压板夹紧机构,其特点是结构紧凑,使用方便。

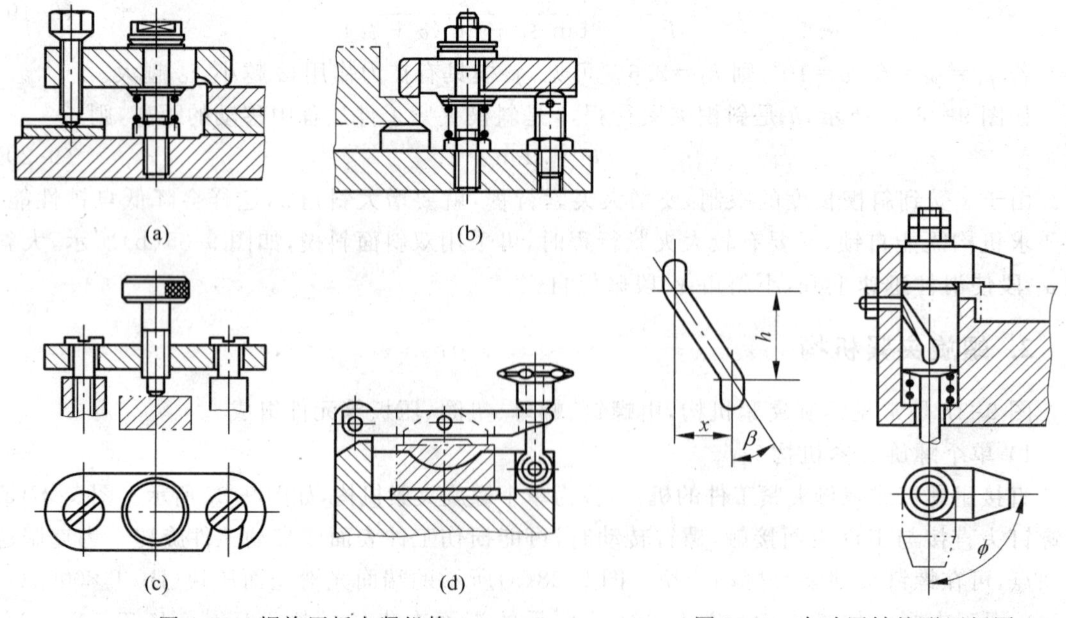

图 9-39 螺旋压板夹紧机构

图 9-40 自动回转钩形压板图

螺旋夹紧机构结构简单、制造容易、自锁性能好、夹紧可靠，是手动夹紧中常用的一种夹紧机构。

3. 偏心夹紧机构

用偏心件直接或间接夹紧工件的机构，称为偏心夹紧机构。常用的偏心件是圆偏心轮和偏心轴。图 9-41 所示结构是常见的圆偏心夹紧机构，图 9-41(a)和(b)用的是圆偏心轮；图 9-41(c)用的是偏心轴；图 9-41(d)用的是偏心叉。

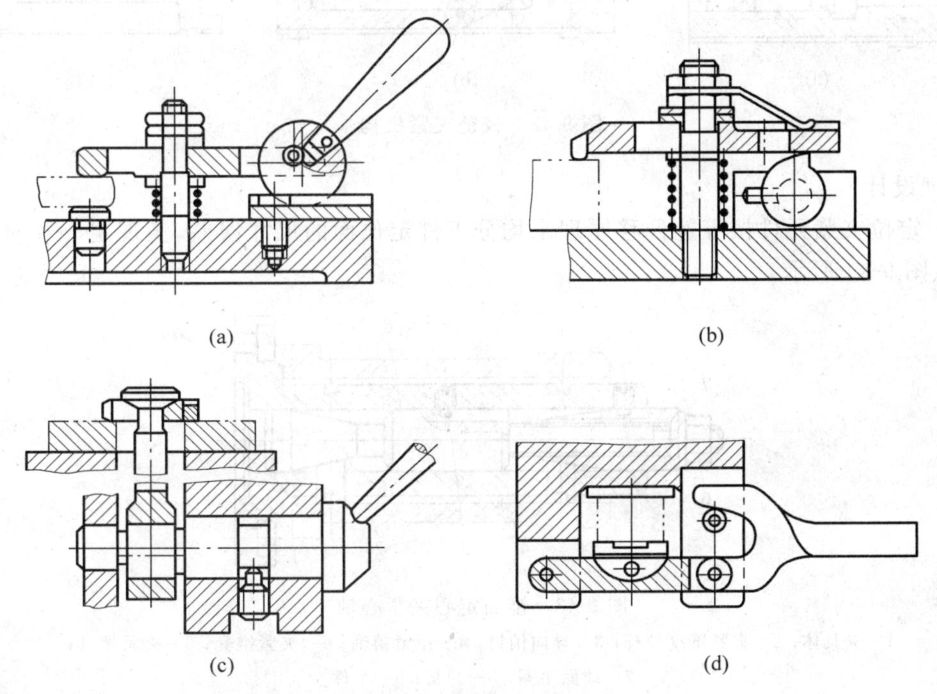

图 9-41　圆偏心夹紧机构

偏心夹紧机构操作方便、夹紧迅速，但夹紧力和行程较小，一般用于切削力不大、振动小、夹压面公差小的情况。

4. 铰链夹紧机构

图 9-42 所示是常用的铰链夹紧机构的三种基本结构。其中，图 9-42(a)为单臂铰链夹紧机构；图 9-42(b)为双臂单作用铰链夹紧机构；图 9-42(c)为双臂双作用铰链夹紧机构。在铰链夹紧机构中，由汽缸带动铰链臂及压板转动夹紧或松开工件。

铰链夹紧机构是一种增力机构，其结构简单，增力比大，摩擦损失小，但一般不具备自锁性能，常与具有自锁性能的机构组成复合夹紧机构。所以铰链夹紧机构适用于多点、多件夹紧，在气动、液压夹具中获得广泛应用。

5. 定心、对中夹紧机构

定心、对中夹紧机构是一种特殊夹紧机构，其定位和夹紧是同时实现的，夹具上与工件定位基准相接触的元件，既是定位元件，又是夹紧元件。定心、对中夹紧机构一般按照以下

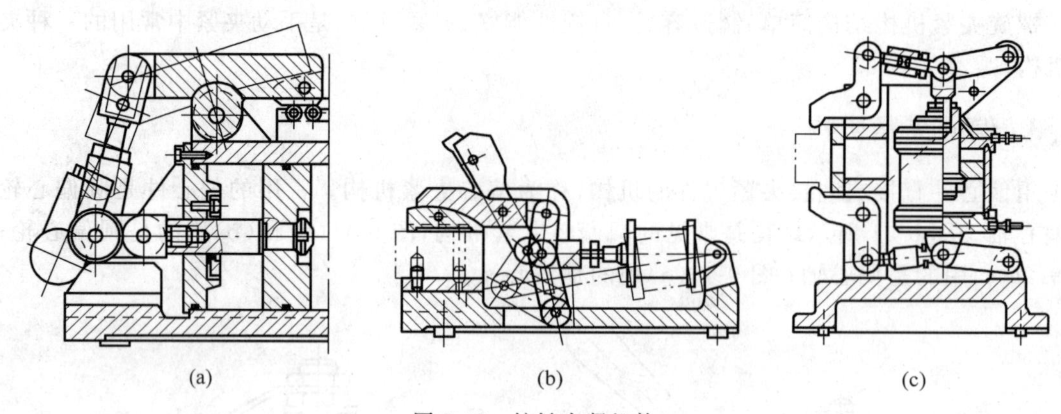

图 9-42 铰链夹紧机构

两种原理设计。

(1) 定位夹紧元件按等速位移原理来均分工件定位面的尺寸误差,实现定心和对中,如图 9-43、图 9-44 所示。

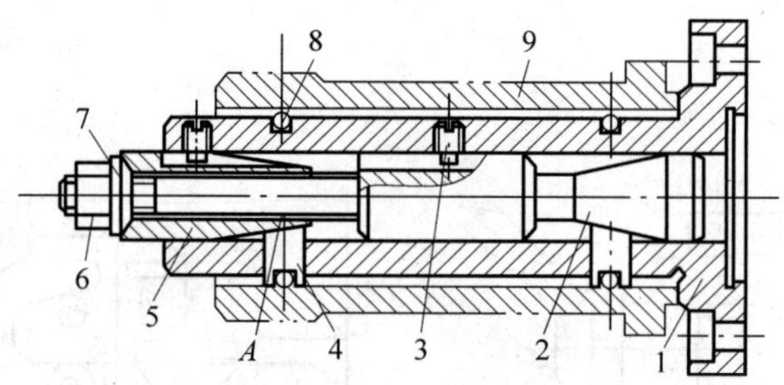

图 9-43 锥面定心夹紧心轴

1—夹具体;2—夹紧锥度拉杆;3—导向销钉;4—顶紧销轴;5—夹紧锥套;6—夹紧螺母;7—球面垫圈;8—弹簧;9—工件

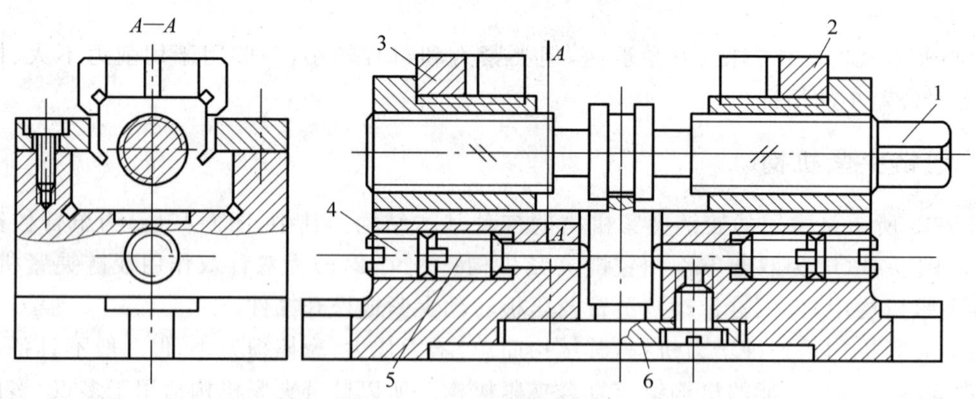

图 9-44 螺旋定心夹紧机构

1—夹紧丝杠;2—右V形块;3—左V形块;4—锁紧螺钉;5—调整螺钉;6—对中基准块

(2) 定位夹紧元件按均匀弹性变形原理实现定心夹紧,如各种弹簧心轴、弹簧夹头、液性塑料夹头等,如图 9-45、图 9-46 所示。

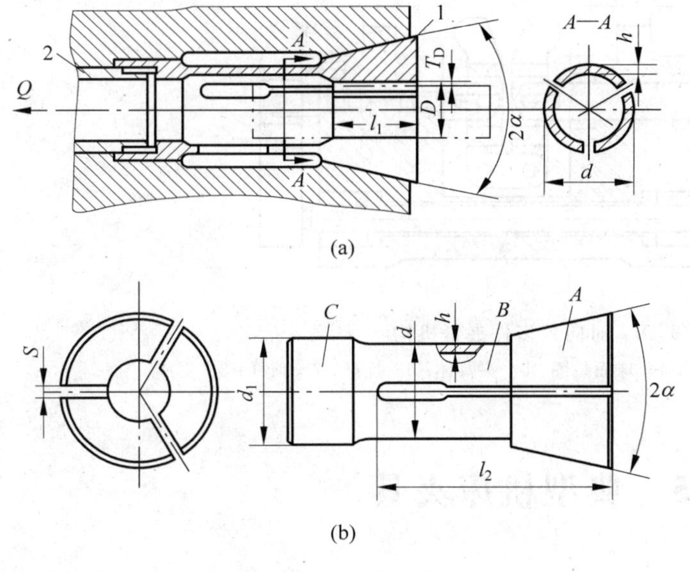

图 9-45 弹簧夹头

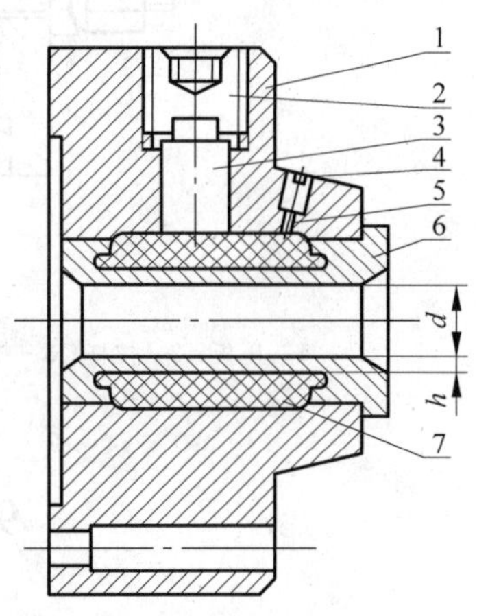

图 9-46 液性塑料夹头

1—心轴体；2—加压螺钉；3—柱塞；4—紧定螺钉；5—堵塞；6—薄壁套筒；7—液性塑料

6. 联动夹紧机构

需同时多点夹紧工件或几个工件时，为提高生产效率，可采用联动夹紧机构。

如图 9-47 所示，多点夹紧机构中有一个重要的浮动机构或浮动元件，在夹紧工件的过程中，若有一个夹紧点接触，该元件就能摆动(图 9-47(a))或移动(图 9-47(b))，使两个或多个夹紧点都接触，直至最后均衡夹紧。图 9-47(c)为四点双向浮动夹紧机构，夹紧力分别作用在两个互相垂直的方向上，每个方向各有两个夹紧点，通过浮动元件实现对工件的夹紧，调节杠杆的 L_1、L_2 长度可以改变两个方向夹紧力的比例。

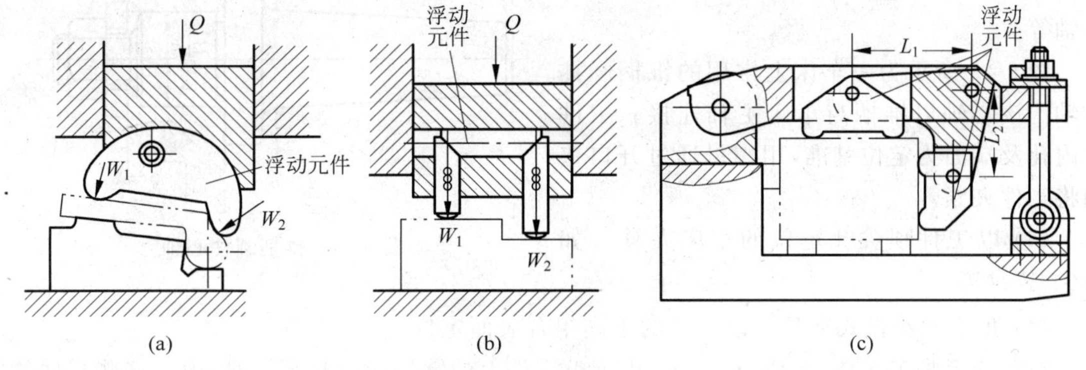

图 9-47 浮动压头和四点双向浮动夹紧机构

图 9-48 所示是常见的对向式多件夹紧机构，它通过浮动夹紧机构产生两个方向相反、大小相等的夹紧力，并同时将工件夹紧。

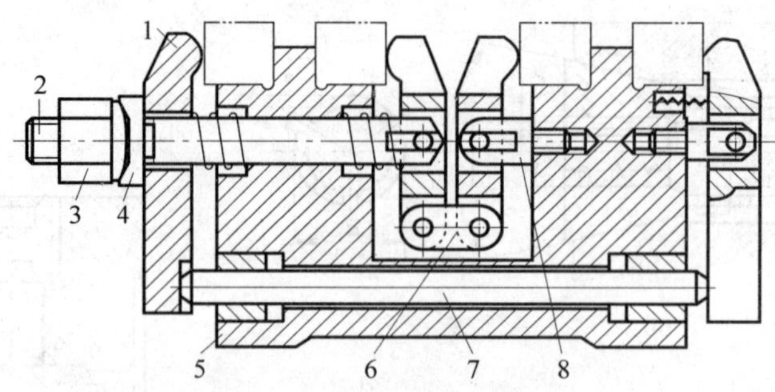

图 9-48 对向式多件夹紧机构

1—压板；2—拉杆；3—螺母；4—球面垫圈；5—夹具体；6—连杆；7—顶杆；8—支座

9.5 典型机床夹具

9.5.1 车床夹具

在车床上用来加工工件的内、外回转面及端面的夹具称为车床夹具。车床夹具多数安装在车床主轴上，少数安装在车床的床鞍或床身上。

1. 车床夹具的种类

安装在车床主轴上的夹具，根据被加工工件定位基准和夹具的结构特点，分为以下四类。

(1) 卡盘和夹头式车床夹具　以工件外圆为定位基面，如三爪自定心卡盘及各种定心夹紧卡头等。

(2) 心轴式的车床夹具　以工件内孔为定位基面，如各种定位心轴(刚性心轴)、弹簧心轴等。

图 9-49 所示为一车床上常用的锥柄圆柱心轴。该心轴以锥柄与车床主轴连接。工件以内孔及端面为定位基准，用螺母通过开口垫圈将工件夹紧。

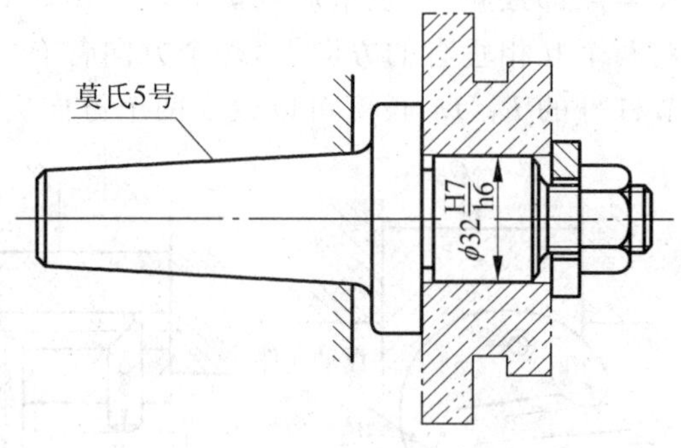

图 9-49 锥柄圆柱心轴

(3) 以工件顶尖孔定位的车床夹具　如顶尖、拨盘等。

(4) 角铁和花盘式夹具　以工件的不同组合表面定位。

在车床上加工壳体、支座、杠杆、接头等类零件上的圆柱面及其端面时，由于这些零件的形状比较复杂，难以直接装夹在通用卡盘上，因而需设计专用夹具。这类车床夹具一般是类似角铁的夹具体，故称为角铁式车床夹具。图 9-50 所示为加工弯头内孔端面的夹具。

当工件定位基面为单一圆柱表面或与被加工表面轴线垂直的平面时，可采用各种通用车床夹具，如三爪自定心卡盘、四爪单动卡盘、顶尖、花盘等；当工件定位基面较复杂时，需

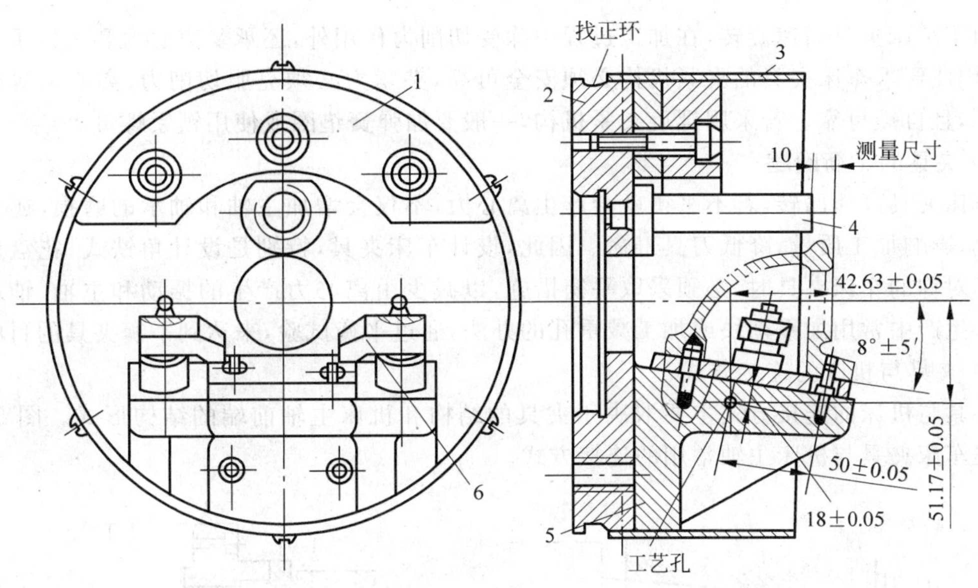

图 9-50　角铁式车床夹具

1—平衡块；2—过渡盘；3—防护罩；4—对刀柱；5—L 形夹具体；6—钩形压板

要设计专用车床夹具。

2. 车床夹具设计要点

车床夹具工作时，和工件随机床主轴或花盘一起高速旋转，具有离心力和不平衡惯量。因此设计夹具时，除了保证工件达到工序精度要求外，还应着重考虑以下问题。

1）车床夹具的总体结构

夹具结构应力求紧凑，轮廓尺寸小，重量轻。车床夹具的轮廓尺寸，如图 9-51 所示，可参考以下数据。

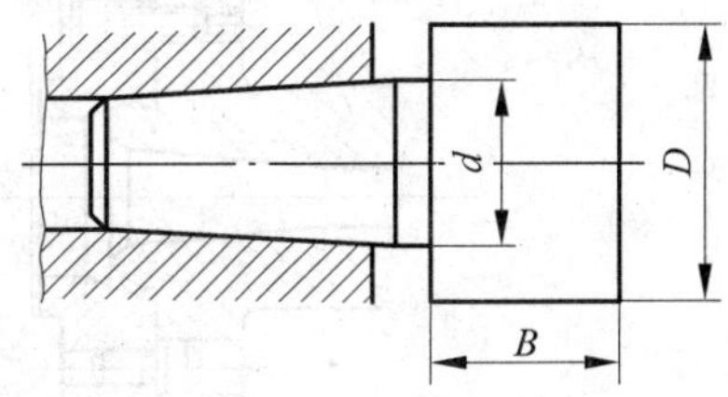

图 9-51　车床夹具轮廓尺寸简图

当夹具采用锥柄与机床主轴锥孔连接时，夹具上最大轮廓直径 $D<140$ mm 或 $D\leqslant(2\sim3)d$，d 为锥柄大端的直径。

当夹具采用过渡盘与机床主轴相连接时，在 $D<150$ mm 时，$B/D\leqslant1.25$；$D=150\sim300$ mm 时，$B/D\leqslant0.9$；$D>300$ mm 时，$B/D\leqslant0.6$。

当为单支承的悬臂心轴时，其悬伸长度应小于直径的 5 倍。

当为前、后顶尖支承的心轴时，其长度应小于直径的 12 倍。

当心轴直径大于 $\phi50$ mm 时，可采用中空结构，以减轻重量。

2）定位装置和夹紧装置的设计

车床夹具主要用来加工回转体表面，定位装置的作用是使工件加工表面的轴线与车床主轴的回转轴线重合。对于盘套类或其他回转体工件，要求工件的定位基面、加工表面和车床主轴三者轴线重合，常采用心轴或定心夹紧夹具；对于壳体、支架、托架等形状复杂的工件，被加工表面与工序基准之间有位置尺寸和平行度、垂直度等相互位置要求，定位装置主要是保证定位基准与车床主轴回转轴线具有正确的尺寸和位置关系。加工这类工件多采用花盘式、角铁式车床夹具。

由于车床夹具高速旋转，在加工过程中除受切削力作用外，还承受离心力和工件重力的作用，因此要求车床夹具的夹紧机构必须安全可靠，夹紧力必须克服切削力、离心力等外力的作用，且自锁可靠。若采用螺旋夹紧机构，一般要加弹簧垫圈或使用锁紧螺母。

3）夹具的平衡问题

车床夹具高速回转，若不平衡就会产生离心力，不仅会增加主轴和轴承的磨损，还会产生振动，影响加工质量，降低刀具寿命。因此，设计车床夹具，特别是设计角铁式、花盘式等结构不对称的车床夹具时，必须采取平衡措施，以减少由离心力产生的振动和主轴、轴承的磨损。生产中常用加平衡块或加工减重孔的办法，通过平衡试验，来达到平衡夹具的目的。

4）夹具与机床的连接方式

夹具与机床的连接方式主要取决于夹具的结构和机床主轴前端的结构形式。图9-52所示是车床夹具与机床主轴常用的连接方式。

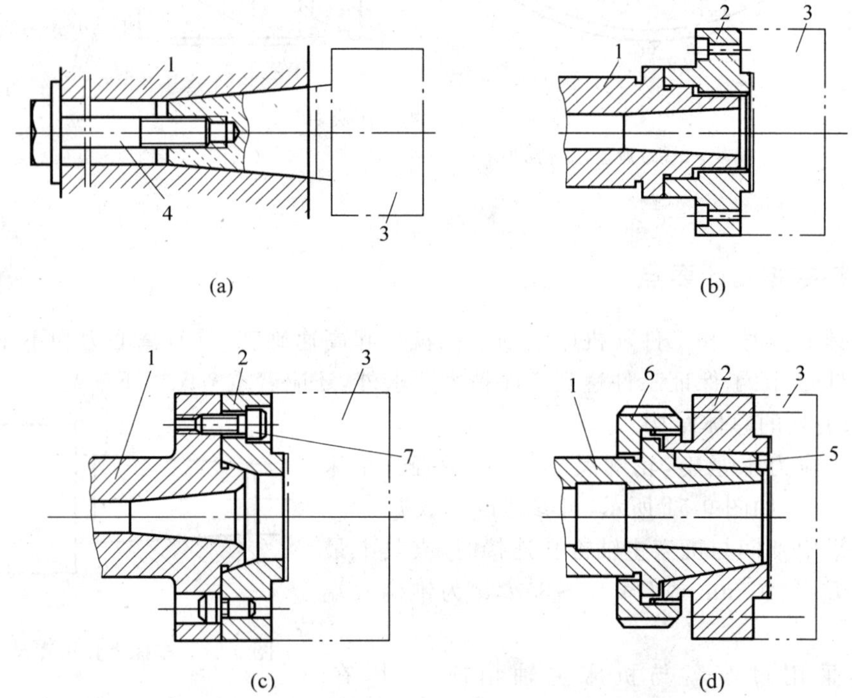

图9-52　车床夹具与机床常用的连接方式

(a) 主轴前端锥孔；(b) 主轴前端外圆柱面；(c) 主轴前端短圆锥面；(d) 主轴前端长圆锥面

1—主轴；2—过渡盘；3—夹具；4—拉杆；5—键；6—锁紧螺母；7—螺栓

图9-52(a)所示为以锥柄与主轴锥孔连接，夹具3以莫氏锥柄与机床主轴配合定心，由通过主轴孔的拉杆4拉紧。图9-52(b)所示为以主轴1前端外圆柱面与夹具过渡盘2连接(或直接与夹具连接)，夹具3通过过渡盘2的内锥孔与主轴1的前端定心轴颈配合定心，并用螺栓紧固在一起。图9-52(c)所示为以主轴1前端短圆锥面与夹具过渡盘2连接，夹具3通过过渡盘2的内锥孔与主轴1前端的短锥面相配合定心，并用螺栓7紧固在主轴上。图9-52(d)所示为以主轴1前端长圆锥面与夹具过渡盘2连接，夹具3通过过渡盘2的内锥孔与主轴1前端的长锥面相配合定心，并用锁紧螺母6紧固。在锥面配合处用键5连接传递扭矩。

5）回转夹具体与主轴装夹精度的保证

对于精度要求高的车床夹具，往往要设置夹具在主轴上装夹时进行找正的环节。图 9-50 所示的角铁式车床夹具专门在过渡盘上设计找正环。每次装夹该夹具时，需要用千分表检测找正环表面的跳动范围，从而确保夹具相对机床主轴位置的准确性。

9.5.2 钻床夹具

在各种钻床上用来钻、扩、铰孔的机床夹具称为钻床夹具，其特点是装有钻套和安装钻套用的钻模板，故习惯上简称为钻模。

1. 钻床夹具的种类

钻床夹具的种类很多，根据钻模板的工作方式可分为以下五类。

1）固定式钻模

固定式钻模在加工过程中固定不动，夹具体上设有安放紧固螺钉或便于夹压的部位，主要用于立式钻床加工单孔，或在摇臂钻床上加工平行孔系。

图 9-53 所示为在阶梯轴大端钻孔的固定式钻模。工序图已确定了定位基准，钻模上采用 V 形块 2 及其端面和手动拔销 5 定位，用偏心压板夹紧，夹具体周围留有供夹紧用的凸缘或 U 形槽。

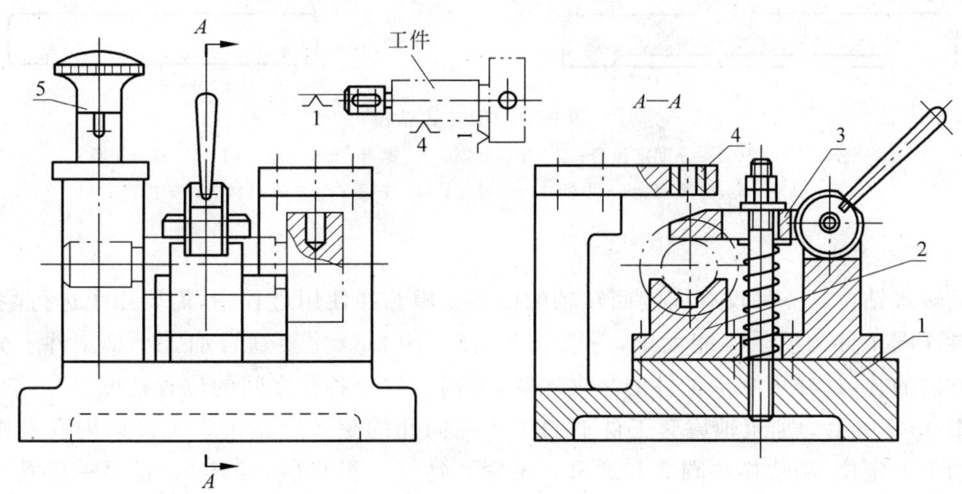

图 9-53 固定式钻模

1—夹具体；2—V 形块；3—偏心压板；4—钻套；5—手动拔销

2）回转式钻模

回转式钻模用于加工工件上同一圆周上的平行孔系或加工分布在同一圆周上的径向孔系。其基本形式有立轴、卧轴和倾斜轴三种。工件一次装夹中，靠钻模依次回转加工各孔，因此这类钻模必须有分度装置。回转式钻模使用方便、结构紧凑，在成批生产中广泛使用。一般为缩短夹具设计和制造周期，提高工艺装备的利用率，夹具的回转分度部分多采用标准回转工作台。

图 9-54 所示为一种回转式钻模，用来加工扇形工件 6 上三个彼此相距 20°±10′的小孔。工件以大孔与定位短销 5 上的短外圆柱面配合，工件端面与定位短销 5 的台阶面紧靠，其侧面紧靠在挡销 13 上，实现完全定位。拧紧螺母 4，通过开口垫圈 3 将工件夹紧，钻头由钻套 7 引导进行钻孔，利用捏手 11 将分度定位销 1 从分度定位套 2 拔出，由分度盘 8 带动工件一起回转 20°后，将分度定位销 1 插入分度定位套 2′或 2″中实现分度。转动手柄 9 将分度盘锁紧，便可进行另外两孔的加工，从而保证了孔与孔间相互位置精度的要求。

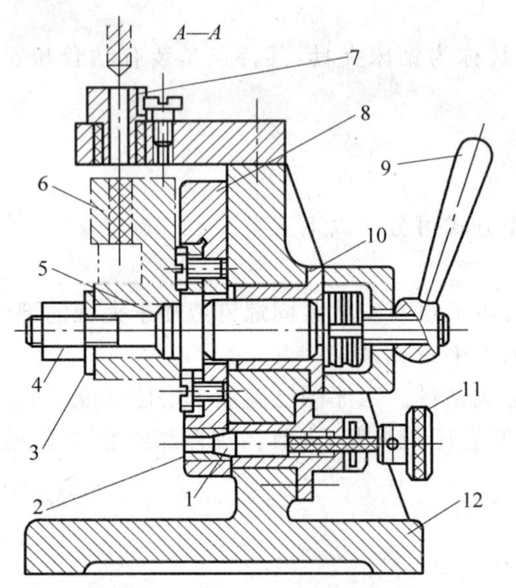

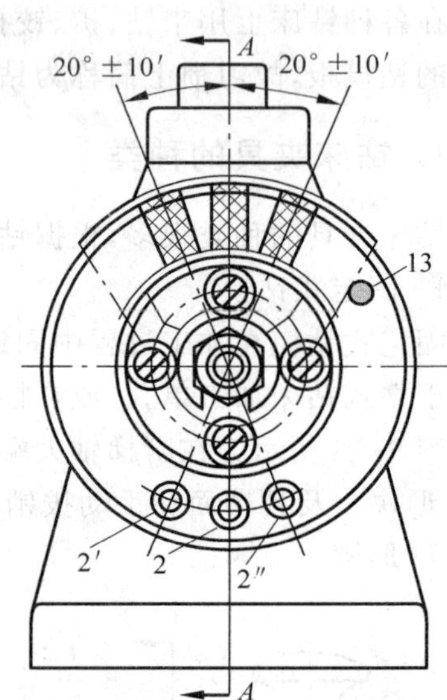

图 9-54　回转式钻模

1—分度定位销；2—分度定位套；3—开口垫圈；4—螺母；5—定位短销；6—扇形工件；7—钻套；8—分度盘；9—手柄；10—衬套；11—捏手；12—夹具体；13—挡销

3）翻转式钻模

翻转式钻模是一种没有固定回转轴的回转钻模。在使用过程中，需要用手进行翻转，因此夹具连同工件的质量不能太重，一般限于≤8～10 kg。主要适合加工小型工件上分布在几个方向的孔，这样可减少工件的装夹次数，提高工件上各孔之间的位置精度。

图 9-55 所示为加工轴肩套工件上的 4 个径向孔的翻转式钻模。工件以内孔及端面在定位销 1 上定位，用快换垫圈 2 和螺母 3 夹紧。钻完一组孔后，翻转 60°钻另一组孔。每次钻一组孔都需找正相对钻头的位置，辅助时间较长，翻转较为费力。

4）盖板式钻模

盖板式钻模没有夹具体，只有一块钻模板，在钻模板上除了装钻套外，还有定位元件和夹紧装置。加工时，钻模板盖在工件上定位、夹紧即可。

图 9-56 所示为加工车床溜板箱上多个小孔的盖板式钻模。在钻模板 1 上不仅装有钻套，还装有定位用的圆柱销 2、菱形销 3 和支承钉 4。工件的平面 B 以及两个基准孔 ϕ36f9 和 ϕ32f9 均已加工完毕。以工件上的两个基准孔及其端面 B 作为定位基准面，在钻模板的圆柱销 2、菱形销 3 以及四个定位支承钉 4 组成的平面上定位。因钻小孔，钻削力矩小，故未设置夹紧装置。

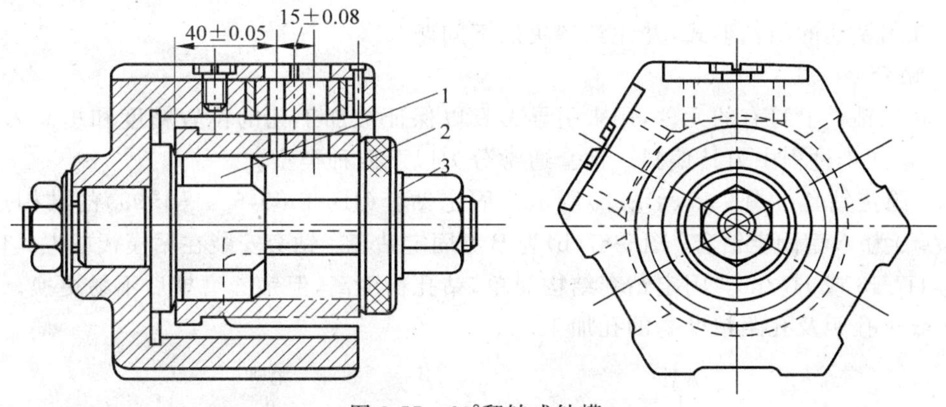

图 9-55　60°翻转式钻模

1—定位销；2—快换垫圈；3—螺母

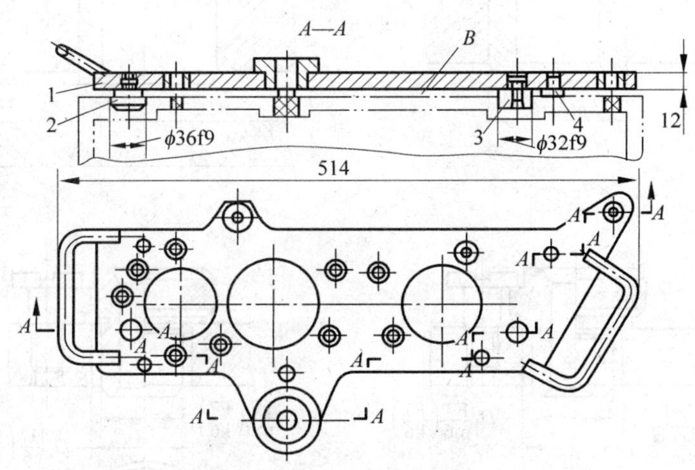

图 9-56　盖板式钻模

1—钻模板；2—圆柱销；3—菱形销；4—支承钉

盖板式钻模的特点是定位元件、夹紧装置及钻套均设在钻模板上，钻模板在工件上装夹，因此结构简单、制造方便、成本低廉、加工孔的位置精度较高。常用于床身、箱体等大型工件上的小孔加工，对于中小批量生产，凡需钻、扩、铰后立即进行倒角、锪平面、攻螺纹等工步时，使用盖板式钻模也非常方便。

盖板式钻模结构简单，一般多用于加工大型工件上的小孔，切削力矩小，可不设夹紧装置。因盖板式夹具在使用时经常搬动，故盖板式钻模的质量不宜超过 100 N。为了减轻质量，可在盖板上设置加强筋，以减小其厚度，也可用铸铝件。

5）滑柱式钻模

滑柱式钻模是带有升降台的通用可调夹具，在生产中应用较广。滑柱式钻模的平台上可根据需要安装定位装置，钻模板上可设置钻套、夹紧元件及定位元件等。滑柱式钻模已标准化，其结构尺寸可查阅夹具设计手册。

2．钻床夹具的设计要点

设计钻模时，应根据工件的形状、尺寸、工序的加工要求、使用的设备及生产类型，经济合理地选用钻模的结构形式,并注意解决以下问题。

1) 钻套

钻套是钻模上特有的元件,用来引导刀具以保证被加工孔的位置精度和提高刀具的刚度,并防止加工过程中刀具偏斜。钻套通常分为以下四种类型。

(1) 固定钻套　图9-57(a)、(b)所示为固定钻套(JB/T 8045.1—1999)的结构。其中,图9-57(a)为A型固定钻套;图9-57(b)为B型固定钻套。钻套安装在钻模板或夹具体中,其配合为H7/r6或H7/n6。固定钻套结构简单,钻孔精度高,但钻套磨损后不易更换。适于小批生产或小孔距及孔距精度高的孔加工。

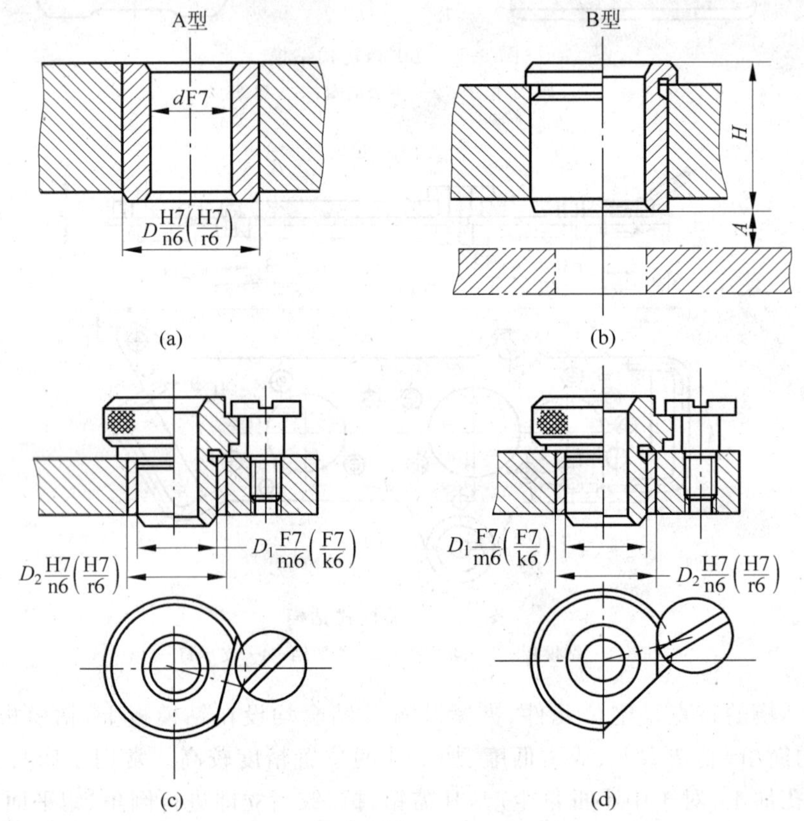

图9-57　标准钻套

(2) 可换钻套　图9-57(c)所示为可换钻套(JB/T 8045.2—1999)的结构。为了克服固定钻套磨损后不易更换的缺点,在大批量生产中,可选用可换钻套。钻套与衬套(JB/T 8045.4—1999)的配合为F7/m6或F7/k6,衬套与钻模板的配合为H7/r6或H7/n6,并用钻套螺钉(JB/T 8045.5—1999)固定,以防止加工时钻套转动及退刀时脱出。钻套磨损后,卸下钻套螺钉,便可更换新的可换钻套。

(3) 快换钻套　图9-57(d)所示为快换钻套(JB/T 8045.3—1999)的结构。快换钻套适用于工件在一次装夹中,需要依次进行钻、扩、铰孔的工序。为了快速更换不同孔径的钻套,应选用快换钻套。快换钻套与衬套的配合为F7/m6或F7/k6,衬套与钻模板的配合为H7/r6或H7/n6。快换钻套除在其凸缘上有供钻套螺钉压紧的肩台外,还有一个削边平面。削边方向应考虑刀具的旋向,以免钻套自动脱出。更换钻套时,应将快换钻套转过一定角度,使其削边平面正对钻套螺钉头部处,即可取出钻套。

(4) 特殊钻套　因工件形状或被加工孔的位置需要而不能使用标准钻套时,则需要设计特殊结构的钻套。常用的特殊钻套结构如图 9-58 所示。其中,图 9-58(a)是加长钻套,加工凹面上的孔,而钻模板又无法接近工件的加工平面时使用;图 9-58(b)是斜面钻套,用于斜面或圆弧面上钻孔,排屑空间的高度 $h \leqslant 0.5$ mm,可增加钻头刚度,避免钻头引偏或折断;图 9-58(c)是小孔距钻套,用定位销确定钻套方向;图 9-58(d)是带内锥定位、夹紧钻套,钻套与衬套之间一段为圆柱间隙配合,一段为螺纹连接,钻套下端为内锥面,具有对工件定位、夹紧和引导刀具三种功能。

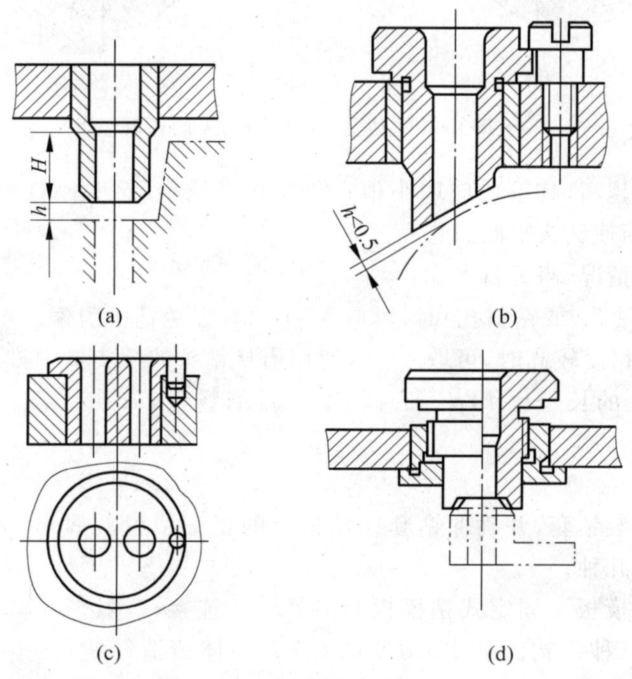

图 9-58　特殊钻套

设计钻套时,应注意以下问题:①钻套导向孔的基本尺寸取刀具的最大极限尺寸,以防止卡住和咬死。②对于标准的定尺寸刀具,如麻花钻、扩孔钻、铰刀,钻套导向孔与刀具的配合应按基轴制选取。③钻套导向孔与刀具之间,应保证一定的配合间隙。一般根据所用刀具和工件的加工精度要求来选取钻套导向孔的公差与配合。当钻孔和扩孔时,选 F7 或 F8;粗铰孔时,选 G7;精铰孔时,选 G6。④当采用标准铰刀铰 H7 或 H9 孔时,导向孔的基本尺寸取被加工孔的基本尺寸,公差选 F7 或 E7。⑤若刀具不是用切削部分导向,而是用刀具的导柱部分导向时,可按基孔制的相应配合 H7/f7、H7/g6 或 H6/g5 选取。⑥钻套的高度 H 增大,则导向性能好,刀具刚度提高,但钻套与刀具的磨损加剧。应根据孔距精度、工件材料、孔深、刀具寿命、工件表面形状等因素决定。通常取 $H=(1\sim2.5)d$,当加工精度较高或加工的孔径较小时,可以取 $H=(2.5\sim3.5)d$,d 为被加工孔径。⑦钻套与工件间应留有适当的排屑空间 h,如图 9-59(a)所示。若 h 太小,如图 9-59(b)所示,则排屑困难,会加速导向表面的磨损;若 h 太大,虽排屑方便,但导向性能降低,如图 9-59(c)所示。因此设计时应根据钻头直径及工件材料确定适当的间隙。通常按经验公式选取 h 值：

加工铸铁、黄铜时，取 $h=(0.3\sim0.7)d$；

加工钢件时，取 $h=(0.7\sim1.5)d$。

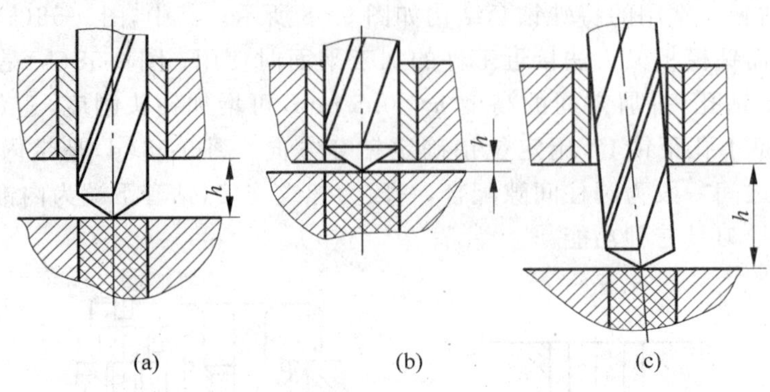

图 9-59 钻套与工件距离 h 的选取

工件材料硬度越高，其系数应取小值；钻头直径越小(钻头刚性越差)，其系数应取大值，以免切屑堵塞而使钻头折断。

下面几种特殊情况，需另行考虑：

(a) 在斜面上钻孔(或钻斜孔)时，可取 $h=0.3d$，以免钻头引偏。

(b) 孔的位置精度较高时，可取 $h=0$，使切屑从钻头的螺旋槽中排出。

(c) 钻深孔(孔的长径比 $L/d>5$)时，要求排屑畅快，取 $h=1.5d$。

2) 钻模板

钻模板用于安装钻套，并确保钻套在钻模上的正确位置。常见的钻模板有以下几种。

(1) 固定式钻模板　固定式钻模板与夹具体的连接，一般采用图 9-60 所示的三种结构。其中，图 9-60(a)为整体铸造结构；图 9-60(b)为焊接结构；图 9-60(c)为用螺钉和销钉连接的钻模板。固定式钻模板结构简单，制造容易。

(2) 铰链式钻模板　铰链式钻模板是指通过铰链与夹具体固定支架相连接的钻模板，如图 9-61 所示。当钻模板妨碍工件装卸或钻孔后需扩孔、攻螺纹时常采用这种结构。铰链销 1 与钻模板 5 的销孔配合为 G7/h6，与铰链座 3 的销孔配合为 N7/h6。钻模板 5 与铰链座 3 之间的配合为 H8/g7。钻套导向孔与夹具安装面的垂直度可通过调整两个支承钉 4 的高度加以保证。加工时，钻模板 5 由菱形螺母 6 锁紧。使用铰链式钻模板，装卸工件方便，但由于铰链销孔之间存在配合间隙，因此加工孔的位置精度比固定式钻模板低。

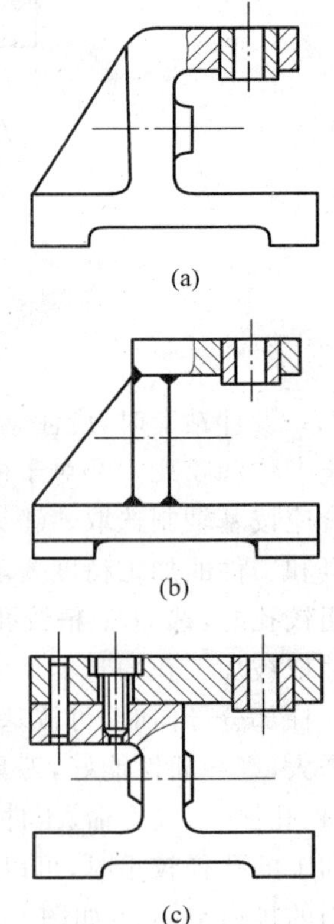

图 9-60 固定式钻模板

(3) 可卸式钻模板　可卸式钻模板也叫分离式钻模板，其钻模板与夹具体是分离的，成为一个独立部分。当装卸工件必须将钻模板取下时，则应采用可卸式钻模板。这类钻模板的钻孔

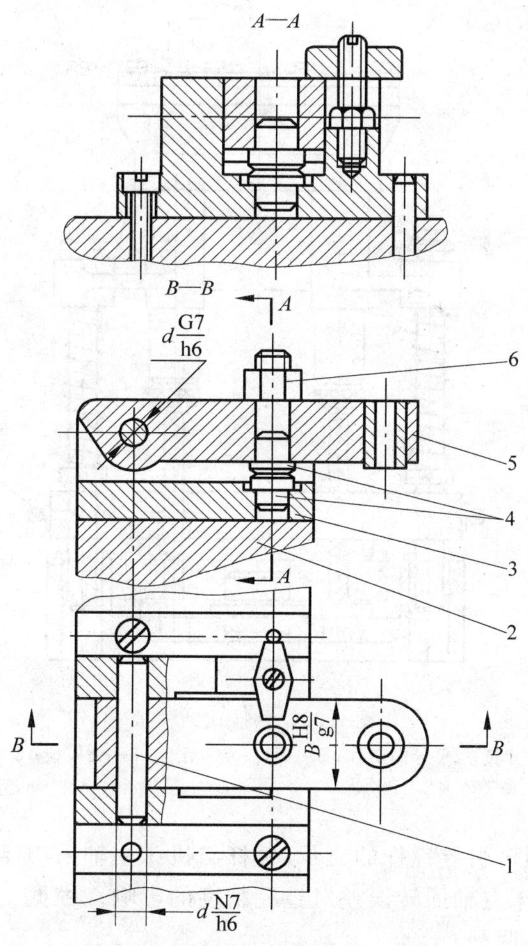

图 9-61　铰链式钻模板

1—铰链销；2—夹具体；3—铰链座；4—支承钉；5—钻模板；6—菱形螺母

精度比铰链式钻模板高，但每装卸一次工件就需装卸一次模板，装卸时间较长，效率较低。

(4) 悬挂式钻模板　悬挂在机床主轴上，由机床主轴带动而与工件靠近或离开的钻模板称为悬挂式钻模板。

如图 9-62 所示，钻模板 5 的位置由导向滑柱 2 来确定，并悬挂在滑柱上，通过弹簧 1 和横梁 6 与机床主轴或主轴箱连接。这类钻模板多与组合机床或多轴箱联合使用。

9.5.3　镗床夹具

镗床夹具又称镗模，是用来加工箱体、支架等类工件上的精密孔或孔系的机床夹具。

1. 镗模的种类

根据镗套的布置形式不同，可将镗模分为双支承镗模、单支承镗模和无支承镗模。

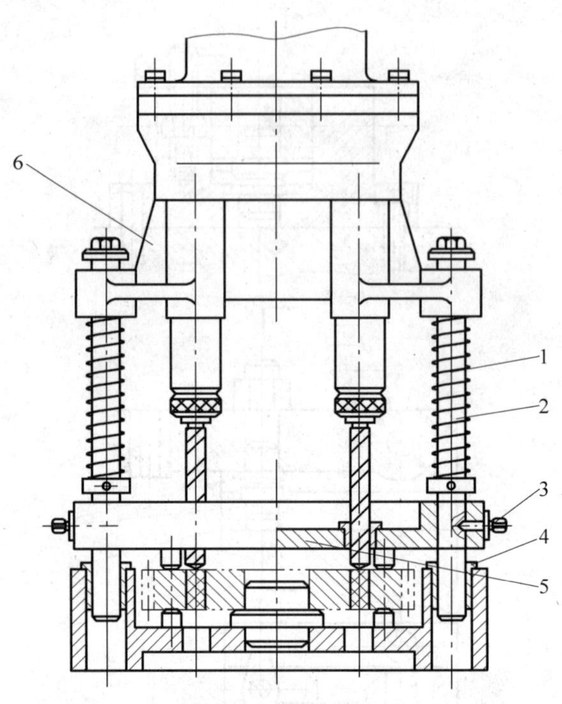

图 9-62 悬挂式钻模板

1—弹簧；2—导向滑柱；3—螺钉；4—滑套；5—钻模板；6—横梁

1) 双支承镗模

双支承镗模上有两个引导镗杆的支承，镗杆与机床主轴采用浮动连接，镗孔的位置精度由镗模保证，消除了机床主轴回转误差对镗孔精度的影响。根据支承相对于刀具的位置，可将双支承镗模分为以下两种。

(1) 前后双支承镗模 图 9-63 所示为镗削车床尾座孔镗模结构示意图。镗模的两个支承分别设置在刀具的前方和后方。镗杆 9 和主轴之间通过浮动卡头 10 连接。工件以底面、槽及侧面在定位板 3、4 及可调支承钉 7 上定位，限制工件的 6 个自由度。采用联动夹紧机构，拧紧夹紧螺钉 6，压板 5、8 同时将工件夹紧。镗模支架 1 上装有滚动回转镗套 2，用以支承和引导镗杆。镗模以底面 A 作为安装基面安装在机床工作台上，其侧面设置找正基面 B，因此可不设定位键。

前后双支承镗模，一般用于镗削孔径较大，孔的长径比 $L/D<1.5$ 的通孔或孔系，其加工精度较高，但更换刀具不方便。

(2) 后双支承镗模 图 9-64 所示为后双支承导向镗孔示意图。两支承设置在刀具后方，镗杆与主轴浮动连接。为保证镗杆刚性，镗杆悬伸量 $L_1<5d$；为保证镗孔精度，两支承导向长度 $L>(1.25\sim1.5)L_1$。后双支承导向镗模可在箱体一个壁上镗孔，便于装卸工件和刀具，也便于观察和测量。

2) 单支承镗模

这类镗模只有一个导向支承，镗杆与主轴采用固定连接。根据支承相对于刀具的位置，单支承镗模分为以下两种。

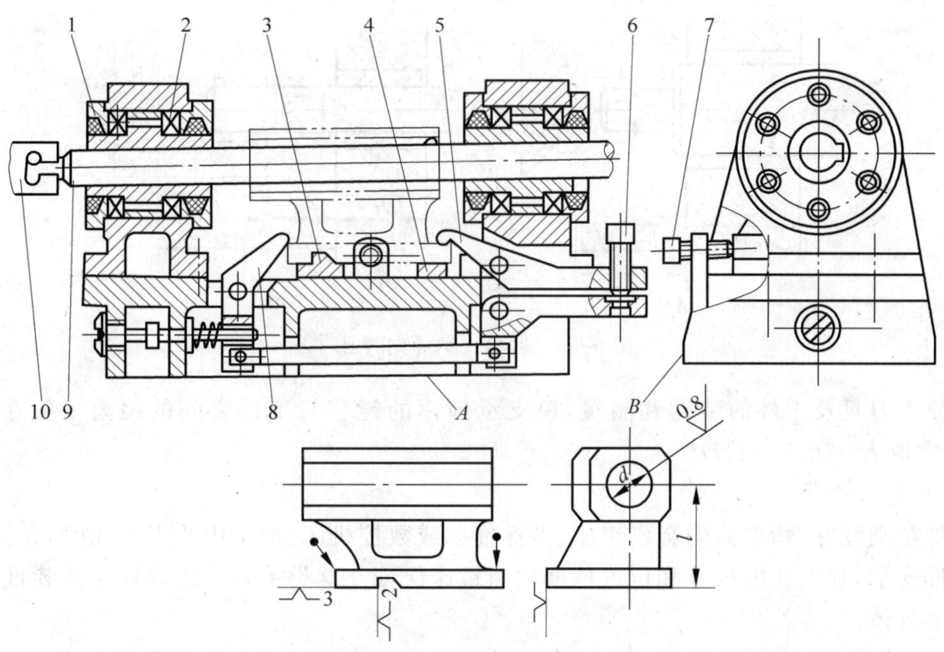

图 9-63 镗削车床尾座镗模结构

1—支架；2—镗套；3,4—定位板；5,8—压板；6—夹紧螺钉；7—可调支承钉；9—镗杆；10—浮动卡头

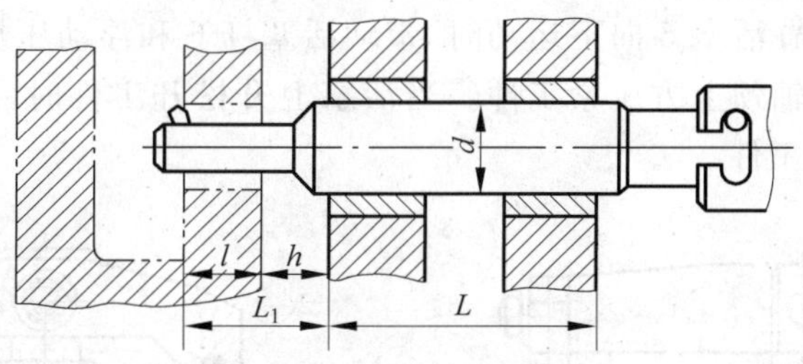

图 9-64 后双支承导向镗孔

(1) 前单支承镗模 图 9-65 所示为前单支承导向镗孔示意图。镗模支承设置在刀具的前方，主要用于加工孔径 $D>60$ mm、加工长度 $L<D$ 的通孔。一般镗杆的导向部分直径 $d<D$。因导向部分直径不受加工孔径大小的影响，故在多工步加工时，可不更换镗套。这种布置便于在加工中观察和测量，但在立镗时，切屑会落入镗套，应设置防护罩。

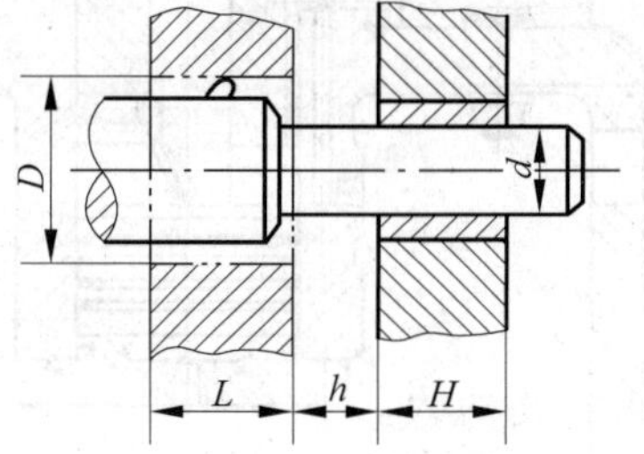

图 9-65 前单支承导向镗孔

(2) 后单支承镗模 后单支承导向镗孔，镗套设置在刀具的后方。用于立镗时，切屑不会影响镗套。当镗削 $D<60$ mm、$L<D$ 的通孔或盲孔时，如图 9-66(a)所示，可使镗杆导向部分的尺寸 $d>D$。这种形式的镗杆刚度好，加工精度高，装卸工件和更换刀具方便，多工步加工时可不更换镗杆。当加工孔长度 $L=(1\sim1.25)D$ 时，如图 9-66(b)所示，应使镗杆导向部分直径 $d<D$，以便镗杆导向部分可伸入加工孔，从而缩短镗套与工件之间的距离及镗杆的悬伸长度。

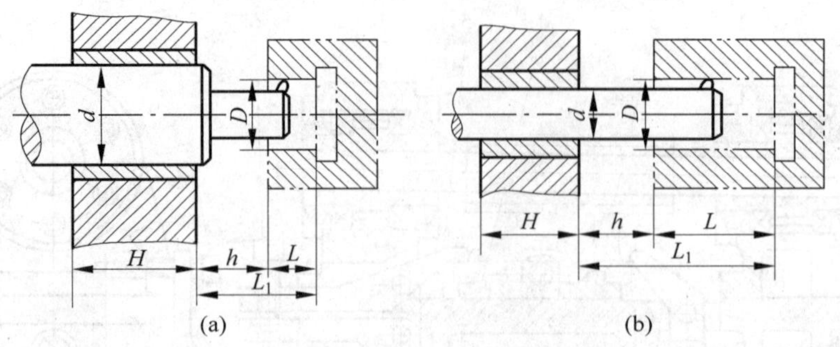

图 9-66 后单支承导向镗孔

为便于刀具及工件的装卸和测量,单支承镗模的镗套与工件之间的距离一般在 20～80 mm,常取 $h=(0.5\sim1)D$。

3) 无支承镗模

工件在刚性好、精度高的金刚镗床、坐标镗床或数控机床、加工中心上镗孔时,夹具上不设置镗模支承,加工孔的尺寸和位置精度均由镗床保证。这类夹具只需设计定位装置、夹紧装置和夹具体。

图 9-67 所示为镗削曲轴轴承孔的金刚镗床夹具。在卧式双头金刚镗床上,同时加工两个工件。工件以两主轴颈及其一端面在两个 V 形块 1、3 上定位。安装工件时,将前一个曲轴颈放在转动叉形块 7 上,在弹簧 4 的作用下,转动叉形块 7 使工件的定位端面紧靠在V 形块 1 的侧面上。当液压缸活塞 5 向下运动时,带动活塞杆 6 和浮动压板 8、9 向下运动,使四个浮动压块 2 分别从主轴颈上方压紧工件。当活塞上升松开工件时,活塞杆 6 带动浮动压板 8 转动 90°,以便装卸工件。

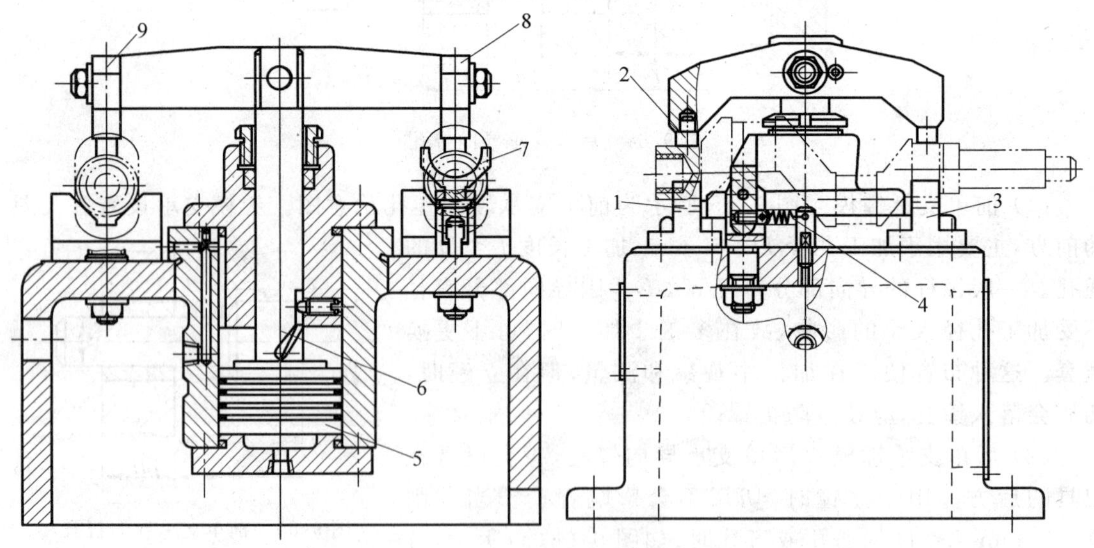

图 9-67 镗削曲轴轴承孔金刚镗床夹具

1,3—V 形块; 2—浮动压块; 4—弹簧; 5—活塞; 6—活塞杆; 7—转动叉形块; 8,9—浮动压板

2. 镗模的设计要点

设计镗模时，除了定位、夹紧装置外，主要考虑与镗刀密切相关的刀具导向装置的合理选用（镗套、镗杆）。

1) 镗套

镗套用于引导镗杆，其结构形式和精度直接影响被加工孔的精度。常用的镗套有以下两类。

(1) 固定式镗套

固定式镗套是指在镗孔过程中不随镗杆转动的镗套。图 9-68 是标准结构的固定式镗套(JB/T 8046.1—1999)，与快换钻套结构相似。A 型不带油杯和油槽，镗杆上开油槽；B 型则带油杯和油槽，使镗杆和镗套之间能充分润滑。

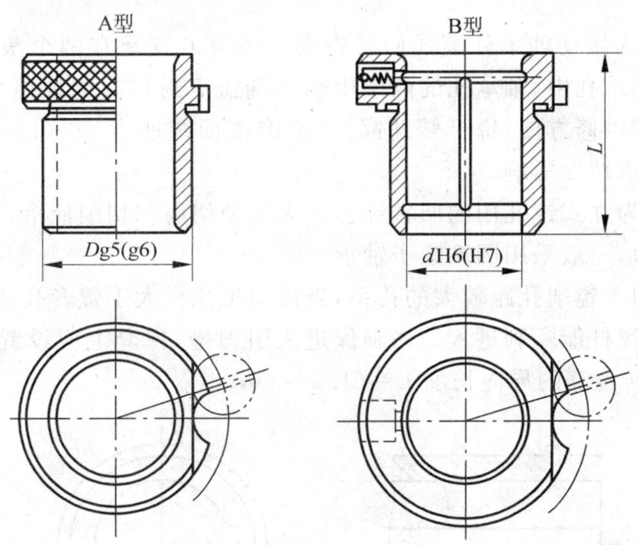

图 9-68　固定式镗套

这类镗套结构紧凑，外形尺寸小，制造简单，位置精度高；但镗套易于磨损。因此固定式镗套适用于低速镗孔，一般线速度 $v \leqslant 0.3$ m/s，固定式镗套的导向长度 $L=(1.5\sim2)d$。

(2) 回转式镗套　回转式镗套是指在镗孔过程中随镗杆一起转动，镗杆与镗套之间只有相对移动而无相对转动的镗套。这类镗套可以减少镗套磨损，不会因摩擦发热出现“卡死”现象，适用于高速镗孔。

根据回转部分的工作方式不同，可将回转式镗套分为内滚式和外滚式两种。内滚式回转镗套是把回转部分安装在镗杆上，并且成为镗杆的一部分；外滚式回转镗套是把回转部分安装在导向支架上。图 9-69 是常见的几种外滚式回转镗套的典型结构。

图 9-69(a)所示为滑动轴承外滚式回转镗套。镗套 1 可在滑动轴承 2 内回转，镗模支架 3 上设置油杯，经油孔将润滑油送到回转副，使其充分润滑。镗套中间开有键槽，镗杆上的键通过键槽带动镗套回转。这种镗套的径向尺寸较小，适用于孔中心距较小的孔系加工，且回转精度高、减振性好、承载能力大，但需要充分润滑，常用于精加工，摩擦面线速度 $v<0.4$ m/s。

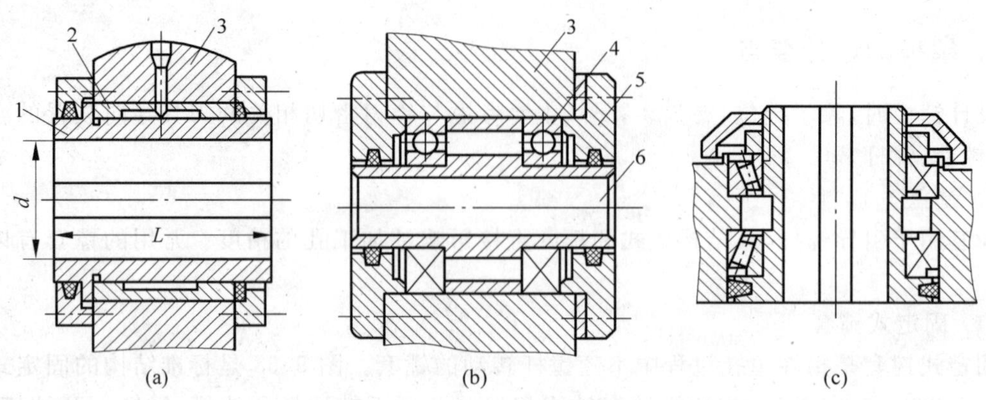

图 9-69 外滚式回转镗套

1,6—镗套；2—轴承；3—镗模支架；4—调整垫；5—轴承端盖

图 9-69(b)所示为滚动轴承外滚式回转镗套。镗套 6 支承在两个滚动轴承上，轴承安装在镗模支架 3 的轴承孔中，轴承孔的两端用轴承端盖 5 封住。这种镗套采用标准滚动轴承，所以设计、制造和维修方便，镗杆转速高，一般摩擦面线速度 $v>0.4$ m/s。但径向尺寸较大，回转精度受轴承精度影响。

图 9-69(c)所示为立式镗孔用的回转镗套。为避免切屑和切削液落入镗套，需要设置防护罩。为承受轴向力，一般采用圆锥滚子轴承。

回转镗套一般用于镗削孔距较大的孔系，当被加工孔径大于镗套孔径时，需在镗套上开引刀槽，使装好刀的镗杆能顺利进入。为确保进入引刀槽，镗套上应设置尖头键或钩头键，如图 9-70 所示。回转镗套的导向长度 $L=(1.5\sim3)d$。

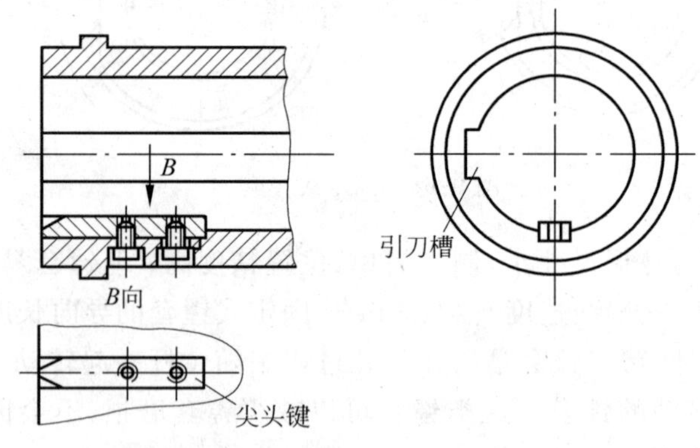

图 9-70 回转镗套的引导槽及尖头键

2) 镗杆

图 9-71 所示为用于固定镗套的镗杆导向部分结构。当导向直径 $d<50$ mm 时，常采用整体式结构。图 9-71(a)为开油槽的镗杆，镗杆与镗套的接触面积大，磨损大，若切屑从油槽内进入镗套，则易出现“卡死”现象，但镗杆的刚度和强度较好。图 9-71(b)，(c)为深直槽和螺旋槽的镗杆，这种结构可减少镗杆与镗套的接触面积，沟槽有存屑能力，可减少“卡死”现象，但镗杆刚度较低。图 9-71(d)为镶条式结构，镶条采用摩擦因数小和耐磨的材料，如铜或钢；这种结构摩擦面积小，容屑量大，不易“卡死”。

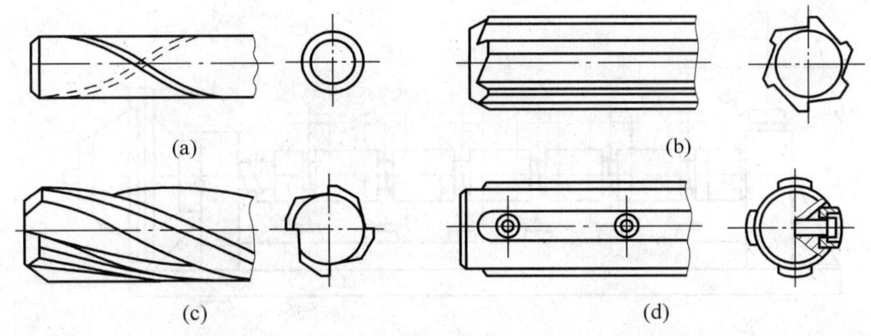

图 9-71　用于固定镗套的镗杆导向部分结构

图 9-72 所示为用于回转镗套的镗杆导向部分结构。图 9-72(a)在镗杆前端设置平键，键下装有压缩弹簧，键的前部有斜面，适用于有键槽的镗套，无论镗杆以何位置进入镗套，平键均能进入键槽，带动镗套回转。图 9-72(b)所示的镗杆上开有键槽，其头部做成不超过 45°的螺旋引导结构，可与图 9-70 所示装有尖头键的镗套配合使用。

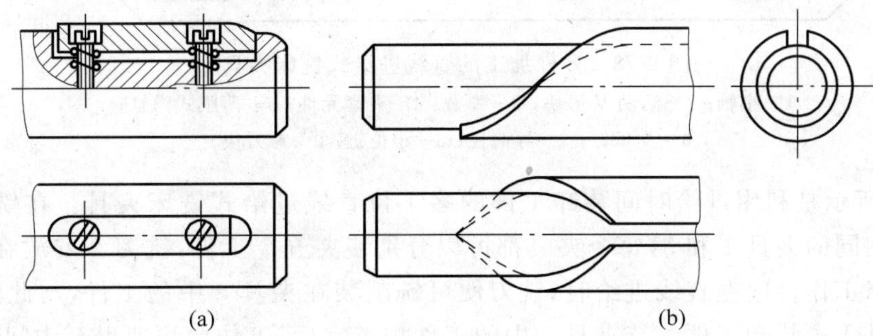

图 9-72　用于回转镗套的镗杆导向部分结构

镗杆与加工孔之间应有足够的间隙容纳切屑，通常镗杆直径按 $d=(0.7\sim0.8)D$ 选取。

9.5.4　铣床夹具

铣床夹具主要用于加工平面、沟槽、缺口、花键、齿轮以及成形表面等。

1. 铣床夹具的种类

按铣削时的进给方式不同，铣床夹具可分为直线进给、圆周进给和靠模进给三种类型。

1）直线进给式铣床夹具

这类夹具安装在铣床工作台上，在加工中随工作台按直线进给方式运动。按照在夹具中同时安装工件的数目和工位多少分为单件加工、多件加工和多工位加工夹具。

图 9-73 所示是多件加工的直线进给式铣床夹具，用于在小轴端面上铣一通槽。六个工件以外圆面在活动 V 形块 2 上定位，以一端面在支承钉 6 定位。活动 V 形块装在两根导向柱 7 上，V 形块之间用弹簧 3 分离。工件定位后，由薄膜式汽缸 5 推动活动 V 形块 2 依次将工件夹紧。由对刀块 9 和定位键 8 来保证夹具与刀具和机床的相对位置。这类夹具生产率高，多用于生产批量较大的情况。

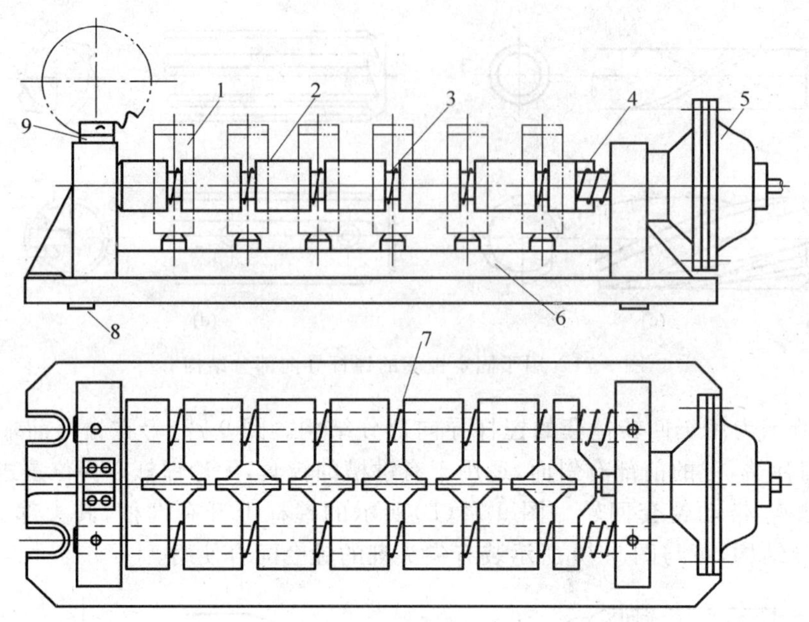

图 9-73 多件加工的直线进给式铣床夹具

1—小轴；2—活动V形块；3—弹簧；4—夹紧元件；5—薄膜式汽缸；6—支承钉；7—导向柱；8—定位键；9—对刀块

图 9-74 所示是利用进给时间装卸工件的多工位直线进给式铣床夹具。在铣床工作台上装有两个相同的夹具 1 和 3,每个夹具都可以分别装夹五个工件,铣刀 2 安放在两个夹具中间位置。当工作台向左直线进给时,铣刀便可铣削装在夹具 3 中的工件,与此同时,操作者便可在夹具 1 中装卸工件。待夹具 3 中的工件加工完后,工作台快速退至中间位置,然后向右直线进给,铣削装在夹具 3 中的工件,这时操作者便可装卸夹具 3 中的工件,如此不断进行。这种双向进给铣床夹具使辅助时间与机动时间重合,提高了生产率。

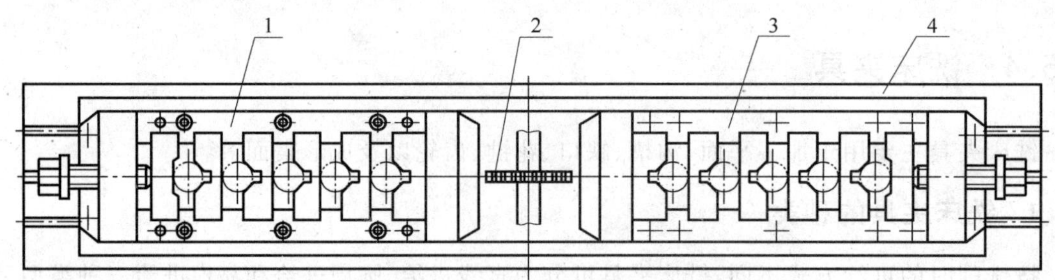

图 9-74 双向进给铣床夹具

1,3—夹具；2—铣刀；4—铣床工作台

2) 圆周进给式铣床夹具

圆周进给式铣床夹具多用在回转工作台或回转鼓轮的铣床上,依靠回转台或鼓轮的旋转将工件顺序送入铣床的加工区域,实现连续切削。在切削的同时,可在装卸区域装卸工件,使辅助时间与机动时间重合,因此它是一种高效率的铣床夹具。

3）靠模进给式铣床夹具

该夹具是一种带有靠模的铣床夹具，适用于专用或通用铣床上加工各种非圆曲面。按照进给运动方式可分为直线进给式和圆周进给式两种。

图 9-75 所示为直线进给式靠模铣夹具示意图。靠模 3 与工件 1 分别装在夹具上，夹具安装在铣床工作台上，滚子滑座 5 与铣刀滑座 6 连为一体，且保持两者轴线间的距离 k 不变。该滑座组合件在重锤或弹簧拉力 F 的作用下，使滚子 4 压紧在靠模上，铣刀 2 则保持与工件接触。当工作台作纵向直线进给时，滑座则得一横向辅助运动，使铣刀仿照靠模的轮廓在工件上铣出所需的形状。这种加工一般在靠模铣床上进行。

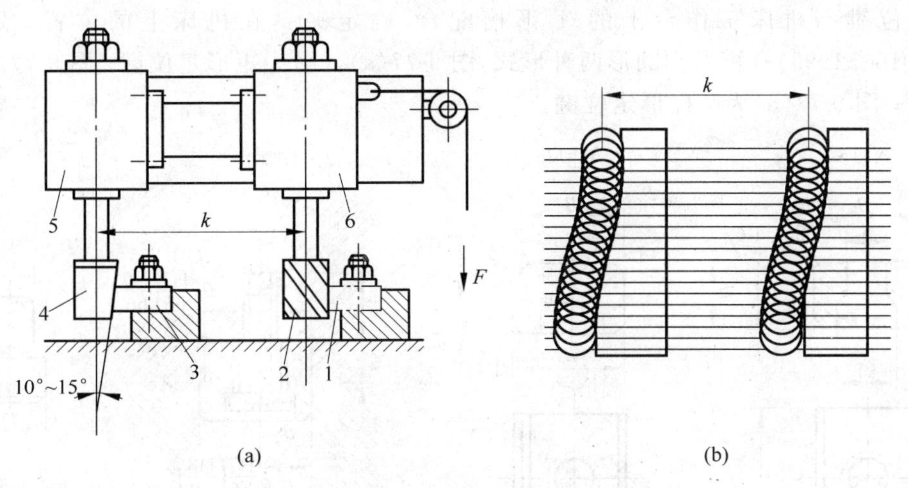

图 9-75　直线进给式靠模铣床夹具

1—工件；2—铣刀；3—靠模；4—滚子；5—滚子滑座；6—铣刀滑座

图 9-76 所示为圆周进给式靠模铣床夹具示意图。夹具装在回转工作台 3 上，回转工作台 3 装在滑座 4 上。滑座 4 受重锤或弹簧拉力 F 的作用使靠模 2 与滚子 5 保持紧密接触。滚子 5 与铣刀 6 不同轴，两轴相距为 k。当转台带动工件回转时，滑座也带动工件沿导轨相对于刀具作径向辅助运动，从而加工出与靠模外形相仿的成形面。

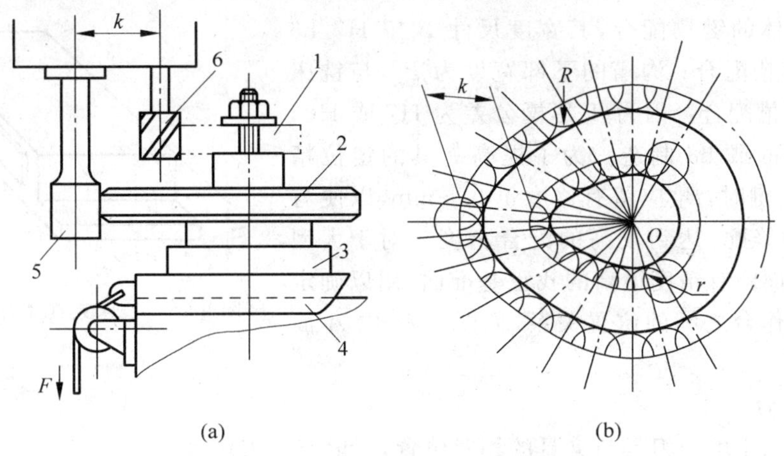

图 9-76　圆周进给式靠模铣床夹具

1—工件；2—靠模；3—回转工作台；4—滑座；5—滚子；6—铣刀

2. 铣床夹具的设计要点

由于铣削加工时切削用量较大,且为断续切削,故切削力较大,易产生冲击和振动。因此,设计铣床夹具时,要求工件定位可靠,夹紧力足够大,手动夹紧时夹紧机构要有良好的自锁性能,夹具上各组成元件应具有较高的强度和刚度。铣床夹具一般有确定刀具位置和夹具方向的定位键和对刀装置。

1) 定位键

为确定夹具与机床工作台的相对位置,在夹具体底面上应设置定位键。铣床夹具通过两个定位键与机床工作台上的T形槽配合,确定夹具在机床上的位置。定位键(JB/T 8016—1999)有矩形和圆形两种形式,图9-77(a)、(b)为矩形定位键;图9-77(c)为相配件尺寸;图9-77(d)为圆柱形定位键。

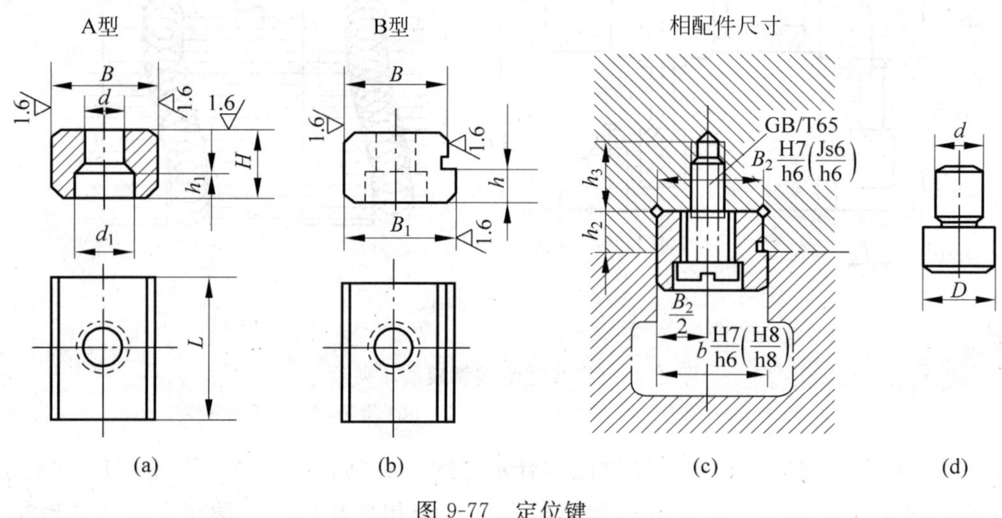

图9-77 定位键

常用的矩形定位键有A型和B型两种结构形式。A型定位键的宽度,按统一尺寸B(h6或h8)制作,适用于夹具定向精度要求不高的场合。B型定位键的侧面开有沟槽,沟槽上部与夹具体的键槽配合,其宽度尺寸B按H7/h6或Js6/h6与键槽配合;沟槽的下部宽度为B_1,与铣床工作台的T形槽配合。因为T形槽公差为H7或H8,故B_1一般按h6或h8制造。为了提高夹具的定位精度,在制造定位键时,B_1应留有修磨量0.5 mm,以便与工作台T形槽修配,达到较高的配合精度。对于大型夹具体常在侧面留有精度很高的找正基准面,用以确定夹具与机床工作台之间的位置关系,如图9-78中A面所示。

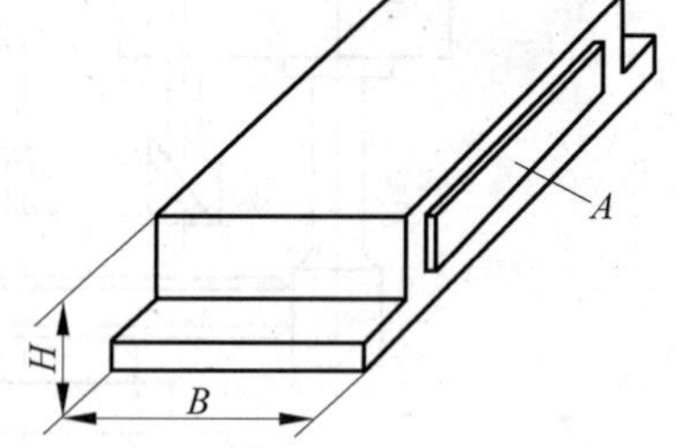

图9-78 铣床夹具体的外形尺寸

2) 对刀装置

对刀装置用于确定刀具与夹具的相对位置,一般有对刀块和塞尺。

图9-79所示为常见几种铣刀的对刀装置。图9-79(a)是高度对刀装置,用于对准铣

刀的高度，3 是标准圆形对刀块（JB/T 8031.1—1999）；图 9-79（b）中 3 是直角对刀块（JB/T 8031.3—1999），用于对准铣刀的高度和水平方向位置；图 9-79（c），（d）是成形刀具对刀装置；图 9-79（e）是组合刀具对刀装置，3 是方形对刀块（JB/T 8031.2—1999），用于组合铣刀的垂直和水平方向对刀。

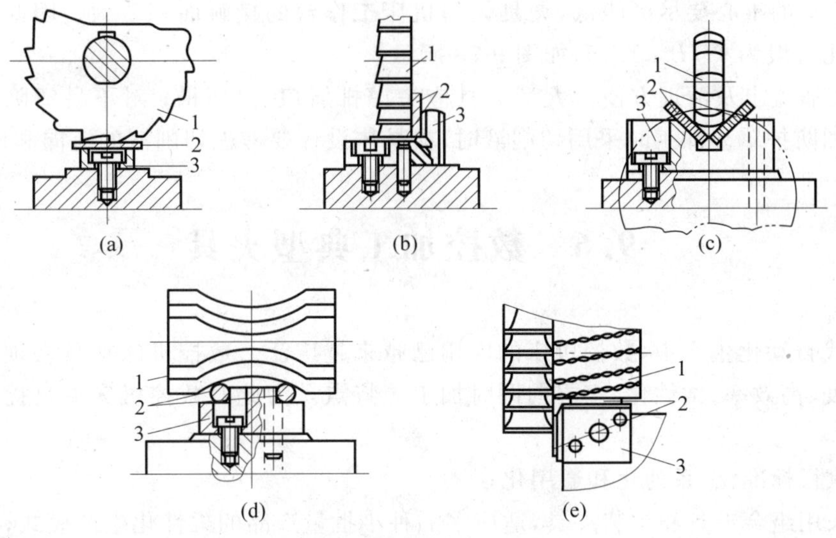

图 9-79　对刀装置

1—刀具；2—塞尺；3—对刀块

对刀时，铣刀不能与对刀块工作表面直接接触，以免损坏切削刃或造成对刀块过早磨损，应通过塞尺来校准它们之间的相对位置，即将塞尺放在刀具与对刀块的工作表面之间，凭抽动塞尺的松紧感觉来判断铣刀的位置。图 9-80 所示是常用的两种标准塞尺结构。图 9-80（a）是对刀平塞尺（JB/T 8032.1—1999），$s=1\sim5$ mm，公差为 h8；图 9-80（b）是对刀圆柱塞尺（JB/T 8032.2—1999），$d=3\sim5$ mm，公差为 h8。夹具总图上应标注塞尺的尺寸和公差。

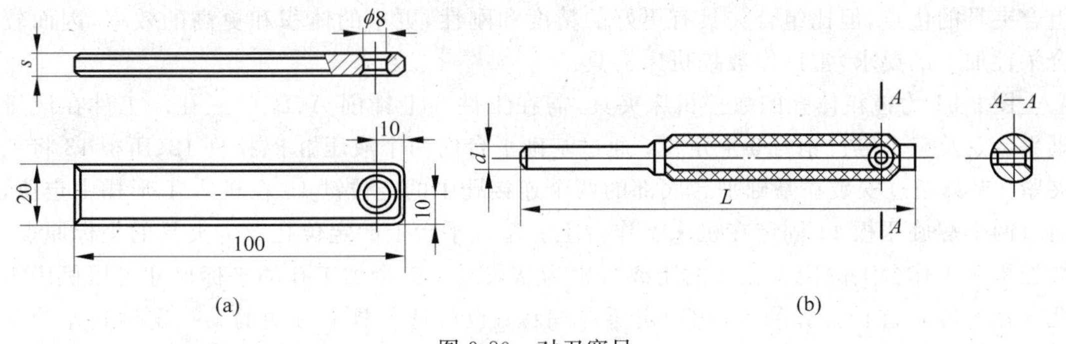

图 9-80　对刀塞尺

3）对夹具总体结构的要求

（1）确定定位方案时，应注意定位的稳定性。为此，应尽量选择加工过的平面为定位基面，定位元件要用支承板，且距离尽量远一些，以提高定位稳定性；用毛坯面定位时，定位元件要用球头支承钉，可采用自位支承或辅助支承提高定位稳定性，以避免加工时产生振动。

(2) 夹紧机构刚性要好,有足够的夹紧力,力的作用点要尽量靠近加工表面,并夹紧在工件刚性较好的部位,以保证夹紧可靠、夹紧变形小。对于手动夹具,夹紧机构应具有良好的自锁性能。

(3) 夹具的重心要尽可能低,夹具体与机床工作台的接触面积要大。因此夹具体的高度与宽度比一般为 $H/B \leqslant 1.25$,如图 9-78 所示。

(4) 切屑流出及清理方便。大型夹具应考虑排屑口、出屑槽;对不易清除切屑的部位和空间应加防护罩。加工时采用切削液时,夹具体设计要考虑切削液的流向和回收。

9.6　数控加工典型夹具

在现代自动化生产中,数控机床的应用已越来越广泛。数控机床夹具必须适应数控机床的高精度、高效率、柔性化、多方向同时加工等特点。为此对数控机床夹具提出了一系列的要求:

(1) 执行标准化、系列化和通用化;

(2) 采用组合夹具和拼装夹具,适应多品种小批量产品的柔性化生产模式;

(3) 提高夹具刚度和强度,满足数控加工高速、大走刀量、强力切削的要求,保证工件的加工精度;

(4) 提高夹具的可靠性,满足数控加工的自动化水平。

9.6.1　拼装夹具

1. 拼装夹具

拼装夹具是在成组工艺基础上,用标准化、系列化的夹具零部件拼装而成的夹具。它有组合夹具的优点,但比组合夹具有更好的精度和刚性,更小的体积和更高的效率,因而较适合柔性加工的要求,常用作数控机床夹具。

图 9-81 为镗箱体孔的数控机床夹具,需在工件 6 上镗削 A、B、C 三孔。工件在液压基础平台 5 及三个定位销钉 3 上定位;通过基础平台内两个液压缸 8、拉杆 12、压板 13 将工件夹紧;夹具通过安装在基础平台底部的两个连接孔中的定位键 10 在机床 T 形槽中定位,并通过两个螺旋压板 11 固定在机床工作台上。基础平台上的定位孔 2 为夹具的坐标原点,与数控机床工作台上的定位孔 1 的距离分别为 X_0、Y_0。三个加工孔的坐标尺寸可用机床定位孔 1 作为零点进行计算编程,称固定零点编程;也可选夹具上方便的某一定位孔作为零点进行计算编程,称浮动零点编程。

2. 拼装夹具的组成

1) 基础元件和合件

图 9-82 所示为普通矩形平台,它只有一个方向的 T 形槽 1,使平台有较好的刚性。平

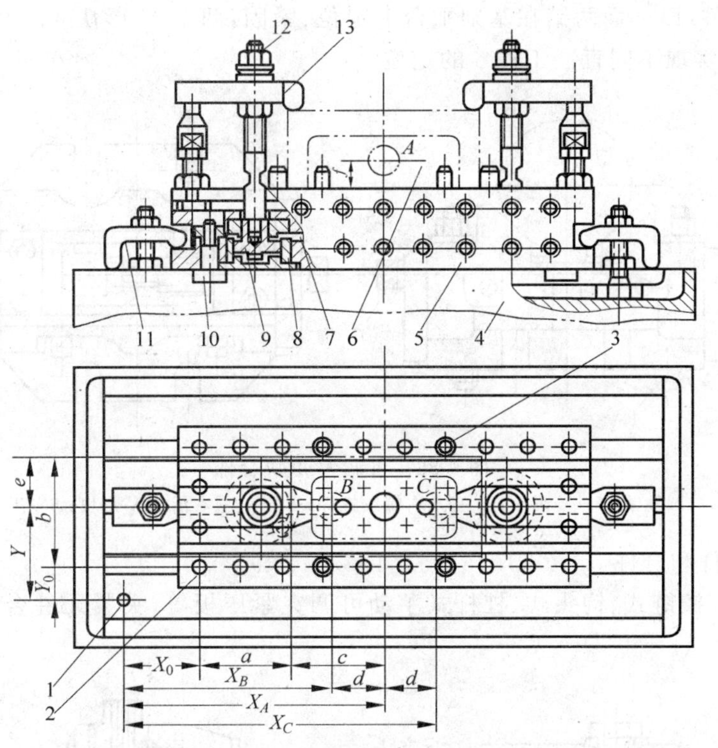

图 9-81　数控机床拼装夹具

1,2—定位孔；3—定位销钉；4—数控机床工作台；5—液压基础平台；6—工件；7—通油孔；8—液压缸；9—活塞；10—定位键；11,13—压板；12—拉杆

台上布置了定位销孔 2，如 $B—B$ 剖视图所示，可用于工件或夹具元件定位，也可作数控编程的起始孔。$D—D$ 剖面为中央定位孔。基础平台侧面设置了紧固螺纹孔 3，用于拼装元件和合件。两个孔 4（$C—C$ 剖面）为连接孔，用于基础平台和机床工作台的连接定位。

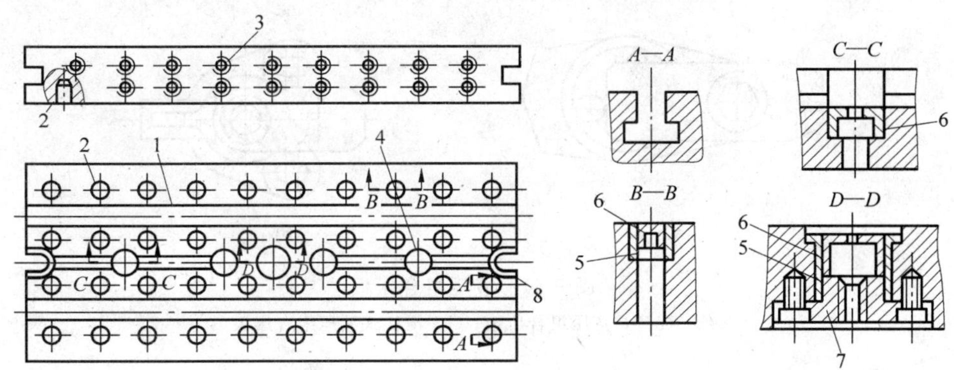

图 9-82　普通矩形平台

1—T 形槽；2—定位销孔；3—紧固螺纹孔；4—连接孔；5—高强度耐磨衬套；6—防尘罩；7—可卸法兰盘；8—耳座

2）定位元件和合件

常用的定位元件及合件如可调 V 形块合件、可调定位支承、定位支承板等。图 9-83 为

可调V形块合件,以一面两销在基础平台上定位、紧固,两个V形块4、5可通过左、右螺纹螺杆3调节,以实现不同直径工件6的定位。

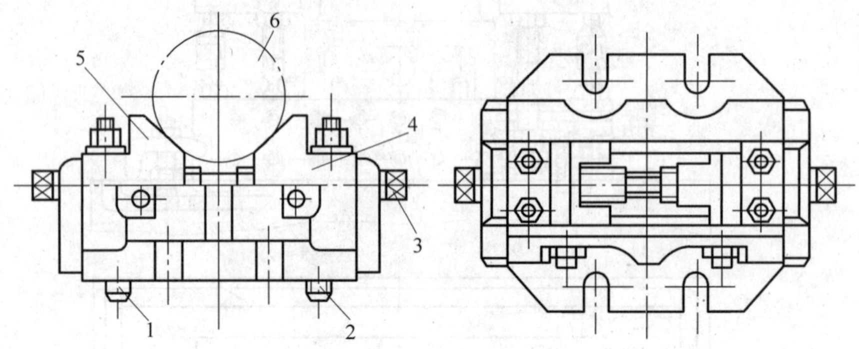

图9-83 可调V形块合件

1—圆柱销;2—菱形销;3—左、右螺纹螺杆;4,5—左、右活动V形块;6—工件

3)夹紧元件和合件

夹紧元件有铰链式、钩头式、杠杆式手动可调夹紧压板等,夹紧元件合件有液压组合压板,如图9-84所示。

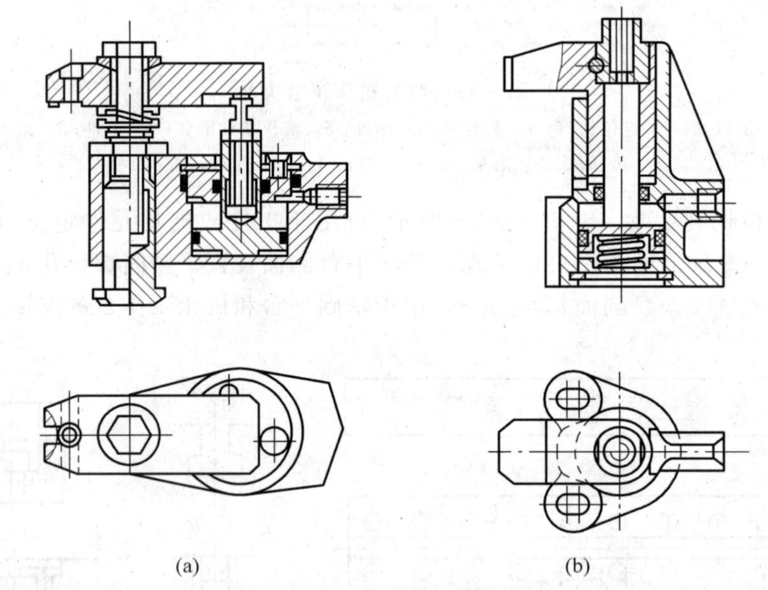

图9-84 液压组合压板

(a)杠杆式液压组合压板;(b)滑柱式液压组合压板

9.6.2 组合夹具

组合夹具是在夹具元件高度标准化、通用化的基础上发展起来的一种夹具。根据工厂的加工要求,利用预先制造好的标准元件和组件组装成各种不同夹具。

组合夹具按组装时元件间连接基面的形状，可分为槽系和孔系两大系统。

1. 槽系组合夹具

槽系组合夹具以槽(T形槽、键槽)和键相配合的方式来实现元件间的定位。因元件的位置可沿槽的纵向作无级调节，故组装十分灵活，适用范围广，是最早发展起来的组合夹具系统。图9-85所示为一槽系钻盘类零件径向孔的组合夹具。

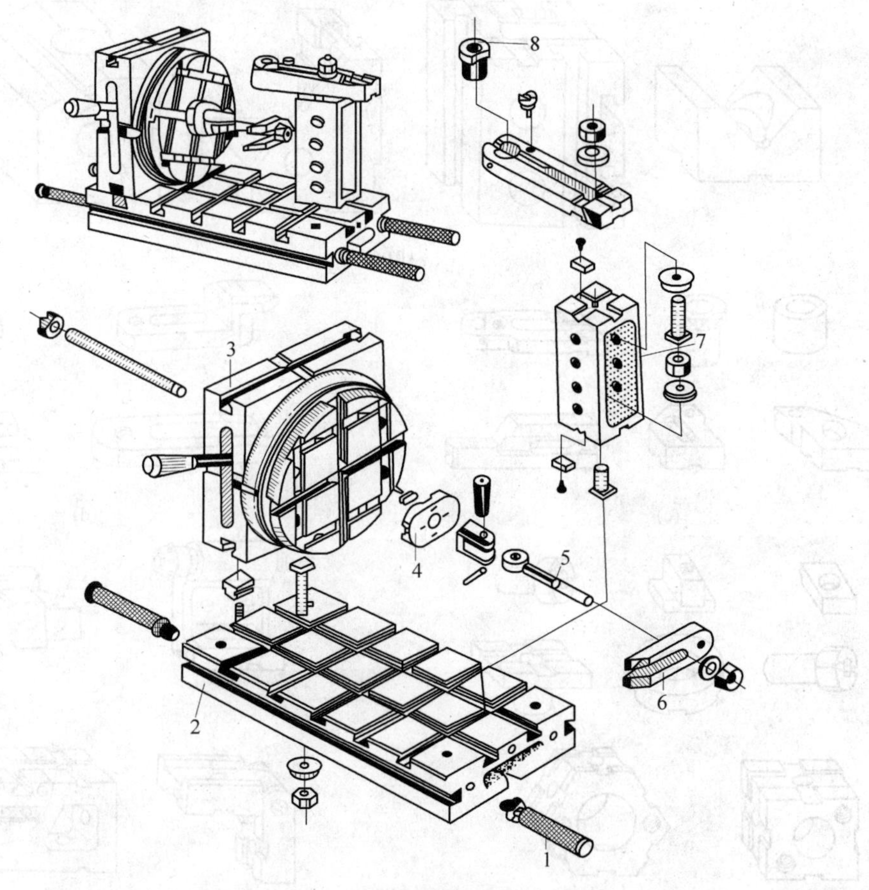

图9-85 槽系钻盘类零件径向孔的组合夹具

1—其他件；2—基础件；3—合件；4—定位件；5—紧固件；6—夹紧件；7—支承件；8—导向件

槽系组合夹具的组成元件有基础件、支承件、定位件、导向件、夹紧件、紧固件以及合件等，图9-86所示为其中的几种。

(1) 基础件　有长方形、圆形、方形及基础角铁等，常作为组合夹具的夹具体。

(2) 支承件　有V形支承、长方支承、加肋角铁和角度支承等，是组合夹具中的骨架元件，数量最多，应用最广。它既可作为各元件间的连接件，又可作为大型工件的定位件。

(3) 定位件　有平键、T形键、圆形定位销、菱形定位销、圆形定位盘、定位接头、方形定位支承、六棱定位支承座等，主要用于工件的定位及元件之间的定位。

(4) 导向件　有固定钻套，快换钻套，钻模板，左、右偏心钻模板，立式钻模板等，主要用于确定刀具与夹具的相对位置，并起引导刀具的作用。

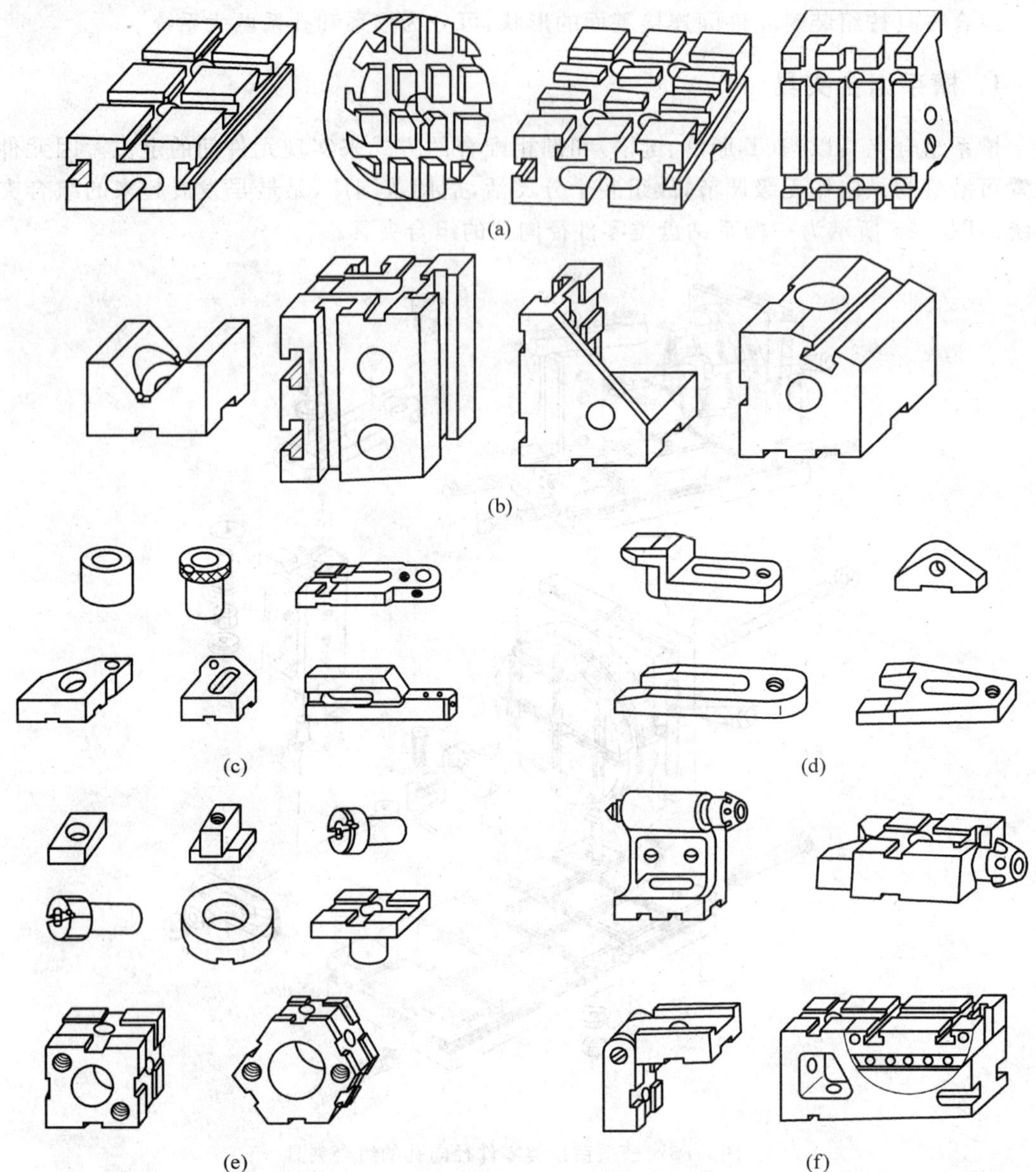

图 9-86 组合夹具组成元件

(a) 基础件；(b)、(c) 支承件；(d) 夹紧件；(e) 定位件；(f) 合件

(5) 夹紧件　有弯压板、摇板、U 形压板、叉形压板等，主要用于压紧工件，也可用作垫板和挡板。

(6) 紧固件　有各种螺栓、螺钉、垫圈、螺母等，主要用于紧固组合夹具中的各种元件及压紧被加工件。由于紧固件在一定程度上影响整个夹具的刚性，所以螺纹件均采用细牙螺纹。同时所选用的材料、制造精度及热处理等要求均高于一般标准紧固件。

(7) 合件　有尾座、可调 V 形块、折合板、回转支架等。合件是在组装过程中不拆散使用的独立部件。使用合件可以扩大组合夹具的使用范围，加快组装速度，简化组合夹具的结构，减小夹具体积。

(8) 其他件　有三爪支承、支承环、手柄、连接板、平衡块等,是指以上几类元件之外的各种辅助元件。

2. 孔系组合夹具

孔系组合夹具主要连接元件工作表面为圆柱孔和螺纹孔组成的坐标孔系,通过定位销和螺栓来实现元件之间的组装和紧固,如图 9-87 所示。

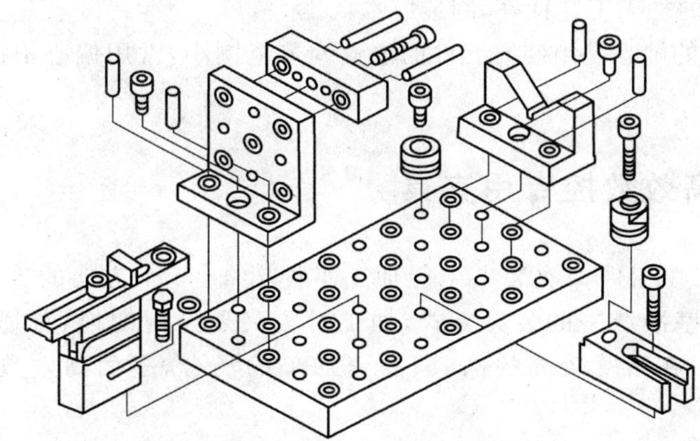

图 9-87　BUCO 孔系组合夹具组装示意图

孔系组合夹具和槽系组合夹具的原理与结构相似,只是组装时元件间连接基面的形状有所不同。孔系组合夹具元件的连接用两个圆柱销定位,一个螺钉紧固。如图 9-88 所示为孔系组合夹具装夹工件的实例。

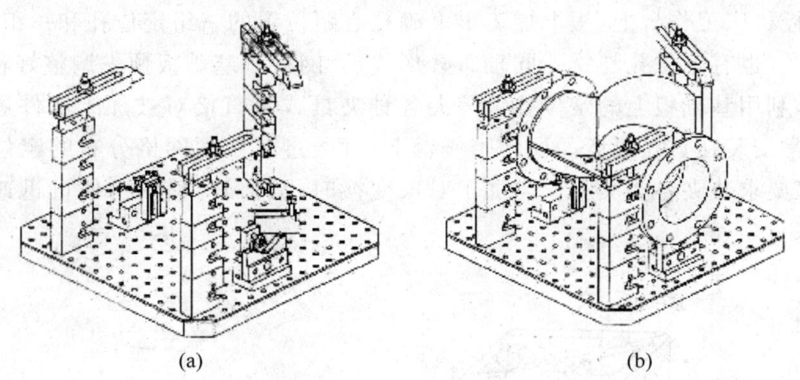

图 9-88　孔系组合夹具实例

(a) 工件安装前夹具的结构;(b) 布局工件安装后

孔系组合夹具是一种具有较高柔性的先进工艺装备,主要适用于数控机床、加工中心及柔性加工单元和柔性制造系统,不仅保持了组合夹具的传统优势,而且更符合现代加工理念。它由一套预先制造好的各种不同形状、不同规格尺寸的标准元件组装而成。这些元件具有很好的互换性和较高的精度及耐磨性,可以根据机床工作台的尺寸和不同零件的加工要求,选用所需要的元件组装成数控机床、加工中心等使用的各种夹具,组装简单灵活。这种夹具可以保证在规定的坐标位置上准确定位,并且具有较高的刚度和精度,能够保证在粗加工时使用大切削量,在精加工时更好地保证工件定位面和加工表面之间的位置精度。这种夹具还能保证工件在一次定位装夹中加工多个表面,甚至是加工全部表面,也可以一套夹具同时装夹多个工件进行加工,减少机床的停机时间,以充分发挥数控机床、加工中心等的高效性能。孔系组合夹具作为典型的数控机床夹具,主要特点如下:

(1) 其刚性比槽系组合夹具好,定位精度高。

(2) 组装可靠,体积较小。

(3) 夹具元件的加工工艺性好,制造成本低。

此类组合夹具的缺点是组装时元件的位置调节范围小,常用偏心销钉或部分开槽元件进行弥补。

9.6.3 多面高效数控专用夹具

由于数控机床在工件一次装夹中能加工工件上4～5个方向的表面,可实现工序高度集中,并常采用基准统一的装夹方式,加工对象又要经常变换,普通专用夹具无法适应这种要求,因此,在精度较高的高效、高速加工的场合,多面高效数控专用夹具得到了发展。

数控机床按编制的程序完成工件的加工,所以加工中机床、刀具、夹具和工件之间应有严格的相对坐标位置。多面高效数控专用夹具通常设置有专门的坐标系对刀基准面系统,用于确定夹具在数控机床上相对于机床坐标系统的准确位置,以保证所装夹的工件处于数控加工程序所规定的坐标位置上。

多面高效数控专用夹具常采用网格状的固定基础板作为夹具体。如图9-89所示,它长期固定在数控机床工作台上,板上加工出准确孔心距位置的一组定位孔和一组紧固螺孔,它们呈网格分布(也有定位孔与螺孔同轴布置形式)。网格状基础板预先调整好相对数控机床的坐标位置,利用基础板上的定位孔可装夹各种夹具或者直接对被加工工件进行装夹。固定基础板通常安装在数控机床的回转工作台上,可通过其四面网格分布的定位孔和紧固螺孔,根据加工要求装夹各类夹具。当加工对象变换时,只需转台转位,便可迅速完成对不同工件的加工。

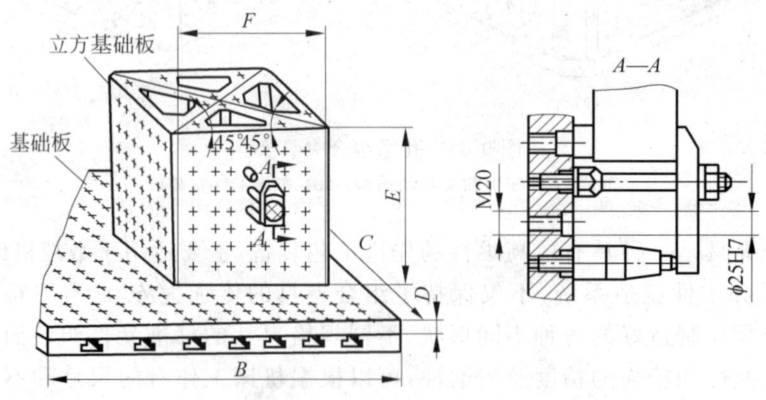

图9-89 多面高效数控专用具

图 9-90 所示的夹具为某数控加工中心上安装的专用夹具，实现了几个被加工表面的同时加工，大大提高了工作效率，相应地，夹具受力也增大，这要求该夹具要有很好的刚性。工件的夹紧由液压装置来自动完成，使得数控加工的安全性和自动化程度增强。

图 9-90　某加工中心安装的专用夹具

习题与思考题

9-1　什么是机床夹具？它在机械加工中有何作用？

9-2　什么是辅助支承与浮动支承？其作用是什么？

9-3　何谓定位误差？定位误差产生的原因是什么？定位误差的数值应控制在什么范围内才能满足加工要求？

9-4　题 9-4 图所示是各工件工序简图。其中，题 9-4 图(a)中的工件是过球心钻一孔；题 9-4 图(b)中的工件是加工齿坯两端面，要求保证尺寸 A 及两端面与孔的垂直度；图 9-4 图(c)是在小轴铣槽，保证尺寸 H 和 L；题 9-4 图(d)是过轴心钻通孔，保证尺寸 L；题 9-4 图(e)是在支承工件上加工两小孔，保证尺寸 A 和 H。试分析加工各个工件所必须限制的自由度。选择定位基准和定位元件(在图中示意画出)，确定夹紧力的作用点和方向(图中标出)。

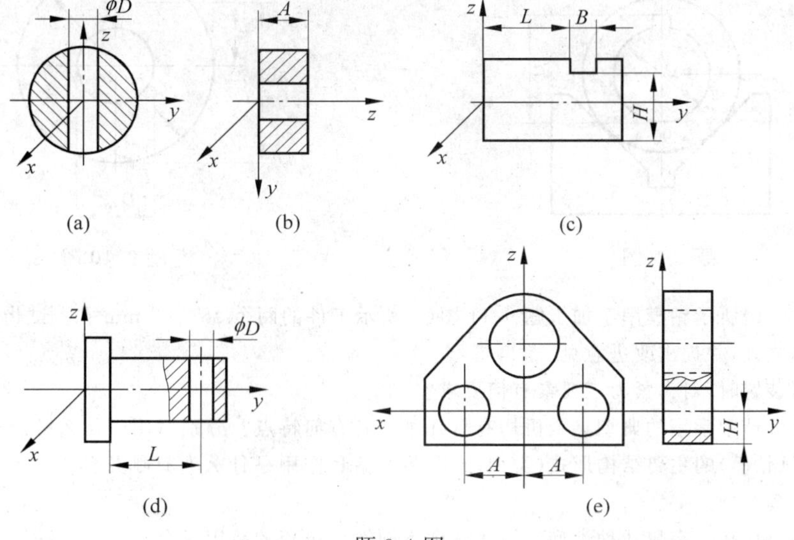

题 9-4 图

9-5 生产中常见的定位方式有几种？其定位元件如何选用？

9-6 采用一面两孔组合定位时，需解决的主要问题是什么？应采用什么样的定位元件？如何限制工件的自由度？简述定位元件的设计计算方法。

9-7 设计夹紧装置时，对夹紧力三要素有何要求？

9-8 欲在题9-8图所示工件上由组合机床一次加工孔 O_1、O_2、O_3，加工要求如图所示，试确定定位方案并绘制定位方案简图。

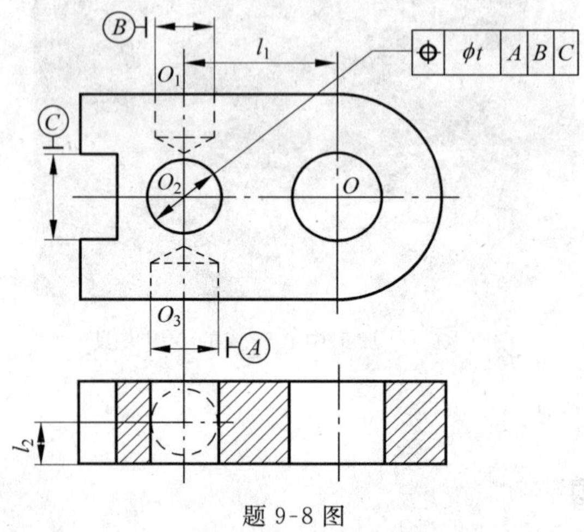

题9-8图

9-9 题9-9图所示齿轮坯的内孔 $D=\phi 35^{+0.025}_{0}$ mm 和外圆 $d=\phi 80^{0}_{-0.1}$ mm 已加工合格。现在插床上用调整法加工内键槽，要求保证键槽深度尺寸 $H=38.5^{+0.2}_{0}$ mm。忽略内孔与外圆同轴度误差，试计算该定位方案能否满足加工要求。若不能满足加工要求，应如何改进？

9-10 题9-10图所示为在套类工件圆柱面上铣键槽的工序简图。已知：工件内孔尺寸为 D^{+TD}_{0}，外圆尺寸为 d^{0}_{-Td}；定位元件心轴尺寸为 d_0，公差为 Td_0。用间隙配合定位心轴定位，轴向夹紧，属于任意边接触。求工序尺寸 A、E 的定位误差。

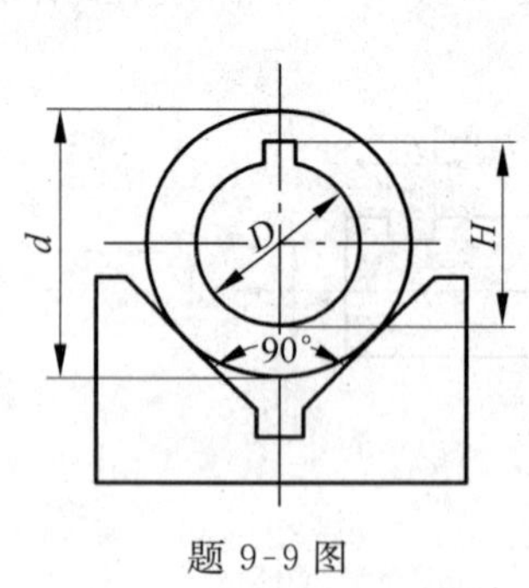

题9-9图

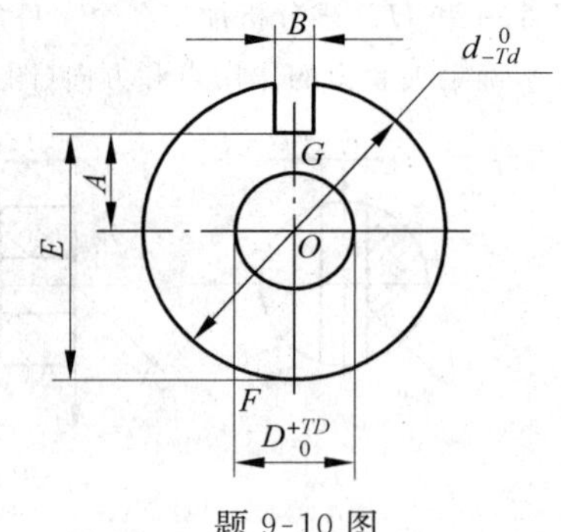

题9-10图

9-11 题9-11图(b)所示钻模用于加工题9-11图(a)所示工件的两个 $\phi 8^{+0.036}_{0}$ mm 孔。试指出该钻模设计中的不当之处，并提出改进意见。

9-12 设计夹紧装置时，对夹紧力三要素有何要求？

9-13 机床夹具设计中常用的典型夹紧机构有哪几种？各有何特点？分别适用于什么场合？

9-14 钻床夹具(钻模)的主要结构形式(类型)有哪些？钻套作用是什么？有哪几种类型？如何选用不同类型的钻套？

9-15 镗套作用是什么？有哪几种类型？简述各种不同类型镗套的适用场合。

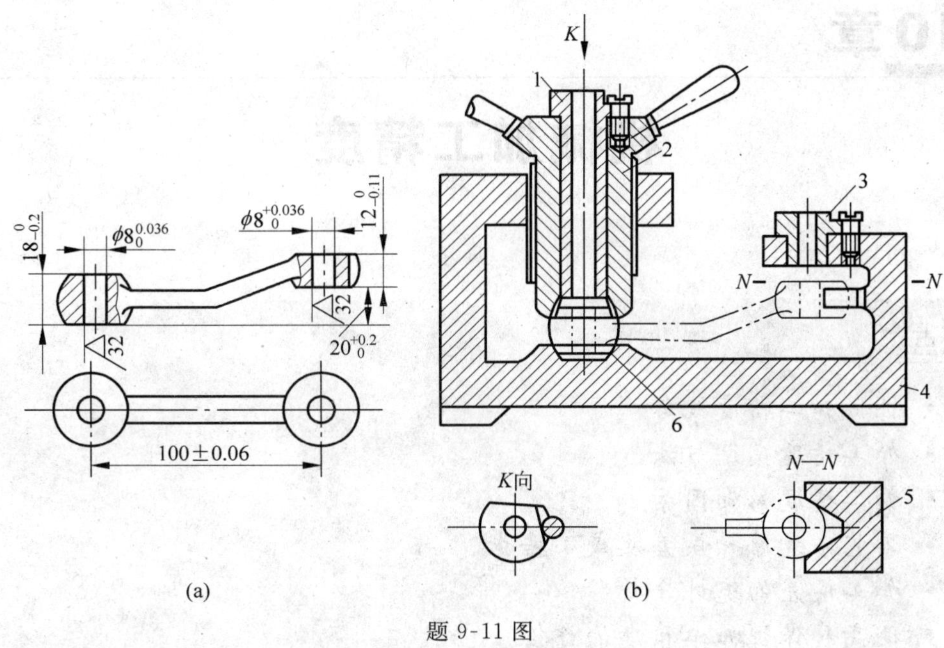

题 9-11 图

9-16　根据铣削进给方式，铣床夹具分为哪些类型？

9-17　铣床夹具使用的对刀装置有哪些组成部分？

9-18　分析数控夹具的结构特点和设计要求。

9-19　组合夹具的主要功能零部件包括哪些？组合夹具的组装连接方式有哪几种？各有何特点？

第10章

机械加工精度

知识点

- 机械加工精度概念
- 加工精度获得方法
- 加工精度影响因素
- 工艺系统原始误差及减小措施
- 加工误差的统计分析
- 提高和保证加工精度的途径

本章导读

本章主要研究影响零件机械加工精度的因素，即工艺系统的原始误差；通过单一因素分析法，弄清各种原始误差对加工精度的影响规律；介绍加工误差的统计分析方法；最后介绍提高零件机械加工精度的途径。

10.1 机械加工精度概述

10.1.1 加工精度和加工误差

机械加工精度是指零件加工后的实际几何参数(尺寸、形状和相互位置)与理想几何参数相符合的程度。符合的程度越高，则加工精度越高。其中，理想几何参数是指图纸规定的理想零件的几何参数，即形状误差为零，位置误差为零，尺寸为零件尺寸公差带中心(平均值)。

由于加工中的种种原因，不可能把零件做得绝对准确。工件实际参数不可能同理想几何参数完全相符合，总会发生一些偏离。从保证产品的使用性能分析，没有必要把每个零件都加工得绝对准确。而加工误差是指零件加工后的实际几何参数(尺寸、形状和位置)对理想几何参数的偏差。通常用加工误差的数值表示加工精度高低。加工误差越小，加工精度越高；反之，加工精度越低。

10.1.2 经济加工精度

每种加工方法在不同的工作条件下，所能达到的加工精度会有所不同。例如，精细的操作，选择适合的切削用量，就能得到较高的加工精度；但是，这样会降低生产效率，增加成本；反之，会增大加工误差，降低加工精度。经济加工精度是指在正常加工条件下（采用符合质量标准的设备、工艺装备和标准技术等级的工人，不延长加工时间）所能达到的加工精度。

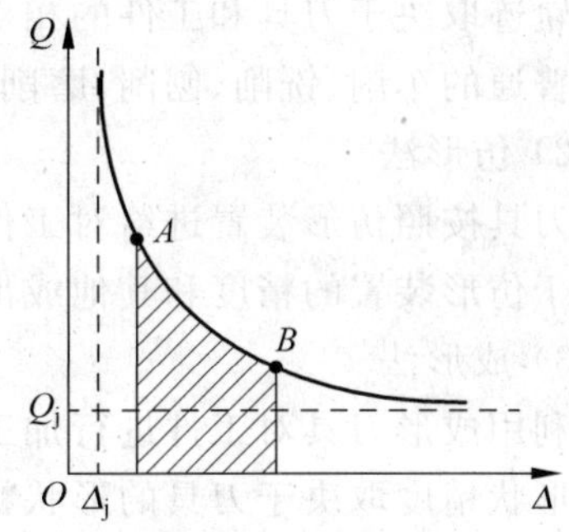

图 10-1 加工误差与加工成本的关系

统计资料表明，各种加工方法的加工误差和加工成本之间的关系曲线如图 10-1 所示。图中横坐标是加工误差 Δ，纵坐标是加工成本 Q。由图可知：在曲线 AB 段，如要获得高的加工精度，则加工成本就会增加，反之，加工精度就会降低；在 A 点左侧，加工精度不易提高，且有一极限值 Δ_j；在 B 点右侧，加工成本不易降低，也有一极限值 Q_j。曲线 AB 段的加工精度区间既能满足技术要求，又不需花费过高的成本，属经济加工精度范围。

10.1.3 获得加工精度的方法

1. 获得尺寸精度的方法

1）试切法

通过试切—测量—调整—再试切，反复进行直到被加工尺寸达到要求为止的加工方法称为试切法。试切法的生产效率低，但它不需要复杂的装置，加工精度主要取决于工人的技术水平和计量器具的精度，常在单件小批量生产，特别是新产品试制中使用。

2）调整法

按工件预先规定的尺寸调整好机床、刀具、夹具和工件之间的相对位置，并在一批工件的加工过程中保持这个位置不变，以保证获得一定尺寸精度的方法称为调整法。影响调整法精度的主要因素有：测量精度、调整精度、重复定位精度等。调整法对调整工的要求高，对机床操作工的要求不高，常用于成批生产和大量生产中。

3）定尺寸刀具法

用刀具（如钻头、铰刀、扩刀等）的相应尺寸来保证工件被加工部位尺寸精度的方法称为定尺寸刀具法。影响尺寸精度的主要因素有：刀具的尺寸精度、刀具与工件的位置精度等。定尺寸刀具法操作简便，生产效率高，加工精度也较稳定，可用于各种生产类型。

4）自动控制法

用测量装置、进给装置和控制系统组成一个自动加工系统，加工过程中的测量、补偿调整、切削等一系列工作依靠控制系统自动完成。基于程控和数控机床的自动控制法加工，其质量稳定，生产率高，加工柔性好，能适应多品种生产，是目前机械制造的发展方向和计算机辅助制造的基础。

2. 获得形状精度的方法

1) 轨迹法

利用切削运动中刀尖的运动轨迹形成被加工表面形状精度的方法称为轨迹法。刀尖的运动轨迹取决于刀具和工件的相对成形运动,因而所获得的形状精度取决于成形运动的精度。普通的车削、铣削、刨削、磨削均属于轨迹法。

2) 仿形法

刀具按照仿形装置进给对工件进行加工的方法称为仿形法。仿形法所获得的形状精度取决于仿形装置的精度和其他成形运动精度。仿形车、仿形铣等均属于仿形法加工。

3) 成形法

利用成形刀具对工件进行加工的方法称为成形法。成形刀具代替一个成形运动。所获得的形状精度取决于刀具的形状精度和其他成形运动精度。如用成形刀具或砂轮的车、铣、刨、磨、拉等均属于成形法。

4) 展成法

利用工件和刀具作展成切削运动进行加工的方法称为展成法。被加工表面是工件和刀具作展成切削运动过程中所形成的包络面,刀刃形状必须是被加工面的共轭曲线。所获得的形状精度取决于刀具的形状精度和展成运动精度。如滚齿、插齿、磨齿、滚花键等均属于展成法。

3. 获得位置精度的方法

工件位置要求的保证取决于工件的装夹方式与方法。

1) 工件的装夹方式

(1) 直接找正装夹　将工件直接放在机床上,用划针、百分表和直角尺或通过目测直接找正工件在机床上的正确位置之后再夹紧。图10-2所示为用四爪单动卡盘装夹套筒,先用百分表按工件外圆 A 找正,再夹紧工件加工外圆 B,保证 A、B 圆柱面的同轴度。此法的生产效率极低,对工人技术水平要求高,一般用于单件小批量生产中。

(2) 划线找正装夹　工件在切削加工前,预先在毛坯表面上划出加工表面的轮廓线和基准线,然后按所划的线将工件在机床上找正(定位)再夹紧。如图10-3所示的车床床身毛坯,为保证床身各加工面和非加工面的位置尺寸及各加工面的余量,可先在钳工台上划好线,然后在龙门刨床工作台上用千斤顶支承床身毛坯,用划针按线找正并夹紧,再对床身底

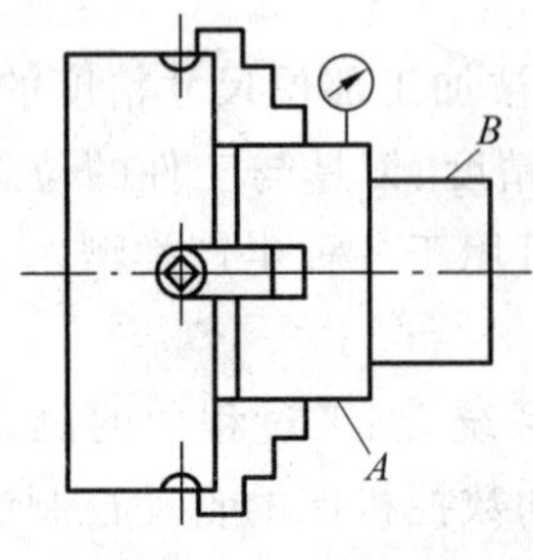

图10-2　直接找正装夹

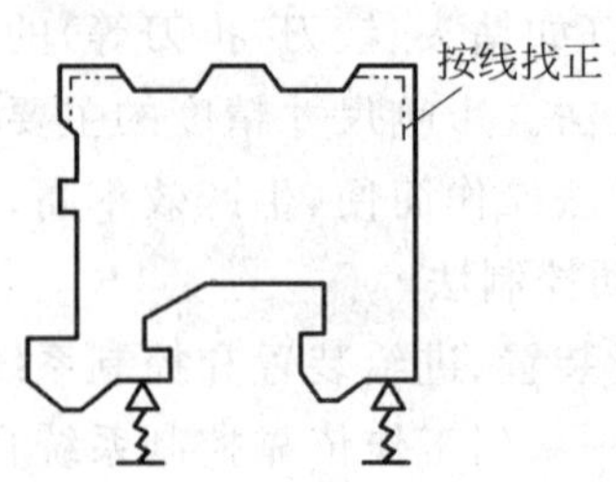

图10-3　划线找正装夹

平面进行刨削加工。由于划线找正既费时，又需技术水平高的划线工，定位精度较低，故划线找正装夹只用于批量不大、形状结构复杂而笨重的工件，或毛坯尺寸公差很大而无法采用夹具装夹的工件。

（3）用夹具装夹　夹具固定在机床上，工件在夹具上定位、夹紧以后便获得了相对刀具的正确位置。因此工件在夹具中定位方便，定位精度高而且稳定，生产率高，广泛用于大批和大量生产中。

2）获得位置精度的方法

对零件上有相互位置要求的点、线、面，在加工过程中可以用两种方法获得。

（1）一次装夹获得法　一次装夹中，先后或同时加工有相对位置要求的表面。如轴的外圆与端面的垂直度要求，可在一次装夹中先后车出外圆、端面，以保证外圆与端面的垂直度要求。

（2）多次装夹获得法　在多次装夹中利用定位基准来保证各表面的相对位置要求。如阶梯轴的加工，为了保证同轴度要求，可用两端面中心孔作为统一的定位基准。

10.1.4　影响加工精度的因素

在机械加工过程中，机床、夹具、刀具、工件之间相互位置相对于理想状态产生的偏移，即工艺系统的误差，称为原始误差。这些原始误差是影响工件加工精度的主要因素。在工艺系统的诸多原始误差中，一部分与工艺系统的初始状态有关，另一部分与工艺过程有关。按照这些原始误差性质进行归类如下：

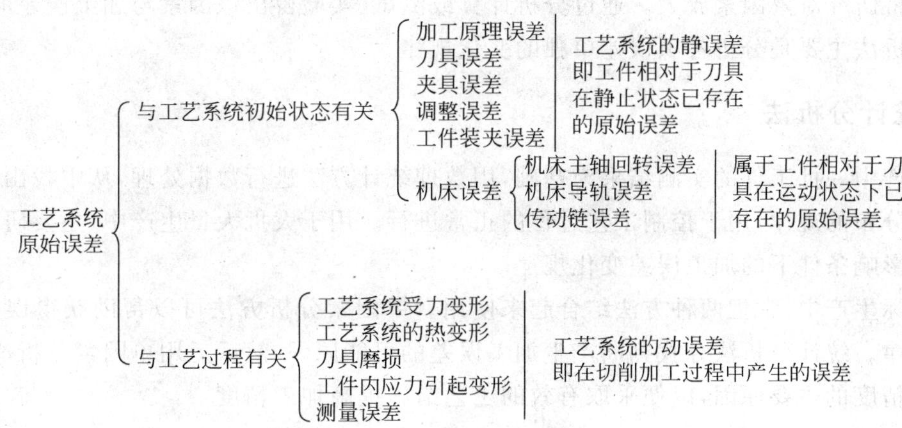

10.1.5　原始误差与加工误差之间的关系

在加工过程中，各种原始误差的影响结果使刀具和工件之间的正确几何关系遭到破坏，引起加工误差。各种原始误差的大小和方向各不相同，而加工误差则必须在加工要求（工序尺寸或位置要求）方向上进行测量，当原始误差的方向与加工要求方向一致时，其影响最大。下面以车外圆为例说明两者之间的关系。

如图10-4所示,车削时工件的回转轴线为O,A点为刀尖的正确位置。设某一瞬时由于各种原始误差的影响,使刀尖位移到A'点,$\overline{AA'}$即为原始误差δ,它与$\overline{OA}$间的夹角为φ,由此引起工件加工后的半径由$R_0=\overline{OA}$变为$R=\overline{OA'}$,故半径上的加工误差ΔR为

$$\Delta R=\overline{OA'}-\overline{OA}=\sqrt{R_0^2+\delta^2+2R_0\delta\cos\varphi}-R$$
$$\approx\delta\cos\varphi+\frac{\delta^2}{2R_0} \tag{10-1}$$

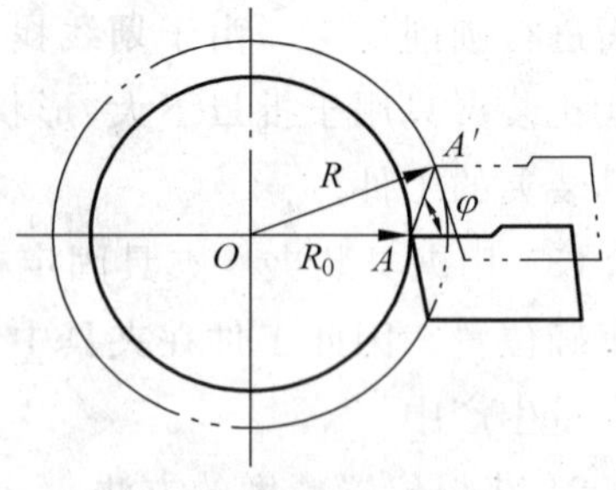

图10-4 原始误差与加工误差关系

由式(10-1)可以看出:当$\varphi=0°$,即原始误差的方向为加工面的法线方向时,$\Delta R=\delta$,引起的加工误差最大;当$\varphi=90°$,即原始误差的方向为加工面的切线方向时,$\Delta R\approx\frac{\delta^2}{2R_0}$,引起的加工误差最小,通常可忽略不计。

为了便于分析原始误差对加工精度的影响程度,将原始误差对加工精度影响最大的方向,即通过切削刃的加工表面的法向称为误差敏感方向;而将原始误差对加工精度影响最小的方向,即通过切削刃的加工表面的切向称为误差不敏感方向。

10.1.6 研究加工精度的方法

1. 单因素分析法

研究某一确定因素对加工精度的影响规律,将其余因素尽量缩小和控制,使之对结果影响最小而将研究对象因素放大。通过分析计算或测试、实验得出该因素与加工误差的关系。单因素分析法主要是分析各项误差单独的变化规律。

2. 统计分析法

以生产中一批工件的实测结果为基础,用数理统计方法进行数据处理,从中找出加工误差产生和分布的规律,用于控制工艺过程的正常进行。用于大批大量生产中,主要研究各种误差综合影响条件下的加工误差变化规律。

在实际生产中,常把两种方法结合起来使用。单因素分析方法可以帮助获得误差因素的影响规律。统计分析法寻找判断产生加工误差的可能原因,然后运用单因素分析法,找出影响加工精度的主要原因,以便采取有效的工艺措施提高加工精度。

10.2 工艺系统的几何误差

工艺系统的几何误差主要是指机床、刀具和夹具本身在制造中产生的误差,以及使用中产生的调整及磨损误差,这类误差在切削加工之前已经存在。

10.2.1　加工原理误差

加工原理误差也称为理论误差，是由于采用了近似的成形运动或近似的切削刃轮廓所产生的加工误差。例如用齿轮滚刀加工齿轮，一般都会存在两种加工原理误差：一是刀具齿廓近似造型误差，这是由于制造上的困难，用阿基米德或法向直廓基本蜗杆代替渐开线基本蜗杆造成的；二是包络造型原理误差，这是由于滚刀齿数有限，加工齿形有许多微小折线段组成，与理论上的光滑渐开线有差异而造成的。所以，滚齿加工的加工精度不高(7～10级精度的齿轮)，但生产率高。

在实际生产中，采用近似的成形运动或近似的切削刃轮廓，虽然会带来加工原理误差，但往往可以简化机床或刀具的结构，降低生产成本、提高生产率。因此只要将这种加工原理误差控制在允许的范围内，在实际加工过程中是完全可以利用的。

10.2.2　机床的几何误差

机床的制造误差、安装误差，使用中的磨损，都直接影响工件的加工精度。其中对加工精度影响较大的误差有：机床主轴回转误差、机床导轨误差和机床传动链误差。

1. 机床主轴回转误差

主轴回转误差是指主轴的实际回转轴线相对其平均回转轴线在规定的测量平面内的变动量。变动量越小，主轴的回转精度越高；反之，回转精度越低。

1) 主轴回转误差的表现形式

主轴回转误差可以分解为三种基本形式：

(1) 端面圆跳动(轴向窜动)　瞬时回转轴线沿平均回转轴线方向的轴向运动，如图 10-5(a)所示。它主要影响端面形状和轴向尺寸精度。

(2) 径向圆跳动　瞬时回转轴线沿垂直于平均回转轴线方向的径向运动，如图 10-5(b)所示。它主要影响圆柱面的精度。

(3) 角度摆动　瞬时回转轴线与平均回转轴线成一倾斜角度，但其交点位置固定不变的运动，如图 10-5(c)所示。在不同横截面内，轴心运动轨迹相似，它主要影响圆柱面和端面的加工精度。

实际加工中的主轴回转误差是上述三种基本形式的合成。

2) 影响主轴回转误差的因素

造成主轴回转误差的主要因素是主轴的支承轴颈及其同轴度误差、轴承的误差、轴承的间隙、与轴承配合零件的误差以及主轴系统的径向不等刚度和热变形等。不同类型的机床，其影响因素也各不相同。

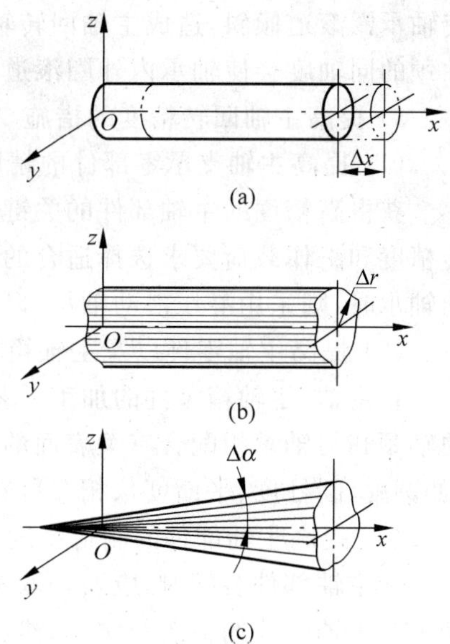

图 10-5　主轴回转误差的基本形式

(1) 轴承的影响

对于工件回转类机床(如车床、外圆磨床等),因切削力的方向不变,主轴回转时作用在支承上的作用力方向也不变化。此时主轴的支承轴颈的圆度误差影响较大,而轴承孔的圆度误差影响较小,如图10-6(a)所示。对于刀具回转类机床(如钻床、镗床、铣床等),因切削力的方向随主轴旋转而改变,此时,主轴支承轴颈的圆度误差影响很小,而轴承孔的圆度误差影响较大,如图10-6(b)所示。

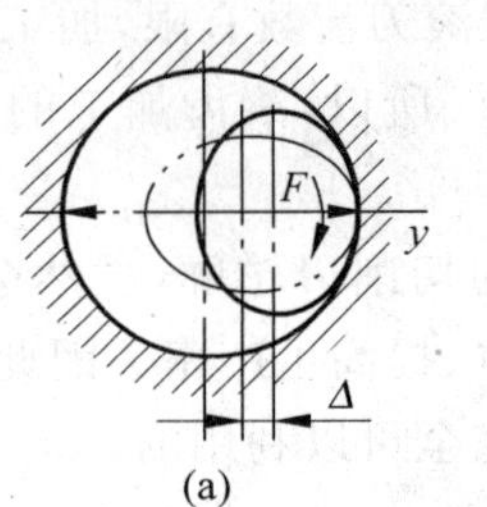

(a)

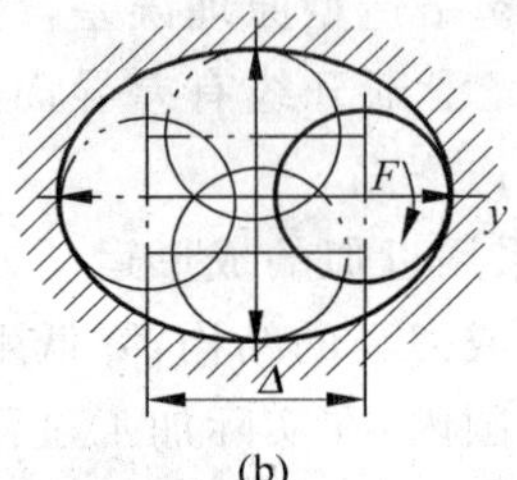

(b)

图10-6 两类主轴回转误差的影响

车床主轴的止推轴承滚道端面的平面度误差,以及其与回转轴线的垂直度误差,会直接引起主轴的轴向窜动,从而影响工件被加工端面的平面度及其与圆柱面的垂直度精度;而车削螺纹时,会产生螺距误差。

(2) 轴承间隙的影响

轴承间隙对回转精度也有影响,如轴承间隙过大,会使主轴工作时油膜厚度增大,油膜承载能力降低,当工作条件(载荷、转速等)变化时,油楔厚度变化较大,主轴轴线漂移量增大。

(3) 与轴承配合的零件误差的影响

由于轴承内、外圈或轴瓦很薄,受力后容易变形,因此与之相配合的轴颈或箱体支承孔的圆度误差,会使轴承圈或轴瓦发生变形而产生圆度误差。与轴承圈端面配合的零件如轴肩、过渡套、轴承端盖、螺母等的有关端面,如果有平面度误差或与主轴回转轴线不垂直,会使轴承圈滚道倾斜,造成主轴回转轴线的径向、轴向漂移。箱体前后支承孔、主轴前后支承轴颈的同轴度会使轴承内外圈滚道相对倾斜,同样也会引起主轴回转轴线的漂移。

3) 提高主轴回转精度的措施

(1) 提高主轴支承零部件的精度

获得高精度的主轴部件的关键是提高轴承精度。主轴轴承,特别是前轴承,根据主轴回转精度和工作载荷要求选择适合的轴承精度和支承刚度;对滚动轴承进行预紧。当采用滑动轴承时,则采用静压滑动轴承,以提高主轴刚度,减少径向圆跳动。

(2) 提高主轴零件以及主轴箱零件的加工精度

在主轴、主轴箱零件的加工工艺过程中,提高和严格控制主轴箱箱体支承孔、主轴零件的轴颈和与轴承相配合有关表面的加工精度,包括轴颈外圆表面、轴肩端面的几何形状精度(如圆度、圆柱度、平面度)、相互位置精度(径向跳动、端面跳动、同轴度等)。

(3) 提高主轴部件的制造精度

在主轴部件装配时,应当采取进一步提高主轴回转精度的装配工艺措施:先测出滚动轴承及主轴锥孔的径向圆跳动,然后调节径向圆跳动的方位,使误差相互补偿或抵消,以减少轴承误差对主轴回转精度的影响。

(4) 对滚动轴承进行预紧，消除间隙

对滚动轴承适当预紧以消除间隙，甚至产生微量过盈。由于轴承内外圈和滚动体弹性变形的相互制约，既增加了轴承刚度，又对轴承内外圈滚道和滚动体的误差起均化作用，因而可提高主轴的回转精度。

(5) 避开主轴回转误差对工件加工精度的影响

直接保证工件在加工过程中的回转精度而不依赖于主轴，是保证工件形状精度的最简单而又有效的方法。如采用两固定顶尖支承磨削外圆柱面。主轴仅仅提供旋转运动和转矩，而与主轴的回转精度无关。

2. 机床导轨误差

机床导轨副是实现直线运动的主要部件，其制造和装配精度直接影响机床移动部件的直线运动精度，造成加工表面的形状误差。导轨副运动件实际运动方向与给定(理论)运动方向的符合程度称为导向精度。在机床的精度标准中，直线导轨的导向精度一般包括：导轨在水平面内的直线度误差；导轨在垂直面内的直线度误差；前后导轨的平行度误差(扭曲)；导轨与主轴回转轴线的平行度误差。

导轨的导向误差对不同的加工方法和加工对象，将会产生不同的影响，分析导轨的导向误差对加工精度的影响时，主要考虑导轨误差引起刀具与工件在误差敏感方向上的相对位移。下面以车外圆(或磨外圆)为例分析机床导轨误差对加工精度的影响。

1) 导轨在水平面内的直线度误差

卧式车床或外圆磨床在水平面内有直线度误差 Δy，如图 10-7(a)所示，该方向为加工面的法线方向，即为误差敏感方向，引起加工表面的形状误差。如图 10-8(a)所示，车外圆时，引起加工表面的圆柱度误差为

$$\Delta R = \Delta y \tag{10-2}$$

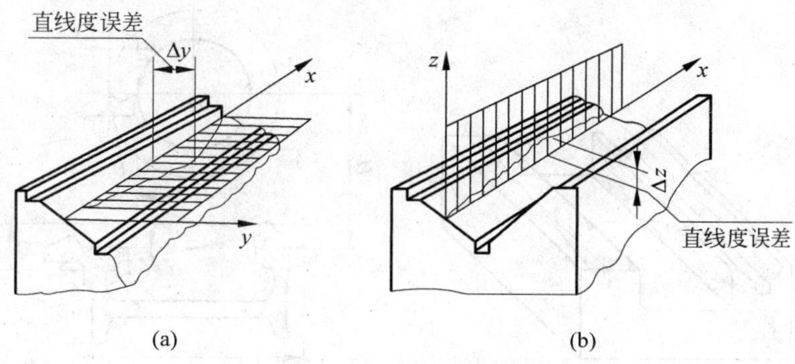

图 10-7 导轨的直线度误差

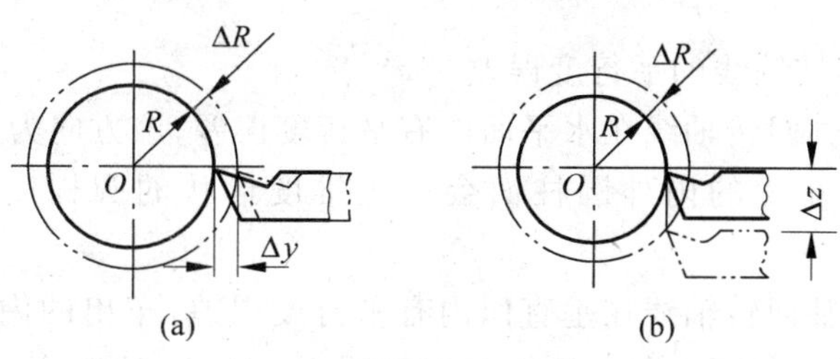

图 10-8 车外圆时的原始误差与加工误差

2) 导轨在垂直面内的直线度误差

卧式车床或外圆磨床在垂直面内有直线度误差 Δz,如图 10-7(b)所示,该方向为加工面的切线方向,即为误差不敏感方向,对加工精度的影响较小。如图 10-8(b)所示,车外圆时,引起加工表面的圆柱度误差为

$$\Delta R = \sqrt{R^2 + \Delta z^2} - R \approx \frac{\Delta z^2}{2R} \tag{10-3}$$

当 $2R \geqslant 5$ mm,可忽略不计。如 $2R = 10$,$\Delta y = 0.01$,$\Delta z = 0.01$,则 $\Delta R_y = 0.01$,$\Delta R_z = 1\times 10^{-5}$。

3) 前后导轨的平行度误差(扭曲)

车床两导轨的平行度误差(扭曲),使前、后导轨在纵向不同位置有不同的高度差,由于这种误差的作用,使得切削过程中,车床溜板沿导轨纵向移动时发生倾斜,从而使刀尖相对于工件产生摆动,造成加工表面的形状误差。

如图 10-9 所示,因 Δ 很小,α 很小,故刀尖位置可以看成是水平移动,$\tan\alpha = \frac{\Delta}{B}$,造成加工面的圆柱度误差为

$$\Delta R \approx \Delta y = H\tan\alpha = \frac{H\Delta}{B} \tag{10-4}$$

式中:H——车床中心高度;

B——导轨宽度;

α——导轨的倾斜角;

Δ——前后导轨的扭曲量(平行度)。

一般车床$\frac{H}{B}\approx\frac{2}{3}$,外圆磨床$\frac{H}{B}\approx 1$,所以导轨扭曲量引起的加工误差是不可忽略的。

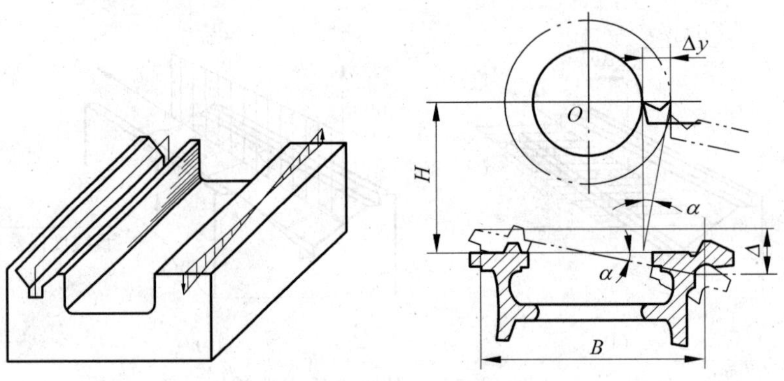

图 10-9　前后导轨平行度误差

4) 导轨与主轴回转轴线的平行度误差

若车床导轨与主轴回转轴线在水平面内有平行度误差,该方向为误差敏感方向,对加工精度的影响比较大。车出的内外圆柱面会产生锥度形状的圆柱度误差,如图 10-10(a)所示。

若车床导轨与主轴回转轴线在垂直面内有平行度误差,车出的内外圆柱面会产生圆柱度误差,形状为双曲线回转面(单叶双曲面),如图 10-10(b)所示,该方向为误差不敏感方

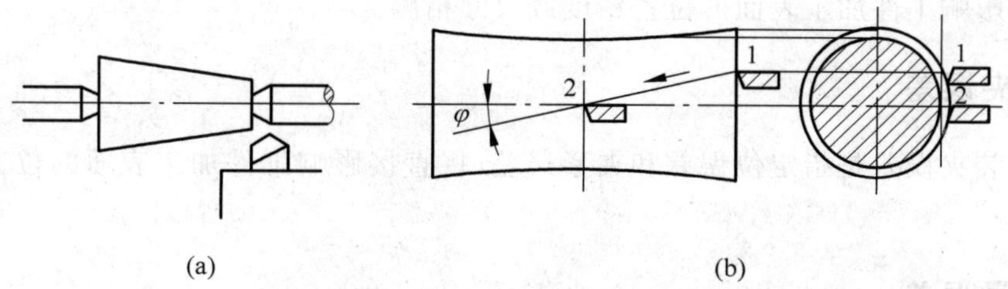

图 10-10　导轨与主轴回转轴线的平行度误差

向，对加工精度影响较小，可忽略不计。

车端面时，两者出现垂直度误差，会引起加工面的平面度误差。

3. 机床传动链误差

传动链误差是指内联系的传动链中首末两端传动元件之间相对运动的误差。它在螺纹加工或用展成法加工齿轮、蜗轮等工件时，是影响加工精度的主要因素。

例如，在滚齿机上用单头滚刀加工直齿轮时，要求滚刀与工件之间具有严格的运动关系：滚刀转一转，工件转过一个齿。这种运动关系是由刀具和工件间的传动链来保证的。对于图 7-20 所示的机床传动系统，可具体表示为

$$\phi_g = \phi_d \times \frac{80}{20} \times \frac{28}{28} \times \frac{28}{28} \times \frac{28}{28} \times \frac{42}{56} \times u_c \times \frac{e}{f} \times \frac{36}{36} \times \frac{a}{b} \times \frac{c}{d} \times \frac{1}{72}$$

式中：ϕ_g——工件转角；

ϕ_d——滚刀转角；

u_c——差动轮系传动比，在滚切直齿齿轮时，$u_c=1$。

当传动链中的各传动元件，如齿轮、蜗轮、蜗杆等，因有制造误差、装配误差（主要是装配偏心）和磨损时，就会破坏正确运动关系，使工件产生误差。各元件在传动链中的位置不同，其转角误差对加工精度影响程度也不一样。如传动链为升速传动，则传动元件的转角误差将被放大，反之缩小。在一般传动链中，应尽量减少传动元件，缩短传动路线；末端元件对传动链误差影响最大，故末端元件的制造和装配精度尤为重要。

10.2.3　工艺系统的其他几何误差

1. 刀具误差

机械加工中常用的刀具有一般刀具、定尺寸刀具和成形刀具。一般刀具，如普通车刀、单刃镗刀、刨刀及端面铣刀等的制造误差对加工无直接影响；定尺寸刀具，如钻头、铰刀、键槽铣刀及拉刀等的尺寸误差直接影响加工工件的尺寸精度；成形刀具，如成形车刀、成形铣刀及齿轮刀具等的制造误差将直接影响被加工表面的形状精度。

2. 夹具误差

夹具误差主要包括：定位元件、刀具导向件、分度机构、夹具体等的制造误差；夹具装配后，以上各种元件工作面之间的相对位置误差；夹具使用过程中工作表面的磨损。夹具

误差将直接影响工件加工表面的位置精度或尺寸精度。

3. 装夹误差

工件的装夹误差是指定位误差和夹紧误差,将直接影响工件加工表面的位置精度或尺寸精度。

4. 测量误差

工件在加工过程中,要用各种量具、量仪进行检验测量,再根据测量结果对工件进行试切或调整机床。量具本身的制造误差、测量时的接触力、温度及目测正确度等,都直接影响加工精度。因此,要正确地选择和使用量具,以保证测量精度。

5. 调整误差

在机械加工的各个工序中,需要对机床、夹具及刀具进行调整。调整误差的来源,视不同加工方法而异。

1) 试切法

采用试切法加工,引起调整误差的因素有:测量误差、机床进给机构的位移误差及试切时与正式切削时切削层厚度不同的影响。

2) 调整法

采用调整法对工艺系统进行调整时,也要以试切为依据。因此,上述影响试切法调整精度的因素,同样对调整法也有影响。此外,影响调整精度的因素还有:用定程机构调整时,调整精度取决于行程挡块、靠模及凸轮等机构的制造精度和刚度以及与其配合使用的离合器、控制阀等的灵敏度;用样件或样板调整时,调整精度取决于样件或样板的制造、安装和对刀精度。

10.3 工艺系统的受力变形

10.3.1 工艺系统受力变形现象

机械加工过程中,工艺系统在切削力、夹紧力、传动力、重力及惯性力等外力作用下会产生变形,破坏了已调整好的刀具和工件之间的正确位置关系,使工件产生加工误差。例如,在车床上车削用顶尖装夹的细长轴(不用跟刀架或中心架),会产生中间粗两头细腰鼓形的圆柱度误差,如图10-11所示。再如,用三爪自定心卡盘夹持薄壁套筒工件加工内孔,使加工后的工件内孔出现了三棱圆的圆度形状误差,如图10-12所示。

由此可见,工艺系统受力变形不仅严重地影响工件的加工精度,而且还影响工件的加工表面质量,限制生产率的提高。

为了便于描述工艺系统受力变形对加工精度的影响,下面先介绍刚度的概念。

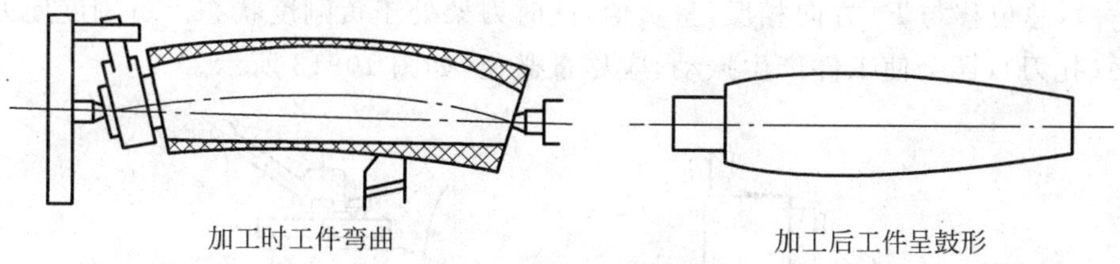

图 10-11　工艺系统受力变形产生加工误差

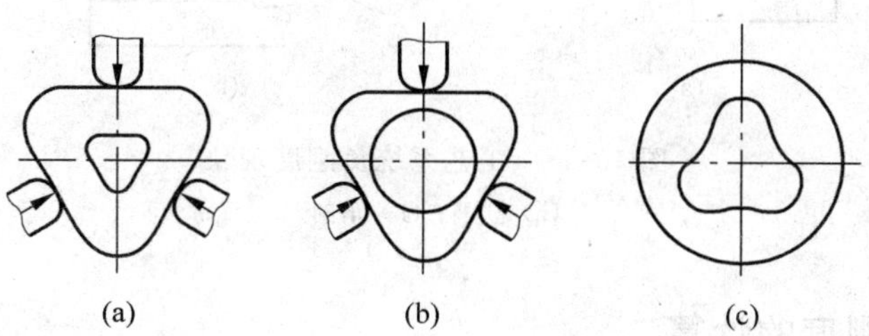

图 10-12　三爪自定心卡盘夹持薄壁工件变形产生加工误差

10.3.2　工艺系统的刚度

1. 基本概念

刚度的一般概念是指物体或系统抵抗变形的能力。用加到物体的作用力与沿此作用力方向上产生的变形量的比值表示，即

$$K = \frac{F}{y} \tag{10-5}$$

式中：K——静刚度，N/mm；

F——作用力，N；

y——沿作用力方向的变形量，mm。

K 越大，物体或系统抵抗变形能力越强，加工精度就越高。

切削加工过程中，在各种外力作用下，工艺系统各部分将在各个受力方向上产生相应变形。对于工艺系统受力变形，主要研究误差敏感方向上的变形量。因此，工艺系统刚度定义为：作用于工件加工表面法线方向上的切削力与刀具在切削力作用下相对于工件在法线方向位移的比值，即

$$K_{xt} = \frac{F_y}{y_{xt}} \tag{10-6}$$

式中：K_{xt}——工艺系统刚度，N/mm；

F_y——作用于工件加工表面法线方向上的切削力，N；

y_{xt}——工艺系统总的变形量，mm。

在上述工艺系统刚度定义中，力和变形是在静态下测定的，K_{xt} 为工艺系统静刚度；变形量 y_{xt} 是由总切削力作用的综合结果，当主切削力 F_C 引起 y 方向位移超出 F_y 引起的位移

时($y_z > y_y$),总位移与 F_y 方向相反,呈负值,此时刀架处于负刚度状态。负刚度使刀尖扎入工件表面(扎刀),还会使工件产生振动,应尽量避免,如图10-13所示。

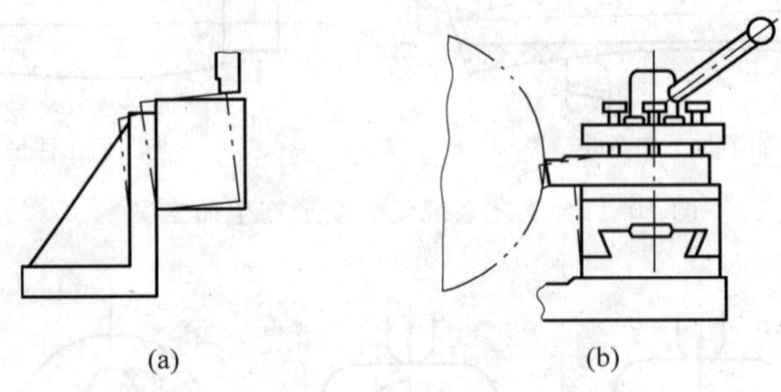

图10-13 工艺系统负刚度现象
(a) 刨削;(b) 车削

2. 工艺系统刚度的计算

工艺系统的总变形量 y_{xt} 应是各个组成环节在同一处的法向变形的叠加,即

$$y_{xt} = y_{jc} + y_{jj} + y_d + y_g$$

根据刚度定义,工艺系统各组成环节的刚度为

$$K_{jc} = \frac{F_y}{y_{jc}}, \quad K_{jj} = \frac{F_y}{y_{jj}}, \quad K_d = \frac{F_y}{y_d}, \quad K_g = \frac{F_y}{y_g}$$

所以工艺系统刚度一般公式为

$$K_{xt} = \frac{1}{\frac{1}{K_{jc}} + \frac{1}{K_{jj}} + \frac{1}{K_d} + \frac{1}{K_g}} \tag{10-7}$$

其中:y_{xt}——工艺系统总的变形量,mm;

K_{xt}——工艺系统刚度,N/mm;

y_{jc}——机床变形,mm;

K_{jc}——机床刚度,N/mm;

y_{jj}——夹具变形,mm;

K_{jj}——夹具刚度,N/mm;

y_d——刀具变形,mm;

K_d——刀具刚度,N/mm;

y_g——工件变形,mm;

K_g——工件刚度,N/mm。

公式(10-7)表明,已知工艺系统各组成环节的刚度,即可求得工艺系统刚度。对于工件和刀具,一般说来都是一些简单构件,可用材料力学公式近似计算。如车刀的刚度可以按悬臂梁计算;用三爪自定心卡盘夹持工件,工件的刚度可以按悬臂梁计算;用顶尖加工细长轴,工件的刚度可以按简支梁计算等。对于机床和夹具,结构比较复杂,通常用实验法测定其刚度。

10.3.3　工艺系统受力变形对加工精度的影响

1. 切削力作用点位置变化引起的工件形状误差

以车床两顶尖间加工光轴为例，假定切削过程中切削力大小保持不变，F_y＝常量；车刀悬伸很短，受力变形忽略，$y_d \approx 0$；把顶尖、刀架都看成是机床的一部分。因此工艺系统的总变形为

$$y_{xt} = y_{jc} + y_g$$

1）机床的变形

如图 10-14(a)所示，假定车削粗而短的光轴，工件的刚度很好，即 $y_{工件} \approx 0$，则有

$$y_{xt} = y_{jc}, \quad K_{xt} = K_{jc}$$

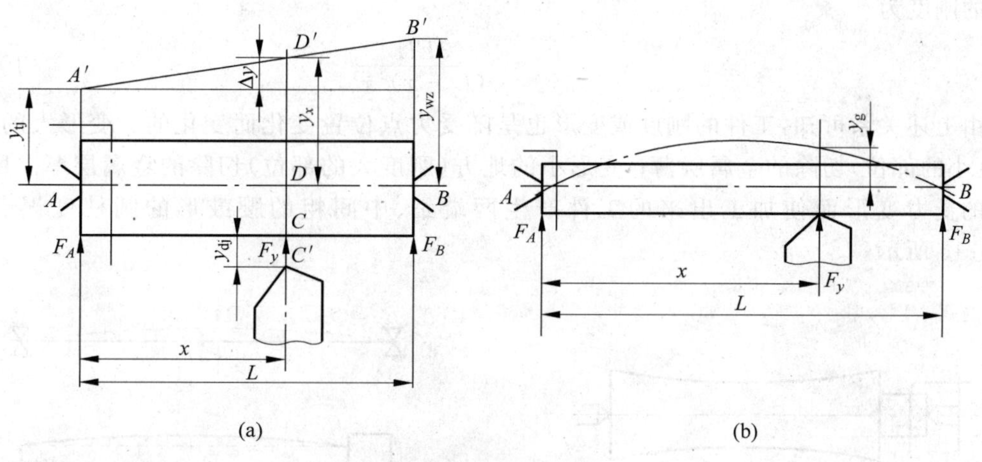

图 10-14　工艺系统变形随受力点变化而变化

(a) 车削短轴；(b) 车削细长轴

工艺系统的总变形 y_{xt} 取决于车床床头箱、尾座(包括顶尖)、刀架的变形。若主轴箱和尾座的刚度分别为 K_{tj}、K_{wz}，则主轴箱和尾座的变形可用下式表示：

$$y_{tj} = \frac{F_A}{K_{tj}} = \frac{F_y}{K_{tj}}\left(\frac{L-x}{L}\right), \quad y_{wz} = \frac{F_B}{K_{wz}} = \frac{F_y}{K_{wz}}\left(\frac{x}{L}\right)$$

式中：F_A、F_B——F_y 作用于切削点 x 处引起的主轴箱、尾座处的作用力，N。

由图 10-14(a)所示的几何关系可得

$$\begin{aligned} y_x &= y_{tj} + \Delta y = \frac{F_y}{K_{tj}}\left(\frac{L-x}{L}\right) + \left[\frac{F_y}{K_{wz}}\left(\frac{x}{L}\right) - \frac{F_y}{K_{tj}}\left(\frac{L-x}{L}\right)\right]\frac{x}{L} \\ &= \left(\frac{x}{L}\right)^2 \frac{F_y}{K_{wz}} + \left(\frac{L-x}{L}\right)^2 \frac{F_y}{K_{tj}} \end{aligned}$$

若刀架的刚度为 K_{dj}，F_y 作用于切削点 x 处引起的刀架的变形为 y_{dj}，则按上述切削条件机床工艺系统的总变形：

$$Y_{jc} = y_x + y_{dj} = F_y\left[\frac{1}{K_{dj}} + \left(\frac{x}{L}\right)^2 \frac{1}{K_{wz}} + \left(\frac{L-x}{L}\right)^2 \frac{1}{K_{tj}}\right] \tag{10-8}$$

机床的刚度为

$$K_{jc}=\frac{1}{\frac{1}{K_{dj}}+\left(\frac{x}{L}\right)^2\frac{1}{K_{wz}}+\left(\frac{L-x}{L}\right)^2\frac{1}{K_{tj}}} \tag{10-9}$$

由上述关系可知,机床的刚度或变形是随受力点位置而变化的。变形大的地方(刚度小的部位)切除的金属层薄;变形小的地方(刚度大的部位)切除的金属层厚。所以,机床受力变形使加工出来的工件产生两端粗、中间细的鞍形的圆柱度误差,如图10-15所示。

2) 工件的变形

如图10-14(b)所示,在两顶尖间车削细长轴。假设机床的变形很小,即 $y_{jc}\approx 0$,则

$$y_{xt}=y_g,\quad K_{xt}=K_g$$

把工件看成简支梁,根据材料力学的计算公式,其切削点 x 处的变形量为

$$y_g=\frac{F_y}{3EI}\cdot\frac{(L-x)^2x^2}{L} \tag{10-10}$$

工件的刚度为

$$K_g=\frac{F_y}{y_g}=\frac{3EIL}{(L-x)^2x^2} \tag{10-11}$$

由上述关系可知,工件的刚度或变形也是随受力点位置变化而变化的。变形大的地方(刚度小的部位)切除的金属层薄;变形小的地方(刚度大的部位)切除的金属层厚。所以,工件的受力变形而使加工出来的工件产生两端细、中间粗的腰鼓形的圆柱度误差,如图10-16所示。

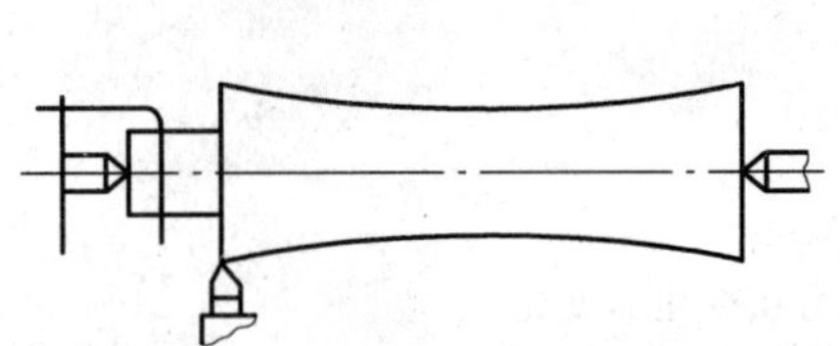

图10-15 机床变形引起鞍形圆柱度误差

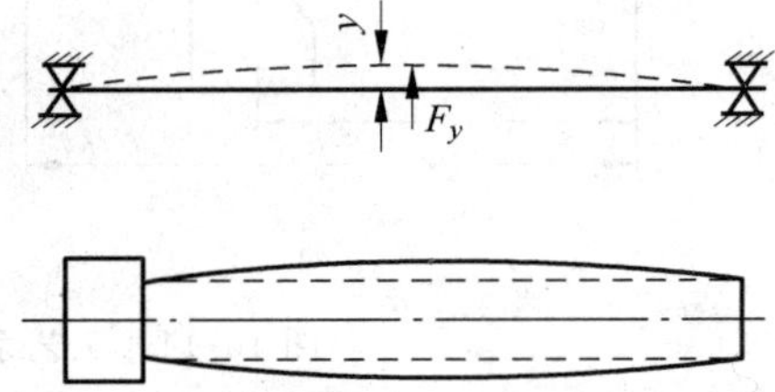

图10-16 工件变形引起腰鼓形圆柱度误差

3) 工艺系统的变形和刚度

$$y_{xt}=y_{jc}+y_g=F_y\left[\frac{1}{K_{dj}}+\frac{1}{K_{tj}}\left(\frac{L-x}{L}\right)^2+\frac{1}{K_{wz}}\left(\frac{x}{L}\right)^2+\frac{(L-x)^2x^2}{3EIL}\right] \tag{10-12}$$

$$K_{xt}=\frac{1}{\frac{1}{K_{dj}}+\frac{1}{K_{tj}}\left(\frac{L-x}{L}\right)^2+\frac{1}{K_{wz}}\left(\frac{x}{L}\right)^2+\frac{(L-x)^2x^2}{3EIL}} \tag{10-13}$$

可见,工艺系统刚度随受力点位置变化而变化。当测得了车床床头箱、尾座、刀架的刚度,确定了工件的材料和尺寸,就可按 x 值,估算出车削圆轴时工艺系统的刚度(或变形)。工艺系统刚度随受力点位置变化而变化的例子很多,如立式车床、龙门刨床、铣床,都可仿照上述方法分析。

2. 切削力大小变化引起的加工误差

假定在车床上加工短轴,K_{xt} 为常数,由于被加工表面的形位误差或材料硬度不均匀而引起切削力变化,使受力变形不一致而产生加工误差。

如图 10-17 所示，车削一个有椭圆形的圆度误差的短圆柱毛坯，车削时背吃刀量在 $a_{p2} \sim a_{p1}$ 之间变化。因此切削分力 F_y 也随着切削深度 a_p 的变化由最小(F_{y2})变到最大(F_{y1})，工艺系统将产生相应的变形，由 y_2 变到 y_1 即刀尖相对于工件在法线方向的位移变化，工件转一周，工艺系统变形不同，加工后工件表面仍有椭圆形的圆度误差。

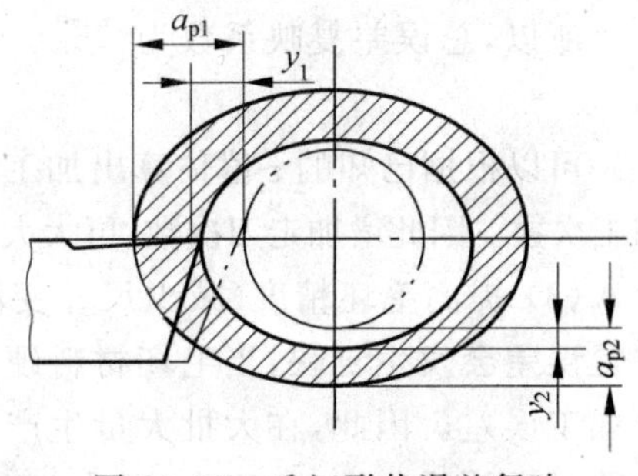

图 10-17 毛坯形状误差复映

1) 误差复映规律

有误差(形状或位置误差)的工件毛坯，再次加工后，其误差仍以与毛坯相似的形式、不同程度地再次反映在新加工表面上，这种现象称为误差复映规律。

工件误差对毛坯误差的复映程度用误差复映系数 ε 表示，其为工件误差 Δ_g 与毛坯误差 Δ_m 的比值，即

$$\varepsilon = \frac{\Delta_g}{\Delta_m}$$

以车削为例，毛坯误差

$$\Delta_m = a_{p1} - a_{p2}$$

车削后工件的圆度误差

$$\Delta_g = y_1 - y_2$$

根据切削力的经验公式(2-12)，在材料硬度均匀，刀具几何形状、切削条件一定的情况下，对于一般车刀，$x_{F_y} = 1$，则

$$F_{y1} = Ca_{p1}, \quad F_{y2} = Ca_{p2}$$

式中：C——径向切削力系数。

由此引起工艺系统的受力变形为

$$y_1 = \frac{F_{y1}}{K_{xt}} = \frac{Ca_{p1}}{K_{xt}}, \quad y_2 = \frac{F_{y2}}{K_{xt}} = \frac{Ca_{p2}}{K_{xt}}$$

工件误差为

$$\Delta_g = y_1 - y_2 = \frac{C}{K_{xt}}(a_{p1} - a_{p2}) = \frac{C}{K_{xt}}\Delta_m$$

所以

$$\varepsilon = \frac{\Delta_g}{\Delta_m} = \frac{C}{K_{xt}} \tag{10-14}$$

复映系数定量地反映了毛坯误差经过加工减少的程度，它与工艺系统的刚度成反比，与径向切削力系数 C 成正比。

2) 降低复映误差的主要工艺措施

(1) 提高工艺系统刚度　根据

$$\varepsilon = \frac{\Delta_g}{\Delta_m} = \frac{C}{K_{xt}}$$

K_{xt} 越大，ε 越小，Δ_g 越小，所以提高工艺系统刚度是降低误差复映的一个有效措施。

(2) 增加走刀次数　因为 $\varepsilon < 1$，设每次走刀的误差复映系数为 $\varepsilon_1, \varepsilon_2, \cdots, \varepsilon_n$，则

$$\Delta_{g1} = \varepsilon_1 \Delta_m, \quad \Delta_{g2} = \varepsilon_2 \Delta_{g1} = \varepsilon_1 \varepsilon_2 \Delta_m, \quad \cdots, \quad \Delta_{gn} = \varepsilon_1 \varepsilon_2 \cdots \Delta_m$$

所以，总误差复映系数为

$$\varepsilon_{\Sigma} = \varepsilon_1\varepsilon_2\cdots\varepsilon_n \ll 1$$

可以根据已知的 ε 值估算出加工后的工件误差，或根据工件的公差值与毛坯误差值确定加工次数。因此增加走刀次数，可大大降低工件的复映误差。但走刀次数太多，会降低生产率。

(3) 提高毛坯精度(减少尺寸变动范围)和材质的均匀性，可降低复映误差。不仅形状、位置误差会发生复映，当毛坯材料硬度不均匀或有硬质点的存在，同样会因切削力变化而产生加工误差。因此，在大批大量生产中，毛坯精度的控制已经受到重视，还可以通过热处理改善材质的均匀性(如正火、退火、调质)。

3. 切削过程中受力方向变化引起的工件形状误差

切削加工中高速旋转的零部件(含夹具、工件和刀具等)不平衡将产生离心力 F_Q。F_Q 在每一转中不断改变方向，因此，它在 y 方向的分力大小的变化，就会使工艺系统的受力变形也随之变化而产生误差。如图 10-18 所示。

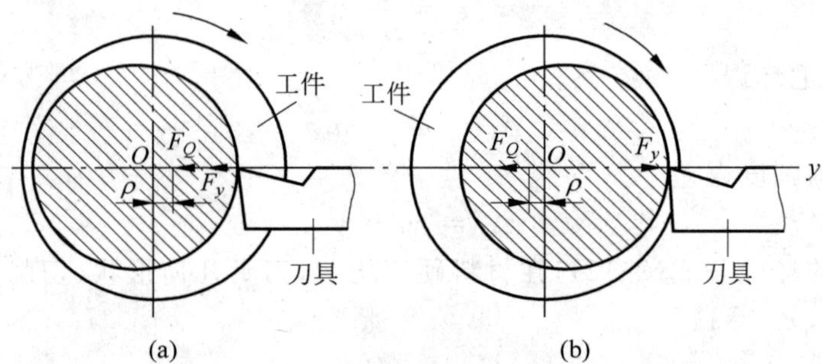

图 10-18　惯性力所引起的加工误差

车削一个不平衡工件，当离心力 F_Q 与 F_y 反向时，将工件推向刀具，使背吃刀量增加；当 F_Q 与 F_y 同向时，工件被拉离刀具，使背吃刀量减小。其结果会造成工件的圆度误差。

4. 其他力引起的加工误差

(1) 夹紧力引起的加工误差　工件在装夹过程中，由于刚度较低或着力点不当，都会引起工件变形，造成加工误差。特别是薄壁套、薄板件，易产生此类加工误差。

(2) 重力引起的加工误差　在工艺系统中，由于零部件的自重也会引起变形。例如龙门刨床、龙门铣床刀架导轨横梁的变形，铣镗床镗杆伸长而下垂变形等，都会造成工件的加工误差。

10.3.4　减少工艺系统受力变形的措施

减少工艺系统受力变形，是机械加工中保证产品质量和提高生产率的主要途径之一。根据生产实际情况，可采取以下几方面措施。

1. 提高接触刚度

由于部件的接触刚度低于实体零件本身刚度，所以提高接触刚度是提高工艺系统刚度的关键。常用的方法是改善工艺系统主要零件接触面的配合质量,如机床导轨副、锥体与锥孔、顶尖与中心孔等配合面采用刮研与研磨,以提高配合表面的形状精度,减小表面粗糙度,使实际接触面积增加,从而有效地提高接触刚度。

提高接触刚度的另一措施是在接触面间预加载荷,这样可以消除配合面间的间隙,增加接触面积,减少受力后的变形。如机床主轴部件轴承常采用预加载荷的办法进行调整。

2. 提高工件刚度

在机械加工中,由于工件本身的刚度较低,特别是叉类件、细长轴等零件,容易变形。此时,如何提高工件的刚度是提高加工精度的关键。其主要措施是缩小切削力的作用点到支承之间的距离,以增大工件切削时的刚度。图 10-19 所示为车削细长轴时采用跟刀架或中心架增加支承,以提高工件刚度的示例。

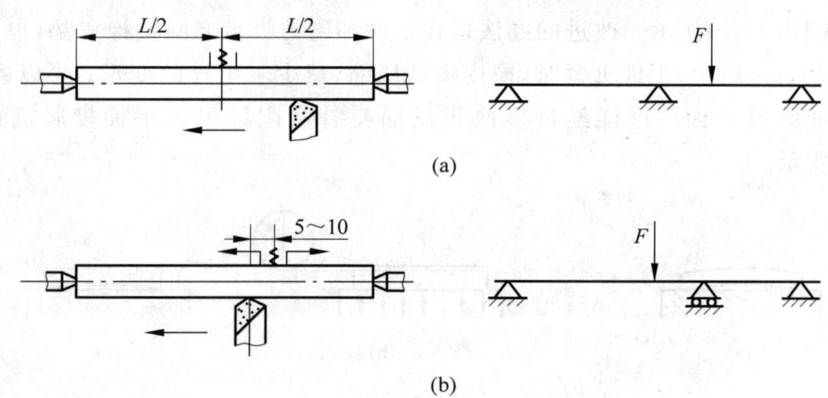

图 10-19 增加支承以提高工件的刚度

3. 提高机床部件的刚度

在切削加工中,有时由于机床部件刚度低而产生变形和振动,影响加工精度和生产率的提高。此时可以用加强杆或导向支承套提高机床部件的刚度,如图 10-20 所示。图 10-20(a)所示为在转塔车床上采用固定导向支承套,图 10-20(b)所示为采用转动导向支承套,用加强杆和导向支承套提高机床部件的刚度。

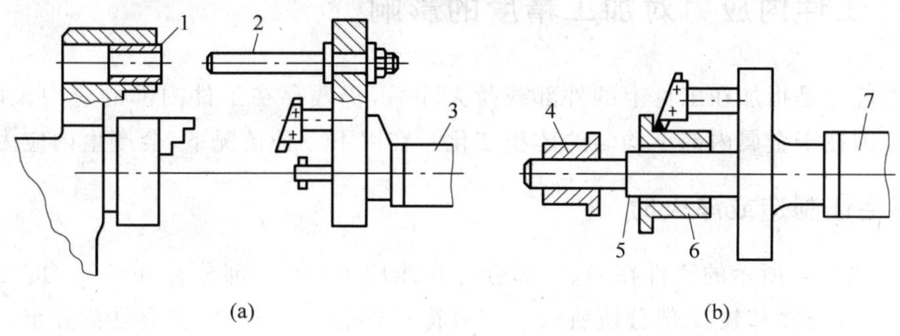

图 10-20 提高机床部件刚度的装置

1—固定导向支承套;2,5—加强杆;3,7—六角刀架;4—转动导向支承套;6—工件

4. 合理装夹工件以减少夹紧变形

加工薄壁件时,由于工件刚度低,解决夹紧变形的影响是关键问题之一。

加工薄壁套筒零件时,为了减少工件夹紧变形,提高加工精度,可以采取如下措施:增大接触面积,使各点受力均匀,如图10-21(a)所示为采用开口过渡环,图10-21(b)所示为采用专用卡爪;还可采用轴向夹紧或采用弹性套筒夹紧。

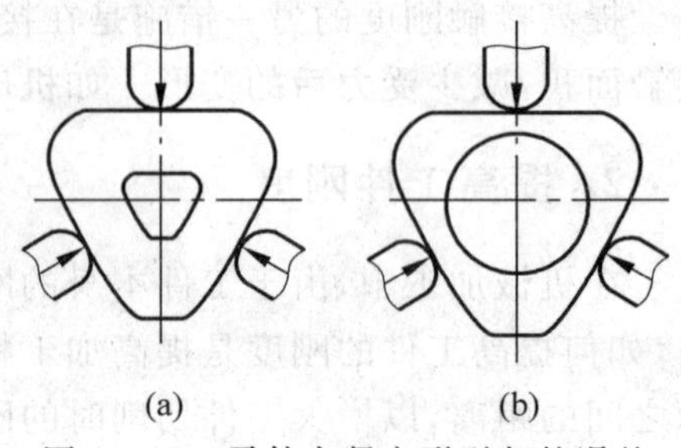

图10-21 零件夹紧变形引起的误差

图10-22所示为磨削薄板工件,当磁力将工件吸向工作台表面时,工件将产生弹性变形,如图10-22(a)、(b)所示;磨完后,由于弹性恢复,已磨完的表面又产生翘曲,如图10-22(c)所示。改进的办法是在工件和磁力吸盘之间垫橡皮垫(厚0.5 mm),如图10-22(d)、(e)所示,工件夹紧时,橡皮垫被压缩,减少了工件的变形;再以磨好的一面作为定位基准磨另一面。这样经过多次正反面交替磨削即可得平面度较高的平面,如图10-22(f)所示。

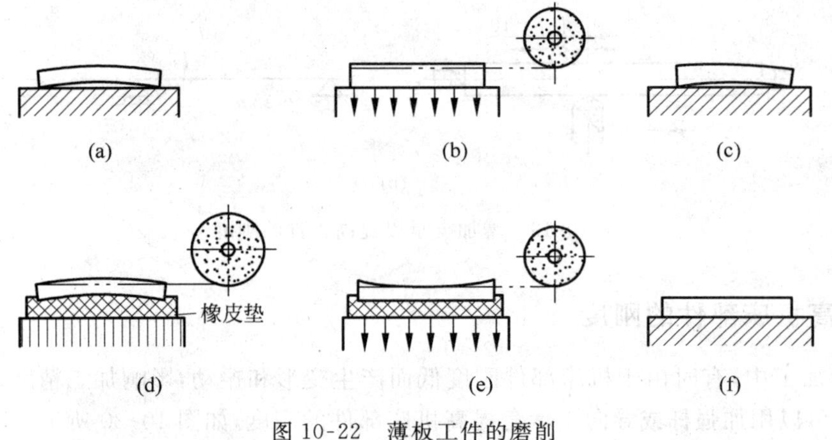

图10-22 薄板工件的磨削

10.3.5 工件内应力对加工精度的影响

工件内应力是指加在工件上的外部载荷去除后,仍残存在工件内部的应力。内应力产生的本质原因在于金属内部不均匀的体积变化。在以下三种情况下,会产生内应力。

1. 在毛坯制造或淬火时

如图10-23(a)所示的铸件在A、C部分存在压应力,在B部分存在拉应力。这是因为浇铸后,A、C部分冷却较B部分快所致。如果将C部分开一缺口,应力重新分布,则工件会产生如图10-23(b)所示的弯曲变形。

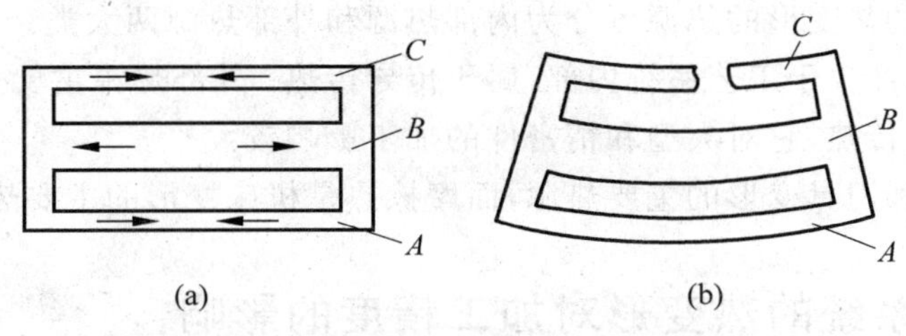

图 10-23　铸件内应力的产生及变形

2. 在对细长轴类进行冷校直时

车削后的细长轴存在上凸的弯曲变形，加一外载 F_p 对其进行冷校直，如图 10-24(a)所示，此时，在截面上半部为压应力，下半部为拉应力，如图 10-24(b)所示；撤去外载荷 F_p，则内应力重新分布，如图 10-24(c)所示。

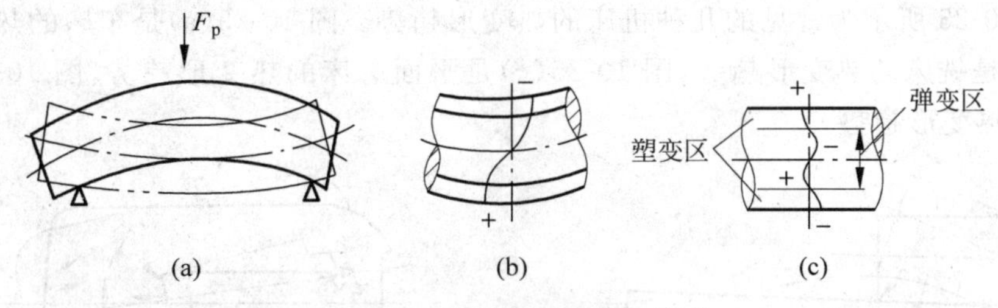

图 10-24　冷校直引起的内应力

3. 金属切削带来的内应力

工件表面在切削力作用力下，也会出现不同程度的塑性变形和金属组织的变化而引起局部体积改变，因而产生内应力。这种内应力的分布情况由加工时的各种工艺因素所决定。

存在内应力的零件的金属组织，即使在常温下，其内应力也会缓慢而不断地变化，直到内应力消失为止。在变化过程中，零件的形状将逐渐改变，使原有的加工精度逐渐消失。

10.4　工艺系统的热变形

在机械加工过程中，工艺系统会受到各种热源的影响而产生热变形，从而破坏刀具与工件的正确几何关系和运动关系，造成工件的加工误差。据统计，在精密加工中，由于热变形引起的加工误差约占总加工误差的 40%～70%。高效、高精度、自动化加工技术的发展，使工艺系统热变形问题变得更加突出。

10.4.1　工艺系统的热源

热总是由高温处向低温处传递的。热的传递方式有三种：传导传热、对流传热和辐射传热。

引起工艺系统的热变形的热源可分为内部热源和外部热源两大类。内部热源主要指切削热和摩擦热,它们产生于工艺系统内部,属于传导传热;外部热源主要是指环境温度和各种热辐射,属于对流传热,它对大型和精密件的加工影响较大。

切削热是工件和刀具变形的主要热源,而摩擦热是机床变形的主要热源。

10.4.2 工艺系统的热变形对加工精度的影响

1. 机床的热变形对加工精度的影响

由于各种机床的结构不同,热量分布不均匀,从而使各部件产生的热变形不同,所以各种机床对于工件加工精度的影响方式和影响结果也各不相同。

对于车、铣、钻、镗类机床,主轴箱中的齿轮摩擦发热、轴承的摩擦发热、主轴箱中油池的发热是其主要热源,这些热使主轴箱及与其相结合的床身或立柱的温度升高而产生较大的热变形,图 10-25 所示为常见的几种机床的热变形趋势。图 10-25(a)是车床的热变形趋势,图 10-25(b)是铣床的热变形趋势,图 10-25(c)是平面磨床的热变形趋势,图 10-25(d)是双端面磨床的热变形趋势。

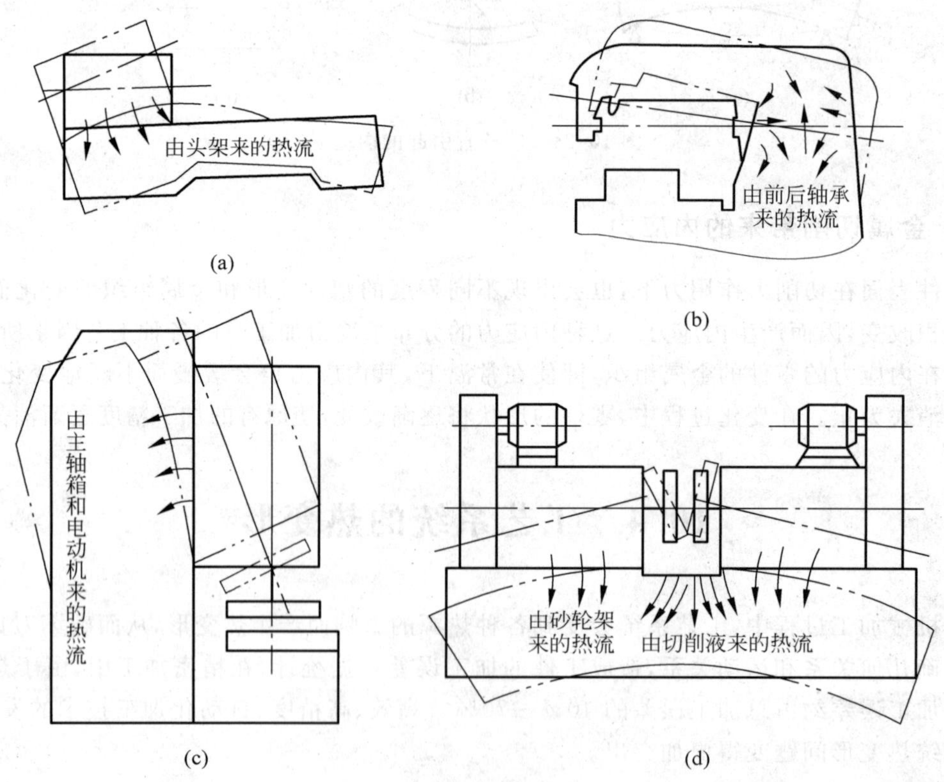

图 10-25 几种机床的热变形趋势

对于龙门刨床、导轨磨床等大型机床,由于床身较长,如导轨面与底面间稍有温差,就会产生较大的弯曲变形,故床身的热变形是影响加工精度的主要因素,摩擦热和环境温度是其主要热源。例如一台长 12 m、高 0.8 m 的导轨磨床的床身,若导轨面与床身底面温差为 1℃

时，其弯曲变形量可达 0.22 mm。床身上下表面产生温差的原因，不仅是由于工作台运动时导轨面摩擦发热所致，环境温度的影响也是主要原因。例如在夏天，地面温度一般低于车间室温，因此床身中凸；冬天则地面温度高于车间室温，因此床身中凹。

2. 工件的热变形对加工精度的影响

工件在加工中产生的热变形，主要由于切削热引起，它改变了被切削表面相对于刀具的预定位置，从而造成加工误差。工件的热变形主要有均匀受热和不均匀受热两种情况。

1）工件均匀受热

对于形状比较简单的轴、套、盘类工件的内外圆加工，切削热比较均匀传入工件，可以认为整个零件温升是相同的，其热变形可按物理学计算热膨胀公式求出。

直径上的热变形量（扩大量）：

$$\Delta D = \alpha D \Delta T \tag{10-15}$$

长度上的热变形量（伸长量）：

$$\Delta L = \alpha L \Delta T \tag{10-16}$$

式中：α——工件材料的热膨胀系数；

ΔT——工件的温升，℃。

工件受热均匀的情况下，其热变形主要影响工件的尺寸精度，有时也会引起形状误差。例如当工件在两固定顶尖上定位加工时，其伸长量将使工件产生压应力，从而使工件产生腰鼓形的圆柱度误差。

一般说来，工件的热变形在精加工中比较突出，特别是长度尺寸大而精度要求高的零件。精密丝杠的螺纹磨削就是一个突出的例子，若加工 6 级精度的丝杠，丝杠长度 $L=3$ m，$\alpha=12\times10^{-6}$，每磨一次温升为 3℃，则丝杠的伸长量为

$$\Delta L = 12\times10^{-6}\times3000\times3\text{ mm} = 0.108\text{ mm}$$

而 6 级精度的丝杠的螺距累积误差在全长上不允许超过 0.02 mm，由此可见热变形的严重性。

2）工件不均匀受热

板类工件单面加工（如铣、刨、磨平面）时，如薄板零件（摩擦片）及大型平板零件（床身导轨零件），单面受切削热的作用，上下表面之间形成温差 ΔT，导致工件出现弯曲变形（中凸变形），在这种变形状态下加工，待工件冷却后，则加工面产生中凹的平面度、直线度误差。

磨削长 L，厚 h 的板类零件，其热变形挠度 y 根据图 10-26 所示几何关系分析计算如下：由于中心角 φ 很小，故中性层的弦长可近似视为原长 L，则

$$y \approx \frac{L}{2}\sin\frac{\varphi}{4} \approx \frac{L\varphi}{8}$$

又由于$(\overline{OD}+h)\varphi-\overline{OD}\varphi=\alpha L\Delta T$，所以

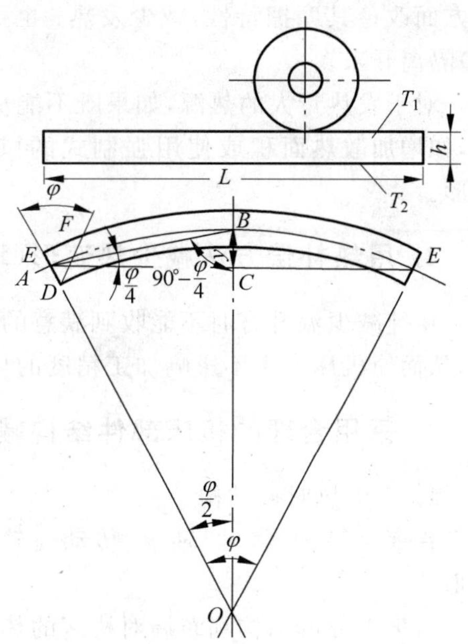

图 10-26　工件单面受热时的弯曲变形计算

$$y=\frac{\alpha L^{2}}{8h}\Delta T \tag{10-17}$$

3. 刀具的热变形对加工精度的影响

刀具的热变形主要是由切削热引起的,传给刀具的热量虽不多,但由于刀具体积小、热容量小且热量又集中在切削部位,因此切削部位仍会产生很高的温升。如高速钢刀具车削时刃部的温度可高达700~800℃,刀具的热伸长量可达0.03~0.05 mm。因此其影响不可忽略。

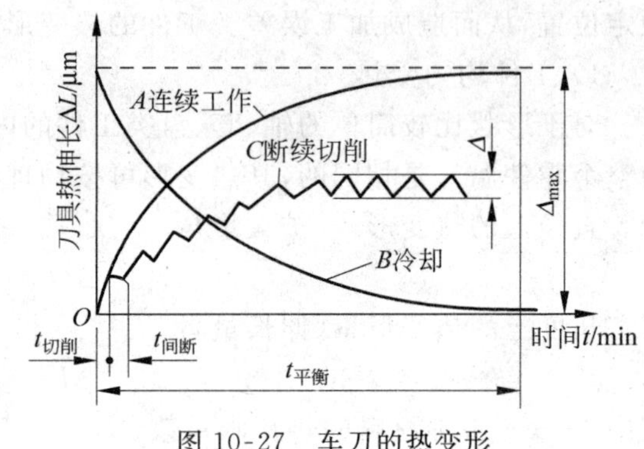

图 10-27 车刀的热变形

图10-27所示为车削时车刀的热伸长量与切削时间的关系。连续车削时,车刀的热变形情况如曲线A,经过10~20 min,即可达到热平衡,车刀的热变形影响很小;当停止车削后,刀具冷却变形过程如曲线B;断续车削时,变形曲线如曲线C。因此,在开始切削阶段,其热变形显著;达到热平衡后,对加工精度的影响则不明显。

10.4.3 减少工艺系统热变形的措施

1. 减少热源的发热

凡是可能分离出去的热源,如电动机、变速箱、液压系统、冷却系统等,均应移出机床。对于不能分离的热源,如主轴轴承、丝杠螺母副、高速运动的导轨副等,则可以从结构、润滑等方面改善其摩擦特性,减少发热;也可用隔热材料将发热部件和机床大件(如床身、立柱等)隔离开来。

对于发热量大的热源,如果既不能从机床内移出,又不便隔热,则可采用有效的冷却措施,如增加散热面积或使用强制式的风冷、水冷、循环润滑等,控制机床的局部温升和热变形。

2. 用热补偿方法减少热变形(均衡温度场)

单纯减少温升有时不能收到满意的效果,可采用热补偿的方法使机床的温度场比较均匀,从而使机床产生不影响加工精度的均匀变形。

3. 采用合理的机床部件结构减少热变形的影响

1)采用热对称结构

在变速箱中,将轴、轴承、传动齿轮尽量对称布置,可使箱壁温升均匀,从而减少箱体变形。

机床大件的结构和布局对机床的热态特性有很大影响。以加工中心为例,在热源的影响下,单立柱结构的机床会产生相当大的扭曲变形;而双立柱结构的机床由于左右对称,仅产生垂直方向的热位移，很容易通过调整的方法予以补偿。因此双立柱结构的机床的热变形比单立柱结构的机床小得多。

2）合理选择机床部件的装配基准

图 10-28 所示为车床主轴箱在床身上的两种不同的定位方式。因主轴部件是车床主轴箱的主要热源，故在图 10-28(a)中，主轴轴心线相对于装配基准 H 而言，主要在 z 方向产生热位移，对加工精度影响较小；而在图 10-28(b)中，y 方向的受热变形对加工精度的影响较大。

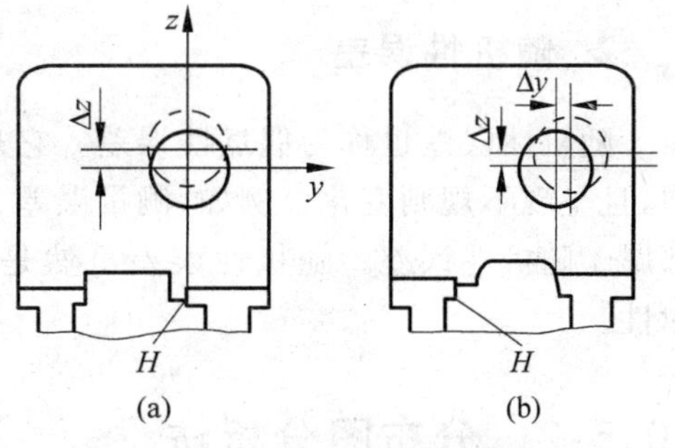

图 10-28　车床主轴箱定位面位置对热变形的影响

4. 加速达到工艺系统的热平衡状态

对于精密机床特别是大型机床，达到热平衡的时间较长。为了缩短这个时间，可以在加工前，使机床高速空运转，或在机床的适当部位设置控制热源，人为地给机床加热，使之较快达到热平衡状态，然后进行加工。基于同样原因，精密机床应尽量避免中途停车。

5. 控制环境温度

精密机床一般在恒温车间中使用。恒温室平均温度一般为±20℃，其恒温精度一般控制在±1℃，精密级为±0.5℃。

10.5　加工误差的统计分析

工件的加工误差是多种原始误差影响的综合结果。前面分析了各种原始误差对于工件加工误差的影响规律。在生产实际中，影响加工精度的因素往往是错综复杂的，需要用数理统计的方法来找出主要影响因素，寻求解决问题的途径。

10.5.1　加工误差的统计性质

根据统计性质的不同，加工误差可以分为系统性误差和随机性误差。

1. 系统性误差

系统性误差又分为常值系统性误差和变值系统性误差两大类。

(1) 常值系统性误差　在一批工件的加工过程中误差的大小、方向不变。例如原理误差、机床或夹具的制造误差、工艺系统静态变形、机床一次调整情况下的调整误差等都属于常值系统误差。

(2) 变值系统性误差　在一批工件的加工过程中误差的大小、方向按一定的规律变化。例如，一般刀具的磨损误差、热平衡之前的热变形误差等都属于变值系统性误差。

2. 随机性误差

随机性误差也称为偶然性误差。它是指在一批工件的加工过程中,误差的大小、方向不同,且呈现不规则变化。例如,测量误差、工件的定位误差、复映误差、内应力引起的变形等,都属于随机性误差。随机性误差虽然是不规则的变化,但是随机误差满足一定的统计规律性。

10.5.2 分布图分析法

1. 直方图

分布图是表明一批工件尺寸分布情况的曲线,也称为分布曲线。它是由直方图转化过来的。表10-1是磨削一批轴径为 $\phi50^{+0.06}_{+0.01}$ mm 的工件,经实测后的尺寸。

表 10-1　轴径尺寸实测值

μm

44	20	46	32	20	40	52	33	40	25	43	38	40	41	30	36	49	51	38	34
22	46	38	30	42	38	27	49	45	45	38	32	45	48	28	36	52	32	42	38
40	42	38	52	38	36	37	43	28	45	36	50	46	38	30	40	44	34	42	37
22	28	34	30	36	32	35	22	40	35	36	42	46	42	50	40	36	20	16	53
32	46	20	28	46	28	54	18	32	33	26	46	47	36	38	30	49	18	38	38

注:表中数据为实测尺寸与基本尺寸之差。

图10-29是对应于表10-1数据的直方图。其中,横坐标表示实测尺寸与基本尺寸之差,纵坐标表示频率密度。由直方图的各矩形顶端的中心点连成曲线,就可给出一条中间凸起,两边逐渐降低的实际分布曲线。工件的数目越多,则实际分布曲线越光滑。由此曲线可

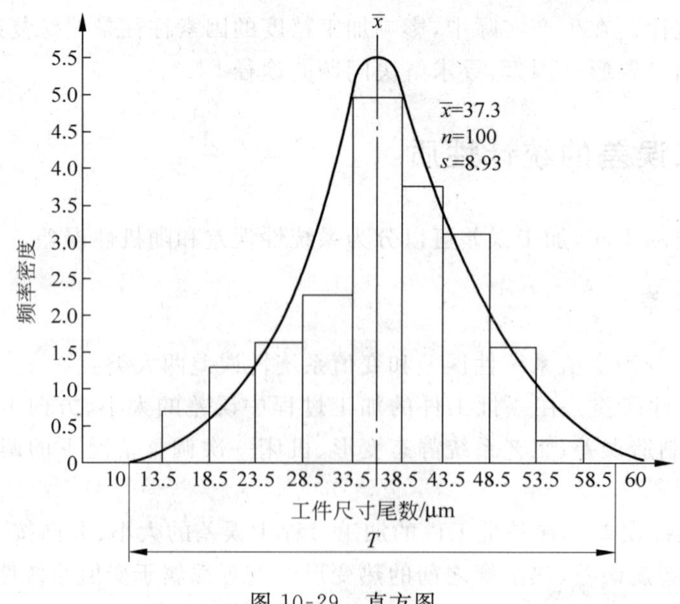

图 10-29　直方图

知，该批工件的尺寸分散范围大部分居中，偏大、偏小者较少。如果要进一步研究该工件的加工精度问题，必须研究频率密度与加工尺寸之间的联系，而理论分布曲线的应用会使这种分析更方便。

2. 正态分布曲线

大量的试验、统计、分析表明，当一批工件总数极多，加工中的误差是由许多相互独立的因素引起的，同时这些因素中又都没有任何优势的倾向时，则其尺寸分布曲线呈正态分布的形式。图 10-30 即为一条正态分布曲线。

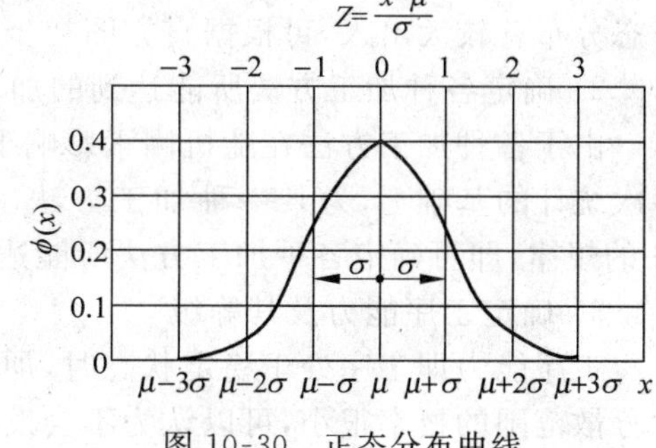

图 10-30　正态分布曲线

正态分布曲线的概率密度函数为

$$\phi(x)=\frac{1}{\sigma\sqrt{2\pi}}\mathrm{e}^{-\frac{1}{2}\left(\frac{x-\mu}{\sigma}\right)^2} \qquad (10\text{-}18)$$

式中：$\phi(x)$——概率密度，工件分布在单位尺寸宽度上的概率；

x——工件尺寸；

μ——$\sum_{i=1}^{\infty}x_i p_i$，$p_i$ 为尺寸 x_i 的概率；

σ——均方差值。

在实际生产中，用样本平均值 $\overline{X}$ 代替 μ，用样本的 s 代替总体的均方差值 σ。

从正态分布图 10-30 上可看出下列特征：

(1) 曲线以 $x=\mu$ 直线为左右对称，靠近 μ 的工件尺寸出现概率较大，远离 μ 的工件尺寸出现的概率较小。

(2) 对 μ 的正偏差和负偏差，其概率相等。

(3) 分布曲线与横坐标所围成的面积包括全部零件数(100%)，故其面积等于 1；其中 $x-\mu=\pm3\sigma$(即在 $\mu\pm3\sigma$)范围内的面积占 99.73%，即 99.73%的工件尺寸落在 $\pm3\sigma$ 范围内，仅有 0.27%的工件在范围之外(可忽略不计)。因此，取正态分布曲线的分布范围为 $\pm3\sigma$。

$\pm3\sigma$(或 6σ)的概念，在研究加工误差时应用很广，是一个很重要的概念。6σ 的大小代表某种加工方法在一定条件(如毛坯余量，切削用量，正常的机床、夹具、刀具等)下所能达到的加工精度，所以在一般情况下，应该使所选择的加工方法的标准偏差 σ 与公差带宽度 T 之间具有下列关系：

$$6\sigma\leqslant T \qquad (10\text{-}19)$$

但考虑到系统性误差及其他因素的影响，应当使 6σ 小于公差带宽度 T，方可保证加工精度。

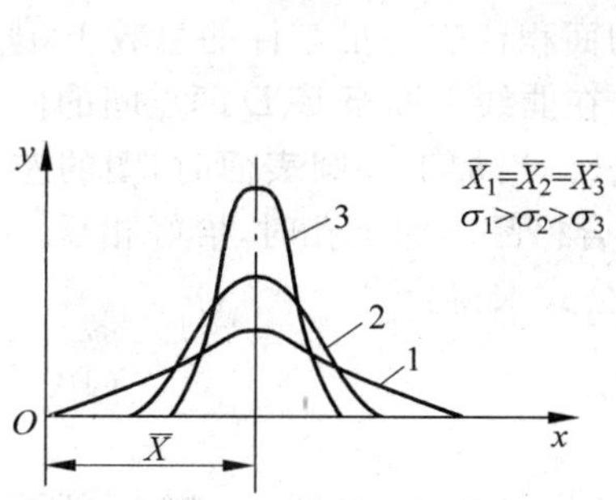

如果改变参数 $\mu=\overline{X}$(σ 保持不变)，则曲线沿 x 轴平移而不改变其形状。x 的变化主要是由常值系统性误差引起的。如果值 $\overline{X}$ 保持不变，当 σ 值减小时，则曲线形状陡峭；σ 增大时曲线形状平坦，如图 10-31 所示。σ 是由随机性误差决定的，随机性误差越大，则 σ 越大。

$\overline{X}_1=\overline{X}_2=\overline{X}_3$　$\sigma_1>\sigma_2>\sigma_3$

图 10-31　不同 σ 值的分布曲线

3. 分布图分析法的应用

1) 判别加工误差的性质

如前所述,假如加工过程中无变值系统性误差的影响,那么其尺寸分布应服从正态分布,这是判别加工误差性质的基本方法。如果实际分布与正态分布基本相符,加工过程中没有变值性系统误差(或影响很小),这时可进一步根据是否与公差带中心重合来判断是否存在常值系统性误差($\bar{X}$ 与公差带中心不重合就说明存在常值系统性误差)。如实际分布与正态分布有较大出入,可根据直方图初步判断变值系统性误差是何种类型。

2) 确定各种加工方法所能达到的加工精度

由于各种加工方法在随机因素影响下所得的加工尺寸服从正态分布规律,因而可以在多次统计的基础上,为某一种加工方法求得其标准偏差 σ 值。然后按尺寸分布范围等于 6σ 的规律,即可确定各种加工方法所能达到的加工精度。

3) 确定工序能力及其等级

工序能力即工序处于稳定状态时,加工误差正常波动的幅度。由于加工时误差超出尺寸分散范围的概率很小,可以认为不会发生加工误差,因此可以用该工序的尺寸分散范围来表示工序能力。当加工尺寸分布接近正态分布时,工序能力为 6σ。

工序能力等级是以工序能力系数来表示的,即工序能满足加工精度要求的程度。

当工序处于稳定状态时,工序能力系数 C_p 按下式计算:

$$C_p = \frac{T}{6\sigma} \tag{10-20}$$

式中:T——工件尺寸公差。

根据工序能力系数 C_p 的大小,共分为五级,如表 10-2 所示。

表 10-2　工序能力等级

工序能力系数	工序等级	说　明
$C_p>1.67$	特级	工艺能力过高,可以允许有异常波动,不一定经济
$1.67\geqslant C_p>1.33$	一级	工艺能力足够,可以允许有一定的异常波动
$1.33\geqslant C_p>1.00$	二级	工艺能力勉强,必须密切注意
$1.00\geqslant C_p>0.67$	三级	工艺能力不足,可能出现少量不合格品
$0.67\geqslant C_p$	四级	工艺能力很差,必须加以改进

4) 估计不合格率

如图 10-32(a)所示,正态分布曲线与 x 轴之间所包含的面积代表一批零件的总数 100%,如果尺寸分散范围大于零件的公差 T 时,则将有废品产生。在曲线下面至 C、D 两点间的面积(阴影部分)代表合格品的数量;而其余部分则为废品的数量。当加工外圆表面时,图的左边空白部分为不可修复的废品,而图的右边部分为可修复的不合格品。加工孔时,恰好相反。对于某一规定的(C,D)范围的曲线下的面积,可由下面的积分公式求得:

$$A = \frac{1}{\sigma\sqrt{2\pi}}\int_{x_C}^{x_D} \mathrm{e}^{-\frac{1}{2}\left(\frac{x-\bar{x}}{\Delta}\right)^2}\,\mathrm{d}x \tag{10-21}$$

为了分析计算方便,通常设 $z=\dfrac{x-\bar{x}}{\sigma}$,转换成标准正态分布曲线,如图 10-32(b)所示,

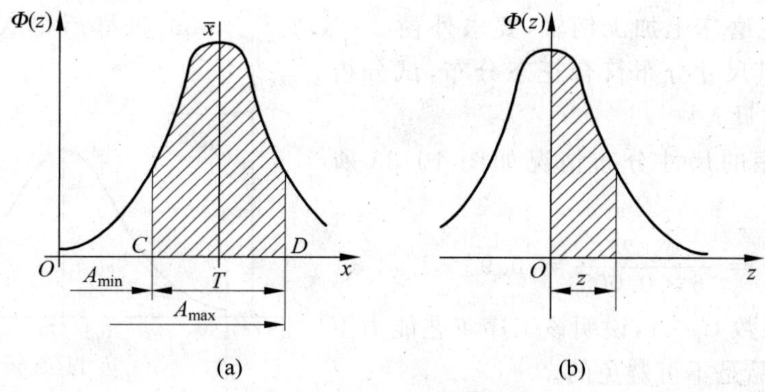

图 10-32　利用正态分布曲线估量废品率

求正态分布曲线下(0,z)范围的面积,可得

$$\Phi(z)=\frac{1}{\sqrt{2\pi}}\int_{0}^{z}\mathrm{e}^{-\frac{x^{2}}{2}}\mathrm{d}x \tag{10-22}$$

在一定的 z 值时,函数 $\Phi(z)$ 的数值等于加工尺寸在(0,z)范围的概率。各种不同 z 值的 $\Phi(z)$ 值如表 10-3 所示。

表 10-3　$\Phi(z)=\dfrac{1}{\sqrt{2\pi}}\int_{0}^{z}\mathrm{e}^{-\frac{x^{2}}{2}}\mathrm{d}x$ 的数值

z	$\Phi(z)$	z	$\Phi(z)$	z	$\Phi(z)$	z	$\Phi(z)$	z	$\Phi(z)$
0.00	0.0000	0.26	0.1023	0.52	0.1985	1.05	0.3531	2.60	0.4953
0.01	0.0040	0.27	0.1064	0.54	0.2054	1.10	0.3643	2.70	0.4965
0.02	0.0080	0.28	0.1103	0.56	0.2123	1.15	0.3749	2.80	0.4974
0.03	0.0120	0.29	0.1141	0.58	0.2190	1.20	0.3849	2.90	0.4981
0.04	0.0160	0.30	0.1179	0.60	0.2257	1.25	0.3944	3.00	0.49865
0.05	0.0199	—	—	—	—	—	—		
0.06	0.0239	0.31	0.1217	0.62	0.2324	1.30	0.4032	3.20	0.49931
0.07	0.0279	0.32	0.1255	0.64	0.2389	1.35	0.4115	3.40	0.49966
0.08	0.0319	0.33	0.1293	0.66	0.2454	1.40	0.4192	3.60	0.499841
0.09	0.0359	0.34	0.1331	0.68	0.2517	1.45	0.4265	3.80	0.499928
0.10	0.0398	0.35	0.1368	0.70	0.2580	1.50	0.4332	4.00	0.499968
0.11	0.0438	0.36	0.1406	0.72	0.2642	1.55	0.4394	4.50	0.499997
0.12	0.0478	0.37	0.1443	0.74	0.2703	1.60	0.4452	5.00	0.49999997
0.13	0.0517	0.38	0.1480	0.76	0.2764	1.65	0.4505	—	—
0.14	0.0557	0.39	0.1517	0.78	0.2823	1.70	0.4554	—	—
0.15	0.0596	0.40	0.1554	0.80	2.2881	1.75	0.4599	—	—
0.16	0.0636	0.41	0.1591	0.82	0.2939	1.80	0.4641	—	—
0.17	0.0675	0.42	0.1628	0.84	0.2995	1.85	0.4678	—	—
0.18	0.0714	0.43	0.1664	0.86	0.3051	1.90	0.4713	—	—
0.19	0.0753	0.44	0.1700	0.88	0.3106	1.95	0.4744	—	—
0.20	0.0793	0.45	0.1736	0.90	0.3159	2.00	0.4772	—	—
0.21	0.0832	0.46	0.1772	0.92	0.3212	2.10	0.4812	—	—
0.22	0.0871	0.47	0.1808	0.94	0.3264	2.20	0.4861	—	—
0.23	0.0910	0.48	0.1844	0.96	0.3315	2.30	0.4893	—	—
0.24	0.0948	0.49	0.1879	0.98	0.3365	2.40	0.4918	—	—
0.25	0.0987	0.50	0.1915	1.00	0.3413	2.50	0.4938	—	—

例 10-1 在磨床上加工销轴,要求外径 $d=\phi12_{-0.043}^{-0.016}$ mm,抽样后得 $\overline{X}=11.974$ mm,$\sigma=0.005$ mm,其尺寸分布符合正态分布,试分析该工序的加工质量。

解 该工序的尺寸分布情况如图 10-33 所示,得

$$C_p=\frac{T}{6\sigma}=\frac{0.027}{6\times0.005}=0.9<1$$

工艺能力系数 $C_p<1$,说明该工序工艺能力不足,因此产生废品是不可避免的。

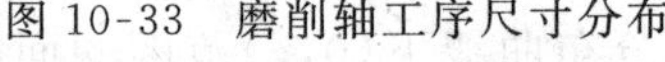
图 10-33 磨削轴工序尺寸分布

工件最小尺寸为

$$x_{\min}=\overline{X}-3\sigma=11.959\text{ mm}>d_{\min}=11.957\text{ mm}$$

故不会产生不可修复的废品。而工件最大尺寸

$$d_{\max}=\overline{X}+3\sigma=11.989\text{ mm}>d_{\max}=11.984\text{ mm}$$

故要产生可修复的废品,废品率为

$$Q=0.5-\Phi(z)$$

以公差带上限尺寸 $d_{\max}$ 代入计算

$$z=\frac{d_{\max}-\overline{X}}{\sigma}=\frac{11.984-11.974}{0.005}=2$$

查表 10-3,$z=2$ 时,$\Phi(z)=0.4772$

$$Q=0.5-\Phi(z)=0.5-0.4772=0.0228=2.28\%$$

如重新调整机床使分散中心与平均值 d_m 重合,则可减少废品率。

4. 非正态分布

工件的实际分布有时并不属于正态分布。例如,将在两台机床上分别调整加工出的工件混在一起测定,得到如图 10-34 所示的双峰曲线,实际上是两组正态分布曲线(如虚线所示)的叠加,即随机性误差中混入了常值系统性误差,每组有各自的分散中心和标准偏差 σ。再例如,加工中刀具或砂轮磨损较快且无自动补偿,则工件尺寸的实际分布就会出现平顶分布,如图 10-35 所示。在用试切法加工轴径或孔径时,由于操作者为避免产生不可修复的废品,主观的使轴宁大勿小,则它们的尺寸就成偏态分布,如图 10-36(a)所示;当用调整法加工,如刀具热变形严重,则加工轴时,其分布曲线偏向左,加工孔时偏向右,如图 10-36(b)所示,这也属于偏态分布。

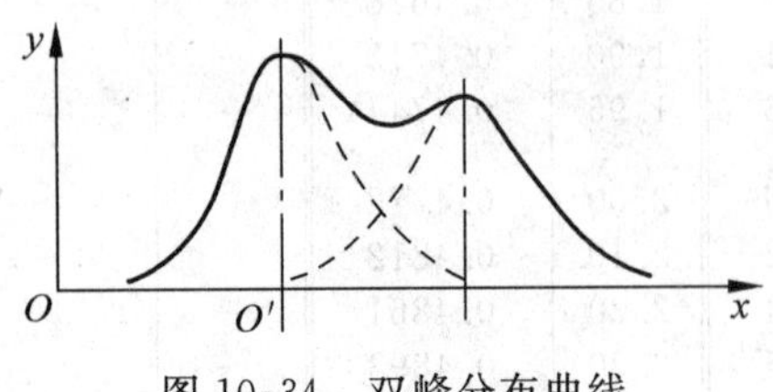

图 10-34 双峰分布曲线

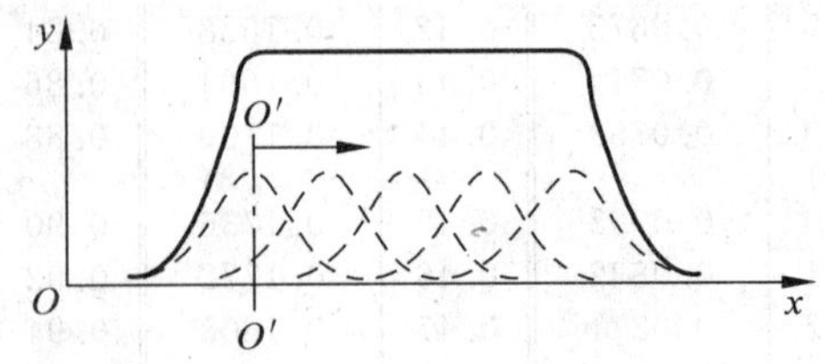

图 10-35 平顶分布曲线

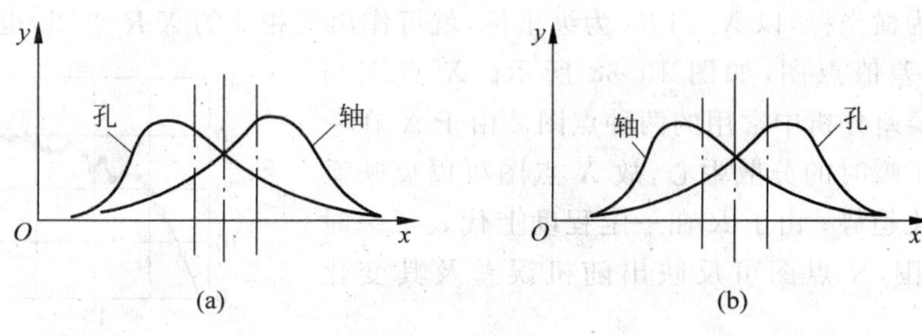

图 10-36　偏态分布

(a) 试切轴和孔尺寸分布；(b) 刀具热变形的影响

5. 分布图分析法的缺点

(1) 不能反映误差的变化趋势。加工中随机性误差和系统性误差同时存在，由于分析时没有考虑到工件加工的先后顺序，故很难把随机性误差与变值系统性误差区分开来。

(2) 由于必须等一批工件加工完毕后，才能得出分布情况。因此，不能在加工过程中及时提供控制加工精度的资料。

10.5.3　点图分析法

1. 点图

按照加工顺序逐个测量一批工件的尺寸，以工件序号为横坐标，工件尺寸为纵坐标，所得到的曲线图即为点图，也称作个值点图，如图 10-37(a)所示。此外，还有组值点图和小组平均值点图。组值点图是为了缩短点图的长度和显示尺寸分散的情况，将一批工件的尺寸按加工顺序分为 k 组，每组有 $m=2\sim10$ 个工件，并以横坐标表示分组的顺序号码形成的点图，如图 10-37(b)所示。为了更进一步显示工件尺寸变化的趋势(突出变值系统性误差的影响)，将每组 m 个工件误差的平均值 $\overline{X}$，以及每一组中的最大尺寸与最小尺寸之差 R 分别计算：

$$\overline{X}=\frac{1}{m}\sum_{i=1}^{m}x_i \tag{10-23}$$

$$R=x_{\max}-x_{\min} \tag{10-24}$$

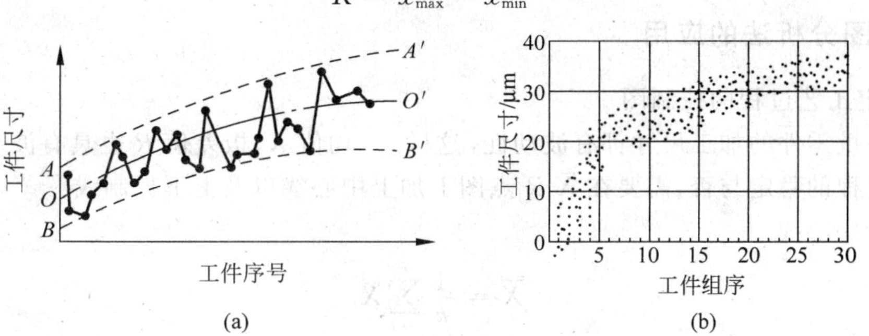

图 10-37　个值点图和组值点图

以组序号为横坐标，以 $\overline{X}_i$ 与 R_i 为纵坐标，就可作出其相应的 $\overline{X}$-R 点图，也就是小组平均值点图和极差值点图，如图 10-38 所示。$\overline{X}$ 点图与 R 点图是加工误差分析中常用的两种点图。由于 $\overline{X}$ 在一定程度上代表了瞬时的分散中心，故 $\overline{X}$ 点图可以反映系统性误差的变化趋势；由于 R 在一定程度上代表了瞬时的尺寸分散范围，R 点图可反映出随机误差及其变化趋势。

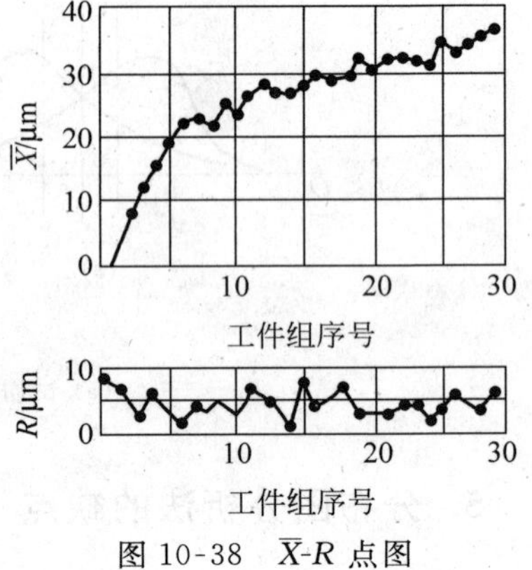

图 10-38 $\overline{X}$-R 点图

2. 波动和工艺稳定性

任何一批产品的质量数据都是参差不齐的，因此点图上的点子总是有波动，对于这些波动要区分两种不同的情况。

(1) 只是随机性的波动，这种波动的幅度一般不大，而引起这种随机性波动的原因往往很多，有的甚至无法知道，有的即使知道也无法或不值得去控制它们。我们称这种情况为正常波动，并称该工艺是稳定的。

(2) 除了以上情况外还存在着某种占优势的误差因素，以致点图具有明显的上升或下降倾向，或出现幅度很大的波动。我们称这种情况为异常波动，并称该工艺是不稳定的。

根据统计学原理确定正常波动与异常波动的标志，如表 10-4 所示。

表 10-4 正常波动与异常波动的标志

正 常 波 动	异 常 波 动
1. 没有点子超出控制线 2. 大部分点子在中线上下波动，小部分在控制线附近 3. 点子没有明显的规律性	1. 有点子超出控制线 2. 点子密集在控制线附近 3. 点子密集在中线上下附近 4. 连续 7 点以上出现在中线一侧 5. 连续 11 点中有 10 点出现在中线一侧 6. 连续 14 点中有 12 点以上出现在中线一侧 7. 连续 17 点中有 14 点以上出现在中线一侧 8. 连续 20 点中有 16 点以上出现在中线一侧 9. 点子有上升或下降倾向 10. 点子有周期性波动

3. 点图分析法的应用

1) 稳定工艺过程的控制图

任何一批零件的加工尺寸都有波动性，这样，平均值 $\overline{X}$、极差值 R 也具有波动性。为了判断工艺过程的稳定与否，需要在 $\overline{X}$-R 点图上加上中心线以及上下控制线：

$\overline{X}$ 图的中心线

$$\overline{\overline{X}} = \frac{1}{k}\sum_{i=1}^{k}\overline{X}_i \tag{10-25}$$

R 图的中心线

$$\overline{R} = \frac{1}{k}\sum_{i=1}^{k} R_i \tag{10-26}$$

$\overline{X}$ 图的上控制线

$$K_s = \overline{\overline{X}} + A\overline{R} \tag{10-27}$$

$\overline{X}$ 图的下控制线

$$K_x = \overline{\overline{X}} - A\overline{R} \tag{10-28}$$

R 图的上控制线

$$R_s = D\overline{R} \tag{10-29}$$

系数 A、D 的值见表 10-5。

表 10-5　系数 A、D 的数值（m 为组内个数）

m	2	3	4	5	6
A	1.8806	1.0231	0.7285	0.5768	0.4833
D	3.2681	2.5742	2.2819	2.1145	2.0039

例 10-2　某工件外圆加工要求为 $\phi 52_{-0.014}^{-0.011}$ mm，使用通用量具测量，试画出其 $\overline{X}$-R 图。

解　取"抽样"件数 $n=60$，共抽 12 组，当比较仪按 ϕ51.986 mm 调整到零时，测得的偏差数据如表 10-6 所示。

表 10-6　工件尺寸实测数据

抽样组号		工件外径尺寸偏差/μm											
		1	2	3	4	5	6	7	8	9	10	11	12
工件序号	1	2	20	14	6	16	16	10	18	22	18	28	30
	2	8	8	8	10	20	10	18	28	16	26	26	34
	3	12	6	−2	10	16	12	16	18	12	24	32	30
	4	12	12	8	12	18	20	12	20	16	24	28	38
	5	18	8	12	10	20	16	26	18	12	24	28	36
$\sum x$		52	54	40	48	90	74	82	102	78	116	142	168
$\overline{X}_i$		10.4	10.8	8	9.6	18	14.8	16.4	20.4	15.6	23.2	28.4	33.6
R_i		16	14	16	6	4	10	16	10	10	8	6	8

$\overline{X}$ 点图的中心线为

$$\overline{\overline{X}} = \frac{\sum_{i=1}^{K}\overline{X}_i}{K}$$

$$= \frac{10.4+10.8+8+9.6+18+14.8+16.4+20.4+15.6+23.2+28.4+33.6}{12}$$

$$= 17.43$$

R 点图的中心线为

$$\overline{R} = \frac{\sum_{i=1}^{K}\overline{R}_i}{K} = \frac{16+14+16+6+4+10+16+10+10+8+6+8}{12} = 10.33$$

$\overline{X}$ 点图的上控制线

$$K_s = \overline{\overline{X}} + A\overline{R} = 17.43 + 0.557 \times 10.33 = 23.18$$

$\overline{X}$ 点图的下控制线

$$K_x = \overline{\overline{X}} - A\overline{R} = 17.43 - 0.557 \times 10.33 = 11.67$$

R 点图的上控制线

$$R_s = D\overline{R} = 2.115 \times 10.33 = 21.85$$

图 10-39 就是加工完 12 组"抽样"后画出的 $\overline{X}$ 和 R 控制图。由图 10-39 可见,在整个加工过程中,极差 R 没有超出控制范围,说明工艺过程的瞬时分布范围自始至终比较稳定。由图 10-39(a)可见,在第 11 组"抽样"中的 $\overline{X}_{11}$ 超出上控制线,而第 12 组"抽样"的 $\overline{X}_{12}$ 甚至超出了公差带的上限,再不进行调整,将会大量出现废品。

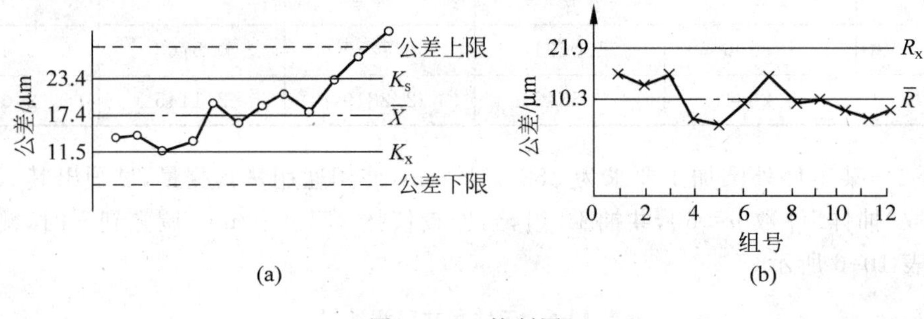

图 10-39 控制图

(a) $\overline{X}$ 控制图; (b) R 控制图

可以观察到,点图法可以明显地表示出系统性误差及随机性误差的大小和变化规律,从而指明改进工艺的方向。

2) 工艺过程稳定性判断

根据图 10-39 所示 $\overline{X}$-R 点图中的点的波动情况及其分布规律,以及表 10-4 中波动判断依据,判断相应加工工艺的稳定性,并在加工过程中提供控制加工精度的资料。

3) 不稳定工艺过程调整时刻和调整尺寸的确定

在机械加工中,有不少加工工艺过程是不稳定的,例如刀具或砂轮磨损明显,而又没有自动测量和补偿装置的工序。对于不稳定的工艺过程,就不能采用上述方法进行统计控制。但是如果工序公差带比较宽,则仍可用点图统计分析法来控制机床的重新调整时间。在大批大量生产中,每次调整机床后,要连续加工相当数量的工件,直到刀具的尺寸磨损可能使工件尺寸超差时才重新调整,由于涉及大批零件,所以应该尽量延长两次调整之间的时间间隔。

为此,首先根据以往的统计资料作出如图 10-40 所示的精度图。图中的粗黑线代表 $\overline{X}$ 的变化规律,阴影部分代表各瞬间的分散范围。以此预测今后点图可能出现的范围。图 10-40 是外圆车削加工时的情况:在开始时因刀具受热伸长而使工件尺寸缩小,随后因刀具逐渐磨损而使尺寸增大。与此同时,由于刀

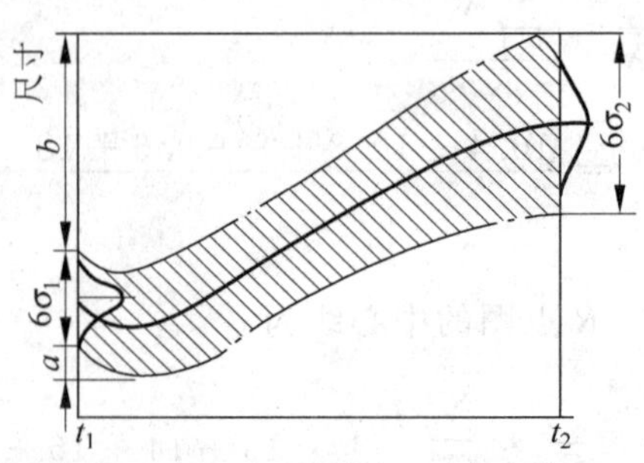

图 10-40 外圆车削的加工精度图

具磨损引起切削力增大等现象，使尺寸的瞬时分散逐渐扩大。

根据以往的统计资料，可以估计开始调整时(t_1)瞬时尺寸分布的均方根差 σ_1 以及因刀具热伸长引起的系统性误差 a。如果规定 t_2 是下一次调整的时间，则还需要估计因刀具磨损所引起的误差 b。

用调整法加工的理想情况如图 10-41 所示。显然，如果依次检查所有的工件，则确定调整时间和防止废品都不会有什么困难。因为当加工的工件尺寸接近上偏差时，便可及时重新调整机床。

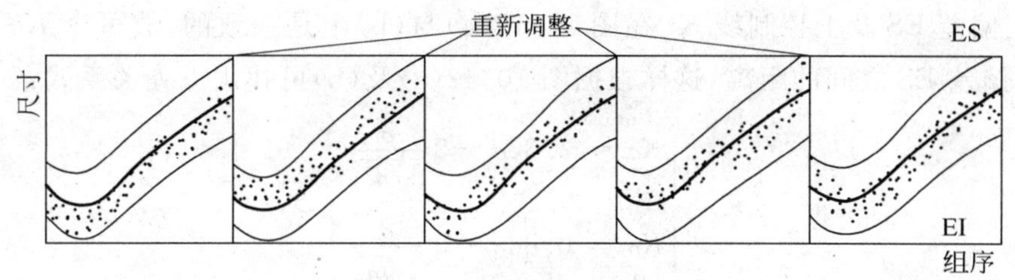

图 10-41 用调整法加工的理想情况

4) 不稳定工艺过程控制图

在实际生产过程中，抽查 5%～10% 的工件，根据这些样组的数据来推断总体的情况，这就需要在公差带以内确定上下两条控制线，然后根据样组平均值相对于控制线的位置来推断整批工件的精度情况。这里需要确定的控制线，完全不同于稳定过程统计检验的控制线，后者的位置是相对于 $\overline{\overline{X}}$ 而言的，而前者是相对于公差带而言的。它在公差带内的位置，将取决于所允许的废品率大小以及样组的含量 m。

假设规定的条件如下：

(1) 当一批工件的废品率为 1% 时，认为它的精度很好，因此规定此时样组的平均值应该全部落在控制线以内(见图 10-42(a))。

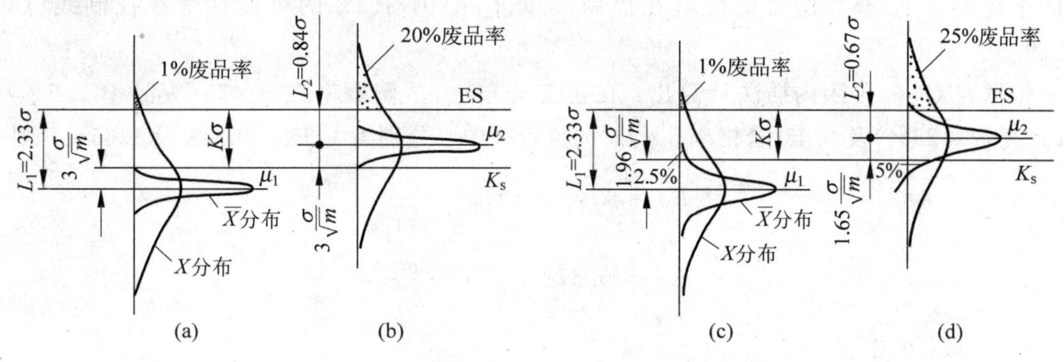

图 10-42 根据公差上偏差制定上控制线

(2) 当一批工件的废品率达到 20% 时，认为质量太差，不能继续加工，因此规定此时样组的平均值应该全部落在控制线以外(见图 10-42(b))。

如果这批工件是按照正态分布的，则样组也是按正态分布的，两者的算术平均值 μ 是一致的。在图 10-42(a)中当 X 分布处于极限位置时，则 $\overline{X}$ 分布将全部在上控制线以下。因此上控制线的位置应如图中的 K_s 所示。在图10-42(b)中,当 X 分布有20%废品率时,$\overline{X}$ 分布将全部在上控制线以上。

根据表10-3,可用内插法计算出:在正态分布中,单侧概率在0.49(废品率1%)及0.30(废品率20%)时的位置距中心分别为 2.33σ 和 0.48σ。因此,在图10-42(a)中,总体的算术平均值 μ_1 距上偏差ES的距离应为 $L_1=2.33\sigma$,且上控制线 K_s 应在算术平均值 μ_1 以上。同理,在图10-42(b)中,总体算术平均值 μ_2 距上偏差ES的距离应为 $L_2=0.84\sigma$,且上控制线 K_s 应在算术平均值 μ_2 以下。

由于上偏差ES及上控制线 K_s 在图10-42(a)与(b)中是一致的,故可令 $K\sigma$ 为上控制线 K_s 与上偏差ES之间的距离,这样根据图10-42(a)及(b)可找出下列关系式:

$$\begin{cases} K\sigma = 2.33\sigma - 3\dfrac{\sigma}{\sqrt{m}} \\ K\sigma = 0.84\sigma + 3\dfrac{\sigma}{\sqrt{m}} \end{cases}$$

于是可以解出

$$m=\left(\frac{6}{1.49}\right)^2=16.2,\quad K=2.33-\frac{3}{\sqrt{16.2}}=1.59$$

可见为了满足上述条件,样组含量应为 $m=16$(四舍五入),上控制线 K_s 应在上偏差ES以下 1.59σ 处。

但是由于样组含量16在实用上不太方便。故为了减少样组的含量 m 就得修改上述条件,例如可做如下规定:

(1) 当一批工件的废品率为1%时,认为它的精度很好,因此规定此时样组的平均值将有97.5%的可能性落在上控制线以内,即仍有2.5%落在控制线以外(见图10-42(c))。

(2) 当一批工件的废品率达到25%时,认为质量太差,不能继续加工,因此规定此时样组的平均值将有95%的可能性落在控制线以外,即仍有5%的可能性落在控制线以内(见图10-42(d))。

根据表10-3,可用内插法计算出:在正态分布中,单侧概率在0.475(废品率2.5%)、0.25(废品率25%)及0.45(合格率5%)时的位置距中心分别为 $1.96\sigma_{\overline{X}}$、$0.67\sigma$ 及 $1.65\sigma_{\overline{X}}$。则

$$\begin{cases} K\sigma = 2.33\sigma - 1.96\dfrac{\sigma}{\sqrt{m}} \\ K\sigma = 0.67\sigma + 1.65\dfrac{\sigma}{\sqrt{m}} \end{cases}$$

于是可以解出

$$m=\left(\frac{3.61}{1.66}\right)^2=4.7$$

$$K=2.33-\frac{1.96}{\sqrt{4.7}}=1.43$$

因此,样组含量 $m=5$,上控制线 K_s 应在上偏差ES以下 1.43σ 处。图10-43就是按这样的要求所作的统计检验卡片。当有点子超出控制线时,就应该重新调整机床。

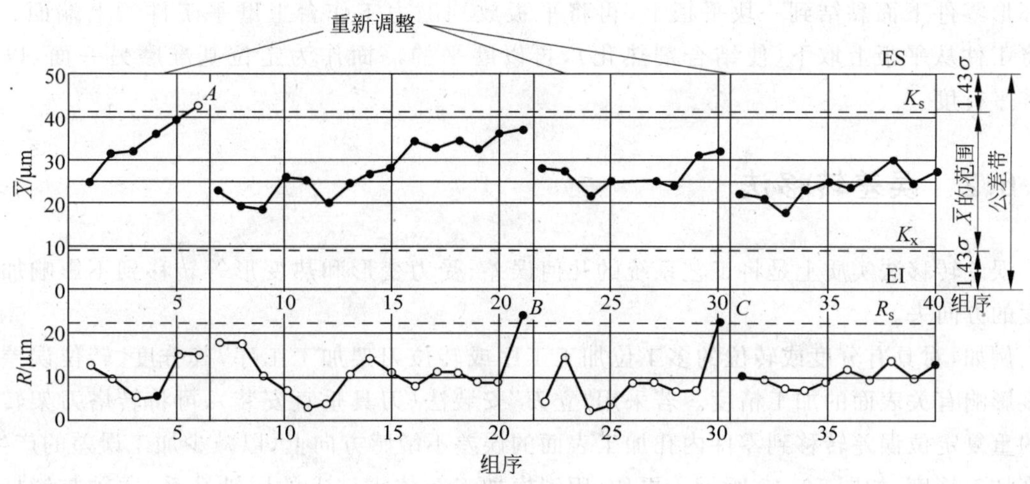

图 10-43　不稳定过程的统计检验卡片

如上所述，当规定的废品率不同，样组含量 m 及 K 值将是不同的。而且在检验过程中，仍有可能将质量好的一批工件误作废品处理，也有可能将质量差的误作合格品接收，但是犯这种错误的可能性都不是太大，在实用上是可以允许的。

10.6　提高和保证加工精度的途径

实际生产中，经常采用下列主要工艺措施来提高和保证零件的机械加工精度。

10.6.1　直接减少误差法

直接减少误差法是生产中应用较广的提高加工精度的一种基本方法，它是在查明产生加工误差的主要因素之后，设法对其直接进行消除或减弱。

例如，细长轴的车削，由于受到力和热的作用，而使工件产生弯曲变形，如图 10-44(a)所示。现采用“大进给反向切削法”，再辅以弹簧活顶尖，可进一步消除热伸长的危害，如图 10-44(b)所示。

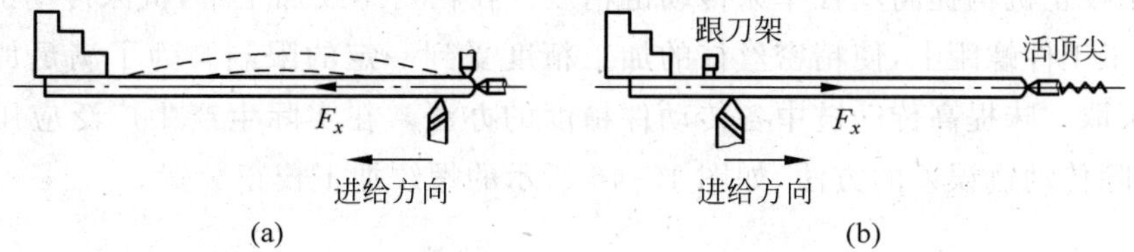

图 10-44　不同进给方向加工细长轴的比较

再如，薄环形零件在磨削中，由于采用了树脂结合剂黏合以加强工件刚度的方法，使工件在自由状态下得到固定，解决了薄环形零件两端面的平行度问题。其具体方法是将薄环形零件下面黏结到一块平板上,再将平板放到磁力工作台上磨平工件的上端面;然后将工件从平板上取下(使结合剂热化),再以磨平的一面作为定位基准磨另一面,以保证其平行度。

10.6.2 误差转移法

误差转移法实质上是将工艺系统的几何误差、受力变形和热变形等转移到不影响加工精度的方向去。

例如,对具有分度或转位的多工位加工工序或转位刀架加工工序,其分度、转位误差将直接影响有关表面的加工精度。若采用"立刀"安装法(刀具垂直安装),可将转塔刀架转位时的重复定位误差转移到零件内孔加工表面的误差不敏感方向上,以减少加工误差的产生,提高加工精度,如图10-45所示。再如,用镗模加工箱体零件上的同轴孔系,主轴与镗杆采用浮动卡头连接,将主轴回转运动误差、导轨误差转移到浮动连接的部件上,使镗孔孔径不受机床误差影响,镗孔的精度由镗模和镗杆的精度来保证。

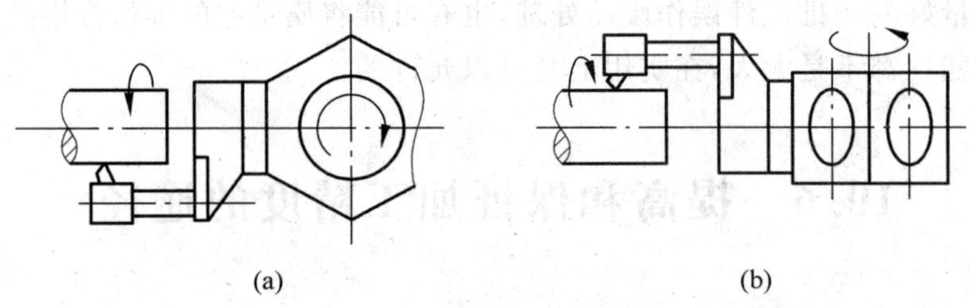

图10-45 六角车床刀架转位误差的转移

(a) 普通安装;(b) 立刀安装

10.6.3 误差补偿法

误差补偿法(又称误差抵消法),是人为地造出一种新的原始误差,去抵消工艺系统固有的原始误差,并尽量使两者大小相等、方向相反,从而达到减少加工误差、提高加工精度的目的。

例如,用校正机构提高丝杠车床传动链精度。在精密螺纹加工中,机床传动链误差将直接反映到加工工件螺距上,使精密丝杠的加工精度受到一定的限制。为了满足加工精度的要求,不能采取一味提高传动链中各传动件精度的办法。在实际生产中广泛应用以误差补偿原理来消除传动链误差的方法,如图10-46所示的螺纹加工校正装置。

10.6.4 误差分组法

在生产中会遇到这种情况:本工序的加工精度是稳定的,工序能力也足够,但毛坯或上工序加工的半成品精度太低,引起定位误差或复映误差过大,因而不能保证加工精度。如要

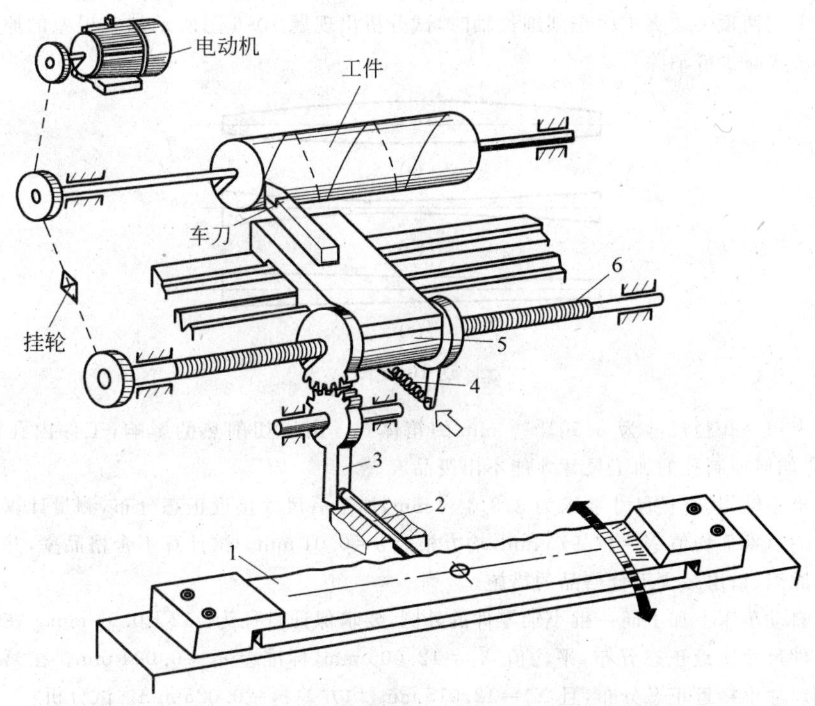

图 10-46 丝杠螺距校正装置工作原理图

1—误差校正板；2—滑动销；3—摆杆；4—弹簧；5—传动螺母；6—母丝杠

提高毛坯精度或上工序的加工精度，往往是不经济的。这时可采用误差分组法，即把毛坯（或上工序）尺寸按误差大小分为 n 组，每组毛坯的误差范围就缩小为原来的 $1/n$，然后按各组的平均尺寸分别调整刀具与工件的相对位置或调整定位元件，这样就大大减小了整批工件的尺寸分散范围。

为了提高配合件的配合精度，也可以采用分组装配法。

习题与思考题

10-1 说明原始误差、工艺系统静误差、工艺系统动误差的概念以及加工误差与原始误差的关系和误差敏感方向的概念。

10-2 车床床身导轨在垂直平面及水平面内的直线度对车削轴类零件的加工误差有何影响？影响程度有何不同？

10-3 试分析在车床上加工时产生下列误差的原因：

(1) 在车床上镗孔时，引起被加工孔圆度和圆柱度误差；

(2) 在车床三爪自定心卡盘上镗孔，引起内孔与外圆的同轴度误差。

10-4 在车床上车削轴类零件的外圆 A 和台肩面 B，如题 10-4 图所示。经测量发现 A 面有圆柱度误差，B 面对 A 面有垂直度误差。试从机床几何误差影响的角度，分析产生以上误差的主要原因。

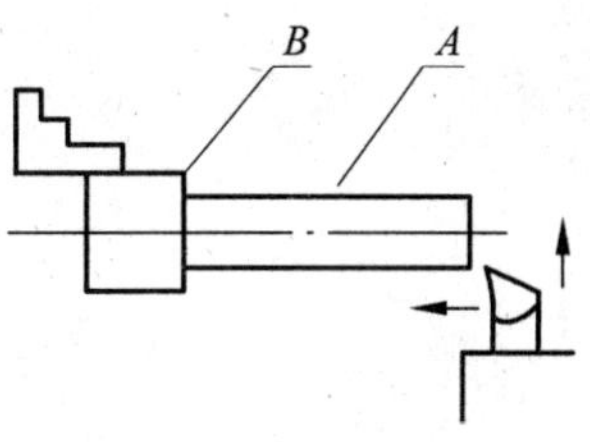

题 10-4 图

10-5 何谓误差复映规律？误差复映系数的含义是什么？减小误差复映有哪些主要工艺措施？

10-6 在车床上用两顶尖装夹工件车削细长轴时,试分析出现题10-6图所示加工误差的原因。分别采用什么办法来减少或消除?

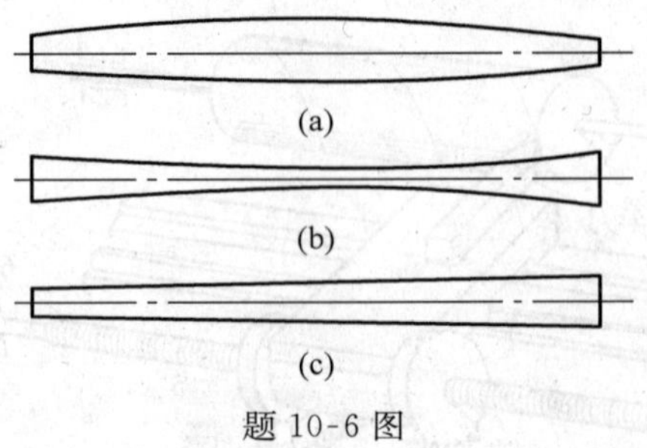

题10-6图

10-7 在镗床上镗一孔径尺寸为$\phi150^{+0.035}_{0}$ mm的箱体孔。由于切削热的影响,工件内孔温度将会升高15℃,应如何控制孔的加工尺寸才能不出废品?

10-8 加工一批小轴,其直径尺寸要求为$\phi18^{\ 0}_{-0.035}$ mm,加工后尺寸接近正态分布,测量计算得一批工件直径尺寸的算术平均值$\overline{X}=17.975$ mm,均方根差$\sigma=0.01$ mm。试计算不合格品率,并分析不合格品产生的原因,指出减少不合格品的措施。

10-9 在两台自动车床上加工同一批小轴零件的外圆,要求保证直径为$\phi12\pm0.02$ mm。在第一台车床加工的工件尺寸接近正态分布,平均值$\overline{X}_1=12.005$ mm,标准差$\sigma_1=0.004$ mm。在第二台车床加工的工件尺寸也接近正态分布,且$\overline{X}_2=12.015$ mm,均方差$\sigma_2=0.025$ mm。试分析:

(1) 哪台机床本身的精度比较高?

(2) 计算并比较两台机床加工的不合格品情况,分析减少不合格品的措施。

10-10 在磨床上磨削一批工件的外圆,若加工测得本工序尺寸接近正态分布,$\sigma=0.005$ mm,零件尺寸公差$T=0.01$ mm,尺寸分布对称于公差带。求该批工件的不合格品率,并分析产生不合格的原因。

10-11 加工一批工件的外圆,图样要求尺寸为$\phi30\pm0.07$ mm,加工后测得尺寸按正态分布,有8%不合格品,且其中一半为可修复不合格品。试计算该工序的工序能力系数。

10-12 在车床上用三爪自定心卡盘装夹精镗一批薄壁铜套的内孔,如题10-12图所示。工件以ϕ20h7外圆定位,采用调整法加工。试分析影响镗孔的尺寸、形状以及孔对已加工外圆ϕ16h7同轴度误差的主要因素有哪些?并分别指出这些因素产生的加工误差的性质。

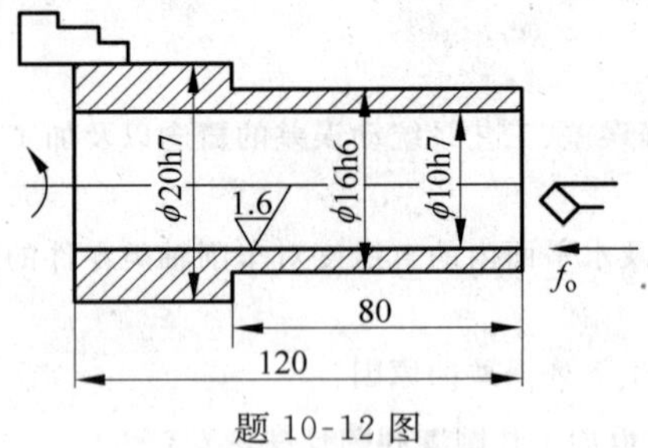

题10-12图

第11章

机械加工表面的质量

知识点

- 机械加工表面质量的含义
- 零件已加工表面的形成机理
- 影响加工表面质量的各种因素
- 机械加工过程中的受迫振动和自激振动的产生和控制

本章导读

零件的表面加工质量直接影响零件的使用性能和使用寿命。本章介绍了机械加工表面质量的概念，分析讨论了影响机械加工表面质量的各种工艺因素及其特点，针对机械加工表面形成的机理详细分析了第三变形区的变形过程，重点介绍了机械加工过程中的振动现象，特别论述了关于机械加工过程中自激振动的产生机理和条件以及防止措施。

11.1 机械加工表面质量的含义

11.1.1 表面质量的含义

机械加工过程中，所得到的零件表面实际上都不是完全理想的表面，而会存在一定的微观几何形状偏差。表面层材料在加工时受到切削力、切削热及其他因素的影响，原有的内部组织结构和物理、化学及力学性能均发生了变化。这些虽然只发生在很薄的表面层中，却错综复杂地影响着机械零件的精度、配合性质的保持、耐腐蚀性和疲劳强度，从而影响着产品的使用性能和使用寿命。下面主要讨论对机械加工表面质量有重要影响的两个方面：加工表面的几何特征和表面层物理力学性能的变化。

1. 加工表面的几何特征

加工表面的几何特征是指其微观几何形状，主要包括表面粗糙度和表面波度（如图 11-1 所示）以及表面纹理方向。

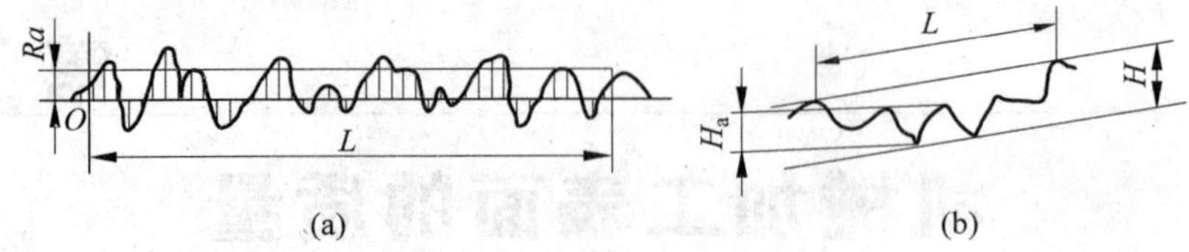

图 11-1 表面粗糙度与表面波度

(a) 表面粗糙度;(b) 表面波度

(1) 表面粗糙度　指波距 L 小于 1 mm 的表面微小波纹。一般情况下,表面几何特征的 L/H(波距/波高)<50 时为表面粗糙度。

我国现行的表面粗糙度标准是 GB/T 131—2006。表面粗糙度指标有 Ra、Ry、Rz,并优先选用 Ra。

(2) 表面波度　指波距 L 在 1～20 mm 之间的表面波纹,是介于形状误差与表面粗糙度之间的表面形状偏差,$L/H=50\sim1000$ 时为表面波度,$L/H>1000$ 时为宏观的形状误差。波度的度量指标为波高。一般测量长度上 5 个最大的波幅,并用它们的算术平均值 W 表示:

$$W=(W_1+W_2+W_3+W_4+W_5)/5 \tag{11-1}$$

(3) 纹理方向　指表面刀纹的方向,它取决于工件加工表面形成过程中所采用的机械加工方法。一般对于运动副以及密封件接触表面要求纹理方向。

2. 加工表面层物理力学性能的变化

工件的加工表面在加工过程中受到切削力、切削热和其他因素的综合作用,在加工表面产生了加工硬化、残余应力和表面层金相组织变化等现象,使表面金属层的物理力学性能相对于基体金属发生了变化。图 11-2(a)所示为零件表面层性质沿深度方向的变化情况。表面层可分为吸附层和压缩层。最外层是吸附层,是由氧化膜或其他化合物以及吸收和渗进的气体粒子形成的一层组织。第二层是压缩层,是由于切削力和基体金属共同作用造成的塑性变形区域。在其上部存有纤维组织,是由于刀具摩擦挤压而形成的。有时在切削热的作用下,表面层的材料还会产生相变和晶粒大小的变化。

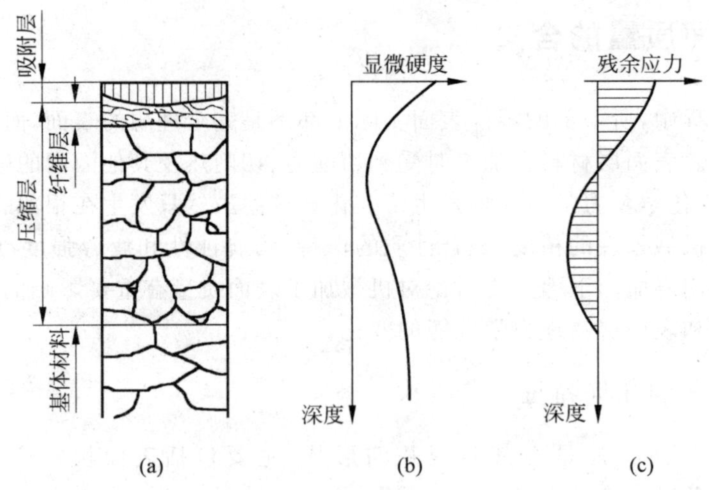

图 11-2 加工表面层沿深度的性质变化

(1) 表面层因切削塑性变形引起的加工硬化

表面层的物理力学性能随表面层的加工硬化程度而变化，硬化程度越大，表面层的物理力学性能变化越大。图 11-2(b)所示为表面层显微硬度的变化情况。

(2) 表面层因力或热的作用产生的残余应力

表面层残余应力是在加工过程中，由于弹塑性变形及温度和金相组织的变化造成不均匀的体积变化而在表面层中产生的残余应力。图 11-2(c)所示为表面残余应力分布状况。目前对残余应力的判断大多是定性分析。

(3) 表面层因切削热或磨削热的作用引起的金相组织变化

表面层金相组织的变化是由于加工过程中产生的切削热使工件表层材料的温度发生变化而造成的金相组织的变化。这种变化包括相变、晶粒大小和形状的变化、析出物的产生和再结晶等。金相组织的变化主要通过观察显微组织来确定。

11.1.2　机械加工表面质量对零件使用性能的影响

1. 表面质量对耐磨性的影响

零件的耐磨性主要与摩擦副的材料、热处理状态、表面质量和使用条件有关。在其他条件相同的情况下，零件的表面质量对零件的耐磨性有重要影响。

1) 表面粗糙度对耐磨性的影响

当摩擦副的两个接触表面存在表面粗糙度时，只是在两个接触表面的凸峰处接触，实际接触面积远小于理论接触面积，相互接触的凸峰受到非常大的单位应力，使实际接触处产生弹塑性变形和凸峰之间的剪切破坏，使零件表面在使用初期产生严重磨损。

表面粗糙度对零件表面的初期磨损的影响很大。一般情况下，表面粗糙度值愈小，其耐磨性就愈好。但如果表面粗糙度值太小，润滑油不易储存，接触面之间容易发生分子黏结，磨损反而会增加。因此，接触面的粗糙度有一个最佳值，其值与零件的工作条件有关。工作载荷增大时，初期磨损量增大，表面粗糙度最佳值也随之增大。图 11-3 所示为初期磨损量与表面粗糙度之间的关系。

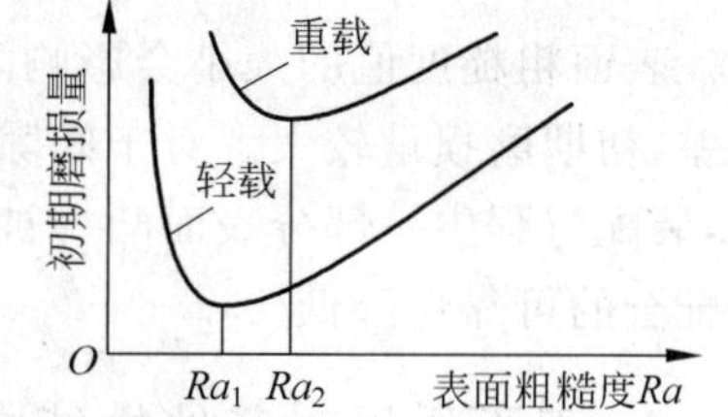

图 11-3　初期磨损量与表面粗糙度之间的关系

2) 表面层加工硬化对耐磨性的影响

表面层的加工硬化使零件表面层金属的显微硬度提高，故一般可使耐磨性提高。但也不是加工硬化程度愈高，耐磨性就愈高。过度的加工硬化会导致表面层金属脆性增大、组织疏松，甚至出现裂纹和表层金属的剥落，从而使耐磨性下降。

3) 刀路纹理方向对零件耐磨性的影响

表面粗糙度的轮廓形状和表面加工纹理对零件的耐磨性有一定的影响。因为表面轮廓形状及表面加工纹理影响零件的实际接触面积与润滑情况。

4) 残余应力对零件耐磨性的影响

零件表面为压应力时，耐磨性较高。

2. 表面质量对疲劳强度的影响

金属受交变应力作用后产生的疲劳破坏往往起源于零件表面和表面冷硬层,因此零件的表面质量对疲劳强度的影响很大。

1) 表面粗糙度对疲劳强度的影响

在交变载荷作用下,表面粗糙度的凹谷部位容易引起应力集中,产生疲劳裂纹。表面粗糙度值越大,表面的纹痕越深,纹底半径越小,抗疲劳破坏的能力就越差。实验表明,减小表面粗糙度值可以使零件的疲劳强度有所提高。

2) 残余应力对疲劳强度的影响

残余应力对零件疲劳强度的影响很大。表面层存在的残余拉应力将使疲劳裂纹扩大,加速疲劳破坏;而表面层存在的残余压应力能够阻止疲劳裂纹的扩展,延缓疲劳破坏的产生。

3) 加工硬化对疲劳强度的影响

加工硬化可以在零件表面形成硬化层,使其硬度强度提高,可以防止裂纹产生并阻止已有裂纹的扩展,从而使零件的疲劳强度提高。但表面层硬化程度过高,会导致表面层的塑性过低,反而易于产生裂纹,使零件的疲劳强度降低。因此零件的硬化程度应控制在一定的范围之内。如果加工硬化时伴随有残余压应力的产生,零件的疲劳强度会得到进一步的提高。

3. 表面质量对耐蚀性的影响

零件的耐蚀性在很大程度上取决于表面粗糙度。表面粗糙度值越大,则凹谷中聚积的腐蚀性物质就越多,渗透与腐蚀作用越强烈,表面的抗蚀性就越差。反之,表面的抗蚀性就越好。

表面层的残余拉应力会产生应力腐蚀开裂,降低零件的耐蚀性,而残余压应力则能防止应力腐蚀开裂。

4. 表面质量对配合质量的影响

表面粗糙度值的大小会影响配合表面的配合质量。粗糙度值大的表面由于其初期耐磨性差,初期磨损量较大。对于间隙配合,会使间隙增大,破坏要求的配合性质。对于过盈配合,装配过程中一部分表面凸峰被挤平,实际过盈量减小,减小了配合件间的连接强度,会导致配合的可靠性降低。

5. 表面质量对其他性能的影响

除了上述几种情况以外,表面质量对零件的接触刚度、结合面的导热性、导电性、导磁性、密封性、光的反射与吸收、气体和液体的流动阻力等均有一定程度的影响。

由以上分析可以看出,表面质量对零件的使用性能有重大影响。提高表面质量对保证零件的使用性能、提高零件寿命是很重要的。

11.1.3 表面的完整性

表面的完整性主要反映表面层的性能,主要体现在如下几个方面。

(1) 表面形貌　主要包括表面粗糙度、表面波度和纹理。

(2) 表面缺陷　主要指加工表面上出现的宏观裂纹、伤痕和腐蚀。

(3) 微观组织和表面层的冶金化学性能　主要包括微观裂纹、微观组织变化及晶间腐蚀等。

(4) 表面层物理力学性能　主要包括表面层硬化深度和程度、表面层残余应力的大小、分布。

(5) 表面层的其他工程技术特征　主要包括摩擦特性、光的反射率、导电性和导磁性等。

11.2　已加工表面形成机理

金属切削过程中，加工表面经过第三变形区后，形成已加工表面。第三变形区的刀具与加工表面的相互作用将直接影响已加工表面质量。详细分析第三变形区的变形过程，了解已加工表面形成机理是分析已加工表面质量的重要物理基础。

在分析第一、第二变形区时，将刀具看作是绝对锋利的。但实际生产中使用的刀具，为提高刃口的承载能力，刀具刃口都具有一个半径为 r_β 的钝圆，如图 11-4 所示。r_β 的大小决定于刀具的刃磨质量、刀具材料。由图 11-4 可知，当切削层金属以 v 的速度趋近于刀刃时，由于 r_β 的作用，切削层金属 O 点以上的部分通过剪切滑移，沿前刀面流出成为切屑；O 点以下，厚度为 Δa 的一层金属在圆弧刃的作用下，被挤压留在已加工表面上，在 BC 段，这层金属又受到后刀面上被磨损的一段小棱面 VB 的挤压与摩擦，使该层金属又发生塑性变形，表层下面的基体金属则受到弹性变形。当刀具与之脱离接触后，该层金属又弹性恢复 Δh，最后形成已加工表面。由此可见，圆弧部分 OB、磨损小棱面 $BC(VB)$ 及 CD 三部分构成后刀面上的总接触长度，其接触情况直接影响已加工表面质量。例如，表层应力的性质及大小、硬化程度及深度以及表层金相组织等。

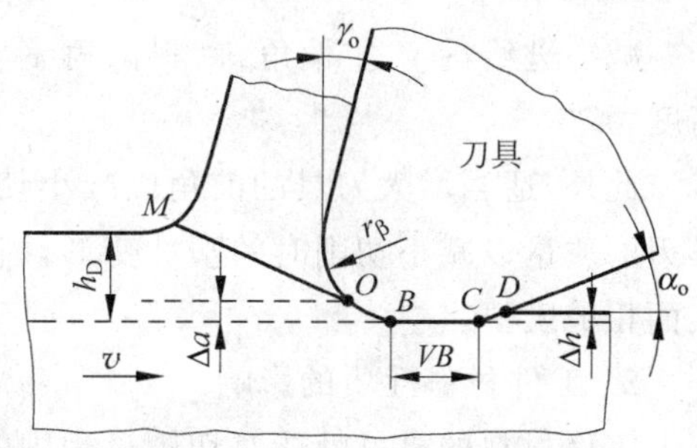

图 11-4　已加工表面的形成过程

11.3　影响加工表面质量的因素

加工表面质量主要受到表面粗糙度的大小、加工硬化程度、残余应力以及金相组织变化的影响。因而分析影响加工表面质量的因素，就需要分析加工过程中的诸因素对表面粗糙度、加工硬化程度、残余应力状态和金相组织变化的影响。

11.3.1　影响表面粗糙度的因素

表面粗糙度的产生是因为加工过程中切削刃会在已加工表面上留下残留面积，切削过程中会产生塑性变形，工艺系统存在振动等。

1. 切削加工时影响表面粗糙度的因素

1）刀具几何形状及切削运动的影响

刀具相对于工件作进给运动时，在加工表面留下了切削层残留面积，从而产生表面粗糙度。

残留面积的形状是刀具几何形状的复映。残留面积的高度 H 受刀具的几何角度和切削用量大小的影响，如图 11-5 所示。

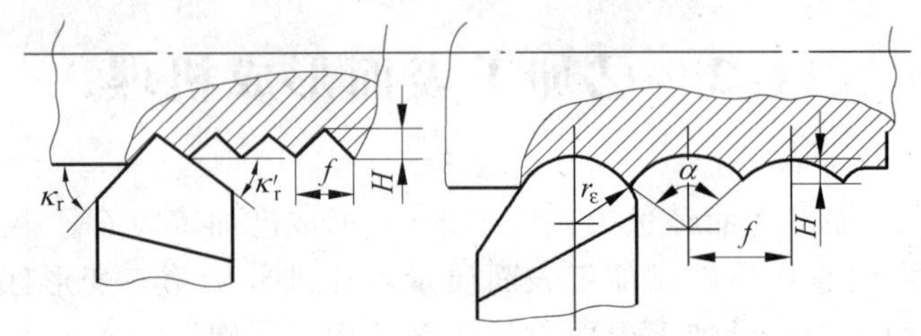

图 11-5　刀具几何形状和切削运动对表面粗糙度的影响

减小进给量 f、主偏角 κ_r、副偏角 κ'_r 以及增大刀尖圆弧半径 r_ε，均可减小残留面积的高度。

此外，适当增大刀具的前角以减小切削时塑性变形的程度；合理选择切削液和提高刀具刃磨质量以减小切削时的塑性变形，抑制积屑瘤、鳞刺的生成，这些措施也能有效地减小表面粗糙度值。

2）工件材料性质的影响

工件材料的机械性能对切削过程中的切削变形有重要影响。加工塑性材料时，由于刀具对加工表面的挤压和摩擦，使之产生了较大的塑性变形，加之刀具迫使切屑与工件分离时的撕裂作用，使表面粗糙度值加大。工件材料韧性越好，金属的塑性变形越大，加工表面就越粗糙。

加工脆性材料时，塑性变形很小，形成崩碎切屑，由于切屑的崩碎而在加工表面留下许多麻点，使表面粗糙。

3）积屑瘤的影响

在切削过程中，当刀具前刀面上存在积屑瘤时，由于积屑瘤的顶部很不稳定，容易破裂，一部分连附于切屑底部而排出，一部分则残留在加工表面上，使表面粗糙度增大。积屑瘤突出刀刃部分尺寸的变化，会引起切削层厚度的变化，从而使加工表面的粗糙度值增大。因此，在精加工时必须避免或减小积屑瘤。图 11-6 所示为加工表面的理论轮廓和实际轮廓的比较示意图。

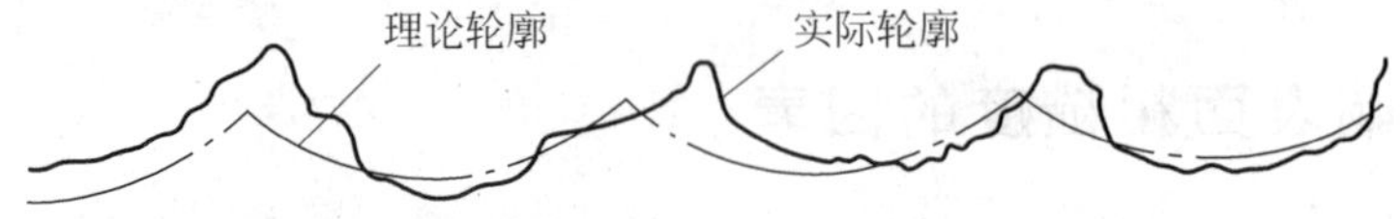

图 11-6　加工表面的理论轮廓和实际轮廓

4）切削用量的影响

在讨论切削用量的影响的时候，切削速度对表面粗糙度的影响比较复杂。

在切削塑性材料时，一般情况下低速或高速切削时不会产生积屑瘤，因而加工表面粗糙度值较小。但在中等切削速度下，由于塑性材料容易产生积屑瘤与鳞刺，且塑性变形较大，因此表面粗糙度值会变大。切削加工过程中的切削变形越大，加工表面就越粗糙。在高速切削时，由于变形的传播速度低于切削速度，表面层金属的塑性变形较小，因而高速切削时表面粗糙度较低。

加工脆性材料时，由于塑性变形很小，主要形成崩碎切屑，所以切削速度的变化，对脆性材料的表面粗糙度影响较小。

切削速度对表面粗糙度的影响规律如图 11-7 所示。

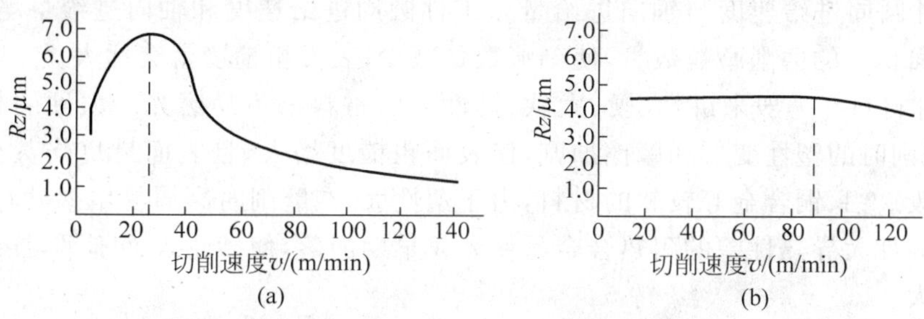

图 11-7　切削速度对表面粗糙度的影响

（a）加工塑性材料；（b）加工脆性材料

背吃刀量对表面粗糙度影响不明显，一般可忽略。但当 $a_p<0.03$ 时，由于刀刃有一定的圆弧半径，使正常切削不能维持，刀刃仅与工件发生挤压与摩擦从而使表面恶化。因此，加工时不能选用过小的背吃刀量。

减小进给量 f 可以减小切削残留面积高度，使表面粗糙度值减小。但进给量 f 太小时刀刃不能切削而形成挤压，增大了工件的塑性变形，反而使表面粗糙度值增大。

2. 磨削加工时影响表面粗糙度的因素

正像切削加工时表面粗糙度的形成过程一样，磨削加工过程中表面粗糙度的形成也是由几何因素和表面金属的塑性变形来决定的。砂轮的粒度、硬度、磨料性质、黏结剂、组织等对粗糙度均有影响。工件材料和磨削条件也对表面粗糙度有重要影响。影响磨削表面粗糙度的主要因素有以下几种。

（1）砂轮的粒度　砂轮的粒度越细，则砂轮工作表面单位面积上的磨粒数越多，因而在工件上的刀痕也越密而细，所以粗糙度值越小。但是粗粒度的砂轮如果经过精细修整，在磨粒上车出微刃后，也能加工出粗糙度值小的表面。

（2）砂轮的硬度　如果砂轮的硬度太大，磨粒钝化后不容易脱落，工件表面受到强烈的摩擦和挤压，加剧了塑性变形，使表面粗糙度值增大甚至产生表面烧伤。而砂轮太软的话则磨粒易脱落，会产生不均匀磨损现象，影响表面粗糙度。因此，砂轮的硬度应适中。

（3）砂轮的修整　砂轮的修整是用金刚石笔尖在砂轮的工作表面上车出一道螺纹，修整导程和修正深度越小，修出的磨粒的微刃数量越多，修出的微刃等高性也越好，因而磨出的工件表面粗糙度值也就越小。修整用的金刚石笔尖是否锋利对砂轮的修正质量有很大影响。图 11-8 所示为经过精细修正后砂轮磨粒上的微刃。

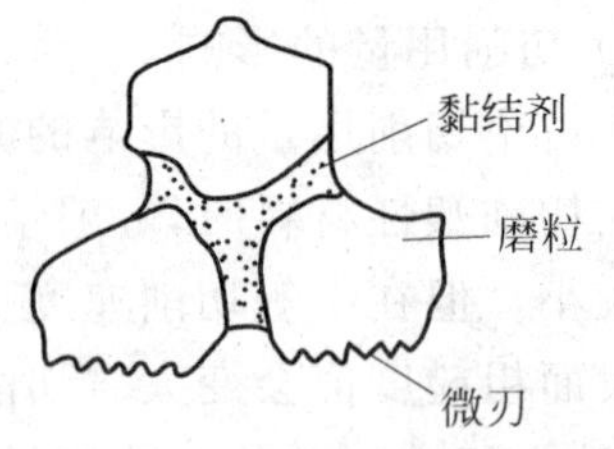

图 11-8 精细修正后磨粒上的微刃

(4) 磨削速度 提高磨削速度,可以增加工件单位面积上的磨削磨粒数量,使刻痕数量增大,同时塑性变形减小,因而表面粗糙度减小。高速切削时塑性变形减小是因为高速下塑性变形的传播速度小于磨削速度,材料来不及变形所致。

(5) 磨削径向进给量与光磨次数 磨削径向进给量增大会使磨削时的切削深度增大,使塑性变形加剧,因而表面粗糙度增大。适当增加光磨次数,可以有效减小表面粗糙度。

(6) 工件圆周进给速度与轴向进给量 工件圆周进给速度和轴向进给量增大,均会减小工件单位面积上的磨削磨粒数量,使刻痕数量减少,表面粗糙度就会增大。

(7) 工件材料 一般来讲,太硬、太软、韧性大的材料都不易磨光。太硬的材料容易使磨粒变钝,磨削时的塑性变形和摩擦加剧,使表面粗糙度增大,且表面易烧伤甚至产生裂纹而使零件报废。铝、铜合金等较软的材料,由于塑性大,在磨削时磨屑易堵塞砂轮,使表面粗糙度增大。韧性大导热性差的耐热合金易使砂粒早期崩落,使砂轮表面不平,导致磨削表面粗糙度值增大。

(8) 切削液 磨削时工作温度高,热的作用占主导地位,因此切削液的作用十分重要。采用切削液可以降低磨削区温度,减少烧伤,冲去脱落的磨粒和切屑,可以避免划伤工件,从而降低表面粗糙度。但在实际应用场合必须合理地选择冷却方法和切削液。

11.3.2 影响加工表面层物理力学性能的因素

在切削加工中,工件由于受到切削力和切削热的作用,表面层金属的物理力学性能会产生变化。最主要的变化是表面层金属显微硬度的变化、金相组织的变化和残余应力的产生。磨削加工时所产生的塑性变形和切削热比刀刃切削时更为严重。下面主要讨论由于上述三方面的变化而导致的表面层物理力学性能的变化。

1. 表面层加工硬化

1) 加工硬化及其评定参数

机械加工过程中表面层的金属因受到切削力的作用而产生塑性变形,使晶格扭曲、畸变,晶粒间产生剪切滑移,晶粒被拉长和纤维化,甚至破碎,这些都会使表面层金属的硬度和强度提高。这种现象称为加工硬化(或称为冷作硬化或强化)。表面层金属产生加工硬化,会增大金属变形的阻力,减小金属的塑性,金属的物理性质也会发生变化。

加工硬化后的金属处于高能位的不稳定状态,只要一有可能,金属的不稳定状态就要向比较稳定的状态转化,这种现象称为弱化。弱化作用的大小取决于温度的高低、温度持续时间的长短和加工硬化程度的大小。由于金属在机械加工过程中同时受到力和热的作用,因此,加工后表层金属的最后性质取决于加工硬化和弱化综合作用的结果。

评定加工硬化的指标有三项,即表层金属的显微硬度 HV、硬化层深度 h 和硬化程

度 N。

硬化程度为

$$N=\frac{H-H_0}{H_0}\times 100\%$$

式中：H——加工后表面层的显微硬度，MPa；

H_0——原材料的显微硬度，MPa。

2）影响加工硬化的主要因素

(1) 刀具　切削刃钝圆半径较大时，对表层金属的挤压作用增强，塑性变形加剧，导致加工硬化增强。刀具后刀面磨损增大，后刀面与被加工表面的摩擦加剧，塑性变形增大，导致加工硬化增强。

(2) 切削用量　切削速度增大，刀具与工件的作用时间缩短，使塑性变形扩展深度减小，加工硬化层深度减小。切削速度增大后，切削热在工件表面层上的作用时间也缩短了，将使加工硬化程度增加。进给量增大，切削力也增大，表层金属的塑性变形加剧，也会使加工硬化程度增大。

(3) 工件材料　工件材料的塑性越大，切削加工中的塑性变形就越大，加工硬化现象就越严重。

2. 表面层材料金相组织的变化

金相组织的变化主要受温度的影响。磨削时由于磨削温度较高，极易引起表面层的金相组织的变化和表面的氧化，严重时会造成工件报废。

1）磨削烧伤

当被磨削工件表面层温度达到相变温度以上时，表层金属发生金相组织的变化，使表层金属强度和硬度发生变化，并伴有残余应力产生，甚至出现微观裂纹，这种现象称为磨削烧伤。在磨削淬火钢时，可能产生以下三种烧伤。

(1) 回火烧伤　如果磨削区的温度未超过淬火钢的相变温度，但已超过马氏体的转变温度，工件表层金属的回火马氏体组织将转变成硬度较低的回火组织（索氏体或托氏体），这种烧伤称为回火烧伤。

(2) 淬火烧伤　如果磨削区温度超过了相变温度，再加上切削液的急冷作用，表层金属发生二次淬火，使表层金属出现二次淬火马氏体组织，其硬度比原来的回火马氏体高，在它的下层，因冷却较慢，出现了硬度比原先的回火马氏体低的回火组织（索氏体或托氏体），这种烧伤称为淬火烧伤。

(3) 退火烧伤　如果磨削区温度超过了相变温度，而磨削区域又无切削液进入，表层金属将产生退火组织，表面硬度将急剧下降，这种烧伤称为退火烧伤。

2）防止磨削烧伤的途径

磨削热是造成磨削烧伤的根源，故防止和抑制磨削烧伤有两个途径：一是尽可能地减少磨削热的产生；二是改善冷却条件，尽量使产生的热量少传入工件。具体工艺措施主要有以下几个方面。

(1) 正确选择砂轮

一般选择砂轮时，应考虑砂轮的自锐能力（即磨粒磨钝后自动破碎产生新的锋利磨粒或自动从砂轮上脱落的能力）。同时磨削时砂轮应不致产生粘屑堵塞现象。硬度太高的砂轮由于自锐性能不好,磨粒磨钝后使磨削力增大,摩擦加剧,产生的磨削热较大,容易产生烧伤,故当工件材料的硬度较高时选用软砂轮较好。立方氮化硼砂轮磨粒的硬度和强度虽然低于金刚石,但其热稳定性好,且与铁元素的化学惰性高,磨削钢件时不产生粘屑,磨削力小,磨削热也较低,能磨出较高的表面质量。因此是一种很好的磨料,适用范围也很广。

砂轮的结合剂也会影响磨削表面质量。选用具有一定弹性的橡胶结合剂或树脂结合剂砂轮磨削工件时,当由于某种原因而导致磨削力增大时,结合剂的弹性能够使砂轮上面的磨粒做一定的径向退让,从而使磨削深度自动减小,以缓和磨削力突增而引起的烧伤。

另外,为了减少砂轮与工件之间的摩擦热,在砂轮的气孔内浸入某种润滑物质,如石蜡、锡等,对降低磨削区的温度,防止工件烧伤也有较好的效果。

(2) 合理选择磨削用量

磨削用量的选择应在保证表面质量的前提下尽量不影响生产率和表面粗糙度。

磨削深度增加时,温度随之升高,易产生烧伤,故磨削深度不能选得太大。一般在生产中常在精磨时逐渐减少磨深,以便逐渐减小热变质层,并能逐步去除前一次磨削形成的热变质层,最后再进行若干次无进给磨削。这样可有效地避免表面层的热烧伤。

工件的纵向进给量增大,砂轮与工件的表面接触时间相对减少,因而热的作用时间较短,散热条件得到改善,不易产生磨削烧伤。为了弥补纵向进给量增大而导致表面粗糙的缺陷,可采用宽砂轮磨削。

工件线速度增大时磨削区温度会上升,但热的作用时间却减少了。因此,为了减少烧伤而同时又能保持高的生产率,应选择较大的工件线速度和较小的磨削深度,同时为了弥补工件线速度增大而导致表面粗糙度值增大的缺陷,一般在提高工件速度的同时应提高砂轮的速度。

(3) 改善冷却条件

现有的冷却方法中,由于切削液不易进入到磨削区域内,所以冷却效果往往很差。由于高速旋转的砂轮表面上产生的强大气流层阻隔了切削液进入磨削区,大量的切削液常常是喷注在已经离开磨削区的已加工表面上,此时磨削热量已经进入工件表面造成了热损伤,所以改进冷却方法提高冷却效果是非常必要的。具体改进措施有:

① 采用高压大流量切削液,不但能增强冷却作用,而且还能对砂轮表面进行冲洗,使其空隙不易被切屑堵塞。

② 为了减轻高速旋转的砂轮表面的高压附着气流的作用,可以加装空气挡板,使冷却液能顺利地喷注到磨削区,这对于高速磨削尤为必要。图11-9所示为改进后的切削液喷嘴。

③ 采用内冷却法。如图11-10所示。砂轮是多孔隙能渗水的,切削液被引入砂轮中心孔后靠离心力的作用甩出,从而使切削液可以直接冷却磨削区,起到有效的冷却作用。由于冷却时有大量喷雾,机床应加防护罩。使用内冷却的切削液必须经过仔细过滤,以防止堵塞砂轮空隙。这一方法的缺点是操作者看不到磨削区的火花,在精密磨削时不能判断试切时的吃刀量,很不方便。

除了上述因素外,工件材料也是影响磨削烧伤的重要因素。工件材料硬度越高,磨削热量就越多。但材料过软,则易堵塞砂轮,使砂轮失去切削作用,反而使加工表面温度急剧上升。工件强度越高,磨削时消耗的功率越多,发热量也越大。工件材料韧性越大,磨削力越大,发热越多。导热性能较差的材料,如耐热钢、轴承钢、高速钢、不锈钢等,在磨削时都容易产生烧伤。

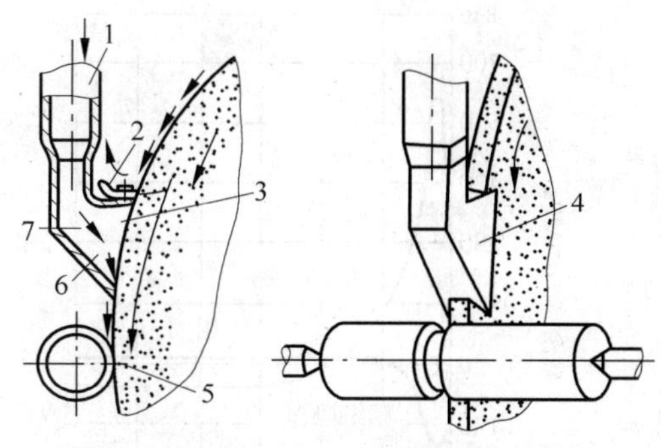

图 11-9 切削液喷嘴

1—液流导管；2—可调气流挡板；3—空腔区；4—喷嘴罩；5—磨削区；6—排液区；7—液嘴

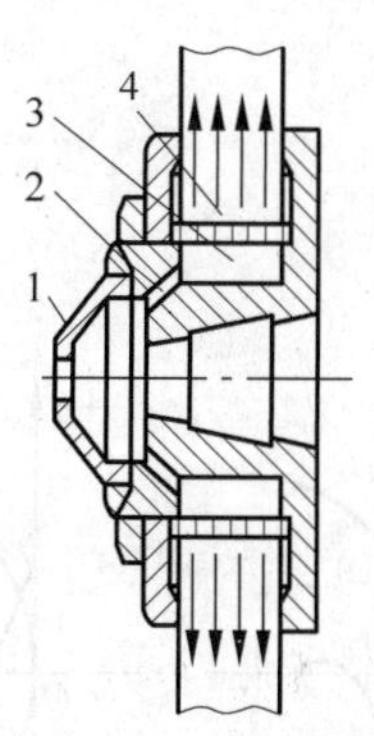

图 11-10 内冷却装置

1—锥形盖；2—通道孔；3—砂轮中心空腔；4—有径向小孔的薄壁套

3. 表面层残余应力

表面层残余应力主要是因为在切削加工过程中工件受到切削力和切削热的作用，在表面层金属和基体金属之间发生了不均匀的体积变化而引起的。

1）冷态塑性变形引起的残余应力

在切削加工过程中，由于切削力的作用，工件表面层产生塑性变形，使表面金属比容增大，体积膨胀。由于塑性变形只在表层金属中产生，表层金属的比容增大，体积膨胀，不可避免地要受到与它相连的里层金属的限制，从而在表面金属层产生了残余压应力，而在里层金属中产生残余拉应力。图 11-11 所示为加工后由冷态塑性变形产生的残余应力的分布情况。

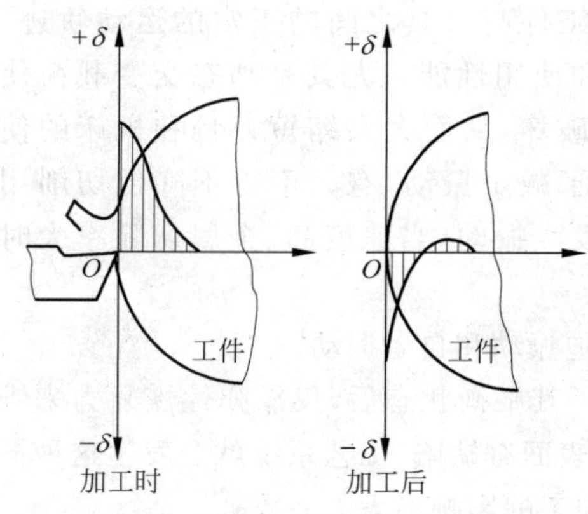

图 11-11 由冷态塑性变形产生的残余应力

2）热态塑性变形引起的残余应力

切削加工中，切削区会有大量的切削热产生，使工件产生不均匀的温度变化，从而导致不均匀的热膨胀。切削加工进行时，当表面温度升高到能够使表层金属进入到塑性状态时，其体积膨胀会受到温度较低的基体金属的限制而产生热塑性变形。切削加工结束后，表面温度下降，此时由于表面已产生的热塑性变形要收缩，所以表层金属又会受到基体金属的限制，在表面产生残余拉应力。热塑性变形主要在磨削时产生，磨削温度越高，热塑性变形程度越大，残余拉应力也就越大，有时甚至会产生裂纹。图 11-12 所示为磨削时由热塑性变形产生的残余应力的分布情况。图 11-13 所示为不同磨削方式下残余应力的分布情况。

3）金相组织变化引起的残余应力

不同金相组织具有不同的密度，金相组织的转变会引起金属材料的体积变化。加工过程中，当切削温度的变化使表面层金属产生了金相组织的变化时，表层金属的体积变化（增大或减小）必然会受到与之相连的基体金属的限制，因而就有残余应力产生。

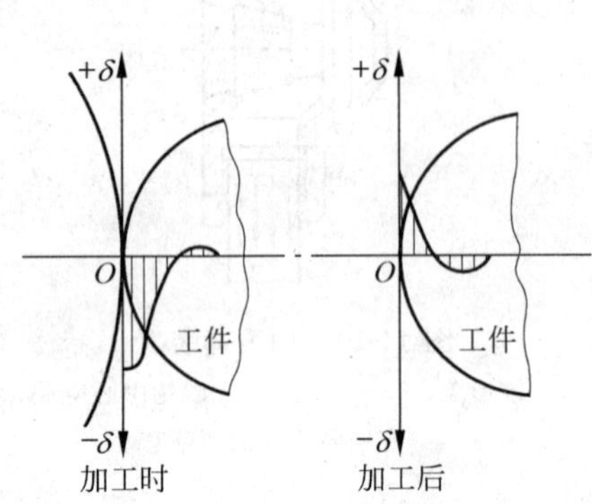

图 11-12 由热塑性变形产生的残余应力

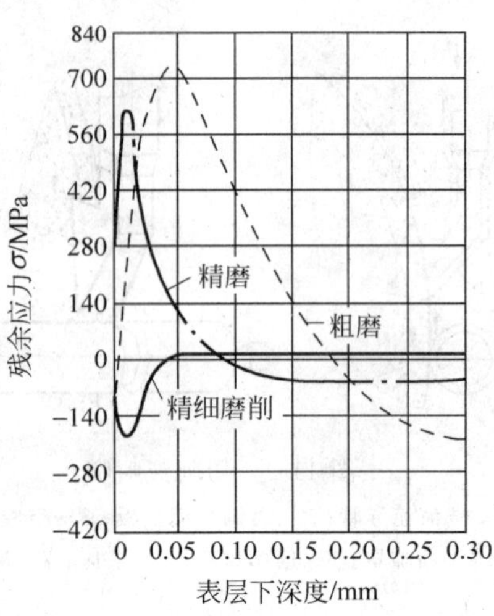

图 11-13 磨削时表面残余应力的分布

11.4 机械加工过程中的振动

机械加工过程中,工艺系统会发生振动,即刀具与工件之间产生周期性往复运动。这种附加在正常切削运动上的周期性运动,会破坏工件与刀具之间的正常的运动轨迹,使加工表面产生振痕,将严重影响零件的表面质量和使用性能。尤其是动态交变载荷使刀具极易磨损(甚至崩刃),导致机床连接特性遭到破坏,从而大大缩短刀具和机床的使用寿命。当振动严重时,使加工过程无法进行。为了减少振动,有时不得不降低切削用量,而使生产率下降。各种切削和磨削过程都可能发生振动,当速度高、金属切除率大时会产生较强烈的振动。

工艺系统的振动可分为三种类型:自由振动、受迫振动和自激振动。

(1) 自由振动 当系统受到初始干扰力而破坏了其平衡状态后,仅靠弹性恢复力来维持的振动。在切削过程中,由于材料硬度不均或工件表面有缺陷,工艺系统就会发生这种振动。但由于阻尼作用,振动会迅速衰减,因而对机械加工的影响不大。

(2) 受迫振动 一种在工艺系统内部或外部周期性干扰力持续作用下,系统被迫产生的振动。

(3) 自激振动 系统在没有受到外界周期性干扰力(激振力)作用下产生的持续振动。维持这种振动的交变力是由振动系统在自身运动中激发出来的。

11.4.1 受迫振动及其控制

受迫振动是由工艺系统内部或外界周期性干扰力持续作用下引起的振动。机械加工中的受迫振动与一般机械中的受迫振动没有什么区别,受迫振动的频率与干扰力的频率相同或是它的倍数。

1. 受迫振动的振源

受迫振动的振源包括来自机床内部的机内振源和来自机床外部的机外振源两大类。

1）机外振源

机外振源与机床的周边环境有关，影响因素较多。最典型的是机床邻近设备（如冲压设备、龙门刨等）工作时的强烈振动通过地基传来，使工艺系统产生相同（或整倍数）频率的受迫振动。这种机外振源可通过加设隔振地基来隔离。

2）机内振源

（1）机床高速旋转件不平衡引起的振动　例如联轴节、带轮、卡盘等由于形状不对称、材质不均匀或其他原因造成的质量偏心，均会产生离心力而引起受迫振动。

（2）机床传动机构缺陷引起的振动　如制造不精确或安装不良的齿轮会产生周期性干扰力，有可能造成工艺系统的受迫振动。此外，皮带接缝、轴承滚动体尺寸差和液压传动中油液脉动等各种因素均可能引起工艺系统受迫振动。

（3）切削过程中的冲击和切削过程本身的不均匀性引起的振动　在有些切削过程中，刀具在切入工件或切出工件时，或铣削、拉削及车削带有键槽的断续表面时，由于间歇切削而引起切削力的周期性变化，也会引起受迫振动。

（4）往复运动部件的惯性力引起的振动　具有往复运动部件的机床，当运动部件换向时的惯性力及液压系统中液压件的冲击现象都会引起受迫振动。

2. 受迫振动的特点

受迫振动是由周期性激振力引起的，不会被阻尼衰减掉，振动本身也不能使激振力发生变化。

受迫振动的振动频率与外界激振力的频率相同或是它的倍数，而与系统的固有频率无关。

受迫振动的幅值既与激振力的幅值有关，又与工艺系统的动态特性有关。

3. 减小受迫振动的途径

（1）减小激振力　可通过提高机床的制造和装配精度，以消除工艺系统内部的振动源。如机床中高速回转的零件要进行静平衡和动平衡（如磨床的砂轮、电动机的转子等）；提高齿轮的制造和装配精度，或采用对振动和动平衡不敏感的高阻尼材料制造齿轮，以减少齿轮啮合所造成的振动。

（2）调整振源频率　如调整刀具或工件的转速，使激振力频率偏离工艺系统的固有频率。

（3）增强工艺系统的刚性和阻尼以提高其抗振能力　如采用刮研各零部件之间的接触表面，以增加各种部件间的连接刚度；利用跟刀架，缩短工件或刀具装夹时的悬伸长度等方法以增加工艺系统的刚度。

（4）采取隔振措施隔离外部或内部振源　如使机床的电机与床身采用柔性连接以隔离电机本身的振动；把液压部分与机床分开；采用液压缓冲装置以减少部件换向时的冲击；采用厚橡皮、木材将机床与地基隔离，用防振沟隔开设备的基础和地面的联系，以防止周围的振源通过地面和基础传给机床等。

（5）采用各种减振措施　如果不能从根本上消除产生振动的条件，又不能有效的提高工艺系统的动态特性,可采用消振减振装置。

4. 机械加工过程中受迫振源的查找方法

如果已经确认机械加工过程中发生了受迫振动,就要设法查找振源,以便去除振源或减小振源对加工过程的影响。由受迫振动的特征可知,受迫振动的频率总是与干扰力的频率相等或者是它的倍数,我们可以根据受迫振动的这个规律去查找受迫振动的振源。

11.4.2 自激振动及其控制

切削加工时,在没有周期性外力(相对于切削过程而言)作用下,由系统内部激发反馈产生的周期性振动,称为自激振动,简称为颤振。其振动频率与系统的固有频率相近。

既然没有周期性外力的作用,那么激发自激振动的交变力是怎样产生的呢?可以用传递函数的概念来分析,机床加工系统是一个由振动系统和调节系统组成的闭环系统,如图11-14所示。激励机床系统产生振动的交变力是由切削过程产生的,而切削过程同时又受机床系统振动运动的控制,机床系统的振动运动一旦停止,动态切削力也就随之消失。自激振动系统维持稳定振动的条件为:在一个振动周期内,从能源机构经调节系统输入到振动系统的能量,等于系统阻尼所消耗的能量。

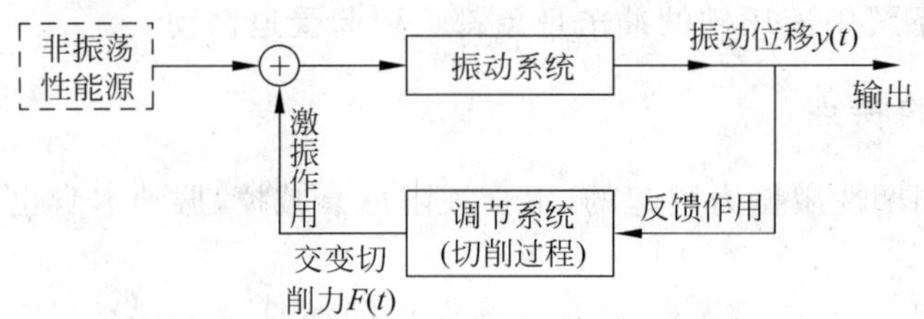

图11-14 自激振动系统框图

如果切削过程很平稳,即使系统存在产生自激振动的条件,也因切削过程没有交变的动态切削力,而不可能产生自激振动。但是,在实际加工过程中,偶然的外界干扰(如工件材料硬度不均、加工余量有变化等)总是存在的,这种偶然性外界干扰所产生的切削力的变化,作用在机床系统上,会使系统产生振动运动。系统的振动运动将引起工件与刀具间的相对位置发生周期性变化,使切削过程产生维持振动的动态切削力。如果工艺系统不存在自激振动的条件,这种偶然性的外界干扰,将因工艺系统存在阻尼而使振动运动逐渐衰减。如果工艺系统存在产生自激振动的条件,就会使机床加工系统产生持续的振动运动。

1. 自激振动的形成机理

经过对自激振动的研究,人们从不同的角度出发,形成了多种关于自激振动机理的理论。

1) 负摩擦自振原理

在切削塑性材料时,由切削原理可知,进给运动方向上的分力 F_f 开始随切削速度 v_c 的增加而增大,自某一速度开始,又随切削速度的增加而下降。在力-速度曲线下降区,极易引起自激振动。进给运动方向上的分力主要取决于切屑与刀具相对运动所产生的摩擦力。图11-15(a)所示为车削加工的简化振动模型。将加工系统简化为单自由度系统,刀具简化为等效质量 m,仅能做径向运动。图11-15(b)所示为进给运动方向上的分力 F_f 与切屑和前刀面相对滑动速度 v 的关系曲线。在稳定切削时，工件表面的线速度为 v_c，则刀具和切屑的相对滑动速度为 $v_1=v_c/\zeta$，ζ 为切屑收缩系数。当刀具发生振动时，前刀面与切屑的相对滑动速度便要附加一个振动速度 v_2，刀具切入工件时相对滑动速度为 v_1+v_2，刀具退出工件时，相对滑动速度为 v_1-v_2，它们分别对应于进给运动方向上的分力 F_{f1} 和 F_{f2}。所以，刀具切入工件的半个周期中，切削力所做的负功小于刀具切出工件的半个周期中所做的正功，在一个振动周期中，便有多余的能量输入振动系统，从而激起振动。

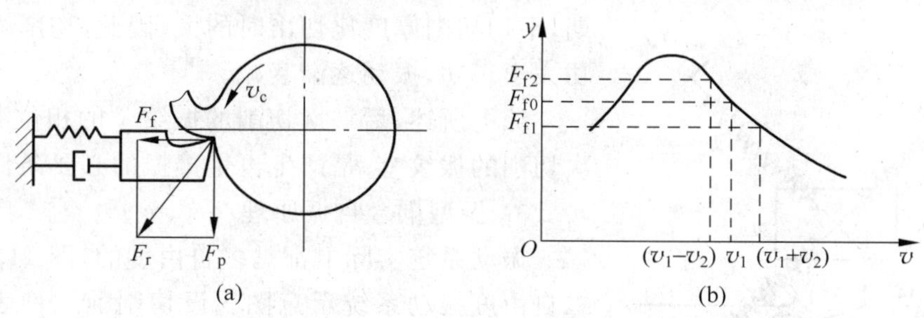

图 11-15　负摩擦原理图

(a) 车削振动系统；(b) 切削力 F_f 与切屑相对滑动速度 v 的关系

2）再生效应自振原理

切削或磨削加工时，后一次走刀和前一次走刀总会有部分重叠。图 11-16 所示为外圆磨削简图。设砂轮的宽度为 B，工件 2 每转进给量为 f，砂轮前一转的磨削区和后一转磨削区有重叠部分，其大小用重叠系数 μ 表示：

$$\mu=\frac{B-f}{B}$$

前后两次走刀完全重叠时，$\mu=1$；无重叠时，$\mu=0$；一般情况，μ 在 0～1 之间。

在稳定的切削过程中，由于偶然的扰动(如刀具碰到工件材料上的硬质点、余量不均匀等)，引起工件与刀具发生相对的自由振动，从而在切削表面上留下振纹，当第二次走刀时，刀具将在有振纹的表面上进行切削，因切削厚度发生了变化，引起了切削力周期性的变化。将这种由于切削厚度的变化引起的自激振动，称为“再生颤振”。再生颤振的发生与维持的条件可用图 11-17 所示的切削过程的能量关系来说明。设第 i 次切削时刀具与工件间的

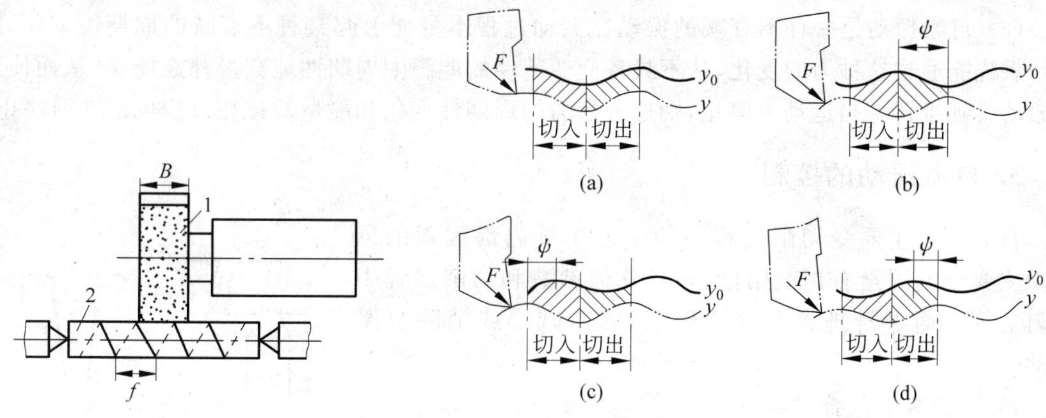

图 11-16　外圆磨削简图

图 11-17　再生颤振时振纹相位角与平均切削厚度的关系

(a) $\psi=0$；(b) $\psi=\pi$；(c) $0<\psi<\pi$；(d) $0>\psi>-\pi$

振纹为 y_0，第 $i+1$ 次切削(振纹为 y)就要从已有振纹的表面上切除切屑。图 11-17(a)表示在一个周期中切削厚度处处相等，切入时切削力 F 所做的负功(因为切入时刀具的速度方向与切削力 F 的方向相反)与切出时所做的正功相等，振纹保持原有的状态；图 11-17(d)表示振幅 y 比 y_0 滞后 φ 角，刀具切入半周期中的平均切削厚度比切出时的平均厚度小；因此，切入时的平均切削力比切出时的小；所以，在一个振动周期中，切削力做的正功大于负功，系统得到了能量的输入，振动加强。图 11-17(c)中 y 比 y_0 超前 φ 角，刀具切入的半周期，平均切削厚度比切出时的大，因此，切削力所做的负功大于正功，振动逐渐衰减。

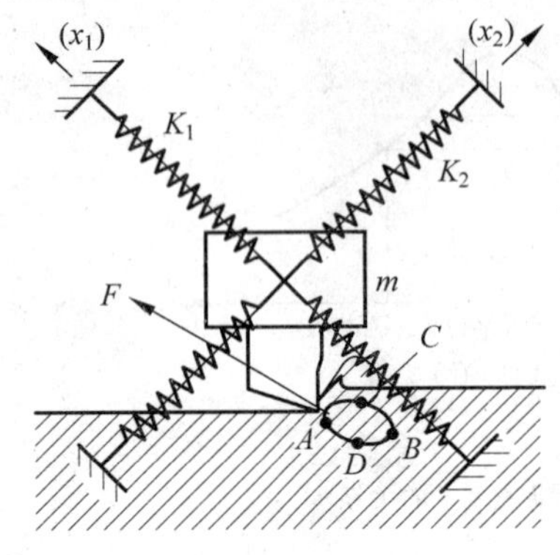

图 11-18　振型耦合自振原理示意图

综上所述，后一次切削的振纹 y 的相位滞后于前一次切削的振纹 y_0 是产生再生颤振的必要条件。

3) 振型耦合自振原理

振动系统实际上都是多自由度的，图 11-18 是一个二自由度振动系统示意图。设切削前工件表面是光滑的，即不考虑再生效应，当刀架系统产生了角频率为 ω 的振动，则刀架将在 x_1 和 x_2 两个方向上同时振动，刀具振动的轨迹一般为椭圆形的封闭曲线。如图 11-18 所示，椭圆形曲线的旋向是顺时针的，则刀具沿 ACB 的轨迹切入工件，它的运动方向与切削力 F 的方向相反，F 做负功。沿着 BDA 轨迹退出时，力 F 做正功。由于切出时平均切削厚度大于切入时平均切削厚度，故切削力做的正功大于负功，在一个振动周期中便有多余的能量输入振动系统，维持系统的振动。

2. 自激振动的特征

与其他类型的振动相比，自激振动有以下特征。

(1) 机械加工中的自激振动是在没有周期性外力(相对于切削过程而言)干扰下所产生的振动运动，这一点与受迫振动有原则区别。

(2) 自激振动的频率接近于系统的某一固有频率，或者说，颤振频率取决于振动系统的固有特性。这一点与受迫振动根本不同，受迫振动的频率取决于外界干扰力的频率。

(3) 自激振动是一种不衰减的振动。振动过程本身能引起某种不衰减的周期性变化，而振动系统能通过这种力的变化，从不具备交变特性的能源中周期性地获得补充能量，从而使这个振动得到维持。当运动一停止，则这种外力的周期性变化和能量的补充过程也都立即停止。

3. 自激振动的控制

自激振动主要受切削过程中的工艺系统内部因素的影响。主要影响因素有切削用量、刀具几何参数和切削过程中的阻尼等。通过合理控制这些因素，就能减小或消除自激振动。

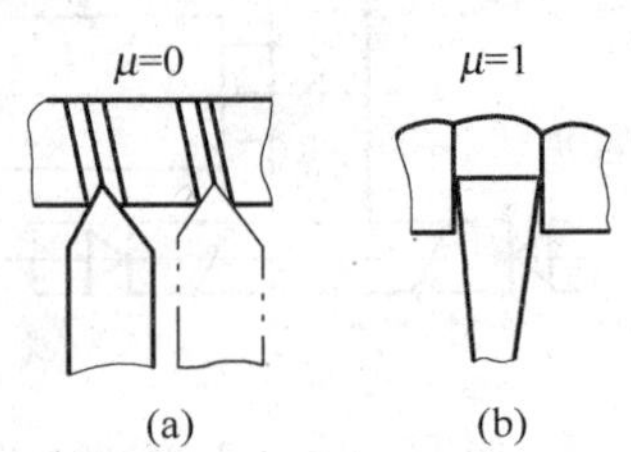

图 11-19　不同加工方式的 μ 值

1) 尽量减小重叠系数 μ

重叠系数 μ 直接影响再生效应的大小。重叠系数值取决于加工方式、刀具的几何形状和切削用量等。图 11-19 中列出了两种加工方式的 μ 值。车螺纹(图 11-19(a))时，$\mu=0$，工艺系统不会有再生型自激振动产生。切断工件(图 11-19(b))时，$\mu=1$，再生效应最大。对于一般外圆，纵向车削时，$\mu=0\sim1$，此时应通过改变切削用量和刀具几何形状，使 μ 尽量减小，以提高切削的稳定性。

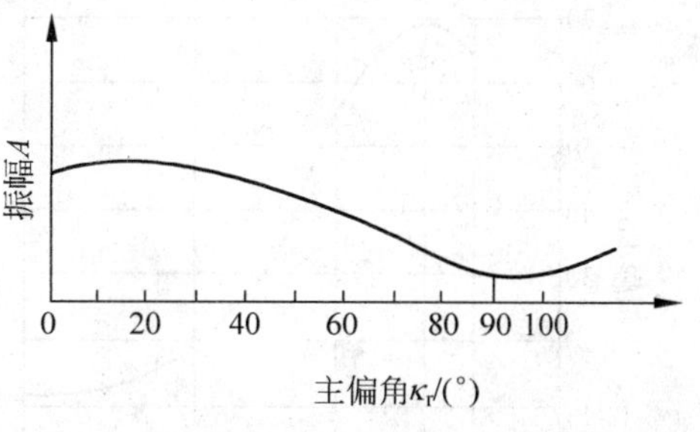

图 11-20　主偏角对振幅的影响

2）合理选择刀具几何参数

刀具几何参数中对振动影响最大的是主偏角 κ_r 和前角 γ_o。主偏角增大，则垂直于加工表面方向的切削分力减小，故不易产生自振。从图 11-20 可以看出，当 $\kappa_r=90°$时，振幅最小。前角越大，切削力越小，振幅也越小。图 11-21 所示为前角对振幅的影响，适当地增大前角、主偏角，能减小 F_p，从而减小振动。后角可尽量取小，但精加工中由于切削深度较小，后角较小时，刀刃不容易切入工件，且使刀具后面与加工表面间的摩擦加剧，反而容易引起自振。通常在刀具的主后面上磨出一段后角为负的窄棱面，如图 11-22 所示，这样可以增大工件和后刀面之间的摩擦阻尼，起到很好的减振效果。

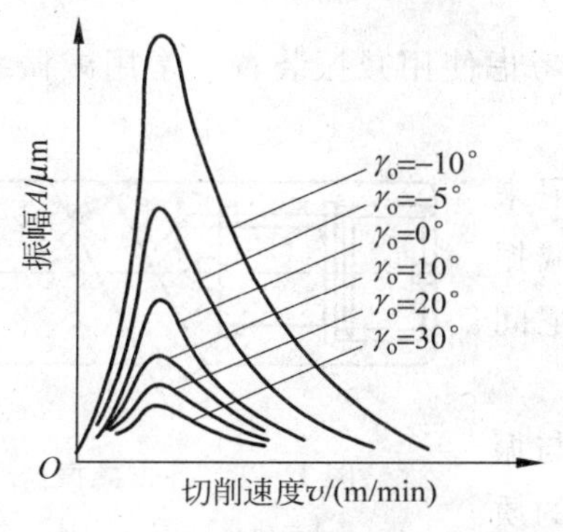

图 11-21　前角对振幅的影响

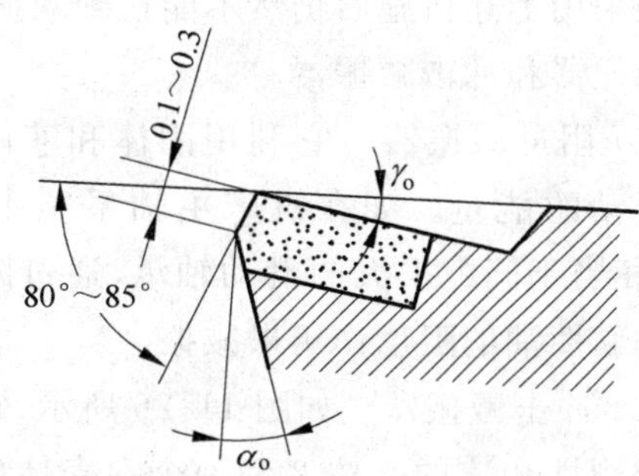

图 11-22　刀具的负倒棱

3）合理选择切削用量

图 11-23 是切削速度与振幅的关系曲线。从图中可以看出，在低速或高速切削时，振动较小。图 11-24 和图 11-25 是进给量和切削深度与振幅之间的关系曲线。它们表明，选较大的进给量和较小的切削深度有利于减小振动。采用高速切削或低速切削可以避免自激振动。增大进给量可使振幅减小，在加工表面粗糙度允许的情况下，可以选取较大的进给量以避免自激振动。切削深度增大时，切削宽度也会增大，振动增强，所以在选择切削深度时一定要考虑切削宽度对振动的影响。

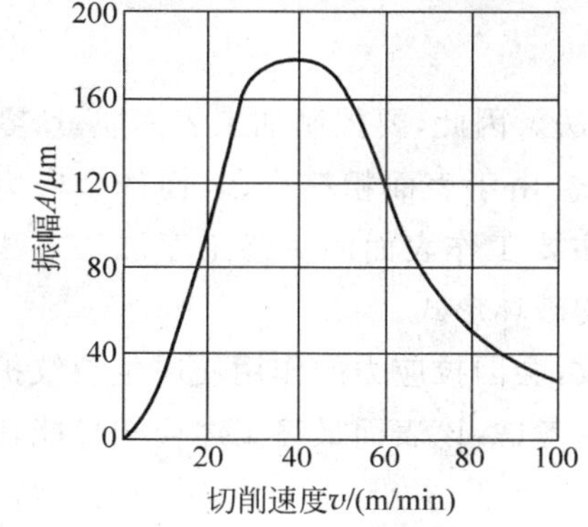

图 11-23　切削速度对振幅的影响

4）提高工艺系统的刚度

首先是提高机床的抗振性能。例如外圆磨床的主轴系统要适当地减小轴承的间隙，滚动轴承要加适当

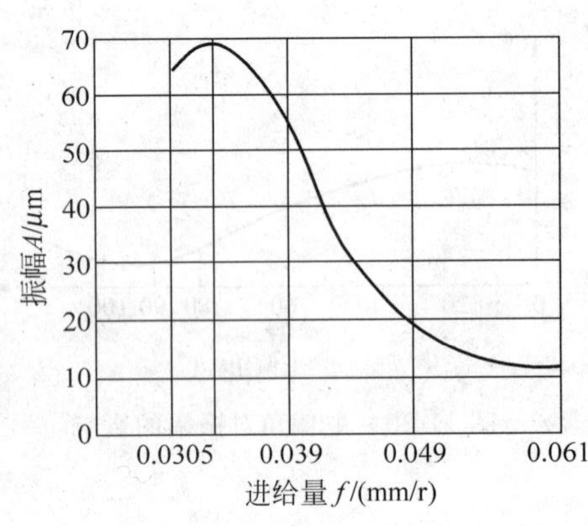

图 11-24 进给量与振幅之间的关系

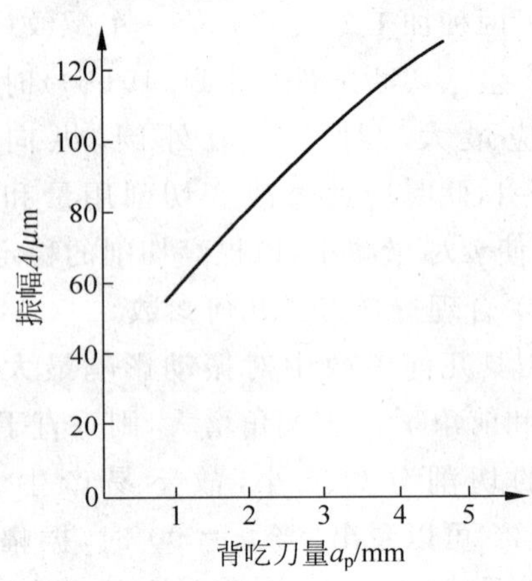

图 11-25 切削深度对振幅的影响

的预紧力,以增强接触刚度。当工件与刀具的抗振性能成为系统薄弱环节时,应采取相应的技术措施,如加工细长轴时,用中心架或跟刀架来提高工件的抗振性能;当用细长刀杆加工孔时,要采用中间导向支承来提高刀具的抗振性能等。

5)采用减振装置

在采用上述措施后仍然不能达到减振目的时,可考虑使用减振装置。常用减振装置有阻尼减振器和冲击减振器。

(1)阻尼减振器 它利用固体和液体的摩擦阻尼来消耗振动的能量。如在机床主轴系统中附加阻尼减振器,它相当于间隙很大的滑动轴承,通过阻尼套和阻尼间隙中的黏性油的阻尼作用来减振。

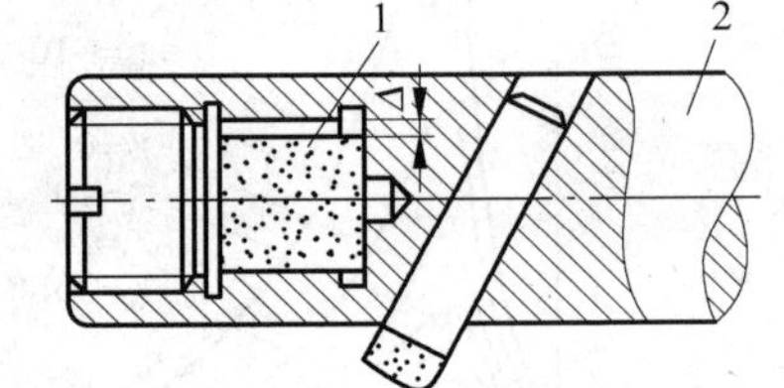

图 11-26 冲击减振器

1—质量块;2—壳体

(2)冲击减振器 如图 11-26 所示,它是由一个与振动系统刚性相连的壳体 2 和一个在壳体内自由冲击的质量块 1 组成的。当系统振动时,自由质量块反复冲击振动系统,消耗振动的能量,以达到减振效果。

11.5 控制加工表面质量的途径

零件的加工表面质量取决于最终加工工序的加工方法。因此,要控制加工表面质量,零件主要工作表面最终工序加工方法的选择是至关重要的。由于表面粗糙度、表面残余应力状况将直接影响零件的配合质量和使用性能,选择零件主要工作表面的最终工序加工方法时,须考虑该零件主要工作表面的具体工作条件和可能的破坏形式。

在交变载荷作用下,机器零件表面上的局部微观裂纹,会因拉应力的作用使原生裂纹扩大,最后导致零件断裂。从提高零件抵抗疲劳破坏的角度考虑,该表面最终工序应选择能在该表面产生残余压应力的加工方法。

1. 控制磨削参数

由于磨削加工可获得良好的表面粗糙度，是常用的一种提高表面质量的加工方法。但磨削既能细化工件表面粗糙度，又能引起表面烧伤。而磨削表面的粗糙度大小和是否产生磨削烧伤主要受磨削参数的影响，要获得高的表面质量，必须合理控制磨削参数。

砂轮的粒度对表面粗糙度有较大影响，如图 11-27 所示。要获得较细的表面粗糙度，应选择磨粒号较大的砂轮。但随磨粒号的增大，产生磨削烧伤的可能性也会增大。为防止工件烧伤，只能采用很小的磨削深度，且需要时间很长的空走刀，使磨削效率下降。为此，砂轮磨粒号常选用 46～60 号，一般不超过 80 号。

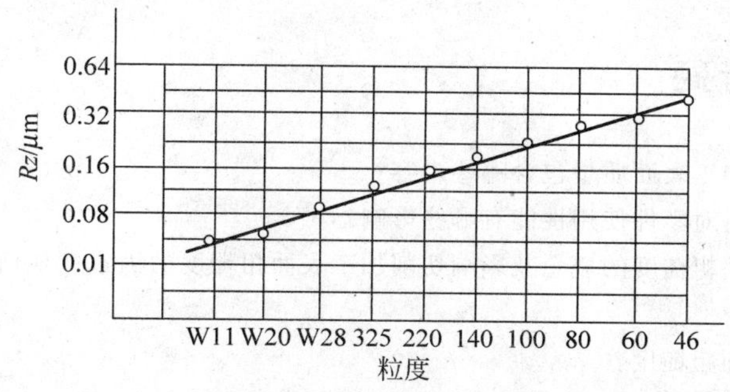

图 11-27 砂轮粒度对表面粗糙度的影响

磨削过程中的砂轮速度、工件速度及工件的轴向进给量均对表面粗糙度有较大影响，在磨削过程中应根据表面粗糙度要求合理选择。

磨削深度对表面粗糙度也有较大影响。因此常用无进给磨削完成精磨加工的最后几次走刀，以提高工件表面质量。

2. 采用超精加工、珩磨等光整加工方法作为最终加工工序

超精加工、珩磨等都是利用磨条以一定的压力压在工件的被加工表面上，并作相对运动以提高工件精度、降低表面粗糙度的一种工艺方法。由于切削速度低、磨削压强小，所以加工时产生很少的热量，不会产生烧伤，并可使表面具有残余压应力。

3. 采用喷丸、滚压、辗光等强化工艺

对于承受高应力、交变载荷的零件，可采用喷丸、滚压、辗光等强化工艺，使表面层产生残余压应力和加工硬化且能降低表面粗糙度，同时可消除磨削等工序的残余拉应力，因此可以大大提高疲劳强度及抗应力腐蚀的性能。图 11-28 所示是滚压加工示意图。但是采用强化工艺时不能造成过度硬化，过度硬化会引起显微裂纹和材料剥落，带来不良后果。因此，采用强化工艺时应合理选择和控制工艺参数以获得所需要的强化表面。

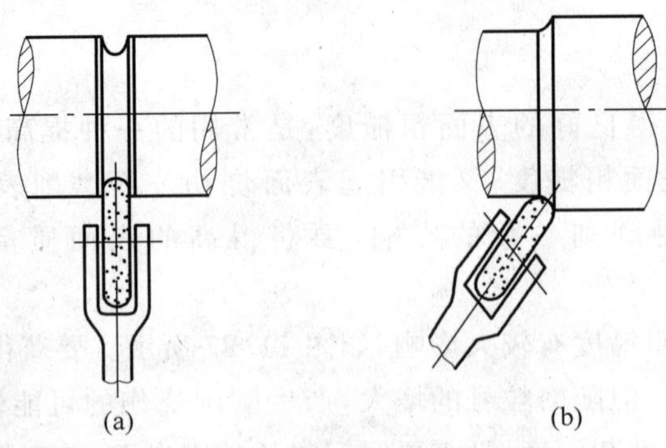

图 11-28 典型滚压加工示意图

(a) 滚压环槽；(b) 滚压轴肩

习题与思考题

11-1 通常所说的机械加工表面质量包含哪些内容？

11-2 机械加工表面质量对零件使用性能有哪些影响？

11-3 简述机械加工表面粗糙度的概念及影响切削加工表面粗糙度的因素。如何减小加工表面的实际粗糙度？

11-4 如何减小磨削表面粗糙度？

11-5 何谓加工硬化和残余应力？

11-6 什么是磨削烧伤？如何控制？

11-7 机械加工中的振动有哪几类？对机械加工有何影响？

11-8 什么是机械加工中的受迫振动？机械加工中的受迫振动有什么特点？如何消除和控制？

11-9 试述机械加工中自激振动的两种理论，并且解释机械加工中的自激振动现象。

第12章

非常规加工方法

知识点

- 电火花加工的原理和特点
- 电解加工的原理和特点
- 激光加工的原理和特点
- 电子束和离子束加工的原理和特点
- 超声波加工的原理和特点
- 快速成形技术的特点和应用

本章导读

本章对常见的非常规加工方法的原理、工艺特点以及应用范围进行较为系统的介绍。

12.1 非常规加工方法概述

非常规加工(non-traditional machining,NTM)是指利用化学的、物理的(电、声、光、热、磁、水)、电化学的非传统切削的工艺方法对材料进行加工,又称特种加工,是第二次世界大战之后发展起来的一类有别于传统的加工方法的总称。随着科学技术的发展,新材料、新结构的不断出现,传统的切削加工工艺面临着严峻的挑战。目前,新材料和新结构提出的非常规加工工艺归纳为以下三个方面。

(1) 难加工材料的加工,如硬质合金、钛合金、耐热钢、不锈钢、宝石及其他各种高硬度、高强度、高韧性、高脆性的金属及非金属材料的加工。

(2) 特殊复杂表面和结构的加工与成形,如各种异形孔、微形孔和窄缝等的加工。

(3) 有特殊要求的零件的加工,如细长零件、薄壁零件、弹性元件、微型机械和机器人零件等低刚度零件的加工。

传统的切削加工方法难以解决上述特殊工艺问题。非常规加工方法已经成为机械制造业中不可缺少的加工方法。其主要特点为:

(1) 加工范围不受材料物理机械性能的限制,具有“以柔克刚”的特点;

(2) 加工过程中,工具与工件间不存在显著的切削力;

(3) 非常规加工方法获得的零件的精度及表面质量有其严格的、确定的规律性。

NTM方法主要包括：化学加工(CHM)、电化学加工(ECM)、电化学机械加工(ECMM)、电火花加工(EDM)、电接触加工(RHM)、超声波加工(USM)、激光束加工(LBM)、电子束加工(EBM)、离子束加工(IBM)、等离子束加工(PAM)、电液加工(EHM)、磨料流加工(AFM)、磨料喷射加工(AJM)、液体喷射加工(HDM)、快速原型制造(RPM)等。

12.2 电火花加工

电火花加工是利用工具和工件(正、负电极)之间脉冲放电时的电腐蚀现象对材料进行加工的方法。

12.2.1 电火花加工的原理

图12-1为电火花加工原理示意图，正极性接法是将工件接阳极，工具接阴极；负极性接法是将工件接阴极，工具接阳极。脉冲电源1的两个输出端分别接在工件电极2和工具电极4上，工具电极和工件电极均浸泡在工作液5中，通过自动进给调节装置3使工具和工件之间保持很小的放电间隙。加工时，在两电极间加上脉冲直流电压。由于工具和工件的表面不可能绝对光滑，一般呈微观的凹凸不平形状，故二者表面上各点之间的实际间隙是大小不等的。当脉冲电压由低升高时，使实际间隙最小处或绝缘强度最低处被击穿，在该局部区域产生火花放电。由放电产生的瞬间高温使工件和工具表面的材料产生程度不同的熔化和气化现象。同时，放电处的绝缘液体也被局部加热，迅速气化，体积膨胀，并产生很高的压力，将已经熔化、气化的材料从工件和工具的表面上蚀除掉，在工具和工件的表面上均形成一微小的凹坑。此时，放电短暂停歇，两电极间工作液恢复绝缘状态。电源重新向电容器充电，下一个脉冲电压又在两电极相对接近的另一点处击穿，产生火花放电，重复上述过程。虽然每个脉冲放电蚀除的金属量极少，但因每秒有成千上万次脉冲放电作用，就能蚀除较多的金属，生产效率较高。

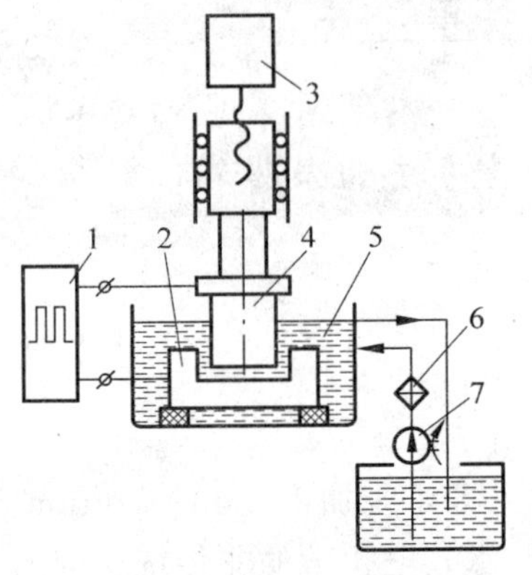

图12-1 电火花加工原理示意图

1—脉冲电源；2—工件电极；3—自动进给调节装置；4—工具电极；5—工作液；6—过滤器；7—工作液泵

在保持工具电极与工件之间恒定放电间隙的条件下，一边蚀除工件金属，一边使工具电极不断地向工件进给，最后便加工出与工具电极形状相对应的形状来。因此，只要改变工具电极的形状和工具电极与工件之间的相对运动方式，就能加工出各种复杂的型面。

在电火花加工过程中，正、负电极的电蚀除量不同，这种现象称为极性效应。一般来说，用短脉冲加工时采用正极性接法，用长脉冲加工时采用负极性接法；精加工采用正极性接法，粗加工采用负极性接法。工具电极常用导电性良好、熔点较高、易加工的耐电蚀材料，如铜、石墨、铜钨合金和钼等。工具电极也有损耗，但小于工件金属的蚀除量，甚至接近于无损耗。

电火花加工过程中要采用一定的放电介质，也就是工作液。工作液必须具有一定的绝缘性能，它在加工过程中还起着冷却、排屑等作用。常用的工作液是黏度较低、性能稳定的介质，如煤油、机油、乳化液等。

12.2.2 电火花加工的工艺特点和应用

1. 电火花加工的工艺特点

电火花加工具备一系列不可替代的优点：

(1) 能加工传统切削加工方法难以加工的材料和具有复杂形状的工件；

(2) 加工时无切削力；

(3) 不产生毛刺和刀痕沟纹等缺陷；

(4) 工具电极材料无须比工件材料硬；

(5) 直接使用电能加工，便于实现自动化。

同时，电火花加工也存在这样一些缺陷：加工后表面产生变质层，在某些应用中须进一步去除；加工速度慢，生产率低；工作液的净化和加工中产生的烟雾污染处理比较麻烦。

2. 电火花加工的应用

电火花加工主要用于加工具有复杂形状的型孔和具有型腔的模具；加工各种硬、脆材料，如硬质合金和淬火钢等；加工深细孔、异形孔、深槽、窄缝和切割薄片等；加工各种成形刀具、样板和螺纹环规等工具和量具等。

12.2.3 电火花线切割加工

1. 电火花线切割的加工原理

电火花线切割加工是在电火花加工基础上发展起来的一种工艺方法，该方法是采用线状电极利用火花放电对工件进行切割，故称线切割。

电火花线切割加工的基本原理如图 12-2 所示。工件电极 2 接脉冲直流电源 1 的正极，线状工具电极丝 3 接脉冲直流电源的负极。加工时利用细金属丝（通常直径为 $\phi 0.10 \sim 0.25$ mm

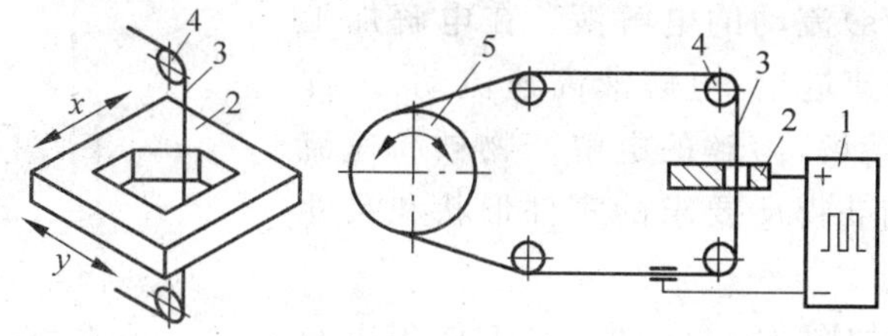

图 12-2 电火花线切割加工原理图

1—脉冲直流电源；2—工件；3—电极丝；4—导轮；5—储丝筒

的钼丝或黄铜丝)作为工具电极对工件电极进行切割,储丝筒5带动线状工具电极作单向或交替往复运行,加工能源由脉冲直流电源提供。采用数控方式控制工作台或电极,使之按预定轨迹进给,通过火花放电,使工件产生电腐蚀将工件切割成形。工作台或电极沿两坐标方向的运动分别由两个电动机驱动。

2. 电火花线切割的特点

电火花线切割加工除了具有电火花加工的共性外,还有如下特点:不需要制造成形工具电极;能够方便快捷地加工细微的异形孔、窄缝及复杂表面;在相同的电参数下,比穿孔加工生产效率高,自动化程度高,操作使用方便;工作液采用水基乳化液,不易引燃起火,容易实现安全无人操作运行;不能加工盲孔类零件表面和阶梯成形表面。

3. 电火花线切割的应用

电火花线切割的应用十分广泛。例如,加工各种硬质合金和淬硬钢的冲模、拉丝模、冷拔模、弯曲模、挤压模等;加工带锥度型腔的电极、微细复杂形状的电极和各种样板、成形刀具等;加工各种形状复杂的零件、直纹曲面、窄缝和栅网等;加工各种稀有、贵重金属和难加工材料。还可将许多相同零件叠起来加工,并获得一致的尺寸。随着数控技术的应用,3~4轴慢走丝线切割技术为精密零件和模具的制造开辟了一条新的工艺途径。

12.3 电解加工

电解加工属电化学加工方法,是继电火花加工之后,发展较快、应用比较广泛的一种非常规加工方法。

12.3.1 电解加工的原理

电解加工是利用金属在电解液中产生“阳极溶解”的原理来去除工件上多余材料的。其加工原理如图12-3所示。加工时,在工件和工具电极之间接直流电源(20 V左右),工件接阳极,工具接阴极,工具相对工件慢速进给,使两极之间始终保持较小的间隙(通常为0.1~1 mm),并且在两极较小的间隙中通以高速(5~50 m/s)流动的电解液。在电解加工过程中,工具不断地匀速进给,电解液高速流动,工件表面的金属不断地被溶解,溶解的电解产物被高速流动的电解液带走,直到获得所要求的零件形状和尺寸为止。

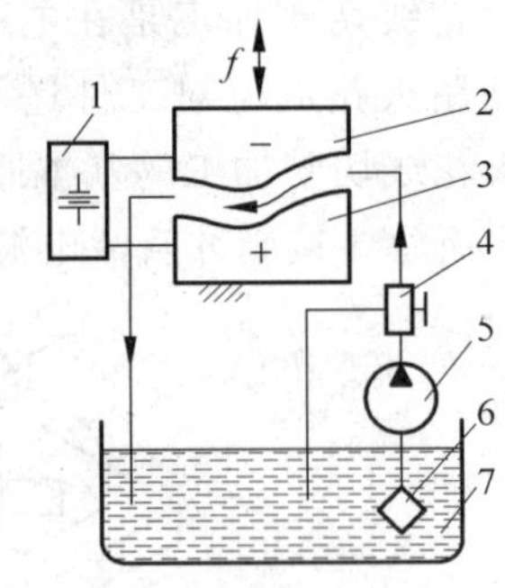

图12-3 电解加工示意图
1—直流电源;2—工具阴极;3—工件阳极;4—调压阀;5—电解液泵;6—过滤器;7—电解液

电解加工开始时,如图12-4(a)所示,工件阳极与工具阴极的形状不同,工件表面上每点至工具表面的垂直距离不相等,因而各点的电流密度不同。距离较近处通过的电流密度大(竖线较密),电解液的流速也常常较高,阳极溶解的速度较快;反之,距离较远处通过的电流密度小(竖线较疏),阳极溶解的速度较慢。当工具不断进给时,工件表面上每点以不同的溶解速度进行溶解,工件的形状逐渐接近于工具的形状,直到把工具的形状“复印”在工件上,得到所需要的形状为止,如图 12-4(b)所示。

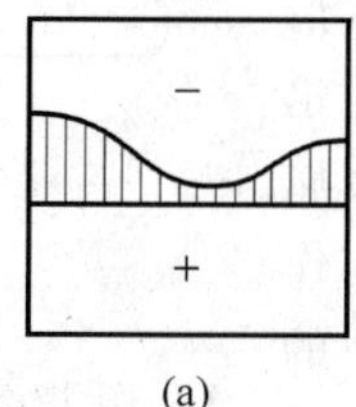

(a)

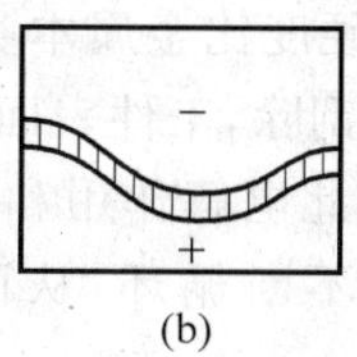

(b)

图 12-4　电解加工成形原理图
(a) 加工开始状态;(b) 加工结束状态

12.3.2　电解加工的工艺特点

与传统的切削加工相比,电解加工具有以下优点。

(1) 加工范围广泛,可以加工各种难切削金属材料;

(2) 生产率较高,约为电火花加工的 5～10 倍,有时比切削加工的生产率还高;

(3) 表面质量好,表面粗糙度为 $Ra1.25 \sim 0.2\ \mu m$。加工中无切削力和切削热的作用,不会产生由此而引起的变形和残余应力、冷作硬化、金相组织变化以及毛刺、刀痕和飞边等;

(4) 工具阴极在加工过程中基本上无损耗,可以长期使用。

但电解加工也存在一些缺点和局限性,主要是:

(1) 加工精度不高,一般为±0.1 mm,最高精度一般不超过±0.03 mm。而且加工稳定性不高;

(2) 难以加工具有很细的窄缝、小孔及尖棱、尖角的工件;

(3) 电解液对环境和设备有腐蚀作用;

(4) 加工复杂型面时,工具电极的设计和制造都比较困难。

12.3.3　电解加工的应用

电解加工主要应用于批量生产条件下难切削材料和复杂型面、型腔、薄壁零件以及异形孔的加工,还可用于去毛刺、刻印、磨削、表面光整加工等方面。

12.3.4　电解磨削

电解磨削是把电解腐蚀作用和机械磨削结合起来的一种复合加工方法。相比于电解加工,电解磨削能够得到较高的加工精度和较好的表面粗糙度,而且生产效率比机械磨削高。

电解磨削加工原理如图 12-5 所示。高速旋转的导电磨轮 1 接直流电源 4 的阴极,被加工工件 7 接直流电源的阳极,工件在一定压力下与导电磨轮相接触,由电解液喷嘴 5 向加工区域不断地送入电解液。接通电源后,工件表面的金属在电流和电解液的作用下产生电化学反应并形成阳极膜 6。阳极膜的硬度比金属本身低得多,所以会迅速被导电磨轮中的磨料刮除,工件表面就会露出新的金属表面并继续被电解。如此电解作用和刮除薄膜的磨削作用交替进行,整个过程不断循环,从而达到加工工件的目的。

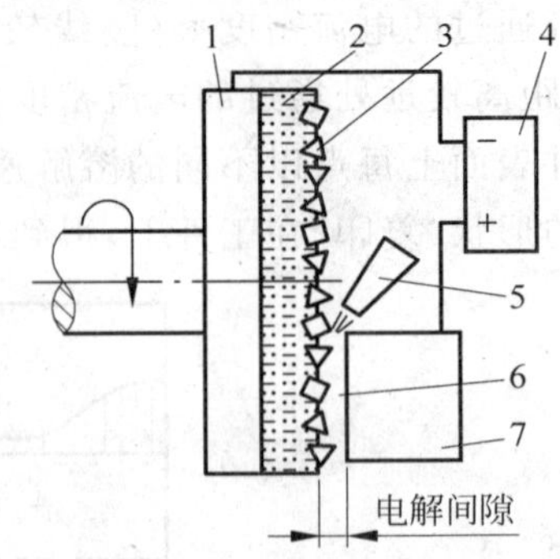

图 12-5 电解磨削原理图

1—导电磨轮;2—结合剂;3—磨料;4—直流电源;5—电解液喷嘴;6—阳极膜;7—工件

电解磨削适合于磨削高强度、高硬度、热敏性和磁性材料,如硬质合金、高速钢、不锈钢、钛合金、镍基合金等。它可用于磨削硬质合金刀具、刀片及精度和表面质量要求很高的工件,还可广泛用于各种内孔、外圆、平面、成形表面等加工。

12.4 激光加工

激光加工是利用激光的能量进行加工的一种工艺方法。

12.4.1 激光加工的基本原理

激光是一种经受激辐射产生的加强光,它除了具有一般普通光源的共性外,还具有亮度高、单色性好、相干性好、方向性好等特点。

激光加工的原理可用图 12-6 所示的固体激光器结构简图来说明。激光工作介质 2 是一种发光材料,可以是固体,如红宝石、钕玻璃等;也可以是气体,如二氧化碳。激励能源主体是一个光泵 7,即激励脉冲氙灯,其作用是给激光工作介质提供能量,使其粒子由低能级激发到高能级,产生受激辐射。当工作介质被激发后,在一定的条件下可使光得到放大,并通过全反射镜 1 和部分反射镜 3 组成的光谐振腔的作用产生光的振荡,通过光谐

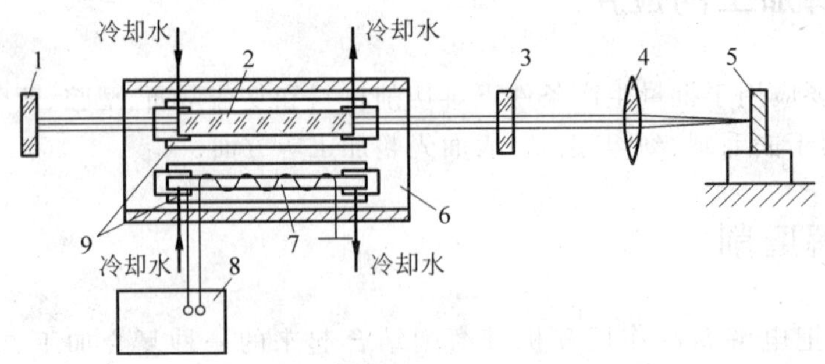

图 12-6 固体激光器结构示意图

1—全反射镜;2—工作介质;3—部分反射镜;4—透镜;5—工件;6—聚光镜;7—光泵;8—电源;9—玻璃管

振腔的部分反射镜 3 输出激光。由激光器发射的激光再通过透镜 4 聚焦到工件 5 的待加工表面,对工件进行预定的加工。

能量密度极高的激光束照射到被加工表面时,一部分光能被反射,一部分光能穿透物质,而剩余的光能被加工表面吸收并转换成热能。对不透明的物质,因为光的吸收深度非常小,所以热能的转换只发生在表面的极浅层,再由热的传导作用传递到物质的内部。由加工表面吸收并转换成的热能,使照射斑点的局部区域迅速熔化、气化蒸发,并形成小凹坑。同时由于热扩散使斑点周围的金属熔化,随着激光能量继续被吸收,凹坑中金属蒸气迅速膨胀,压力突然增大,相当于产生一个微型爆炸,把熔融物高速喷射出来。熔融物高速喷射所产生的反冲压力又在工件内部形成一个方向性很强的冲击波。这样,工件材料就在高温熔融和冲击波的同时作用下,蚀除了部分物质,从而打出一个具有一定锥度的小孔。

12.4.2　激光加工的工艺特点

激光加工具备如下工艺特点:

(1) 几乎能够加工各种材料,对材料的适应性强。

(2) 打孔速度极快,热影响区小。工件热变形很小,易于实现自动化和流水作业。

(3) 属于非接触加工。加工时工件不受力的影响,无变形,因此能对刚性很差的零件(如飞机薄板等)实现高精度加工。

(4) 可进行微细加工,可实现直径 0.01 mm 的小孔加工和窄缝切割。

(5) 可穿越介质进行加工,如可以通过空气、惰性气体或透明介质对工件进行加工。

(6) 在节能、环保等方面有很大优越性。

12.4.3　激光加工的应用

目前,在汽车、仪器仪表、模具制造等领域越来越多地应用了激光加工技术,效果十分理想。具体应用有如下几个方面。

1. 激光打孔

利用激光加工微型小孔,已广泛应用于金刚石拉丝模,钟表及仪表中的宝石轴承、陶瓷、玻璃等非金属材料和硬质合金、不锈钢等金属材料的小孔加工等方面。

2. 激光切割

激光切割不仅具有切缝窄、速度快、热影响区小、加工过程中无机械作用力、省材料、成本低等优点,而且可在任何方向上切割,可以十分方便地切割出各种曲线形状,包括内尖角。目前激光已成功地用于切割钢板、不锈钢、钛、钽、铌、镍等金属材料,以及石英、陶瓷、塑料、木材、布匹、纸张等非金属材料,其工艺效果都较好。

3. 激光焊接

激光焊接是将激光束直接辐射到材料表面,通过激光与材料的相互作用,使材料局部熔化,以达到焊接的目的。

4. 激光热处理

激光热处理有很多独特的优点,如工件表层加热速度极快,内部受热少,工件不产生热变形;不需淬火介质;硬化均匀,硬度高(达60 HRC以上),硬化深度可精确控制等。因此,激光热处理适合于复杂零件及大型零件的表面淬火。

5. 激光的其他应用

可以通过激光作用在普通金属表层上熔入其他元素,使之具有优良的合金性能,而成本却可大大降低。此外,激光合金化、激光抛光、激光冲击硬化法等也在研究之中。

12.5 电子束和离子束加工

12.5.1 电子束加工

1. 电子束加工的基本原理

电子束加工原理如图12-7所示。电子束加工是在真空条件下,利用聚焦后能量密度极高(10^6~10^9 W/cm^2)的电子束,以极快的速度(当加速电压为50 V时,电子速度可达1.6×10^5 km/s)冲击到工件表面的极小面积上,在极短的时间(几分之一微秒)内,大部分能量转变为热能,使被冲击部分的工件材料达到几千摄氏度以上的高温,引起材料的局部熔化和气化,从而实现材料加工的目的。其实质是将动能转变为热能,对工件进行加工。

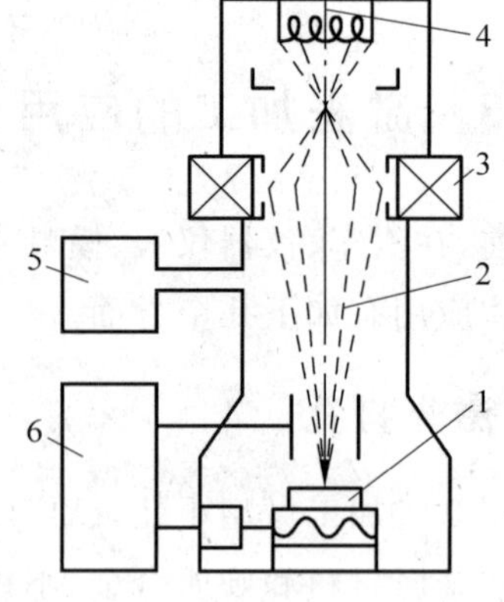

图12-7 电子束加工原理

1—工件;2—电子束;3—聚焦系统;4—电子枪;5—抽真空系统;6—电源及控制系统

电子束加工时,控制电子束能量密度的大小和能量注入的时间,就可以实现不同的加工目的。如只使材料局部加热就可进行电子束热处理;使材料局部熔化可进行电子束焊接;提高电子束能量密度,使材料熔化和气化,就可进行打孔、切割等加工;利用较低能量密度的电子束轰击高分子材料时产生化学变化的原理,即可进行电子束光刻加工。

2. 电子束加工的特点

(1) 电子束加工是一种精密微细的加工方法。因为电子束能够被极其微细的聚焦,能聚焦到直径 0.1 μm 或更小的加工面积上。

(2) 能够加工各种材料,加工范围广。电子束加工是一种非接触式加工,工件不受机械力作用,不产生宏观应力和变形,能够加工脆性、韧性、导体、非导体及半导体材料等。

(3) 电子束的能量密度大,加工效率高。加工时电子束的能量密度很高,而且能量利用率可达 90%以上。

(4) 加工过程能够实现自动化控制。可以通过磁场或电场对电子束的强度、位置、聚焦等进行直接控制,从而实现整个加工过程的自动化。

(5) 加工产生污染小。由于电子束加工在真空中进行,加工表面不会氧化,因而产生的污染很小。

(6) 设备价格昂贵。电子束加工需要一套专用设备和真空系统,所以价格较高,在实际生产中存在一定的局限性。

3. 电子束加工的应用

电子束加工可用于打孔、切割、光刻、蚀刻、焊接和热处理加工等。

1) 电子束打孔

电子束打孔已在生产中得到实际应用,目前电子束打孔最小孔径可达 ϕ0.001 mm 左右。孔径在 0.5～0.9 mm 时,其最大孔深已超过 10 mm,即孔的径深比大于 10。高速打孔还可以在工件运动中进行,如在 0.1 mm 厚的不锈钢上加工 ϕ0.2 mm 的孔,速度为每秒钟 3000 个。

2) 加工型孔及特殊表面

电子束不仅可以加工各种直的型孔和型面,而且也可以加工弯孔和曲面。利用电子束在磁场中偏转的原理,使电子束在工件内部偏转,即可加工出斜孔。控制电子速度和磁场强度,即可控制曲率半径,加工出弯曲的孔。如果同时改变电子束和工件的相对位置,就可进行切割和开槽。

3) 电子束光刻

电子束光刻是先利用低功率密度的电子束照射称为电致抗蚀剂的高分子材料,由入射电子与高分子相碰撞,使分子链被切断或重新聚合而引起相对分子质量的变化,这一过程称为电子束曝光。如果按规定图形进行电子束曝光,就会在电致抗蚀剂中留下潜像。然后将它浸入适当的溶剂中,则由于相对分子质量不同而溶解度不一样,就会使潜像显影出来。

电子束光刻可以用电子束扫描,即将聚焦到小于 1 μm 的电子束斑在 0.5～5 mm 的范围内按程序扫描,可曝光出任意图形。另一种“面光刻”的方法是使电子束先通过原版,这种原版是用别的方法制成的比加工目标的图形大几倍的模板。再以 1/10～1/5 的比例缩小投影到电子抗蚀剂上进行大规模集成电路图形的曝光,它可以在几毫米见方的硅片上安排十万个晶体管或类似的元件。

4) 电子束的其他应用

用计算机控制可对陶瓷、半导体或金属材料进行电子束刻蚀加工；用电子束可对异种金属进行焊接,还可对金属进行热处理等。

12.5.2 离子束加工

1. 离子束加工的基本原理

离子束加工是利用离子束对材料进行成形或表面改性加工的一种工艺方法。离子束加工的原理与电子束加工原理基本类同,即在真空条件下,将离子源产生的离子经过电场加速聚焦,使之打到工件表面。由于离子带正电荷,其质量比电子大数千、数万倍,所以离子束加速到较高的速度时,离子束比电子束具有更大的撞击动能,它是靠微观的机械撞击能量来加工的,而不是靠动能转变为热能来加工工件。

离子束加工的物理基础是离子束射到材料表面时所产生的三个效应,即撞击效应、溅射效应和注入效应(图12-8)。具有一定动能的离子斜射到工件材料(靶材)表面时,可以将表面的原子撞击出来,这就是离子的撞击效应和溅射效应。如果将工件直接作为离子轰击的靶材,工件表面就会受到离子刻蚀。如果将工件放置在靶材附近,靶材原子就会溅射到工件表面而被溅射沉积吸附,使工件表面镀上一层靶材原子的薄膜。如果离子能量足够大并垂直工件表面撞击时,离子就会钻进工件表面,这就是离子的注入效应。

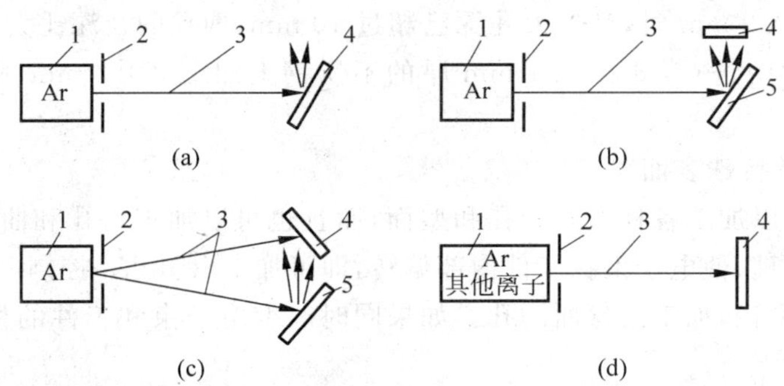

图12-8 离子束加工方法示意图

(a) 离子刻蚀;(b) 溅射沉积;(c) 离子镀;(d) 离子注入

1—离子源;2—吸极(吸收电子,引出离子);3—离子束;4—工件;5—靶材

2. 离子束加工的特点

(1) 加工精度高,而且便于精确控制。离子束可以通过离子光学系统进行聚焦扫描,聚焦光斑直径可达1 μm以内,因而可以精确控制尺寸范围。

(2) 产生污染少。离子束加工在高真空中进行,污染少,特别适合于加工易氧化的金属、合金及半导体材料等。

(3) 加工应力、变形极小。离子束加工是一种原子级或分子级的微细加工,作为一种微观作用,其宏观压力很小,适合于各类材料和低刚度工件的加工,而且加工表面质量高。

(4) 离子束加工设备费用昂贵、成本高,实际应用范围受到一定限制。

3. 离子束加工的应用

离子束加工的应用范围正在日益扩大、不断创新。目前用于改变零件尺寸和表面物理力学性能的离子束加工有：用于从工件上作去除加工的离子刻蚀加工；用于给工件表面添加元素的离子镀膜加工；用于表面改性的离子注入加工等。

12.6　超声波加工

超声波加工是利用工具端面作超声频振动，使工作液中的悬浮磨粒对工件表面进行撞击抛磨来实现加工的一种非常规加工方法。

12.6.1　超声波加工的基本原理

超声波加工原理如图 12-9 所示。超声波发生器 1 将工频交流电能转变为一定功率输出的超声频电振荡，通过超声换能器 2 将电振荡转换为同一频率、垂直于工件表面的超声机械振动，其振幅仅为 0.005～0.01 mm，再经过一个上粗下细的振幅扩大棒 3，使其前端振幅放大至 0.01～0.15 mm，以驱动工具 6 的端面作超声振动。在工具 6 的超声振动和一定压力下，工作液 4（磨料、水或煤油等）中的磨料高速不断地冲击工件 5 的加工区，使该处材料变形，直至击碎成微粒和粉末，从工件表面上脱落下来。同时，由于工作液 4 的不断搅动，促使磨料高速抛磨工件表面，又由于超声振动产生的空化现象，在工件表面形成液体空腔，促使混合液渗入工件材料的缝隙里，而空腔的瞬时闭合产生强烈的液压冲击，强化了机械抛磨工件材料的作用，并有利于加工区工作液的均匀搅拌和加工产物的排除。随着工作液不断地循环，磨粒不断更新，加工产物不断排除，实现了超声波加工的目的。

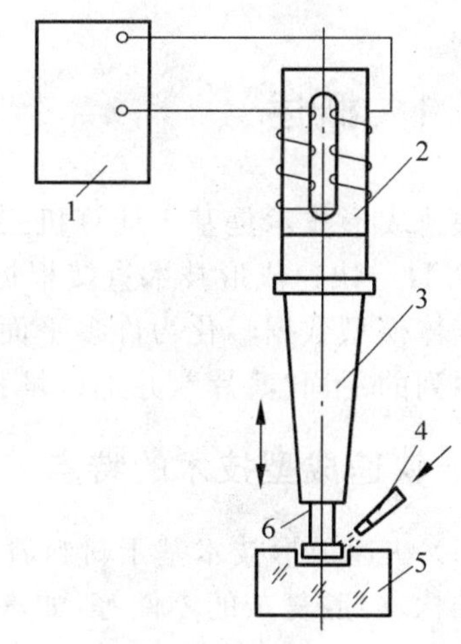

图 12-9　超声波加工原理示意图
1—超声波发生器；2—换能器；3—振幅扩大棒；4—工作液；5—工件；6—工具

12.6.2　超声波加工的特点

（1）适合加工各种硬脆材料，尤其是玻璃、陶瓷、宝石、石英、锗、硅、石墨等不导电的非金属材料。也可加工淬火钢、硬质合金、不锈钢、钛合金等硬质或耐热的金属材料，但加工效率较低。

（2）由于去除工件材料主要依靠磨粒瞬时的局部冲击作用，故工件表面的宏观切削力很小，切削应力、切削热更小，不会产生变形及烧伤，表面粗糙度也较小，适于加工薄壁、窄缝、低刚度零件等。

(3) 工具可用较软的材料做成较复杂的形状,且不需要工具和工件作比较复杂的相对运动,便可加工各种复杂的型腔和型面。超声波加工机床的结构比较简单,操作、维修也比较方便。

(4) 超声波加工的精度高,加工表面质量好。尺寸精度可达0.01~0.02 mm,表面粗糙度可达Ra0.63~0.08 μm。

(5) 超声波加工的面积不够大,而且工具头磨损较大,故生产率较低。

12.6.3 超声波加工的应用

超声波加工特别适合于加工陶瓷、玻璃、石英、宝石、锗、硅甚至金刚石等硬脆性半导体和非导体材料。虽然其生产率不如电火花加工和电解加工,但其加工精度及工件表面质量均优于电火花加工和电解加工。因此,用电火花粗加工或半精加工后的淬火钢、硬质合金冲压模、拉丝模、塑料模具等,常用超声波加工来实现最终的抛磨、光整加工。超声波还可以用于清洗、探伤和焊接等工作,在农业、国防、医疗等方面的应用十分广泛。

12.7 快速成形技术

12.7.1 概述

快速成形技术是基于计算机三维实体模型产生的一种制造技术,亦称快速原形制造技术(RPM)。快速成形技术直接根据产品的三维实体模型数据,经过计算机数据处理后,将三维实体模型数据转化为许多平面"薄片"模型的叠加,然后通过计算机数字控制设备制造这一系列的平面"薄片",并加以堆积结合,形成复杂的三维实体零件。

1. 快速成型技术的特点

(1) 快速成形技术基于材料叠加的方法来制造零件,可以在不用模具的情况下制造出形状结构、内腔复杂的零件等,如汽轮机叶轮、泵壳体、手机机壳、医用骨骼与牙齿等。

(2) 应用快速成形技术制造零件时对技术支持要求高。快速成形技术是机械加工技术领域的一次重大突破,快速成形技术是当代计算机图形技术、数据采集与处理技术、材料技术,以及机电加工与控制技术的综合运用。

(3) 模型实物制造快捷。用快速成形技术制造模塑制品或铸造制品,可以不用预先制造模具,直接制造出塑料件,或直接制造出用于熔模铸造用的蜡型。从计算机设计三维立体图形,或用实体采集形体数据反求实体数据,完成第一步造型开始,到制出实体零件,一般只需要几个小时或几十个小时,这是传统制造方法很难做到的。

(4) 快速成形技术可以容易地实现远程制造。通过计算机网络,用户可以在异地设计出产品的形状,并将设计结果传送到快速成形技术服务中心,制造出零件实物。

(5) 快速成形技术的各种加工方法产生的加工废弃物较少,环保性好。

由于快速成形技术具有以上特点,所以在新产品设计开发等工业应用中得到迅速发展。

2. 典型快速成形技术及其分类

目前使用的快速成形材料有：树脂、纸张、易熔合金材料等。根据不同的成形材料和工艺原理(固化能源)，快速成形技术主要有以下几种类型：

(1) 光敏树脂快速成形技术(SLA)；

(2) 层合快速成形技术(LOM)；

(3) 熔融沉积快速成形技术(FDM)；

(4) 选域激光烧结技术(SLS)；

(5) 三维喷涂黏结技术(喷嘴按成形零件形状将黏结剂喷在薄层上，逐层黏结粉状材料，硬化得到所需形状)；

(6) 焊接成形技术(逐层堆焊金属成形)等。

12.7.2　光敏树脂快速成形

光敏树脂快速成形是研究最深入、技术最成熟、应用最广泛的一种快速成形技术。该技术以光敏树脂为原料，采用固体激光器，将激光束沿预定原形各分层截面的轮廓逐点扫描，被扫描的薄层树脂产生反应固化，形成一个薄层截面。当一层树脂固化后，工作台向下移动一个层面的距离，使得固化后的树脂表面又有一层新的液态树脂，以便激光束再进行新一层树脂的扫描与固化。新固化的树脂牢牢地黏合在前一层已经固化的树脂上，一层一层反复进行，制出所需零件。图 12-10 所示为利用光敏树脂快速成形加工的几种产品。

1. 基本原理

光敏树脂快速成形原理如图 12-11 所示。借助 CAD 进行被加工工件的三维实体造型，产生数据文件并处理成面化的模型。按等距离或不等距离的处理方法剖切模型，形成一系列相互平行的水平截面片层。利用扫描线算法计算产生最佳扫描路径。水平截面片层和扫描路径即为控制成形机的命令文件。

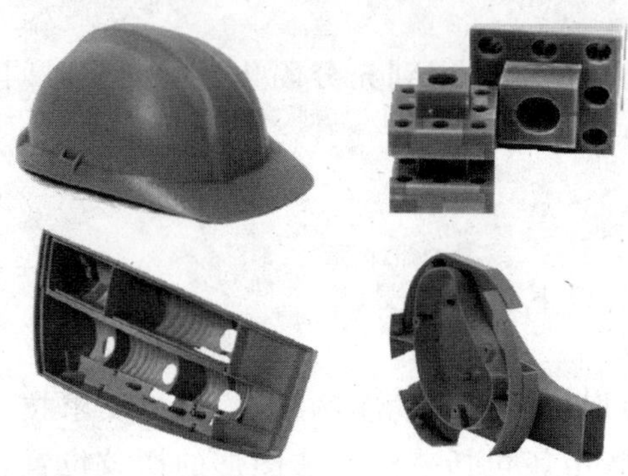

图 12-10　光敏树脂快速成形的产品

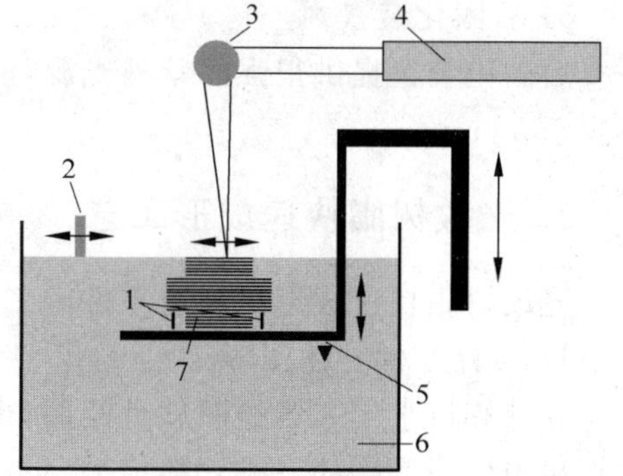

图 12-11　光敏树脂快速成形原理示意图

1—支承；2—刮平器；3—扫描系统；4—激光器；5—紫外线光源；6—液态树脂；7—产品原型

光敏树脂快速成形中激光束按照数控指令扫描,工作平台容器内液态光敏树脂逐层固化并黏结在一起。从最底层开始,逐层固化,生成三维原形实体。工作台每次下降高度即为分层厚度,分层越薄,加工出的零件的精度越高。

液态光敏树脂固化点要求激光束的波长为325 nm,并且具有一定强度。光敏树脂的固化需要足够的能量,水平分层的厚度影响光敏树脂需要吸收的能量的多少,也影响激光束穿透光敏树脂层的能力。激光束扫描的速度也影响到薄层某一点位置上光敏树脂被照射的时间,所以应当根据分层厚度控制激光束扫描的速度。

经过激光束照射的树脂层形成具有零件形状的实体后,其强度还较低,需要继续用强紫外光照射,进一步固化,以提高强度。

2. 光敏树脂快速成形机

光敏树脂快速成形机由激光发生器、激光束扫描装置、工作台升降装置、光敏树脂容器、重涂层装置、后固化装置、数控系统与控制软件组成。

1) 激光发生器

激光发生器发出激光束的光斑尺寸为0.05～3.00 mm,光束位置精度可达0.008 mm,重复精度可达0.13 mm。激光发生器多为紫外光式,有两种形式:

(1) 氦-镉(He-Gd)激光器,输出波长325 nm,输出功率15～50 mW;

(2) 氩(Ar)激光器,输出波长351～365 nm,输出功率100～500 mW。

2) 数控激光束扫描装置

数控激光束扫描装置有两种形式:一种是绘图仪方式,激光束在整个扫描过程中与树脂表面垂直;另一种是扫描镜方式,反光镜按要求偏转反射激光束,照射到光敏树脂上。光束会因为斜向照射而改变光点尺寸,影响精度。

3) 工作台升降装置

工作台升降装置一般由步进电机通过滚珠丝杠驱动,步距最小可达0.02 mm,位置精度可达±0.05 mm。

4) 重涂层装置

重涂层装置功能是在已经固化的光敏树脂上迅速、均匀地覆盖上一层新的光敏树脂。

5) 后固化装置

后固化装置提供很强的紫外光源,使初步固化的制品得到充分固化。后固化时间一般不少于30 min。

3. 光敏树脂快速成形工艺

光敏树脂快速成形机制造零件的工艺过程有以下几个步骤。

1) 设计零件立体图形

在计算机上用三维绘图软件绘制,也可以根据用户提供的实物样品,通过反求技术,在计算机中生成实物的三维立体模型。本工艺步骤中还包括三维立体图形的摆放位置选择。通常情况下,不论放在什么位置,都能制造出零件的实体。但是由于三维立体图形放置的位置不同,制造实体时需要支撑的情况不同,这也会直接影响加工的支撑材料消耗和扫描固化的时间。另外,在逐层固化树脂时,会因为液体树脂固化时产生体积收缩,造成内应力。放置的位置不同，产生内应力的情况与大小也不同，所以需要在不同的部位加放合适的支承材料。

2）数据转化及分层切片

将三维模型转换成 STL 格式的文件，利用分层软件将模型分解成薄片层的平面图形及有关的网络矢量数据。这一步骤包括切片厚度的选择、固化深度、扫描速度、网格间距、线宽与收缩的补偿等。

3）激光扫描固化树脂

将一个可以准确微量平行下移的平台放置在充满液态光敏树脂的容器内液面下，使平台上的液面高度等于一个切片层的厚度。计算机按照片层边界数据等信息控制激光束反射镜 x-y 轴的水平平面运动（或转动），使激光束扫描片层需要固化区域内的树脂。每一层扫描固化完毕后，平台下降一个片层的厚度。容器内液态光敏树脂迅速浸没固化的树脂。激光束按照新一层材料的数据扫描液态光敏树脂，使其固化并黏结在前一层固化的树脂上。每固化好一层后平台下降一层厚度，直至整个零件制成。

为了精确控制固化深度，确保加工精度，需要严格控制激光照射的曝光时间。

扫描间距与零件的强度有直接关系。层与层之间的结合强度受激光穿透深度（曝光强度）影响，而且层的厚度要小于固化深度。层内先后扫描的固化点之间的结合强度受光斑直径及光点间的距离影响。为了确保制造出的零件具有较好的精度、较高的强度、较小的内应力，应当使扫描点之间的点距、扫描线之间的线距都有一个合适的距离，这些都可以在设定激光束扫描的参数时根据实际需要进行设定。

扫描方式的选择会直接影响零件的精度和翘曲变形。当采用连续直线扫描会引起较大变形时，采用分区扫描、环形扫描或者三角形剖分扫描等方法，可以减小变形、减小内应力。

4）后固化处理

将初步成形的零件从充满液态光敏树脂的容器中取出，清洗去除多余的液态树脂，初步检查制品质量。再把清洗过的零件放入后固化装置的转盘上用强紫外光照射，使其完全固化，满足制品强度要求。最后，去除支承材料，并进行局部修整。

12.7.3　层合快速成形

层合快速成形技术采用激光束沿工件在该片层的内外轮廓切割单面涂有热熔胶的薄膜材料，再通过加热辊加热，使被切过的材料与前一层黏合在一起。通过一层层的切割与热压黏合，最后去除不需要的材料，得到需要的零件。用于层合的材料有纸材、金属箔、塑料膜、陶瓷膜等。层合快速成形技术具有制造效率高、速度快、成本低等优点。

层合快速成形只需要激光束切割每一层片材上工件的边界，而不需要扫描该片层上工件的全部材料，所以每一层需要激光束照射的时间较少。使用该工艺时，每一层材料是一个整体，材料层内强度较好，而且层内无内应力，变形较小，精度较高；材料层间强度取决于层间黏合剂和热压效果。激光束切割材料之后，无用的材料未立即去除，与有用材料同时保留在平台上，因此不需要另加支承材料。层合快速成形可以使用能量较低的 CO_2 激光器，但是制出的零件外表面不够光滑，需要进行打磨等后处理。

1. 层合快速成形技术的基本原理

以纸卷材料为例,层合快速成形工艺先将欲加工的零件三维图形切片,得到一系列横截面上的轮廓线。步进电机带动纸卷转动,每次将纸在工作台的上方移动预定的距离,同时,工作台升至切割位置,热压辊水平辊压,对纸和纸下表面涂敷的热熔胶加热、加压,使其黏合到前一层(见图12-12)。激光束按每一层材料的轮廓线切割零件外形,同时也在纸上切出长方形的边框。工作台带动长方形边框以内的轮廓层和边料下降一定高度,步进电机再带动纸卷转动、送纸。重复对下一层纸进行加热、加压、切割等工作。直至完成零件制造,并去除废料。

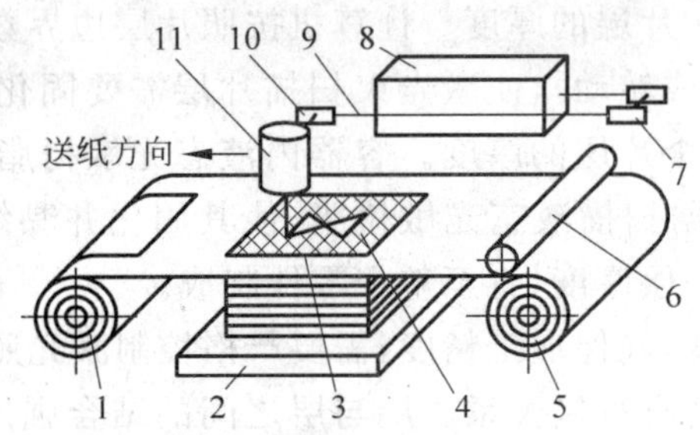

图12-12 层合快速成形原理图

1—收纸辊;2—平台;3—支承骨架;4—制品;5—送纸辊;6—热压辊;7—反光镜;8—激光发生器;9—激光束;10—反光镜;11—镜头

2. 结构与工艺

层合快速成形装置一般由以下几个组成部分:激光发生器、步进电机带动的纸卷或箔带供给系统、工作平台及其升降机构、加热层合压实系统等。层合快速成形装置的主要技术参数有工作台尺寸、激光切割速度、热压速度等。

三维零件模型首先由制造软件沿零件高度方向进行自动切片,切片间隔与材料厚度相对应,就可以得到零件每一个片层对应的理论轮廓曲线。为适应设备不同的激光束直径,软件能够对实际切割的轮廓曲线进行自动补偿,并自动确定切割轮廓线与废料的顺序。

纸卷或箔带供给系统、工作台的升降运动都是由步进电机通过精密滚珠丝杠和精密滚珠直线导轨组成的机构驱动的,运行速度快,运动精度和定位精度高。

分层厚度是影响快速成形制品精度的重要因素,所以层合快速成形制品的精度会受到纸卷或箔带影响。在同样的纸卷或箔带厚度情况下,为了提高制品边界与设计图形需要的轮廓之间的精度,可以采用一定的方法对层合快速成形技术进行改进,比如优选分层方法、进行后处理等。层合快速成形装置还有一种特殊的做法:斜切法。常规的切割纸卷或箔带方法是以垂直于纸卷或箔带的激光束切割,形成零件的外廓是阶梯状的。斜切法就是用不垂直于纸卷或箔带的激光束切割,形成零件的外廓法线方向与设计图形轮廓所需要的法线方向接近,或者说沿零件外廓切线方向切割,切出的边界截面与实际需要的轮廓线之间接近重合,理论误差减小。由于不同层面零件表面轮廓线的斜率不同,所以,采用此方法时,要根据零件外廓的需要不断改变激光加工头或刻刀的角度。这种变角度动作要求较高,该设备改变激光反射镜的角度容易实现。根据理论分析,零件表面轮廓线为直线时,斜切法效果尚好。但是如果零件表面轮廓线为曲线时，斜切法效果将受到较大的影响。

12.7.4 熔融沉积快速成形

熔融沉积快速成形技术是发展较快的快速成形技术之一。这是非激光的快速成形技术，所用成形材料主要有 ABS 塑料、石蜡、低熔点金属、橡胶、聚酯等热塑性塑料的线材。可以用来制造熔模铸造用的蜡型、制造供新产品观感评价和性能测试的样件、结构分析和装配校合的样件，以及以往需要用模具生产的单件或小批量制件。熔融沉积快速成形具有系统成本低、体积小、无污染等优点。但成形速度较慢、精度偏低。

在熔融沉积快速成形技术中，熔融沉积快速成形装置首先将线材加热熔融，使其通过一个口型极小(0.1～1.0 mm，常用 0.2～0.3 mm)的喷头。按照分层切片提供的信息，将熔融的材料逐层堆积，最后制成制品。

熔融沉积快速成形的原理如图 12-13 所示，其工艺原理与其他快速成形技术具有的共同点是将计算机中虚拟的制品分层，然后用各种成形技术方法制造每层制品片，一片一片制造并黏接在前一片上，最终制成计算机上预先设计出的制品。有些初步制出的制品需要在取出后再进行一次后处理，得到产品。熔融沉积快速成形制造片层的方法是按照片层参数将加热腔内熔融的成形材料从一个细孔喷嘴口中挤出，准确地制出需要的片层。熔融沉积快速成形制造制品时所需的支撑件可以通过另一个喷嘴挤出另一种材料来实现，所用支撑材料很容易去除。支撑材料也可以是水溶性或碱溶性的，包在成形材料内只留有一个小孔与外部相连，只要溶化，支撑材料就能够去除。

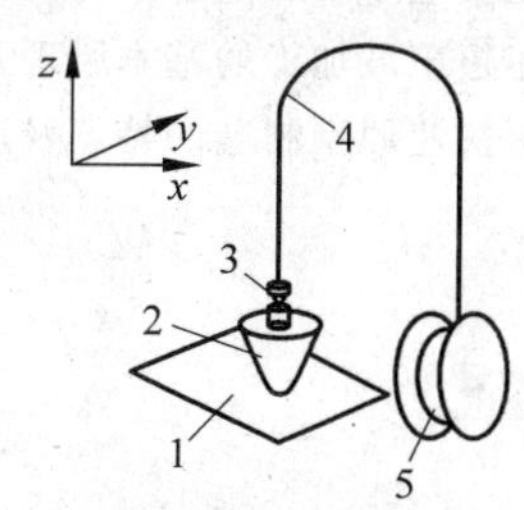

图 12-13 熔融沉积快速成形原理示意图
1—工作台；2—原型；3—喷头；4—线材；5—线材供给

1. 熔融沉积快速成形装置结构与工艺

熔融沉积快速成形装置由送丝机构、加热挤出腔、X-Y 运动机构、升降平台以及建模、信息处理系统和装置控制系统。

将设计的三维零件模型转换成 STL 文件，并分层；然后，将热熔性材料送入加热腔，从喷嘴挤出；X-Y 机构按照片层信息高速移动喷嘴，将挤出的熔融材料均匀地涂在片层需要的地方，将支撑材料也涂在适当的地方；随后，平台下降一个层高，再进行下一层片层的制造，直至完成该零件制造。

2. 熔融沉积快速成形系统的特点

熔融沉积快速成形系统的特点较为明显，可以归纳为如下几点：

(1) 熔融沉积快速成形系统的体积较小，可作为桌面化小型熔融沉积快速成形装置。

(2) 成形工作中有效时间比例大，喷头的无效运动很少，因此成形薄壁制件的速度较快。

(3) 熔融沉积快速成形装置可以加工的材料种类较多，有丝状蜡、改性尼龙、ABS 塑料、陶瓷等,其他做成丝状的复合材料或混合材料,如热塑性材料与金属粉末、陶瓷粉末或短纤维材料的混合物也可以用来制造零件。

(4) 熔融沉积快速成形无环境污染,设备运行噪声小。

习题与思考题

12-1 非常规加工的特点是什么?其应用范围如何?

12-2 电火花加工与线切割加工的原理是什么?各有哪些用途?

12-3 电解加工的原理是什么?应用范围是什么?与电火花加工相比较,各有何特点?

12-4 简述激光加工的特点及应用。

12-5 试比较电子束和离子束加工的原理、特点及应用。

12-6 简述超声波加工的基本原理及应用范围。

12-7 说明快速原型制造的特点及应用。

第13章

机械装配工艺基础

知识点

- 装配的基本概念及装配工艺要求
- 装配尺寸链及其计算方法
- 保证装配精度的基本理论
- 装配工艺规程的制定

本章导读

本章介绍机械装配和装配精度的基本概念，讲述装配尺寸链的建立和概率计算方法，重点分析讨论各种保证装配精度的方法及其装配尺寸链分析计算的基本思路，简要地介绍机械装配工艺规程制定工作中的基本规律和原则。通过本章的学习，能够掌握机械装配工艺规程制定工作中的基本分析方法和思路。

13.1 机械装配概述

13.1.1 装配的概念

零件是组成机械的基本单元。为了设计、加工和装配的方便，通常将机械划分成部件、组件等组成部分，它们都可以形成独立的设计单元、加工单元和装配单元。部件是由若干个零件组成的、机械上能够完成独立功能、相对独立性的部分。而在部件中，由若干个零件组成的在结构与装配关系上有一定的独立性的部分，称为组件。

按照规定的程序和技术要求，将零件进行组合和连接，使之成为部件或机器的工艺过程称为装配。组合整台机器的过程称为总装配(简称总装)；组成部件的过程简称部件装配(简称部装)；把零件组合成组件的过程称为组件装配(简称组装)。机器质量最终是通过装配保证的，装配质量在很大程度上决定了机器的最终质量，装配工艺过程在机械制造中占有十分重要的地位。

13.1.2 装配工作的一般内容

机械装配是整个机械制造过程中重要的最后一个环节。它主要包括装配、检验、试验、喷涂和包装等工作。装配工作的主要内容如下。

(1) 清洗　使用清洗剂清除产品或工件在制造、储存、运输等环节造成的油污及其杂质的过程。清洗后的零件通常还具有一定的中间防锈能力。

(2) 连接　装配工作中有大量的连接工作。连接方式有两种：一种为可拆卸连接，如螺纹连接、键连接和销钉连接等，其中以螺纹连接应用最广。另一种为不可拆卸连接，如焊接、铆接和过盈连接等。过盈连接多用于轴、孔的配合，通常用压入配合法、热涨配合法和冷缩配合法。一般机械常用压入配合法，重要精密机械用热涨和冷缩配合法。

(3) 校正　指在工艺过程中对相关零部件的相互位置的找正、找平和相应的调整工作。如普通车床总装时，床身安装水平和导轨扭曲的校正等。

(4) 调整　指在装配过程中对相关零部件的相互位置进行的具体调整工作。除配合校正工作调整零部件的精度外，还需调整运动副的间隙，以保证其运动精度。

(5) 配作　以已加工件为基准，加工与其相配的另一工件，或将两个(或两个以上)工件组合在一起进行加工。如配钻、配铰、配磨等。

(6) 平衡　对转速高、运转平稳性要求高的机器，为防止振动与噪声，对旋转零部件要进行平衡；总装后，在工作转速下进行整机平衡。其方法有静平衡和动平衡两种。一般直径大、长度小的零件(如飞轮、皮带轮等)只需进行静平衡；而长度较大、转速高的零件(如曲轴、电机、转子等)需进行动平衡，

(7) 验收与试验　产品装配完成后，需根据有关技术标准和规定对产品进行较全面的检验和必要的试验工作，合格后才允许出厂。

13.1.3　装配生产的组织形式

1. 装配生产的组织形式

装配生产通常可分为两种基本的组织形式：固定式装配和移动式装配，如图 13-1 所示。

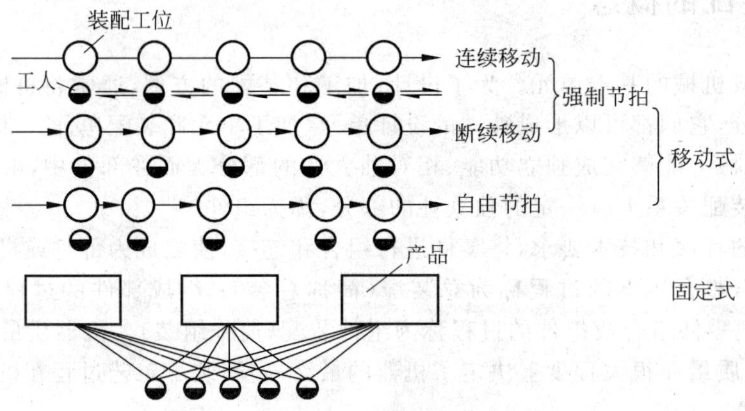

图 13-1　装配生产组织形式与装配节拍

1) 固定式装配

将产品或部件的全部装配工作安排在一个固定工作场地上进行，产品的位置不变，所需的零、部件(含外购件等)均向它集中，由一组工人完成装配过程。这种装配方式称作固定式

装配。

在实际生产中，固定式装配又可分为集中式、分散式和流水式三种情形的固定装配。

（1）集中式固定装配　整台机器产品所有装配工作都由一个人或一组工人在一个工作地集中完成。它的工艺特点是：装配周期长，对工人技术水平要求高，工作地面积大。集中式固定装配多用于单件小批生产。

（2）分散式固定装配　整台产品的装配分为部装和总装，各部件的部装和产品总装分别由几个或几组工人同时在不同工作地分散完成。它的工艺特点是：产品的装配周期短，装配工作专业化程度较高。

（3）流水式固定装配　在成批生产中，对于那些体积重量大、装配精度要求较高的产品（例如车床、磨床等），通常采用产品装配工位不变，即每一台产品的装配工作地固定，而装配工人带着工具轮流在装配现场的每一个固定式装配台重复完成某一个装配工序的装配工作。其特点是工人按工艺顺序轮流到各工作地巡回作业，避免了产品移动时所造成的精度损失，可节省工序之间的运输等费用，但所占生产面积较大，零部件的运送、保管等工作复杂，工作效率低，故这种装配形式多用于单件、成批生产，或者大型机器的装配生产。

2）移动式装配

将产品或部件置于装配线（采用运输小车、随行夹具、运输带等）上，通过连续或间歇的移动使其顺序经过各装配工作地，直至最后整个产品装配完成。每一个工作地重复完成相同的装配工序内容，而有关的零、部件则分别送到各个工序所在地参与装配。其特点是单位生产面积上的产量较大，生产周期相对缩短，劳动生产率较高，对工人的技术水平要求较低。但一次性投资费用较大，故移动装配形式多用于大批和大量生产类型。

移动式装配又有自由移动式和强制移动式两种，前者适于在大批大量生产中装配那些尺寸和重量都不大的产品或部件；强制移动式装配又可分为连续移动和间歇移动两种方式，连续移动式装配使得装配精度和操作准确性稍差，不适于装配那些装配精度要求较高的产品。

2. 装配节拍

装配节拍通常又称作装配生产的时间定额，是指在产品装配流水过程中，装配工人或者自动装配机械完成每一个装配工序内容所允许的操作时间。在实际装配生产过程中，根据不同的产品装配工作的工艺特点，又分为强制节拍和自由节拍两种类型。

（1）强制节拍　对于固定装配，其强制节拍等于一个（或一组）装配工人在每一个工作地所规定的装配时间定额。对于移动装配，装配工人各自在指定的时间完成各自的工作量，此时间即为强制节拍。

（2）自由节拍　也称为变节奏装配，它对装配生产没有节奏性要求，对于装配精度要求高的限制性装配工序，或者产品结构复杂不能进一步分解的装配工序，可以采用变节奏装配的节拍控制。这时，难以保证均衡生产，并使装配生产计划、管理工作复杂化。

3. 产品装配的生产类型

根据机械产品的重量、产量、结构、尺寸不同，装配生产过程通常分为大批量生产、成批生产、单件小批生产三种生产类型。对于不同的生产类型，采用的装配生产方式和特点也不同，见表 13-1 所列。

表 13-1 不同生产类型装配工作的特点

装配工作特点 \ 生产类型	大批量生产	成批生产	单件小批生产
产品的特点	产品固定,生产内容长期重复,生产周期一般较短	产品在系列化范围内变动,分批交替投产或多品种同时投产,生产内容在一定时期内重复	产品经常变换,不定期重复生产,生产周期一般较长
组织形式	多采用流水装配线,有连续移动、间歇移动及可变节奏移动等方式,还可采用自动装配机或自动装配线	产品笨重且批量不大时多采用固定流水装配,批量较大时采用流水装配,多品种平行投产时用多种变节奏流水装配	多采用固定装配或固定式流水装配进行总装
装配工艺方法	按互换法装配,允许有少量简单的调整,精密偶件成对供应或分组供应装配,无任何修配工作	主要采用互换法,但灵活运用其他保证装配精度的方法,如调整法、修配法、合并加工法,以节约加工费用	以修配法及调整法为主,互换件比例较少
工艺过程	工艺过程划分很细,力求达到高度的均衡性	工艺过程的划分需适合于批量的大小,尽量使生产均衡	一般不制定详细的工艺文件,工序可适当调整,工艺也可灵活掌握
工艺装备	专业化程度高,宜采用专用高效工艺装备,易于实现机械化自动化	通用设备较多,但也采用一定数量的专用工、夹、量具,以保证装配质量和提高工效	一般为通用设备及通用工、夹、量具
手工操作要求	手工操作比重小,熟练程度容易提高,便于培养新工人	手工操作比重较大,技术水平要求较高	手工操作比重大,要求工人有高的技术水平和多方面的工艺知识
应用实例	汽车、拖拉机、内燃机、滚动轴承、手表、缝纫机、电气开关等行业	机床、机床车辆、中小型锅炉、矿山采掘机械等行业	重型机床、重型机器、汽轮机、大型内燃机、大型锅炉等行业

(1) 大批量生产常采用流水线装配,力求自动化程度高,工序划分很详细,并按一定节拍进行装配,零部件互换性很高,对工人技术水平要求不高;

(2) 单件小批生产通常为固定式装配,自动化程度低,工序划分粗而集中,零、部件互换性低,对工人技术水平要求较高;

(3) 成批生产介于大量与单件生产之间,大多数采用流水线装配。

13.1.4 装配精度的基本概念

1. 机械的装配精度

机械的装配精度指装配后实际达到的精度。产品的装配精度一般包括:零部件间的距离精度、相互位置精度、相对运动精度、相互配合精度、接触精度、传动精度、噪声及振动等。这些精度要求又有动态和静态之分。各类装配精度之间有着密切的关系:相互位置精度是相互运动精度的基础,相互配合精度对距离精度和相互位置精度及相互运动精度的实现有一定的影响。为确保产品的可靠性和精度保持性,一般装配精度要稍高于精度标准的规定。

各类通用的机械产品的精度标准已由国家标准、部颁标准所规定。对于无标准可循的产品,可根据用户的使用要求,参照经过实践考验的类似产品的数据,制定企业标准。

2. 装配精度与零件精度的关系

零件的精度是保证机械的装配精度的基础,尤其是关键零件的精度,它直接影响相应的装配精度。例如卧式车床的尾座移动对溜板移动的平行度,就主要取决于床身导轨 A 与 B 的平行度(如图 13-2 所示)。因此,必须合理地规定和控制相关零件的制造精度,使它们在装配时产生的误差累积不超过装配精度的要求。

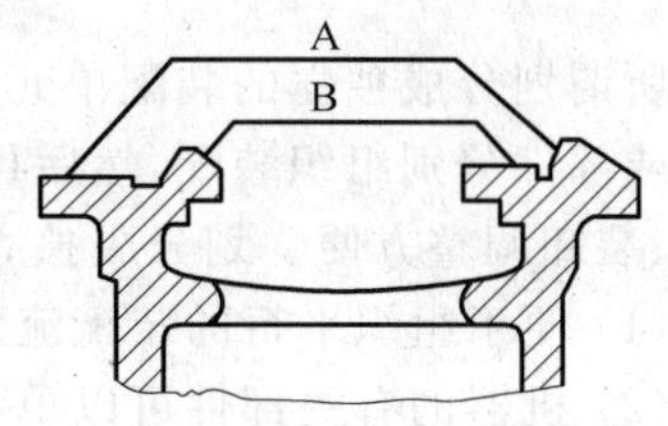

图 13-2　床身导轨简图

A—床鞍移动导轨; B—尾座移动导轨

对于某些装配精度项目来说,如果完全由相关零件的制造精度来直接保证,则制造精度将规定得很高,会导致零件加工成本的提高,甚至会因制造公差太严而无法加工制造。遇到这种情况,需要根据生产量、零件的加工难易程度和选定的装配方法,确定相关零件的制造精度,通常按经济加工精度来确定零件的精度要求,使之易于加工;而在装配时,运用装配尺寸链理论,采用一定的工艺措施来保证装配精度。

3. 影响装配精度的因素

(1) 零件的加工精度　产品的精度最终是在装配时达到的,保证零件加工精度,目的在于保证产品装配精度。一般来说,高精度的零件是获得高精度机器的基础。零件加工精度的一致性对装配精度有很大影响。零件加工精度一致性不好,装配精度就不易保证,同时增加装配工作量。

(2) 零件之间的配合要求和接触质量　零件之间的配合间隙量或过盈量决定于相配零件的尺寸及其精度。同时,对零件相配表面的粗糙度应有相应的要求,否则会因接触变形而影响过盈量和间隙量,从而改变实际的配合性质。零件之间的接触质量包括接触面积的大小和位置,它主要影响接触刚度,即接触变形,同时也影响配合性质。

提高配合质量和接触质量是现代机械装配中的一个重要问题。特别是提高配合表面的接触刚度,对提高整个机器的精度、刚度、抗振性和寿命等都有极其重要的作用。提高接触刚度的主要措施是减少相连的零件数,使接触面的数量减少;或者增加接触面积,减少单位面积上所承受的压力,从而减少接触变形。

(3) 力、热、内应力等所引起的零件变形　零件在机械加工和装配过程中,因力、热、内应力等所产生的变形,会使装配合格的机器,经过一段时间之后精度逐渐失去。

(4) 旋转零件的不平衡　旋转零件的平衡在高速运转的机器中受到极大的重视,在装配工艺中作为必要的工序。如发动机的曲轴、连杆都要进行动平衡,以保证获得要求的装配精度,使机器正常工作,降低噪声。在现代机械装配中,对于中速旋转的机械部件,也开始重视动平衡问题,这主要是从工作平稳性、不产生振动、提高工作质量和寿命等来考虑的。

13.1.5 装配工艺性一般要求

装配工艺性是评定机械产品设计好坏的标志之一。一个具有良好装配工艺性的机械产品应该是装配周期短、拆卸调整方便、耗费劳动量小、制造成本低。从装配工艺性的角度考虑,对机器结构设计的基本要求包括以下几个方面。

1. 机器的总体结构应该能够划分成几个独立的装配单元

所谓划分成独立的装配单元,就是要求机器结构能划分成独立的组件、部件,以便于按组件或部件分别组织装配,然后再进行总装配,而且各个装配单元之间的装配及连接,结构简单、装卸调整方便。划分成独立装配单元的好处是:

(1) 便于组织平行的装配流水作业,可以缩短装配周期;

(2) 机器的有关部件可以单独进行调整和试车,以减少总装配时的工作量;

(3) 便于机器结构的局部调整与改进;

(4) 便于组织厂际协作生产,便于组织专业化生产;

(5) 有利于机器的维护检修和运输。图 13-3 给出了两种传动轴结构,图(a)所示结构齿轮齿顶圆直径大于箱体轴承孔直径,轴上零件须依次逐一装到箱体中去;图(b)所示结构齿轮齿顶圆直径小于箱体轴承孔直径,轴上零件可以在箱体外先组装成一个组件,然后再将其装入箱体中,这就简化了装配过程,缩短了装配周期。

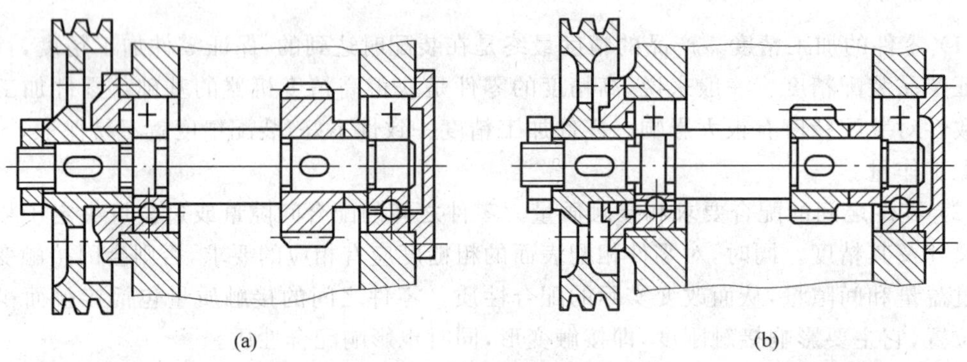

图 13-3 两种传动轴结构

2. 机器结构应具有正确的装配基准面

为了保证组件或部件之间的相对位置精度,要借助一个基准零件的某个表面,确定和调整其他要装配的零件、组件和部件的位置。如图 13-4(a)所示是液压缸缸盖采用螺纹直接拧入的结构,从而缸盖孔与液压缸孔、活塞的同轴度无法保证。若改为如图 13-4(b)所示结构利用端盖孔作为活塞杆的装配基准面即可解决同轴度问题。

3. 尽量减少装配过程中的修配劳动量

在单件小批生产的机器制造中,有部分产品采用修配法保证装配精度。修配工作量的大小影响着装配效率和工人的劳动量,因此应该改善结构,尽量减少装配时的修配工作量。

(1) 改进现有修配量大的机械结构。

(2) 在机器结构中应尽量采用可调整件。

图 13-5 给出了两种车床横刀架底座后压板结构，图(a)所示结构用修刮压板装配面的方法使横刀架底座后压板和床身下导轨间具有规定的装配间隙，图(b)所示结构采用可调整结构使后压板与床身下导轨间具有规定的装配间隙，图(b)所示结构比图(a)所示结构的装配工艺性好。

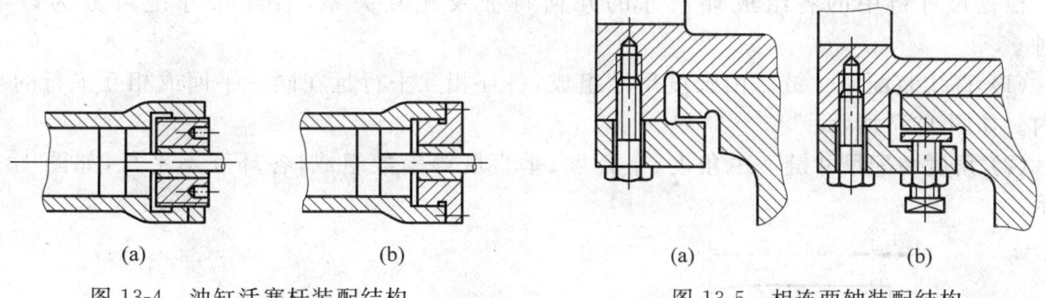

图 13-4　油缸活塞杆装配结构　　图 13-5　相连两轴装配结构

(3) 减少修配零件的接触面积。

采用修配法保证精度时应该尽量减少修配件的修配面积。如图 13-6 所示是采用修配法调整圆锥齿轮啮合间隙，修配件分别是轴肩圆环端面(见图 13-6(a))或一个圆柱销削去一半压到轴孔中去(见图 13-6(b))，当圆锥齿轮啮合间隙不合适时，修刮圆销削出的平面比修刮轴肩圆环端面的面积小很多。

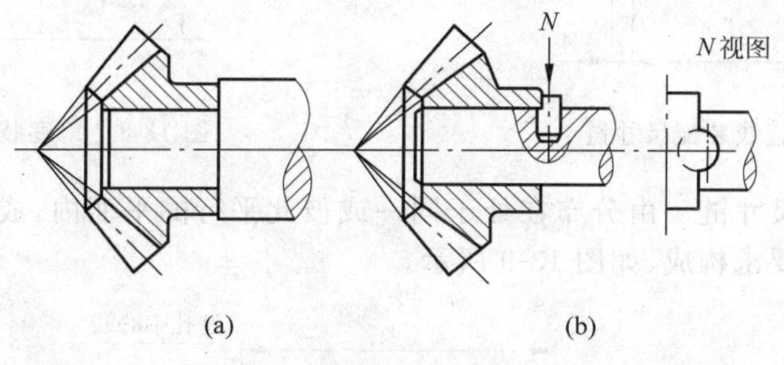

图 13-6　圆锥齿轮轴定向结构

4. 机器结构应装配和拆卸方便

机器的结构设计应该方便装配，拆卸工作简单而方便。

13.2　装配尺寸链及其概率解法

13.2.1　装配尺寸链概述

1. 装配尺寸链

装配尺寸链全称为装配工艺过程尺寸链，它是由构成某一产品的相关零、部件上的各有关装配尺寸(表面或中心线间距离、平行度、垂直度或同轴度)作为组成环而形成的尺寸链。装配尺寸链的封闭环是装配以后形成的,通常就是部件或产品的装配精度要求。各组成环是那些对装配精度有直接影响的相关零件上的某一个尺寸或相互位置精度要求。

2. 装配尺寸链的基本形式

根据尺寸链中的各组成环尺寸的几何特征及相互关系,装配尺寸链可分为以下几种。

(1) 直线装配尺寸链　由长度尺寸组成,各环相互平行且在同一平面或相互平行的平面内。如图13-7所示。

(2) 角度装配尺寸链　由角度、平行度、垂直度等参数组成,各环互不平行,如图13-8所示。

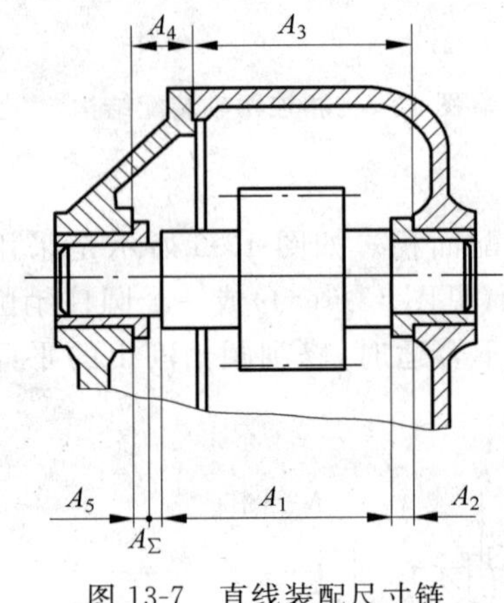

图13-7　直线装配尺寸链

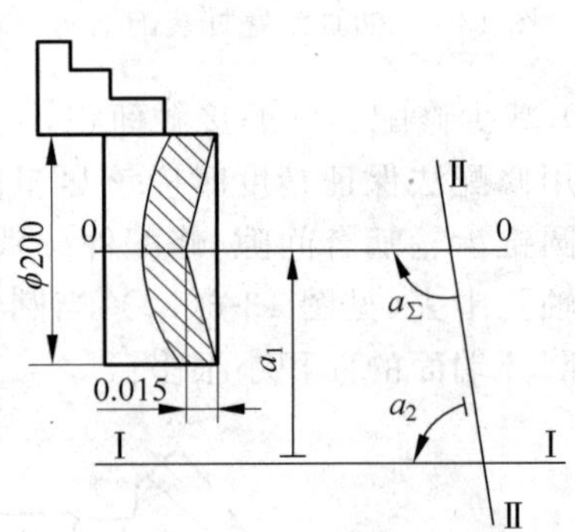

图13-8　角度装配尺寸链

(3) 平面装配尺寸链　由分布在处于同一或彼此平行的平面内,成角度关系布置的长度尺寸和位置精度要求构成,如图13-9所示。

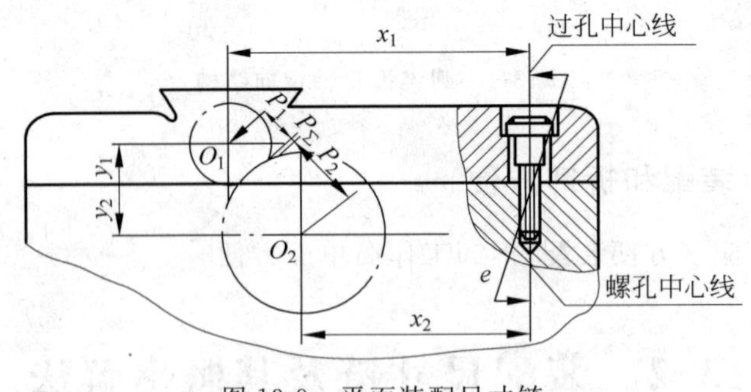

图13-9　平面装配尺寸链

(4) 空间装配尺寸链　由分布在三维空间内,成角度关系的长度尺寸和位置精度要求构成。

根据装配尺寸链之间的关系,有并联装配尺寸链和独立装配尺寸链两种情况。

在装配尺寸链中,组成环的数量是由完成产品的功能要求所必需的相配零件的数目决定的。在装配尺寸链中不存在二环尺寸链。

3. 应用场合

(1) 在产品设计时，要根据产品性能要求和装配工艺的经济性，确定装配精度要求，然后通过尺寸链的分析计算，以确定零、部件的尺寸及位置要求等公差。

(2) 制定装配工艺时，通过装配尺寸链的分析计算，以确定最佳装配工艺方案。

(3) 在装配过程中，则通过装配尺寸链分析计算，以找到保证装配精度的措施。

在利用装配尺寸链原理来处理上述问题时，最重要的是要准确地从部件装配图或机械总装配图中找出相应的装配尺寸链的各组成环。

13.2.2　装配尺寸链的建立

1. 建立装配尺寸链的方法

正确建立装配尺寸链是进行尺寸链计算的前提。查明装配尺寸链的基本思路如下。

(1) 明确装配尺寸链的封闭环。确定封闭环是最关键的一步。在装配尺寸链中，封闭环只能是设计产品图上规定的装配精度或技术要求。这些要求是通过把零、部件装配后形成的，是由零、部件上的有关尺寸和角度位置关系间接保证的。每一个装配结构关系的装配精度要求(即封闭环)的数目往往不只一个，因此应当根据具体装配精度的性质，分别确定不同特性的封闭环。

(2) 查找与封闭环尺寸相关的各组成环。所谓装配尺寸链的组成环，即在装配关系中对装配精度要求产生直接影响的那些零件上的有关尺寸和位置要求。

对于每一项装配精度要求，通过分析装配关系，都可查明相应的装配尺寸链的组成。一般的查找方法是：由封闭环的两端零件开始，沿着装配精度要求的位置方向，以相邻零件的装配基准面为联系线索，按顺序逐个查明装配关系中影响装配精度的各有关零件，直到在同一个装配基准面上重合。所有查得的有关零件上连接两个装配基面的几何尺寸和(或)位置关系，便是该装配尺寸链的全部组成环。包括封闭环在内的封闭尺寸图，即为装配尺寸链图。

2. 注意的问题

在建立装配尺寸链时，应注意以下问题。

(1) 装配尺寸链的最短组成路线原则。在结构既定的条件下，组成装配尺寸链时，每一个有关零件上只能连接该零件两个装配基准面的尺寸或位置关系精度作为组成环参加装配尺寸链。这样，对于仅仅由直线尺寸构成的装配尺寸链，其组成环的数目仅仅等于有关零件的数目，这就是装配尺寸链组成最短路线(最少环数)原则。

从此意义上，在产品结构设计时，应尽可能地使对封闭环精度有影响的有关零件数目减到最少；也就是说，在满足机械工作性能要求的前提下，应尽可能地使结构简化。这样可使封闭环公差一定时，分配到各有关组成环上的公差值较大一些，便于加工。

(2) 当装配关系复杂时，可按一定层次分别建立部件装配尺寸链、产品装配尺寸链。应注意，部件装配尺寸链中的“封闭环”只是产品装配尺寸链的组成环，是为分析计算需要而设的“过度封闭环”；并不是真正意义上的装配尺寸链的封闭环。这就是尺寸链封闭环的唯一性。

(3) 对封闭环影响很小的组成环可忽略不计。在保证装配精度的前提下,为简化计算过程,可忽略某些对封闭环影响很小的组成环。

3. 装配尺寸链查找举例

现以保证车床主轴锥孔(前顶尖孔)轴线和尾座套筒锥孔(后顶尖孔)轴线对床身导轨等高度的装配关系为例说明装配尺寸链建立的方法。如图13-10所示,此等高度精度要求$A_{\Sigma}=0_{0}^{+0.06}$ mm为封闭环。按此要求的装配关系,一边是主轴以其轴颈装在滚动轴承内,轴承装在主轴箱的主轴孔内,主轴箱装在车床床身的平面上;另一边是尾座套筒以其外圆柱面装在尾座体的导向孔内,尾座体的底面装在尾座底板上,尾座底板装在车床的导轨面上。

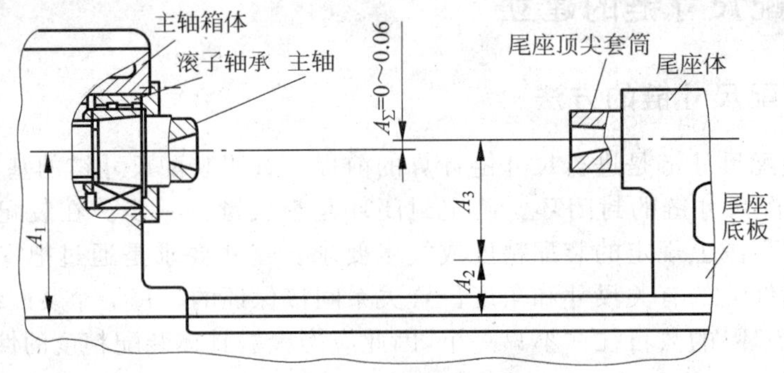

图13-10 车床等高要求的尺寸联系图

根据装配关系可以很容易地查找影响等高度的组成环为:

e_1——主轴锥孔对主轴箱孔的同轴度误差;

A_1——主轴箱孔轴线距箱体底平面的距离尺寸;

e_2——床身上安装主轴箱体的平面与安装尾座的导轨面之间的高度差;

A_2——尾座底板上、下平面的距离尺寸;

e_3——尾座套筒与尾座孔配合间隙引起的向下偏移量;

A_3——尾座孔轴线距尾座底面的距离尺寸;

e_4——尾座套筒锥孔与外圆的同轴度误差。

于是得到车床前后顶尖孔等高度的装配尺寸链如图13-11(a)所示。根据车床的设计要求,由于e_1、e_2、e_3和e_4的数值相对A_1、A_2、A_3的误差是较小的,故尺寸链可简化为图13-11(b)所示那样。

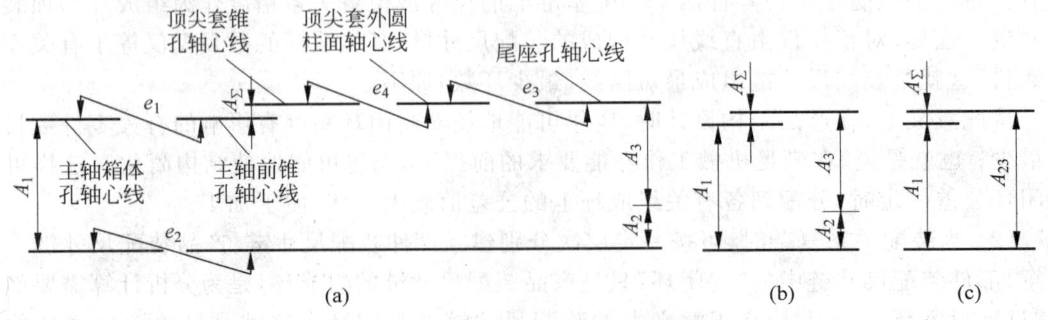

图13-11 车床等高度装配尺寸链图

13.2.3　装配尺寸链的计算方法

在装配尺寸链中，封闭环与各个组成环之间的计算关系有两种情况。

1. 极值解法

极值法容易理解，计算简单。但是它没有考虑各个环对应零件的实际尺寸出现的频率，当封闭环值一定时，对于多环尺寸链的情况，其分配给相关零件的平均公差小，使加工困难。

2. 概率解法

尺寸链概率解法是以概率论与数理统计有关原理为依据，考虑到各环尺寸的变化出现的频率，建立封闭环与各个组成环之间的关系的方法。概率解法主要用于大批大量生产中，封闭环精度要求高，组成环数较多的尺寸链分析计算中。

在实际生产中，各组成环尺寸的分布规律可能是正态分布，也可能不是正态分布。但是它们是相互独立的，如果不存在特别的影响因素，只要组成环的个数足够(一般取 $n\geqslant 4$)，则认为封闭环趋于正态分布。此时封闭环与各个组成环的公差值之间的关系为

$$T_{\Sigma}=\sqrt{\sum_{i=1}^{n}K_i^2T_i^2} \tag{13-1}$$

式中：K_i——第 i 个组成环的相对分布系数。正态分布时，$K_i=1.0$；分布曲线不明时，取 $K_i=1.5$。

各组成环分布相同时，其概率解法的平均公差为

$$T_{i平概}=\frac{T_{\Sigma}}{K\sqrt{n}}=T_{i平极}\frac{\sqrt{n}}{K} \tag{13-2}$$

式中：$T_{i平极}$——极值解法条件下的平均公差；

$T_{i平概}$——为概率解法条件下的平均公差。

根据概率数理统计原理，封闭环算术平均值 $\overline{A_{\Sigma}}$ 等于各组成环算术平均值的代数和，即

$$\overline{A_{\Sigma}}=\sum_{i=1}^{m}\overrightarrow{\overline{A_i}}-\sum_{j=m+1}^{n-1}\overleftarrow{\overline{A_j}} \tag{13-3}$$

式中：$\overrightarrow{\overline{A_i}}$、$\overleftarrow{\overline{A_j}}$ ——增、减环算术平均值。

当各组成环均呈正态分布或对称分布，而且分布中心与公差带中点重合(见图 13-12)时，算术平均值 $\overline{A_i}$ 即等于平均尺寸 A_{iM}，于是

$$A_{\Sigma M}=\sum_{i=1}^{m}\overrightarrow{A_{iM}}-\sum_{j=m+1}^{n-1}\overleftarrow{A_{jM}} \tag{13-4}$$

相应地，上式各环减去基本尺寸，可得到各环平均偏差之间的关系，即

$$\mathrm{EM}_{\Sigma}=\sum_{i=1}^{m}\overrightarrow{\mathrm{EM}_i}-\sum_{j=m+1}^{n-1}\overleftarrow{\mathrm{EM}_j} \tag{13-5}$$

当各组成环分布不对称时，如图 13-13 所示，算术平均值 $\overline{A_i}$ 相对于公差带中点尺寸(即平均尺寸)A_{iM} 有一个偏移量，其大小为 $\delta_i=a_i\dfrac{T_i}{2}$，而 a_i 为第 i 个环的相对不对称系数，可正可负，表示偏移程度。若不明组成环的分布时，取 $a_i=0$。考虑到封闭环呈正态分布，$a_{\Sigma}=0$，则各环平均尺寸之间的关系为

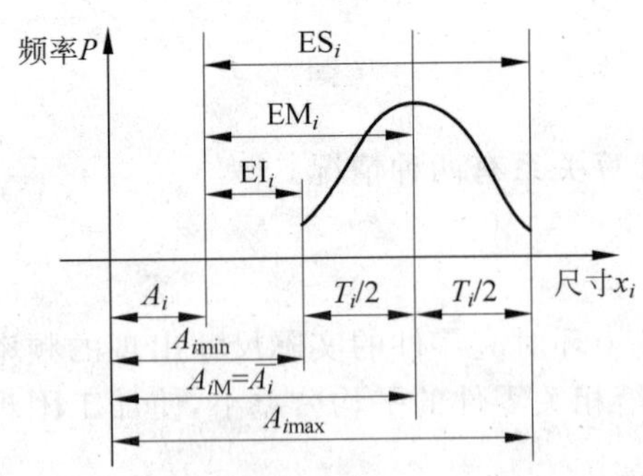

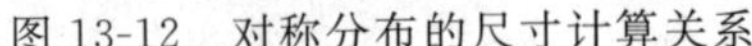

图 13-12 对称分布的尺寸计算关系

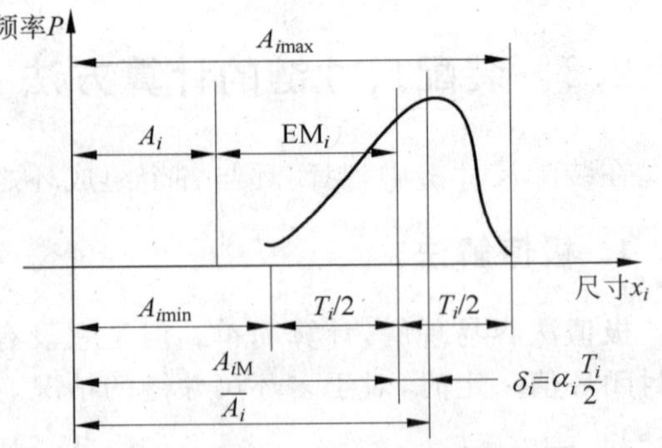

图 13-13 不对称分布的尺寸计算关系

$$A_{\Sigma M}=\sum_{i=1}^{m}\left(\overrightarrow{A_{iM}}+\frac{1}{2}a_iT_i\right)-\sum_{j=m+1}^{n-1}\left(\overleftarrow{A_{jM}}+\frac{1}{2}a_jT_j\right) \tag{13-6}$$

相应地,平均偏差之间的关系为

$$\mathrm{EM}_{\Sigma}=\sum_{i=1}^{m}\left(\overrightarrow{\mathrm{EM}_i}+\frac{1}{2}a_iT_i\right)-\sum_{j=m+1}^{n-1}\left(\overleftarrow{\mathrm{EM}_j}+\frac{1}{2}a_jT_j\right) \tag{13-7}$$

由封闭环公差 T_{Σ} 和封闭环平均偏差EM_{Σ},可得封闭环的上、下偏差

$$\mathrm{ES}_{\Sigma}=\mathrm{EM}_{\Sigma}+\frac{T_{\Sigma}}{2},\quad \mathrm{EI}_{\Sigma}=\mathrm{EM}_{\Sigma}-\frac{T_{\Sigma}}{2} \tag{13-8}$$

3. 各组成环公差分配的方法

装配尺寸链的计算,很重要的一个问题是在已知封闭环的尺寸和公差的情况下,如何为各组成环分配公差。常用的方法有如下三种。

(1) 等公差法 即各组成环的公差就等于按极值法或概率法计算出的 $T_{i平极}$ 或 $T_{i平概}$。有时也根据具体情况进行一些人为的调整,对于标准件(轴承、垫圈等)取标准公差。此方法对公差分配简单,但不合理。适用于组成环数少,精度要求低的单件小批生产。

(2) 等精度法 各组成环的公差等级系数相同。但公差标准中规定了不同尺寸系列的公差等级系数 a_i 与公差 T_i 的关系,对小于 500 mm 的尺寸,有

$$T_i=a_iI_i \tag{13-9}$$

式中:I_i——第 i 个尺寸的公差单位(μm),其值与第 i 个组成环的基本尺寸有关。

采用等精度法,则有 $a_1=a_2=\cdots=a_i=\cdots=a_{n-2}=a_{n-1}$。

此方法对公差的分配比较合理,但未考虑加工条件,适用于小批量生产。

(3) 等工艺能力法 即各组成环加工时的工艺能力系数相等。由工艺能力系数的概念,等工艺能力即指

$$C_{p1}=C_{p2}=\cdots=C_{pi}=\cdots=C_{p(n-2)}=C_{p(n-1)}$$

采用等加工能力法计算较合理,因为它考虑了经济效益,适用于大批大量生产。

13.3 获得装配精度的方法

在装配精度能够由有关零件的加工精度直接保证的情况下,装配工作只是简单的连接过程,不必进行任何修配或调节,这是互换装配法。然而在某些情况下,如果装配精度完全

由有关零件的加工精度来直接保证，则它们的加工精度要求会很高，给零件加工带来很大困难甚至不可能。在这种情况下，常按加工经济精度来确定零件的公差要求，使之易于加工，而在装配时采用一定的工艺措施，如选择装配法、修配法、调节法等来保证配置精度。这样虽然增加了机器装配的劳动量和成本，但却降低了零件加工的劳动量和成本；从整个产品的制造来说，在很多情况下是经济可行的。

装配精度的保证在一定程度上依赖于装配工艺技术。在运用装配尺寸链求解相关零件的尺寸要求时，对于不同的装配方法，求解思路也有所不同。

13.3.1　互换装配法

1. 互换装配法的原理

互换装配法是用控制零件的加工误差直接保证产品精度要求的方法，简称互换法。即在装配时，对合格零件不经修理、选择或调整，组装后即可达到装配精度。此方法对零件加工误差的限制有两种形式：

(1) 相关零件的公差之和小于或等于装配公差，即满足于极值解法。这种方法零件是完全可以互换的，称为完全互换法。

(2) 相关零件公差值平方之和的平方根小于或等于装配公差，即满足于概率解法。从理论上讲，产生装配精度不合格的概率也只有 0.27%，可忽略不计。用概率法确定各组成环公差时，仍能达到完全互换法的效果，为了区别前者，称之为不完全互换法。

2. 互换法的特点

装配过程简单，生产率高，便于组织流水作业；对工人技术要求不高；产品质量稳定，成本低；备件供应方便；装配公差小，而组成零件数目较多时，对零件公差要求严格，不易加工，甚至不能加工。

3. 应用范围

完全互换法在各种生产类型中都应优先考虑。但当组成零件数目较多或装配精度要求较高时，难以满足零件的经济精度要求。在大批大量生产条件下，可考虑采用不完全互换法，但将有一部分产品的装配精度可能超差。这样就需要考虑补偿措施，或进行经济核算以确定此种方法是否被采用。

13.3.2　选择装配法

1. 选择装配法的实质

选择装配法是将相关零件的实际加工公差放大到经济可行的程度进行加工，装配时选择合适的零件进行装配，或者将零件按尺寸大小先划分成若干组，然后将相应组的零件进行装配，以保证达到规定的装配精度要求。

2. 选择装配法的方式

(1) 直接选配法　装配工人直接在许多待装配零件中挑选合适的互配件进行装配的方法。其优点是能达到很高的装配精度；零件的加工公差可取得较大,使零件加工容易。其缺点是选件费时,作业时间不易准确控制；装配精度在很大程度上取决于工人技术水平。故不适宜在节拍要求严格的大批大量流水线装配中使用。

(2) 分组互换装配法　先将互配零件按实测尺寸进行分组,然后按对应组的相配零件进行互换装配,以达到装配精度的方法。其特点是零件制造公差较大,加工容易,且可组装高精度产品；测量和分组费时又麻烦。只适合于装配精度要求很高,组成件较少,成批或大量生产的场合,如滚动轴承的装配。

(3) 复合选配法　直接选配法与分组装配法的综合,即预先对相配零件进行测量分组,装配时由工人在对应组内直接选配相配零件的方法。其特点是零件加工公差可较大,相配零件组内的零件公差可以不等,但装配精度可达很高；与直接选配法相比,耗时较少；适合于有节奏要求的大量生产,如汽缸与活塞组件的装配中常采用。

3. 分组互换装配法的应用

1) 提高装配精度

提高装配精度即零件的加工公差不变,通过分组再将对应组的相配零件进行装配,以达到提高装配精度的目的。

如图13-14(a)所示,假定件1与2的尺寸公差相等,取 $T_{A1}=T_{A2}=0.1\,\text{mm}$。如果用互换法装配(见图13-14(b)),则最小间隙 $A_{\min}=0\,\text{mm}$,最大间隙 $A_{\max}=0.2\,\text{mm}$。如果将件1、2均分为两组(见图13-14(c)),每组的公差为0.05 mm；将对应组内的零件进行装配,则最小间隙为 $A_{\min}=0.05\,\text{mm}$,最大间隙为 $A_{\max}=0.15\,\text{mm}$。显然大大提高了装配精度。分组数目越多,装配精度提高也越大。

以提高装配精度为目的的分组装配法,不涉及零件加工公差的放大,具体应用处理比较简单,但要注意以下三点：

(1) 按相等的公差间隔对相配零件进行分组；

(2) 相配零件的分组数目应该相等,通常分组数 $n=3\sim5$,对应组内的零件进行装配；

(3) 相配零件的原公差最好相等,否则各对应组内的零件的装配质量会不一样。

2) 减小零件的加工难度

装配精度要求不变,采用分组互换装配法,将零件的加工公差放大,来降低零件加工的难度。

如将图13-14所示零件1与2的公差放大1倍,如图13-15,将相配零件按尺寸大小分成两组,对应组零件相配,装配精度并无改变,使零件加工容易很多。

这种以减小零件加工难度为目的的分组互换法,在实用中应注意以下要求：

(1) 配合件(如轴和孔)的原公差必须相等,否则一经放大,轴和孔的配合公差带也将随之加大。对应组零件装配之后,除第一组内的对应零件满足装配精度要求之外,其余组内的零件会出现无法保证装配质量的情况。

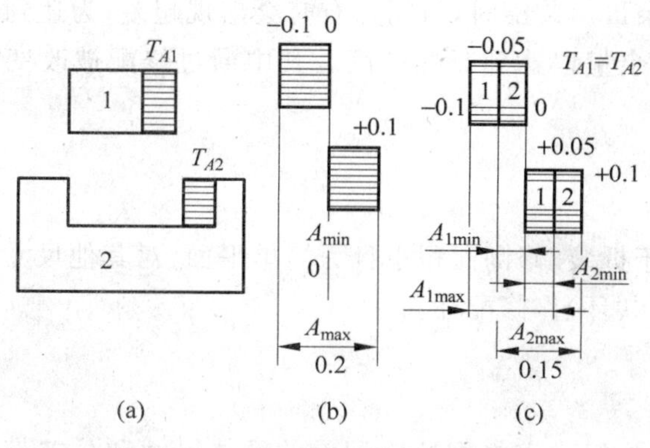

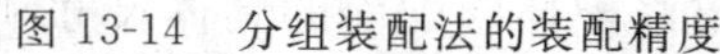

图 13-14　分组装配法的装配精度

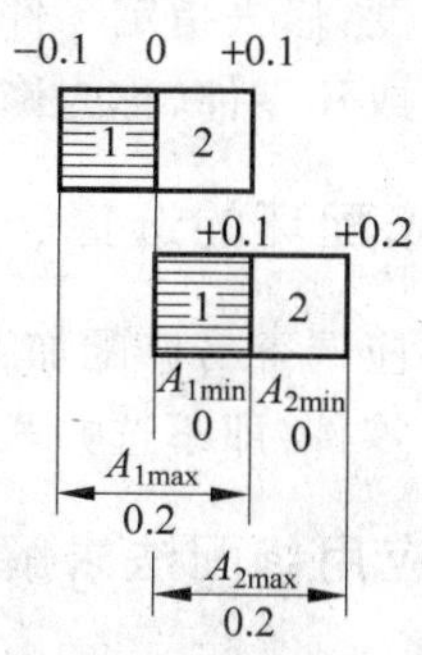

图 13-15　减小加工难度分组装配

(2) 相配零件的尺寸公差必须同一方向放大，放大倍数也必须相同。

(3) 分组数应与公差放大倍数相等，或者稍大些。

(4) 相配零件的形位公差、表面质量等要求不能放大，必须按零件图设计要求加工。

采用分组互换法都是按所谓“等公差间隔”分组。实际操作中可能出现对应组内零件数量不等的情况。如图 13-16 所示，如果加工一批相配的零件，其加工误差的分布规律完全相同时，对应组内的零件数目是基本相等的。但是如果分布规律不同时，对应组内的零件数将不相等，如图 13-17 所示。分组数越多，这种对应组零件数不等的现象越突出。结果各组中存在一批无相应匹配的“剩余零件”。对此在生产中可采取以下措施：

(1) 采取“等零件数”分组方式，这样对应组的公差不再相等，不同组的零件的装配质量会有变动。要对此作出分析，以判断这种变动对装配精度的影响。

(2) 对不配套零件，在后续生产中寻求配套或专门为之配作生产配对件或留作备件。

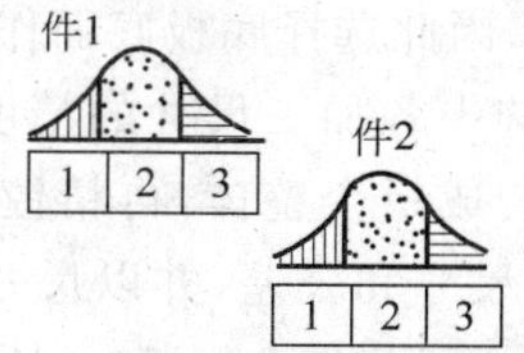

图 13-16　相配件加工误差分布相同

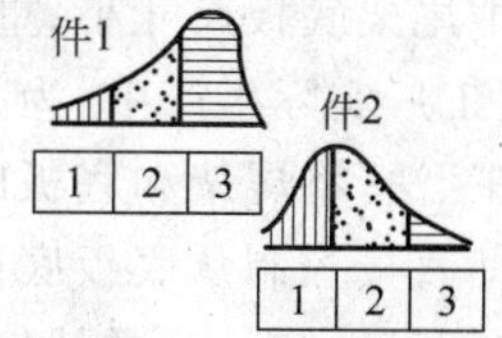

图 13-17　配合件加工误差分布不同

4. 选择装配法的优、缺点

选择装配法的优点很明显：提高装配精度、减小零件加工难度等。但是从分组互换装配法可见，其需要相应地增加对零件的检测分组、标记、保管，以及装配时正确的供应等方面的组织管理工作。

13.3.3　修配装配法

1. 修配法原理

采用修配法时，将装配尺寸链中的各尺寸均按经济加工精度来规定制造公差，选其中的某个待装零件上的装配表面预留一定的余量。装配时，封闭环有时会出现超差，为达到要求的装配精度，修去指定零件上预留的修配余量以达到装配精度。其中通过修配被改变尺寸的这一组成环零件，称为修配环零件。

2. 修配环的选择

通常应选容易修配加工、重量轻、便于拆装、修刮面积小且为简单平面、对其他尺寸链没有影响的零件(即不选并联尺寸链中的公共环)作修配环。

3. 应用修配法求解装配尺寸链

修配法解装配尺寸链的主要问题是，如何确定修配环修配前的具体尺寸和公差带分布位置，使修配时，有足够且尽可能小的修配余量。因此修配件预留的余量要经过计算。

在装配工作中，对修配环实施修配时，对封闭环的影响只有两种情况：一种是使封闭环尺寸变小；另一种是使封闭环尺寸变大。

1) 对修配环实施修配时，封闭环变小的情况

在修配之前，零件装配之后的预装结果应当使封闭环的实际尺寸的最小值 $A'_{\Sigma\min}$ 只能够大于或者恰好等于装配要求所规定的封闭环的最小尺寸 $A_{\Sigma\min}$。否则，如果情况相反，则无法通过修配的方法使得装配精度满足设计要求。

现以普通车床的等高度装配尺寸链(见图 13-11)为例，说明采用修配法实现装配精度要求时，求解装配尺寸链的基本思路。各组成环尺寸按经济加工精度进行制造，此尺寸链可以简化为四环尺寸链(见图 13-11(b))，其中设 $A_\Sigma = 0^{+0.06}_{0}$ mm，$A_1 = 202$ mm，$A_2 = 46$ mm，$A_3 = 156$ mm。具体分析如下。

(1) 分析装配尺寸链，选择修配零件、修配部位及修配环　对于各组成环对应的零件进行比较，其中尾架底板尺寸小、重量轻、底面加工面积较小，因此选择底板底面作为修配面较为方便。在工厂实际生产中，为减少修配量、降低对尺寸链中各加工尺寸的精度要求，常采用“合并加工”法，将尾架和底板的接触面配刮后，把两者装成一个整体，再精镗尾架零件的顶尖套孔，即直接控制从底板底面到尾架顶尖套孔之间的尺寸和公差，并以尺寸 A_{23} 作为一个环参加装配尺寸链。这样就使尺寸链的组成环数减为两个，如图 13-11(c)所示。而组成环尺寸 A_{23} 就是修配环。

在修配环和修配面确定后，分析可知，对修配环进行修配时，会使封闭环尺寸变小。

(2) 根据加工经济精度，确定各组成环的制造公差及分布位置　根据 A_1、A_{23} 两尺寸用镗模加工的经济精度，取其公差值为 $T_1 = T_{23} = 0.1$ mm。

对于尺寸 A_1，可考虑其公差作双向对称分布，即 $A_1 = (202 \pm 0.05)$ mm

对于尺寸 A_{23}，其基本尺寸为 $A_{23} = A_2 + A_3 = 202$ mm，而公差带 T_{23} 的位置，由于其为修配环，要通过计算确定。

(3) 计算修配环尺寸 A_{23} 的加工初值　用 A'_Σ 表示封闭环的实际尺寸，以区别要求的封闭环尺寸 $A_\Sigma = 0^{+0.06}_{0}$ mm。

此例中越修修配环 A_{23}，A_Σ 就越小，即尾架套筒锥孔的轴线越来越低。所以，应当使封闭环的实际尺寸的最小值 $A'_{\Sigma\min}$ 恰好等于装配要求所规定的封闭环的最小尺寸 $A_{\Sigma\min}$。如图 13-18(a)所示。

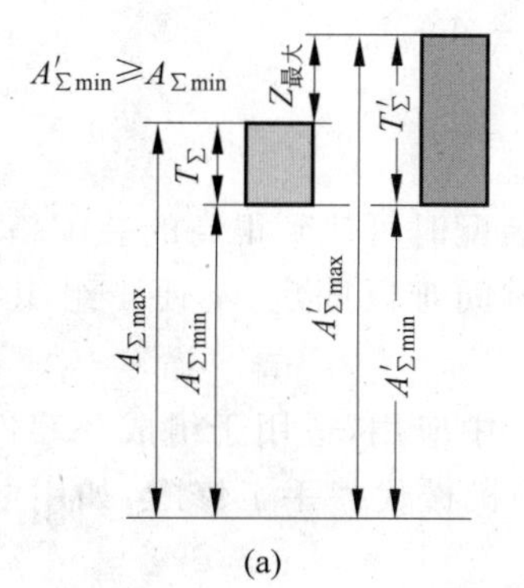

(a)

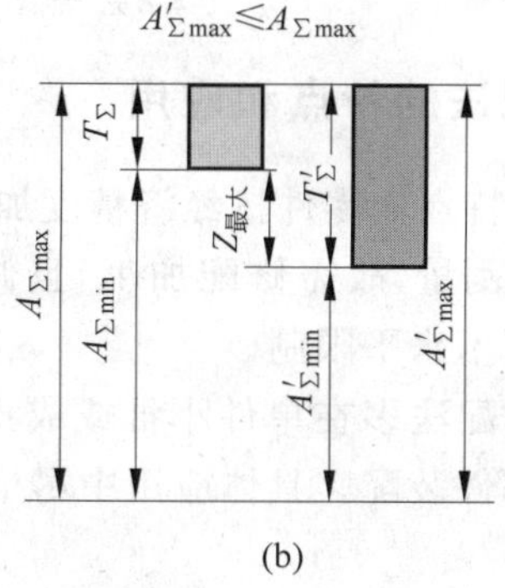

(b)

图 13-18　封闭环实际尺寸与规定位置

(a)"越修越小"时；(b)"越修越大"时

由此分析，得到在修配过程中封闭环尺寸变小的情况下，确定修配环尺寸应按封闭环实际尺寸的最小极限尺寸 $A'_{\Sigma\min}$ 的关系来确定。则有基本公式：

$$A'_{\Sigma\min} \geqslant A_{\Sigma\min} \tag{13-10}$$

当 $A'_{\Sigma\min} = A_{\Sigma\min}$ 时，封闭环不需要刮研即可得到保证。而 $A'_{\Sigma\min}$ 与装配尺寸链中各组成环之间的关系为

$$A'_{\Sigma\min} = \sum_{i=1}^{m} \overrightarrow{A_{i\min}} - \sum_{j=m+1}^{n-1} \overleftarrow{A_{j\max}} \tag{13-11}$$

由式(13-10)和式(13-11)得知，修配环 A_{23} 为增环，将已知结果代入可以求出修配环 A_{23} 尺寸的一个极限尺寸 $\overrightarrow{A_{23\min}} = 202.05\ \text{mm}$。

在实际生产中，应考虑底板底面在总装时的必须刮研量 $Z_{必刮}$。故式(13-10)应为

$$A'_{\Sigma\min} \geqslant A_{\Sigma\min} + Z_{必刮} \tag{13-12}$$

取 $Z_{必刮} = 0.15\ \text{mm}$，则修正后修配环尺寸为：$\overrightarrow{A_{23\min}} = 202.2\ \text{mm}$；而 $\overrightarrow{A_{23\max}} = \overrightarrow{A_{23\min}} + T_{23} = 202.3\ \text{mm}$；若化为双向公差标注，则 $A_{23} = (202.25 \pm 0.05)\ \text{mm}$。

(4) 最大修配量的计算　在实用中，还要校核最大修配量的大小，即

$$Z_{最大} = A'_{\Sigma\max} - A_{\Sigma\max} \tag{13-13}$$

2) 对修配环实施修配时，封闭环变大的情况

同理，如果封闭环尺寸随着修配环的修刮而逐渐变大，只有当封闭环的实际尺寸小于所要求的尺寸时，才能进行修配，以达到装配精度要求。修配环尺寸应按封闭环的实际尺寸的最大极限尺寸关系来确定，如图 13-18(b)所示即

$$A'_{\Sigma\max} \leqslant A_{\Sigma\max} \tag{13-14}$$

当 $A'_{\Sigma\max} = A_{\Sigma\max}$ 时，封闭环不需要刮研即可得到保证。而 $A'_{\Sigma\max}$ 与装配尺寸链中各组成环之间的关系为

$$A'_{\Sigma\max} = \sum_{i=1}^{m} \overrightarrow{A_{i\max}} - \sum_{j=m+1}^{n-1} \overleftarrow{A_{j\min}} \tag{13-15}$$

若总装时的必须刮研量 $Z_{必刮}$ 时，则有公式：

$$A'_{\Sigma\max} \leqslant A_{\Sigma\max} - Z_{必刮} \tag{13-16}$$

这时，最大修配量的大小为

$$Z_{最大} = A_{\Sigma\min} - A'_{\Sigma\min} \tag{13-17}$$

4. 修配装配法的特点和应用

(1) 修配法的特点　零件按经济精度加工，装配时可达到很高的装配精度，且接触刚度高；由于预留了修刮量，故需修配加工，且修配时间难以固定，不便于组织装配流水作业；装配质量受工人技术水平限制。

(2) 应用　修配法多在单件小批或成批生产中应用，适用于组成环零件多而装配精度又要求比较高的部件装配。具体应用中尽量利用机械代替手工修配，如用电(气)动工具代替手刮等。

13.3.4 调整装配法

1. 调整装配法的原理

在结构设计中，选择或增添一个与装配精度要求有关的零件作为调整零件，装配时，调节零件的相对位置或选用尺寸合适的调整件，以达到要求的装配精度。这样使制造相配零件时，不需一味地追求高的零件加工精度，而是通过调整零件的尺寸变化起到补偿装配累积误差的作用。该被调整零件称为补偿件或调整件。

2. 调整装配法的基本方式

(1) 动(或可变)调整法　用改变调整件的位置(移动、旋转或移动旋转同时进行)来达到装配精度，常用螺纹、凸轮、楔等，如自行车的轴挡、车床横向进给导轨中的镶条等。图13-19为轴承间隙的调整采用调整螺钉和锁紧螺母结构。调整过程中不需拆卸零件，比较方便，调整尺寸在一定范围内连续。

(2) 固定调整法　在装配尺寸链中选定一个或加入一个零件作为调整环。作为调整环的零件是按一定的尺寸间隔级别制成的一组专门零件，根据装配时的需要，选用其中某一级别的零件来补偿，以保证所需要的装配精度。通常使用的调整件有轴套、垫圈和垫片等。如图13-20为车床主轴齿轮组件间隙的调整采用垫圈为调整件，以垫圈的厚度尺寸 A_K 作为调整环。这种方法在汽车、拖拉机和自行车等生产中应用很广，在不影响接触刚度的情况下，在产量大、精度高的装配中，采用固定调整件会使装配精度的调整更为方便。

例 13-1　图13-20所示的车床主轴齿轮组件装配后要求轴向间隙为 $A_\Sigma = 0^{+0.20}_{+0.05}$ mm，已知：$A_1 = 115$ mm，$A_2 = 8.5$ mm，$A_3 = 95$ mm，$A_4 = 2.5$ mm，$A_K = 9$ mm。试以固定调整装配法解算各个组成环的极限偏差，并求调整环的分组数和调整环尺寸系列。

解　① 建立装配尺寸链。从分析影响装配精度要求的有关尺寸入手，建立以装配精度要求 A_Σ 为封闭环的装配尺寸链，如图13-20中的封闭尺寸关系图所示装配尺寸链。

② 选择调整环。选择加工比较容易、管理比较方便、装卸比较方便的轴套环的组成环尺寸 A_K 作为调整环。

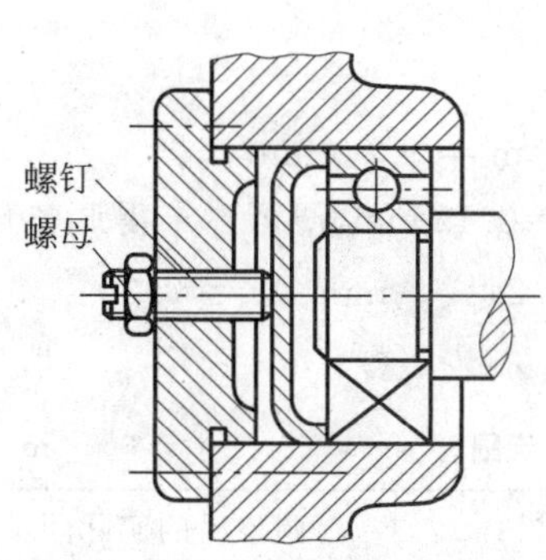

图 13-19　轴承间隙的调整

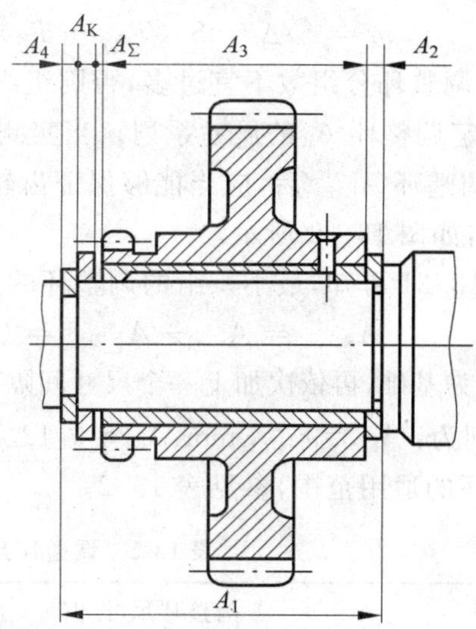

图 13-20　车床主轴齿轮组件间隙的调整

③ 确定组成环的公差。按照加工经济精度规定各个组成环公差，并且确定极限偏差：$A_2=8.5_{-0.10}^{\ 0}$ mm，$A_3=95_{-0.10}^{\ 0}$ mm，$A_4=2.5_{-0.12}^{\ 0}$ mm，$A_K=9_{-0.03}^{\ 0}$ mm；已知 $A_\Sigma=0_{+0.05}^{+0.20}$ mm；组成环 A_1 的下偏差由图 13-20 所列尺寸链计算确定，由极值解法中的极限偏差之间的关系式(8-10)可知

$$\mathrm{EIA}_\Sigma=\mathrm{EIA}_1-(\mathrm{ESA}_2+\mathrm{ESA}_3+\mathrm{ESA}_4+\mathrm{ESA}_K)$$

所以

$$\begin{aligned}\mathrm{EIA}_1&=\mathrm{EIA}_\Sigma+(\mathrm{ESA}_2+\mathrm{ESA}_3+\mathrm{ESA}_4+\mathrm{ESA}_K)\\&=+0.05\ \mathrm{mm}\end{aligned}$$

为了便于加工，令 A_1 的制造公差为 $T_1=0.15$ mm，故，$A_1=115_{+0.05}^{+0.20}$ mm。

④ 确定调整范围 S。在装入调整环 A_K 之前，先实际测试齿轮端面轴向空隙 A 的大小。如图 13-21 所示，在形成的空隙 A 中，选一个合适的调整环 A_K 装入该空隙中，要求达到装配精度要求。所测空隙 $A=A_K+A_\Sigma$。A 的变动范围就是我们所要求取的调整范围 S。

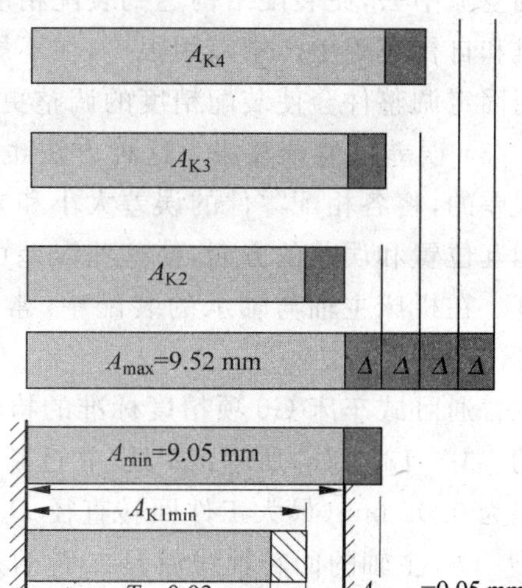

图 13-21　装配空隙与补偿环尺寸关系

参照图 13-21 中的尺寸链去除 A_K 调整环之后，求空隙 A 的最大值和最小值：

$$A_{max}=A_{1max}-A_{2min}-A_{3min}-A_{4min}=9.52\ \mathrm{mm}$$

$$A_{min}=A_{1min}-A_{2max}-A_{3max}-A_{4max}=9.05\ \mathrm{mm}$$

所以，

$$S=A_{max}-A_{min}=(9.52-9.05)\ \mathrm{mm}=0.47\ \mathrm{mm}$$

⑤ 确定调整环的分组数 m。取封闭环的公差与调整环的制造公差之差($T_\Sigma-T_K$)作为调整尺寸分组间隔 Δ，而且 $\Delta=(T_\Sigma-T_K)=0.12$ mm，则

$$m = S/\Delta = S/(T_{\sum} - T_K) = 0.47/(0.15 - 0.03) = 3.9$$

取 $m=4$。调整环分组数不宜过多,否则组织生产费事,一般地,m 取为 3～4 较为适宜。

⑥ 确定调整环 A_K 的尺寸系列。当实测间隙 A 出现最小值 A_{min} 时,在装入一个最小基本尺寸的调整环 A_{K1min} 后,应当能够保证齿轮轴向具有装配精度要求的最小间隙值($A_{\Sigma min}=0.05$ mm),如图 13-21 所示。

由图 13-21 可知,最小一组的调整环的基本尺寸应当为

$$A_{K1min} = A_{min} - A_{\sum min} = (9.05 - 0.05)\ \text{mm} = 9.00\ \text{mm}$$

以此 A_{K1min} 为基础,再依次加上一个尺寸间隔 $\Delta=(T_\Sigma - T_K)=0.12$ mm,便可以求得调整环 A_K 的尺寸系列为:$A_{K1}=9_{-0.03}^{\ 0}$ mm、$A_{K2}=9.12_{-0.03}^{\ 0}$ mm、$A_{K3}=9.24_{-0.03}^{\ 0}$ mm、$A_{K4}=9.36_{-0.03}^{\ 0}$ mm。各个调整环的适用范围,参见表 13-2。

表 13-2 调整环尺寸系列及其适用范围 mm

编号	调整环尺寸 A_K	适用的间隙 A	调整后的实际间隙
1	8.97～9.00	9.05～9.17	0.05～0.20
2	9.09～9.12	9.17～9.29	0.05～0.20
3	9.21～9.24	9.29～9.41	0.05～0.20
4	9.33～9.36	9.41～9.52	0.05～0.19

固定调整装配法适合在大批量生产中,装配精度要求较高的机器结构。在不影响接触刚度的情况下,在产量大、精度高的装配中,采用固定调整件会使装配精度的调整更为方便。在产量大、装配精度要求较高的场合,调整件还可以采用多件拼合的方式组成。具体方法是:预先将调整垫做成不同厚度(例如 1 mm,2 mm,5 mm,…;0.1 mm,0.2 mm,0.3 mm,…,0.9 mm 等),再准备一些更薄的调整片(例如 0.01 mm,0.02 mm,0.05 mm,…,0.10 mm 等);装配时,根据所测量实际空隙 A 的大小,把不同厚度的调整垫拼成所需尺寸,然后把它装到空隙中去,使装配结构达到装配精度的要求。这种调整装配方法比较灵活,在汽车、拖拉机和自行车等生产中应用很广,在不影响接触刚度的情况下,在产量大、精度高的装配中,采用固定调整件会使装配精度的调整更为方便。

(3) 误差抵消调整法 这种方法也称为定向或角度选配法。各被组装的零、部件都是有误差的,将各相配零件的误差大小和方向进行测量和标记,在组装时调节相关零、部件间的相互位置和误差的方向,使这些误差可以相互抵消或部分抵消,达到或提高封闭环的装配精度。在机床主轴与轴承的装配中,常采用这种装配法来保证主轴要求的前端径向跳动精度。

普通卧式车床 G6 项精度标准的检验方法规定,将检验棒插入主轴锥孔内,检验径向圆跳动,如图 13-22(a)所示:A 处(靠近断面)的公差为 0.01 mm,B 处(距离 A 处 300 mm)的公差为 0.02 mm(最大工件回转直径 $D_a<800$ mm 时)。前、后轴承外环内滚道的中心分别为 O_2、O_1,主轴的回转轴线就是二者的连线,而主轴锥孔轴线的径向跳动就是相对于轴线 O_2O_1 测量的结果。

简要分析可知,引起 B 处径向圆跳动误差的因素有:如图 13-22(b)所示,后轴承内环孔轴线对外环内滚道轴线的偏心量 e_1,前轴承内环孔轴线对外环内滚道轴线的偏心量 e_2;如图 13-22(d)所示,主轴锥孔轴线 CC 对其轴颈轴线 SS 的偏心量 e_s;显然,e_1、e_2、e_s 都是矢

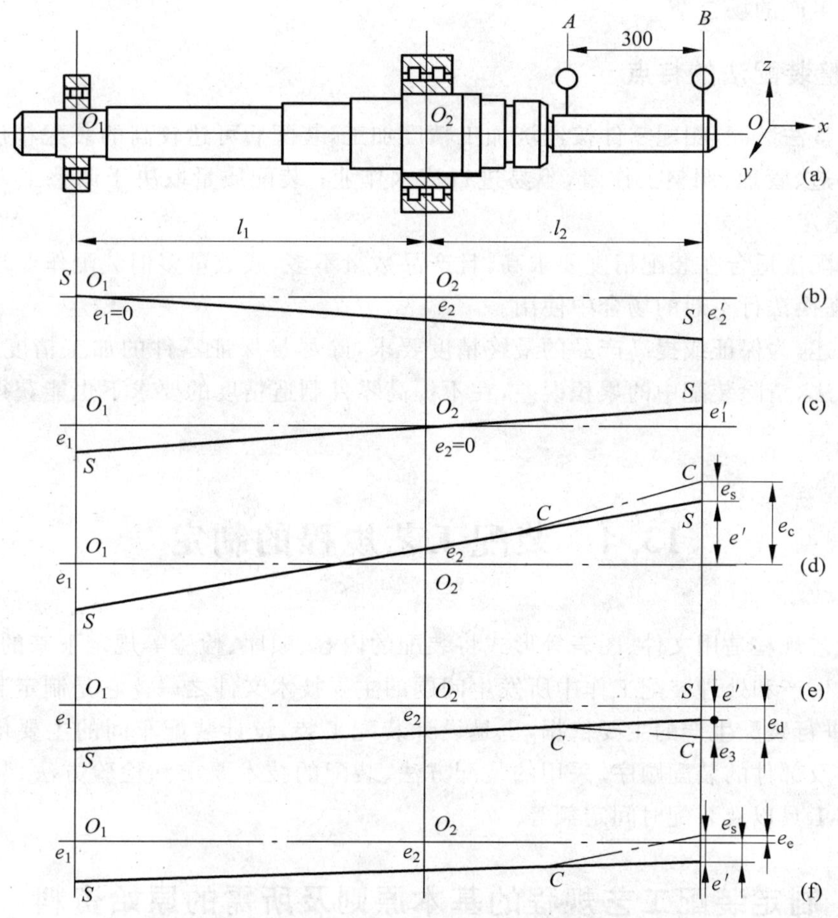

图 13-22 车床主轴锥孔轴线径向跳动的误差抵消法分析图

量。为了分析简便，假设上述三个偏心量均处在同一个平面内，可以得出 e_1、e_2、e_s 对 B 处径向跳动的影响有以下集中情况和对策：

(1) 对比图 13-22(b)、(c)可知：前轴承的偏心误差比后轴承的偏心误差对 B 处径向跳动的影响大。所以，机床设计时应当选用前轴承的精度等级高于后轴承的精度等级。

(2) 对比图 13-22(d)、(e)可知：前、后轴承的偏心误差同方向时，比前、后轴承的偏心误差异向时对 B 处径向跳动的影响小。所以，机床主轴装配时，应当使 e_1、e_2 同方向进行调整装配。

(3) 对比图 13-22(e)、(f)可知：主轴锥孔轴线对其轴颈轴线的偏心量 e_s 和前、后轴承的偏心误差 e_1、e_2 引起的主轴偏心量 e 异向比其同向时对 B 处径向跳动的影响小。所以，机床主轴装配时，应当使 e_s 与 e 异向进行调整装配。

由以上分析可见，误差抵消调整法可在不提高轴承和主轴的加工精度条件下，提高主轴部件的装配精度。这种方法常用于精密机床制造装配过程，而且封闭环要求较严的多环装配尺寸链的场合。由于误差抵消调整法需要实现测量各个补偿环零部件的误差大小和方向，并且严格作出标记，因而增加了装配前和装配过程中的测量、标记、管理等装配组织工作量。误差抵消调整法多用于批量不大、装配尺寸链环数较多、装配精度要求较高的中小批量生产和单件生产的场合。

3. 调整装配法的特点

采用调整法装配,相配零件按经济加工精度加工,装配后可达较高的装配精度;增加了调整件的制造、管理、调整工作量,不易进行流水作业;装配质量取决于调整工人的技术水平,质量不稳定。

这种装配法适合在装配精度要求高,且产品数量不多,或数量多但装配作业现场不宜采用修配法、互换法行不通的场合中使用。

综上所述,为保证或提高产品的最终精度要求,除尽量保证零件的加工精度外,采取适当的装配方法,清除装配中的累积误差,在不提高零件制造精度的要求下也能获得所要求的装配精度。

13.4 装配工艺规程的制定

装配工艺规程是用文件、图表等形式将装配的内容、顺序、检验等规定下来的工艺文件,是指导装配生产和处理装配工作中所发生问题的主要技术文件之一。它是制定装配生产计划、组织和进行装配生产的主要依据,也是设计装配工装、设计装配车间的主要依据。其内容包括产品及部件的装配顺序、采用的装配方法、装配的技术要求和检验方法、装配时所需要的设备和工具以及装配时间定额等。

13.4.1 制定装配工艺规程的基本原则及所需的原始资料

1. 制定装配工艺规程应遵循的基本原则

(1) 保证产品装配质量,并力求提高其质量,以延长产品使用寿命,提高精度储备。

(2) 合理安排装配工序,尽量减少装配钳工工作量,以提高装配效率,缩短装配周期。

(3) 降低装配工作所占成本,减少装配环节的投资。尽可能减少车间的生产面积,合理确定装配线设备的投资、装配工人的数量和水平,以提高单位面积生产率。

(4) 满足装配生产周期的要求。装配周期是根据产品的生产纲领计算出来的,即所要求的装配生产率。在大批量生产中,多采用流水线进行装配,装配周期的要求由生产节拍来满足。在单件小批生产中,多用月产量来表示装配周期。

2. 制定装配工艺规程所需要的原始资料

(1) 产品的总装配图和部件装配图,有时还需要有关零件图,以便装配时进行补充机械加工,核算装配尺寸链。

(2) 产品验收的技术条件。

(3) 产品的生产纲领。

(4) 现有生产条件,包括现有装配装备、车间面积、工人技术水平、时间定额等。

13.4.2 制定装配工艺规程的步骤

1. 研究产品装配图和验收技术条件

(1) 审查设计图样、装配技术要求和验收条件的完整性和正确性,及时发现和解决存在问题和错误。

(2)明确产品性能、部件的作用、工作原理和具体结构。

(3) 对产品进行结构工艺分析,从装配工艺性出发检查结构设计的合理性。工艺人员必须了解设计者的意图,而设计者在结构设计中也应该满足装配的工艺性要求。

(4) 明确各零、部件的装配关系,审查产品装配技术要求和验收技术条件,正确掌握装配中的技术关键问题和相应的技术措施。

(5) 研究机构的特点、综合考虑生产条件,选择实现装配工艺的方法,必要时应用装配尺寸链进行分析和计算。

2. 确定装配生产的组织形式

装配生产组织形式的选择,主要取决于产品的结构特点、产品的重量、生产批量以及现有生产技术条件和设备状况。

制定产品装配工艺与装配组织形式密切相关。例如:具体划分总装、部装;确定装配工序的集中分散程度;产品装配的运输方式及工作地的组织等都与组织形式有关。

3. 划分装配单元、选定装配基准件

装配单元的划分就是从工艺角度出发,将产品分解成可以独立装配的单元,即分成组件和各级分组件,以便组织装配工作的平行和流水作业。特别是在大量生产结构复杂的产品时,在此基础上才便于拟定装配顺序、划分装配工序、组织装配工作的作业形式。

装配单元划分后,首先要选择一个零件或低一级的装配单元作为基准件,其余零件或组件、部件按一定顺序装配到基准件上,成为下一级的装配单元。

选择装配基准件时,应注意:

(1) 从产品结构上讲,装配基准件一般选择产品的基体或主干零、部件,其体积和重量较大,有足够的支承面,可以满足陆续装入其他零部件作业需要和稳定性要求。

(2) 避免装配基准件在后续装配工序中还有机加工工序。

(3) 基准件应有利于装配过程中的检测、工序间的传递输送和翻身转位等作业。

4. 确定装配顺序、绘制装配工艺系统图

确定装配基准件后,就可以确定其他零件或装配单元的装配顺序,确定各分组件、组件、部件和产品的装配顺序,最后将装配系统图规划出来。

1) 确定装配工艺顺序的一般原则

(1) 预处理工序先行原则　如零件清洗、去毛刺与飞边、防腐、防锈等应安排在前。

(2) 先里后外原则　使先装部分不至于成为后续作业的障碍。

(3) 先下后上的原则　使在装品在整个装配过程中的重心处于最稳的状态。

(4) 先难后易原则　刚开始装配时,基准件上有较开阔的安装、调整、检测空间,有利于较难的零、部件的装配。

(5) 先重后轻原则　先对重型零件进行装配,而轻小零件可以穿插安排进行。

(6) 先精后粗原则　先对装配精度要求高的部分进行重点装配,而后再对一般精度要求的部分进行装配。这样可以避免精密零件装配作业中的干涉以及工时的浪费。

(7) 前不妨碍后,后不破坏前的原则　应使前面工序的内容,不妨碍后续工序的进行。后面的工序内容不应损伤前面工序得到的装配质量。如冲击性装配、压力装配、加热装配以及补充加工工序等应尽量安排在前面进行。

(8) 处于基准件同一方位的装配工序,尽可能集中连续安排,减少装配中的翻身、转位。

(9) 将使用同一装配工装或设备,以及对装配环境有同样特殊要求的工序尽可能集中安排,以减少在装品在车间内的迂回或设备的重复调度。

(10) 及时安排检验工序,尤其是在对产品质量和性能有较大影响的工序之后,必须安排检验工序。检验合格后才允许进行下面的装配工序。

此外,对于易燃易爆易碎的有毒物质及零部件的加注或安装,尽可能放在最后,以减少污染和安全防护工作量及其设备;不要疏忽电线、气管或液压管等的安装,根据需要应与相应工序同时进行。

2) 绘制装配工艺系统图

装配工艺系统图是表明产品零、部件间相互装配关系及装配工艺流程的示意图。它是深入研究产品结构和制定装配工艺的重要内容。在装配工艺系统图上,每一个单元用一个长方形框表示,标明零件、套件、组件和部件的名称、编号及数量;装配工作由基准件开始沿水平线自左向右进行,一般将零件画在上方,套件、组件、部件画在下方,其排列次序就是装配工作的先后次序。

在装配工艺规程设计中,常用装配工艺系统图表示零、部件的装配流程和零、部件间的相互装配关系。对结构较简单、组成零件少的产品,可只绘出产品的总装配工艺系统图;对结构复杂、组成零件多的产品,可以按装配单元绘制相应的装配工艺系统图。在装配工艺系统图中,只绘出直接进入装配的零部件。

图 13-23(a)为产品总装配工艺系统图,图 13-23(b)为部件装配工艺系统图。图中每一个零件、分组件或组件均以长方格表示,长方格上方注明装配单元名称,左下方填写其编号,右下方填写所需数量。绘制装配工艺系统图时,先画一横线,横线左端为基准件长方格,横线右端为产品长方格,从左至右依次将直接装在产品上的零件或组件的长方格画出:零件排在横线上面,组件或部件排在横线下面。装配单元编号必须与装配图及零件明细表中的一致。

图 13-24 是车床床身部件图,图 13-25 是它的装配工艺系统图。

5. 合理选择装配方法

装配方法的选择包括机械化装配、手工装配和自动化装配等手段的选择以及完全互换、分组装配、修配法装配和调整法装配等保证装配精度的方法的选择。具体选择时主要根据生产纲领、产品结构及其精度要求等确定。

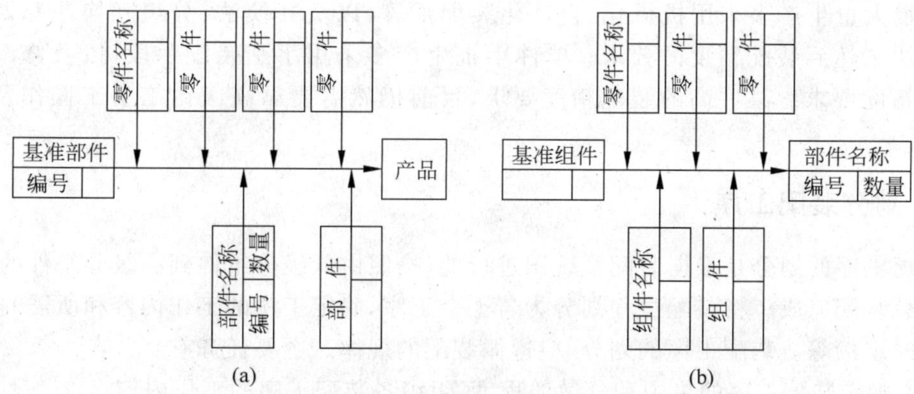

图 13-23　产品装配工艺系统图

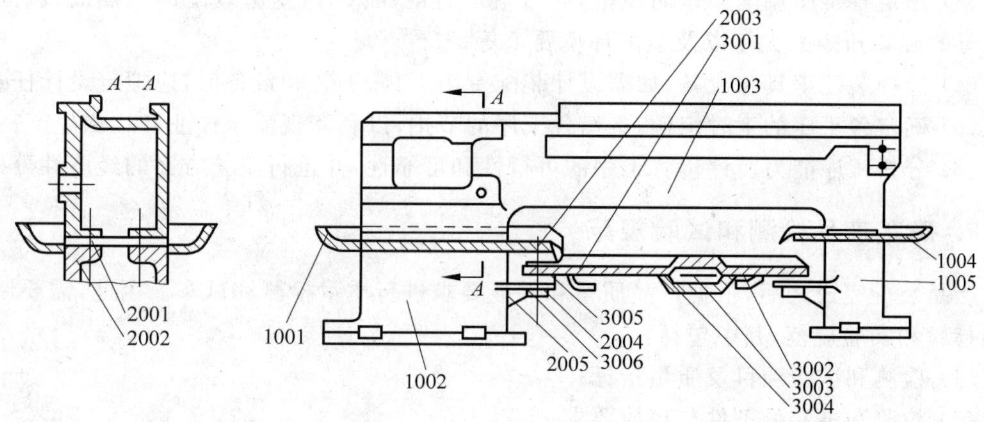

图 13-24　车床床身部件图

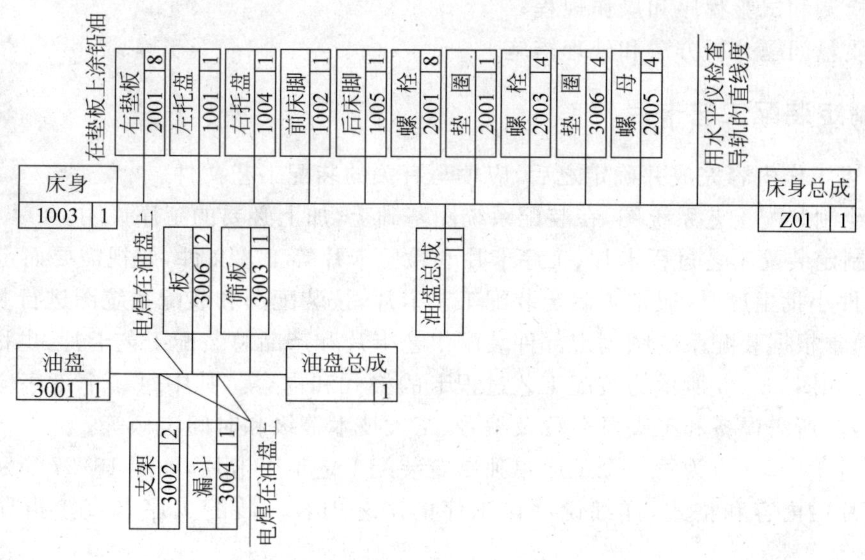

图 13-25　车床床身部件装配工艺系统图

大批大量生产多采用机械化、自动化装配手段,以及互换法、分组互换法和调整法等装配方法来达到装配精度的要求；单件小批生产多采用手工装配手段,以及修配法来达到装配精度要求。某些高的装配精度要求,目前仍然需要靠高级钳工手工操作及其经验来获得。

6. 划分装配工序

装配工序的划分是根据装配系统图进行的,按照由低级分组件到高级分组件的次序,直至产品总装配完成。将装配过程划分为若干个工序,确定工序的工作内容和所需的设备、工装和工时定额等。装配工序的划分,应遵循装配的规律。主要任务有:

(1) 确定装配工序的集中和分散的程度,组织各装配工序的工作内容；

(2) 制定各工序的装配质量和检验项目规范,还应安排必要的检验和试验工作；

(3) 制定各工序装配操作的规范,如过盈配合的压入力、变温装配的加热曲线、固定螺钉螺母的旋转扭矩的大小以及装配环境要求等；

(4) 选择装配工具和设备,如需设计装配专用工具、工装和设备时,应拟定设计任务书；

(5) 确定各工序的工时定额,平衡各工序的节拍,以利实现流水作业和均衡生产；

(6) 分析工序能力。评价各工序的可行性和可靠性,并进行工艺方案的经济性分析。

7. 确定产品检测和试验规范

产品装配完成之后,根据产品质量和性能要求进行质量检测和试车。因此,需要制定相应的检验和实验规范,其中包括:

(1) 检测和试验项目及质量指标；

(2) 检测和试验的条件与环境要求；

(3) 检测和试验用工装的选择和设计；

(4) 检测和试验程序和操作规程；

(5) 质量问题分析方法和处理措施。

8. 制定装配工艺卡片

在前述工作内容完成并确定之后,应填写有关的装配工艺文件。

(1) 绘制装配工艺系统图,在装配系统图基础上,加上必要的工序说明。

(2) 制定装配工艺过程卡片、工序卡片和检验卡片等工艺文件,要视需要而定。

在单件小批生产时,通常不制定装配工艺卡片,按装配图和装配系统图进行装配。成批生产时,通常根据装配系统图制定部件装配工艺卡片和产品总装配工艺卡片,也称为装配工艺过程卡,如图13-26所示为装配工艺过程卡的格式和内容。其中每一个工序应简要的说明工序内容、所需设备和工夹具名称及编号、工人技术等级和时间定额等。

大批量生产时,应为每一个工序单独制定装配工艺工序卡片,如图13-27所示为装配工艺工序卡片的内容和格式,详细说明该工序的工艺内容。装配工序卡直接指导工人进行装配。

××厂 ××车间	装配工艺过程卡片	产品代号	零、部、组(整)件代号	零、部、组(整)件名称	工艺规程编号 ××××	备注
工序号	工序	工序码	工序内容	设备工装号	辅助材料	

								编制	×××	20011221	复审		阶段标记	×
								校对			标验			
								复校			复核		共 1 页	
更改标记	更改单号	签名	日期	更改标记	更改单号	签名	日期	审核			批准		第 1 页	

图 13-26　装配工艺过程卡片样式

××厂	装配工序卡片	产品名称	产品代号 SS	零、部、组(整)件代号 SS01	零、部、组(整)件名称	工艺规程编号 ZP××01
					设备及工艺装备	
					名称	材料片号

装入件明细表			工步号	工步内容	工具名称及代号	辅助材料
序号	代号(件号)	数量				
			×××××		××××××××	
				××××××××		
				××××××××		

								编制	×××	20011221	复审		阶段	×
								校对			标验		标记	
								复校			复核		共 1 页	
更改标记	更改单号	签名	日期	更改标记	更改单号	签名	日期	审核			批准		第 1 页	

图 13-27　装配工序卡样式

习题与思考题

13-1 什么是装配?在机械生产过程中,装配过程起什么重要作用?

13-2 装配精度一般包括哪些内容?产品的装配精度与零件的加工精度之间有何关系?

13-3 装配工作的组织形式有哪些?各适用于何种生产条件?

13-4 试述制定装配工艺规程的意义、内容、方法和步骤。

13-5 什么是装配单元、装配工艺流程图?它们在装配过程中所起的作用是什么?

13-6 试对题 13-6 图中所示结构的装配工艺性不合理之处予以改进并说明理由。

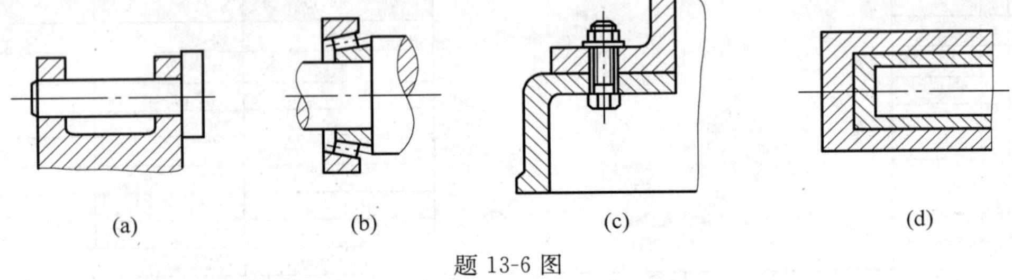

题 13-6 图

13-7 保证机器或部件装配精度的方法有哪几种?各适用于什么装配场合?

13-8 某轴与孔的设计配合为 $\phi 10\ \frac{H5}{h5}$ mm,为降低加工成本,两件按 IT9 级精度制造,试计算采用分组装配法时:

(1) 分组数和每一组的尺寸及其偏差;

(2) 若加工 1000 套,且孔的实际尺寸分布都符合正态分布规律,每一组孔的零件数各为多少?

13-9 题 13-9 图所示为键与键的装配关系。要求配合间隙为 0.08~0.15 mm,试求解:

(1) 当大批大量生产时,采用互换法装配时各零件的尺寸及其偏差。

(2) 当小批量生产时,$A_2=20^{+0.13}_{0}$ mm,$T_1=0.052$ mm,采用修配法装配,试选择修配件,并计算其最大修配量。

(3) 当必须修配量 $Z_{\min}=0.05$ mm 时,试确定修配件的尺寸和偏差及最大修配量。

13-10 如题 13-10 图所示车床溜板 2 与床身 1 的装配关系。有关零件的尺寸为:$A_1=46^{\ 0}_{-0.04}$ mm,$A_2=30^{+0.03}_{\ 0}$ mm,$A_3=16^{+0.06}_{+0.03}$ mm,试计算装配后,溜板压板 3 与床身下平面之间的间隙 A。若 A_Σ 要求不超过 0.04 mm,试选择适合的装配方法,讲述理由。

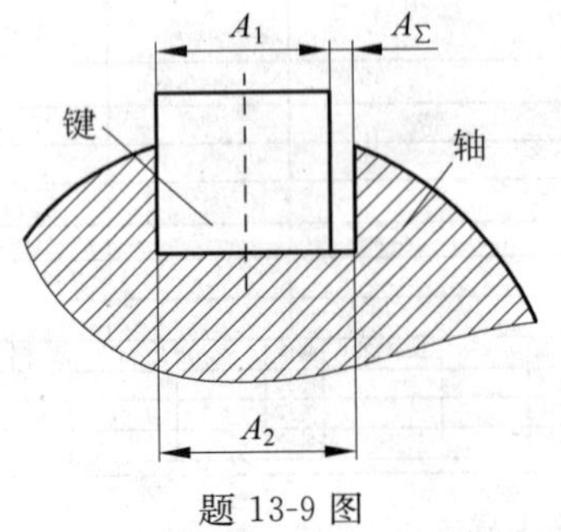

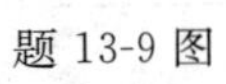

题 13-9 图

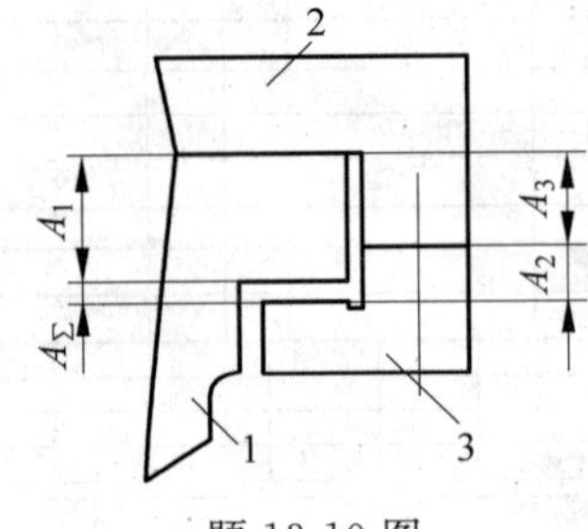

题 13-10 图

13-11 如题 13-11 图所示主轴部件,为保证弹性挡圈能顺利装入,要求保持轴向间隙 A_Σ 为 0.05~0.22 mm。已知 $A_1=32.5$ mm,$A_2=35$ mm,$A_3=2.5$ mm。试计算并确定各组成零件尺寸的上、下偏差。

13-12　装配(工艺)尺寸链与机械加工工艺过程尺寸链有何区别?

13-13　试说明建立装配尺寸链的方法、步骤和原则。

13-14　题 13-14 图所示为铣削轴上的平面的加工简图。要保证被加工平面与轴线的距离 H,试列出由工艺系统各个环节为组成环的装配尺寸链。

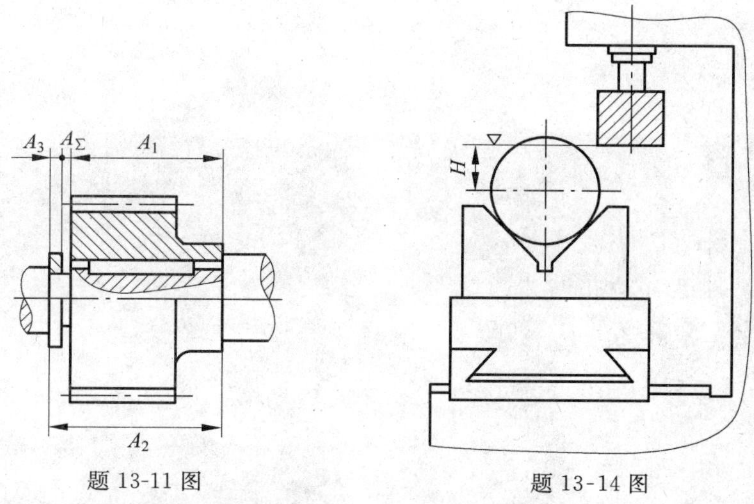

题 13-11 图　　题 13-14 图

13-15　机械产品结构的装配工艺性包括哪些内容?举例说明。

13-16　题 13-16 图所示为某型号车床主轴的前端支承结构。根据技术要求,主轴前端法兰盘与主轴箱体端面之间的间隙允许为 0.38～0.95 mm。试建立该装配精度要求对应的装配尺寸链,并且分别用极值法和概率法求出各个有关尺寸及其极限偏差。

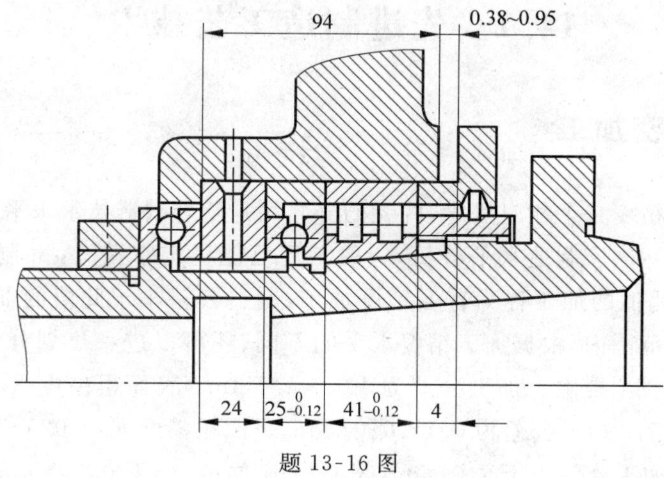

题 13-16 图

第14章

制造模式与制造技术的发展

知识点

- 先进制造工艺技术
- 机械制造自动化技术
- 制造生产模式
- 可持续发展制造技术

本章导读

机械制造技术发展的具体内容很多，本章扼要介绍先进制造工艺技术、机械制造自动化技术、先进制造生产模式以及可持续发展制造技术。

14.1 先进制造工艺技术

14.1.1 超精密加工

普通精度和高精度是个相对概念，两者的分界线是随着制造技术水平的发展而变化的。就当前世界工业发达国家制造水平分析，一般工厂已能稳定掌握 3 μm 制造公差的加工技术，制造公差大于此值的加工称为普通精度加工，制造公差小于此值的加工称为高精度加工。在高精度加工范围内，根据加工精度水平的不同，还可以进一步划分为精密加工、超精密加工和纳米加工三个挡次。加工公差为 1.0～0.1 μm，表面粗糙度 Ra0.10～0.025 μm 的加工称为精密加工；加工公差为 0.1～0.01 μm，表面粗糙度 Ra0.025～0.005 μm 的加工称为超精密加工；加工公差小于 0.01 μm，表面粗糙度 Ra 小于 0.005 μm 的加工称为纳米加工。

1. 超精密加工基本原理

1）微量切除原理

加工方法所能达到的加工精度等级取决于其能切除的最小极限背吃刀量 a_{pmin}，如纳米级加工方法的 a_{pmin} 必须小于 1 nm。影响微量切除能力的主要因素如下。

(1) 切削工具的刃口锋利程度　切削工具的刃口锋利程度一般用刃口钝圆半径 ρ 进行评定，钝圆半径 ρ 值越小，刃口就越锋利。由图 14-1 知，切削点 A_i 处的负前角为

$$\gamma_i = \arcsin \frac{\rho - a_i}{\rho} = \arcsin\left(1 - \frac{a_i}{\rho}\right) \quad (14\text{-}1)$$

分析式(14-1)可知，切削点 A_i 处的负前角 γ_i 值将随着刀刃钝圆半径 ρ 的增大和切削位置 a_i 的减少而增大；负前角 γ_i 绝对值越大切削阻力越大，负前角 γ_i 绝对值大到一定程度，切削工具就将丧失切削能力。切削工具所能切除的最小极限背吃刀量 a_{pmin} 与切(磨)削工具刃口钝圆半径 ρ、机床加工系统刚性等因素有关，作为估算，可取

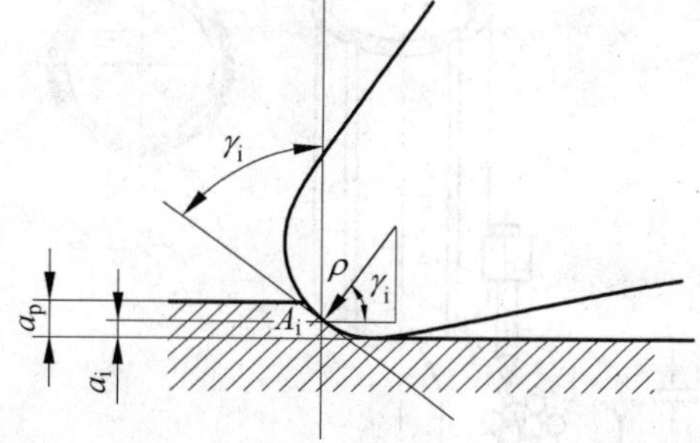

图 14-1　切削刃钝圆半径 ρ 与工作前角 γ

$$a_{pmin} = \frac{1}{10}\rho \quad (14\text{-}2)$$

切削工具刃口钝圆半径 ρ 值大小与所采用的切削工具材料有关，表 14-1 列出了几种常用切削工具材料的刃口钝圆半径 ρ 值。

表 14-1　切削刃口钝圆半径 ρ 的取值范围　μm

工具材料	碳素工具钢	高速钢	硬质合金	陶瓷	天然单晶金刚石
切削刃钝圆半径 ρ	10～12	12～15	18～24	18～31	0.1～0.3(中国) 0.05(日本)

(2) 机床加工系统的刚度　主要是机床主轴系统和刀架进给系统的刚度。美国 Lawrence Livermore 实验室研制的 DTM-3 型金刚石切削车床的主轴系统刚度高达 500 N/μm。

(3) 机床进给系统的分辨力　为实现微量切除，数控系统的脉冲当量值要小，数控系统的脉冲当量值一般应为最小极限背吃刀量 a_{pmin} 的 1/10～1/5。设 $a_{pmin}=0.1\ \mu m$，数控系统的脉冲当量应为 0.02～0.01 μm/脉冲。

2) 精密切除条件

具有微量切除能力只是实现超精密加工的必要条件，还必须具有能进行精密切除的设备和环境条件。实现精密切削的要求是：机床加工系统的静态误差连同由于力作用、热作用和外界环境干扰引起的动误差，必须小于超精密加工规定的制造公差要求。

2. 纳米级加工技术

纳米级加工方法种类很多，此处仅以扫描隧道显微加工为例，介绍纳米加工原理和方法，并用以展示近年来人们在研究发展纳米级加工方面所达到的水平。

扫描隧道显微镜(scanning tunneling microscope，STM)可用于测量三维微观表面形貌，也可用作纳米加工。STM 的工作原理主要基于量子力学的隧道效应。当一个具有原子

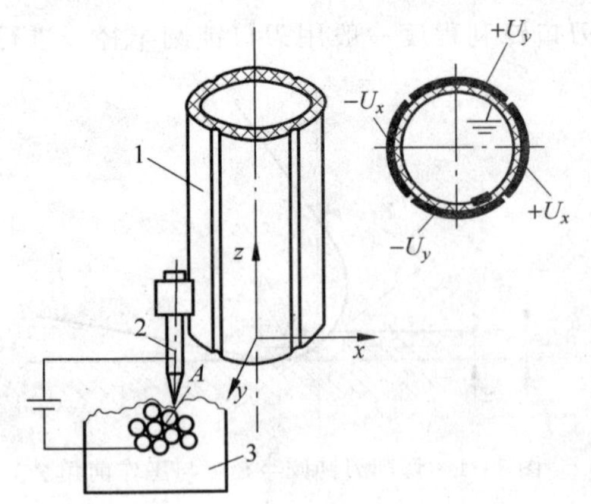

图 14-2 扫描隧道显微加工原理图

1—压电陶瓷管；2—探针；3—工件

尺度的探针针尖足够接近被加工表面某一原子 A 时(见图 14-2)，探针针尖原子与 A 原子并未接触，也会有电流在探针与被加工材料间通过。在外加电场作用下 A 原子受到两个方面力的作用，一方面是探针针尖原子对原子 A 的吸引力，包括范德华(van der Wall)力和静电力；另一方面是被加工工件上其他原子对 A 的结合力；在外界电场作用下，当探针针尖原子与 A 原子的距离小到某一极限距离时，探针针尖原子对 A 原子的吸引力将大于工件上其他原子对 A 原子的结合力，探针针尖就能拖动 A 原子跟随探针针尖在加工表面上移动，实现原子搬迁。控制探针针尖与被移动原子之间的偏压和距离是实现原子搬迁的两个关键参数。

在 STM 上除了用搬迁原子方法进行纳米级加工外，还可以应用化学沉积、电流曝光等方法进行纳米级加工。

14.1.2 高速切削

高速切削加工(high speed machining，HSM)是近十年来迅速崛起的一项实用先进制造技术，高速切削在加工质量和加工效率两个方面实现了统一，其最突出的优点是生产效率和加工精度的提高，表面质量好，生产成本低。

超高速切削加工(USM)是一种用比常规加工切削速度高得多(10 倍左右)的速度对零件进行加工的先进技术，它以高的加工速度、高的加工精度为主要特征。当切削速度提高 10 倍，进给速度提高 20 倍，远远超越传统的切削"禁区"后，切削机理发生了根本变化。其结果是：单位功率的金属切除量提高了 30%～40%，切削力降低了 30%，刀具的寿命提高了 70%，由于工件的切削热大幅度降低，切削振动几乎消失；切削加工发生了本质性的飞跃。

在常规的切削速度范围内，切削温度随着切削速度的增加而提高，这就限制了切削加工的效率和质量。实验表明，当切削速度达到某一临界值时，切削速度进一步提高，切削温度反而下降。如果能找到这一临界值(见图 14-3)，就能避开这一不可加工的过渡区域，直接进入高速切削区，不仅可以大大提高生产效率，而且可以因切削温度的降低而改善加工质量。图 14-4 是七种材料实验结果表示的高速切削范围示意图，图中剖面线为常规切削速度范围，网状线是高速切削速度范围。

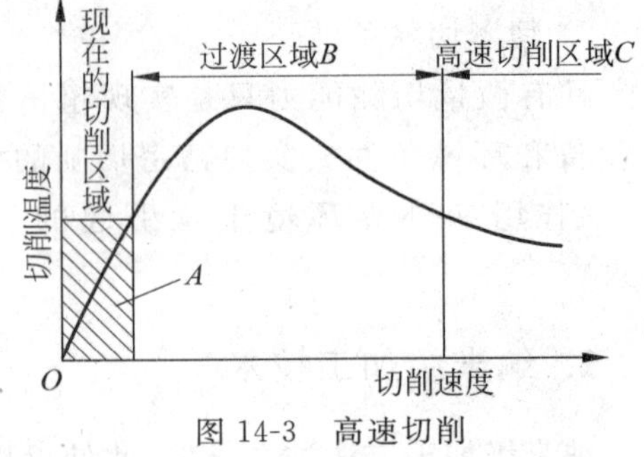

图 14-3 高速切削

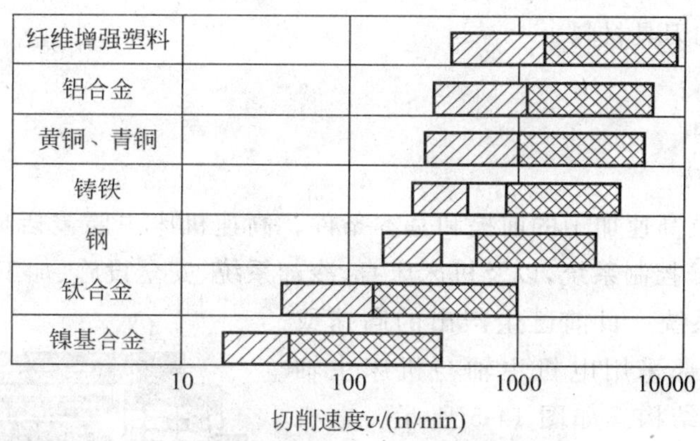

图 14-4　不同材料的切削速度

1. 高速切削加工的工艺特点

高速切削加工和常规切削加工相比，具有以下工艺特点：

(1) 随切削速度提高，进给速度也相应提高 5～10 倍。这样，单位时间内的材料切除率增加，可达到常规切削的 3～6 倍，甚至更高。

(2) 随切削速度提高，切屑流出的速度加快，改变了切屑与刀具前面的摩擦，切屑流出的阻力减少，剪切区变形小，切削力减少 30%以上，有利于细长杆等刚性较差和薄壁零件的切削加工。

(3) 由于切削速度的提高，切屑以很高的速度排出，加工区域 95%～98%以上的切削热被切屑迅速带走。切削速度提高越大，带走的热量越多，工件可基本上保持冷态，适用于加工容易产生热变形以及热损伤要求较高的零件。

(4) 随切削速度的提高，切削力降低，切削系统的工作频率远离机床的低阶固有频率，而工件的加工表面粗糙度对低阶固有频率最敏感，因此高速切削加工表面质量常可达到磨削的水平，大大降低加工表面粗糙度，残留在工件表面上的应力也很小。

(5) 高速切削可加工硬度 45～65 HRC 的淬硬钢工件。如高速切削加工淬硬后的模具可减少甚至取代电火花加工和磨削加工，满足加工质量的要求。

2. 高速切削加工的技术基础

高速切削技术是新材料技术、计算机技术、控制技术和精密制造技术等多项新技术综合应用发展的结果，是一项复杂的系统工程，其基础理论与关键技术主要包括以下几方面：

1) 高速切削机理

在当前的技术条件下，主要的研究手段和方法是从切削力、切削温度、切屑变形、工件表面质量等方面深入研究切削速度变化对超高速切削的加工质量带来的变化，从宏观和微观方面深入研究其作用机理，为高速切削的应用奠定理论基础。

2) 高速切削刀具

在高速切削加工中心，对不同的加工零件，必须选择相应的切削用量的刀具才能获得最佳的切削效果。刀具的研究主要集中在三个方面：

(1) 高速切削的刀具材料;

(2) 刀具的形状;

(3) 刀具的结构。

3) 高速切削机床

高速机床是实现高速加工的前提和基本条件。高速机床主要包括高速主轴系统、高速进给系统、高速CNC控制系统,以及机床床身、冷却系统、安全设施、加工环境等。

(1) 高速主轴系统　目前已生产出的高速或超高速机床几乎全部采用电机主轴与机床主轴合二为一的电主轴结构。如图14-5所示。电机的转子就是机床的主轴,机床主轴单元的壳体就是电机座。为了满足高速、大功率运转的要求,高速电主轴的轴承通常采用陶瓷滚动轴承、磁浮轴承、液体静压轴承和空气静压轴承。

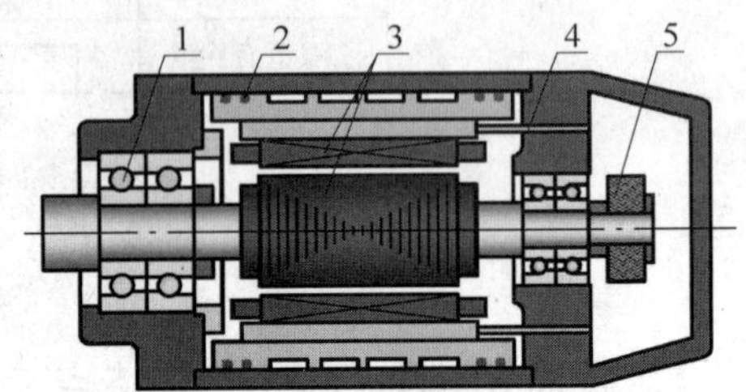

图14-5　高速电主轴结构剖视图

1—陶瓷球轴承;2—密封圈;3—电主轴;4—冷却水出口;5—旋转变压器

(2) 高速进给系统　一般数控机床进给机构采用的"回转伺服电机带滚珠丝杠"的传动方式所能达到的最大直线运动和加速度难以满足高速切削加工的需要。

(3) 高速CNC控制系统　高速切削主轴转速、进给速度和进给加速度非常高,要求机床的控制系统必须具有超高响应特性,需要对电机的原理、结构、工作特性和相关技术进行专门研究。

(4) 切屑处理、冷却系统以及安全装置　高速切削过程会产生大量的切屑,单位时间内高的切屑切除量需要高效的切屑处理和清除装置。切削液的使用并不是对高速切削的任何场合都适用,例如,对抗热冲击性能差的刀具,在有些情况下,切削液反而会降低刀具的使用寿命,这时可采用干切削,并用吹气或吸气的方法进行清理切屑的工作。

4) 高速加工的测试技术

高速加工的测试技术包括传感技术、信号分析和处理等技术。近年来,在线测试技术在高速机床中使用得越来越多,如主轴发热情况测试、滚珠丝杠发热测试、刀具磨损状态测试、工件加工状态监测等。

3. 高速切削加工的应用

高速切削加工技术主要应用于航空航天工业、汽车工业、模具工业等领域及复杂曲面的加工。应用高速切削加工技术时,应根据工件材料及其毛坯状态和加工要求,在数控机床和加工中心上,首先要正确选择刀具材料、刀具结构和几何参数以及切削用量等。不同加工方式、不同工件材料与刀具材料的匹配,有不同的高速切削速度范围。选用正确的高速切削加工工艺参数,是高速切削加工应用技术的一个关键环节。

高速切削已用于加工多种不同零件,图14-6是几种加工零件实例,可看到多种不同材料的复杂结构零件,包含自由曲面的零件等,都已可用高速切削技术加工。航空工业中的大型铝合金机架,使用高速铣削,提高加工效率,效果特别明显。

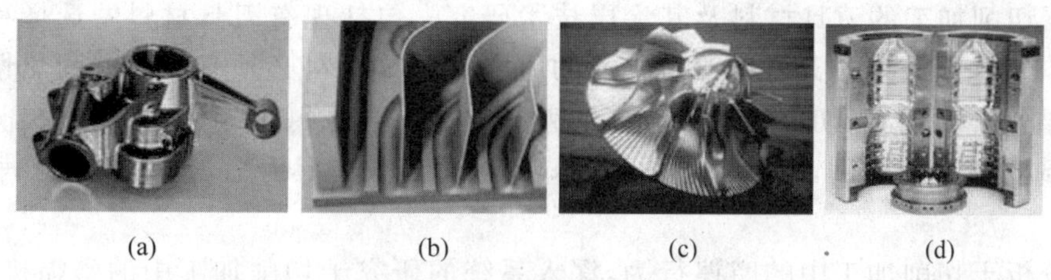
(a)　(b)　(c)　(d)

图 14-6　高速切削加工零件实例
(a) 单齿轮箱；(b) 石墨电极；(c) 汽轮机叶片；(d) 塑料水瓶模具

14.1.3　干切削

干切削加工就是在切削过程中在刀具与工件及刀具与切屑的接触区不用切削液的加工工艺方法。根据是否使用切削液及使用的量多少，干切削又分为完全干切削和准(亚)干切削。通常将在切削区中完全不使用或不直接使用任何切削液的切削加工称为完全干切削；采用各种方式将少量切削液直接施于切削区的加工方法称为准(亚)干切削。

干切削是适应全球日益迫切的环保要求和可持续发展战略而发展起来的一项绿色切削加工技术。随着机床技术、刀具技术和相关工艺研究的深入，干切削技术必将成为金属切削加工的主要方向。

1. 干切削加工的特点

与湿切削相比，干切削具有以下特点：

(1) 形成的切屑干净、清洁、无污染，易于回收和处理；

(2) 省去了与切削液有关的传输、过滤、回收等装置及费用，简化生产系统，节约成本；

(3) 工厂无需承担切削废液污染责任，也不会发生与切削液有关的安全及质量事故。

由于具有这些特点，干切削目前已成为清洁制造工艺研究的热点之一，并在车、铣、钻、铰、镗削加工中得到了成功的应用。

和相同条件下的湿切削相比，干切削也有不足的地方：

(1) 直接的加工能耗(加工变形能和摩擦能耗)增大，切削温度增高；

(2) 刀具/切屑接触区的摩擦状态及磨损机理发生改变，刀具磨损加快；

(3) 切屑因较高的热塑性而难以折断和控制，切屑的收集和排除较为困难；

(4) 加工表面质量易于恶化。

2. 干切削加工的研究体系

干切削不是简单的停止使用切削液，而是要在停止使用切削液的同时，保证高效率、高产品质量、高的刀具使用寿命以及切削过程的可靠性。干切削加工技术是一项复杂的系统工程，主要包括干切削加工理论、机床、刀具、工件、加工工艺及切削过程监控与测试等诸多方面。其主要研究内容包括如下几个方面：

(1) 干切削加工机理的研究。包括切屑形成的过程、切削力、切削温度及刀具的磨损与破损机理研究，从切削过程中的基本现象来研究干切削规律和应用条件。

(2) 干切削加工的刀具材料及其涂层技术研究。包括现有刀具材料的选择和优化、新型刀具材料及涂层技术的开发与涂层性能的研究。刀具材料必须有良好的耐热性、耐热冲击和抗黏结性。目前,干切削中应用较多的刀具材料有立方氮化硼(CBN)和陶瓷等。刀具涂层可起到润滑减摩作用,刀具涂层技术的应用可以延长刀具寿命,也能较好地满足干切削的要求。

(3) 分析干切削加工中的摩擦行为,深入系统的研究干切削加工中的磨损机理和摩擦特性。探讨选择适用于干切削加工的刀具材料及其涂层的科学、合理方法及依据。

(4) 干切削加工刀具的几何参数选择及优化方法研究。进行系统的对比试验研究,确定不同干切削工艺方法、不同的工件材料所对应的刀具结构及几何参数,为干切削的应用提供支持。优化刀具的几何参数,可以提高加工精度和延长刀具使用寿命,这也是推动干切削技术发展的重要手段之一。

(5) 机床结构研究。在干式车、铣加工条件下,排屑比较容易;而在孔加工等封闭或半封闭的融屑条件下,排屑困难,必须通过适宜的加工方式、合理的刀具结构等来辅助排屑。要求机床具有很好的热稳定性和很高的刚度。研究表明,干切削的理想条件应是高速切削,以减少传到刀具、工件和机床上的切削热量。干切削机床在结构上应尽可能采用立式主轴和倾斜式床身,以便于将大量热切屑排出,而且机床上应配有自动排屑装置。

(6) 干切削加工工艺系统的匹配研究。干切削加工工艺系统由机床、刀具、工件和夹具组成,在不同的工艺条件下,它们之间应该具有最佳的匹配。通过这种匹配关系的研究,进一步促进干切削加工方法的实际应用。

14.1.4 成组技术

成组技术(group technology,GT)是针对如何用规模生产方式组织中、小批量产品的生产这种情况发展起来的一种生产技术。

1. 成组技术的概念

充分利用事物之间的相似性,将许多具有相似信息的研究对象归并成组,并用大致相同的方法解决相似组中的生产技术问题,以期达到规模生产的效果,这种技术称为成组技术。

成组技术的实质是按零件的形状、尺寸、制造工艺的相似性,将零件分类归并成类、组(族),从而扩大零件制造的工艺批量,使中、小批量生产也能获得大批生产的技术经济效果。目前成组技术已成为计算机辅助设计(CAD)、计算机辅助工艺规程设计(CAPP)和计算机辅助制造(CAM)的重要基础。

2. 零件的分类编码

零件编码就是用数字表示零件的形状特征,代表零件特征的每一个数字码称为特征码。目前,世界上已有70多种分类编码系统,最著名的是奥匹兹(Opitz)分类编码系统。该系统是1964年德国亚琛工业大学的Opitz教授领导编制的,很多国家以它为基础建立了各国的分类编码系统。我国机械行业在分析研究Opitz系统和日本KK系统的基础上,于1984年制定了机械零件分类编码系统(简称JLBM-1系统)。该系统由名称类别、形状及加工码、辅助码三部分共 15 个码位组成。该系统的特点是零件名称类别以矩阵划分，便于检索，码位适合，又有足够描述信息的容量。其编码示例见图 14-7。

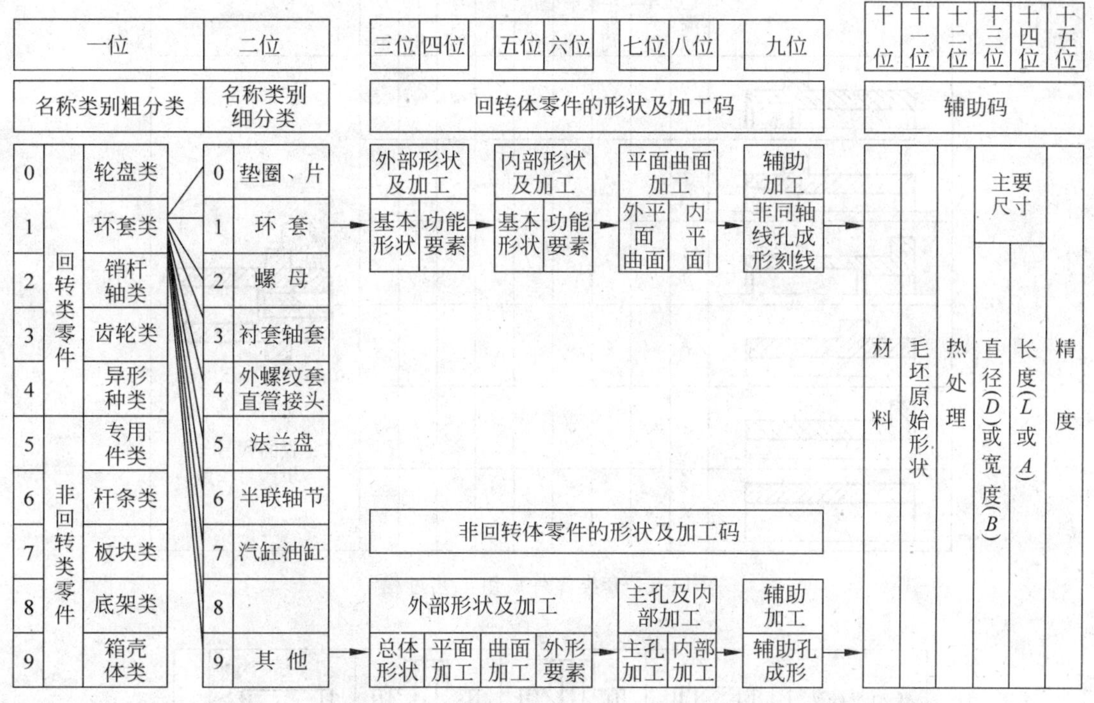

图 14-7　JLBM-1 分类编码系统编码示例

3. 产品零件设计和工艺中的成组技术

1）成组技术成为应用于设计部门的主要手段

将成组编码相同的零件汇集在一起，给予标准化处理，建立零件成组设计图册，提倡零件设计结构要素信息应尽可能重复，减少不必要的重复设计和设计差异。

2）成组工艺

（1）划分零件组（族）　根据零件的分类编码系统对零件进行编码后，可根据零件的代码，采用不同的相似性标准，将零件划分为具有不同属性的零件组，其常用方法有特征码位法、码域法和特征位码域法三种。

（2）拟定零件组的工艺过程　成组工艺过程是针对一个零件组设计的，适用于零件组内的每一个零件，常见的方法有复合零件法（主样件法）和复合路线法。成组工艺路线常用图表格式表示，图 14-8 是六个零件组成的按复合零件法设计成组工艺过程卡的示意图，图 14-9 为某四个零件按复合路线法设计成组工艺的例子。

4. 机床的选择与布置

成组加工所用机床应具有良好的精度和刚度，其加工范围在一定范围内可调。可采用通用机床改装，也可以采用可调高效自动化机床。数控机床已在成组加工中获得广泛应用。

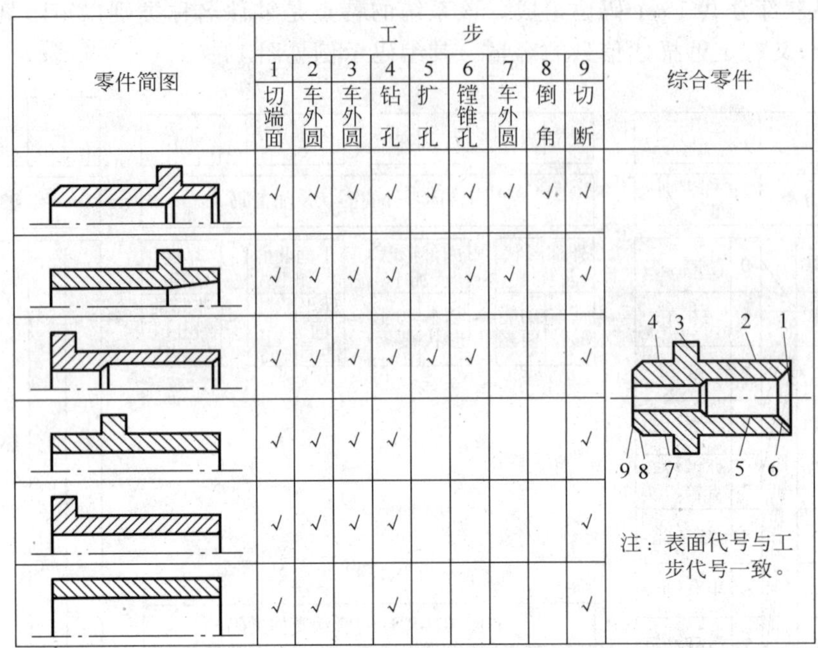

零件简图	工步 1 切端面	2 车外圆	3 车外圆	4 钻孔	5 扩孔	6 镗锥孔	7 车外圆	8 倒角	9 切断	综合零件
	√	√	√	√	√	√	√	√	√	
	√	√	√	√		√	√		√	
	√	√	√	√	√	√			√	
	√	√	√	√					√	
	√	√	√	√					√	
	√	√		√					√	

图 14-8　套类零件成组工艺过程

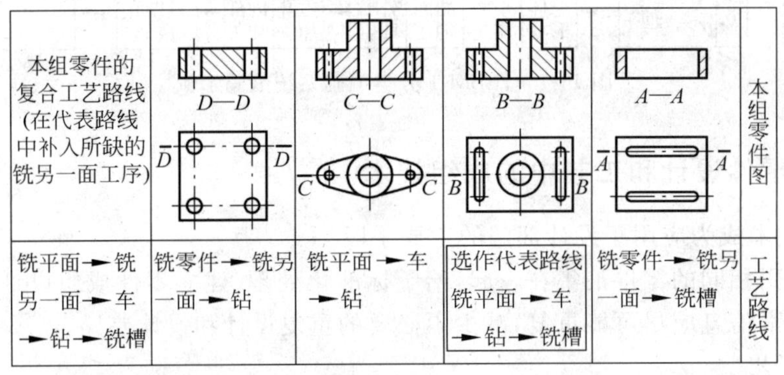

本组零件的复合工艺路线(在代表路线中补入所缺的铣另一面工序)	D—D	C—C	B—B	A—A	本组零件图
铣平面→铣另一面→车→钻→铣槽	铣零件→铣另一面→钻	铣平面→车→钻	选作代表路线 铣平面→车→钻→铣槽	铣零件→铣另一面→铣槽	工艺路线

图 14-9　复合路线法设计成组工艺示例

机床负荷率可根据工时核算,应保证各台设备特别是关键设备达到较高的负荷率(例如 80%)。若机床负荷不足或过大时,可适当调整零件组,使机床负荷率达到规定的指标。

根据生产组织形式,成组加工所用机床由三种不同布置方式。

(1) 成组单机　可用一个单机设备完成一组零件的加工。该设备可以是独立的成组加工机床或成组加工柔性制造单元。

(2) 成组生产单元　一组或几组工艺上相似的零件的全部工艺过程,由相应的一组机床完成。如图 14-10 所示。

(3) 成组生产流水线　机床设备按零件组工艺流程布置,各台设备的生产节拍基本一致。与普通流水线不同的是:在生产线上流动的不是一种零件而是一组零件,有的零件可能不经过某一台或几台机床设备。

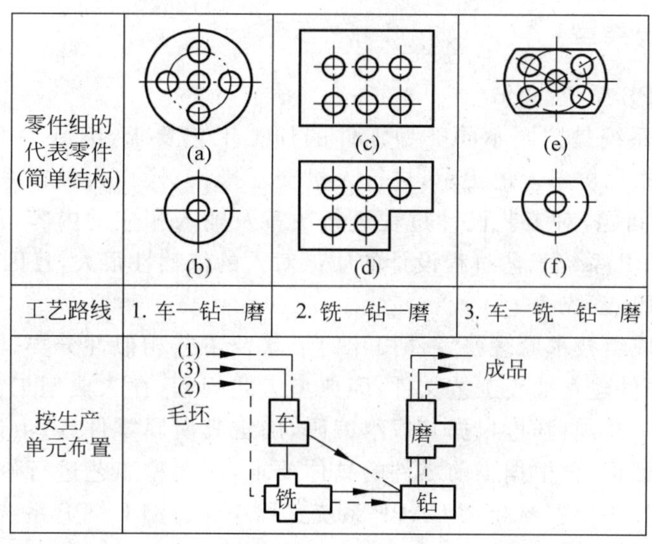

图 14-10 成组生产单元的平面布置示意图

5. 成组技术的特点

(1) 可以提高生产效率　由于扩大了同类零件的生产数量，使中小批生产可以经济合理地采用高生产率机床和工艺装备，缩短了加工工时。

(2) 可以提高加工质量　采用成组技术可以为零件组选择合理的工艺方案和先进的工艺设备，使加工质量稳定可靠。

(3) 可以提高生产管理水平　产品零件的编码采用成组技术后，可用计算机管理生产，改变了原来多品种中小批生产管理的落后状况。

14.1.5 计算机辅助工艺规程设计

1. CAPP 概述

编制零件的机械加工工艺是一种需要丰富生产经验和大量时间的工作。过去工艺规程由企业工艺人员编制，由于个人的经验都有一定的局限性，很难对生产中错综复杂的因素考虑得十分周全，因此编出的工艺规程往往不是最佳的，应进行优化。计算机辅助工艺规程设计(computer aided process planning，CAPP)是由计算机自动生成零件的机械加工工艺规程。CAPP 从根本上改变了依靠个人经验、个人编制工艺规程的落后面貌，促进了工艺过程的标准化和优化，提高了工艺设计的质量。CAPP 使工艺人员从繁琐重复的计算、编写工作解脱出来，使工艺人员能集中精力去考虑提高工艺水平和产品质量等问题。CAPP 可以迅速编出完整而详尽的工艺文件，缩短工艺准备以及生产准备的周期，适应产品不断更新换代的需要，降低工艺过程的设计费用。另外，CAPP 也为制定合理的工时定额、材料消耗定额，以及改善企业管理提供了科学依据。

2. CAPP 系统类型

1) 交互型 CAPP 系统

交互型 CAPP 系统是按照不同类型零件的加工工艺要求,编制一个人机交互软件系统。工艺设计人员根据屏幕上的提示,进行人机交互操作,操作人员在系统的提示引导下,回答工艺设计中的问题,对工艺设计过程进行决策及输入相应的内容,形成所需的工艺规程。因此,这种 CAPP 系统工艺过程设计的质量对人的依赖性很大,且因人而异。

2) 派生型 CAPP 系统

派生型是利用成组技术原理将零件按几何形状及工艺相似性分类、归族。每一族有一个主样件,根据此样件建立加工工艺文件,即典型工艺规程,存入典型工艺规程库中。当需设计一个新的零件工艺规程时,根据其成组编码,确定其所属零件族,由计算机检索出相应零件族的典型工艺规程,再根据当前零件的具体要求,对典型工艺进行修改,得到所需的工艺规程,其流程见图 14-11。派生型 CAPP 系统又称作修订型 CAPP 系统。

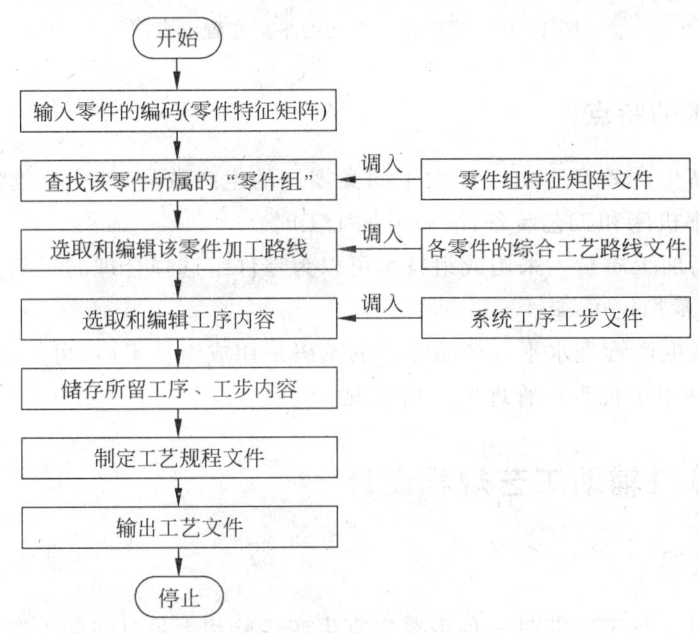

图 14-11 派生型 CAPP 流程图

3) 创成型 CAPP 系统

创成型是直接根据输入的零件图形和加工要求,由计算机自动分析其几何要素、加工要素,并进行逻辑判断和决策,创成新的工艺规程,并优化。创成型的计算机数据库中大量存储各种各样的逻辑原则和决策方法。

图 14-12 为创成型原理图。由于工艺过程涉及因素多,开发完全自动生产工艺过程的创成型系统存在许多技术上的困难,所以许多 CAPP 系统现在多采用派生、创成相结合的方法,如检索用派生法,编辑修改用决策逻辑创成;工序设计用派生型,工步设计用创成型等。

4) 综合型 CAPP 系统

综合型 CAPP 系统也称为半创成型 CAPP 系统,它将派生型与创成型结合起来,即采

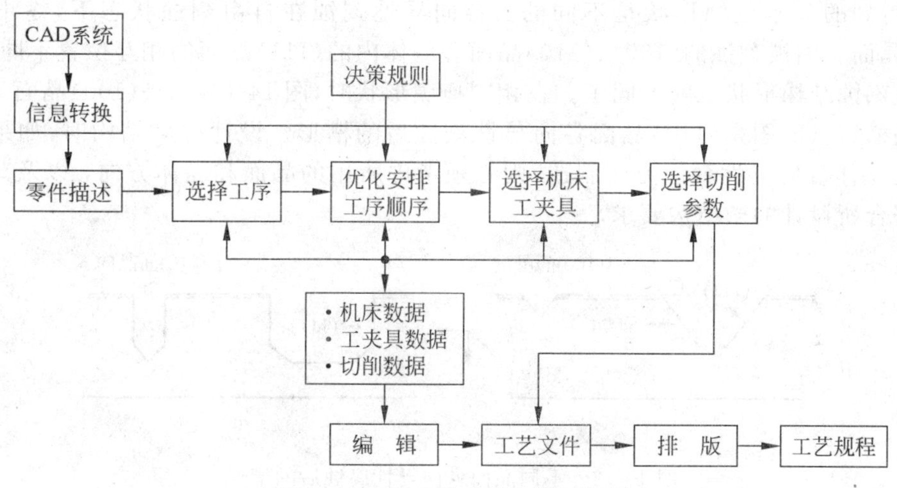

图 14-12　创成型 CAPP 原理框图

取变异与自动决策相结合的工作方式。如需对一个新零件进行工艺设计时，先通过计算机检索它所属零件族的典型工艺，然后根据零件的具体情况，对典型工艺进行修改。工序设计则采用自动决策产生，这样较好地体现了派生型与创成型相结合的优点。

5）智能型 CAPP 系统

智能型 CAPP 系统是将人工智能技术应用在 CAPP 系统中而形成 CAPP 专家系统。与创成型 CAPP 系统相比，虽然二者都可自动生成工艺规程，但创成型 CAPP 系统是以逻辑算法加决策表为特征；而智能型 CAPP 系统是以推理加知识为特征。作为工艺设计专家系统的特征是知识库及推理机，其知识库由零件设计信息和表示工艺决策的规则集所组成。而推理机是根据当前的事实，通过激活知识库中的规则集，而得到工艺设计结果，专家系统中所具备的特征在智能 CAPP 系统中都应得到体现。

14.2　微机械和微机电系统制造技术的进展

微机械(micromachine)和微机电系统(micro-electro-mechanical systems，MEMS)发展迅速，相应的促进了微机械和微机电系统制造技术的发展。国际电工技术委员会(International Electrotechnical Commission)对微系统定义：“微系统是微米量级内的设计和制造技术。它集成了多种元件，并适于低成本大量生产。”

14.2.1　微硅零件的立体光刻腐蚀加工

微机械和微机电系统中使用最多的材料是硅，单晶硅的(100)、(110)和(111)晶面具有各向异性的特性，在使用“KOH＋H_2O”作为腐蚀剂时，(100)、(110)、(111)晶面的蚀刻速率比大致为 400∶100∶1。可以应用各向异性刻蚀法加工立体微硅器件。现在立体光刻腐蚀加工技术已是制造三维立体微硅器件的最基本方法之一。

硅晶体进行各向异性刻蚀时可刻蚀的晶面为(100)和(110) 晶面，这两晶面经各向异性刻蚀后,得到的基本刻蚀形状是不同的。各向异性刻蚀在自由刻蚀状态下,终止的面都是(111)晶面。因被刻蚀的(100)、(110)晶面和晶体内的(111)晶面的相互位置不同,得到的各向异性刻蚀结构形状也就不同了。在相同掩膜形状时,图14-13(a)是(100)晶面各向异性刻蚀后的槽形,(b)图是(110)晶面各向异性刻蚀后的槽形。设计硅微结构时,如果硅微结构准备用立体各向异性刻蚀方法制造,则必须考虑所用的晶面和晶体方向,以及刻蚀后形状能否符合所设计的微结构要求。

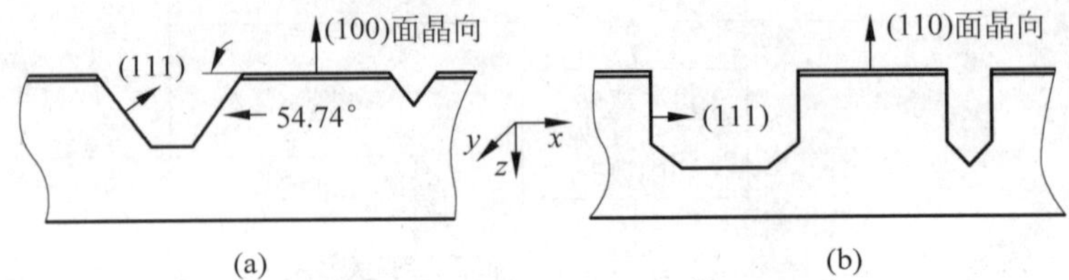

图14-13 不同晶面各向异性腐蚀后的槽形
(a)(100)晶面各向异性腐蚀后的槽形;(b)(110)晶面各向异性腐蚀后的槽形

硅晶体各向异性刻蚀制造立体微结构时,常和其他工艺结合进行。如在硅晶体中埋藏局部P+抗蚀层时,可限制该处的腐蚀深度,形成特殊结构。

14.2.2 微器件的精密机械加工

现已有多种小型精密高速机床(主轴转速50000 r/min以上),使用微小刀具加工微型器件。在微小型加工中心上,可加工极小的精密三维曲面。图14-14所示,是日本Fanuc公司生产的加工微型零件的ROBOnano Ui五轴联动加工中心,以及在这台加工中心上用微型单晶金刚石立铣刀加工出的人像浮雕。

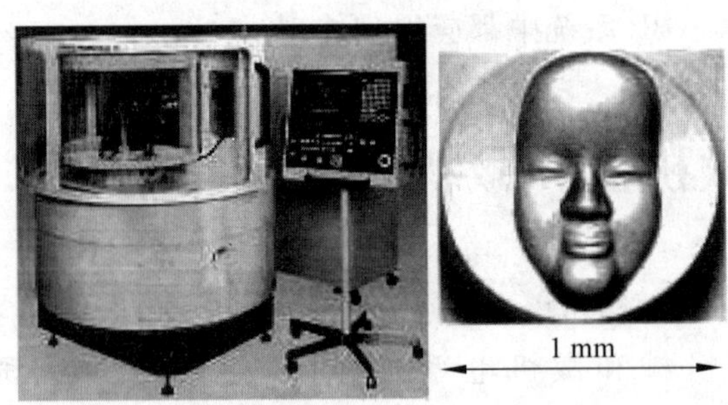

图14-14 日本ROBOnano Ui加工中心及曲面试件

14.2.3 LIGA技术

LIGA(lithographie galvanoformung abformung)技术是德国发展起来的制造微结构的技术,它包括深度X射线光刻、电铸和塑铸三个工艺步骤。用此技术可以制作各种微器件和微装置。通常简称为光刻电铸模塑或光刻模塑技术。

LIGA可以制造大高宽比的三维微结构,宽度可小到亚微米量级,深度可达数百微米、甚至毫米量级,所用材料可以是塑料、陶瓷、玻璃和各种金属,而且利用微复制工艺能够实现微机械结构的大批量生产。同时，LIGA 技术获得的微结构有良好的侧壁陡直性与图形精度。图 14-15 是使用 LIGA 技术制造的光刻胶模型和微器件。图 14-16 是用这种方法加工阶梯状零件和上端部为半球状的零件。

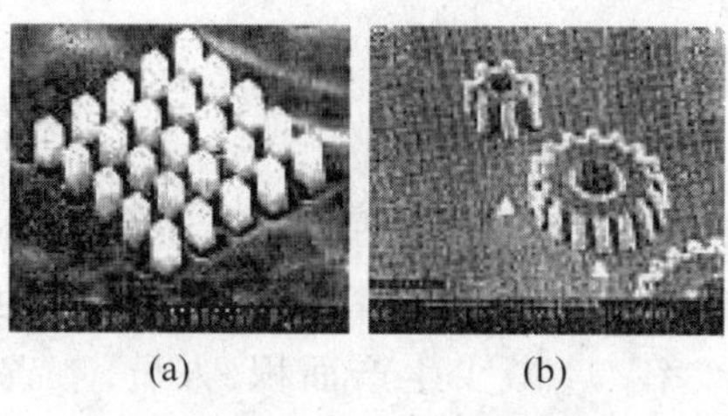

图 14-15　使用 LIGA 技术制造的微器件
(a) 光敏件微器件；(b) 电铸微器件

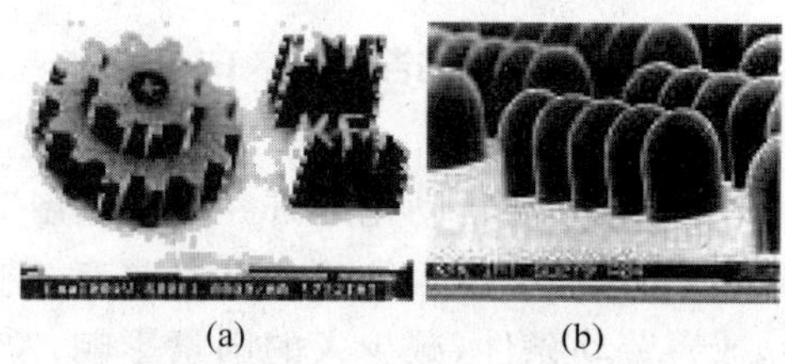

图 14-16　扩展 LIGA 技术制成的微结构
(a) 制成的阶梯微结构；(b) 制成的圆顶微结构

14.2.4　精微成形技术

精微成形技术(precision micro-forming technology)是指利用材料的塑性变形来生产至少在二维方向上尺寸处于毫米等级以下零件的技术，具有大批量、高效率、高精度、高密度、短周期、低成本、无污染、净成形等特点，能够满足微型化产业要求，是精微制造工程中相当重要的技术。常见的精微成形技术有精微塑性成形、精微模造成形及微堆叠等。图 14-17 是 Gunm 大学研制的微型超塑挤压机，可以用于加工制造微型齿轮轴等多种微型零件。

14.2.5　微型机械的装配

微型零件太小，人工装配困难，因此为装配微型机械，已制造了多种微型夹持器、机械手和自动化装配装置。国外已开发了多种微型机械和微机电系统的自动装配机。

最近国外研制了制造微型机械的微型工厂。图 14-18 是一个日本某学校研制的微型工厂，内有车床、加工中心、冲床、装配机等。该微型工厂采用遥控监测操作，整个工厂的体积为 625 mm×490 mm×380 mm，质量约 34 kg。

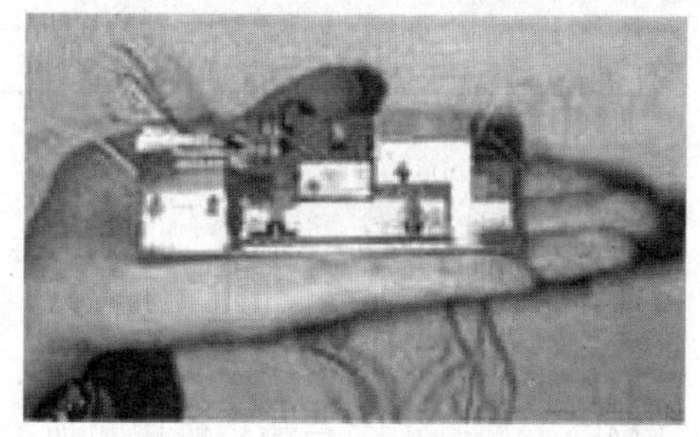

图 14-17　微型超塑挤压机

图 14-18　日本的微型机械制造厂

14.3 机械制造自动化技术

14.3.1 机械制造系统自动化

机械制造系统自动化是研究对机械制造过程中的规划、运作、管理、组织、控制与协调优化等的自动化加工技术。其特点主要有：①提高或保证产品的质量；②减小劳动强度、劳动量，改善劳动条件，减少人的因素影响；③提高生产率；④减少生产面积、人员，节省能源消耗，降低产品成本；⑤提高对市场的响应速度和竞争能力。

机械制造系统自动化技术自20世纪20年代出现以来，经历了三个主要发展阶段，即刚性自动化、柔性自动化及综合自动化，三种自动化方式比较见表14-2。综合自动化常常与计算机辅助制造、计算机集成制造等概念相连，它是制造技术、控制技术、现代管理技术和信息技术的综合，旨在全面提高制造企业的劳动生产率和对市场的响应速度。

表14-2 三种自动化方式比较

比较项目	自动化方式		
	刚性自动化	柔性自动化	综合自动化
产生年代	20世纪20年代	20世纪50年代	20世纪70年代
控制对象	设备、工装、器材、物流	设备、工装、器材、物流	设备、工装、器材、信息、物流
特点	通过机、电、液、气等硬件控制方式实现，因而是刚性的，变化困难的	以硬件为基础，以软件为支持，通过改变程序即可实现所需的控制，因而是柔性的，易于变动	不仅针对具体操作和人的体力劳动，而且涉及人的脑力劳动，涉及设计、制造、营销、管理等各方面
关键技术	继电器程序控制技术，经典控制论	数控技术，计算机控制技术，现代控制理论	系统工程、信息技术。成组技术，计算机技术，现代管理技术
典型装备与系统	自动、半自动机床，组合机床，机械手，自动生产线	数控机床，加工中心，工业机器人，柔性制造单元(FMC)	CAD/CAM系统，MRPⅡ，柔性制造系统(FMS)，计算机集成制造系统(CIMS)
应用范围	大批量生产	多品种、小批量	各种生产类型

14.3.2 柔性制造系统

1. 柔性制造系统的特点和适用范围

柔性制造系统(flexible manufacturing system，FMS)一般是由多台数控机床和加工中心组成，并有自动上下料装置、中转仓库和输送系统。在计算机及其软件的集中控制下，实现加工自动化。它具有高度柔性，是一种计算机直接控制的自动化可变加工系统。与传统的刚性自动线相比，具有以下特点：

(1) 具有高度柔性　能实现多种工艺要求的、具有一定相似性的不同零件的加工，实现自动更换工件、夹具、刀具及装夹，有很强的系统软件功能。

(2) 设备利用率高　由于零件加工的准备时间和辅助时间大为减少，使机床的利用率提高了 75%～90%。

(3) 自动化程度高，稳定性好，可靠性强，可以实现长时间连续自动工作。

(4) 产品质量、劳动生产率提高。

柔性制造系统的适用范围见图 14-19。柔性制造系统主要解决单件小批生产的自动化，把高柔性、高质量、高效率结合和统一起来，是当前最有效的生产手段。

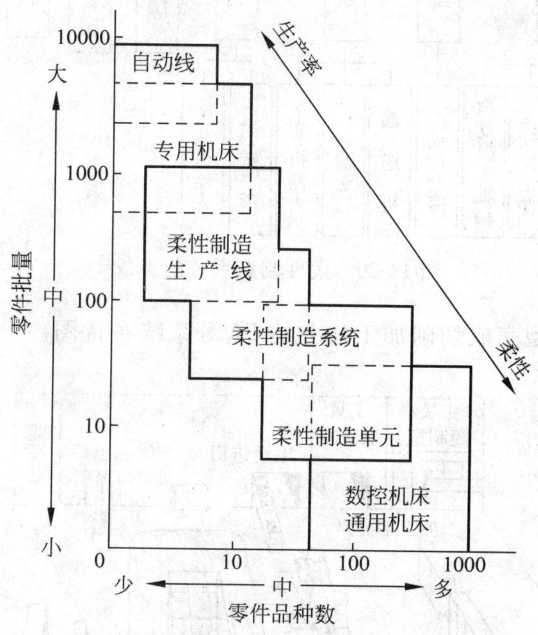

图 14-19　柔性制造系统的适用范围

2. 柔性制造系统的组成和结构

FMS 通常是由物质系统、能量系统、信息系统三部分组成，如图 14-20 所示。

FMS 是在成组技术、计算机技术、数控技术和自动检测等技术的基础上发展起来的，归纳起来，它主要完成以下任务：

(1) 以成组技术为核心的零件编组；

(2) 以托盘和运输系统为核心的物料输送和存放；

(3) 以数控机床(或加工中心)为核心的自动换刀、换工件的自动加工；

(4) 以各种自动检测装置为核心的故障诊断、自动测量、物料输送和存储系统的监视等；

(5) 以微型计算机为核心的智能编排作业计划。

由于 FMS 实现了集中控制和实时在线控制，缩短了生产周期，解决了多品种、中小批量零件的生产率和系统柔性之间的矛盾，并具有较低的成本，故得到了迅速发展。

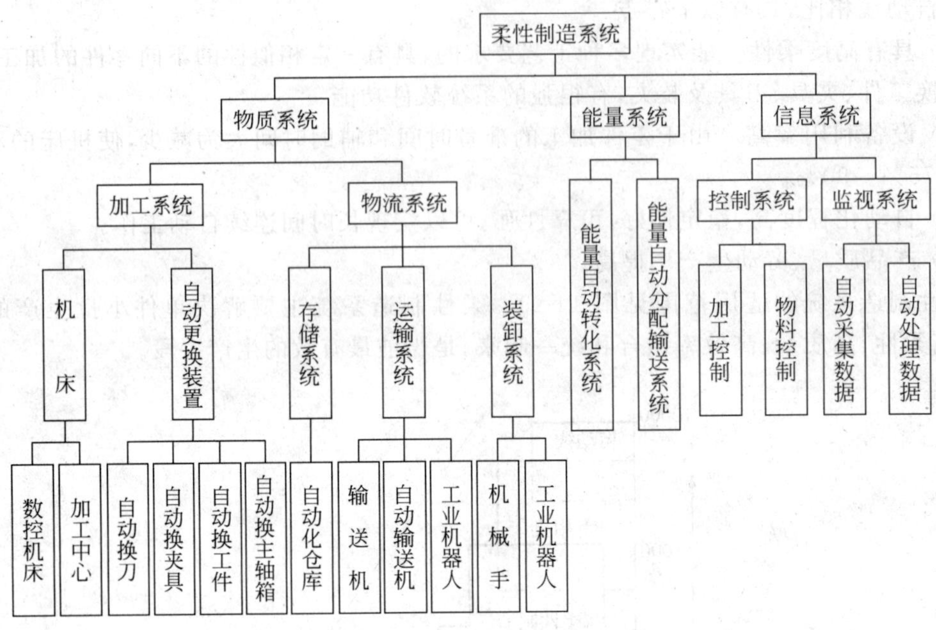

图 14-20 柔性制造系统的组成

图 14-21 是一个典型完成切削加工任务的 FMS 系统布置图。

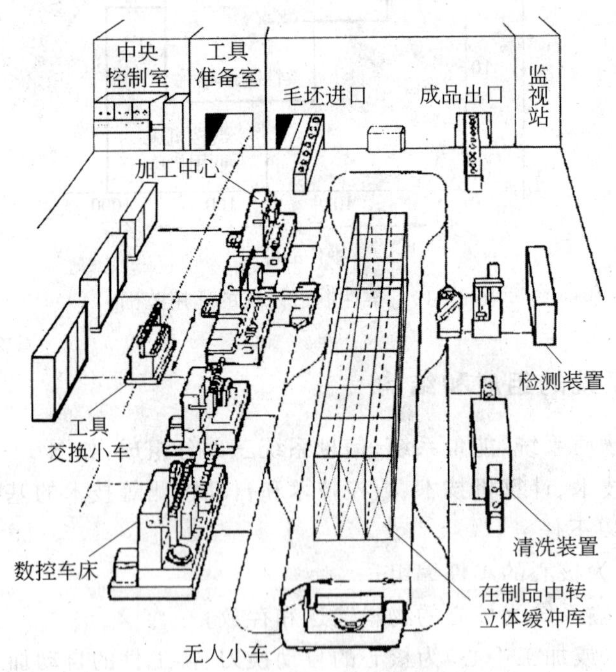

图 14-21 典型的 FMS 系统

3. 柔性制造系统的分类

柔性制造系统按系统大小、柔性程度不同，通常分为以下 4 类。

1）柔性制造单元

柔性制造单元(flexible manufacturing cell,FMC)是由一台计算机控制的数控机床或加工中心、环形托盘输送装置或工业机器人所组成,采用切削监视系统实现自动加工,在不停机的情况下转换工件进行连续生产。它是一个可变加工单元,是组成柔性制造系统的基本单元。柔性制造单元的构成一般分两大类：一类是加工中心配上托盘自动交换系统 APC (automatic pallet changer),另一类为数控机床配工业机器人。图 14-22 所示为 FMC 的基本布局形式。

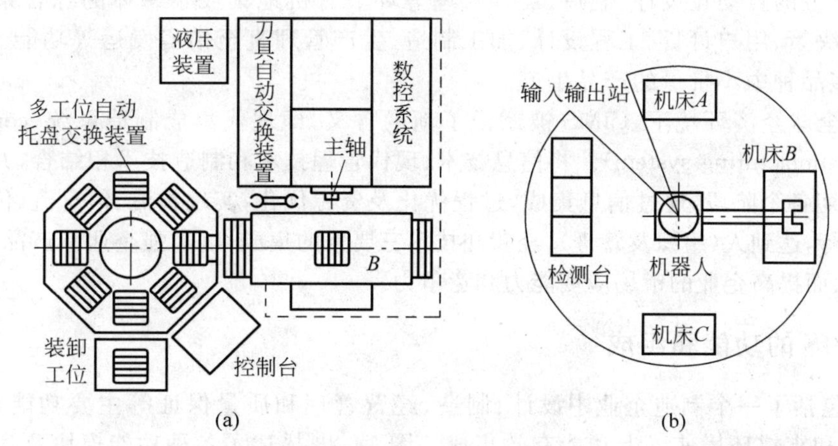

图 14-22　FMC 的构成

(a) FMC 的基本布局；(b) 配置机器人的柔性制造系统

随着计算机技术、单元控制技术的发展及网络技术的应用,FMC 会具有更好的可扩展性、更强的柔性；具有投资规模小、成本低、易实现、见效快的突出优点；在单元计算机控制下,可实现不同或相同机床上不同零件的同步加工。

2）柔性制造系统

柔性制造系统(FMS)是由数控机床、数控加工中心及物料传送系统组成,由计算机控制。它包括标准的数控机床或单元、运送零件和刀具的传送系统、发布指令生产调度监控系统、刀具库管理系统、自动化仓库及管理系统。FMS 的软件系统应包括以下三个内容：运行控制系统、质量保证系统、数据管理和通信网络系统。

3）柔性制造生产线

柔性制造生产线(flexible manufacturing line,FML)针对某种类型(族)零件,并带有专业化生产或成组化生产的特点。FML 由多台数控机床或加工中心组成,其中有些机床带有一定的专用性。全线机床按工件的工艺过程布局,可以有稳定的生产节拍,但它本质上是柔性的,是可变的加工生产线,具有柔性制造系统的功能。

4）柔性制造工厂

柔性制造工厂(flexible manufacturing factory,FMF)是由各种类型的数控机床或加工中心、柔性制造单元、柔性制造系统、柔性自动生产线等组成,完成工厂中全部机械加工工艺过程(零件不限于同族)、装配、油漆、试验、包装等,具有更高的柔性。FMF 依靠中央主计算机和多台子计算机来实现全厂的全盘自动化,是目前柔性制造系统的最高形式,又称为自动化工厂。

14.3.3 计算机/现代集成制造系统

1. CIMS 的基本概念

计算机集成制造系统(computer integrated manufacturing system,CIMS)是基于系统科学、制造技术、管理科学和信息技术,利用分布式数据库和网络技术,把制造业内部原先各自独立的、分散的自动化设计、制造、经营管理等环节有机地集成于一体的综合系统。它能完成从经营决策、用户订货、工程设计、加工制造、生产管理直至销售发运等功能。CIMS 适合于动态、多品种中小批量的产品生产。

在当前全球经济环境下,CIMS 被赋予了新的含义,即现代集成制造系统(contemporary integrated manufacturing system)。将信息技术、现代管理技术和制造技术相结合,并应用于企业全生命周期各个阶段,通过信息集成,过程优化及资源优化,实现物流、信息流、价值流的集成和优化运行,达到人(组织及管理)、经营和技术三要素的集成,以加强企业新产品开发的 T、Q、C、S、E,从而提高企业的市场应变能力和竞争力。

2. CIMS 的功能和组成

CIMS 包括了一个制造企业中设计、制造、经营管理和质量保证等主要功能,并运用信息集成技术和支撑环境使以上功能有效集成。图 14-23 描述了各种功能模块及其联系。

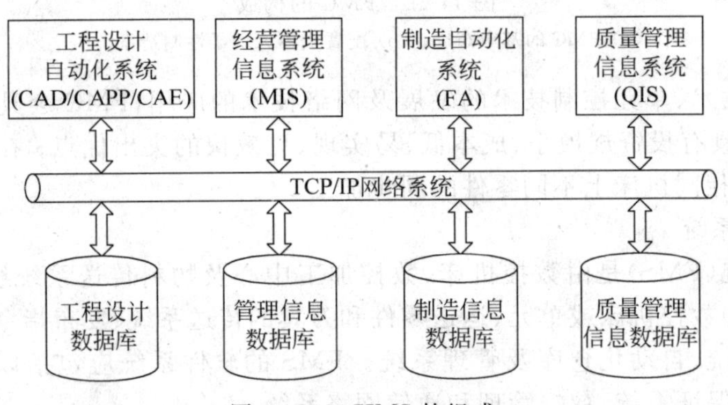

图 14-23 CIMS 的组成

(1) 管理信息系统 管理信息系统(MIS)是企业在管理领域中应用计算机的统称。它以 MRPⅡ 为核心,从制造资源出发,考虑整个企业的经营决策、中短期生产计划、车间作业计划以及生产活动控制等,其功能覆盖了市场营销物料供应、各级生产计划与控制、财务管理、成本、库存和技术管理等活动,是 CIMS 的神经中枢,指挥与控制着各个部分有条不紊地工作。

(2) 工程设计自动化系统 该分系统的功能是在产品开发过程中利用计算机技术,进行产品的概念设计、工程与结构分析、详细设计、工艺设计与数控编程。通常划分为计算机辅助设计(CAD)、计算机辅助工程分析(CAE)、计算机辅助工艺规划(CAPP)、计算机辅助制造(CAM)四大部分,其目的是使产品开发活动更高效、更优质、更自动化。

(3) 制造自动化系统 制造自动化系统要生成作业计划,进行制造自动化系统优化调度控制,生成工件、刀具、夹具需求计划,进行系统状态监控和故障诊断处理,以及完成生产数据采集及评估等。它一般由数控机车、加工中心、清洗机、测量机、运输小车、立体仓库、多级分布式控制计算机等设备及相应支持软件组成。其目的是使产品制造活动优化、周期短、成本低、柔性高。

(4) 质量保证系统　主要是采集、存储、评价与处理存在于设计、制造及使用等过程中与质量有关的大量数据,从而获得一系列控制环,有效促进质量的提高。它包括质量决策、质量检测与数据采集、质量评价、控制与跟踪等功能。

(5) 支撑环境系统　包括计算机硬件配置、系统软件的配置、数据库管理系统及开发环境、分布式数据库应用软件的开发、网络通信协议及其硬软件接口、网络通信用户软件的开发。

以上五个分系统均有人员、硬件、软件组成。各分系统之间相互存在着大量的信息交换,需要统一规划与组织,以形成有机、动态的信息集成和物理集成。

3. CAD/CAPP/CAM 三者之间的集成关系

在 CIMS 中,CAD 是 CAPP 的输入,其主要完成的任务是机械零件的设计。它输出的主要是零件的几何信息(图形、尺寸、公差等)和加工信息(材料、热处理、批量等)。CAPP 是利用计算机来制定零件的工艺过程,把毛坯加工成工程图样上所要求的零件,将零件装配成产品。它的输入是零件的信息,它的输出是零件的工艺过程和工序内容,故 CAPP 的工作属于设计范畴。CAM 有两方面的含义。广义上的 CAM 是指利用计算机辅助完成从设计准备到产品制造整个过程的活动,包括工艺过程设计、工装设计、NC 自动编程、生产作业计划、生产控制、质量控制等;狭义的 CAM 主要指 NC 自动程序编制(刀具路径规划、刀位文件生成、刀具轨迹仿真及 NC 代码生成等),它输出的是刀位文件和数控加工程序。

CAPP 在 CAD 与 CAM 之间起到桥梁的作用,CAD 的信息只能通过 CAPP 才能形成制造信息。因此,在 CIMS 中,CAPP 是一个关键,占有很重要地位。图 14-24 表示了 CAD、CAPP、CAM 三者之间的集成关系。

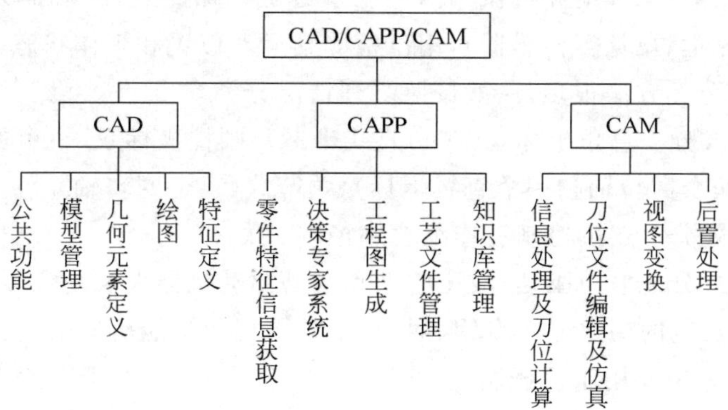

图 14-24　CAD/CAPP/CAM 的系统集成

14.3.4　工业机器人

工业机器人(industrial robot,IR)是整个制造系统自动化的关键环节之一,是机电一体化的高技术产物。工业机器人是一种可以搬运物料、零件、工具或完成多种操作功能的专用机械装置;有计算机控制,是无人参与的自主自动化控制系统;是可编程、具有柔性的自动化系统,可以允许进入人机联系。工业机器人一般由执行机构、控制系统、驱动系统三部分组成,如图14-25所示。

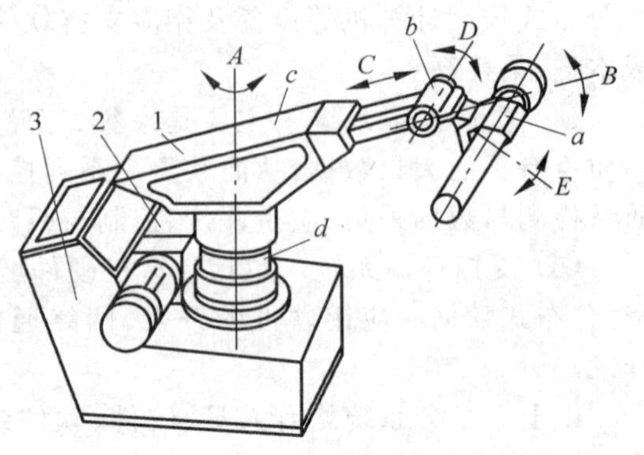

图14-25 工业机器人的组成

1—执行机构;2—控制系统;3—驱动系统

1. 执行机构

执行机构是一种具有和人手臂相似的动作功能,可在空间抓放物体或执行其他操作的机械装置,通常包括机座 d、手臂 c、手腕 b 和末端执行器 a。末端执行器是机器人直接执行工作的装置,安装在手腕或手臂的机械接口上,根据用途可分为机械式、吸附式和专用工具(如焊枪、喷枪、电钻和电动螺纹拧紧器等)三类。

2. 控制系统

控制系统用来控制工业机器人按规定要求动作,大多数工业机器人采用计算机控制。这类控制系统分为决策级、策略级和执行级三级。决策级的功能是识别环境,建立模型,将作业任务分解为基本动作序列;策略级将基本动作变为关节坐标协调变化的规律,分配给各关节的伺服系统;执行级给出各关节伺服系统的具体指令。

3. 驱动系统

驱动系统是指按照控制系统发出的控制指令将信号放大,驱动执行机构运动的传动装置。常用的有电气、液压、气动和机械等四种驱动方式。除此之外,机器人可以配置多种传感器(如位置、力、触觉、视觉等传感器),用以检测其运动位置和工作状态。

工业机器人的分类方法很多,一般按照下列情况分类。

(1) 按坐标形式分 直角坐标系(三个直线坐标)、圆柱坐标系(一个回转轴和两个直线坐标)、极坐标系(两个回转轴和一个直线坐标)、关节式(三个回转轴)。

(2) 按控制方式分 点位控制和连续轨迹控制。

(3) 按驱动方式分 电力驱动、液压驱动和气动驱动机器人及复合传动机器人。

(4) 按自动化功能的层次分 专用、通用、示教再现及智能机器人。

目前工业机器人主要用于机械制造、汽车工业、金属加工、电子工业、塑料成形等行业。从功能上看,这些应用领域涉及机械加工、搬运、工件及工件夹具装卸、焊接、喷漆、装配、检验和抛光修正等。除此之外,机器人在核能、海洋和太空探索、军事、家庭服务等领域的应用越来越广泛。随着材料技术、精密机械技术、传感器技术、微电子及计算机技术、人工智能技术的迅猛发展,机器人技术也在不断地发展。

14.4　先进制造生产模式

制造模式是指企业体制、经营、管理、生产组织和技术系统的形态和运作的模式。在企业内动态地流通着劳务流、资金流、物流、信息流和能量流等资源。在市场经济环境和企业体制、生产组织和技术系统中，依靠科技、依靠人的决策和技术创造能力、依靠信息的强力支撑，经营、管理上述各种资源，以获取企业投入的优化增值和利润，是建立企业先进制造模式的目标。

先进的制造技术必须在与之相匹配的制造模式里运作才能发挥作用。一个企业要采用CAD/CAM 并获得实效，就需要对企业现有的生产组织和运作方式进行调整。技术和技术运作的模式需要相匹配并共同进步。近年来，市场需求朝多样化方向发展且竞争加剧，迫使产品朝多品种、变批量、短生产周期方向演进，传统的大量生产模式正在被更先进的制造模式所取代。这些先进制造模式的主要特点是：需求启动，依靠科学进步，企业合作，柔性制造，生产组织精干，企业管理体制先进，注重环保。

14.4.1　敏捷制造

敏捷制造(agile manufacturing，AM)正日益被认为是 21 世纪的先进制造模式。它主张以全球信息网络为基础，建立跨企业的动态(虚拟)企业，实现优势互补，充分利用信息，发挥人的创造性，实现生产和营销的总体敏捷化，从而快速响应市场需求，在竞争中立于不败之地，共同取得繁荣发展。

敏捷制造的主要思想是充分意识到小规模、模块化的生产方式和一个公司不追求全能，而追求很有特色的、很先进的局部优势。当市场上新的机遇出现时，组织几个有关公司合作，各自贡献特长，以最快的速度、最优的组合赢得一个机遇，完成之后又独立经营。这种形式又被称为虚拟公司。

敏捷制造的敏捷性体现在以下几点。

(1) 持续变化性　产品和过程技术发展迅速，企业采用适应这种变化的管理模式。

(2) 快速反应性　持续变化的市场要求公司相互共同承担风险，以抓住市场机遇。

(3) 高的质量标准　由用户对产品的评价来衡量质量。

(4) 低的费用　敏捷系统应有合理的消耗，以合理的费用满足市场的需求。

其实现的必要条件主要有：

(1) 高度柔性、可重新组合的、模块化的自动化加工设备；

(2) 标准化的、易维护的信息系统；

(3) 人的因素的发挥和管理机构改革。

14.4.2　并行工程

传统产品制造的产品设计、工艺设计、计划调度、生产制造的工作方式是顺序进行的，设计与制造脱节，一旦制造出现问题，就要修改设计，使整个产品开发周期很长，新产品难以很快上市。面对着激烈的市场竞争，1986年美国提出了“并行工程（concurrent engineering, CE)”的概念，即“并行工程是集成地，并行地设计产品及其相关的各种过程(包括制造过程和支持过程)的系统方法。这种方法要求产品开发人员在设计一开始就考虑产品整个生命周期中从概念形成到产品报废处理的所有因素，包括质量、成本、进度计划和用户要求。”并行设计将产品开发周期分解成多个阶段，各个阶段间有部分互相重叠。

并行工程是充分利用现代计算机技术、现代通信技术和现代管理技术来辅助产品设计的一种工作方式。它站在产品全生命周期的高度，打破传统的部门分割、封闭的组织模式，强调参与者的协同工作，重视产品开发过程的重组、重构。并行工程又是一种集成产品开发全过程的系统化方法，其设计流程见图14-26。并行工程的关键有以下几点。

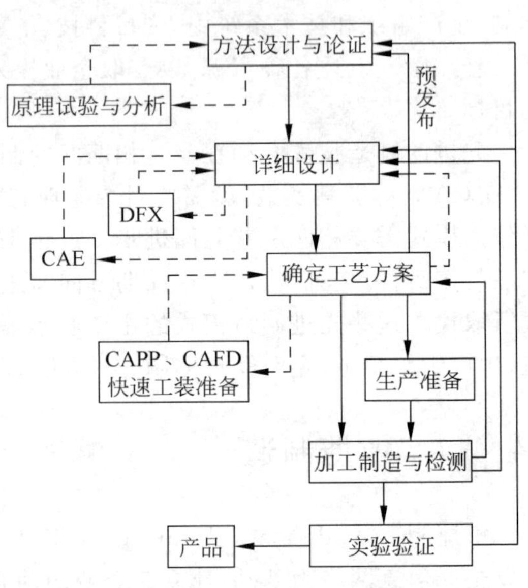

图14-26 并行设计流程

(1) 产品开发队伍重构　将传统的部门制或专业组转变成以产品为主线的多功能集成产品开发团队(integrated product team, IPT)。IPT被赋予相应的职责和权利，对所开发的产品对象负责。

(2) 过程重构　从传统的串行产品开发流程转变成集成的、并行的产品开发过程，并强调企业在产品生命周期的全过程中实现信息集成、功能集成和过程集成。并行过程不仅是活动的并行，更主要的是下游过程在产品开发早期参与设计过程；另一个方面则是过程的改进，使信息流动与共享的效率更高。

(3) 数字化产品定义　包括两个方面：数字化产品模型和产品生命周期数据管理；数字化工具定义和信息集成，如面向工程的设计(DFX)、CAD/CAE/CAPP/CAM、产品数据管理(PDM)、计算机仿真技术(如加工、装配过程仿真、生产计划调度仿真)等。

(4) 协同工作环境　支持IPT协同工作的网络与计算机平台。

并行工程可以缩短产品开发周期，降低成本，增强企业的市场竞争能力，它适用于产品开发周期长、复杂程度高、开发成本高的行业。并行工程在国外航空、航天、机械、计算机、电子、汽车、化工等工业中的应用越来越广泛，取得了显著的效益。

14.4.3 JIT制造

准时生产 (just in time, JIT)是源于日本丰田汽车公司的一种生产管理方法，它的基本思想是：“只在需要的时候，按需要的量生产所需的产品”。这种生产方式的核心是追求一种无库存的生产系统，或使库存达到最小的生产经营体系。

传统的生产管理按推式(push)系统方式组织生产，即生产按预先制定的生产计划进行，当一道工序加工完后，工件被送到指定的地点等待加工下一道工序，这时工件实际上处于在制品库存状态。纵观整个生产过程，从原材料开始被加工到最后成品，原材料和在制品是按一定生产计划和工艺规程被"推"向成品状态，故这种方式被称为推式生产订单方式。随着生产系统规模的增加，推式系统逐渐呈现出固有的缺点。首先，当产品需求发生剧烈变化或生产出现异常时，推式订单系统常造成库存过剩或在制品、原材料无法保证供应；第二，由于推式订单系统是用库存供应下一道工序工件，故合理（安全）库存量必须准确，但合理库存量又难以准确求得，为保证生产需要不得不使库存处于过剩状态；第三，推式系统最优生产计划的计算十分复杂。

JIT 则按拉式(pull)系统方式组织生产。虽然用 JIT 方式组织生产时，后一道工序工件也是由前一道工序加工后的工件库存供应，但前一道工序工件库存量不是由预先制定的生产计划确定，而是当后一道工序发出请求（也称为订单，order）后，该库存才存在，即一律只是在需要的时候才被加工。因此同推式系统相比，拉式系统的库存量极少，理想状态应为零；JIT 极小化库存的结果一方面使库存控制环节简化，另一方面由于工件等待时间减少使工件"通过时间"也相应缩短。

JIT 的实施，要求制造系统的物理结构发生相应改变与之适应。主动的方式是以 JIT 指导制造的系统的设计。

JIT 的实现手段是看板，也称为卡片。准时管理方式的实现是通过看板的运动和传递实现的。看板在自动线上的传递过程是以总装配线为起点，逆工艺路线在上下两个工序之间往返传递。例如在装载机的装配过程中每个工序的设备附近设有两个储料装置（容器或小车），一个用于储存本工序加工完成的工件，供下一工序随时取用；另一个储存上一工序制造的备用零部件。在加工过程中，看板将随零部件在自动线的各工序间传递。如图 14-27 中所示，A 表示本工序储存加工备件的装置，B 表示本工序储存已完成零件的装置，带箭头的实线表示物料的传递过程，虚线表示看板的传递过程。当最后装配工序的工人从 N 工序的 A 装置中取用一个工件后，同时取出一块取货看板，到上一工序（例如工序 2）的完工储存装置中提取一个同样的工件。同时在从 2 工序 B 装置中取出一个加工看板交给第 2 道工序的工人；第 2 道工序的工人加工完看板所规定的工件后，补充到 2B 装置中。余下各工序取用工件的过程也相同。因此通过看板这个工具就完成了生产过程的控制。

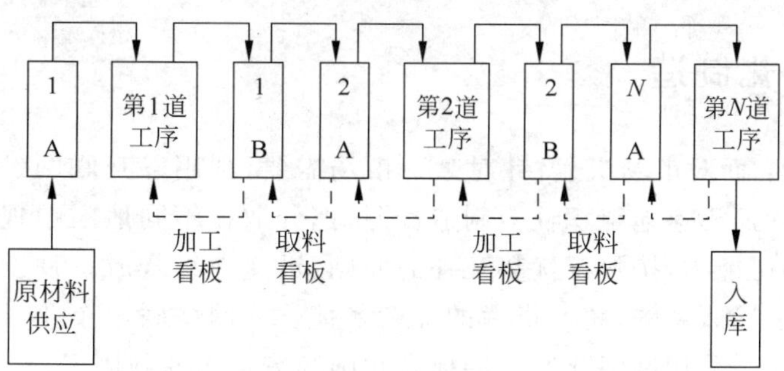

图 14-27 JIT 生产模式中看板的传递过程示意图

14.4.4 精良生产

精良生产（lean production，LP）是 20 世纪 50 年代日本丰田公司首创的生产方式，又称为精益生产。

1. 精良生产的内涵

精良生产方式是以最少的投入来获得成本低、质量高、产品投放市场快、用户满意为目标的一种生产方式。它以人为本,以简化为手段,以尽善尽美为最终目标,使人员、设备大为减少,产品开发周期大为缩短,而生产出的产品品种更多、质量更好。精良生产方式主张并力求消除一切非生产的费用,而且能生产出更好更多满足用户各种需求的变型产品。

2. 精良生产的目标

精良生产的中心思想就是在各个环节上均需要去掉无用的东西,每个员工及其岗位的安排原则都是保证增值,不能增值的岗位撤除。

精良生产追求的目标是:尽善尽美、精益求精,实现无库存、无废品、低成本生产。其目标、手段和结果的描述见图14-28所示。

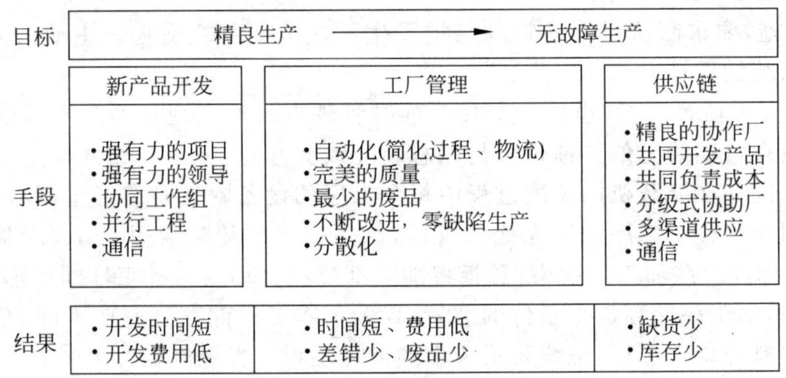

图14-28 精良生产的目标、手段和结果

由此可见,精良生产与大批量生产之间的根本区别在于目标的制定。大批量生产的目标是足够好,而精量生产的目标是力求不断完善,实现的方法是不断改进,逐步优化。

14.4.5 网络化制造

网络化制造指:面对市场机遇,针对某一市场需要,利用以互联网(Internet)为标志的信息高速公路,灵活而迅速地组织社会制造资源,把分散在不同地区的现有生产设备资源、智力资源和各种核心能力,按资源优势互补的原则,迅速地组合成一种没有围墙的、超越空间约束的、靠电子手段联系的、统一指挥的经营实体——网络联盟企业,以便快速推出高质量、低成本的新产品。采用网络化制造能提高我国制造资源的利用率,实现我国制造资源的共享,提高企业对市场的反应速度,增强我国制造业的国际竞争力。

实施网络化制造技术的行为主体是网络联盟,网络联盟企业必须以客户为中心。网络联盟的生命周期按时序大致划分为:面对市场机遇时的市场分析、资源重组分析、网络联盟组建设计、网络联盟组建实施、网络联盟运营、网络联盟终止。

网络化制造的关键技术包括:①制造企业信息网络;②快速产品设计和开发网络;③由独立制造岛组成的产品制造网络;④全面质量管理和用户服务网络;⑤电子商务网

络；⑥制造工程信息的通信。

14.4.6　虚拟制造系统

虚拟制造(virtual manufacturing,VM)是以制造技术和计算机技术支持的系统建模技术和仿真技术为基础,集现代制造工艺、计算机图形学、并行工程、人工智能、人工现实技术和多媒体技术等多种高技术为一体,由多学科知识形成的一种综合系统技术。它将现实制造环境及其制造过程通过建立系统模型映射到计算机与相关技术所支撑的虚拟环境中,在虚拟环境下模拟现实制造环境及其制造过程的一切活动和产品的制造全过程,并对产品制造及制造系统的行为进行预测和评价。

1. 虚拟制造技术

虚拟制造技术(virtual manufacturing technology,VMT)可以理解为：在计算机上模拟产品的制造和装配全过程。换句话说,借助于建模和仿真技术,在产品设计时,就可以把产品的制造过程、工艺过程、作业计划、生产调度、库存管理以及成本核算和零部件采购等生产活动在计算机屏幕上显示出来,以便全面确定产品设计和生产过程的合理性。

虚拟制造技术是一种软件技术,它填补了 CAD/CAM 技术与生产过程和企业管理之间的技术鸿沟,把企业的生产和管理活动在产品投入生产之前就在计算机屏幕上加以实现和评价,使工程师和决策者在设计阶段就能够预见可能发生的问题和后果。

2. 虚拟制造系统

虚拟制造系统(virtual manufacturing system,VMS)是基于虚拟制造技术(VMT)实现的制造系统,是现实制造系统(real manufacturing system,RMS)在虚拟环境下的映射、而现实制造系统是物质流、信息流、能量流在控制机的协调与控制下,在各个层面上进行相应的决策,实现从投入到输出的有效的转变,而其中物质流及信息流协调工作是其主体。为了简化起见,可以将现实制造系统划分为两个子系统：现实信息系统(real information system,RIS)和现实物理系统(real physical system,RPS)。

RPS 由存在于现实中的物质实体组成,这些物质实体可以是材料、零部件、产品、机床、夹具、机器人、传感器、控制器等。当制造系统运行时,这些实体有特定的行为和相互作用,如运动、变换、传递等,制造系统本身也与环境以物质和能量的方式发生作用。RIS 由许多信息、信息处理和决策活动组成,如设计、规划、调度、控制、评估信息,它不仅包括设计制造过程的静态信息,而且还包括制造过程的动态信息。

3. VMS 的功能及其体系结构

VMS 是在虚拟制造思想指导下的一种基于计算机技术集成的、虚拟的制造系统。在信息集成的基础上,通过组织管理、技术、资源和人机集成实现产品开发过程的集成。在整个产品开发过程中,在基于虚拟现实、科学可视化和多媒体等技术的虚拟环境下,在各种人工智能技术和方法的支持下,通过集成地应用各种建模、仿真分析技术和工具,实现集成的、并行的产品和过程,以及对产品设计、制造过程、生产规划、调度和管理的测试,利用分布式协同求解,以提高制造企业内各级决策和控制能力,使企业能够实现自我调节、自我完善、自我改造和自我发展,达到提高整体的动作效能,实现全局最优决策和提高市场竞争力的目的。基于虚拟制造系统的全面集成如图14-29所示。

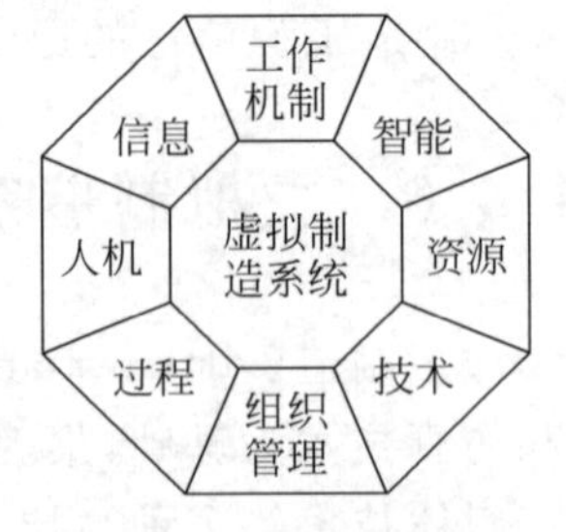

图14-29 基于虚拟制造系统的全面集成

1) 虚拟制造系统提供的功能

(1) 通过虚拟制造系统实现制造企业产品开发过程的集成。

根据制造企业策略,基于虚拟制造系统,在信息集成和功能集成的基础上,实现产品开发过程的集成。通过对整个产品开发过程的建模、管理、控制和协调,以企业资源、技术、人员进行合理组织和配置,面向产品整个生命周期,实现制造企业策略与企业经营、工程设计和生产活动的集成(纵向集成),以及在产品开发的各个阶段分布式并行处理虚拟环境下多学科小组的协同工作(横向集成),快速适应市场和用户需求的变化,以最快的速度向市场和用户提高优质低价产品。

(2) 实现虚拟产品设计/虚拟制造仿真闭环产品开发模式。

各种建模、仿真、分析技术和工具的大量使用,使产品开发从过去的经验方法跨到预测方法,实现虚拟产品设计/虚拟制造仿真闭环产品开发模式。虚拟制造系统能够在产品开发的各个阶段,根据用户对产品的要求,对虚拟产品原型的结构、功能、性能、加工、装配制造过程以及生产过程在虚拟环境下进行仿真,并根据产品评价体系提供的方法、规范和指标,为设计修改和优化提供指导和依据。由于以上开发过程都是在虚拟环境下针对虚拟产品原型进行的,所以大大缩短了开发时间,节约了研制经费,并能在产品开发的早期阶段发现可能存在的问题,使其在成为事实之前予以解决。又由于开发进程的加快,能够实现对多个解决方案的比较和选择。

(3) 提高产品开发过程中的决策和控制能力。

(4) 提高企业自我调节、自我完善、自我改造、自我发展的能力。

2) 虚拟制造体系结构

从产品生产的全过程来看,虚拟制造应包括产品的可制造性、可生产性和可合作性。所谓可制造性是指所设计的产品(包括零件、部件和整机)的可加工性(铸造、冲压、焊接、切削等)和可装配性;而可生产性是指在企业已有资源(广义资源,如设备、人力、原材料等)的约束条件下,如何优化生产计划和调度,以满足市场或顾客的要求;虚拟制造还应对被喻为21世纪制造模式的敏捷制造提供支持,即为企业动态联盟(virtual enterprise,VE)的可合作性提供支持。而且,上述三个方面对一个企业来说是相互关联的,应该形成一个集成的环境。因此,应从虚拟制造、虚拟生产、虚拟企业等三个层次来展开产品全过程的虚拟制造技术及其集成的虚拟制造环境的研究,包括产品全信息模型、支持各个层次虚拟制造的技术开发相应的支撑平台以及支持三个平台及其集成的产品数据管理(product data management,PDM)技术。图14-30描述了虚拟制造的体系结构。

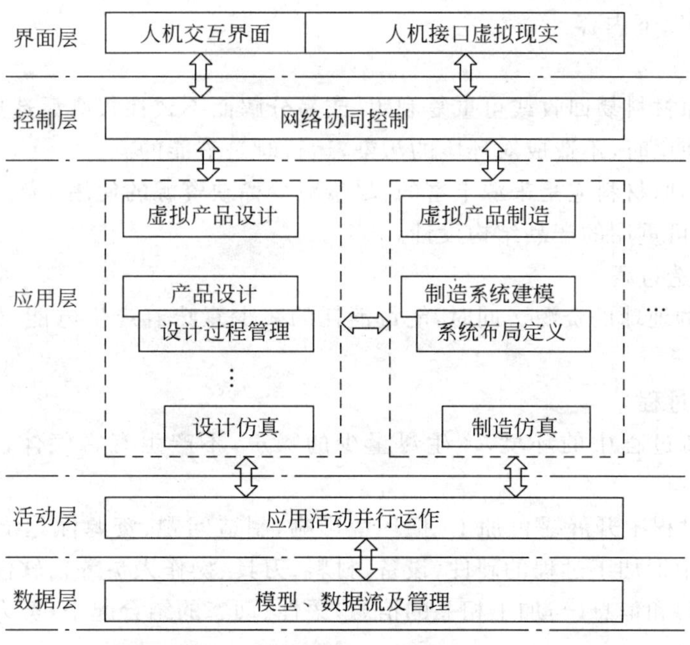

图 14-30　虚拟制造体系结构

14.4.7　可持续发展制造

人类社会的存在与发展同自然环境密不可分。随着科学技术的进步和生产力水平的提高，人类影响自然的能力大为增强。人类在改造自然和改善现存人群生活水平的同时，往往忽略了人类和自然的和谐发展，不同程度地破坏了社会发展和自然环境的关系，破坏了生态环境的平衡，出现了由人口爆炸、资源短缺、环境破坏这三大主要问题引发的生态危机。各国政府和有关专家指出，必须实施可持续发展，人类社会今天的发展在满足自身需要的同时，又要顾及子孙后代的生存拓展，力争以最小的资源消耗，最低限度的环境污染，产生最大的社会效益。

可持续发展制造就是建立极少产生废料和污染物的工艺技术系统。实施可持续发展应贯穿企业活动的整个生命周期。企业应从以自然资源和劳动力投入的经济增长方式，逐渐转变为技术型发展模式；要在提高企业的创新能力，采用环境无害化技术，改善管理，提高资源利用率，降低物耗、能耗上下功夫。实施可持续发展战略，应进行高技术开发，利用自然资源，努力降低自然资源消耗，统筹考虑环境保护和自然资源开发、应用；应该坚持与自然相和谐统一的方式，追求人类健康而富有生产成果的生活权利，应该在创造当代人的发展和消费的时候，努力做到可持续发展，使自己的机会与后代人的机会平等。

可持续发展制造是一个非常宽广的范畴，有关理论、模式、评价标准、涉及的范围等诸多问题正在研究或有待研究中；但机械制造领域中提出的绿色制造、绿色设计、绿色加工、绿色工艺、产品的全生命等理论以及技术的研究与应用已广泛深入的展开。人们已清楚地认识到：为了使工业产品和制造过程不破坏环境，必须改变传统的产品开发战略。在制造业中，我们不能单纯强调快速响应制造，不应只研究交货上市期、质量和效益，还应该研究支持可持续发展的制造技术，并把它作为一个重要战略问题。目前，企业的可持续发展制造的实施工作,主要包含以下内容。

1) 绿色产品

(1) 产品的原材料易回收或可重复利用,或易分解而不致在报废后造成对环境的污染。

(2) 产品在使用时,不造成对环境的污染,运行时是节能的。

(3) 产品所用原材料应是来源丰富的,尽量减少稀缺资源的使用。

(4) 易拆卸、可重用的产品结构设计。

2) 节能的制造过程

节能就是节约地球的资源。同时,能量消耗的减少意味着产生电能、核能等过程中,污染排放也减少。

3) 绿色制造过程

(1) 改善制造过程中的环境,产生尽量少的噪声,不产生有害气体,创造宜人的工作环境。

(2) 在制造过程中开展绿色加工,把环境影响、制造问题、资源优化统一起来考虑。如在机械加工过程中把加工过程的硬件(设备、材料、刀具、操作人员等)、软件(制造理论、制造工艺、制造方法等)和信息(与加工相关的信息)柔性、动态的结合起来,努力提高加工过程中的绿色度。

(3) 大力开发绿色工艺,有针对性地解决制造过程中对可持续发展制造有不利影响的传统工艺。如应用干切削、绿色气体冷却切削、低温冷却切削等方式代替、改善了会造成环境污染的乳化液冷却切削,并在降低成本、提高零件加工质量等方面取得良好效果。

4) 产品的绿色包装

包装物可重用或易分解再生,以免丢弃物对环境的污染。

可持续发展已成为国际共识,目前世界上已有20多个国家建立了产品绿色标志制造。今后,如产品没有绿色标志,将有可能被拒之于国际贸易之外。绿色标志是进入国际市场的通行证。

14.4.8 智能制造与智能工厂

随着新一轮工业革命的发展,工业转型的呼声日渐高涨。面对信息技术和工业技术的革新浪潮,德国提出了工业4.0(Industrie 4.0)战略,美国出台了先进制造业回流计划,中国加紧推进两化深度融合,并发布了“中国制造2025”战略。这些战略的核心都是利用新兴信息化技术来提升工业的智能化应用水平,进而提升工业在全球市场的竞争力。工业4.0强调“智能工厂”和“智能生产”,实质是实现信息化与自动化技术的高度集成。

1. 智能工厂

智能工厂的概念最早是罗克韦尔公司CEO奇思2009年在美国提出,其核心是工业化和信息化的高度融合。智能工厂是在数字化工厂的基础上,利用物联网技术和设备监控技术加强信息管理和服务;通过大数据与分析平台,将云计算中由工业机器产生的数据转化为实时信息(云端智能工厂),与绿色智能的手段和智能系统等新兴技术于一体,构建一个高效节能的、绿色环保的、环境舒适的人性化工厂。智能工厂其基本特征主要有制造过程管控可视化、系统监管全方位及制造绿色化三个层面。

一是制造过程管控可视化。由于智能工厂高度的整合性，在产品制造全过程中，包括物流与物料的管控实时展示于控制者眼前，制造系统的技术状况亦被实时监测掌握，减少因系统故障造成偏差。制造过程中的相关数据完整保留在数据库中，管理者根据完整的数据信息规划后续生产流程，制定生产系统中设备工装的维护计划，建立产品制造的智能组合。

二是系统监管全方位。通过物联网使制造设备具有感知能力，系统可进行识别、分析、推理、决策，以及控制功能；这类制造装备，可以说是先进制造技术、信息技术和智能技术的深度结合。从订单开始到产品制造完成、入库的生产过程信息建立设备信息及反馈的数据库，通过系统平台累积知识的能力，预测或遇到生产过程可能的异常状况，控制者可迅速反应，以促进更有效的工厂运转与生产过程的持续进行。

三是在制造绿色化方面，除了在制造上利用环保材料、留意污染等问题，并与上下游厂商间，从资源、材料、设计、制造、废弃物回收到再利用处理，以形成绿色产品生命周期管理的循环，更可透过绿色 ICT(信息、通信和技术)的附加值应用，延伸至绿色供应链的协同管理、绿色制造过程管理与智慧环境监控等，协助上下游厂商与客户之间共同创造符合环保的绿色产品。

2. 智能生产

智能生产(Intelligent Manufacturing，IM)，也称智能制造，是一种由智能机器和人类专家共同组成的人机一体化智能系统，它在制造过程中能进行智能活动，诸如分析、推理、判断、构思和决策等。通过人与智能机器的合作共事，扩大、延伸和部分地取代人类专家在制造过程中的脑力劳动。它把制造自动化的概念更新，扩展到柔性化、智能化和高度集成化。与传统的制造相比，智能生产具有自组织和超柔性、自律能力、学习能力和自维护能力、人机一体化、虚拟实现等特征。

智能制造需要硬件、软件以及咨询系统的整合。具有“智慧制造”属性的生产线拥有大量的控制器、传感器，并且通过有线或无线传感网的串联架构，将数据传输给上层的制造执行管理系统(MES)，结合物联网系统，将制造业提升到新的阶段。面对客户个性化需求和订单交货期缩短的市场，产品生产呈现出少量、多样、快速等的特征，这就迫使制造厂商要提升生产线的灵活性，对于市场前端的变化能够快速调整。例如，汽车制造工厂为了满足客户在线指定汽车的颜色，快速调整生产流程，实现快速交付产品。

由人工智能技术、机器人技术和数字化制造技术等相结合的智能制造技术，正引领新一轮的制造业变革。智能制造技术开始贯穿于设计、生产、管理和服务等制造业的各个环节。

习题与思考题

14-1　现代制造技术有哪些特点？

14-2　试论述现代制造技术的发展趋势。

14-3　试说明精密加工与超精密加工的概念及重要性。

14-4　高速切削加工工艺有何特点？

14-5 成组技术有何特点?

14-6 用于微细加工对机床有什么要求?

14-7 试说明柔性制造的内容。

14-8 什么是CIMS?它由哪些系统组成?

14-9 虚拟制造有哪些特点?

14-10 按照CAPP工作原理,CAPP系统有几种类型?各有什么特点?

14-11 绿色制造的物流过程和传统制造相比有什么特点?

14-12 列举几种先进的制造生产模式,并说明其主要特点。

参考文献

[1] 翁世修，等. 机械制造技术基础[M]. 上海：上海交通大学出版社，1999.

[2] 李久立，等. 机械制造技术基础[M]. 济南：济南出版社，1998.

[3] 冯之敬，等. 机械制造技术基础[M]. 北京：清华大学出版社，1999.

[4] 张富润，等. 机械制造技术基础[M]. 武汉：华中科技大学出版社，2000.

[5] 李凯岭，等. 机械制造技术基础[M]. 济南：山东科学技术出版社，2005.

[6] 张世昌. 机械制造技术基础[M]. 天津：天津大学出版社，2002.

[7] 李绍明. 机械加工工艺基础[M]. 北京：北京理工大学出版社，1993.

[8] 哈尔滨工业大学，上海工业大学. 机械制造工艺理论基础[M]. 上海：上海科学技术出版社，1980.

[9] 华东地区大专院校机械制造工艺学协作组. 机械制造工艺学(修订本)[M]. 福州：福建科学技术出版社，1999.

[10] 哈尔滨工业大学，上海工业大学. 机械制造工艺规程制订及装配尺寸链[M]. 上海：上海科学技术出版社，1980.

[11] 王启平. 机械制造工艺学[M]. 5 版. 哈尔滨：哈尔滨工业大学出版社，1999.

[12] 顾崇衔. 机械制造工艺学[M]. 3 版. 西安：陕西科学技术出版社，1990.

[13] 华东地区大专院校机械制造工艺学协作组. 机械制造工艺学(修订本)[M]. 福州：福建科学技术出版社，1999.

[14] 顾崇衔. 机械制造工艺学[M]. 3 版. 西安：陕西科学技术出版社，1990.

[15] 王德泉. 砂轮特性与磨削加工[M]. 北京：中国标准出版社，2001.

[16] 周泽华，于启勋. 金属切削原理[M]. 2 版. 上海：上海科学技术出版社，1993.

[17] 袁泽俊. 金属切削刀具[M]. 上海：上海科学技术出版社，1993.

[18] 陆建中. 金属切削原理与刀具[M]. 上海：上海科学技术出版社，1986.

[19] 韩荣弟，等. 金属切削原理与刀具[M]. 哈尔滨：哈尔滨工业大学出版社，1998.

[20] 机械科学研究院. JB/T 10115—10128，JB/T 8004—1999，JB/T 8046—1999，机床夹具零件及部件[S]. 北京：国家机械工业局，2000.

[21] 巩秀长，等. 机床夹具设计原理[M]. 济南：山东大学出版社，1995.

[22] 东北重型机械学院，等. 机床夹具设计手册[M]. 上海：上海科学技术出版社，1990.

[23] 哈尔滨工业大学，上海工业大学. 机床夹具设计[M]. 上海：上海科学技术出版社，1980.

[24] 贾亚洲，等. 金属切削机床概论[M]. 北京：机械工业出版社，1993.

[25] 顾熙棠. 金属切削机床(上册)[M]. 上海：上海科学技术出版社，1994.

[26] 苑伟政，马炳和. 微机械与微细加工技术[M]. 西安：西北工业大学出版社，2000.

[27] 刘志峰，等. 干切削加工技术及应用[M]. 北京：机械工业出版社，2005.

[28] 王贵成，等. 精密与特种加工[M]. 武汉：武汉理工大学出版社，2001.

[29] 赵汝嘉，等. 机械加工工艺手册(软件版)R1.0[M]. 数字化手册编委会，2003.

[30] 机械加工工艺装备设计手册编委会. 机械加工工艺装备设计手册[M]. 北京：机械工业出版社，1998.

[31] 机械科学研究室. 制造工艺技术-切削加工技术数据[EB/OL]. www.china-machine.com/machinebase/cutting.

[32] 盛敏军. 先进制造技术[M]. 北京：化学工业出版社，2002.

[33] 张申生，等. 敏捷制造理论、技术与实践[M]. 上海：上海交通大学出版社，2000.

[34] 李凯岭. 机械制造技术基础[M]. 北京：清华大学出版社，2010.